普通高等教育"十三五"规划教材

土木工程监理学

姜晨光　主编

中国石化出版社

内 容 提 要

　　本书较系统、全面地介绍了我国现行的土木工程建设监理体系和方式方法,包括土木工程建设监理的宏观要求、房屋建筑工程监理、水运工程施工监理、公路工程施工监理、铁路建设工程施工监理、水利工程建设监理、电力建设工程监理、安全防范工程监理、施工安全监理等基本教学内容。在基础理论阐述上贯彻"简明扼要、深浅适中"的编写原则,以实用化为目的,强化了对实践环节的详细介绍。本书还对目前国际工程咨询行业的现状及发展动态作了比较全面的介绍和阐述,为我国工程监理行业的发展以及与国际接轨提供了难得的参考资料。

　　本书适用于大土木工程行业的各个相关专业(包括本科和高职高专的土木工程、工程管理、石油工程、石化工程、交通运输工程、铁道工程、水利工程、水利水电工程、电力工程、矿业工程、建筑学、城市规划、环境工程等专业)。本书除教材功能外还兼具工具书的特点,是工程监理业内人士案头必备的简明的、工具型手册,也是工程监理培训工作不可多得的基本参考书。

图书在版编目(CIP)数据

土木工程监理学 / 姜晨光主编 . —北京:中国石化出版社,2018.3
普通高等教育"十三五"规划教材
ISBN 978-7-5114-3766-2

Ⅰ. ①土… Ⅱ. ①姜… Ⅲ. ①土木工程-监理工作-
高等学校-教材 Ⅳ. ①TU712

中国版本图书馆 CIP 数据核字(2018)第 042576 号

中国石化出版社出版发行
地址:北京市朝阳区吉市口路 9 号
邮编:100020　电话:(010)59964500
发行部电话:(010)59964526
http://www.sinopec-press.com
E-mail:press@sinopec.com
北京科信印刷有限公司印刷
全国各地新华书店经销

*
787×1092 毫米 16 开本 24.75 印张 621 千字
2018 年 3 月第 1 版　2018 年 3 月第 1 次印刷
定价:49.00 元

前　言

　　土木工程建设监理是一项具有中国特色的工程建设管理制度。我国建设工程监理制度自1988年开始实施以来，对实现建设工程质量、进度、投资目标控制和加强建设工程安全生产管理发挥了重要作用。土木工程建设监理是一种高智能的有偿技术服务，国际上把这类服务归为工程咨询(工程顾问)服务。

　　随着社会主义市场经济的不断发展，建设工程监理体系也在不断完善和与时俱进，2016年9月13日住房和城乡建设部发布了《住房城乡建设部关于修改〈勘察设计注册工程师管理规定〉等11个部门规章的决定》并自2016年10月20日起施行，建设工程监理的一些相关问题也有所调整，因此，编写一部紧跟时代发展步伐的《土木工程监理学》通用型教材势在必行。鉴于此，笔者结合常年对国际工程咨询行业的跟踪研究，不揣浅陋编写出了这本教材。希望本书的出版能有助于我国工程监理行业的发展以及与国际同业的接轨，有助于我国建筑业在世界舞台上的繁荣与健康可持续发展，对我国的工程监理专业教育有所帮助、有所贡献。

　　全书由江南大学姜晨光主笔完成，青岛黄海学院于群、张守燕、赵菲、梁倩、王栋、孙伟、宋艳，德州职业技术学院王雷，东营职业学院蒋建彬，烟台城乡建设学校郭永民，平度市职业教育中心王晓菲，济南市园林绿化工程质量监督站高建水，广西大学张协奎，中南大学刘兴权，江苏园景工程设计咨询有限公司孙清林，机械工业第四设计研究院有限公司宋卫国，莱阳市人民政府信访局郭立众，江南大学叶军、吴玲、蒋旅萍、欧元红、陈丽、刘进峰、蔡洋清、卢林、刘群英、夏伟民、张惠君、王风芹等同志(排名不分先后)参与了相关章节的撰写工作。初稿完成后，我国土木工程界泰斗级专家、《建筑技术》杂志创始人彭圣浩老先生不顾耄耋之躯审阅全书并提出了不少改进意见，为本书的最终定稿做出了重大奉献，谨此致谢!

　　限于水平、学识和时间关系，书中内容难免粗陋，谬误与欠妥之处敬请读者多多提出批评及宝贵意见。

目　　录

I

第1章　建设工程监理概貌

1.1　建设工程监理的学科特点

建设工程监理是一项具有中国特色的工程建设管理制度。建设工程监理制度自 1988 年开始实施以来，对于实现建设工程质量、进度、投资目标控制和加强建设工程安全生产管理发挥了重要作用。随着我国建设工程投资管理体制改革的不断深化和工程监理单位服务范围的不断拓展，在工程勘察、设计、保修等阶段为建设单位提供的相关服务也越来越多。我国的建设工程监理（Construction Project Management）是指工程监理单位受建设单位委托，根据法律法规、工程建设标准、勘察设计文件及合同，在施工阶段对建设工程质量、造价、进度进行控制，对合同、信息进行管理，对工程建设相关方的关系进行协调并履行建设工程安全生产管理法定职责的服务活动。工程监理单位是指依法成立并取得建设主管部门颁发的工程监理企业资质证书，从事建设工程监理与相关服务活动的服务机构。订立建设工程监理合同时建设单位将勘察、设计、保修阶段等相关服务一并委托的，应在合同中明确相关服务的工作范围、内容、服务期限和酬金等相关条款。建设工程监理的基本依据是相关的法律法规及工程建设标准、建设工程勘察设计文件、建设工程监理合同及其他合同文件。工程监理单位应公平、独立、诚信、科学地开展建设工程监理与相关服务活动，对建设工程质量、造价、进度等进行控制。1988 年开始实施的建设工程监理制度对于加快我国工程建设管理方式向社会化、专业化方向发展，促进工程建设管理水平和投资效益的提高发挥了重要作用。建设工程监理制与项目法人责任制、工程招投标制、合同管理制等一起共同构成了我国工程建设领域的重要管理制度。

我国现行《建设工程质量管理条例》规定，"建设单位、勘察单位、设计单位、施工单位、工程监理单位依法对建设工程质量负责。实行监理的建设工程，建设单位应当委托具有相应资质等级的工程监理单位进行监理，也可以委托具有工程监理相应资质等级并与被监理工程的施工承包单位没有隶属关系或者其他利害关系的该工程的设计单位进行监理。工程监理单位应当依照法律、法规以及有关技术标准、设计文件和建设工程承包合同，代表建设单位对施工质量实施监理并对施工质量承担监理责任"。我国现行《建设工程安全生产管理条例》规定，"建设单位、勘察单位、设计单位、施工单位、工程监理单位及其他与建设工程安全生产有关的单位，必须遵守安全生产法律、法规的规定，保证建设工程安全生产，依法承担建设工程安全生产责任。工程监理单位应当审查施工组织设计中的安全技术措施或者专项施工方案是否符合工程建设强制性标准。工程监理单位在实施监理过程中，发现存在安全事故隐患的应当要求施工单位整改；情况严重的应当要求施工单位暂时停止施工并及时报告建设单位。施工单位拒不整改或者不停止施工的，工程监理单位应当及时向有关主管部门报告。工程监理单位和监理工程师应当按照法律、法规和工程建设强制性标准实施监理，并对建设工程安全生产承担监理责任"。我国现行《建筑法》规定，"建设工程监理应当依照法律、行政法规及有关的技术标准、设计文件和建筑工程承包合同，对承包单位在施工质量、建设工期和建设资金使用等方面，代表建设单位实施监督。同时，还要根据《建设工程安全生产管理条例》等法规、政策，履行建设工程安全生产管理的法定职责"。从上述规定不难看出，我国的建设工程监理属于国际上业主项目管理的范畴。

我国的工程监理与国际上一般的工程项目管理咨询服务不同，建设工程监理是一项具有中国特色的工程建设管理制度，目前的工程监理不仅定位于工程施工阶段，而且法律法规将工程质量、安全生产管理方面的责任赋予工程监理单位。建设工程监理应当由具有相应资质的工程监理单位实施，由工程监理单位实施工程监理的行为主体是工程监理单位。建设工程监理不同于政府主管部门的监督管理，后者属于行政性监督管理且其行为主体是政府主管部门；同样，建设单位自行管理、工程总承包单位或施工总承包单位对分包单位的监督管理也不是工程监理。工程监理单位在委托监理的工程中拥有一定管理权限，是建设单位授权的结果。

建设工程监理的实施依据包括法律法规、工程建设标准、勘察设计文件及合同：法律法规包括《建筑法》《合同法》《招标投标法》《建设工程质量管理条例》《建设工程安全生产管理条例》《招标投标法实施条例》等法律法规，《工程监理企业资质管理规定》《注册监理工程师管理规定》《建设工程监理范围和规模标准规定》等部门规章以及地方性法规；工程建设标准包括有关工程技术标准、规范、规程以及《建设工程监理规范》《建设工程监理与相关服务收费标准》等；勘察设计文件及合同包括批准的初步设计文件、施工图设计文件，建设工程监理合同以及与所监理工程相关的施工合同、材料设备采购合同等。

目前，建设工程监理定位于工程施工阶段，工程监理单位受建设单位委托，按照建设工程监理合同约定，在工程勘察、设计、保修等阶段提供的服务活动均为相关服务。工程监理单位可以拓展自身的经营范围，为建设单位提供包括建设工程项目策划决策和建设实施全过程的项目管理服务。

建设工程监理是一项具有中国特色的工程建设管理制度。工程监理单位的基本职责是在建设单位委托授权范围内，通过合同管理和信息管理，协调工程建设相关方的关系，控制建设工程质量、造价和进度三大目标，即："三控两管一协调"。此外，还需履行建设工程安全生产管理的法定职责，这是《建设工程安全生产管理条例》赋予工程监理单位的社会责任。

目前，我国建设工程监理共分14个工程类别：房屋建筑工程、冶炼工程、矿山工程、化工石油工程、水利水电工程、电力工程、农林工程、铁路工程、公路工程、港口与航道工程、航天航空工程、通信工程、市政公用工程、机电安装工程。

1.2 建设工程监理的业务特征

工程监理单位是建筑市场的主体之一，建设工程监理是一种高智能的有偿技术服务。国际上把这类服务归为工程咨询（工程顾问）服务。建设工程监理的工作性质可概括为以下四点，即服务性、科学性、独立性、公平性。所谓"服务性"是指工程监理机构受业主委托进行工程建设的监理活动，它提供的不是工程任务的承包而是服务，工程监理机构将尽一切努力进行项目的目标控制，但它不可能保证项目的目标一定实现，也不可能承担不是它的缘故而导致的项目目标失控的责任。所谓"科学性"是指工程监理机构拥有从事工程监理工作的专业人士（监理工程师），他们将应用所掌握的工程监理科学的思想、组织、方法和手段从事工程监理活动。所谓"独立性"是指监理工作的不依附性，其监理活动在组织上和经济上均不依附于监理工作对象（比如承包商、材料和设备的供货商等），否则它就不可能自主履行其义务。所谓"公平性"是指工程监理机构受业主的委托进行工程建设的监理活动，当业主方和承包商发生利益冲突或矛盾时，工程监理机构应以事实为依据，以法律和有关合同为准绳，在维护业主合法权益的同时不损害承包商的合法权益，体现建设工程监理的公平性。

（1）工程监理的基本工作程序

1）确定项目总监理工程师，成立项目监理机构。监理单位应根据建设工程的规模、性质、业主对监理的要求，委派称职的人员担任项目总监理工程师，总监理工程师是一个建设工程监理工作的总负责人，他对内向监理单位负责，对外向业主负责。监理机构的人员构成是监理投标书中的重要内容，是业主在评标过程中认可的，总监理工程师在组建项目监理机构时应根据监理大纲内容和签订的委托监理合同内容组建，并在监理规划和具体实施计划执行中进行及时的调整。

2）编制建设工程监理规划。建设工程监理规划是开展工程监理活动的纲领性文件，其作用是规范监理工作。监理工作的规范化体现在以下 3 个方面，即监理工作的时序性、职责分工的严密性、工作目标的确定性。所谓"监理工作的时序性"是指监理的各项工作都应按一定的逻辑顺序先后展开。所谓"职责分工的严密性"是指建设工程监理工作是由不同专业、不同层次的专家群体共同来完成的，他们之间严密的职责分工是协调进行监理工作的前提和实现监理目标的重要保证。所谓"工作目标的确定性"是指在职责分工的基础上，每一项监理工作的具体目标都应是确定的，完成的时间也应有时限规定，从而能通过报表资料对监理工作及其效果进行检查和考核。

3）参与验收，签署建设工程监理意见。建设工程施工完成后，监理单位应在正式验交前组织竣工预验收，在预验收中发现的问题应及时与施工单位沟通、提出整改要求。监理单位应参加业主组织的工程竣工验收，签署监理单位意见。

4）向业主提交建设工程监理档案资料。建设工程监理工作完成后，监理单位向业主提交的监理档案资料应在委托监理合同文件中约定。合同中没有明确规定时监理单位一般应提交设计变更及工程变更资料、监理指令性文件、各种签证资料等档案资料。

5）监理工作总结。监理工作完成后，项目监理机构应及时从两方面完成监理工作总结编纂工作。向业主提交的监理工作总结的主要内容应包括委托监理合同履行情况概述，监理任务或监理目标完成情况的评价，由业主提供的供监理活动使用的办公用房、车辆、试验设施等的清单，表明监理工作终结的说明等。向监理单位提交的监理工作总结的主要内容应包括监理工作经验、监理工作中存在的问题及改进的建议。监理工作经验可以是采用某种监理技术、方法的经验，也可以是采用某种经济措施、组织措施的经验，以及委托监理合同执行方面的经验或如何处理好与业主、承包单位关系的经验等。

（2）工程监理的基本工作内容

工程监理的基本工作内容可概括为"四控、两管、一协调"，"四控"是指工程建设的投资控制、建设工期控制、工程质量控制、安全控制；"两管"是指进行信息管理、工程建设合同管理；"一协调"是指协调有关单位之间的工作关系。

建设工程监理按监理阶段可分为设计监理和施工监理。设计监理是在设计阶段对设计项目所进行的监理，其主要目的是确保设计质量和时间等目标满足业主的要求。施工监理是在施工阶段对施工项目所进行的监理，其主要目的在于确保施工安全、质量、投资和工期等满足业主的要求。我国在市政工程和房屋建筑工程两个领域实行的施工图审查制度可视为一种变通了的设计阶段的工程监理。我国设立工程监理制度的初衷是取代政府的微观工程管理职能以及为业主(建设单位)提供专业服务。我国目前有两大工程监理体系,即发改委系统的工程咨询单位、住房城乡建设系统的工程监理单位。

(3) 工程监理实施的基本原则

监理单位受业主委托对建设工程实施监理时应遵守以下5条基本原则。

1) 公正、独立、自主的原则。监理工程师在建设工程监理中必须尊重科学、尊重事实,组织各方协同配合,维护有关各方的合法权益。为此,必须坚持公正、独立、自主的原则。业主与承建单位虽然都是独立运行的经济主体,但他们追求的经济目标有差异,监理工程师应在按合同约定的权、责、利关系的基础上,协调双方的一致性。只有按合同的约定建成工程,业主才能实现投资的目的,承建单位也才能实现自己生产的产品的价值,取得工程款和实现盈利。

2) 权责一致的原则。监理工程师承担的职责应与业主授予的权限相一致。监理工程师的监理职权,依赖于业主的授权。这种权力的授予,除体现在业主与监理单位之间签订的委托监理合同之中,而且还应作为业主与承建单位之间建设工程合同的合同条件。因此,监理工程师在明确业主提出的监理目标和监理工作内容要求后,应与业主协商,明确相应的授权,达成共识后明确反映在委托监理合同中及建设工程合同中。据此,监理工程师才能开展监理活动。总监理工程师代表监理单位全面履行建设工程委托监理合同,承担合同中确定的监理方向业主方所承担的义务和责任。因此,在委托监理合同实施中,监理单位应给总监理工程师充分授权,体现权责一致的原则。

3) 总监理工程师负责制的原则。总监理工程师是工程监理全部工作的负责人。要建立和健全总监理工程师负责制,就要明确权、责、利关系,健全项目监理机构,具有科学的运行制度、现代化的管理手段,形成以总监理工程师为首的高效能的决策指挥体系。总监理工程师负责制的内涵包括以下2个方面,即总监理工程师是工程监理的责任主体,责任是总监理工程师负责制的核心,它构成了对总监理工程师的工作压力与动力,也是确定总监理工程师权力和利益的依据,所以总监理工程师应是向业主和监理单位所负责任的承担者;总监理工程师是工程监理的权力主体,根据总监理工程师承担责任的要求,总监理工程师全面领导建设工程的监理工作,包括组建项目监理机构,主持编制建设工程监理规划,组织实施监理活动,对监理工作总结、监督、评价。

4) 严格监理、热情服务的原则。严格监理就是各级监理人员严格按照国家政策、法规、规范、标准和合同控制建设工程的目标,依照既定的程序和制度,认真履行职责,对承建单位进行严格监理。监理工程师还应为业主提供热情的服务,应运用合理的技能谨慎而勤奋地工作。由于业主一般不熟悉建设工程管理与技术业务,监理工程师应按照委托监理合同的要求多方位、多层次地为业主提供良好的服务,维护业主的正当权益。但是,不能因此而一味向各承建单位转嫁风险,从而损害承建单位的正当经济利益。

5) 综合效益的原则。建设工程监理活动既要考虑业主的经济效益,也必须考虑与社会效益和环境效益的有机统一。建设工程监理活动虽经业主的委托和授权才得以进行,但监理工程师应首先严格遵守国家的建设管理法律、法规、标准等,以高度负责的态度和责任感,既对业主负责,谋求最大的经济效益,又要对国家和社会负责,取得最佳的综合效益。只有在符合宏观经济效益、社会效益和环境效益的条件下，业主投资项目的微观经济效益才能得以实现。

（4）工程监理工程结算的特点

审查结算方法有多种，在审计前通过收集资料、经过论证、采取合理审查方法可达到事半功倍的效果。

1）逐项审查法。逐项审查法也称全面审查法。其优点是全面、细致、审计质量高、效果好。其缺点是工作量大、时间长，国内单价合同和国际合同条件下的工程可采用此法。

2）标准预算审查法。因我国各地区采用标准不相同，这种方法使用范围较少，在发达地区利用这种方法又快又准，是一项有效的方法。

3）重点审查法。这种方法主要适应于国内总价合同，审计重点放在变更和索赔上，其特点是重点突出、审计时间短、效果好。

同时，还可以利用对比审查法、"筛选"审查法、手册审查法等手段作为补充以确保审计的准确性。

（5）工程监理单位在规划设计阶段的工作特点

1）方案设计阶段。监理单位应协助业主组织设计单位依照规划设计条件进行规划方案设计。协助业主上报规划设计方案，修改、调整，直至取得《规划方案审定通知书》。协助业主选定勘察单位。协助业主对勘察单位的设计方案进行审查和控制。协助业主针对不同的勘察阶段，对工程勘察报告内容和深度进行检查和审核。协助业主对设计单位的设计文件质量进行跟踪控制，重点在限额设计。

2）设计准备阶段。监理单位应协助业主审核设计方案招标文件，组织进行设计方案招投标。协助业主选定设计单位，拟定《设计合同》，商谈并签订合同。协助业主落实有关工程的外部条件，提供设计所需的基础资料。

3）设计阶段。监理单位应协助业主编制设计任务书，组织完成初步设计及工程概算的报审工作。协助业主配合设计单位开展技术经济分析，搞好设计方案的比选、优化设计。参与设备、材料的选型。协助业主检查和控制设计进度。协助业主控制工程的限额设计。

4）设计成果验收阶段。监理单位应协助业主审核工程设计概算所含费用及计算方法的合理性。协助业主审核主要设备及材料清单，提出反馈意见。进行施工图纸审核，审核其是否满足技术质量方面的要求，其深度是否满足施工条件的要求，并审查各专业图纸间的错、漏、碰、缺等。

5）设计图纸审核阶段。监理单位跟业主相互帮助可以加快建筑设计的图纸等的审核速度，更好地进行下一步的设计改进和设计变更，使得流程得以最好的控制。

（6）工程监理应关注的几个焦点问题

监理工作的任务是"三控制、两管理"，其中心任务是质量控制，应牢牢抓住质量这个中心严格管理、严格控制、严格把关。工程监理应增强两大意识，即责任意识、廉洁意识。工程监理应把握三个环节，即审查审批环节、巡视旁站环节、验收签认环节。工程监理应强化四个手段，即强化监理独立抽检手段，强化监理通知单的作用，强化工地会议，强化合同管理。工程监理做到四个勤字，即腿要勤、眼要勤、嘴要勤、手要勤。

1.3 我国工程建设程序的特点

工程建设程序是指建设工程从策划、决策、设计、施工，到竣工验收、投入生产或交付使用的整个建设过程中，各项工作必须遵循的先后顺序。工程建设程序是建设工程策划决策和建设实施过程客观规律的反映，是建设工程科学决策和顺利实施的重要保证。按照工程建设的内在规律，每一项建设工程都要经过策划决策和建设实施两个发展时期。这两个发展时期又可分为若干阶段，各阶段之间存在着严格的先后次序，可以进行合理交叉，但不能任意颠倒次序。

（1）策划决策阶段的工作内容

建设工程策划决策阶段的工作内容主要包括项目建议书和可行性研究报告的编报与审批。

1）项目建议书。项目建议书是拟建项目单位向政府投资主管部门提出的要求建设某一工程项目的建议文件，是对工程项目建设的轮廓设想。项目建议书的主要作用是推荐一个拟建项目，论述其建设的必要性、建设条件的可行性和获利的可能性，供政府投资主管部门选择并确定是否进行下一步工作。项目建议书的内容视工程项目不同而有繁有简，但一般应包括以下几方面内容，即项目提出的必要性和依据；产品方案、拟建规模和建设地点的初步设想；资源情况、建设条件、协作关系和设备技术引进国别、厂商的初步分析；投资估算、资金筹措及还贷方案设想；项目进度安排；经济效益和社会效益的初步估计；环境影响的初步评价。对于政府投资工程，项目建议书按要求编制完成后应根据建设规模和限额划分报送有关部门审批。项目建议书经批准后，可进行可行性研究工作，但并不表明项目非上不可，批准的项目建议书不是工程项目的最终决策。

2）可行性研究。可行性研究是指在工程项目决策之前，通过调查、研究、分析建设工程在技术、经济等方面的条件和情况，对可能的多种方案进行比较论证，同时对工程项目建成后的综合效益进行预测和评价的一种投资决策分析活动。可行性研究应完成以下工作内容，即进行市场研究以解决工程项目建设的必要性问题；进行工艺技术方案研究以解决工程项目建设的技术可行性问题；进行财务和经济分析以解决工程项目建设的经济合理性问题。可行性研究工作完成后需要编写出反映其全部工作成果的"可行性研究报告"，凡经可行性研究未通过的项目不得进行下一步工作。

3）审批制度。根据《国务院关于投资体制改革的决定》（国发〔2004〕20 号），政府投资工程实行审批制；非政府投资工程实行核准制或登记备案制。对于采用直接投资和资本金注入方式的政府投资工程，政府需要从投资决策的角度审批项目建议书和可行性研究报告，除特殊情况外不再审批开工报告，同时还要严格审批其初步设计和概算；对于采用投资补助、转贷和贷款贴息方式的政府投资工程则只审批资金申请报告。政府投资工程一般都要经过符合资质要求的咨询中介机构的评估论证，特别重大的工程还应实行专家评议制度。国家将逐步实行政府投资工程公示制度，以广泛听取各方面的意见和建议。对于企业不使用政府资金投资建设的工程，政府不再进行投资决策性质的审批，区别不同情况实行核准制或登记备案制。核准制是指企业投资建设《政府核准的投资项目目录》中的项目时仅需向政府提交项目申请报告，而不再经过批准项目建议书、可行性研究报告和开工报告的程序。对于《政府核准的投资项目目录》以外的企业投资项目实行备案制，备案制的特点是除国家另有规定外由企业按照属地原则向地方政府投资主管部门备案。为扩大大型企业集团的投资决策权，对于基本建立现代企业制度的特大型企业集团，投资建设《政府核准的投资项目目录》中的项目时，可以按项目单独申报核准，也可编制中长期发展建设规划，规划经国务院或国务院投资主管部门批准后，规划中属于《政府核准的投资项目目录》中的项目不再另行申报核准而只需办理备案手续，企业集团要及时向国务院有关部门报告规划执行和项目建设情况。

（2）建设实施阶段的工作内容

建设工程实施阶段的工作内容主要包括勘察设计、建设准备、施工安装及竣工验收。对生产性工程项目，在施工安装后期还需要进行生产准备工作。

1）工程勘察。工程勘察的作用是通过对地形、地质及水文等要素的测绘、勘探、测试及综合评定提供工程建设所需的基础资料。工程勘察需要对工程建设场地进行详细论证以保证建设工程合理进行，促使建设工程取得最佳的经济、社会和环境效益。

2）工程设计。工程设计工作一般划分为初步设计和施工图设计两个阶段，重大工程和技术复杂工程可根据需要增加技术设计阶段。初步设计的任务是根据可行性研究报告的要求进行具体实施方案设计，目的是阐明在指定地点、时间和投资控制数额内拟建项目在技术上的可行性和经济上的合理性，并通过对建设工程所作出的基本技术经济规定编制工程总概算。初步设计不得随意改变被批准的可行性研究报告所确定的建设规模、产品方案、工程标准、建设地址和总投资等控制目标。如果初步设计提出的总概算超过可行性研究报告总投资的10%以上或其他主要指标需要变更时应说明原因和计算依据并重新向原审批单位报批可行性研究报告。技术设计应根据初步设计和更详细的调查研究资料编制以进一步解决初步设计中的重大技术问题，比如工艺流程、建筑结构、设备选型及数量确定等，以使工程设计更具体、更完善，技术指标更好。施工图设计的特点是根据初步设计或技术设计的要求，结合工程现场实际情况，完整地表现建筑物外形、内部空间分割、结构体系、构造状况以及建筑群的组成和周围环境的配合。施工图设计还包括各种运输、通信、管道系统、建筑设备的设计，在工艺方面还应具体确定各种设备的型号、规格及各种非标准设备的制造加工图。根据《房屋建筑和市政基础设施工程施工图设计文件审查管理办法》（建设部令第134号），建设单位应当将施工图送施工图审查机构审查。施工图审查机构按照有关法律、法规，对施工图涉及共利益、公众安全和工程建设强制性标准的内容进行审查。施工图审查的主要内容包括是否符合工程建设强制性标准；地基基础和主体结构的安全性；勘察设计企业和注册执业人员以及相关人员是否按规定在施工图上加盖相应的图章和签字；其他法律、法规、规章规定必须审查的内容。任何单位或者个人不得擅自修改审查合格的施工图，确需修改的，凡涉及上述审查内容时建设单位应当将修改后的施工图送原审查机构审查。

3）建设准备。工程项目在开工建设之前要切实做好各项准备工作，其主要内容包括征地、拆迁和场地平整；完成施工用水、电、通信、道路等接通工作；组织招标选择工程监理单位、施工单位及设备、材料供应商；准备必要的施工图纸；办理工程质量监督和施工许可手续。建设单位在领取施工许可证或者开工报告前，应当到规定的工程质量监督机构办理工程质量监督注册手续。办理质量监督注册手续时需提供下列资料，即施工图设计文件审查报告和批准书；中标通知书和施工、监理合同；建设单位、施工单位和监理单位工程项目的负责人和机构组成；施工组织设计和监理规划、监理实施细则；其他需要的文件资料。从事各类房屋建筑及其附属设施的建造、装修装饰和与其配套的线路、管道、设备的安装，以及城镇市政基础设施工程的施工，建设单位在开工前应当向工程所在地县级以上人民政府建设主管部门申请领取施工许可证。必须申请领取施工许可证的建筑工程未取得施工许可证的，一律不得开工。工程投资额在 30 万元以下或者建筑面积在 $300m^2$ 以下的建筑工程可以不申请办理施工许可证。

4）施工安装。建设工程具备开工条件并取得施工许可后才能开始土建工程施工和机电设备安装。按照规定，建设工程新开工时间是指工程设计文件中规定的任何一项永久性工程第一次正式破土开槽的开始日期。不需要开槽的工程，以正式开始打桩的日期作为开工日期。铁路、公路、水库等需要进行大量土石方工程的，以开始进行土石方工程施工的日期作为正式开工日期。工程地质勘察、平整场地、旧建筑物拆除、临时建筑、施工用临时道路和水、电等工程开始施工的日期不能算作正式开工日期。分期建设的工程分别按各期工程开工的日期计算，比如二期工程应根据工程设计文件规定的永久性工程开工的日期计算。施工安装活动应按照工程设计要求、施工合同及施工组织设计，在保证工程质量、工期、成本及安全、环保等目标的前提下进行。

5）生产准备。对于生产性工程项目而言，生产准备是工程项目投产前由建设单位进行的一项重要工作。生产准备是衔接建设和生产的桥梁，是工程项目建设转入生产经营的必要条件。建设单位应适时组成专门机构做好生产准备工作，确保工程项目建成后能及时投产。生产准备的主要工作内容包括组建生产管理机构，制定管理有关制度和规定；招聘和培训生产人员，组织生产人员参加设备的安装、调试和工程验收工作；落实原材料、协作产品、燃料、水、电、气等的来源和其他需协作配合的条件，并组织工装、器具、备品、备件等的制造或订货等。

6）竣工验收。建设工程按设计文件的规定内容和标准全部完成并按规定将施工现场清理完毕后，达到竣工验收条件时，建设单位即可组织工程竣工验收。工程勘察、设计、施工、监理等单位应参加工程竣工验收。工程竣工验收要审查工程建设的各个环节，审阅工程档案、实地查验建筑安装工程实体，对工程设计、施工和设备质量等进行全面评价。不合格的工程不予验收。对遗留问题要提出具体解决意见，限期落实完成。工程竣工验收是投资成果转入生产或使用的标志，也是全面考核工程建设成果、检验设计和施工质量的关键步骤。工程竣工验收合格后，建设工程方可投入使用。建设工程自竣工验收合格之日起即进入工程质量保修期。建设工程自办理竣工验收手续后，发现存在工程质量缺陷的，应及时修复，费用由责任方承担。

1.4 我国建设工程监理相关制度的特点

按有关规定，我国工程建设应实行项目法人责任制、工程监理制、工程招标投标制和合同管理制，这些制度相互关联、相互支持，共同构成了我国工程建设管理的基本制度。

（1）项目法人责任制

为了建立投资约束机制、规范建设单位行为，原国家计划委员会于 1996 年 3 月发布了《关于实行建设项目法人责任制的暂行规定》（计建设 673 号）要求"国有单位经营性基本建设大中型项目在建设阶段必须组建项目法人"，"由项目法人对项目的策划、资金筹措、建设实施、生产经营、债务偿还和资产的保值增值，实行全过程负责"。项目法人责任制的核心内容是明确由项目法人承担投资风险，项目法人要对工程项目的建设及建成后的生产经营实行一条龙管理和全面负责。

1）项目法人的设立。新上项目在项目建议书被批准后应由项目的投资方派代表组成项目法人筹备组具体负责项目法人的筹建工作。有关单位在申报项目可行性研究报告时须同时提出项目法人的组建方案，否则，其可行性研究报告将不予审批。在项目可行性研究报告被批准后应正式成立项目法人，按有关规定确保资本金按时到位并及时办理公司设立登记。项目公司可以是有限责任公司（包括国有独资公司），也可以是股份有限公司。由原有企业负责建设的大中型基建项目，需新设立子公司的要重新设立项目法人；只设分公司或分厂的，原企业法人即是项目法人，原企业法人应向分公司或分厂派遣专职管理人员并实行专项考核。

2）项目法人的职权。建设项目董事会的职权包括负责筹措建设资金；审核、上报项目初步设计和概算文件；审核、上报年度投资计划并落实年度资金；提出项目开工报告；研究解决建设过程中出现的重大问题；负责提出项目竣工验收申请报告；审定偿还债务计划和生产经营方针并负责按时偿还债务；聘任或解聘项目总经理并根据总经理的提名聘任或解聘其他高级管理人员。项目总经理的职权包括组织编制项目初步设计文件，对项目工艺流程、设备选型、建设标准、总图布置提出意见，提交董事会审查；组织工程设计、施工监理、施工队伍和设备材料采购的招标工作，编制和确定招标方案、标底和评标标准，评选和确定投标、中标单位；编制并组织实施项目年度投资计划、用款计划、建设进度计划；编制项目财务预算、决算；编制并组织实施归还贷款和其他债务计划；组织工程建设实施，负责控制工程投资、工期和质量；在项目建设过程中，在批准的概算范围内对单项工程的设计进行局部调整（凡引起生产性质、能力、产品品种和标准变化的设计调整以及概算调整，需经董事会决定并报原审批单位批准）；根据董事会授权处理项目实施中的重大紧急事件，并及时向董事会报告；负责生产准备工作和培训有关人员；负责组织项目试生产和单项工程预验收；拟订生产经营计划、企业内部机构设置、劳动定员定额方案及工资福利方案；组织项目后评价，提出项目后评价报告；按时向有关部门报送项目建设、生产信息和统计资料；提请董事会聘任或解聘项目高级管理人员。

3）项目法人责任制与工程监理制的关系。项目法人责任制是实行工程监理制的必要条件。项目法人责任制的核心是要落实"谁投资、谁决策、谁承担风险"的基本原则。实行项目法人责任制，必然使项目法人面临一个重要问题，即如何做好投资决策和风险承担工作。项目法人为了切实承担其职责，必然需要社会化、专业化机构为其提供服务。这种需求为建设工程监理的发展提供了坚实基础。工程监理制是实行项目法人责任制的基本保障。实行工程监理制，项目法人可以依据自身需求和有关规定委托监理，在工程监理单位协助下，进行建设工程质量、造价、进度目标有效控制，从而为在计划目标内完成工程建设提供了基本保证。

（2）工程招标投标制

为了保护国家利益、社会公共利益，提高经济效益，保证工程项目质量，自2000年1月1日起开始施行的《招标投标法》（国家主席令第21号）规定"在中华人民共和国境内进行下列工程建设项目包括项目的勘察、设计、施工、监理以及与工程建设有关的重要设备、材料等的采购，必须进行招标：①大型基础设施、公用事业等关系社会公共利益、公众安全的项目；②全部或者部分使用国有资金投资或者国家融资的项目；③使用国际组织或者外国政府贷款、援助资金的项目"。

1）工程招标的具体范围和规模标准。2000年5月1日开始施行的《工程建设项目招标范围和规模标准规定》（国家发展计划委员会令第3号）进一步明确了工程招标的范围和规模标准，即关系社会公共利益、公众安全的基础设施项目的范围包括煤炭、石油、天然气、电力、新能源等能源项目；铁路、公路、管道、水运、航空以及其他交通运输业等交通运输项目；邮政、电信枢纽、通信、信息网络等邮电通讯项目；防洪、灌溉、排涝、引（供）水、滩涂治理、水土保持、水利枢纽等水利项目；道路、桥梁、地铁和轻轨交通、污水排放及处理、垃圾处理、地下管道、公共停车场等城市设施项目；生态环境保护项目；其他基础设施项目。关系社会公共利益、公众安全的公用事业项目的范围包括供水、供电、供气、供热等市政工程项目；科技、教育、文化等项目；体育、旅游等项目；卫生、社会福利等项目；商品住宅，包括经济适用住房；其他公用事业项目。使用国有资金投资项目的范围包括使用各级财政预算资金的项目；使用纳入财政管理的各种政府性专项建设基金的项目；使用国有企业事业单位自有资金，并且国有资产投资者实际拥有控制权的项目。国家融资项目的范围包括使用国家发行债券所筹资金的项目；使用国家对外借款或者担保所筹资金的项目；使用国家政策性贷款的项目；国家授权投资主体融资的项目；国家特许的融资项目。使用国际组织或者外国政府资金的项目的范围包括使用世界银行、亚洲开发银行等国际组织贷款资金的项目；使用外国政府及其机构贷款资金的项目；使用国际组织或者外国政府援助资金的项目。上述五类项目的勘察、设计、施工、监理以及与工程建设有关的重要设备、材料等的采购，达到下列标准之一的必须进行招标，即施工单项合同估算价在200万元以上的；重要设备、材料等货物的采购，单项合同估算价在100万元以上的；勘察、设计、监理等服务的采购，单项合同估算价在50万元以上的；单项合同估算价低于前三项规定的标准，但项目总投资额在3000万元以上的。依法必须进行招标的项目，全部使用国有资金投资或者国有资金投资占控股或者主导地位的应当公开招标。

2）工程招标投标制与工程监理制的关系。工程招标投标制是实行工程监理制的重要保证。对于法律法规规定必须实施监理招标的工程项目，建设单位需要按规定采用招标方式选择工程监理单位。通过工程监理招标有利于建设单位优选高水平工程监理单位，确保建设工程监理效果。工程监理制是落实工程招标投标制的重要保障。实行工程监理制，建设单位可以通过委托工程监理单位做好招标工作，更好地优选施工单位和材料设备供应单位。

（3）合同管理制

工程建设是一个极为复杂的社会生产过程，由于现代社会化大生产和专业化分工，许多单位会参与到工程建设之中，而各类合同则是维系各参与单位之间关系的纽带。自1999年10月1日起施行的《合同法》（国家主席令第15号）明确了合同的订立、效力、履行、变更与转让、终止、违约责任等有关内容以及包括建设工程合同、委托合同在内的15类合同，为实行合同管理制提供了重要法律依据。

1）工程项目合同体系。在工程项目合同体系中，建设单位和施工单位是两个最主要的节点。为实现工程项目总目标，建设单位可通过签订合同将工程项目有关活动委托给相应的专业承包单位或专业服务机构，相应的合同包括工程承包（总承包、施工承包）合同、工程勘察合同、工程设计合同、材料设备采购合同、工程咨询(可行性研究、技术咨询、建造咨询)合同、工程监理合同、工程项目管理服务合同、工程保险合同、贷款合同等。施工单位作为工程承包合同的履行者也可通过签订合同将工程承包合同中所确定的工程设计、施工、材料设备采购等部分任务委托给其他相关单位来完成，相应的合同包括工程分包合同、材料设备采购合同、运输合同、加工合同、租赁合同、劳务分包合同、保险合同等。

2) 合同管理制与工程监理制的关系。合同管理制是实行工程监理制的重要保证，建设单位委托监理时需要与工程监理单位建立合同关系、明确双方的义务和责任。工程监理单位实施监理时需要通过合同管理控制工程质量、造价和进度目标。合同管理制的实施为工程监理单位开展合同管理工作提供了法律和制度支持。工程监理制是落实合同管理制的重要保障，实行工程监理制，建设单位可以通过委托工程监理单位做好合同管理工作，更好地实现建设工程项目目标。

1.5 我国工程监理的历史与发展

我国自 1988 年实行工程建设项目监理制度以来，逐步建立起了一支为投资者提供工程管理服务的专业化监理队伍，打破了过去工程建设项目自筹、自建、自营的小生产管理模式，初步实现了我国在工程管理方面与国际惯例的接轨。推行工程建设监理制度是我国深化基本建设体制改革、发展市场经济的重要措施，是我国与国际惯例接轨的一项重要制度。我国正处于工业化中期加速阶段，各行业的建设需求依然巨大，随着我经济体制改革的深化和投资主体的多元化发展、工程项目规模的扩大和复杂程度的加深，市场对工程监理服务的需求日益增长。尽管我国工程监理行业仍处于摸索发展阶段，但其市场发展潜力大、前景广阔。我国监理行业已经走过了近 30 年的风雨历程，在我国工程建设中发挥了不可估量的作用。随着市场需求的变化以及国家行业政策的出台，一些有实力的监理企业将向项目管理公司方向发展，监理行业在建设工程领域必将发挥更大的作用。截至 2016 年年底，全国建设工程监理企业数量接近 8000 个，工程监理企业全年营业收入接近 2500 亿元，其中工程监理收入超过 1000 亿元，工程勘察设计、工程项目管理与咨询服务、工程招标代理、工程造价咨询及其他业务收入 1500 亿元。未来，工程监理企业应从两方面入手提高竞争力，即增量提质。所谓"增量"是指拓展企业规模，包括监理项目的数量和规模、企业的经营范围、监理的资质范围和等级、注册监理工程师和从业人员数量、客户面和客户获取渠道(尤其是政府投资项目的客户)、服务区域、服务行业、企业联盟和并购等，只有量达到一定的规模才能有质的飞跃并为质的飞跃打好基础。所谓"提质"是指提高企业效能和核心竞争力，包括战略构想、品牌建设、文化建设、业绩管理、营销策划、管理能力、人员技能、知识管理、流程优化、绩效管理等，以适应未来市场化、专业化发展的需要。

1988 年 8 月 12～13 日，原建设部在北京召开建设监理试点工作会议(即第一次全国建设监理工作会议)，研究落实中共中央要求，商讨监理试点工作的目的、要求，确定监理试点单位的条件等事宜。1988 年 10 月 11～13 日，原建设部在上海召开第二次全国建设监理工作会议，进一步商讨选择哪些城市作为建设监理制度的试点，经讨论后确定了作为试点的 8 市 2 部，即将北京、天津、上海、哈尔滨、沈阳、南京、宁波、深圳和原能源部的水电系统、原交通部的公路系统作为监理试点，根据会议精神，原建设部于 1988 年 11 月 12 日制定印发了《关于开展建设监理试点工作的若干意见》，据此，试点地区和部门开始组建监理单位，建设行政主管部门帮助监理单位选择监理工程项目，逐步开始实施建设监理制度。

原交通部作为建设工程监理制的试点单位，利用世界银行贷款先后修建了很多基础交通设施，典型工程是陕西省西安至三原一级公路、京津塘高速公路和天津港东突堤工程，在以上工程修建中承包方按照国际通行的 FIDIC（菲迪克）合同条款要求实行了国际招标及工程监理制，从而逐步形成了适合中国国情的交通建设工程监理模式。自第一批交通建设项目实行工程监理制以来，交通建设的工程监理制度经过开始试点、稳步发展、全面推行三个阶段逐步成熟完善。随着中国改革开放的不断深入和交通事业的持续、快速发展，建设监理制度已成为中国公路、水运工程建设中不可缺少的重要环节，其所起的作用也越来越明显。

为完善中国的监理体制，在工程监理方面积累更多经验，1989 年 1 月 9～17 日，原建设部首次组织建设监理考察团赴新加坡考察。新加坡先进的建设监理制度，特别是完整的法规体系给了我们很多有益的启示。同年 9 月 8～16 日，原建设部、原冶金部和江苏省南京市建委组成中国建设监理考察团前往法国进行考察。法国于 1929 年开始实行建设监理制度，几十年来，他们在工程质量监理方面积累了非常丰富的经验。上述两次考察为中国建设监理制度的创新与发展提供了很好的借鉴。

1989 年 5 月 10～17 日，原建设部建设监理司在安徽合肥举办建设监理研讨班，就建设监理试点各阶段的理论、政策和工作中的具体问题进行了研究和论证，尤其是对监理单位的组织模式、监理人员的称谓和监理方法，跨地区承揽监理任务的管理，以及与质量监督的关系等问题进行了深入地探讨，从而初步理清了建设监理工作的思路。

1989 年 7 月 28 日，原建设部颁发了《建设监理试行规定》，这是中国开展建设监理工作的第一个法规性文件，它全面地规范了参与建设监理各方的行为。为及时总结试点经验、指导建设监理试点工作健康发展，1989 年 10 月 23～26 日，原建设部在上海召开了第三次全国建设监理工作会议，总结了 8 市 2 部监理试点的经验，试点经验归纳为以下 4 个方面，即实行监理制度的工程在工期、质量、造价等方面与以前相比均取得了更好的效果；3 年的试点工作充分证明，实行这项改革有助于完善中国工程建设管理体制；有助于促进中国工程的整体水平和投资效益；要组建一支高水准的工程建设监理队伍，把工程监理制度稳定下来。

1993 年 5 月，第五次全国建设监理工作会议的召开标志着中国建设监理制度走向稳步发展的新阶段。第五次全国建设监理工作会议总结了中国 4 年多来监理试点的工作经验，宣布结束试点工作，进入稳步发展的新阶段。会议提出了新的发展的目标，即从 1993 年起用 3 年左右的时间完成稳步发展阶段的各项任务；从 1996 年开始建设监理制度走向全面实施阶段；到 20 世纪末，中国的建设监理事业争取达到产业化、规范化和国际化的程度。会议同时提出稳步发展阶段的主要任务是健全监理法规和行政管理制度；大中型工程项目和重点工程项目都要实行监理制；监理队伍的规模要和基本建设的发展水平相适应，基本满足监理市场的需要；要有相当一部分监理单位和监理人员获得国际同行的认可并进入国际建筑市场。会后，国内各地区、各部门立即着手部署工作，其中北京市、上海市，原水电部和原煤炭部等地区和部门已决定由试点阶段进入全面推行阶段，所有新开工程项目都实行监理制度。深圳市更进一步作出规定，凡总投资额超过 100 万元的工程项目都必须实行监理制度。原机械部、原煤炭部、有色金属总公司等也向本系统发出通知，今后新建项目不再批准成立新的工程指挥部或组建新的筹建班子，一律委托系统内具有相当资质的监理单位进行监理。

1993 年，全国已注册监理单位达 886 家、从业者约 4.2 万人，在监理队伍中还涌现出一批甲级资质的监理单位。根据原建设部 1993 年第 16 号部长令《工程建设监理单位资质管理试行办法》，原建设部首次认定了 59 家甲级资质的监理单位。此后，兼职承担监理业务的单位逐渐减少，专职承担监理业务的单位不断增多。在总结试点经验基础上，结合社会主义市场经济的特点，原建设部对 1989 年颁发试行的《建设监理试行规定》进行过多次讨论与修改。经原建设部、民政部批准，中国建设监理协会于 1993 年上半年正式成立并于同年 7 月在北京召开成立大会，中国建设监理协会的成立标志着中国建设监理行业基本成形并走上自我约束、自我发展的道路。到 1994 年年底，全国已有 29 个省、自治区、直辖市和国务院所属的 36 个工业交通原材料等部门都在推行监理制度，其中北京、天津、上海 3 市及辽宁、湖北、河南、海南、江苏等省的地级以上城市全部推行了监理制度，全国推行监理制度的地级以上城市达 153 个、占当时全国 196 个地级城市的 76%，全国大中型水电工程、大部分国道和高等级公路工程都实行了工程监理，建筑市场初步形成了由业主、监理和承建三方组成的三元主体结构。

1995 年 12 月 15 日，原建设部和原国家计委印发了《工程建设监理规定》的通知并自 1996 年 1 月 1 日起实施，同时废止了原建设部 1989 年 7 月 28 日发布的《建设监理试行规定》。截至 1995 年年底，全国 29 个省、自治区、直辖市和国务院所属的 39 个工业、交通等部门推行了建设监理制度，已成立监理单位 1500 多家、监理工作从业人员达 8 万余人，全国大中型水电工程、铁路工程、大部分国道和高等级公路工程都实行了工程监理制度，全国实行监理制度的工程投资规模达 5000 多亿元、覆盖率平均约为 20%。截至 1996 年底，全国共有工程建设监理单位 2100 多家、比 1995 年增加了 27%，其中甲级资质的监理单位 123 家，全国从事监理工作的人员共 10.2 万余人、比 1995 年增加了 23.5%，其中具有中级及其以上技术职称的人员有 7.54 万余人，全国约 4.3 万人参加了原建设部指定院校的监理培训，取得原建设部、原人事部确认资格的监理工程师人数达 2963 人，经过注册的监理工程师 1865 人，各地区、各部门的自行培训形成了监理工作人员基本能持证上岗的良好局面，在一些外资、合资项目的监理工作中我国监理人员已经成为主力。1996 年，国内多数地区都有了自己的工程监理规章，北京、湖北、海南、黑龙江、重庆、河北 6 省市以政府令的形式颁布了工程监理法规；广东、山西、山东、厦门等 5 省市以政府文件的形式发布了工程监理规定；其余地区多数以建委（建设厅）名义印发了工程监理办法或实施细则，深圳市还以地方人大常委会的名义颁布了工程监理条例。1996 年全国开展监理工作的地级市达到 238 个，占当时全国 269 个地级市的 88.4%，地级城市已经普遍推行建设监理制。

建设工程监理制于 1988 年开始试点，5 年后逐步推行，1997 年《中华人民共和国建筑法》规定"国家推行建设工程监理制度"，从而使建设工程监理制度进入全面推行阶段。1997 年度我国工程建设的总投资额为 2.46 万亿元，实行监理制度的项目投资超过 1.02 万亿元，监理制度覆盖面达 41.7%，北京、黑龙江、山西、河北、湖北、广东、海南、山东 8 省市和水电水利、石化、煤炭、铁道、交通、电子 6 个部门规定新开工的相应规模工程项目要全部实行监理制度。

1999 年我国的建设监理部门围绕着贯彻《建筑法》《招标投标法》《合同法》《建设工程质量管理条例》及落实朱镕基总理关于监理工作的指示，狠抓了监理队伍的建设，强调监理工作的规范化和监理人员水平的提高。

1999 年 5 月 13~14 日，原建设部与人事部举行了全国监理工程师执业资格考试，这是继 1997 年首次全国监理工程师考试以来的第三次全国性监理考试，共有 3 万多人报名参加考试，约有 6000 多人通过考试取得了监理执业资格，使全国具有监理执业资格的人达到

3.06万人。

2000年7月，原建设部与中国建设监理协会共同组织召开了监理企业改制工作研讨会，与监理企业及各方人士共同研讨了监理企业改制的有关问题，还着手修改了《工程建设监理单位资质管理办法》。

虽然建设监理制度已经在全国范围内推行，但业主、施工单位和质量监督机构对实行工程监理的意义及其重要性还是缺乏认识，对监理人员的地位及与各方的关系也不甚了解。有些业主认为监理人员是自己的雇员，必须为自己的利益着想，按自己的要求办事。质量监督机构认为监理人员代替了自己的职能，因而忽视了对工程质量的监管。由于对监理人员工作的模糊认识，使工程建设各方在关系的协调上不顺畅，监理人员的决定不能实施，监理效果不够理想，工程质量监督工作出现漏洞。当工程出现质量问题时，还容易出现互相推诿扯皮的现象。为解决上述问题，从1992年2月1日《工程建设监理单位资质管理试行办法》开始施行到2008年5月，中华人民共和国住房和城乡建设部、国家工商行政管理局联合发布《建设工程监理合同示范文本（征求意见稿）》，政府及相关部门也相继出台了许多与建设工程监理关系密切的法律、法规、规章、规范，比如《建筑法》《建设工程质量管理条例》《工程监理企业资质管理规定》《建设工程监理规范》和《房屋建筑工程施工旁站监理管理办法（试行）》等，从而使我国的工程监理步入了科学化、规范化的良性发展新时代。

实行建设监理制度是中国建设领域的一项重大改革，是中国对外开放、国际交往日益扩大的结果。通过实行建设监理制度，中国建设工程的管理体制开始向社会化、专业化、规范化的先进管理模式转变。这种管理模式在项目法人与承包商之间引入了建设监理单位作为中介服务的第三方，进而在项目法人与承包商、项目法人与监理单位之间形成了以经济合同为纽带，以提高工程质量和建设水平为目的的相互制约、相互协作、相互促进的一种新的建设项目管理运行机制。这种机制为提高建设工程的质量、节约建筑工程的投资、缩短建筑工程的工期创造了有利条件。经过30年的发展历程，监理制度已逐步走向成熟，在中国国民经济建设中发挥着重要作用。

★ 思 考 题

1. 简述建设工程监理的学科特点。
2. 简述工程监理的基本工作程序。
3. 工程监理的基本工作内容有哪些？
4. 工程监理实施的基本原则是什么？
5. 简述工程监理工程结算的特点。
6. 工程监理单位在规划设计阶段的工作有哪些？
7. 简述工程监理应关注的几个焦点问题。
8. 简述我国工程建设程序的特点。
9. 工程监理在策划决策阶段的作用是什么？
10. 工程监理在建设实施阶段的作用是什么？
11. 简述我国建设工程监理相关制度的特点。
12. 简述我国工程监理的发展历程。

第2章 我国工程监理企业资质管理的特点及相关规定

2.1 我国对工程监理企业的宏观要求

工程监理企业应规范进行建设工程监理活动、维护建筑市场秩序，应遵守《中华人民共和国建筑法》《中华人民共和国行政许可法》《建设工程质量管理条例》等法律、行政法规。从事建设工程监理活动的企业应当按规定取得工程监理企业资质并在工程监理企业资质证书（以下简称资质证书）许可的范围内从事工程监理活动。国务院住房城乡建设主管部门负责全国工程监理企业资质的统一监督管理工作。国务院铁路、交通、水利、信息产业、民航等有关部门配合国务院住房城乡建设主管部门实施相关资质类别工程监理企业资质的监督管理工作。省、自治区、直辖市人民政府住房城乡建设主管部门负责本行政区域内工程监理企业资质的统一监督管理工作。省、自治区、直辖市人民政府交通、水利、信息产业等有关部门配合同级住房城乡建设主管部门实施相关资质类别工程监理企业资质的监督管理工作。工程监理行业组织应当加强工程监理行业自律管理。鼓励工程监理企业加入工程监理行业组织。

2.2 工程监理企业的资质等级和业务范围

我国工程监理企业资质分综合资质、专业资质和事务所资质等3个层次。其中，专业资质又按照工程性质和技术特点划分为若干工程类别；综合资质、事务所资质不分级别。专业资质分为甲级、乙级，其中，房屋建筑、水利水电、公路和市政公用专业资质可设立丙级。工程监理企业的资质等级标准应符合相关要求。

1）综合资质标准。具有独立法人资格且具有符合国家有关规定的资产。企业技术负责人应为注册监理工程师并具有15年以上从事工程建设工作的经历或者具有工程类高级职称。具有5个以上工程类别的专业甲级工程监理资质。注册监理工程师不少于60人，注册造价工程师不少于5人，一级注册建造师、一级注册建筑师、一级注册结构工程师或者其他勘察设计注册工程师合计不少于15人次。企业具有完善的组织结构和质量管理体系，有健全的技术、档案等管理制度。企业具有必要的工程试验检测设备。申请工程监理资质之日前一年内没有我国现行《工程监理企业资质管理规定》第十六条禁止的行为。申请工程监理资质之日前一年内没有因本企业监理责任造成重大质量事故。申请工程监理资质之日前一年内没有因本企业监理责任发生三级以上工程建设重大安全事故或者发生两起以上四级工程建设安全事故。

2）专业资质中的甲级标准。具有独立法人资格且具有符合国家有关规定的资产。企业技术负责人应为注册监理工程师并具有15年以上从事工程建设工作的经历或者具有工程类高级职称。注册监理工程师、注册造价工程师、一级注册建造师、一级注册建筑师、一级注册结构工程师或者其他勘察设计注册工程师合计不少于25人次，其中，相应专业注册监理工程师不少于表2-2-1中要求配备的人数、注册造价工程师不少于2人。企业近2年内独立监理过3个以上相应专业的二级工程项目，但是，具有甲级设计资质或一级及以上施工总承包资质的企业申请本专业工程类别甲级资质的除外。企业具有完善的组织结构和质量管理体系，有健全的技术、档案等管理制度。企业具有必要的工程试验检测设备。申请工程监理资质之日前一年内没有我国现行《工程监理企业资质管理规定》第十六条禁止的行为。申请工程监理资质之日前一年内没有因本企业监理责任造成重大质量事故。申请工程监理资质之日前一年内没有因本企业监理责任发生三级以上工程建设重大安全事故或者发生两起以上四级工程建设安全事故。

3）专业资质中的乙级标准。具有独立法人资格且具有符合国家有关规定的资产。企业技术负责人应为注册监理工程师并具有10年以上从事工程建设工作的经历。注册监理工程师、注册造价工程师、一级注册建造师、一级注册建筑师、一级注册结构工程师或者其他勘察设计注册工程师合计不少于15人次。其中，相应专业注册监理工程师不少于表2-2-1中要求配备的人数、注册造价工程师不少于1人。有较完善的组织结构和质量管理体系，有技术、档案等管理制度。有必要的工程试验检测设备。申请工程监理资质之日前一年内没有我国现行《工程监理企业资质管理规定》第十六条禁止的行为。申请工程监理资质之日前一年内没有因本企业监理责任造成重大质量事故。申请工程监理资质之日前一年内没有因本企业监理责任发生三级以上工程建设重大安全事故或者发生两起以上四级工程建设安全事故。

4）专业资质中的丙级标准。具有独立法人资格且具有符合国家有关规定的资产。企业技术负责人应为注册监理工程师并具有8年以上从事工程建设工作的经历。相应专业的注册监理工程师不少于表2-2-1中要求配备的人数。有必要的质量管理体系和规章制度。有必要的工程试验检测设备。

表2-2-1　专业资质注册监理工程师人数配备　　　　　　　　　　　人

序号	工程类别	甲级	乙级	丙级	序号	工程类别	甲级	乙级	丙级
1	房屋建筑工程	15	10	5	8	铁路工程	23	14	
2	冶炼工程	15	10		9	公路工程	20	12	5
3	矿山工程	20	12		10	港口与航道工程	20	12	
4	化工石油工程	15	10		11	航天航空工程	20	12	
5	水利水电工程	20	12	5	12	通信工程	20	12	
6	电力工程	15	10		13	市政公用工程	15	10	5
7	农林工程	15	10		14	机电安装工程	15	10	

注：表中各专业资质注册监理工程师人数配备是指企业取得本专业工程类别注册的注册监理工程师人数。

5）事务所资质标准。取得合伙企业营业执照，具有书面合作协议书。合伙人中有3名以上注册监理工程师，合伙人均有5年以上从事建设工程监理的工作经历。有固定的工作场所。有必要的质量管理体系和规章制度。有必要的工程试验检测设备。

工程监理企业资质相应许可的业务范围应遵守相关规定（表2-2-2）：综合资质可以承担所有专业工程类别建设工程项目的工程监理业务；专业甲级资质可承担相应专业工程类别建设工程项目的工程监理业务；专业乙级资质可承担相应专业工程类别二级以下（含二级）建设工程项目的工程监理业务；专业丙级资质可承担相应专业工程类别三级建设工程项目的工程监理业务；事务所资质可承担三级建设工程项目的工程监理业务，但国家规定必须实行强制监理的工程除外。工程监理企业可以开展相应类别建设工程的项目管理、技术咨询等业务。

表 2-2-2　专业工程类别和等级

序号	工程类别		一级	二级	三级
一	房屋建筑工程	一般公共建筑	28 层以上；36m 跨度以上（轻钢结构除外）；单项工程建筑面积 $3 \times 10^4 m^2$ 以上	14~28 层；24~36m 跨度（轻钢结构除外）；单项工程建筑面积 $(1~3) \times 10^4 m^2$	14 层以下；24m 跨度以下（轻钢结构除外）；单项工程建筑面积 $1 \times 10^4 m^2$ 以下
		高耸构筑工程	高度 120m 以上	高度 70~120m	高度 70m 以下
		住宅工程	小区建筑面积 $12 \times 10^4 m^2$ 以上；单项工程 28 层以上	建筑面积 $(6~12) \times 10^4 m^2$；单项工程 14~28 层	建筑面积 $6 \times 10^4 m^2$ 以下；单项工程 14 层以下
二	冶炼工程	钢铁冶炼、连铸工程	年产 $100 \times 10^4 t$ 以上；单座高炉炉容 $1250 m^3$ 以上；单座公称容量转炉 100t 以上；电炉 50t 以上；连铸年产 $100 \times 10^4 t$ 以上或板坯连铸单机 1450mm 以上	年产 $100 \times 10^4 t$ 以下；单座高炉炉容 $1250 m^3$ 以下；单座公称容量转炉 100t 以下；电炉 50t 以下；连铸年产 $100 \times 10^4 t$ 以下或板坯连铸单机 1450mm 以下	
		轧钢工程	热轧年产 $100 \times 10^4 t$ 以上，装备连续、半连续轧机；冷轧带板年产 $100 \times 10^4 t$ 以上，冷轧线材年产 $30 \times 10^4 t$ 以上或装备连续、半连续轧机	热轧年产 $100 \times 10^4 t$ 以下，装备连续、半连续轧机；冷轧带板年产 $100 \times 10^4 t$ 以下，冷轧线材年产 $30 \times 10^4 t$ 以下或装备连续、半连续轧机	
		冶炼辅助工程	炼焦工程年产 $50 \times 10^4 t$ 以上或炭化室高度 4.3m 以上；单台烧结机 $100 m^2$ 以上；小时制氧 $300 m^3$ 以上	炼焦工程年产 $50 \times 10^4 t$ 以下或炭化室高度 4.3m 以下；单台烧结机 $100 m^2$ 以下；小时制氧 $300 m^3$ 以下	
		有色冶炼工程	有色冶炼年产 $10 \times 10^4 t$ 以上；有色金属加工年产 $5 \times 10^4 t$ 以上；氧化铝工程 $40 \times 10^4 t$ 以上	有色冶炼年产 $10 \times 10^4 t$ 以下；有色金属加工年产 $5 \times 10^4 t$ 以下；氧化铝工程 $40 \times 10^4 t$ 以下	
		建材工程	水泥日产 2000t 以上；浮化玻璃日熔量 400t 以上；池窑拉丝玻璃纤维、特种纤维、特种陶瓷生产线工程	水泥日产 2000t 以下；浮化玻璃日熔量 400t 以下；普通玻璃生产线；组合炉拉丝玻璃纤维；非金属材料、玻璃钢、耐火材料、建筑及卫生陶瓷厂工程	
三	矿山工程	煤矿工程	年产 $120 \times 10^4 t$ 以上的井工矿工程；年产 $120 \times 10^4 t$ 以上的洗选煤工程；深度 800m 以上的立井井筒工程；年产 $400 \times 10^4 t$ 以上的露天矿山工程	年产 $120 \times 10^4 t$ 以下的井工矿工程；年产 $120 \times 10^4 t$ 以下的洗选煤工程；深度 800m 以下的立井井筒工程；年产 $400 \times 10^4 t$ 以下的露天矿山工程	

17

序号	工程类别	一级	二级	三级
三	矿山工程	冶金矿山工程	年产 $100×10^4$ t 以上的黑色矿山采选工程；年产 $100×10^4$ t 以上的有色砂矿采、选工程；年产 $60×10^4$ t 以上的有色脉矿采、选工程	年产 $100×10^4$ t 以下的黑色矿山采选工程；年产 $100×10^4$ t 以下的有色砂矿采、选工程；年产 $60×10^4$ t 以下的有色脉矿采、选工程	
		化工矿山工程	年产 $60×10^4$ t 以上的磷矿、硫铁矿工程	年产 $60×10^4$ t 以下的磷矿、硫铁矿工程	
		铀矿工程	年产 $10×10^4$ t 以上的铀矿；年产 200t 以上的铀选冶	年产 $10×10^4$ t 以下的铀矿；年产 200t 以下的铀选冶	
		建材类非金属矿工程	年产 $70×10^4$ t 以上的石灰石矿；年产 $30×10^4$ t 以上的石膏矿、石英砂岩矿	年产 $70×10^4$ t 以下的石灰石矿；年产 $30×10^4$ t 以下的石膏矿、石英砂岩矿	
四	化工石油工程	油田工程	原油处理能力 $150×10^4$ t/a 以上、天然气处理能力 $150×10^4$ m³/d 以上、产能 $50×10^4$ t 以上及配套设施	原油处理能力 $150×10^4$ t/a 以下、天然气处理能力 $150×10^4$ m³/d 以下、产能 $50×10^4$ t 以下及配套设施	
		油气储运工程	压力容器 8MPa 以上；油气储罐 $10×10^4$ m³/台以上；长输管道 120km 以上	压力容器 8MPa 以下；油气储罐 $10×10^4$ m³/台以下；长输管道 120km 以下	
		炼油化工工程	原油处理能力在 $500×10^4$ t/年以上的一次加工及相应二次加工装置和后加工装置	原油处理能力在 $500×10^4$ t/年以下的一次加工及相应二次加工装置和后加工装置	
		基本原材料工程	年产 $30×10^4$ t 以上的乙烯工程；年产 $4×10^4$ t 以上的合成橡胶、合成树脂及塑料和化纤工程	年产 $30×10^4$ t 以下的乙烯工程；年产 $4×10^4$ t 以下的合成橡胶、合成树脂及塑料和化纤工程	
		化肥工程	年产 $20×10^4$ t 以上合成氨及相应后加工装置；年产 $24×10^4$ t 以上磷氨工程	年产 $20×10^4$ t 以下合成氨及相应后加工装置；年产 $24×10^4$ t 以下磷氨工程	
		酸碱工程	年产硫酸 $16×10^4$ t 以上；年产烧碱 $8×10^4$ t 以上；年产纯碱 $40×10^4$ t 以上	年产硫酸 $16×10^4$ t 以下；年产烧碱 $8×10^4$ t 以下；年产纯碱 $40×10^4$ t 以下	
		轮胎工程	年产 $30×10^4$ 套以上	年产 $30×10^4$ 套以下	

序号	工程类别		一级	二级	三级
四	化工石油工程	核化工及加工工程	年产 1000t 以上的铀转换化工工程；年产 100t 以上的铀浓缩工程；总投资 10 亿元以上的乏燃料后处理工程；年产 200t 以上的燃料元件加工工程；总投资 5000 万元以上的核技术及同位素应用工程	年产 1000t 以下的铀转换化工工程；年产 100t 以下的铀浓缩工程；总投资 10 亿元以下的乏燃料后处理工程；年产 200t 以下的燃料元件加工工程；总投资 5000 万元以下的核技术及同位素应用工程	
		医药及其他化工工程	总投资 1 亿元以上	总投资 1 亿元以下	
五	水利水电工程	水库工程	总库容 $1 \times 10^8 m^3$ 以上	总库容 $1 \times 10^7 \sim 1 \times 10^8 m^3$	总库容 $1 \times 10^7 m^3$ 以下
		水力发电站工程	总装机容量 300MW 以上	总装机容量 50~300MW	总装机容量 50MW 以下
		其他水利工程	引调水堤防等级 1 级；灌溉排涝流量 5m³/s 以上；河道整治面积 30 万亩以上；城市防洪城市人口 50 万人以上；围垦面积 5 万亩以上；水土保持综合治理面积 1000km² 以上	引调水堤防等级 2、3 级；灌溉排涝流量 0.5~5m³/s；河道整治面积 (3~30) 万亩；城市防洪城市人口 (20~50) 万人；围垦面积 (0.5~5) 万亩；水土保持综合治理面积 100~1000km²	引调水堤防等级 4、5 级；灌溉排涝流量 0.5m³/s 以下；河道整治面积 3 万亩以下；城市防洪城市人口 20 万人以下；围垦面积 0.5 万亩以下；水土保持综合治理面积 100km² 以下
六	电力工程	火力发电站工程	单机容量 30×10^4 kW 以上	单机容量 30×10^4 kW 以下	
		输变电工程	330kV 以上	330kV 以下	
		核电工程	核电站；核反应堆工程		
七	农林工程	林业局(场)总体工程	面积 35 万公顷以上	面积 35 万公顷以下	
		林产工业工程	总投资 5000 万元以上	总投资 5000 万元以下	
		农业综合开发工程	总投资 3000 万元以上	总投资 3000 万元以下	
		种植业工程	2 万亩以上或总投资 1500 万元以上	2 万亩以下或总投资 1500 万元以下	
		兽医/畜牧工程	总投资 1500 万元以上	总投资 1500 万元以下	
		渔业工程	渔港工程总投资 3000 万元以上；水产养殖等其他工程总投资 1500 万元以上	渔港工程总投资 3000 万元以下；水产养殖等其他工程总投资 1500 万元以下	

序号	工程类别		一级	二级	三级
七	农林工程	设施农业工程	设施园艺工程1公顷以上；农产品加工等其他工程总投资1500万元以上	设施园艺工程1公顷以下；农产品加工等其他工程总投资1500万元以下	
		核设施退役及放射性三废处理处置工程	总投资5000万元以上	总投资5000万元以下	
八	铁路工程	铁路综合工程	新建、改建一级干线；单线铁路40km以上；双线30km以上及枢纽	单线铁路40km以下；双线30km以下；二级干线及站线；专用线、专用铁路	
		铁路桥梁工程	桥长500m以上	桥长500m以下	
		铁路隧道工程	单线3000m以上；双线1500m以上	单线3000m以下；双线1500m以下	
		铁路通信、信号、电力电气化工程	新建、改建铁路（含枢纽、配、变电所、分区亭）单双线200km及以上	新建、改建铁路（不含枢纽、配、变电所、分区亭）单双线200km及以下	
九	公路工程	公路工程	高速公路	高速公路路基工程及一级公路	一级公路路基工程及二级以下各级公路
		公路桥梁工程	独立大桥工程；特大桥总长1000m以上或单跨跨径150m以上	大桥、中桥桥梁总长30~1000m或单跨跨径20~150m	小桥总长30m以下或单跨跨径20m以下；涵洞工程
		公路隧道工程	隧道长度1000m以上	隧道长度500~1000m	隧道长度500m以下
		其他工程	通信、监控、收费等机电工程，高速公路交通安全设施、环保工程和沿线附属设施	一级公路交通安全设施、环保工程和沿线附属设施	二级及以下公路交通安全设施、环保工程和沿线附属设施
十	港口与航道工程	港口工程	集装箱、件杂、多用途等沿海港口工程20000t级以上；散货、原油沿海港口工程30000t级以上；1000t级以上内河港口工程	集装箱、件杂、多用途等沿海港口工程20000t级以下；散货、原油沿海港口工程30000t级以下；1000t级以下内河港口工程	
		通航建筑与整治工程	1000t级以上	1000t级以下	
		航道工程	通航30000t级以上船舶沿海复杂航道；通航1000t级以上船舶的内河航运工程项目	通航30000t级以下船舶沿海航道；通航1000t级以下船舶的内河航运工程项目	
		修造船水工工程	10000t位以上的船坞工程；船体质量5000t位以上的船台、滑道工程	10000t位以下的船坞工程；船体质量5000t位以下的船台、滑道工程	

序号	工程类别		一级	二级	三级
十	港口与航道工程	防波堤、导流堤等水工工程	最大水深6m以上	最大水深6m以下	
		其他水运工程项目	建安工程费6000万元以上的沿海水运工程项目；建安工程费4000万元以上的内河水运工程项目	建安工程费6000万元以下的沿海水运工程项目；建安工程费4000万元以下的内河水运工程项目	
十一	航天航空工程	民用机场工程	飞行区指标为4E及以上及其配套工程	飞行区指标为4D及以下及其配套工程	
		航空飞行器工程	航空飞行器(综合)工程总投资1亿元以上；航空飞行器(单项)工程总投资3000万元以上	航空飞行器(综合)工程总投资1亿元以下；航空飞行器(单项)工程总投资3000万元以下	
		航天空间飞行器	工程总投资3000万元以上；面积3000m^{2}以上；跨度18m以上	工程总投资3000万元以下；面积3000m^{2}以下；跨度18m以下	
十二	通信工程	有线、无线传输通信工程，卫星、综合布线	省际通信、信息网络工程	省内通信、信息网络工程	
		邮政、电信、广播枢纽及交换工程	省会城市邮政、电信枢纽	地市级城市邮政、电信枢纽	
		发射台工程	总发射功率500kW以上短波或600kW以上中波发射台；高度200m以上广播电视发射塔	总发射功率500kW以下短波或600kW以下中波发射台；高度200m以下广播电视发射塔	
十三	市政公用工程	城市道路工程	城市快速路、主干路，城市互通式立交桥及单孔跨径100m以上桥梁；长度1000m以上的隧道工程	城市次干路工程，城市分离式立交桥及单孔跨径100m以下的桥梁；长度1000m以下的隧道工程	城市支路工程、过街天桥及地下通道工程
		给水排水工程	10×10^{4}t/d以上的给水厂；5×10^{4}t/d以上污水处理工程；3m^3/s以上的给水、污水泵站；15m^3/s以上的雨泵站；直径2.5m以上的给排水管道	(2~10)×10^{4}t/d的给水厂；(1~5)×10^{4}t/d污水处理工程；1~3m^3/s的给水、污水泵站；5~15m^3/s的雨泵站；直径1~2.5m的给水管道；直径1.5~2.5m的排水管道	2×10^{4}t/d以下的给水厂；1×10^{4}t/d以下污水处理工程；1m^3/s以下的给水、污水泵站；5m^3/s以下的雨泵站；直径1m以下的给水管道；直径1.5m以下的排水管道
		燃气热力工程	总储存容积1000m^{3}以上液化气贮罐场(站)；供气规模15×10^{4}m^3/d以上的燃气工程；中压以上的燃气管道、调压站；供热面积150×10^{4}m^{2}以上的热力工程	总储存容积1000m^{3}以下的液化气贮罐场(站)；供气规模15×10^{4}m^3/d以下的燃气工程；中压以下的燃气管道、调压站；供热面积(50~150)×10^{4}m^{2}的热力工程	供热面积50×10^{4}m^{2}以下的热力工程

序号	工程类别		一级	二级	三级
十三	市政公用工程	垃圾处理工程	1200t/d 以上的垃圾焚烧和填埋工程	500～1200t/d 的垃圾焚烧及填埋工程	500t/d 以下的垃圾焚烧及填埋工程
		地铁轻轨工程	各类地铁轻轨工程		
		风景园林工程	总投资 3000 万元以上	总投资 1000～3000 万元	总投资 1000 万元以下
十四	机电安装工程	机械工程	总投资 5000 万元以上	总投资 5000 万以下	
		电子工程	总投资 1 亿元以上；含有净化级别 6 级以上的工程	总投资 1 亿元以下；含有净化级别 6 级以下的工程	
		轻纺工程	总投资 5000 万元以上	总投资 5000 万元以下	
		兵器工程	建安工程费 3000 万元以上的坦克装甲车辆、炸药、弹箭工程；建安工程费 2000 万元以上的枪炮、光电工程；建安工程费 1000 万元以上的防化民爆工程	建安工程费 3000 万元以下的坦克装甲车辆、炸药、弹箭工程；建安工程费 2000 万元以下的枪炮、光电工程；建安工程费 1000 万元以下的防化民爆工程	
		船舶工程	船舶制造工程总投资 1 亿元以上；船舶科研、机械、修理工程总投资 5000 万元以上	船舶制造工程总投资 1 亿元以下；船舶科研、机械、修理工程总投资 5000 万元以下	
		其他工程	总投资 5000 万元以上	总投资 5000 万元以下	

注：表中的"以上"含本数，"以下"不含本数。未列入本表中的其他专业工程，由国务院有关部门按照有关规定在相应的工程类别中划分等级。房屋建筑工程包括结合城市建设与民用建筑修建的附建人防工程。

2.3　工程监理企业资质申请和审批的相关规定

申请综合资质、专业甲级资质的可以向企业工商注册所在地的省、自治区、直辖市人民政府住房城乡建设主管部门提交申请材料。省、自治区、直辖市人民政府住房城乡建设主管部门收到申请材料后应当在 5 日内将全部申请材料报审批部门。国务院住房城乡建设主管部门在收到申请材料后应当依法作出是否受理的决定并出具凭证，申请材料不齐全或者不符合法定形式的应当在 5 日内一次性告知申请人需要补正的全部内容，逾期不告知的自收到申请材料之日起即为受理。国务院住房城乡建设主管部门应当自受理之日起 20 日内作出审批决定，自作出决定之日起 10 日内公告审批结果，其中，涉及铁路、交通、水利、通信、民航等专业工程监理资质的由国务院住房城乡建设主管部门送国务院有关部门审核，国务院有关部门应当在 15 日内审核完毕并将审核意见报国务院住房城乡建设主管部门。组织专家评审所需时间不计算在上述时限内但应当明确告知申请人。

专业乙级、丙级资质和事务所资质由企业所在地省、自治区、直辖市人民政府住房城乡建设主管部门审批。专业乙级、丙级资质和事务所资质许可延续的实施程序由省、自治区、直辖市人民政府住房城乡建设主管部门依法确定。省、自治区、直辖市人民政府住房城乡建设主管部门应当自作出决定之日起 10 日内将准予资质许可的决定报国务院住房城乡建设主管部门备案。

工程监理企业资质证书分正本和副本，每套资质证书包括一本正本、四本副本，正、副本具有同等法律效力。工程监理企业资质证书的有效期为 5 年。工程监理企业资质证书由国务院住房城乡建设主管部门统一印制并发放。

申请工程监理企业资质应当提交以下 7 方面材料：工程监理企业资质申请表（一式三份）及相应电子文档；企业法人、合伙企业营业执照；企业章程或合伙人协议；企业法定代表人、企业负责人和技术负责人的身份证明、工作简历及任命（聘用）文件；工程监理企业资质申请表中所列注册监理工程师及其他注册执业人员的注册执业证书；有关企业质量管理体系、技术和档案等管理制度的证明材料；有关工程试验检测设备的证明材料。取得专业资质的企业申请晋升专业资质等级或者取得专业甲级资质的企业申请综合资质的，除前款规定的材料外，还应当提交企业原工程监理企业资质证书正、副本复印件，企业《监理业务手册》及近两年已完成代表工程的监理合同、监理规划、工程竣工验收报告及监理工作总结。

资质有效期届满，工程监理企业需要继续从事工程监理活动的，应当在资质证书有效期届满 60 日前向原资质许可机关申请办理延续手续。对在资质有效期内遵守有关法律、法规、规章、技术标准，信用档案中无不良记录且专业技术人员满足资质标准要求的企业，经资质许可机关同意有效期延续 5 年。

工程监理企业在资质证书有效期内名称、地址、注册资本、法定代表人等发生变更的，应当在工商行政管理部门办理变更手续后 30 日内办理资质证书变更手续。涉及综合资质、专业甲级资质证书中企业名称变更的，由国务院住房城乡建设主管部门负责办理，并自受理申请之日起 3 日内办理变更手续。前款规定以外的资质证书变更手续由省、自治区、直辖市人民政府住房城乡建设主管部门负责办理，省、自治区、直辖市人民政府住房城乡建设主管部门应当自受理申请之日起 3 日内办理变更手续并在办理资质证书变更手续后 15 日内将变更结果报国务院住房城乡建设主管部门备案。

申请资质证书变更应当提交以下 3 方面材料：资质证书变更的申请报告；企业法人营业执照副本原件；工程监理企业资质证书正、副本原件。工程监理企业改制的，除前款规定材料外，还应当提交企业职工代表大会或股东大会关于企业改制或股权变更的决议、企业上级主管部门关于企业申请改制的批复文件。

工程监理企业不得有以下 9 方面行为：与建设单位串通投标或者与其他工程监理企业串通投标，以行贿手段谋取中标；与建设单位或者施工单位串通弄虚作假、降低工程质量；将不合格的建设工程、建筑材料、建筑构配件和设备按照合格签字；超越本企业资质等级或以其他企业名义承揽监理业务；允许其他单位或个人以本企业的名义承揽工程；将承揽的监理业务转包；在监理过程中实施商业贿赂；涂改、伪造、出借、转让工程监理企业资质证书；其他违反法律法规的行为。

工程监理企业合并的，合并后存续或者新设立的工程监理企业可以承继合并前各方中较高的资质等级，但应当符合相应的资质等级条件。工程监理企业分立的，分立后企业的资质等级，根据实际达到的资质条件，按照我国现行《工程监理企业资质管理规定》的审批程序核定。

企业需增补工程监理企业资质证书的（含增加、更换、遗失补办）应当持资质证书增补申请及电子文档等材料向资质许可机关申请办理，遗失资质证书的在申请补办前应当在公众媒体刊登遗失声明，资质许可机关应当自受理申请之日起3日内予以办理。

2.4　工程监理企业的监督管理规则

县级以上人民政府住房城乡建设主管部门和其他有关部门应当依照有关法律、法规和我国现行《工程监理企业资质管理规定》，加强对工程监理企业资质的监督管理。住房城乡建设主管部门履行监督检查职责时有权采取以下3方面措施：要求被检查单位提供工程监理企业资质证书、注册监理工程师注册执业证书，有关工程监理业务的文档，有关质量管理、安全生产管理、档案管理等企业内部管理制度的文件；进入被检查单位进行检查，查阅相关资料；纠正违反有关法律、法规和我国现行《工程监理企业资质管理规定》及有关规范和标准的行为。住房城乡建设主管部门进行监督检查时应当有两名以上监督检查人员参加并出示执法证件，不得妨碍被检查单位的正常经营活动，不得索取或者收受财物、谋取其他利益。有关单位和个人对依法进行的监督检查应当协助与配合，不得拒绝或者阻挠。监督检查机关应当将监督检查的处理结果向社会公布。

工程监理企业违法从事工程监理活动的，违法行为发生地的县级以上地方人民政府住房城乡建设主管部门应当依法查处并将违法事实、处理结果或处理建议及时报告该工程监理企业资质的许可机关。工程监理企业取得工程监理企业资质后不再符合相应资质条件的，资质许可机关根据利害关系人的请求或者依据职权可以责令其限期改正，逾期不改的可以撤回其资质。

有下列5种情形之一的，资质许可机关或者其上级机关根据利害关系人的请求或者依据职权可以撤销工程监理企业资质：资质许可机关工作人员滥用职权、玩忽职守作出准予工程监理企业资质许可的；超越法定职权作出准予工程监理企业资质许可的；违反资质审批程序作出准予工程监理企业资质许可的；对不符合许可条件的申请人作出准予工程监理企业资质许可的；依法可以撤销资质证书的其他情形。以欺骗、贿赂等不正当手段取得工程监理企业资质证书的应当予以撤销。

有下列4种情形之一的，工程监理企业应当及时向资质许可机关提出注销资质的申请并交回资质证书，国务院住房城乡建设主管部门应当办理注销手续并公告其资质证书作废：资质证书有效期届满未依法申请延续的；工程监理企业依法终止的；工程监理企业资质依法被撤销、撤回或吊销的；法律、法规规定的应当注销资质的其他情形。

工程监理企业应当按照有关规定向资质许可机关提供真实、准确、完整的工程监理企业的信用档案信息。工程监理企业的信用档案应当包括基本情况、业绩、工程质量和安全、合同违约等情况，被投诉举报和处理、行政处罚等情况应当作为不良行为记入其信用档案。工程监理企业的信用档案信息按照有关规定向社会公示，公众有权查阅。

2.5　工程监理企业的法律责任

申请人隐瞒有关情况或者提供虚假材料申请工程监理企业资质的，资质许可机关不予受理或者不予行政许可并给予警告，申请人在1年内不得再次申请工程监理企业资质。以欺骗、贿赂等不正当手段取得工程监理企业资质证书的由县级以上地方人民政府住房城乡建设主管部门或者有关部门给予警告并处 1 万元以上 2 万元以下的罚款，申请人 3 年内不得再次申请工程监理企业资质。工程监理企业有我国现行《工程监理企业资质管理规定》第十六条第七项、第八项行为之一的由县级以上地方人民政府住房城乡建设主管部门或者有关部门予以警告，责令其改正并处 1 万元以上 3 万元以下的罚款，造成损失的依法承担赔偿责任，构成犯罪的依法追究刑事责任。违反我国现行《工程监理企业资质管理规定》，工程监理企业不及时办理资质证书变更手续的由资质许可机关责令限期办理，逾期不办理的可处以 1 千元以上 1 万元以下的罚款。工程监理企业未按照我国现行《工程监理企业资质管理规定》要求提供工程监理企业信用档案信息的由县级以上地方人民政府住房城乡建设主管部门予以警告并责令限期改正，逾期未改正的可处以 1 千元以上 1 万元以下的罚款。县级以上地方人民政府住房城乡建设主管部门依法给予工程监理企业行政处罚的，应当将行政处罚决定以及给予行政处罚的事实、理由和依据，报国务院住房城乡建设主管部门备案。

县级以上人民政府住房城乡建设主管部门及有关部门有下列 5 种情形之一的，由其上级行政主管部门或者监察机关责令改正，对直接负责的主管人员和其他直接责任人员依法给予处分；构成犯罪的依法追究刑事责任：对不符合我国现行《工程监理企业资质管理规定》条件的申请人准予工程监理企业资质许可的；对符合我国现行《工程监理企业资质管理规定》条件的申请人不予工程监理企业资质许可或者不在法定期限内作出准予许可决定的；对符合法定条件的申请不予受理或者未在法定期限内初审完毕的；利用职务上的便利收受他人财物或者其他好处的；不依法履行监督管理职责或者监督不力造成严重后果的。

★ 思 考 题

1. 简述我国对工程监理企业的宏观要求。
2. 简述我国工程监理企业的资质等级和业务范围规定。
3. 简述我国工程监理企业资质申请和审批的相关规定。
4. 简述我国工程监理企业的监督管理规则
5. 简述我国工程监理企业的法律责任规定。

第3章 我国的注册监理工程师管理制度

3.1 注册监理工程师的宏观要求

注册监理工程师应遵守《中华人民共和国建筑法》《建设工程质量管理条例》等法律法规，应维护公共利益和建筑市场秩序、提高工程监理质量与水平。中华人民共和国境内注册监理工程师的注册、执业、继续教育和监督管理应遵守我国现行《注册监理工程师管理规定》的相关要求。注册监理工程师是指经考试取得中华人民共和国监理工程师资格证书(以下简称资格证书)并按照我国现行《注册监理工程师管理规定》注册，取得中华人民共和国注册监理工程师注册执业证书(以下简称注册证书)和执业印章，从事工程监理及相关业务活动的专业技术人员。未取得注册证书和执业印章的人员，不得以注册监理工程师的名义从事工程监理及相关业务活动。国务院住房城乡建设主管部门对全国注册监理工程师的注册、执业活动实施统一监督管理。县级以上地方人民政府住房城乡建设主管部门对本行政区域内的注册监理工程师的注册、执业活动实施监督管理。注册监理工程师资格考试工作按照国务院住房城乡建设主管部门、国务院人事主管部门的有关规定执行。香港特别行政区、澳门特别行政区、台湾地区及外籍专业技术人员申请参加我国的注册监理工程师注册和执业应遵守专门的规定。

3.2 注册监理工程师注册的相关规定

我国注册监理工程师实行注册执业管理制度，取得资格证书的人员经过注册方能以注册监理工程师的名义执业。注册监理工程师依据其所学专业、工作经历、工程业绩，按照《工程监理企业资质管理规定》划分的工程类别按专业注册，每人最多可以申请两个专业注册。

取得资格证书的人员申请注册，由国务院住房城乡建设主管部门审批。取得资格证书并受聘于一个建设工程勘察、设计、施工、监理、招标代理、造价咨询等单位的人员，应当通过聘用单位提出注册申请，并可以向单位工商注册所在地的省、自治区、直辖市人民政府住房城乡建设主管部门提交申请材料，省、自治区、直辖市人民政府住房城乡建设主管部门收到申请材料后应当在5日内将全部申请材料报审批部门。国务院住房城乡建设主管部门在收到申请材料后应当依法作出是否受理的决定并出具凭证，申请材料不齐全或者不符合法定形式的应当在5日内一次性告知申请人需要补正的全部内容，逾期不告知的自收到申请材料之日起即为受理。对申请初始注册的，国务院住房城乡建设主管部门应当自受理申请之日起20日内审批完毕并作出书面决定，自作出决定之日起10日内公告审批结果。对申请变更注册、延续注册的，国务院住房城乡建设主管部门应当自受理申请之日起10日内审批完毕并作出书面决定。符合条件的由国务院住房城乡建设主管部门核发注册证书并核定执业印章编号；对不予批准的应当说明理由并告知申请人享有依法申请行政复议或者提起行政诉讼的权利。"

注册证书和执业印章是注册监理工程师的执业凭证，由注册监理工程师本人保管、使用。注册证书和执业印章的有效期为 3 年。初始注册者可自资格证书签发之日起 3 年内提出申请，逾期未申请者须符合继续教育的要求后方可申请初始注册。

申请初始注册应当具备以下 4 方面条件：经全国注册监理工程师执业资格统一考试合格，取得资格证书；受聘于一个相关单位；达到继续教育要求；没有我国现行《注册监理工程师管理规定》第十三条所列情形。初始注册需要提交下列 5 方面材料：申请人的注册申请表；申请人的资格证书和身份证复印件；申请人与聘用单位签订的聘用劳动合同复印件；所学专业、工作经历、工程业绩、工程类中级及中级以上职称证书等有关证明材料；逾期初始注册的应当提供达到继续教育要求的证明材料。

注册监理工程师每一注册有效期为 3 年，注册有效期满需继续执业的应当在注册有效期满 30 日前按照我国现行《注册监理工程师管理规定》第七条规定的程序申请延续注册。延续注册有效期 3 年。延续注册需要提交下列 3 方面材料：申请人延续注册申请表；申请人与聘用单位签订的聘用劳动合同复印件；申请人注册有效期内达到继续教育要求的证明材料。

在注册有效期内注册监理工程师变更执业单位应当与原聘用单位解除劳动关系，并按我国现行《注册监理工程师管理规定》第七条规定的程序办理变更注册手续，变更注册后仍延续原注册有效期。变更注册需要提交下列 3 方面材料：申请人变更注册申请表；申请人与新聘用单位签订的聘用劳动合同复印件；申请人的工作调动证明(与原聘用单位解除聘用劳动合同或者聘用劳动合同到期的证明文件、退休人员的退休证明)。

申请人有下列 7 种情形之一的不予初始注册、延续注册或者变更注册：不具有完全民事行为能力的；刑事处罚尚未执行完毕或者因从事工程监理或者相关业务受到刑事处罚，自刑事处罚执行完毕之日起至申请注册之日止不满 2 年的；未达到监理工程师继续教育要求的；在两个或者两个以上单位申请注册的；以虚假的职称证书参加考试并取得资格证书的；年龄超过 65 周岁的；法律、法规规定不予注册的其他情形。

注册监理工程师有下列 8 种情形之一的其注册证书和执业印章失效，即聘用单位破产的；聘用单位被吊销营业执照的；聘用单位被吊销相应资质证书的；已与聘用单位解除劳动关系的；注册有效期满且未延续注册的；年龄超过 65 周岁的；死亡或者丧失行为能力的；其他导致注册失效的情形。

注册监理工程师有下列 7 种情形之一的负责审批的部门应当办理注销手续、收回注册证书和执业印章或者公告其注册证书和执业印章作废：不具有完全民事行为能力的；申请注销注册的；有我国现行《注册监理工程师管理规定》第十四条所列情形发生的；依法被撤销注册的；依法被吊销注册证书的；受到刑事处罚的；法律、法规规定应当注销注册的其他情形。注册监理工程师有前款情形之一的，注册监理工程师本人和聘用单位应当及时向国务院住房城乡建设主管部门提出注销注册的申请；有关单位和个人有权向国务院住房城乡建设主管部门举报；县级以上地方人民政府住房城乡建设主管部门或者有关部门应当及时报告或者告知国务院住房城乡建设主管部门。

被注销注册者或者不予注册者，在重新具备初始注册条件，并符合继续教育要求后，可以按照我国现行《注册监理工程师管理规定》第七条规定的程序重新申请注册。

3.3　注册监理工程师执业的相关规定

取得资格证书的人员应当受聘于一个具有建设工程勘察、设计、施工、监理、招标代理、造价咨询等一项或者多项资质的单位，经注册后方可从事相应的执业活动。从事工程监理执业活动的应当受聘并注册于一个具有工程监理资质的单位。注册监理工程师可以从事工程监理、工程经济与技术咨询、工程招标与采购咨询、工程项目管理服务以及国务院有关部门规定的其他业务。工程监理活动中形成的监理文件由注册监理工程师按照规定签字盖章后方可生效。修改经注册监理工程师签字盖章的工程监理文件应当由该注册监理工程师进行；因特殊情况该注册监理工程师不能进行修改的应当由其他注册监理工程师修改并签字、加盖执业印章，对修改部分承担责任。注册监理工程师从事执业活动，由所在单位接受委托并统一收费。因工程监理事故及相关业务造成的经济损失，聘用单位应当承担赔偿责任；聘用单位承担赔偿责任后，可依法向负有过错的注册监理工程师追偿。

3.4　注册监理工程师继续教育的相关规定

注册监理工程师在每一注册有效期内应当达到国务院住房城乡建设主管部门规定的继续教育要求，继续教育作为注册监理工程师逾期初始注册、延续注册和重新申请注册的条件之一。继续教育分为必修课和选修课，在每一注册有效期内各为48学时。

3.5　注册监理工程师的权利和义务

注册监理工程师享有下列8方面权利：使用注册监理工程师称谓；在规定范围内从事执业活动；依据本人能力从事相应的执业活动；保管和使用本人的注册证书和执业印章；对本人执业活动进行解释和辩护；接受继续教育；获得相应的劳动报酬；对侵犯本人权利的行为进行申诉。注册监理工程师应当履行下列10方面义务：遵守法律、法规和有关管理规定；履行管理职责，执行技术标准、规范和规程；保证执业活动成果的质量并承担相应责任；接受继续教育、努力提高执业水准；在本人执业活动所形成的工程监理文件上签字、加盖执业印章；保守在执业中知悉的国家秘密和他人的商业、技术秘密；不得涂改、倒卖、出租、出借或者以其他形式非法转让注册证书或者执业印章；不得同时在两个或者两个以上单位受聘或者执业；在规定的执业范围和聘用单位业务范围内从事执业活动；协助注册管理机构完成相关工作。

3.6　注册监理工程师管理的相关法律责任

隐瞒有关情况或者提供虚假材料申请注册的，住房城乡建设主管部门不予受理或者不予注册并给予警告，1年之内不得再次申请注册。以欺骗、贿赂等不正当手段取得注册证书的，由国务院住房城乡建设主管部门撤销其注册，3年内不得再次申请注册，并由县级以上地方人民政府住房城乡建设主管部门处以罚款，其中没有违法所得的处以1万元以下罚款，有违法所得的处以违法所得3倍以下且不超过3万元的罚款，构成犯罪的依法追究刑事责任。违反我国现行《注册监理工程师管理规定》，未经注册，擅自以注册监理工程师的名义从事工程监理及相关业务活动的，由县级以上地方人民政府住房城乡建设主管部门给予警告，责令停止违法行为，处以 3 万元以下罚款；造成损失的，依法承担赔偿责任。违反我国现行《注册监理工程师管理规定》，未办理变更注册仍执业的，由县级以上地方人民政府住房城乡建设主管部门给予警告、责令限期改正，逾期不改的可处以 5000 元以下的罚款。

注册监理工程师在执业活动中有下列 7 种行为之一的，由县级以上地方人民政府住房城乡建设主管部门给予警告、责令其改正，没有违法所得的处以 1 万元以下罚款，有违法所得的处以违法所得 3 倍以下且不超过 3 万元的罚款，造成损失的依法承担赔偿责任，构成犯罪的依法追究刑事责任。这 7 种行为分别是以个人名义承接业务的；涂改、倒卖、出租、出借或者以其他形式非法转让注册证书或者执业印章的；泄露执业中应当保守的秘密并造成严重后果的；超出规定执业范围或者聘用单位业务范围从事执业活动的；弄虚作假提供执业活动成果的；同时受聘于两个或者两个以上的单位，从事执业活动的；其他违反法律、法规、规章的行为。

有下列 5 种情形之一的，国务院住房城乡建设主管部门依据职权或者根据利害关系人的请求可以撤销监理工程师注册，即工作人员滥用职权、玩忽职守颁发注册证书和执业印章的；超越法定职权颁发注册证书和执业印章的；违反法定程序颁发注册证书和执业印章的；对不符合法定条件的申请人颁发注册证书和执业印章的；依法可以撤销注册的其他情形。

县级以上人民政府住房城乡建设主管部门的工作人员在注册监理工程师管理工作中有下列 6 种情形之一的依法给予处分，构成犯罪的依法追究刑事责任，即对不符合法定条件的申请人颁发注册证书和执业印章的；对符合法定条件的申请人不予颁发注册证书和执业印章的；对符合法定条件的申请人未在法定期限内颁发注册证书和执业印章的；对符合法定条件的申请不予受理或者未在法定期限内初审完毕的；利用职务上的便利，收受他人财物或者其他好处的；不依法履行监督管理职责，或者发现违法行为不予查处的。

★ 思 考 题

1. 我国对注册监理工程师的宏观要求有哪些？
2. 简述我国注册监理工程师注册的相关规定。
3. 我国对注册监理工程师的执业有哪些相关要求？
4. 简述我国对注册监理工程师继续教育的相关要求。
5. 注册监理工程师有哪些权利和义务？
6. 我国注册监理工程师管理的相关法律责任是如何规定的？

第4章 建设工程监理活动的基本规则与要求

4.1 我国对建设工程监理活动的总体要求

实施建设工程监理前建设单位应委托具有相应资质的工程监理单位并以书面形式与工程监理单位订立建设工程监理合同，合同中应包括监理工作的范围、内容、服务期限和酬金，以及双方的义务、违约责任等相关条款。在订立建设工程监理合同时，建设单位将勘察、设计、保修阶段等相关服务一并委托的应在合同中明确相关服务的工作范围、内容、服务期限和酬金等相关条款。工程开工前建设单位应将工程监理单位的名称，监理的范围、内容和权限及总监理工程师的姓名书面通知施工单位。在建设工程监理工作范围内建设单位与施工单位之间涉及施工合同的联系活动应通过工程监理单位进行。新建、扩建、改建建设工程监理与相关服务活动应遵守我国现行《建设工程监理规范》的规定。建设工程监理与相关服务行为应规范，应不断提高建设工程监理与相关服务水平。实施建设工程监理应遵循下列3方面主要依据：法律法规及工程建设标准；建设工程勘察设计文件；建设工程监理合同及其他合同文件。建设工程监理应实行总监理工程师负责制。建设工程监理宜实施信息化管理。工程监理单位应公平、独立、诚信、科学地开展建设工程监理与相关服务活动。建设工程监理与相关服务活动除应符合我国现行《建设工程监理规范》外还应符合国家现行有关标准的规定。

所谓工程监理单位(Construction Project Management Enterprise)是指依法成立并取得住房城乡建设主管部门颁发的工程监理企业资质证书，从事建设工程监理与相关服务活动的服务机构。建设工程监理(Construction Project Management)是指工程监理单位受建设单位委托，根据法律法规、工程建设标准、勘察设计文件及合同，在施工阶段对建设工程质量、造价、进度进行控制，对合同、信息进行管理，对工程建设相关方的关系进行协调，并履行建设工程安全生产管理法定职责的服务活动。相关服务(Related Services)是指工程监理单位受建设单位委托，按照建设工程监理合同约定，在建设工程勘察、设计、保修等阶段提供的服务活动。项目监理机构(Project Management Department)是指工程监理单位派驻工程负责履行建设工程监理合同的组织机构。注册监理工程师(Registered Project Management Engineer)是指取得国务院住房城乡建设主管部门颁发的《中华人民共和国注册监理工程师注册执业证书》和执业印章，从事建设工程监理与相关服务等活动的人员。总监理工程师(Chief Project Management Engineer)是指由工程监理单位法定代表人书面任命，负责履行建设工程监理合同、主持项目监理机构工作的注册监理工程师。总监理工程师代表(Representative of Chief Project Management Engineer)是指经工程监理单位法定代表人同意，由总监理工程师书面授权，代表总监理工程师行使其部分职责和权力，具有工程类注册执业资格或具有中级及以上专业技术职称、3年及以上工程实践经验并经监理业务培训的人员。专业监理工程师(Specialty Project Management Engineer)是指由总监理工程师授权，负责实施某一专业或某一岗位的监理工作，有相应监理文件签发权，具有工程类注册执业资格或具有中级及以上专业技术职称、2 年及以上工程实践经验并经监理业务培训的人员。监理员（Site Supervisor）是指从事具体监理工作，具有中专及以上学历并经过监理业务培训的人员。监理规划（Project Management Planning）是项目监理机构全面开展建设工程监理工作的指导性文件。监理实施细则（Detailed Rules for Project Management）是指针对某一专业或某一方面建设工程监理工作的操作性文件。工程计量（Engineering Measuring）是指根据工程设计文件及施工合同约定，项目监理机构对施工单位申报的合格工程的工程量进行的核验。旁站（Key Works Supervising）是指项目监理机构对工程的关键部位或关键工序的施工质量进行的监督活动。巡视（Patrol Inspecting）是指项目监理机构对施工现场进行的定期或不定期的检查活动。平行检验（Parallel Testing）是指项目监理机构在施工单位自检的同时，按有关规定、建设工程监理合同约定对同一检验项目进行的检测试验活动。见证取样（Sampling Witness）是指项目监理机构对施工单位进行的涉及结构安全的试块、试件及工程材料现场取样、封样、送检工作的监督活动。工程延期（Construction Duration Extension）是指由于非施工单位原因造成合同工期延长的时间。工期延误（Delay of Construction Period）是指由于施工单位自身原因造成施工期延长的时间。工程临时延期批准（Approval of Construction Duration Temporary Extension）是指发生非施工单位原因造成的持续性影响工期事件时所作出的临时延长合同工期的批准。工程最终延期批准（Approval of Construction Duration Final Extension）是指发生非施工单位原因造成的持续性影响工期事件时所作出的最终延长合同工期的批准。监理日志（Daily Record of Project Management）是指项目监理机构每日对建设工程监理工作及施工进展情况所作的记录。监理月报（Monthly Report of Project Management）是指项目监理机构每月向建设单位提交的建设工程监理工作及建设工程实施情况等分析总结报告。设备监造（Supervision of Equipment Manufacturing）是指项目监理机构按照建设工程监理合同和设备采购合同约定，对设备制造过程进行的监督检查活动。监理文件资料（Project Document & Data）是指工程监理单位在履行建设工程监理合同过程中形成或获取的，以一定形式记录、保存的文件资料。

4.2 项目监理机构及其设施的基本要求

工程监理单位实施监理时应在施工现场派驻项目监理机构。项目监理机构的组织形式和规模可根据建设工程监理合同约定的服务内容、服务期限，以及工程特点、规模、技术复杂程度、环境等因素确定。项目监理机构的监理人员应由总监理工程师、专业监理工程师和监理员组成，且专业配套、数量应满足建设工程监理工作需要，必要时可设总监理工程师代表。工程监理单位在建设工程监理合同签订后应及时将项目监理机构的组织形式、人员构成及对总监理工程师的任命书面通知建设单位。总监理工程师任命书应按表 4-2-1 的要求填写。工程监理单位调换总监理工程师时应征得建设单位书面同意，调换专业监理工程师时总监理工程师应书面通知建设单位。一名注册监理工程师可担任一项建设工程监理合同的总监理工程师，当需要同时担任多项建筑工程监理合同的总监理工程师时应经建设单位书面同意且最多不得超过 3 项。施工现场监理工作全部完成或建设工程监理合同终止时项目监理机构可撤离施工现场。

表 4-2-1　总监理工程师任命书

工程名称：	编号：

致：_____(建设单位)

　　兹任命_____(注册监理工程师注册号_____)为我单位_____项目总监理工程师。负责履行建设工程监理合同、主持项目监理机构工作。

工程监理单位(盖章)

法定代表人(签字)

年　月　日

注：本表一式三份，项目监理机构、建设单位、施工单位各一份。

(1) 总监理工程师的职责要求

　　总监理工程师应履行下列 15 方面职责，即确定项目监理机构人员及其岗位职责；组织编制监理规划，审批监理实施细则；根据工程进展及监理工作情况调配监理人员，检查监理人员工作；组织召开监理例会；组织审核分包单位资格；组织审查施工组织设计、(专项)施工方案；审查工程开复工报审表，签发工程开工令、暂停令和复工令；组织检查施工单位现场质量、安全生产管理体系的建立及运行情况；组织审核施工单位的付款申请，签发工程款支付证书，组织审核竣工结算；组织审查和处理工程变更；调解建设单位与施工单位的合同争议，处理工程索赔；组织验收分部工程，组织审查单位工程质量检验资料；审查施工单位的竣工申请，组织工程竣工预验收，组织编写工程质量评估报告，参与工程竣工验收；参与或配合工程质量安全事故的调查和处理；组织编写监理月报、监理工作总结，组织整理监理文件资料。

　　总监理工程师不得将下列 8 类工作委托给总监理工程师代表，即组织编制监理规划，审批监理实施细则；根据工程进展及监理工作情况调配监理人员；组织审查施工组织设计、(专项)施工方案；签发工程开工令、暂停令和复工令；签发工程款支付证书，组织审核竣工结算；调解建设单位与施工单位的合同争议，处理工程索赔；审查施工单位的竣工申请，组织工程竣工预验收，组织编写工程质量评估报告，参与工程竣工验收；参与或配合工程质量安全事故的调查和处理。

(2) 专业监理工程师的职责要求

　　专业监理工程师应履行下列 12 方面职责，即参与编制监理规划，负责编制监理实施细则；审查施工单位提交的涉及本专业的报审文件，并向总监理工程师报告；参与审核分包单位资格；指导、检查监理员工作，定期向总监理工程师报告本专业监理工作实施情况；检查进场的工程材料、构配件、设备的质量；验收检验批、隐蔽工程、分项工程，参与验收分部工程；处置发现的质量问题和安全事故隐患；进行工程计量；参与工程变更的审查和处理；组织编写监理日志，参与编写监理月报；收集、汇总、参与整理监理文件资料；参与工程竣工预验收和竣工验收。

(3) 监理员的职责要求

　　监理员应履行下列 5 方面职责，即检查施工单位投入工程的人力、主要设备的使用及运行状况；进行见证取样；复核工程计量有关数据；检查工序施工结果；发现施工作业中的问题，及时指出并向专业监理工程师报告。

（4）监理设施的基本要求

建设单位应按建设工程监理合同约定，提供监理工作需要的办公、交通、通信、生活等设施。项目监理机构宜妥善使用和保管建设单位提供的设施，并应按建设工程监理合同约定的时间移交建设单位。工程监理单位宜按建设工程监理合同约定，配备满足监理工作需要的检测设备和工器具。

4.3 监理规划及监理实施细则的特点及相关要求

监理规划应结合工程实际情况，明确项目监理机构的工作目标，确定具体的监理工作制度、内容、程序、方法和措施。监理实施细则应符合监理规划的要求并应具有可操作性。

（1）监理规划

监理规划可在签订建设工程监理合同及收到工程设计文件后由总监理工程师组织编制，并应在召开第一次工地会议前报送建设单位。监理规划编审应遵循以下2条规定，即总监理工程师组织专业监理工程师编制；总监理工程师签字后由工程监理单位技术负责人审批。监理规划应包括下列12方面主要内容，即工程概况；监理工作的范围、内容、目标；监理工作依据；监理组织形式、人员配备及进退场计划、监理人员岗位职责；监理工作制度；工程质量控制；工程造价控制；工程进度控制；安全生产管理的监理工作；合同与信息管理；组织协调；监理工作设施。在实施建设工程监理过程中，实际情况或条件发生变化而需要调整监理规划时应由总监理工程师组织专业监理工程师修改，并应经工程监理单位技术负责人批准后报建设单位。

（2）监理实施细则

对专业性较强、危险性较大的分部分项工程，项目监理机构应编制监理实施细则。监理实施细则应在相应工程施工开始前由专业监理工程师编制并应报总监理工程师审批。监理实施细则的编制应依据下列3类资料，即监理规划；工程建设标准、工程设计文件；施工组织设计、（专项）施工方案。监理实施细则应包括下列4方面主要内容，即专业工程特点；监理工作流程；监理工作要点；监理工作方法及措施。在实施建设工程监理过程中，监理实施细则可根据实际情况进行补充、修改，并应经总监理工程师批准后实施。

4.4 工程质量、造价、进度控制及 安全生产管理监理的基本要求

项目监理机构应根据建设工程监理合同约定，遵循动态控制原理，坚持预防为主的原则，制定和实施相应的监理措施，采用旁站、巡视和平行检验等方式对建设工程实施监理。监理人员应熟悉工程设计文件，并应参加建设单位主持的图纸会审和设计交底会议，会议纪要应由总监理工程师签认。工程开工前，监理人员应参加由建设单位主持召开的第一次工地

会议，会议纪要应由项目监理机构负责整理，与会各方代表应会签。项目监理机构应定期召开监理例会并组织有关单位研究解决与监理相关的问题。项目监理机构可根据工程需要，主持或参加专题会议，解决监理工作范围内工程专项问题。监理例会以及由项目监理机构主持召开的专题会议的会议纪要，应由项目监理机构负责整理，与会各方代表应会签。项目监理机构应协调工程建设相关方的关系。项目监理机构与工程建设相关方之间的工作联系，除另有规定外宜采用工作联系单形式进行。工作联系单应按表4-4-1的要求填写。项目监理机构应审查施工单位报审的施工组织设计，符合要求时应由总监理工程师签认后报建设单位。项目监理机构应要求施工单位按已批准的施工组织设计组织施工。施工组织设计需要调整时，项目监理机构应按程序重新审查。施工组织设计审查应包括下列5方面基本内容，即编审程序应符合相关规定；施工进度、施工方案及工程质量保证措施应符合施工合同要求；资金、劳动力、材料、设备等资源供应计划应满足工程施工需要；安全技术措施应符合工程建设强制性标准；施工总平面布置应科学合理。施工组织设计/（专项)施工方案报审表应按表4-4-2的要求填写。总监理工程师应组织专业监理工程师审查施工单位报送的工程开工报审表及相关资料，同时具备下列4方面条件时应由总监理工程师签署审核意见并应报建设单位批准后由总监理工程师签发工程开工令，即设计交底和图纸会审已完成；施工组织设计已由总监理工程师签认；施工单位现场质量、安全生产管理体系已建立，管理及施工人员已到位，施工机械具备使用条件，主要工程材料已落实；进场道路及水、电、通信等已满足开工要求。工程开工报审表应按表4-4-3的要求填写。工程开工令应按表4-4-4的要求填写。分包工程开工前项目监理机构应审核施工单位报送的分包单位资格报审表，专业监理工程师提出审查意见后应由总监理工程师审核签认。分包单位资格审核应包括下列4方面基本内容，即营业执照、企业资质等级证书；安全生产许可文件；类似工程业绩；专职管理人员和特种作业人员的资格。分包单位资格报审表应按表4-4-5的要求填写。项目监理机构宜根据工程特点、施工合同、工程设计文件及经过批准的施工组织设计对工程风险进行分析，并宜提出工程质量、造价、进度目标控制及安全生产管理的防范性对策。

表 4-4-1　工作联系单

工程名称：　　　　　　　　　　　　　　　　　　　编号：

致：

（发文单位）

负责人(签字)
年　月　日

表 4-4-2　施工组织设计/（专项)施工方案报审表

工程名称：　　　　　　　　　　　　　　　　　　　编号：

致：（项目监理机构）

　我方已完成工程施工组织设计/（专项)施工方案的编制和审批，请予以审查。

附件：□施工组织设计
　　　□专项施工方案
　　　□施工方案

施工项目经理部(盖章)
项目经理(签字)
年　月　日

工程名称：   编号：

审查意见：

专业监理工程师(签字)

年 月 日

审核意见：

项目监理机构(盖章)

总监理工程师(签字、加盖执业印章)

年 月 日

审批意见(仅对超过一定规模的危险性较大的分部分项工程专项施工方案)：

建设单位(盖章)

建设单位代表(签字)

年 月 日

注：本表一式三份，项目监理机构、建设单位、施工单位各一份。

表4-4-3 工程开工报审表

工程名称：   编号：

致：(建设单位)
　　(项目监理机构)
　　我方承担的工程，已完成相关准备工作，具备开工条件，申请于××年××月××日开工，请予以审批。
　　附件：证明文件资料

施工单位(盖章)

项目经理(签字)

年 月 日

审核意见：

项目监理机构(盖章)

总监理工程师(签字、加盖执业印章)

年 月 日

审批意见：

建设单位(盖章)

建设单位代表(签字)

年 月 日

注：本表一式三份，项目监理机构、建设单位、施工单位各一份。

表4-4-4　工程开工令

工程名称：	编号：

致：(施工单位)

经审查，本工程已具备施工合同约定的开工条件，现同意你方开始施工，开工日期为：××年××月××日。

附件：工程开工报审表

项目监理机构(盖章)

总监理工程师(签字、加盖执业印章)

年　月　日

注：本表一式三份，项目监理机构、建设单位、施工单位各一份。

表4-4-5　分包单位资格报审表

工程名称：	编号：

致：(项目监理机构)

经考察，我方认为拟选择的_____(分包单位)具有承担下列工程的施工或安装资质和能力，可以保证本工程按施工合同第　条　款的约定进行施工或安装。请予以审查。

分包工程名称(部位)　　　　　分包工程量　　　　　分包工程合同额

合计

附件：1. 分包单位资质材料

2. 分包单位业绩材料

3. 分包单位专职管理人员和特种作业人员的资格证书

4. 施工单位对分包单位的管理制度

施工项目经理部(盖章)

项目经理(签字)

年　月　日

审查意见：

专业监理工程师(签字)

年　月　日

审核意见：

项目监理机构(盖章)

总监理工程师(签字)

年　月　日

注：本表一式三份，项目监理机构、建设单位、施工单位各一份。

（1）工程质量控制

工程开工前项目监理机构应审查施工单位现场的质量管理组织机构、管理制度及专职管理人员和特种作业人员的资格。总监理工程师应组织专业监理工程师审查施工单位报审的施工方案，符合要求后应予以签认。施工方案审查应包括下列2方面基本内容，即编审程序应符合相关规定；工程质量保证措施应符合有关标准。施工方案报审表应按表4-4-2的要求填写。专业监理工程师应审查施工单位报送的新材料、新工艺、新技术、新设备的质量认证材料和相关验收标准的适用性，必要时应要求施工单位组织专题论证，审查合格后报总监理工程师签认。专业监理工程师应检查、复核施工单位报送的施工控制测量成果及保护措施，签署意见。专业监理工程师应对施工单位在施工过程中报送的施工测量放线成果进行查验。施工控制测量成果及保护措施的检查、复核应包括下列2方面内容，即施工单位测量人员的资格证书及测量设备检定证书；施工平面控制网、高程控制网和临时水准点的测量成果及控制桩的保护措施。施工控制测量成果报验表应按表4-4-6的要求填写。专业监理工程师应检查施工单位为工程提供服务的试验室，试验室的检查应包括下列4方面内容，即试验室的资质等级及试验范围；法定计量部门对试验设备出具的计量检定证明；试验室管理制度；试验人员资格证书。施工单位的试验室报审表应按表4-4-7的要求填写。项目监理机构应审查施工单位报送的用于工程的材料、构配件、设备的质量证明文件，并应按有关规定、建设工程监理合同约定，对用于工程的材料进行见证取样、平行检验。项目监理机构对已进场经检验不合格的工程材料、构配件、设备，应要求施工单位限期将其撤出施工现场。工程材料、构配件、设备报审表应按表4-4-8的要求填写。专业监理工程师应审查施工单位定期提交影响工程质量的计量设备的检查和检定报告。项目监理机构应根据工程特点和施工单位报送的施工组织设计，确定旁站的关键部位、关键工序，安排监理人员进行旁站，并应及时记录旁站情况。旁站记录应按表4-4-9的要求填写。

表4-4-6　施工控制测量成果报验表

工程名称：		编号：

致：（项目监理机构）

　　我方已完成的施工控制测量，经自检合格，请予以查验。

　　附件：1. 施工控制测量依据资料

　　　　　2. 施工控制测量成果表

施工项目经理部（盖章）

项目技术负责人（签字）

年　月　日

审查意见：

项目监理机构（盖章）

专业监理工程师（签字）

年　月　日

注：本表一式三份，项目监理机构、建设单位、施工单位各一份。

表 4-4-7 报审、报验表

工程名称：　　　　　　　　　　　　　　　　　　　　　　　　　编号：

致：（项目监理机构）

　　我方已完成　　　工作，经自检合格，请予以审查或验收。

　　附件：□隐蔽工程质量检验资料

　　　　　□检验批质量检验资料

　　　　　□分项工程质量检验资料

　　　　　□施工试验室证明资料

　　　　　□其他　　　　　　　　　　　　　　　施工项目经理部（盖章）

　　　　　　　　　　　　　　　　　　　项目经理或项目技术负责人（签字）

　　　　　　　　　　　　　　　　　　　　　　　　　　　　年　月　日

审查或验收意见：

　　　　　　　　　　　　　　　　　　　　　　　项目监理机构（盖章）

　　　　　　　　　　　　　　　　　　　　　　专业监理工程师（签字）

　　　　　　　　　　　　　　　　　　　　　　　　　　年　月　日

注：本表一式二份，项目监理机构、施工单位各一份。

表 4-4-8　工程材料、构配件、设备报审表

工程名称：　　　　　　　　　　　　　　　　　　　　　　　　　编号：

致：（项目监理机构）

　　于××年××月××日进场的拟用于工程部位的，经我方检验合格，现将相关资料报上，请予以审查。

　　附件：1. 工程材料、构配件或设备清单

　　　　　2. 质量证明文件

　　　　　3. 自检结果

　　　　　　　　　　　　　　　　　　　　　　施工项目经理部（盖章）

　　　　　　　　　　　　　　　　　　　　　　　项目经理（签字）

　　　　　　　　　　　　　　　　　　　　　　　　　　年　月　日

审查意见：

　　　　　　　　　　　　　　　　　　　　　　　项目监理机构（盖章）

　　　　　　　　　　　　　　　　　　　　　　专业监理工程师（签字）

　　　　　　　　　　　　　　　　　　　　　　　　　　年　月　日

注：本表一式二份，项目监理机构、施工单位各一份。

表 4-4-9　旁站记录

工程名称：　　　　　　　　　　　　　　　　　　　　　　　　　编号：

（旁站的关键部位、关键工序）

（施工单位）

　　旁站开始时间：××年××月××日××时××分，旁站结束时间：××年××月××日××时××分。

　　旁站的关键部位、关键工序施工情况：

　　发现的问题及处理情况：

　　　　　　　　　　　　　　　　　　　　　　旁站监理人员（签字）

　　　　　　　　　　　　　　　　　　　　　　　　　　年　月　日

注：本表一式一份，项目监理机构留存。

项目监理机构应安排监理人员对工程施工质量进行巡视，巡视应包括下列 4 方面主要内容，即施工单位是否按工程设计文件、工程建设标准和批准的施工组织设计、（专项）施工方案施工；使用的工程材料、构配件和设备是否合格；施工现场管理人员，特别是施工质量管理人员是否到位；特种作业人员是否持证上岗。项目监理机构应根据工程特点、专业要求，以及建设工程监理合同约定，对施工质量进行平行检验。项目监理机构应对施工单位报验的隐蔽工程、检验批、分项工程和分部工程进行验收，对验收合格的应给予签认；对验收不合格的应拒绝签认，同时应要求施工单位在指定的时间内整改并重新报验。对已同意覆盖的工程隐蔽部位质量有疑问的，或发现施工单位私自覆盖工程隐蔽部位的，项目监理机构应要求施工单位对该隐蔽部位进行钻孔探测、剥离或其他方法进行重新检验。隐蔽工程、检验批、分项工程报验表应按表 4-4-7 的要求填写，分部工程报验表应按表 4-4-10 的要求填写。项目监理机构发现施工存在质量问题的，或施工单位采用不适当的施工工艺，或施工不当，造成工程质量不合格的应及时签发监理通知单、要求施工单位整改，整改完毕后项目监理机构应根据施工单位报送的监理通知回复单对整改情况进行复查、提出复查意见。监理通知单应按表 4-4-11 的要求填写，监理通知回复单应按表 4-4-12 的要求填写。对需要返工处理或加固补强的质量缺陷，项目监理机构应要求施工单位报送经设计等相关单位认可的处理方案，并应对质量缺陷的处理过程进行跟踪检查，同时应对处理结果进行验收。对需要返工处理或加固补强的质量事故，项目监理机构应要求施工单位报送质量事故调查报告和经设计等相关单位认可的处理方案，并应对质量事故的处理过程进行跟踪检查，同时应对处理结果进行验收。项目监理机构应及时向建设单位提交质量事故书面报告，并应将完整的质量事故处理记录整理归档。项目监理机构应审查施工单位提交的单位工程竣工验收报审表及竣工资料、组织工程竣工预验收，存在问题的应要求施工单位及时整改，合格的总监理工程师应签认单位工程竣工验收报审表。单位工程竣工验收报审表应按表 4-4-13 的要求填写。工程竣工预验收合格后，项目监理机构应编写工程质量评估报告并应经总监理工程师和工程监理单位技术负责人审核签字后报建设单位。项目监理机构应参加由建设单位组织的竣工验收，对验收中提出的整改问题应督促施工单位及时整改，工程质量符合要求的总监理工程师应在工程竣工验收报告中签署意见。

表 4-4-10　分部工程报验表

工程名称：		编号：

致：（项目监理机构）

　　我方已完成＿＿＿＿＿＿＿＿＿＿＿（分部工程），经自检合格，请予以验收。

　　附件：分部工程质量资料

施工项目经理部（盖章）

项目技术负责人（签字）

年　月　日

验收意见：

专业监理工程师（签字）

年　月　日

工程名称:		编号:

验收意见:

项目监理机构(盖章)

总监理工程师(签字)

年 月 日

注：本表一式三份，项目监理机构、建设单位、施工单位各一份。

表 4-4-11 监理通知单

工程名称:		编号:

致：(施工项目经理部)

事由:

内容:

项目监理机构(盖章)

总/专业监理工程师(签字)

年 月 日

注：本表一式三份，项目监理机构、建设单位、施工单位各一份。

表 4-4-12 监理通知回复单

工程名称:		编号:

致：(项目监理机构)

我方接到编号为＿＿＿＿＿＿＿＿的监理通知单后，已按要求完成相关工作，请予以复查。

附件：需要说明的情况

施工项目经理部(盖章)

项目经理(签字)

年 月 日

复查意见:

项目监理机构(盖章)

总监理工程师/专业监理工程师(签字)

年 月 日

注：本表一式三份，项目监理机构、建设单位、施工单位各一份。

表 4-4-13　单位工程竣工验收报审表

工程名称：	编号：

致：（项目监理机构）

我方已按施工合同要求完成工程，经自检合格，现将有关资料报上，请予以验收。

附件：1. 工程质量验收报告

2. 工程功能检验资料

施工单位（盖章）

项目经理（签字）

年　月　日

预验收意见：

经预验收，该工程合格/不合格，可以/不可以组织正式验收。

项目监理机构（盖章）

总监理工程师（签字、加盖执业印章）

年　月　日

注：本表一式三份，项目监理机构、建设单位、施工单位各一份。

（2）工程造价控制

项目监理机构应按下列 3 步程序进行工程计量和付款签证，即专业监理工程师对施工单位在工程款支付报审表中提交的工程量和支付金额进行复核，确定实际完成的工程量，提出到期应支付给施工单位的金额，并提出相应的支持性材料；总监理工程师对专业监理工程师的审查意见进行审核，签认后报建设单位审批；总监理工程师根据建设单位的审批意见，向施工单位签发工程款支付证书。工程款支付报审表应按表 4-4-14 的要求填写，工程款支付证书应按表 4-4-15 的要求填写。项目监理机构应编制月完成工程量统计表，对实际完成量与计划完成量进行比较分析，发现偏差的应提出调整建议并应在监理月报中向建设单位报告。项目监理机构应按下列 2 步程序进行竣工结算款审核，即专业监理工程师审查施工单位提交的竣工结算款支付申请，提出审查意见；总监理工程师对专业监理工程师的审查意见进行审核，签认后报建设单位审批，同时抄送施工单位，并就工程竣工结算事宜与建设单位、施工单位协商，达成一致意见的根据建设单位审批意见向施工单位签发竣工结算款支付证书，不能达成一致意见的应按施工合同约定处理。工程竣工结算款支付报审表应按表 4-4-14 的要求填写，竣工结算款支付证书应按表 4-4-15 的要求填写。

表 4-4-14　工程款支付报审表

工程名称：	编号：

致：（项目监理机构）

根据施工合同约定，我方已完成工作，建设单位应在××年××月××日前支付工程款共计（大写：×××××，小写：××××），请予以审核。

附件：

□已完成工程量报表

□工程竣工结算证明材料

工程名称：
编号：

□相应支持性证明文件

施工项目经理部（盖章）

项目经理（签字）

年 月 日

审查意见：

1. 施工单位应得款：

2. 本期应扣款：

3. 本期应付款：

附件：相应支持性材料

专业监理工程师（签字）

年 月 日

审核意见：

项目监理机构（盖章）

总监理工程师（签字、加盖执业印章）

年 月 日

审批意见：

建设单位（盖章）

建设单位代表（签字）

年 月 日

注：本表一式三份，项目监理机构、建设单位、施工单位各一份；工程竣工结算报审时本表一式四份，项目监理机构、建设单位各一份、施工单位两份。

表 4-4-15　工程款支付证书

工程名称：
编号：

致：（施工单位）

根据施工合同约定，经审核编号为工程款支付报审表，扣除有关款项后，同意支付工程款共计（大写：××××××，小写：××××××）。

其中：

1. 施工单位申报款：

2. 经审核施工单位应得款：

3. 本期应扣款：

4. 本期应付款：

附件：工程款支付报审表及附件

项目监理机构（盖章）

总监理工程师（签字、加盖执业印章）

年 月 日

注：本表一式三份，项目监理机构、建设单位、施工单位各一份。

（3）工程进度控制

项目监理机构应审查施工单位报审的施工总进度计划和阶段性施工进度计划，提出审查意见，并应由总监理工程师审核后报建设单位。施工进度计划审查应包括下列5方面基本内容，即施工进度计划应符合施工合同中工期的约定；施工进度计划中主要工程项目无遗漏，应满足分批投入试运、分批动用的需要，阶段性施工进度计划应满足总进度控制目标的要求；施工顺序的安排应符合施工工艺要求；施工人员、工程材料、施工机械等资源供应计划应满足施工进度计划的需要；施工进度计划应符合建设单位提供的资金、施工图纸、施工场地、物资等施工条件。施工进度计划报审表应按表4-4-16的要求填写。项目监理机构应检查施工进度计划的实施情况，发现实际进度严重滞后于计划进度且影响合同工期时应签发监理通知单要求施工单位采取调整措施加快施工进度，总监理工程师应向建设单位报告工期延误风险。项目监理机构应比较分析工程施工实际进度与计划进度，预测实际进度对工程总工期的影响并应在监理月报中向建设单位报告工程实际进展情况。

表4-4-16　施工进度计划报审表

工程名称：	编号：

致：（项目监理机构）

　　根据施工合同约定，我方已完成工程施工进度计划的编制和批准，请予以审查。

　　附件：□施工总进度计划
　　　　　□阶段性进度计划

施工项目经理部（盖章）

项目经理（签字）

年　月　日

审查意见：

专业监理工程师（签字）

年　月　日

审核意见：

项目监理机构（盖章）

总监理工程师（签字）

年　月　日

　　注：本表一式三份，项目监理机构、建设单位、施工单位各一份。

（4）安全生产管理的监理工作要求

项目监理机构应根据法律法规、工程建设强制性标准，履行建设工程安全生产管理的监理职责，并应将安全生产管理的监理工作内容、方法和措施纳入监理规划及监理实施细则。项目监理机构应审查施工单位现场安全生产规章制度的建立和实施情况，并应审查施工单位安全生产许可证及施工单位项目经理、专职安全生产管理人员和特种作业人员的资格，同时应核查施工机械和设施的安全许可验收手续。项目监理机构应审查施工单位报审的专项施工方案，符合要求的应由总监理工程师签认后报建设单位，超过一定规模的危险性较大的分部分项工程的专项施工方案应检查施工单位组织专家进行论证、审查的情况以及是否附具安全验算结果，项目监理机构应要求施工单位按已批准的专项施工方案组织施工，专项施工方案需要调整时施工单位应按程序重新提交项目监理机构审查。专项施工方案审查应包括下列 2 方面基本内容，即编审程序应符合相关规定；安全技术措施应符合工程建设强制性标准。(专项)施工方案报审表应按表 4-4-2 的要求填写。项目监理机构应巡视检查危险性较大的分部分项工程专项施工方案实施情况，发现未按专项施工方案实施时应签发监理通知单要求施工单位按专项施工方案实施。项目监理机构在实施监理过程中发现工程存在安全事故隐患时应签发监理通知单要求施工单位整改，情况严重时应签发工程暂停令并应及时报告建设单位，施工单位拒不整改或不停止施工时项目监理机构应及时向有关主管部门报送监理报告，监理报告应按表 4-4-17 的要求填写。

表 4-4-17　监理报告

工程名称：　　　　　　　　　　　　　　　　　　　　　　　　编号：

致：(主管部门)

　　由 ＿＿＿＿＿＿＿(施工单位)施工的 ＿＿＿＿＿＿＿(工程部位)，存在安全事故隐患。我方已于××年××月××日发出编号为××××的《监理通知单》/《工程暂停令》，但施工单位未整改/停工。

　　特此报告。

　　附件：□监理通知单

　　　　　□工程暂停令

　　　　　□其他

项目监理机构(盖章)

总监理工程师(签字)

年　月　日

注：本表一式四份，主管部门、建设单位、工程监理单位、项目监理机构各一份。

4.5　工程变更、索赔及施工合同争议的处理原则

项目监理机构应依据建设工程监理合同约定进行施工合同管理，处理工程暂停及复工、工程变更、索赔及施工合同争议、解除等事宜。施工合同终止时项目监理机构应协助建设单位按施工合同约定处理施工合同终止的有关事宜。

(1) 工程暂停及复工的处理原则

总监理工程师在签发工程暂停令时可根据停工原因的影响范围和影响程度确定停工范围，并应按施工合同和建设工程监理合同的约定签发工程暂停令。项目监理机构发现下列 5 种情况之一时总监理工程师应及时签发工程暂停令，即建设单位要求暂停施工且工程需要暂停施工的；施工单位未经批准擅自施工或拒绝项目监理机构管理的；施工单位未按审查通过的工程设计文件施工的；施工单位违反工程建设强制性标准的；施工存在重大质量、安全事故隐患或发生质量、安全事故的。总监理工程师签发工程暂停令应事先征得建设单位同意，在紧急情况下未能事先报告时应在事后及时向建设单位作出书面报告，工程暂停令应按表 4-5-1 的要求填写，暂停施工事件发生时项目监理机构应如实记录所发生的情况。总监理工程师应会同有关各方按施工合同约定处理因工程暂停引起的与工期、费用有关的问题。因施工单位原因暂停施工时项目监理机构应检查、验收施工单位的停工整改过程、结果。当暂停

施工原因消失、具备复工条件时，施工单位提出复工申请的，项目监理机构应审查施工单位报送的工程复工报审表及有关材料，符合要求后总监理工程师应及时签署审查意见并应报建设单位批准后签发工程复工令，施工单位未提出复工申请的总监理工程师应根据工程实际情况指令施工单位恢复施工。工程复工报审表应按表4-5-2的要求填写，工程复工令应按表4-5-3的要求填写。

表 4-5-1　工程暂停令

工程名称：		编号：

致：（施工项目经理部）

　　由于×××原因，现通知你方于××年××月××日××时起，暂停××部位（××工序）施工，并按下述要求做好后续工作。

　　要求：

项目监理机构（盖章）
总监理工程师（签字、加盖执业印章）
年　月　日

注：本表一式三份，项目监理机构、建设单位、施工单位各一份。

表 4-5-2　工程复工报审表

工程名称：		编号：

致：（项目监理机构）

　　编号为_____《工程暂停令》所停工的_____部位（工序）已满足复工条件，我方申请于　　年　　月　　日复工，请予以审批。

　　附件：证明文件资料

施工项目经理部（盖章）
项目经理（签字）
年　月　日

审核意见：

项目监理机构（盖章）
总监理工程师（签字）
年　月　日

审批意见：

建设单位（盖章）
建设单位代表（签字）
年　月　日

注：本表一式三份，项目监理机构、建设单位、施工单位各一份。

表 4-5-3　工程复工令

工程名称：	编号：

致：（施工项目经理部）

  我方发出的编号为××《工程暂停令》，要求暂停施工的××部位（××工序），经查已具备复工条件。经建设单位同意，现通知你于××年××月××日××时起恢复施工。

  附件：工程复工报审表

项目监理机构(盖章)
总监理工程师(签字、加盖执业印章)
年　月　日

注：本表一式三份，项目监理机构、建设单位、施工单位各一份。

（2）工程变更的处理原则

  项目监理机构可按下列程序处理施工单位提出的工程变更，即总监理工程师组织专业监理工程师审查施工单位提出的工程变更申请、提出审查意见，对涉及工程设计文件修改的工程变更应由建设单位转交原设计单位修改工程设计文件，必要时，项目监理机构应建议建设单位组织设计、施工等单位召开论证工程设计文件的修改方案的专题会议；总监理工程师组织专业监理工程师对工程变更费用及工期影响作出评估；总监理工程师组织建设单位、施工单位等共同协商确定工程变更费用及工期变化，会签工程变更单；项目监理机构根据批准的工程变更文件监督施工单位实施工程变更。工程变更单应按表 4-5-4 的要求填写。

表 4-5-4　工程变更单

工程名称：	编号：

致：

  由于××原因，兹提出工程变更，请予以审批。

  附件：

  □变更内容

  □变更设计图

  □相关会议纪要

  □其他

变更提出单位：
负责人：
年　月　日

工程量增/减

费用增/减

工期变化

施工项目经理部(盖章)

项目经理(签字)

设计单位(盖章)

设计负责人(签字)

项目监理机构(盖章)

总监理工程师(签字)

建设单位(盖章)

负责人(签字)

注：本表一式四份，建设单位、项目监理机构、设计单位、施工单位各一份。

46

项目监理机构可在工程变更实施前与建设单位、施工单位等协商确定工程变更的计价原则、计价方法或价款。建设单位与施工单位未能就工程变更费用达成协议时，项目监理机构可提出一个暂定价格并经建设单位同意作为临时支付工程款的依据，工程变更款项最终结算时应以建设单位与施工单位达成的协议为依据。项目监理机构可对建设单位要求的工程变更提出评估意见并应督促施工单位按会签后的工程变更单组织施工。

(3) 费用索赔的处理原则

项目监理机构应及时收集、整理有关工程费用的原始资料，为处理费用索赔提供证据。项目监理机构处理费用索赔的主要依据应包括下列 4 方面内容：法律法规；勘察设计文件、施工合同文件；工程建设标准；索赔事件的证据。项目监理机构可按下列程序处理施工单位提出的费用索赔，即受理施工单位在施工合同约定的期限内提交的费用索赔意向通知书；收集与索赔有关的资料；受理施工单位在施工合同约定的期限内提交的费用索赔报审表；审查费用索赔报审表，需要施工单位进一步提交详细资料时应在施工合同约定的期限内发出通知；与建设单位和施工单位协商一致后在施工合同约定的期限内签发费用索赔报审表并报建设单位。费用索赔意向通知书应按表 4-5-5 的要求填写，费用索赔报审表应按表 4-5-6 的要求填写。项目监理机构批准施工单位费用索赔应同时满足下列 3 个条件，即施工单位在施工合同约定的期限内提出费用索赔；索赔事件是因非施工单位原因造成且符合施工合同约定；索赔事件造成施工单位直接经济损失。当施工单位的费用索赔要求与工程延期要求相关联时，项目监理机构可提出费用索赔和工程延期的综合处理意见，并应与建设单位和施工单位协商。因施工单位原因造成建设单位损失，建设单位提出索赔时，项目监理机构应与建设单位和施工单位协商处理。

表 4-5-5　索赔意向通知书

工程名称：	编号：
致： 　　根据施工合同××条款约定，由于发生了××事件，且该事件的发生非我方原因所致。为此，我方向××(单位)提出索赔要求。 　　附件：索赔事件资料 提出单位(盖章) 负责人(签字) 年　月　日	

(4) 工程延期及工期延误的处理原则

施工单位提出工程延期要求符合施工合同约定时项目监理机构应予以受理。当影响工期事件具有持续性时，项目监理机构应对施工单位提交的阶段性工程临时延期报审表进行审查并应签署工程临时延期审核意见后报建设单位，当影响工期事件结束后项目监理机构应对施工单位提交的工程最终延期报审表进行审查并应签署工程最终延期审核意见后报建设单位，工程临时延期报审表和工程最终延期报审表应按表 4-5-7 的要求填写。项目监理机构在批准工程临时延期、工程最终延期前均应与建设单位和施工单位协商。项目监理机构批准工程延期应同时满足下列 3 方面条件：施工单位在施工合同约定的期限内提出工程延期；因非施工单位原因造成施工进度滞后；施工进度滞后影响到施工合同约定的工期。施工单位因工程延期提出费用索赔时项目监理机构可按施工合同约定进行处理。发生工期延误时项目监理机构应按施工合同约定进行处理。

表 4-5-6　费用索赔报审表

工程名称：	编号：

致：(项目监理机构)

　　根据施工合同条款，由于＿＿＿＿＿＿＿＿的原因，我方申请索赔金额(大写：××，小写：××)，请予批准。

索赔理由：

附件：□索赔金额计算

　　　　□证明材料

施工项目经理部(盖章)

项目经理(签字)

年　月　日

审核意见：

□不同意此项索赔。

□同意此项索赔，索赔金额为(大写：××，小写：××)。

同意/不同意索赔的理由：

附件：□索赔审查报告

项目监理机构(盖章)

总监理工程师(签字、加盖执业印章)

年　月　日

审批意见：

建设单位(盖章)

建设单位代表(签字)

年　月　日

　　注：本表一式三份，项目监理机构、建设单位、施工单位各一份。

(5) 施工合同争议的处理原则

　　项目监理机构处理施工合同争议时应进行下列 4 方面工作：了解合同争议情况；及时与合同争议双方进行磋商；提出处理方案后由总监理工程师进行协调；当双方未能达成一致时总监理工程师应提出处理合同争议的意见。项目监理机构在施工合同争议处理过程中对未达到施工合同约定的暂停履行合同条件的应要求施工合同双方继续履行合同。在施工合同争议的仲裁或诉讼过程中项目监理机构应按仲裁机关或法院要求提供与争议有关的证据。

(6) 施工合同解除的处理原则

　　因建设单位原因导致施工合同解除时项目监理机构应按施工合同约定与建设单位和施工单位按下列 6 方面款项协商确定施工单位应得款项并应签发工程款支付证书，即施工单位按施工合同约定已完成的工作应得款项；施工单位按批准的采购计划订购工程材料、构配件、设备的款项；施工单位撤离施工设备至原基地或其他目的地的合理费用；施工单位人员的合理遣返费用；施工单位合理的利润补偿；施工合同约定的建设单位应支付的违约金。

表 4-5-7　工程临时/最终延期报审表

工程名称：　　　　　　　　　　　　　　　　　　　　　编号：
致：(项目监理机构) 　　根据施工合同××条款，由于××原因，我方申请××工程临时/最终延期(××日历天)，请予批准。 　　附件：1. 工程延期依据及工期计算 　　　　　2. 证明材料 　　　　　　　　　　　　　　　　　　　　　施工项目经理部(盖章) 　　　　　　　　　　　　　　　　　　　　　项目经理(签字) 　　　　　　　　　　　　　　　　　　　　　　　年　月　日
审核意见： 　　□同意工程临时/最终延期(××日历天)。工程竣工日期从施工合同约定的××年××月××日延迟到××年××月××日。 　　□不同意延期，请按约定竣工日期组织施工。 　　　　　　　　　　　　　　　　　　　　　项目监理机构(盖章) 　　　　　　　　　　　　　　　　　　　　　总监理工程师(签字、加盖执业印章) 　　　　　　　　　　　　　　　　　　　　　　　年　月　日
审批意见：   　　　　　　　　　　　　　　　　　　　　　建设单位(盖章) 　　　　　　　　　　　　　　　　　　　　　建设单位代表(签字) 　　　　　　　　　　　　　　　　　　　　　　　年　月　日

　　注：本表一式三份，项目监理机构、建设单位、施工单位各一份。

　　因施工单位原因导致施工合同解除时项目监理机构应按施工合同约定从下列4方面款项中确定施工单位应得款项或偿还建设单位的款项并应与建设单位和施工协商后书面提交施工单位应得款项或偿还建设单位款项的证明：施工单位已按施工合同约定实际完成的工作应得款项和已给付的款项；施工单位已提供的材料、构配件、设备和临时工程等的价值；对已完工程进行检查和验收、移交工程资料、修复已完工程质量缺陷等所需的费用；施工合同约定的施工单位应支付的违约金。

　　因非建设单位、施工单位原因导致施工合同解除时项目监理机构应按施工合同约定处理合同解除后的有关事宜。

4.6　监理文件资料管理的基本要求

　　项目监理机构应建立完善监理文件资料管理制度，宜设专人管理监理文件资料。项目监理机构应及时、准确、完整地收集、整理、编制、传递监理文件资料。项目监理机构宜采用信息技术进行监理文件资料管理。

(1) 监理文件资料的基本内容及要求

监理文件资料应包括下列 18 方面主要内容：勘察设计文件、建设工程监理合同及其他合同文件；监理规划、监理实施细则；设计交底和图纸会审会议纪要；施工组织设计、(专项)施工方案、施工进度计划报审文件资料；分包单位资格报审文件资料；施工控制测量成果报验文件资料；总监理工程师任命书、开工令、暂停令、复工令，工程开工或复工报审文件资料；工程材料、构配件、设备报验文件资料；见证取样和平行检验文件资料；工程质量检查报验资料及工程有关验收资料；工程变更、费用索赔及工程延期文件资料；工程计量、工程款支付文件资料；监理通知单、工作联系单与监理报告；第一次工地会议、监理例会、专题会议等会议纪要；监理月报、监理日志、旁站记录；工程质量或生产安全事故处理文件资料；工程质量评估报告及竣工验收监理文件资料；监理工作总结。

监理日志应包括 5 方面主要内容：天气和施工环境情况；当日施工进展情况；当日监理工作情况，包括旁站、巡视、见证取样、平行检验等情况；当日存在的问题及处理情况；其他有关事项。

监理月报应包括 4 方面主要内容：本月工程实施情况；本月监理工作情况；本月施工中存在的问题及处理情况；下月监理工作重点。

监理工作总结应包括 6 方面主要内容：工程概况；项目监理机构；建设工程监理合同履行情况；监理工作成效；监理工作中发现的问题及其处理情况；说明和建议。

(2) 监理文件资料归档的基本要求

项目监理机构应及时整理、分类汇总监理文件资料，并应按规定组卷、形成监理档案。工程监理单位应根据工程特点和有关规定，保存监理档案，并应向有关单位、部门移交需要存档的监理文件资料。

4.7 设备采购与设备监造的基本要求

项目监理机构应根据建设工程监理合同约定的设备采购与设备监造工作内容配备监理人员并明确岗位职责。项目监理机构应编制设备采购与设备监造工作计划，并应协助建设单位编制设备采购与设备监造方案。

(1) 设备采购的监理工作

采用招标方式进行设备采购时项目监理机构应协助建设单位按有关规定组织设备采购招标，采用其他方式进行设备采购时项目监理机构应协助建设单位进行询价。项目监理机构应协助建设单位进行设备采购合同谈判并应协助签订设备采购合同。设备采购文件资料应包括 6 方面主要内容：建设工程监理合同及设备采购合同；设备采购招投标文件；工程设计文件和图纸；市场调查、考察报告；设备采购方案；设备采购工作总结。

(2) 设备监造的监理工作

项目监理机构应检查设备制造单位的质量管理体系并应审查设备制造单位报送的设备制

造生产计划和工艺方案。项目监理机构应审查设备制造的检验计划和检验要求，并应确认各阶段的检验时间、内容、方法、标准以及检测手段、检测设备和仪器。专业监理工程师应审查设备制造的原材料、外购配套件、元器件、标准件，以及坯料的质量证明文件及检验报告，并应审查设备制造单位提交的报验资料，符合规定时应予以签认。项目监理机构应对设备制造过程进行监督和检查，对主要及关键零部件的制造工序应进行抽检。项目监理机构应要求设备制造单位按批准的检验计划和检验要求进行设备制造过程的检验工作并应做好检验记录，项目监理机构应对检验结果进行审核，认为不符合质量要求时应要求设备制造单位进行整改、返修或返工，当发生质量失控或重大质量事故时应由总监理工程师签发暂停令、提出处理意见并应及时报告建设单位。项目监理机构应检查和监督设备的装配过程。在设备制造过程中如需要对设备的原设计进行变更时项目监理机构应审查设计变更，并应协调处理因变更引起的费用和工期调整，同时应报建设单位批准。项目监理机构应参加设备整机性能检测、调试和出厂验收，符合要求后应予以签认。在设备运往现场前，项目监理机构应检查设备制造单位对待运设备采取的防护和包装措施，并应检查是否符合运输、装卸、储存、安装的要求，以及随机文件、装箱单和附件是否齐全。设备运到现场后，项目监理机构应参加设备制造单位按合同约定与接收单位的交接工作。专业监理工程师应按设备制造合同的约定审查设备制造单位提交的付款申请单，提出审查意见，并应由总监理工程师审核后签发支付证书。专业监理工程师应审查设备制造单位提出的索赔文件，提出意见后报总监理工程师，并应由总监理工程师与建设单位、设备制造单位协商一致后签署意见。专业监理工程师应审查设备制造单位报送的设备制造结算文件，提出审查意见，并应由总监理工程师签署意见后报建设单位。

设备监造文件资料应包括下列 20 方面主要内容：建设工程监理合同及设备采购合同；设备监造工作计划；设备制造工艺方案报审资料；设备制造的检验计划和检验要求；分包单位资格报审资料；原材料、零配件的检验报告；工程暂停令、开工或复工报审资料；检验记录及试验报告；变更资料；会议纪要；来往函件；监理通知单与工作联系单；监理日志；监理月报；质量事故处理文件；索赔文件；设备验收文件；设备交接文件；支付证书和设备制造结算审核文件；设备监造工作总结。

4.8　监理单位的相关服务

工程监理单位应根据建设工程监理合同约定的相关服务范围开展相关服务工作，编制相关服务工作计划。工程监理单位应按规定汇总整理、分类归档相关服务工作的文件资料。

(1) 工程勘察设计阶段的相关服务

工程监理单位应协助建设单位编制工程勘察设计任务书和选择工程勘察设计单位，并应协助签订工程勘察设计合同。工程监理单位应审查勘察单位提交的勘察方案、提出审查意见并应报建设单位，变更勘察方案时应按原程序重新审查，勘察方案报审表可按表 4-4-2 的要求填写。工程监理单位应检查勘察现场及室内试验主要岗位操作人员的资格以及所使用设备、仪器计量的检定情况。工程监理单位应检查勘察进度执行情况、督促勘察单位完成勘察合同约定的工作内容、审查勘察单位提交的勘察费用支付申请表，以及签发勘察费用支付证书，并应报建设单位。工程勘察阶段的监理通知单可按表 4-4-11 的要求填写，监理通知回复单可按表4-4-12的要求填写，勘察费用支付申请表可按表4-4-14的要求填写，勘察费用支付证书可按表4-4-15的要求填写。工程监理单位应检查勘察单位执行勘察方案的情况，对重要点位的勘探与测试应进行现场检查。工程监理单位应审查勘察单位提交的勘察成果报告，并应向建设单位提交勘察成果评估报告，同时应参与勘察成果验收。勘察成果评估报告应包括下列5方面内容：勘察工作概况；勘察报告编制深度、与勘察标准的符合情况；勘察任务书的完成情况；存在问题及建议；评估结论。勘察成果报审表可按表4-4-7的要求填写。工程监理单位应依据设计合同及项目总体计划要求审查设计各专业、各阶段设计进度计划。工程监理单位应检查设计进度计划执行情况、督促设计单位完成设计合同约定的工作内容、审核设计单位提交的设计费用支付申请表，以及签认设计费用支付证书，并应报建设单位。工程设计阶段的监理通知单可按表4-4-11的要求填写，监理通知回复单可按表4-4-12的要求填写，设计费用支付申请表可按表4-4-14的要求填写，设计费用支付证书可按表4-4-15的要求填写。工程监理单位应审查设计单位提交的设计成果并应提出评估报告，评估报告应包括下列5方面主要内容：设计工作概况；设计深度、与设计标准的符合情况；设计任务书的完成情况；有关部门审查意见的落实情况；存在的问题及建议。设计阶段成果报审表可按表4-4-7的要求填写。工程监理单位应审查设计单位提出的新材料、新工艺、新技术、新设备在相关部门的备案情况。必要时应协助建设单位组织专家评审。工程监理单位应审查设计单位提出的设计概算、施工图预算，提出审查意见，并应报建设单位。工程监理单位应分析可能发生索赔的原因，并应制定防范对策。工程监理单位应协助建设单位组织专家对设计成果进行评审。工程监理单位可协助建设单位向政府有关部门报审有关工程设计文件，并应根据审批意见督促设计单位予以完善。工程监理单位应根据勘察设计合同，协调处理勘察设计延期、费用索赔等事宜。勘察设计延期报审可按表4-5-7的要求填写，勘察设计费用索赔报审可按表4-5-6的要求填写。

（2）工程保修阶段的相关服务

承担工程保修阶段的服务工作时，工程监理单位应定期回访。对建设单位或使用单位提出的工程质量缺陷，工程监理单位应安排监理人员进行检查和记录，并应要求施工单位予以修复，同时应监督实施，合格后应予以签认。

工程监理单位应对工程质量缺陷原因进行调查，并应与建设单位、施工单位协商确定责任归属。对非施工单位原因造成的工程质量缺陷，应核实施工单位申报的修复工程费用，并应签认工程款支付证书，同时应报建设单位。

★ 思 考 题

1. 简述我国对建设工程监理活动的总体要求。
2. 我国对项目监理机构及其设施有哪些基本要求？
3. 简述监理规划及监理实施细则的特点及相关要求。
4. 简述我国对工程质量、造价、进度控制及安全生产管理监理的基本要求。
5. 工程变更、索赔及施工合同争议的处理原则是什么？
6. 监理文件资料管理的基本要求有哪些？
7. 简述我国对设备采购与设备监造的监理要求。
8. 监理单位的相关服务包括哪些内容？

第5章 建设工程施工安全
监理的基本规则及要求

5.1 建设工程施工安全监理的总体要求

工程监理单位应认真落实建设工程安全生产监理责任，项目监理机构安全监理工作应做到科学化、规范化，应提高安全监理工作水平和效果。从事工程监理业务活动的各工程监理单位的项目监理机构的安全监理工作均应遵守我国现行《建设工程施工安全监理工作守则》。工程监理单位实施安全监理应接受建设单位书面委托并约定安全监理酬金。工程监理单位应通过建设单位将安全监理委托的范围、内容及对工程监理单位的授权书面告知施工单位和有关主管部门。项目监理机构安全监理实行总监理工程师负责，各专业监理工程师、监理员结合业务分工配合和安全监理人员对日常安全监理工作专职负责的工作职责制。工程监理单位和监理工程师的安全监理法律责任的法定依据是我国现行《建设工程安全生产管理条例》的第四条、第十四条、第五十七条、第五十八条和委托监理合同中关于安全监理的具体约定，安全监理的违规违约行为是追究安全监理法律责任的实际根据。安全监理不能代替施工单位的安全管理，安全监理工作是对施工单位的安全管理及自控行为进行检查监督。安全监理工作除应执行我国现行《建设工程施工安全监理工作守则》外，还应符合国家现行有关法律、法规、规章以及国家、行业和属地现行工程建设强制性标准的规定。

所谓"安全监理"是指工程监理单位按照有关法律、法规、规章和工程建设强制性标准及委托监理合同，在所监理的工程中落实安全生产监理责任所开展的活动。工程监理单位是指依法从事建设工程监理业务活动，当前主要是施工阶段（包括准备、施工及缺陷责任期阶段）监理业务活动，并取得工程监理企业资质证书和企业法人营业执照的经济组织。工程施工安全监理是指工程监理单位受建设单位的委托和授权，协助建设单位依据国家有关法律、法规和工程建设强制性标准及有关规定，对建设工程施工过程的安全生产从监理的角度予以监督和控制。安全监理人员必须经安全监理业务知识教育培训合格，持证上岗。安全监理人员是项目监理机构中安全监理岗位配备的经安全监理业务教育培训合格，持证上岗的专职负责日常安全监理工作的监理人员，是负责项目监理机构日常安全监理工作实施的专业工程师或监理员。专业工程师是指经过监理业务培训，经总监理工程师授权，负责某一专业或某一方面的监理工作，具有相应监理文件签发权的工程师。安全监理方案是指项目监理机构编制的用于开展安全监理工作的指导性文件。安全监理实施细则是指结合施工现场的场所、设施、作业等安全活动，由项目监理机构编制的安全监理工作操作性文件。危险性较大工程是指具有一定规模的基坑支护与降水工程、土方开挖工程、模板工程、起重吊装工程、脚手架工程、拆除爆破工程和国务院住房城乡建设主管部门或者其他有关部门规定的其他工程。专项施工方案是指针对危险性较大工程由施工单位编制并按照规定程序审批，包括安全技术措施、监控措施和安全验算结果的施工文件。专职安全生产管理人员是指经有关主管部门安全生产考核合格并取得安全生产考核合格证书的，施工单位在施工现场专职从事安全生产管理的人员。安全防护、文明施工措施费用是指按照国家和属地现行的建筑施工安全、施工现场环境与卫生标准和有关规定，用于购置和更新施工防护用具及设施，改善安全生产条件和作业环境所需要的专项费用。安全监理酬金是建设单位付给工程监理单位按约定实施工程施工安全监理工作的服务费用，其额度的计取执行现行有关取费标准的规定。危险性较大的分部分项工程是指我国现行《建设工程安全生产管理条例》第二十六条所明确规定的七项分部分项工程，这些分部分项工程的标准以住房城乡建设部制定的《危险性较大工程安全专项施工方案编制及专家论证审查办法》第三条的规定为准。安全专项施工方案是危险性较大的分部分项工程施工前由施工单位专业工程技术人员单独编制安全专项施工方案，该方案应由施工单位技术部门的专业技术人员及项目监理机构专职安全监理人员、相关专业监理工程师进行审查，由施工单位技术负责人、总监理工程师审定签字。施工单位专职安全生产管理人员是指经住房城乡建设主管部门或者其他有关部门安全生产考核合格，并取得安全生产考核合格证书在施工单位从事安全生产管理工作的专职人员，包括施工单位安全生产管理机构的负责人及其工作人员和施工现场专职安全生产管理人员。专职安全生产管理人员在施工现场的配备应遵守住房城乡建设部颁布的《建筑施工单位安全生产管理机构设置及专职安全生产管理人员配备办法》第六条、第七条、第八条、第九条的规定。

工程监理单位应按我国现行《建设工程施工安全监理工作守则》规定开展安全监理工作，建设单位对安全监理工作有特殊要求的应在委托监理合同中约定。施工单位应对施工现场安全生产负责，安全监理不得代替施工单位的安全生产管理。施工单位应及时主动向项目监理机构报送所编制的安全生产管理文件和资料，接受项目监理机构的检查和整改指令。建设单位应及时向项目监理机构提供所需要的与工程施工安全有关的文件和资料，及时解决项目监理机构需要建设单位协调和处理的事宜。有关部门在加强建设工程安全生产管理工作监督检查的同时必须督促和指导工程监理单位落实安全生产监理现任，检查安全监理人员的义务执行和权利保障情况，起到督促施工单位加强安全生产管理的作用。工程监理单位和有关部门可采用表5-1-1对项目监理机构的安全监理工作进行检查考核。

表5-1-1　工程施工安全监理行为评价表

序号	评价项目	评价内容及评分标准	评分		
			应得分	扣减分	实得分
1	人员保障	1-1 未按规定和委托合同约定配备专职安全监理人员，扣1~5分	15		
		1-2 专职安全监理人员无相应上岗证，扣3分			
		1-3 未确定项目监理机构(总监，专职、兼职安全监理人员)的安全监理责任制，扣1~5分			
		1-4 缺失安全监理人员的考勤记录，扣2分			
2	文件编制与审查	2-1 监理规划未含安全监理方案，缺少(初定)危险性较大工程清单，扣5~8分	35		
		2-2 未按规定对危险性较大工程及时编制有针对性的安全监理实施细则，扣5~8分			
		2-3 未按规定审查专项施工方案和安全技术措施并签署意见，扣5~10分			
		2-4 未按规定审查分包单位安全生产许可证，扣4分			
		2-5 未按规定审查特种作业人员资格，扣1~5分			

序号	评价项目	评价内容及评分标准	评分		
			应得分	扣减分	实得分
3	检查监督	3-1 未对危险性较大工程的施工安全交底工作及交底记录进行检查，扣1~4分	45		
		3-2 未对危险性较大工程的施工安全自控行为进行检查监督，缺少检查记录，扣1~10分			
		3-3 未按规定对施工机械、安全设施的验收手续进行核查，扣1~10分			
		3-4 发现安全事故隐患，未按规定发出要求整改或暂停施工的监理指令，扣1~8分			
		3-5 对安全事故隐患的施工整改未进行复查，缺少整改复查资料，扣1~5分			
		3-6 对于施工单位拒不整改，未向建设单位及有关主管部门报告，扣5~8分			
4	现场应备文件、设施	4-1 无委托安全监理合同(约定)，也无有关原由资料，扣2分	5		
		4-2 未备国家和有关安全监理法规文件和与本项目相关的工程建设强制性标准文本，扣1分			
		4-3 未配备委托监理合同约定必备的常规检测工具、仪器、摄像设施及安全防护用品，扣2分			
项目监理机构安全监理评分			100		

评分人员：　　　　　　　　　　　　　　　　　　　　　年　月　日

注：通过评价，该项目监理机构的工程施工安全监理行为按评价评分实得分可确定为合格(实得分≥75分)、基本合格(实得分65~74分)或不合格(实得分≤64分)等级。凡涉及2-3、3-2、3-3、3-4、3-5、3-6的项目监理机构过失，导致发生施工重大安全事故的，除评分扣分外，该项目监理机构安全监理行为应评定为"不合格"等级。

5.2 安全监理责任及工作保障体系

(1) 工程监理单位的安全监理责任

工程监理单位应审查施工组织设计中的安全技术措施或专项施工方案，其应符合工程建设强制性标准的要求。工程监理单位在实施监理过程中发现存在安全事故隐患的应要求施工单位整改，情况严重的应要求施工单位暂时停止施工并及时报告建设单位，施工单位拒不整改或者不停止施工的，工程监理单位应及时向有关主管部门报告。工程监理单位和监理人员应按照法律、法规、规章和工程建设强制性标准实施监理，并对建设工程安全生产承担监理责任。工程监理单位法定代表人应对本企业监理的工程项目落实安全生产监理责任全面负责。工程监理单位技术负责人应负责审批项目监理机构的安全监理方案，指导总监理工程师审查施工工艺复杂、技术难度大的专项施工方案。工程监理单位应建立以下8方面安全监理工作制度并督促检查项目监理机构落实情况，即审查核验制度；检查验收制度；督促整改制度；工地例会制度；报告制度；教育培训制度；资料管理与归档制度；其他为落实安全监理责任、做好安全监理工作必需的制度。工程监理单位派驻工程项目负责履行委托监理合同的项目监理机构负责工程施工安全监理。工程监理单位履行委托安全监理约定，必须在项目监理机构中设置安全监理岗位、配备持证上岗的专职安全监理人员，三等及以下工程可指定相关专业监理工程师兼任，一等工程宜成立安全监理组。

（2）项目监理机构及人员安全监理工作职责

项目监理机构应负责工程项目现场安全监理工作的实施。项目监理机构应配置专职安全监理人员，配备必要的安全生产法规、标准及安全技术文件、工作防护设备、设施和常用检测工具。

总监理工程师安全方面的主要工作是确定项目监理机构安全监理岗位的设置和专职安全监理人员的配备并明确其工作任务；主持编写监理规划中的安全监理方案，审批安全监理实施细则，审核签发安全监理通知单、（安全）监理月报和安全专题报告；审查施工单位的安全生产许可证；组织审查施工组织设计中的安全技术措施或者危险性较大的分部分项工程（包括须经专家论证、审查的项目）安全专项施工方案并签认；发现严重的安全事故隐患，且施工单位拒不整改时，签发暂停施工令并报告建设单位、有关主管部门。总监理工程师具体应履行以下 13 方面主要安全监理工作职责：全面负责项目监理机构的安全监理工作；确立项目监理机构安全监理岗位设置，明确各岗位监理人员的安全监理职责；检查项目监理机构安全监理工作制度落实情况；主持编制安全监理方案、审批安全监理实施细则；主持编写安全监理工作月报、安全监理专题报告和安全监理工作总结；主持审查施工单位的资质证书、安全生产许可证；主持审查施工组织设计中的安全技术措施、专项施工方案和应急救援措施；组织审核施工单位安全防护、文明施工措施费用的使用情况；组织核查大型起重机械和自升式架设设施的验收手续；组织核准施工单位安全质量标准化达标工地考核评分；签发工程暂停令并同时报告建设单位；负责向本单位负责人报告施工现场安全事故；可将部分安全监理工作向总监理工程师代表授权，但前述第 5 条、第 7 条、第 11 条职责不得委托。

专职安全监理人员的主要工作是具体协助建设单位与施工单位签订安全生产协议书和安全抵押金合同，并监督实施；编写监理规划中安全监理方案和安全监理实施细则；参加对施工组织设计中的安全技术措施或者危险性较大的分部分项工程（包括须经专家论证、审查的项目）安全专项施工方案的审查；对危险性较大的分部分项工程安全专项施工方案或施工单位提出的安全技术措施的实施进行监督；审查施工总承包单位推荐的分包单位的安全资质，及主要负责人、项目负责人、专职安全生产管理人员、特种作业人员的资格；巡视检查及处理日常事务；发现安全事故隐患，及时向总监理工程师报告；填写安全监理日记和编写安全监理月报或监理月报中的安全监理内容；负责安全监理资料的收集和安全监理台账管理；参与工程预算和对安全及文明施工措施费实施监督等其他与工程安全有关的工作。安全监理人员应履行以下 11 方面主要安全监理工作职责：在总监理工程师领导下负责项目监理机构日常安全监理工作的实施；参与编制安全监理方案和安全监理实施细则；负责审查施工单位的资质证书、安全生产许可证、两类人员证书、特种作业人员操作证，检查施工单位工程项目安全生产规章制度、安全管理机构的建立情况，参与审查施工组织设计中的安全技术措施、专项施工方案和应急救援预案；负责审查施工单位上报的危险性较大工程清单和需经项目监理机构核查的大型起重机械和自升式架设设施清单，核查大型起重机械和自升式架设设施的验收手续；核准施工单位安全质量标准化达标工地考核评分；协助审核施工单位安全防护、文明施工措施费用的使用情况；负责抽查施工单位安全生产自查情况，参加建设单位组织的安全生产专项检查；巡视检查施工现场安全状况，参与专项施工方案实施情况的定期巡视检查，发现安全事故隐患及时报告总监理工程师并参与处理；填写监理日记中的安全监理工作记录，参与编写安全监理工作月报；管理安全监理资料，台帐；协助总监理工程师处理施工现场安全事故中涉及监理的工作。

专业监理工程师的主要工作是参与编写安全监理实施细则；参与危险性较大的分部分项工程(包括须经专家论证、审查的项目)安全专项施工方案或施工单位提出的安全技术措施的审查，并配合对其实施进行监督；结合本专业及业务范围关注施工安全状况，发现安全事故隐患及时向总监理工程师报告。专业监理工程师应履行以下 5 方面主要安全监理工作职责：在总监理工程师领导下参与项目监理机构的安全监理工作；负责编制安全监理实施细则，参与编制安全监理方案；负责审查施工组织设计中的安全技术措施、专项施工方案和应急救援预案；负责就安全监理实施细则向相关监理人员交底，负责专项施工方案实施情况的定期巡视检查，发现安全事故隐患及时报告总监理工程师并参与处理；提供与本职责有关的安全监理资料。

监理员的主要工作是结合专业及业务范围关注施工安全状况，在监理工作中发现安全事故隐患及时向专职安全监理人员或总监理工程师报告。监理员应履行 2 方面主要安全监理工作职责：根据项目监理机构岗位职责安排，在分管业务范围内检查施工现场安全状况，发现问题及时报告专业工程师或安全监理人员；做好检查记录工作。

设置总监理工程师代表的项目监理机构，总监理工程师不得将以下 3 项工作委托总监理工程师代表：主持编写监理规划中的安全监理方案，审批安全监理实施细则；组织审查施工组织设计中的安全技术措施或者危险性较大的分部分项工程(包括须经专家论证、审查的项目)安全专项施工方案并签认；确定安全监理岗位和人员配备。专职安全监理人员离岗，总监理工程师应即另行安排人员到岗。凡有危险性较大的分部分项工程施工及节假日施工，总监理工程师均应对安全监理岗位作出妥善的人员安排。

5.3　安全监理主要工作内容

（1）安全监理准备阶段的主要工作

施工准备阶段主要调查了解施工现场及周边环境情况；告知建设单位的安全责任并协助其及时办理工程项目安全监督手续；审查施工总承包、专业分包、劳务分包单位的安全生产许可证，以及相互间的安全协议；审查施工单位的主要负责人、项目负责人、专职安全生产管理人员、特种作业人员的数量与资格；检查施工单位施工现场安全生产保证体系；审核施工单位提出的危险性较大的分部分项工程一览表(包括须经专家论证、审查的项目)和须经监理复核安全许可验收手续的大中型施工机械和安全设施一览表；审查施工组织设计中的安全技术措施或安全专项(重点是危险性较大的分部分项工程)施工方案；编制监理规划中的安全监理方案及安全监理实施细则；对监理人员进行岗前安全教育，并配备必要的安全防护用品。

在第一次工地会议上介绍安全监理目标、工作要求及安全监理人员等。

项目监理机构应编制安全监理方案。对中型及以上项目，项目监理机构应编制安全监理实施细则;对各项危险性较大工程项目监理机构应单独编制相对应的安全监理实施细则。项目监理机构应调查了解和熟悉施工现场及周边环境情况。项目监理机构宜将我国现行《建设工程安全生产管理条例》中建设单位的安全责任和有关事宜告知建设单位。

项目监理机构应在相应工程施工前编制安全监理实施细则,做到详细、具体且有可操作性。安全监理实施细则的编制应符合以下2方面要求,即安全监理实施细则由专业工程师编制,并经总监理工程师批准;安全监理实施细则的编制依据是现行相关法律、法规、规章以及工程建设强制性标准和设计文件,已批准的安全监理方案,已批准的施工组织设计中的安全技术措施、专项施工方案和专家组评审意见。安全监理实施细则应包括以下5方面主要内容,即相应工程概况;相关的强制性标准要求;安全监理控制要点、检查方法及频率和措施;监理人员工作安排及分工;检查记录表。安全监理实施细则的编制人应对相关监理人员进行交底并根据工程项目实际情况及时进行修订、补充和完善。

(2) 安全监理实施阶段的主要工作

施工(含缺陷责任期)阶段监督施工单位施工现场安全生产保证体系的运行及其专职安全生产管理人员的到岗与工作情况;监督以危险性较大的分部分项工程为重点的安全专项施工方案或安全技术措施的实施;复核施工单位大中型施工机械、安全设施的安全许可验收手续;核查施工单位安全生产事故应急救援预案;参与施工单位组织的专项安全检查(包括异常气候和节假日施工的安全检查);参加安全监督部门对项目安全检查后的项目安全生产状况讲评会;配合工程安全事故调查、分析和处理;对施工现场存在的安全事故隐患以及安全设施不符合安全标准强制性条文要求的情况,应书面通知施工单位及时予以整改。

应对施工单位的资质证书和安全生产许可证审查其合法有效性;应对项目经理,专职安全生产管理人员的安全生产考核合格证书及专职安全生产管理人员配备与到位数量审查其应符合相关规定;应对特种作业人员操作证进行审查其合法有效性。应检查施工总包单位在工程项目上的安全生产规章制度和安全管理机构的建立情况,并应督促施工总包单位检查各施工分包单位的安全生产规章制度的建立情况。应对施工单位编制的施工组织设计中的安全技术措施和专项施工方案进行审查,其应符合工程建设强制性标准要求。应对施工单位安全防护、文明施工措施费用使用计划和应急救援预案进行审核。应对需经项目监理机构核验的大型起重机械和自升式架设设施清单进行审查,并应核查施工单位对大型起重机械,整体提升脚手架,模板等自升式架设设施和安全设施的验收手续。应对施工单位上报的危险性较大工程清单进行审查,并定期巡视检查施工单位对危险性较大工程的监管和作业情况。应检查施工现场各种安全标志和安全防护措施,其应符合工程建设强制性标准要求;并应对照安全防护措施费用计划检查其使用情况。应审查并核准施工单位现场安全质量标准化达标工地的考核评分。应监督施工单位按照施工组织设计中的安全技术措施和专项施工方案组织施工,采用监理手段及时制止违规施工作业。应督促施工单位进行安全自查工作,并应对施工单位自查情况进行抽查,应参加建设单位组织的安全生产专项检查。

(3) 安全监理总结阶段的主要工作

工程项目竣工后,项目监理机构应编写安全监理工作总结。工程监理单位应将安全监理工作中的有关文件资料按规定立卷归档。

（4）安全监理工作的实施

应检查施工单位安全生产保证体系。包括检查施工单位总、分包现场专职安全生产管理人员的配备是否符合规定；检查施工单位的安全生产责任制，安全生产教育培训制度，安全生产规章制度和操作规程，消防安全责任制度，安全生产事故应急救援预案，安全施工技术交底制度以及设备的租赁、安装拆卸、运行维护保养、验收管理制度等；检查特种作业人员资格。包括电工、焊工、架子工、起重机械工、塔吊司机及指挥、垂直运输机械操作工、安装拆卸工、爆破工等特种作业人员的名册、岗位证书和身份证复印件；检查（或协助签订）建设单位与施工单位以及施工总、分包单位间的施工安全生产协议书；对施工单位安全生产保证体系的检查项目由项目监理机构在第一次工地会议上书面向施工单位告知，由施工单位报检，总监理工程师主持检查，凡有不符合要求的应开具限期整改书面通知，拒不整改的应向建设单位及安全监督部门报告。

应审查危险性较大的分部分项工程安全专项施工方案。施工单位应当分别编写各危险性较大的分部分项工程的安全专项施工方案，并在施工前办理监理报审。总监理工程师应按下列方法主持审查，即程序性审查、符合性审查、针对性审查。程序性审查的主要内容包括安全专项施工方案按规定须经专家认证、审查的是否执行；安全专项施工方案是否经施工单位技术负责人签认，不符合程序的应退回。符合性审查的主要内容包括安全专项施工方案必须符合强制性标准的规定并附有安全验算的结果；须经专家论证、审查的项目应附有专家审查的书面报告，安全专项施工方案应有紧急救护措施等应急救援预案。针对性审查的主要内容包括安全专项施工方案应针对本工程特点以及所处环境、管理模式，具有可操作性。安全专项施工方案经专职安全监理人员、专业监理工程师进行审查后，应在报审表上填写监理意见，并由总监理工程师签认。特别复杂的安全专项施工方案，项目监理机构应报请工程监理单位技术负责人主持审查。

应监督危险性较大的分部分项工程安全专项施工方案的实施。安全专项施工方案实施时首先应查清施工单位专职安全生产管理人员是否到岗。对安全专项施工方案的执行情况每天至少监督检查一次，对安全监理的监督检查控制点实施必要的监视和测量。发现不符合安全专项施工方案要求或发现安全事故隐患，应向总监理工程师报告，采取发监理通知单、工程暂停令或向建设单位及有关主管部门报告的手段及时处理，并首先从施工单位安全生产保证体系上查找原因。

（5）安全监理工作手段的特点

安全监理的工作手段通常包括发放监理通知、暂停施工、报告、告知、第一次工地会议、工地例会、现场巡视等。报告包括月度报告、专题报告。告知包括对建设单位的告知、对施工单位的告知。现场巡视包括安全专项施工方案实施时的巡视、其他作业部位巡视。监理人员在巡视检查中发现安全事故隐患，或有违反施工方案、法规和工程建设强制性标准的，应立即开具监理通知单，要求限时整改。监理人员在巡视检查中发现有严重安全事故隐患或有严重违反施工方案、法规和工程建设强制性标准的，应立即要求施工单位暂停施工，并及时报告建设单位。项目监理机构应根据情况将月度安全监理工作情况在监理月报中或单独向建设单位和有关安全监督部门报告。针对某项具体安全生产问题，总监理工程师认为有必要，可作专题报告。建设单位安全生产方面的义务和责任及相关事宜，项目监理机构宜以书面形式告知。凡在安全监理工作中需施工单位配合的，应将安全监理工作的内容、方式及其他具体要求及时以书面形式告知。安全监理人员应参加第一次工地会议，总监理工程师应在会议上介绍安全监理的有关要求及具体内容并向建设单位、施工单位递交书面告知，项目监理机构接受施工单位有关安全监理工作的询问。安全监理工作需要工程建设参与各方协调的事项应通过工地例会及时解决，会上专职安全监理人员对施工现场安全生产工作情况进行分析，提出当前存在的问题，要求施工单位及有关各方予以改进。对危险性较大的分部分项工程的全部作业面每天应巡视到位，发现问题要求改正的应跟踪到改正为止，对暂停施工的应注意施工方的动向。其他作业部位巡视应根据现场施工作业情况确立巡视部位，巡视检查应按专项安全监理实施细则的要求进行并作好相应的记录。

5.4　安全监理策划

　　监理规划中的安全监理方案应根据现行法律、法规、规章，委托监理合同，设计文件，工程项目特点以及施工现场实际情况编制。安全监理方案应明确安全监理的范围、内容、工作程序和制度措施，以及人员配备计划和职责等，具有针对性和指导性。

　　安全监理方案的编制应符合以下 2 方面要求：安全监理方案是监理规划的重要组成部分，应与监理规划同步编制完成，必要时可以单独编制安全监理方案，分阶段施工或施工方案发生较大变化时安全监理方案应及时调整；安全监理方案由总监理工程师主持编制，安全监理人员和专业工程师参与，并经工程监理单位技术负责人批准。

　　安全监理方案应包括以下 9 方面主要内容：安全监理工作依据；安全监理工作目标；安全监理范围和内容；安全监理工作程序；安全监理岗位设置和职责分工；安全监理工作制度和措施；初步认定的危险性较大工程一览表和安全监理实施细则编写计划；初步认定的需办理验收手续的大型起重机械和自升式架设设施一览表；其他与新工艺、新技术有关的安全监理措施。

（1）安全监理实施细则编制的基本要求

　　安全监理实施细则应符合"安全第一，预防为主"的方针，要具有可操作性，并应根据情况的变化予以补充、修改和完善。对危险性较大的分部分项工程必须在施工开始前编制专项安全监理实施细则。需编制监理实施细则的三等及以下项目可在监理实施细则中增添安全监理的内容。安全监理实施细则应由专职安全监理人员为主编制，专业监理工程师参与，并经总监理工程师批准。编制安全监理实施细则的依据，即已批准的包含安全监理方案的监理规划；相关的法规、工程建设强制性标准和设计文件；施工组织设计；其他规范性文件等。安全监理实施细则应包括以下 5 方面主要内容：危险性较大的分部分项工程安全监理工作的特点和施工现场环境状况；安全监理人员安排与分工；安全监理工作的方法及措施；针对性的安全监理检查、控制点；相关过程的检查记录（表）和资料目录。

（2）安全监理方案的特点及编制要求

　　监理规划中的安全监理方案编制应根据法规、委托安全监理约定的要求，以及工程项目特点、施工现场的实际情况，明确项目监理机构的安全监理工作目标，确定安全监理工作制度、方法和措施，应具有对安全监理工作的指导性，并应根据情况的变化予以补充、修改和完善。安全监理方案应与监理规划同时编制完成，它是监理规划的重要组成部分，分阶段出图时安全监理方案要动态跟进调整；安全监理方案编制工作由总监理工程师主持，专职安全监理人员和专业监理工程师参加，工程监理单位技术负责人审批；安全监理方案应在第一次工地会议召开前送建设单位。安全监理方案应包括以下10方面主要内容：安全监理工作依据；安全监理工作目标；安全监理工作内容；项目监理机构安全监理岗位、人员及工作任务；安全监理工作制度；初步认定的危险性较大的分部分项工程一览表；初步认定须经监理复核安全许可验收手续的大中型施工机械和安全设施一览表；初步确定须编制的专项安全监理实施细则一览表；初步选定的新材料、新技术、新工艺及特殊结构防止安全事故的监督控制措施；必要的安全防护用品。

5.5　安全监理工作的实施

（1）安全监理的基本工作及相关要求

应重视审查核验工作。项目监理机构应督促施工单位报送相关安全生产管理文件和资料并填写相关报审核验表。项目监理机构应对施工单位报送的相关安全生产管理工作文件和资料及时审查核验、提出监理意见，对不符合要求的应要求施工单位完善后再次报审。

应重视巡视检查工作。项目监理机构对施工现场的巡视检查应包括下列4方面内容：施工单位专职安全生产管理人员到岗工作情况；施工现场与施工组织设计中的安全技术措施，专项施工方案和安全防护措施费用使用计划的相符情况；施工现场存在的安全隐患以及按照项目监理机构的指令整改实施的情况；项目监理机构签发的工程暂停令实施情况。对危险性较大工程作业情况应加强巡视检查，应根据作业进展情况安排巡视次数但每日不得少于一次，并应填写危险性较大工程巡视检查记录。对施工总包单位组织的安全生产检查应每月抽查一次，节假日、季节性、灾害性天气期间以及有关主管部门有规定要求时应增加抽查次数，并填写安全监理巡视检查记录。应参加建设单位组织的安全生产专项检查并应保留相应记录。

应做好告知工作。项目监理机构宜以工作联系单的形式告知建设单位在安全生产方面的义务、责任以及相关事宜；项目监理机构宜以工作联系单的形式告知施工总包单位在安全监理工作要求，对施工总包单位安全生产管理的提示和建议以及相关事宜。

应做好通知工作。项目监理机构在巡视检查中发现安全事故隐患，或违反现行法律、法规、规章和工程建设强制性标准，未按照施工组织设计中的安全技术措施和专项施工方案组织施工的，应及时签发监理通知单、指令限期整改。监理通知单应发送施工总包单位并报送建设单位。施工单位针对项目监理机构指令整改后应填写监理通知回复单，项目监理机构应复查整改结果。

应准确发布停工命令。项目监理机构发现施工现场安全事故隐患情况严重的以及施工现场发生重大险情或安全事故的应签发工程暂停令，并按实际情况指令局部停工或全面停工。工程暂停令应发送施工总包单位并报送建设单位。施工单位针对项目监理机构指令整改后应填写工程复工报审表，项目监理机构应复查整改结果。

应重视会议制度。总监理工程师应在第一次工地会议上介绍安全监理方案的主要内容，安全监理人员应参加第一次工地会议。项目监理机构应定期组织召开工地例会，工地例会应包括以下 3 方面安全监理工作内容：施工单位安全生产管理工作和施工现场安全现状；安全问题的分析，改进措施的研究；下一步安全监理工作打算。项目监理机构宜通过各种会议及时传达有关主管部门的文件和规定，研究贯彻落实的方法。必要时可召开安全生产专题会议。各类会议应形成会议纪要并经到会各方代表会签。

应重视报告制度。施工现场发生安全事故，项目监理机构应立即向本单位负责人报告，情况紧急时可直接向有关主管部门报告。对施工单位不执行项目监理机构指令，对施工现场存在的安全事故隐患拒不整改或不停工整改的，项目监理机构应及时报告有关主管部门，以电话形式报告的应有通话记录，并及时补充书面报告。项目监理机构应将月度安全监理工作情况以安全监理工作月报形式向本单位、建设单位和安全监督部门报告。针对某项具体的安全生产问题，项目监理机构可以专题报告形式向本单位、建设单位和安全监督部门报告。

应写好监理日记。项目监理机构应在监理日记中记录安全监理工作情况。监理日记中的安全监理工作记录应包括以下 3 方面内容：当日施工现场安全现状；当日安全监理的主要工作；当日有关安全生产方面存在的问题及处理情况。

应写好安全监理工作月报。项目监理机构应按月编制安全监理工作月报。安全监理工作月报应包括以下 4 方面内容，即当月危险性较大工程作业和施工现场安全现状及分析（必要时附影像资料）；当月安全监理的主要工作、措施和效果；当月签发的安全监理文件和指令；下月安全监理工作计划。

（2）施工单位安全生产管理体系检查

应对施工单位填报的施工总包单位资格报审表或施工分包单位资格报审表进行审查。项目监理机构应从以下两个方面审查施工单位的资质证书和安全生产许可证：施工单位资质证书中的承包类别和承包工程范围应同承包的工程内容、工程规模、工程数量和合同额相适应；施工单位的安全生产许可证在有关主管部门动态管理中应合法有效。项目监理机构应从以下两个方面审查施工单位项目经理和专职安全生产管理人员资格：施工单位项目经理应具有注册的岗位证书、资格等级应与承包工程的规模相适应，应具有安全生产考核合格证书，施工总包单位项目经理姓名应与投标文件一致，如变更应经建设单位同意并办理书面变更手续；专职安全生产管理人员应具有安全生产考核合格证书，人数配备应符合有关规定。

项目监理机构应从以下 3 个方面检查施工单位的安全生产管理制度：督促施工单位工程项目部填写安全生产管理制度备案登记表并将以下 8 个安全生产管理制度报送监理机构备案，这 8 个制度分别是安全生产责任制、安全生产教育培训制度、操作规程、安全生产检查制度、机械设备（包括租赁设备）管理制度、安全施工技术交底制度、消防安全管理制度、安全生产事故报告处理制度；督促施工总包单位检查施工分包单位安全生产规章制度的建立和落实情况；项目监理机构在必要时可抽查施工单位相关制度的落实情况并填写安全监理巡视检查记录。

施工现场有危险性较大工程作业的，应督促施工单位进行安保体系认证并填写安保体系认证备案登记表报送项目监理机构备案。

应对施工单位填报的施工单位特种作业人员报审表进行审查，项目监理机构应从以下 3 个方面审查特种作业人员的上岗资格：应对电工、焊工、架子工、起重机械工、塔吊司机及指挥垂直运输机械操作工等特种作业人员的特种作业操作证进行审查；特种作业操作证应在有效期内；作业过程中，项目监理机构认为有必要时可抽查现场特种作业人员持证上岗情况和人证相符情况并填写安全监理巡视检查记录。

应督促施工总包单位提交与建设单位、施工分包单位签订的施工安全生产协议书并填写安全生产协议书备案登记表报送项目监理机构备案。

(3) 审查专项施工方案

应督促施工单位在工程开工前按规定确认危险性较大工程清单并填报危险性较大工程确认报审表报送项目监理机构。

应对施工单位填报的施工组织设计(方案)报审表进行审查，项目监理机构应按照以下3种方法审查专项施工方案。采用程序性审查时，专项施工方案必须由施工总包单位技术负责人审批，分包单位编制的，应经施工总包单位审批；应组织专家组进行论证的必须有专家组最终确认的论证审查报告，专家组的成员组成和人数应符合属地的有关规定；对项目监理机构审查后不符合要求的，施工单位应按原程序重新办理报审手续。采用符合性审查时，专项施工方案必须符合工程建设强制性标准要求，并应包括安全技术措施、监控措施、安全验算结果等内容。采用针对性审查时，专项施工方案应针对工程特点以及所处环境等实际情况，编制内容应详细具体并明确操作要求。

(4) 核查大型起重机械和自升式架设设施的验收手续

应督促施工单位在工程开工前确认大型起重机械和自升式架设设施清单并填报大型起重机械和自升式架设设施确认报审表报送项目监理机构。项目监理机构应重点核查以下大型起重机械和自升式架设设施的验收手续：塔式起重机，施工升降机，附着升降式脚手架，吊篮，自升式模板架体。装拆、加节、升降前，项目监理机构应按照大型起重机械、自升式架设设施检查记录中的检查内容进行检查，应会同施工单位对设备基础和对建筑物的机械附着部位共同检查验收。装拆、加节、升降过程中，项目监理机构应对施工单位专职安全生产管理工作人员现场管理、警戒线设置、专人监护和作业人员安全防护进行巡视检查。应督促施工单位填报大型起重机械和自升式架设设施核查表，项目监理机构应核查以下5方面验收资料：产品合格证；设备监管卡和属地建设机械编号牌；检验检测机构签发的《属地建设工程施工现场机械安装验收合格证》和建筑机械安装质量检测报告；建筑机械安装检测报告中不合格项的整改合格资料；施工现场该施工机械、安全设施的警示牌及机械性能牌。

(5) 审核安全防护、文明施工措施费用

项目监理机构应审核施工单位安全防护、文明施工措施费用使用计划报审表。项目监理机构应重点检查施工单位以下两个方面的安全防护、文明施工措施费用使用情况并填写安全监理巡视检查记录，即施工现场易发生伤亡事故处或危险场所应设置明显的、符合标准要求的安全警示标志牌；施工现场的材料堆放、防火、急救器材、临时用电、临边洞口、高处交叉作业防护应与安全防护、文明施工措施费用使用计划相一致并应符合工程建设强制性标准要求。项目监理机构应督促施工单位建立安全防护、文明施工措施费用使用帐册并保留支付费用的原始凭证。根据对施工单位填报的安全防护、文明施工措施费用支付申请表，经检查已落实安全防护、文明施工措施的，由项目监理机构签认已发生的费用。项目监理机构认为有必要时可检查施工总包单位向施工分包单位支付安全防护、文明施工措施费用情况并填写安全监理巡视检查记录。

（6）核准施工现场安全质量标准化达标工地考核评分

应督促施工总包单位每周进行自检、每月网上填报月度自查评分，应督促施工总包单位网上对施工分包单位进行月度评价，应督促施工总包单位上网填报危险性较大工程上报记录。项目监理机构应动态考核施工现场安全质量标准化达标工地实施情况，每月的考核情况应填写施工现场安全质量标准化达标工地考核评分检查记录并以此为依据对施工总包单位的每次自查评分和施工总包单位对施工分包单位的月度评价进行审查并核准，由安全监理人员汇总后网上填报月度核准结果。项目监理机构应对施工总包单位网上填报的危险性较大工程上报记录进行初审并在网上填报监理初审记录。工程竣工后项目监理机构应核准施工总包单位对施工分包单位的考核评定。

5.6 施工安全监理资料管理与归档要求

（1）安全监理资料的特点及相关内容

施工安全监理资料应包括16类内容：委托监理合同关于安全监理的约定；监理规划中的安全监理方案；安全监理实施细则；第一次工地会议纪要的安全监理内容；安全监理告知书；安全监理通知单；安全监理整改回复单；相关的工程暂停令及复工令；安全专项施工方案报审表；施工单位资质、安全生产许可证报审表；施工单位的主要负责人、项目负责人、专职安全生产管理人员、特种作业人员资格报审表；工程例会纪要的安全监理内容；安全监理日记；监理月报中的安全监理内容；安全生产事故及其分析处理报告；监理工作总结的安全监理内容。

1）安全监理日记。三等及以下工程可在监理日记上增加安全监理的内容，其他工程宜单独设立安全监理日记。安全监理日记应包括5方面内容：施工现场的安全状况；当日安全监理的主要工作；有关安全生产方面各类问题的处理情况；施工单位现场人员变动以及材料和施工机械运转等情况；其他。

2）安全监理月报。三等及以下工程可在监理月报上增加安全监理的内容，其他工程宜单独设立安全监理月报。安全监理月报应包括8方面内容：当月工程施工安全生产形势简要介绍；当月安全监理的主要工作及效果；施工单位安全生产保证体系运行状况及文明施工状况评价；危险性较大的分部分项工程施工安全状况分析；安全生产问题及安全生产事故的分析处理情况；当月安全监理签发的监理文件；存在问题及打算（必要时附照片）；其他。安全监理月报主要由专职安全监理人员编写，经总监理工程师签发报送。

3）安全监理工作总结。施工安全监理工作结束时工程监理单位应向建设单位提交安全监理工作总结，该总结也可视情况与监理工作总结合并为一个文件。安全监理工作总结应包括6方面内容：工程施工安全生产概况；委托安全监理约定履行情况；安全监理人员组织保障；安全目标实现情况及安全监理工作效果；施工过程中重大安全生产问题、安全事故隐患及安全事故的处理情况和结论；必要的相关影像资料等。

（2）施工安全监理资料的归档与管理要求

总监理工程师应指定专人负责安全监理资料管理。安全监理资料应及时收集、整理并应分类有序、真实完整、妥善保管。项目监理机构应配合有关主管部门检查和安全事故调查处理，如实提供安全监理资料。专职安全监理人员具体负责安全监理资料工作，项目监理机构资料员配合。施工安全监理资料的汇编和保存应按有关规定执行。工程竣工后，工程监理单位应要求项目监理机构将监理过程中的有关资料进行立卷归档。安全监理资料档案的验收、移交和管理应按委托监理合同或档案管理的有关规定执行。

(3) 安全监理资料台账的特点及管理要求

项目监理机构应建立 5 类安全监理资料台账：

1）法规、标准。文件类可分为 4 类，即法律、法规；部门规章和文件；标准、规范；企业文件。

2）监理资料类 A。监理资料类 A 可包括委托监理合同；安全监理方案；安全监理实施细则（不包括危险性较大工程）；总监理工程师任命书；安全监理人员证书；有关主管部门检查记录；工程建设参与各方往来文件。

3）监理资料类 B。监理资料类 B 可包括告知；指令及回复；会议纪要；书面报告；安全监理巡视检查记录；监理日记；安全监理工作月报。

4）报审/核验/备案资料类。报审/核验/备案资料类可包括施工单位安全生产规章制度；施工单位资质、安全生产许可证、两类人员报审表及附件；施工总包单位与建设单位、施工分包单位的安全生产协议书；施工单位特种作业人员报审表及附件；施工组织设计（方案）报审表及附件；危险性较大工程报审清单；大型起重机械和自升式架设设施报审清单；安全防护、文明施工措施费用使用计划和签证；安全质量标准化达标工地考核评分核准记录；安全事故处理记录、资料。

5）危险性较大工程资料类。可按每一项危险性较大工程单独编制分册，可包括安全监理实施细则（危险性较大工程）；专项施工方案报审表及附件；施工单位报审的危险性较大工程安全管理资料；危险性较大工程巡视检查记录；危险性较大工程告知、指令及回复、复查记录。

当然，项目监理机构也可以按文件资料、人员资格与手段、内管工作资料、外管工作资料等 4 类建立安全监理台账。文件资料包括 6 方面内容：与安全监理工作相关的法律、法规、规范、规范和标准；委托监理合同和委托安全监理协议书；施工组织设计；安全监理工作人员及工作任务；监理规划和安全监理方案；各专项安全监理实施细则。人员资格与手段包括以下 2 方面内容：专职安全监理人员培训、资格证书；安全监理工作必备设备、工具和防护用品。内管工作资料包括 10 方面内容：危险性较大的分部分项工程一览表；安全专项施工方案和交底情况；安全监理日记；安全监理月报及专题报告；须经监理复核安全许可验收手续的大中型施工机械和安全设施一览表；安全监理巡视记录；安全监理会议纪要；安全监理通知单；安全监理工作联系单；暂停施工令、复查记录、复工令。外管工作资料包括以下 17 方面内容：安全监理工作有关外来文件；建设单位与施工总承包方签定的安全生产协议书；施工总承包方与分包方签定的安全生产协议书；施工总承包方对分包方进场时的书面安全总交底；基坑施工方案；模板支撑系统验收单；"三宝"、"四口"防护检查表；脚手架搭设验收单；特殊类脚手架搭设验收单；井架与龙门架搭设验收单；塔式起重机安装（加节）验收单；施工升降机安装（加节）验收单；塔式起重机、施工升降机检测合格证复印件；落地操作平台搭设验收单；悬挑式钢平台验收单；安全员和特种作业人员名册及资格证书复印件；

其他施工机械或安全设施安全许可验收单。

（4）典型的表格

典型的表格包括检查施工单位施工现场安全管理记录表（表5-6-1）、复核大中型施工机械、安全设施安全许可验收手续表（表5-6-2）、检查安全专项施工方案、施工机械、安全设施安全许可验收及安全交底情况汇总表（表5-6-3）等。

表 5-6-1　检查施工单位施工现场安全管理记录表

工程名称				施工许可证	
总承包单位				分包单位1	
项目经理		证号		分包单位2	
安全负责人		证号		分包单位3	
序号	检查项目		检查内容		检查结果
1	总包单位资质		是否超范围经营		□
2	总、分包单位的安全生产许可证		有无，是否超范围、过期、转让和冒用		□
3	总、分包单位安全生产保证体系认证		是否认证		□
4	现场安全生产管理机构		是否建立，并覆盖全部施工项目		□
5	现场专职安全生产管理人员证书		资格、数量		□
6	安全生产责任制和规章制度		是否建立，基本制度是否齐全		□
7	施工安全生产协议书		是否签订		□
8	特种作业人员资格证		有无作业证，是否过期		□
9	施工人员安全教育培训		是否进行，有无记录		□
10	危险性较大的分部分项工程安全专项施工方案或安全技术措施		是否报审		□
11	进场施工机械设备验收管理		是否落实到人		□
12	危险作业人员意外伤害保险(综合保险)		是否保险		□

检查结论：

项目总监理工程师：

年　月　日

注："□"内，肯定的打"√"，否定的打"×"，缺项的留空不填。

表 5-6-2　复核大中型施工机械、安全设施安全许可验收手续表

工程名称：

（监理单位）：

根据建设工程安全监理工作要求，×××工程的□施工机械、□施工安全设施已验收(检测)合格，安全许可验收手续已齐全，现将××报送给你们，请查收。

附件：

施工单位项目负责人

年　月　日

工程名称：

监理意见：

　　符合施工方案要求，安全许可验收手续齐全，同意使用□

　　不符合施工方案要求，安全许可验收手续不齐全，整改后再报□

项目总监理工程师：　　　　　　　　　　　　　　　　　安全监理人员：

　　　年　月　日　　　　　　　　　　　　　　　　　　　　　　年　月　日

本表一式两份，由施工单位填报，监理签署复核意见，监理、施工各一份。

表 5-6-3　检查安全专项施工方案、施工机械、安全设施安全许可验收及安全交底情况汇总表

工程名称：　　　　　　　　　　　　　　　　　　　　　　施工单位：

序号	安全监理	方案审批手续（完整√，不完整×）	施工机械安全许可验收手续（有√，无×）	安全设施安全许可验收手续（有√，无×）	安全交底（已√，未×）	备注（检查日期）
1	对分包单位进场安全总交底					
2	地下工程					
3	模板工程					
4	吊装工程					
5	施工用电					
6	脚手架					
7	塔式起重机					
8	施工升降机					
9	井架、龙门架					
10	其他机械					
11	装饰工程					
12	拆除爆破					

项目总监理工程师：　　　　　　　　　　　　　　　　　安全监理人员：

　　　年　月　日　　　　　　　　　　　　　　　　　　　　　　年　月　日

★ 思 考 题

1. 简述建设工程施工安全监理的总体要求。

2. 我国的建设工程安全监理责任及工作保障体系有何特点？

3. 简述建设工程安全监理的主要工作内容。

4. 简述建设工程安全监理策划的主要工作及相关要求。

5. 简述如何实施建设工程安全监理工作。

6. 简述施工安全监理资料管理与归档的基本要求。

第6章 建设工程监理的基本工作守则

制订建设工程监理基本工作守则的目的在于协调工程建设相关责任主体共同搞好监理工作，这些相关责任主体包括监理单位、建设单位、施工单位、检测单位、政府监管部门。与监理相关的法律法规主要有《中华人民共和国刑法》、《中华人民共和国建筑法》、《中华人民共和国招标投标法》、《中华人民共和国安全生产法》、《中华人民共和国公路法》、《中华人民共和国节约能源法》、《中华人民共和国防震减灾法》、《中华人民共和国消防法》、《建设工程质量管理条例》(国务院令第279号)、《建设工程安全生产管理条例》(国务院令第393号)、《特种设备安全监察条例》(国务院令第549号)、《民用建筑节能条例》(国务院令第530号)、《中华人民共和国招标投标法实施条例》(国务院令第613号)、《注册监理工程师管理规定》(建设部令〔2006〕第147号)、《工程监理企业资质管理规定》(建设部令〔2007〕158号)、《实施工程建设强制性标准监督规定》(建设部令〔2000〕第81号)、《建设工程质量检测管理办法》(建设部令〔2005〕第141号)、《建筑业企业资质管理规定》(建设部令〔2007〕第159号)、《建筑起重机械安全监督管理规定》(建设部令〔2008〕第166号)、《房屋建筑和市政基础设施工程质量监督管理规定》(建设部令〔2010〕第5号)等。

6.1 监理单位的基本工作守则

监理单位的基本工作守则见表6-1-1。

表6-1-1 监理单位的基本工作守则

序号	检查内容		工作要求	检查方法	处罚依据和处罚意见	
					处罚依据	处罚/处理意见
1	企业管理行为	资质管理	① 按照国家规定取得相应的资质，并在资质证书核定的经营范围内承接监理业务。不得转让监理业务；② 企业应制定质量、安全管理制度和管理体系	查阅监理企业资质证书、营业执照有效复印件。并与电子版诚信手册比对。查企业质量、安全管理制度	《建筑法》第69条，《建设工程质量管理条例》第62条	责令改正，没收违法所得，处合同约定的监理酬金25%以上50%以下的罚款；可以责令停业整顿，降低资质等级；情节严重的，吊销资质证书
2		合同管理	应按照监理合同示范文本签订合同，监理取费标准按照国家规定的上限执行	查阅中标通知单、监理合同原件，竣工备案时查验监理费支收凭证		按行业自律规定处理；情节严重的，通报批评
3			监理合同签订及变更后的20日内，应办理合同备案手续。全面履行监理合同	查阅合同备案证明。查按合同约定的人员、检测设备等配备情况		责令整改；情节严重的，通报批评
4		隶属关系	与被监理工程的施工承包单位以及建筑材料、构配件、设备供应单位没有隶属或其他利害关系	检查和其他参建单位的关系	《建设工程质量管理条例》第68条	责令改正，处5万元以上10万元以下的罚款，降低资质等级或者吊销资质证书；有违法所得的，予以没收

序号	检查内容	工作要求	检查方法	处罚依据和处罚意见	
				处罚依据	处罚/处理意见
5	企业管理行为	项目监理机构的配置	监理单位按中标文件要求组建现场项目监理机构,并根据合同约定或监理规划配备相应的总监、专业监理工程师和监理员等人员。监理人员的变动,监理单位应向业主书面报告	查现场监理人员的数量和专业情况与合同约定或监理规划的相符性,检查进场人员的岗位证书、劳动关系及监理人员变动的书面文件		按合同约定处理;情节严重的,通报批评
6			总监应为注册监理工程师,兼职应符合属地规定要求,变更总监应有备案证明。变更后总监的专业技术职称不低于原总监的专业技术职称等级	查看总监资格证书、备案证明等材料		责令限期改正;逾期不改正的,处1万元以上3万元以下罚款
7		监理单位对工程监理项目机构的管理	监理单位应制定工程项目机构的管理办法,针对项目应有监理工作作业指导文件。单位对项目机构定期进行检查考核(含自律行为)	查阅监理单位所编制的作业指导文件,以及工程项目机构管理办法、检查考核记录等有关资料。查项目自律行为		责令整改;情节严重的,通报批评
8		总监管理	监理单位应制定对项目总监工作行为规范的管理办法,并定期(一年不少于一次)进行考核检查;每季度(不少于一次)召开企业总监会议,进行培训或业务交流讲评,注重提高总监的业务水平、自身素质和自律能力	查有关管理办法;考核检查资料和总监会议记录(次数、出席率、内容等)		责令整改
9	项目监理机构管理行为	总监工作情况	项目实行总监负责制。总监应按技术规范要求在施工现场履行监理职责,定期主持召开工地例会。临时因事离开,应有书面委托(包括事宜、期限、受托人,受托人应为总监代表或专业监理工程师)并报告建设单位同意,由指定的被委托人行使其部分职权。总监应以身作则并管好项目部成员的自律行为	和总监交谈,了解总监现场工作情况;查看工程例会记录、应有总监签署的文件及项目自律教育的情况。查总监不得委托的职责:主持编写监理规划、审批实施细则;签发开工/复工报审表、工程暂停令、工程款支付证书、竣工报验单;审批工程延期;审核签认竣工结算;监理人员的调配		责令总监限期整改,处以500元以上5000元以下的罚款。处理:责令整改,严重违反自律规定则由所在单位处罚

序号	检查内容		工作要求	检查方法	处罚依据和处罚意见	
					处罚依据	处罚/处理意见
10		监理规划及监理实施细则的编制	在对建设单位提供的施工许可证等前期资料审核基础上，编制监理规划及细则，其内容应有针对性，且审批手续全；危险性较大的分部分项工程应编制实施细则；监理规划、监理实施细则应包含监理的安全工作内容	查监理规划、细则的内容是否具有针对性；查巡视、旁站、平行检测的范围、合理性和审批手续		责令整改；情节严重的，通报批评
11	项目监理机构管理行为	施工准备阶段的审核	对施工组织设计和施工专项方案的审查	①对施工组织设计和专项方案的审查应满足程序性、符合性、针对性要求；②如专家评审有修改要求，应对施工单位修改后再次报审的材料进行审查；③施工组织设计的送审、审批应在项目开工前，专项方案的制定应在施工前	查阅施工组织设计和专项方案的审批、报审手续，检查现场情况是否与施工组织设计及施工专项方案相符	《建设工程安全生产管理条例》第57条(一)	责令限期改正，逾期不改正对监理单位处以10万元以上30万元以下的罚款
12			对施工各参建单位的资质、管理体系、人员资格、到岗情况的审核	对承包单位的质量、技术、安全等管理制度进行审查，并对总、分包、劳务单位的资质、安全许可证、人员资格、特殊工种上岗证等报审资料及时进行审查，并有审核记录	检查监理对总分包、劳务单位的资质、各管理制度、安全生产许可证以及项目负责人、专职安全管理人员和特种作业人员资格证书的审核记录，并抽查分包、劳务单位资质和作业人员证书		限期整改；情节严重的，通报批评
13			材料审验	工程材料、构配件、设备的审核	对施工单位报送的建设工程材料和设备的质量证明文件进行审验，并对施工方报验的材料按照规定实施见证取样(包括设置唯一性标识)。对检测报告要进行审核(必要时比对属地检测信息系统网上资料)，检测合格给予验收，对不合格的材料应提出处理意见并留下记录。按有关规定或合同要求委托取得相应资质的检测机构做好平行检测。平行检测如不合格则按照规定进行处置	查阅相关报审表、设计文件、检测报告(并查见证人员上岗证书)、合格证，比对相关日期及监理核准的情况；查阅近期台账及对不合格报告的处理情况。查监理平行检测委托合同及检测机构资质证书的情况，比对市检测信息系统网上资料	《建设工程质量管理条例》第67条(二)"将不合格的按照合格签字的"	责令改正，处以5000元以上5万元以下罚款，降低资质等级或吊销资质证书；有违法所得的，予以没收；造成损失的，承担连带赔偿责任 予以警告或者没收违法所得，并可处以5千元以上5万元以下的罚款 责令限期改正，处1万元以上3万元以下罚款；情节严重的，处3万元以上10万元以下罚款

序号	检查内容		工作要求	检查方法	处罚依据和处罚意见	
					处罚依据	处罚/处理意见
14	项目监理机构管理行为	施工质量、造价、进度监督	工程质量情况的过程检查及验收	对施工测量结果进行复核，并应及时对施工单位检验批、隐蔽工程、分项、分部、单位工程及实体检测等质量报验表出具复核审查意见。不得出现未经检查通过验收的情形。根据有关规定、合同和监理规划要求对关键工序、重要部位进行旁站监理。对施工单位提交的基坑开挖令、混凝土浇灌令、构件起吊等，对照相关条件检查后及时予以签准	查阅对施工单位测量情况的复核资料；查阅检验批、分项、分部、单位工程报验资料及隐蔽工程验收资料。检查旁站记录是否符合规定和合同要求。查有关"指令"签准情况	《建设工程质量管理条例》第67条（一）"与建设单位或施工单位串通，弄虚作假、降低工程质量"	责令改正，处50万元以上100万元以下罚款，降低资质等级或吊销资质证书；有违法所得的，予以没收；造成损失的，承担连带赔偿责任。总监未按技术规范要求履行职责，责令整改，并处以500~5000元罚款
15			合格工程量审核	结合工程进度对施工单位上报的工程量报验表进行审核，签发工程款支付申请	查阅工程款支付申请等资料		造成损失的按合同要求赔偿；情节严重的，通报批评
16			工程进度审核	对进度计划应有审核意见。进度滞后时应及时要求施工单位调整进度计划，并提出合理建议	查计划工期是否与合同工期相符。查进度计划报审表		限期整改；情节严重的，通报批评
17			对现场质量违规行为的监督	对现场质量隐患、违规行为应及时发出监理工程师通知单（暂停令），并督促相关单位及时整改回复	查阅监理通知单、暂停令及相关回复单		予以警告或者没收违法所得，并可处以5000元以上5万元以下的罚款
18		安全监管工作	大型起重机械及自升式架设设施核查	检查进场的大型起重机械及自升式架设设施的报审资料；审核施工单位编制的装拆方案和安全措施以及使用前向有关部门的登记证明；检查该类机械、设备的挂牌情况；督促施工单位定期对该类机械、设备进行检查	查阅报审手续及专项方案，查阅设备基础、附墙装置的验收记录，检查施工单位对现场所使用的安全设施、设备的检查记录		限期整改；情节严重的，通报批评

序号	检查内容		工作要求	检查方法	处罚依据和处罚意见	
					处罚依据	处罚/处理意见
19	项目监理机构管理行为	安全监管工作	安全文明措施费用执行情况以及核查	对施工单位安全文明措施费用使用和管理情况进行核查，并报建设单位	检查安全文明措施费报审表及查看实际支付凭证		限期整改；情节严重的，通报批评
20			监理的巡视	对危险性较大的分部分项工程要进行巡视并有巡视记录	查巡视记录		责令整改；情节严重的，通报批评
21			对现场安全违规行为的监督	对现场安全隐患、违规行为应及时发出监理工程师通知单(暂停令)，并督促相关单位及时整改回复	查阅监理通知单、暂停令及相关回复单		限期整改；情节严重的，通报批评
22			月报、专报	监理月报每月上旬实施网上报告，监理专报根据危险性较大的分部分项工程的有关情况按月上报。按合同及监理规范要求向建设单位提交月报	查提交建设单位的月报及上报市有关管理部门的月报和专报的时间		责令限期改正，逾期不改正的，处1万元以上3万元以下罚款
23		监理报告制度的执行	紧急报告	对发现施工作业不符合强制性技术标准、施工设计文件、专项施工方案或者合同约定的要求，应及时要求施工单位改正；施工单位拒不改正的，应当及时报建设单位	查涉及危险性较大分部分项工程施工风险告知建设方的情况；查向属地有关行政管理部门所报专题报告、紧急报告情况；检查监理日记、联系单、通知单、暂停令，及其过程监管记录、处理方式		责令限期改正；逾期不改正的，责令停业整顿，并处10万元以上30万元以下罚款；情节严重的，降低资质等级或者吊销资质证书
24				发现质量和安全事故隐患，应当立即要求施工单位改正；情况严重的，应当要求暂停施工并及时报告建设单位			
25				施工单位仍拒不改正或者不停止施工，可能产生安全质量事故的情况，应立即向有关管理部门上报紧急报告。监理紧急报告要及时(同时必须通过电话等方式再报告)			

72

序号	检查内容		工作要求	检查方法	处罚依据和处罚意见	
					处罚依据	处罚/处理意见
26		现场记录	监理日记主要记录监理自身工作情况，要有总监或其授权的专人签阅，并有情况处理的说明；检查记录要清晰，并与施工现场情况相符；会议纪要不缺失，并对监理工作的议项要落实；旁站和巡视记录要齐全	查阅监理日记、检查记录、会议纪要是否齐全（第一次工地会议、工程例会、专项会议）。旁站和巡视记录是否及时和齐全		限期整改；情节严重的，通报批评
27	项目监理机构管理行为	监理单位竣工验收和资料归档工作（对已竣工工程）	监理项目机构要认真地组织竣工预验收（对住宅工程应有分户验收检查记录），并督促施工方整改合格后，如实写好质量评估报告；对竣工验收中所提出的整改意见应当认真督促，做好整改工作	检查监理竣工预验收资料、工程质量评估报告，竣工验收中对整改意见的处理资料，监理资料的归档情况（包括影像资料归档情况）	《建设工程质量管理条例》第67条	有弄虚作假的，或工程验收后出现严重质量问题，涉及监理责任；责令改正，处50万元以上100万元以下的罚款，降低或吊销资质等级证书；有违法所得的，予以没收；造成损失的，承担连带赔偿责任
28			按规范和城市档案要求做好归档工作，并按合同要求承担保修期间的相关服务			责令改正；情节严重的，通报批评
29		禁止行为	禁止超越本单位资质等级许可的范围或者以其他工程监理单位的名义承担工程监理业务	查阅合同内容与企业资质等级是否相符	《建设工程质量管理条例》第60条	责令停止违法行为，处合同约定的监理酬金1倍以上2倍以下的罚款；情节严重的吊销资质证书；有违法所得的，予以没收
30			禁止工程监理单位允许其他单位或个人以本单位的名义承担工程监理业务	查阅合同内容，监理人员资格、注册信息等相关资料	《建设工程质量管理条例》第61条	责令改正，没收违法所得，处合同约定的监理酬金1倍以上2倍以下的罚款；情节严重的吊销资质证书

6.2 建设单位的基本工作守则

建设单位的基本工作守则见表6-2-1。

表6-2-1 建设单位的基本工作守则

序号	检查内容	工作要求	检查方法	处罚依据和处罚意见	
				处罚依据	处罚/处理意见
1	建设程序	应当委托监理的项目，应按规定通过公开招标等形式选定符合要求的监理企业	查招标公告、招标文件、中标通知书；对未进行招标的项目，查是否在必须招标的范围内	《招标投标法》第49条	责令限期改正，可处项目合同金额5‰以上10‰以下罚款；对全部或部分国资项目并可暂停项目执行或暂停资金拨付。对单位直接负责的主管人员和其他责任人员依法给予处分
2		应将工程发包给具有相应资质等级的勘察、设计、施工、监理单位，并按合同示范文件签订合同，合同中应当明确双方质量安全责任。不得指定建设工程的分包单位；不得签订建设方、总包方、分包方三方合同	查参建单位的资质证书；核对中标通知书、工程合同与现场工程内容是否相符。查中标通知书、合同及备案情况，是否进行单项或分部或专业工程施工招标等	《建设工程质量管理条例》第54条	责令改正，处50万元以上100万元以下的罚款；责令改正，按招标规定执行
3		不得在签订合同时向中标人提出附加条件或者更改合同实质性内容。不得订立背离合同实质性内容的其他协议	查合同文本有关条款或补充协议内容；查有否随意更改示范合同通用条款内容及擅自改变无效的规定；查合同备案与中标结果的一致性	《招标投标法》第46条、第59条，《工程建设项目施工招标投标办法》第81条	给予警告，责令改正，根据情节可处3万元以下的罚款，造成中标人损失的并应当赔偿损失。责令改正，可处中标项目金额5‰以上、10‰以下的罚款
4		按规定办理施工图设计文件的审查手续，不得边设计边施工；依法委托监理；依法办理质量监督手续	查施工图设计文件审查意见书；检查监理合同；检查是否办理监督手续	《建设工程质量管理条例》第56条	责令改正，处20万元以上50万元以下的罚款
5		开工前依法领取施工许可证(开工报告)	查是否有施工许可证；对已施工的，比对许可证日期与施工记录、监理日志等开工时间	《建设工程质量管理条例》第57条	责令停止施工，限期改正，并处工程合同款1%以上2%以下的罚款
6		自开工报告批准之日起15日内，将保证安全施工的措施或者拆除工程的有关资料报送有关部门备案	查保证安全施工措施备案资料	《建设工程安全生产管理条例》第54条	责令限期改正，给予警告

序号	检查内容	工作要求	检查方法	处罚依据和处罚意见	
				处罚依据	处罚/处理意见
7	建设程序	应向监理单位提供与建设工程有关的原始资料（中标文件、施工合同、勘察设计审查通过后文件以及施工许可证或开工报告等）。原始资料必须真实、齐全	查有关原始资料提供情况，是否齐全	《建设工程质量管理条例》第9条	责令限期改正，补充提供前期相关资料；情节严重的，通报批评
8		应当将风险评估的内容提供给监理等参建方，应明确相应的风险防范和控制措施；应组织勘察、设计、施工文件的技术交底	查项目风险评估的文件资料，查交底记录		责令限期改正，逾期不改正的处10万以上30万以下的罚款，并可对单位主要负责人处1万元以上3万元以下的罚款
9	项目环境管理	应当向其他参建单位提供周边建筑物、管线和设施的相关调查资料和保护要求	查具体提供的相关调查资料和书面保护要求（或会议纪要），比对与施工单位的移交、确认单；看现场是否有相关保护措施，并实施必要的监测		责令限期改正；逾期未改正的，责令停止施工；情节严重的，通报批评
10		应当提供建设工程安全生产作业环境及安全施工措施所需费用（查现场及有关资料）	查是否设立该措施费用和拨付凭证，是否与进度相符；并查是否与施工方使用记录、监理单位审核记录相符合。看现场安全防护设施落实情况	《建设工程安全生产管理条例》第54条	责令限期改正，逾期未改正的，责令该建设工程停止施工
11		实施工程监理前，应当将委托的监理单位、监理的内容及监理权限书面通知被监理的施工企业	查书面通知	《建筑法》第33条	责令限期整改；情节严重的，通报批评
12	监理管理	支持和督促监理单位落实监理报告制度；监理发现施工现场安全质量隐患，应支持监理单位督促现场整改。保证监理工作的正常开展	查监理月报、专报、紧急报告实施情况及对紧急报告处理意见；查对监理《工程暂停令》处置情况及结果		限期整改；情节严重的，通报批评
13		同意监理单位变更总监理工程师的，其变更后的总监的专业技术职称等级不得低于原派驻的总监	查阅总监变更手续相关材料		责令限期整改；情节严重的，通报批评

序号	检查内容	工作要求	检查方法	处罚依据和处罚意见	
				处罚依据	处罚/处理意见
14	设计变更管理	变更设计应符合设计规范规定的要求，不得降低工程质量；变更设计后的施工图仍应送原审图机构审查，未经审查不得擅自施工	查变更设计的依据和变更后的施工图设计文件；查具体的审查记录或手续	《建设工程质量管理条例》第 56 条第三、四款	责令改正，处 20 万元以上 50 万元以下的罚款
15		不明示或暗示施工单位使用不合格的建筑材料、建筑构配件和设备	检查现场建筑材料、构配件和设备合格证明	《建设工程质量管理条例》第 56 条第七款	责令改正，处 20 万元以上 50 万元以下的罚款
16	材料、检测、监测管理	需专业检测的工程，应委托没有利害关系的专业检测单位	查阅检测单位的资质证书、检测合同等文件资料		责令整改；情节严重的，通报批评
17		不明示或暗示检测机构出具虚假检测报告或伪造检测报告	查检测报告，比对同期市检测信息系统相关资料	《建设工程质量检测办法》第 31 条	责令改正，处 1 万元以上 3 万元以下的罚款
18		按合同约定自行采购的材料、构配件和设备应符合设计文件和合同要求，并向监理提供相关的质保资料	查质保资料、设计文件、采购合同资料	《建设工程质量管理条例》第 14 条	限期整改，及时进行验收或复试，合格方可使用；情节严重的，通报批评
19		需专业监测的工程，应委托没有利害关系的专业监测单位	查阅监测单位的资质证书、监测合同等文件资料		责令限期整改；情节严重的，通报批评
20	工期管理	应科学制定施工工期，不得任意压缩；确需调整且具备技术可行性的，应提出保证质量和安全的技术措施方案，经专家论证后方可实施。调整工期涉及增加费用的，应予以保障	查相关认证记录，措施落实相关文件及增加费用情况；比对合同工期与中标通知书的相符性；查实际进度与合同约定工期的相符性		责令改正，处 20 万元以上 50 万元以下的罚款

序号	检查内容	工作要求	检查方法	处罚依据和处罚意见	
				处罚依据	处罚/处理意见
21	费用管理	保证与建设需求相匹配的建设资金,应当按照施工、监理、检测合同约定的价款及时足额支付费用	查与参建各方签订的合同文件是否与收费标准相符,查是否存在工程拖欠款情况		责令整改,按规定收费标准执行;情节严重的,通报批评
22		按规定单独列支相关费用(监理费、检测费、安全防护措施费等),且按合同约定及时足额支付	查单独列支相关费用的项目专户设立情况,查向监理、检测等实际支付凭证是否足额且符合国家、属地规定和合同约定的情况	《建设工程质量管理条例》第61条第二款	责令限期改正,逾期不改的,处1万元以上10万元以下罚款,并可对单位主要负责人处5000元以上2万元以下的罚款
23	竣工验收	收到总包单位提出的竣工申请后,应在规定的时间内组织竣工验收。建设工程经验收合格后,方可交付使用;验收不合格,不得擅自使用	查施工方提交的竣工报告及各参建方的自检报告;查是否存在未验收或验收不合格已使用的情况。竣工备案需提供监理费支付凭证	《建设工程质量管理条例》第16条、《建设工程质量管理条例》第58条第一款、第二款	责令改正,处工程合同价款2%以上4%以下的罚款;造成损失的,依法承担赔偿责任
24		按规定将竣工验收报告报送备案或移交建设项目档案	查移交手续资料	《建设工程质量管理条例》第56条第八款	责令改正,处20万元以上50万元以下的罚款
25	禁止行为	禁止将建设工程肢解发包(不得将应当由一个承包单位完成的建设工程肢解成若干部分发包给几个承包单位)	查工程发包的相关资料,是否符合规定	《建筑法》第24、第65条,《建设工程质量管理条例》第55条	责令改正,处工程合同价款0.5%以上1%以下的罚款;对全部或部分使用国有资金的项目,并可暂停项目执行或者暂停资金拨付

6.3 施工单位的基本工作守则

施工单位的基本工作守则见表6-3-1。

表6-3-1 施工单位的基本工作守则

序号	检查内容		工作要求	检查方法	处罚依据和处罚意见	
					处罚依据	处罚/处理意见
1	企业管理行为	资质管理	应按照国家有关规定取得相应的资质，并在资质证书核定的范围内承接承包业务；不得转让承包业务；企业应建立质量、安全管理制度和管理体系	查阅企业资质证书、质量管理体系、安全管理制度、营业执照有效复印件。并与电子版诚信手册比对	《建设工程质量管理条例》第60条、61条	责令停止违法行为，处工程合同价款2%以上4%以下的罚款；可以责令停业整顿，降低资质等级；情节严重的吊销资质证书；有违法所得的，予以没收
2		总包分包合同管理	无转包和违法分包所承接的业务	现场查阅项目中标通知书、施工合同、主要管理人员劳务合同关系等文件资料		责令停止建筑活动，予以警告或者没收违法所得，并可以处以承发包合同价款1%～3%的罚款，但最低不低于5000元，最高不超过20万元
3			向管理部门进行施工合同备案	查阅合同备案证明		责令整改；情节严重的，通报批评
4			总包单位选择分包单位时，应审核分包单位资质、人员等，并应报监理单位审查	查企业营业执照、资质证书、安全生产许可证、项目经理岗位证书、安全生产考核合格证书、专职安全生产管理人员安全生产考核合格证书、分包单位报审表		责令整改；情节严重的，通报批评
			总包单位应将分包质量安全管理体系纳入总包管理体系中进行管理	查主要管理人员报审、进场交底、设备报审、定期检查记录、管理制度的落实等		责令整改；情节严重的，通报批评
5		现场施工项目部配置	应按合同约定组建施工现场项目管理机构，配备相应的项目经理、技术负责人、专职质量、安全管理人员，同时符合有关规定；现场管理人员数应满足工程要求。管理人员调整须经建设单位同意，办理相关手续	查阅现场主要负责人(项目经理、技术负责人以及质量、安全管理人员)与合同相符性、证书有效性，查阅人员劳动关系，人员到岗情况		责令限期改正，处以1万元以上10万元以下罚款；情节严重的，责令暂停施工

序号	检查内容	工作要求	检查方法	处罚依据和处罚意见	
				处罚依据	处罚/处理意见
6	现场施工项目部配置	项目经理应为注册建造师,并符合合同要求。项目经理变更应有备案证明	根据合同查项目经理注册执业资格证、备案证明		责令限期改正,处1万元以上10万元以下罚款;情节严重的,责令暂停施工
7	企业对项目部的管理	企业针对现场主要工作应有作业指导文件,应对现场施工项目部编制的施工组织设计、危险性较大分部分项专项方案进行审批	查阅施工企业编制的作业指导文件,以及现场的有关资料		责令整改;情节严重的,通报批评
8		企业应对现场项目部进行定期和专项的质量、安全管理体系运行情况的检查	查阅质量、安全管理体系的检查记录		责令整改;情节严重的,通报批评
9	企业管理行为	项目经理管理	企业应制定对项目经理工作行为规范的管理办法,并定期(一年不少于一次)进行考核检查;每季度(不少于一次)召开项目经理会议,进行培训或业务交流讲评,注重提高项目经理的业务水平、自身素质和自律能力	查有关管理办法;考核检查资料和项目经理会议记录(次数、出席率、内容等)	责令整改
10		施工组织设计及专项方案编制、审批	施工前编制施工组织设计文件;对危险性较大的分部分项工程编制专项施工方案;施工组织设计、专项方案应具备符合性、针对性、操作性要求,并经公司技术负责人审查签字;审批手续符合程序要求,且需经总监理工程师审查签字同意后方可进入施工	查阅相关文件内容、审批程序;危险性较大分部分项工程专项施工方案的安全验算结果;专家论证记录及专家意见落实情况;查总监审查签字情况	《建设工程安全生产管理条例》第65条(四)(涉及安全技术措施、专项施工方案的)	责令整改;情节严重的,通报批评(涉及安全技术措施、专项施工方案的)责令限期改正;逾期未改正的,责令停业整顿,并处10万元以上30万元以下的罚款;情节严重的,降低资质等级,直至吊销资质证书;造成重大安全事故,构成犯罪的,对直接责任人员,追究刑事责任;造成损失的,依法承担赔偿责任

序号	检查内容		工作要求	检查方法	处罚依据和处罚意见	
					处罚依据	处罚/处理意见
11	企业管理行为	施工人员培训	按国家规定对企业员工进行培训;应加强对施工作业人员进行质量安全教育和安全技术交底。对首次上岗的施工作业人员要查实不少于三个月的实习操作;实施实名制人员登记,申领发放人员信息卡	查阅有关台帐记录、培训(核实实习操作)记录、信息卡发放记录		(四)责令限期改正,处2万元以下罚款;情节严重的,责令暂停施工。(三)责令限期改正,处1万元以上3万元以下罚款
12	施工准备阶段的管理	项目经理工作情况	根据法律法规及合同约定正常开展施工管理工作。项目经理应到岗履职。定期参加工程例会。临时因事离开,应书面委托(包括事宜、期限、被委托人,被委托人应为项目副经理、技术负责人等主要人员)报告建设方同意,并告知监理方,由被委托人行使其部分职责	和项目经理交流了解施工现场工作情况;查看项目经理参加工程例会、签署文件的情况。查看项目经理请假申请及委托授权书		责令整改;情节严重的,通报批评
13		开工条件报审	项目质量、技术、安全管理制度已建立;管理人员已到位;施工操作人员已接受教育、特种作业上岗证已报审、人员到位;场地布置已符合施工要求;机械设备已(检测)验收合格、挂牌;施工组织设计和相关方案已完成企业内部审批;相关材料已验收合格等。获得施工许可证后方可报审	查阅相关开工报审表及资料		限期整改;情节严重的,通报批评
14	材料、构配件、设备管理	材料、构配件、设备报审及台账	材料、构配件、设备企业应有生产许可、强制产品认证或经建设管理部门备案;对进入施工现场的材料、构配件、设备应核验其生产许可或认证证明、产品质量保证书和使用说明书,并按规定检测后可进行验收,验收应有专人签字,待报监理审核后方可使用;未经审核的材料、构配件、设备不得在建设工程中使用、安装。(拟使用的材料、构配件、设备产品合格证书应交监理审核,审核通过后方可投入使用);施工单位在分部工程、分项工程验收和竣工验收时,要求使用在工程的商品混凝土、钢筋等结构性建设工程材料的供应商对供应数量进行确认	查阅相应的台账、报审表、验收记录、送货单等资料	《建设工程质量管理条例》第64条	责令改正,处工程合同价款2%以上4%以下的罚款;负责返工、修理,并赔偿因此造成的损失;情节严重的,责令停业整顿,降低资质等级或者吊销资质证书

序号	检查内容		工作要求	检查方法	处罚依据和处罚意见	
					处罚依据	处罚/处理意见
15	材料、构配件、设备管理	现场取样及委托检测	现场取样人员应持证上岗，必须在监理人员的见证下按规定取样、送样。不明示或暗示检测机构出具虚假检测报告或伪造检测报告	查阅委托单、检测报告、台账；查取样人员上岗证书；比对同期属地检测信息系统网上资料		责令限期改正，处1万元以上3万元以下的罚款；情节严重的处3万元以上10万元以下罚款。责令限期改正，处1千元以上1万元以下罚款
16		现场材料堆放与保管	材料应分类堆放有序，按规定保管	查看现场		责令整改；情节严重的，通报批评
17		计量和标准养护室	计量设施完好，标准养护室符合规定	检查资料、计量设施和标准养护室		责令整改；情节严重的，通报批评
18	施工质量管理	隐蔽工程、检验批、分项、分部工程验收	隐蔽工程、检验批、分项、分部工程自查合格后，向项目监理机构报验，未经项目监理机构检验合格，施工单位不得进入下一工序施工	查阅报验资料是否与相关图纸、变更手续、现场施工情况及与规定相符性	《建设工程质量管理条例》第64条	责令改正，处工程合同价款2%以上4%以下的罚款；负责返工、修理，并赔偿因此造成的损失；情节严重的，责令停业整顿，降低资质等级或者吊销资质证书
19		工程变更	严格按图纸施工；确需变更的应按变更程序办理，批准后才可实施	查变更手续及台账		责令整改
20		质量问题的处理	发生质量问题及验收不合格的检验批、分项、分部工程，施工单位应负责处理或返修。结构性质量问题返修后应经检测单位检测合格后报监理单位验收	查阅相关处理或返修方案、报批手续及返修验收资料		责令整改；情节严重的，通报批评
21	安全管理	危险性较大的分部工程、分项工程管理	危险性较大的分部工程、分项工程按专项方案施工，项目负责人、专职安全人员应在现场监督，并留有书面记录	查阅方案交底、安全技术交底、检查等有关记录		责令限期改正，处2万元以上10万元以下罚款
22		现场消防安全管理	应在现场建立消防安全责任制度，设置有关的消防器材和人员安全通道；建材与设备、施工脚手架、安全网等符合防火要求	查阅有关文件资料，以及现场状况	《建设工程安全生产管理条例》第62条(三)	责令限期改正；逾期未改正的，责令停业整顿，按国家《安全生产法》规定处以罚款；造成重大安全事故，构成犯罪，对直接责任人员，追究刑事责任
23		施工机械、设备的管理	对进入施工现场的安全防护用具、机械设备、施工机具及配件核验其生产(制造)许可证、产品合格证；对建筑起重机械增加核验制造监督证明和首次使用备案证明	查相关资料	《建设工程安全生产管理条例》第59条	责令限期改正，处合同价款1倍以上3倍以下的罚款；造成损失的，依法承担赔偿责任

序号	检查内容		工作要求	检查方法	处罚依据和处罚意见	
					处罚依据	处罚/处理意见
24	安全管理	施工机械、设备的管理	施工单位装拆建筑起重机械应当编制装、拆方案，专业技术人员应到现场监督；建筑起重机械和整体提升脚手架、模板等自升式架设设施使用和拆除前，向建设行政管理部门或其他有关部门登记；建筑起重机械在使用过程中首次加节顶升，应经检验检测单位监督检验合格。现场有多台塔式建筑起重机械作业的，应当根据实际情况组织编制并实施防碰撞安全措施	查阅相应编制的方案、人员现场监督的有关材料，查备案登记证明等采取安全措施的文件资料	《建设工程安全生产管理条例》第59条、61条	责令限期改正，处合同价款1倍以上3倍以下的罚款；造成损失的，依法承担赔偿责任。责令限期改正，处5万元以上10万元以下的罚款；情节严重的，责令停业整顿，降低资质等级，直至吊销资质证书；造成损失的，依法承担赔偿责任
25		特殊作业人员管理	施工单位应向项目监理机构报审进场特殊作业人员，并对特殊作业人员实施进出场动态管理	查阅特殊工种台帐（操作证有效性及真实性、身份证）		责令整改；情节严重的，通报批评
26		安全防护和文明施工措施费	单独列支，专款专用，不得挪作他用	查措施费使用计划及使用记录的报审表	《建设工程安全生产管理条例》第63条	责令限期改正，处挪用费用20%以上50%以下的罚款；造成损失的，依法承担赔偿责任
27	进度管理	施工工期	按照合同约定的施工工期制定总进度计划、节点计划，不得违反技术标准压缩工期和交叉作业	查阅进度计划报审表及施工月报报审表		责令整改；情节严重的，通报批评
28	质量、安全事故报告及处置	质量、安全事故的紧急处置	建设工程施工过程中发生较大及以上质量和安全事故时，施工单位应当立即启动应急处置预案，并及时报告建设行政管理部门或者其他有关部门。施工单位应当配合管理部门进行事故调查处理。事故现场处置完毕后，施工单位应当制定并落实整改和防范措施。已经暂停施工的，经原处理部门批准后方可复工	查阅相关资料		责令整改；情节严重的，通报批评
29	配合监理	提供各类审核资料	经总承审核后，总分包单位应主动向监理提供企业资质证书、质量、技术、安全管理体系文件、安全许可证、人员资格、特殊工种人员上岗证等有关资料。监理审查符合要求后，方可进行施工	查总分包提供资料的情况		责令改正

序号	检查内容		工作要求	检查方法	处罚依据和处罚意见	
					处罚依据	处罚/处理意见
30	配合监理	《监理通知单》的处理	对《监理通知单》《工程暂停令》等监理整改指令应限期整改处理，消除质量、安全隐患并做好回复	查阅《监理通知单》《工程暂停令》的处理记录，核对回复情况		责令限期整改，书面报告处理结果；情节严重的，通报批评
31		报告制度的执行	配合监理单位贯彻落实监理报告制度，提供相应资料	查阅相关资料		责令整改；情节严重的，通报批评
32		施工资料	认真做好施工日记、验收记录、试验记录、材料记录、测量与监测记录，并分类整理保存	查阅有关记录		责令整改；情节严重的，通报批评
33	竣工验收	竣工验收资料归档	施工单位自行验收合格后，向监理单位提出验收申请，提交符合合同及规范要求的完整竣工资料；对于验收存在的问题进行整改	查阅有关文件资料，以及现场状况		责令整改；情节严重的，通报批评
34			按合同要求承担保修期间的保修责任；按规范和城市档案要求做好归档工作	查阅相关资料		责令整改；情节严重的，通报批评
35	禁止行为		禁止施工企业超越本企业资质等级许可的业务范围或者以任何形式用其他建筑施工企业的名义承揽工程		《建筑法》第26、65条，《建设工程质量管理条例》第25、60条	责令停止违法行为，处工程合同价款2%以上4%以下的罚款，可以责令停业整顿，降低资质等级；情节严重的，吊销资质证书；有违法所得的予以没收
36			禁止施工企业以任何形式允许其他单位或者个人使用本企业的资质证书、营业执照，以本企业的名义承揽工程	查阅施工企业资质等级；查阅合同、承包范围、工程例会、施工日记、分包合同、现场管理人员情况；查阅报监的从业人员、现场五大员管理情况（劳动关系等）、工作量确认单签名及其他签名记录	《建筑法》第26、66条，《建设工程质量管理条例》第25、61条	责令改正，没收违法所得，并处工程合同价款2%以上4%以下的罚款，可以责令停业整顿，降低资质等级；情节严重的，吊销资质证书；造成损失的，承担连带赔偿责任
37			禁止承包单位将其承包的全部建筑工程转包给他人。禁止承包单位将其承包的全部建筑工程肢解后以分包的名义分别转包他人		《建筑法》第28、67条，《建设工程质量管理条例》第62条	责令改正，没收违法所得，并处工程合同价款0.5%以上1%以下的罚款，可责令停业整顿，降低资质等级；情节严重的吊销资质证书；造成损失的，承担连带赔偿责任
38			禁止总承包单位将工程分包给不具备相应资质条件的单位；禁止分包单位将其承包的工程再分包		《建筑法》第29、65、67条	责令改正，没收违法所得，并处罚款，可以责令停业整顿，降低资质等级；情节严重的，吊销资质证书；造成损失的，承担连带赔偿责任

6.4 检测单位的基本工作守则

检测单位的基本工作守则见表6-4-1。

表6-4-1 检测单位的基本工作守则

序号	检查内容	工作要求	检查方法	处罚依据和处罚意见	
				处罚依据	处罚/处理意见
1	资质管理	检测机构应当按照国家有关规定取得相应资质，并在资质证书核定的范围内从事检测活动	通过市检测信息系统查单位相应资质证书，质量、安全管理制度，及核准是否在证书核定的范围内从事检测活动；查检测专业人员（社保数据比对）及相关的从业资格证书相符性		情节一般的责令立即改正，处1万元以上3万元以下罚款；情节严重的处5万元以上10万元以下罚款
2	检测行为	检测人员按照检测操作规程进行检测。检测机构使用检测信息系统或者使用检测信息系统符合规定，并按系统设定的控制方法进行检测，不人为干预	查检测人员的实际操作是否符合操作规程以及原始记录的真实性、准确性；查检测信息系统或使用检测信息系统（联网）是否正常及控制方法		责令限期改正，整改期间暂停承接业务，处1万元以上3万元以下罚款
3		通过检测信息系统出具检测报告，应在24小时内将不合格信息反馈给监理单位和建设单位。对监理单位委托的平行检测所出具的检测报告，同样应在24小时内将不合格信息及时告知监理单位，此外还应反馈建设单位和施工单位	查通过检测信息系统出具检测报告的流程（包括检测人员签字，法定代表人或者其授权的人员签署，加盖检测机构公章或者检测专用章等）；查"不合格"信息反馈给监理单位和建设单位的记录、时间等情况	《建设工程质量检测管理办法》第29条（七）	责令限期改正；逾期不改正的，处1万元以上3万元以下罚款。信息反馈不及时，责令整改
4		检测档案管理应符合规定，检测数据应可追溯	抽查各类检测报告，进行核对和追溯		责令限期改正，处1万元以上3万元以下罚款；情节严重的，处3万元以上10万元以下罚款
5		在同一建设工程项目或标段中不得同时接受建设、施工或者监理单位等多方的检测委托	查委托合同或按举报内容查处		处理：责令限期改正，中止一方之外的其他方的委托；情节严重的，通报批评
6		按要求报告发现建设、监理、施工的违反法律、法规和工程建设强制性标准的情况，以及涉及结构安全检测结果的不合格情况	查不合格报告处理情况（全数检查），以及对违法违规行为、不合格情况及时上报的情况	《建设工程质量检测管理办法》第29条（四）、（六）	责令改正，可并处1万元以上3万元以下的罚款；构成犯罪的，依法追究刑事责任

序号	检查内容	工作要求	检查方法	处罚依据和处罚意见	
				处罚依据	处罚/处理意见
7	禁止行为	禁止检测单位伪造检测数据或出具虚假检测报告	追溯原始检测数据及其真实性		责令限期改正，整改期间暂停承接业务，处2万元以上20万元以下罚款；情节严重的吊销资质证书

6.5　政府监管人员的基本工作守则

政府监管人员的基本工作守则见表6-5-1。

表6-5-1　政府监管人员的基本工作守则

序号	检查内容	工作要求	检查方法	处罚依据和处罚意见	
				处罚依据	处罚/处理意见
1	合同管理	业务受理部门应依法履行职责，按规定要求对监理合同进行审核并办理备案手续，重点审核监理取费落实情况	查监理中标价和监理合同价一致性，是否符合国家和属地规定的收费标准		由所在单位或上级主管部门依法给予行政处分
2		业务受理部门应及时对监理备案合同按规定核销	询问、抽查相关备案合同核销情况。合同核销时需查监理费支付凭证		限期整改；情节严重的，通报批评
3	施工许可证的核发	管理部门在审批施工许可证时，应对开工前需要落实的建设工程质量和安全控制措施进行现场检查，对不符合施工条件的或没有安全施工措施的，不得颁发施工许可证	首次工地会议要抽查建设方质量和安全控制措施等上报的相关资料，比对许可证颁发日期与施工开工日期。查政府主管部门到现场检查时间及记录	《建筑法》第79条，《建设工程安全生产管理条例》第42条、第53条	由上级机关责令改正，对责任人员给予行政处分；构成犯罪的，依法追究刑事责任；造成损失的，由该部门承担相应的赔偿责任。县级以上建设行政主管部门或者其他有关行政管理部门的工作人员，给予降级或者撤职的行政处分；构成犯罪的，依照刑法有关规定追究刑事责任
4	分包合同备案	业务受理部门在办理分包合同备案时重点审核监理单位的审查意见	查经过备案的分包合同是否有监理审查意见的处理		限期整改，重新办理；情节严重的，通报批评

序号	检查内容	工作要求	检查方法	处罚依据和处罚意见	
				处罚依据	处罚/处理意见
5	监理报告制度对应措施	质量安全监督部门应建立监理报告处置工作制度，有专人负责查看监理报告，对监理报告中反映的质量安全问题及时进行分析，加强现场质量安全监督管理；对发现的问题要及时处置	抽查监理报告、专报、紧急报告情况及应对处置记录		行政管理监督人员玩忽职守、徇私舞弊的，依法追究责任
6		质量安全监督部门应根据监督检查要求对监理专报进行抽查，重点对施工现场质量安全状况与监理专报相符性、监理人员是否切实履职等情况开展抽查。对其中涉及紧急情况应及时提醒监理单位			
7		质量安全监督部门在收到监理紧急报告后，应立即派人到达现场，依法处理监理报告的问题			
8	监督检查	市、区业务受理部门、市场管理部门、质量安全监督部门在监督检查中发现建设单位、总包单位招投标、经营行为不规范；施工、监理、检测等单位不符合相应资质条件；现场质量安全隐患问题；材料、设备检测不符合要求时，应当依法查处，责令其限期改正。严重违反法规的可暂停施工或暂停承接业务	检查相关记录		给予行政处分；构成犯罪的，依法追究刑事责任
9	诚信管理	市、区业务受理部门、市场管理部门、质量安全监督部门按诚信奖励、失信惩戒原则记载建设活动各参与单位和注册执业人员的信用信息	检查信息平台建立及执行情况		限期整改；情节严重的，通报批评
10	竣工管理	质量安全监督部门发现建设单位在竣工验收过程中有违反国家有关建设工程质量管理规定行为的，责令停止使用，重新组织竣工验收	询问，查阅有关记录及监理方费用支付凭证	《建设工程质量管理条例》第49条	限期整改；情节严重的，通报批评
11		竣工备案时，管理部门应检查建设单位对监理费用足额支付情况			

序号	检查内容	工作要求	检查方法	处罚依据和处罚意见	
				处罚依据	处罚/处理意见
12	公开信息	市、区业务受理部门、市场管理部门、质量安全监督部门管理将通过建设工程监督管理信息系统向社会公布建设工程的基本情况、主要参与单位、施工许可、总监备案、竣工验收等信息	查阅相关信息披露情况		责令限期整改；情节严重的，通报批评

⭐ 思 考 题

1. 简述监理单位工作守则的基本内容。
2. 简述建设单位工作守则的基本内容。
3. 简述施工单位工作守则的基本内容。
4. 简述检测单位工作守则的基本内容。
5. 简述政府监管人员工作守则的基本内容。

第7章 建设工程投资控制的特点及基本要求

7.1 建设工程项目投资的特点

建设工程项目投资是指进行某项工程建设花费的全部费用。生产性建设工程项目总投资包括建设投资和铺底流动资金两部分,非生产性建设工程项目总投资则只包括建设投资。建设投资通常由设备及工器具购置费、建筑安装工程费、工程建设其他费用、预备费(包括基本预备费和涨价预备费)和建设期利息组成。

设备及工器具购置费是指按照建设工程设计文件要求,建设单位(或其委托单位)购置或自制达到固定资产标准的设备和新、扩建项目配置的首套工器具及生产家具所需的费用。设备及工器具购置费由设备原价、工器具原价和运杂费(包括设备成套公司服务费)组成。在生产性建设工程中,设备及工器具投资主要表现为其他部门创造的价值向建设工程中的转移,但这部分投资是建设工程项目投资中的积极部分,它占项目投资比重的提高意味着生产技术的进步和资本有机构成的提高。

建筑安装工程费是指建设单位用于建筑和安装工程方面的投资,它由建筑工程费和安装工程费两部分组成。建筑工程费是指建设工程涉及范围内的建筑物、构筑物、场地平整、道路、室外管道铺设、大型土石方工程费用等。安装工程费是指主要生产、辅助生产、公用工程等单项工程中需要安装的机械设备、电器设备、专用设备、仪器仪表等设备的安装及配件工程费,以及工艺、供热、供水等各种管道、配件、闸门和供电外线安装工程费用等。

工程建设其他费用是指未纳入以上两项的费用,是指根据设计文件要求和国家有关规定应由项目投资支付的、为保证工程建设顺利完成和交付使用后能够正常发挥效用而发生的一些费用。工程建设其他费用可分为以下3种类型:第一类为土地使用费,包括土地征用及迁移补偿费和土地使用权出让金;第二类是与项目建设有关的费用,包括建设单位管理费、勘察设计费、研究试验费、建设工程监理费等;第三类是与未来企业生产经营有关的费用,包括联合试运转费、生产准备费、办公和生活家具购置费等。

建设投资可分为静态投资部分和动态投资部分。静态投资部分由建筑安装工程费、设备及工器具购置费、工程建设其他费和基本预备费构成;动态投资部分,是指在建设期内,因建设期利息和国家新批准的税费、汇率、利率变动以及建设期价格变动引起的建设投资增加额,包括涨价预备费和建设期利息。

工程造价一般是指一项工程预计开支或实际开支的全部固定资产投资费用,在这个意义上工程造价与建设投资的概念是一致的。因此,我国在讨论建设投资时经常使用工程造价这个概念。需要指出的是,在实际应用中工程造价还有另一种含义,那就是指工程价格,即为建成一项工程预计或实际在土地市场、设备市场、技术劳务市场以及承包市场交易活动中所形成的建筑安装工程的价格和建设工程的总价格。

建设工程项目投资的特点是由建设工程项目的特点决定的。建设工程项目投资数额巨大,动辄上千万、数十亿,建设工程项目投资数额巨大的特点使它与国家、行业或地区重大经济利益的关系联系紧密，并会对国计民生产生重大影响，因此，建设工程投资管理意义重大。每个建设工程项目都有其特定的用途、功能、规模，每项工程的结构、空间分割、设备配置和内外装饰都有不同的要求，工程内容和实物形态都有其差异性，同样的工程处于不同的地区或不同的时段其在人工、材料、机械消耗上也有差异。因此，建设工程项目投资的差异非常明显。建设工程项目投资需单独计算，每个建设工程项目都有专门的用途，所以其结构、面积、造型和装饰也不尽相同，即使是用途相同的建设工程项目其技术水平、建筑等级和建筑标准也有所差别。另外，建设工程项目还必须在结构、造型等方面适应项目所在地的气候、地质、水文等自然条件，这就导致了建设工程项目实物形态的千差万别，再加上不同地区构成投资费用的各种要素差异，最终必然导致建设工程项目投资的千差万别。因此，建设工程项目只能通过特殊的程序(编制估算、概算、预算、合同价、结算价及最后确定竣工决算等)对每个项目投资单独进行计算。建设工程项目投资的确定依据繁多、关系复杂，不同建设阶段有不同的确定依据且互为基础和指导并互相影响(图7-1-1)。比如，预算定额是概算定额(指标)编制的基础，概算定额(指标)又是估算指标编制的基础。反过来，估算指标又控制概算定额(指标)的水平，概算定额(指标)又控制预算定额的水平，这些都说明了建设工程项目投资确定依据的复杂性。

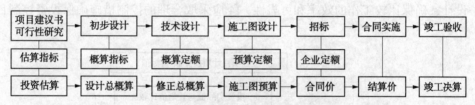

图7-1-1　建设工程投资确定中的各个相关因素及其关联关系

凡是按一个总体设计进行建设的各个单项工程汇集的总体即为一个建设工程项目，在建设工程项目中凡是具有独立设计文件、竣工后可以独立发挥生产能力或工程效益的工程为单项工程，也可将单项工程理解为具有独立存在意义的完整的工程项目，各单项工程又可分解为各个能独立施工的单位工程。考虑到组成单位工程的各部分是由不同工人用不同工具和材料完成的，因此，又可把单位工程进一步分解为分部工程。然后，还可按照不同的施工方法、构造及规格把分部工程更细致地分解为分项工程。此外，需分别计算分部分项工程投资、单位工程投资、单项工程投资，最后才能汇总形成建设工程项目投资，建设工程项目投资确定层次的复杂性不言而喻。每个建设工程项目从立项到竣工都有一个较长的建设期，在此期间都会出现一些不可预料的变化因素并对建设工程项目投资产生影响，比如工程设计变更；设备、材料、人工价格变化；货币利率、汇率调整；因不可抗力出现或因承包方、发包方原因造成的索赔事件出现等，这些必然要引起建设工程项目投资的变动，因此，建设工程项目投资在整个建设期内都属于不确定的，需随时进行动态跟踪、调整，直至竣工决算后才能真正确定建设工程项目投资。

7.2　建设工程投资控制的基本原则

所谓建设工程投资控制就是在投资决策阶段、设计阶段、发包阶段、施工阶段、竣工阶段把建设工程投资控制在批准的投资限额以内，并随时纠正发生的偏差以确保项目投资管理目标的实现，进而确保在建设工程中能合理使用人力、物力、财力并取得较好的投资效益和社会效益。

投资控制是项目控制的主要内容之一，投资控制原理见图7-2-1，这种控制是动态的并贯穿于项目建设始终，这个流程应以半个月或一个月为周期循环进行。所谓项目投入是指把人力、物力、财力投入到项目实施中。毋庸讳言，在工程进展过程中必定存在各种各样的干扰，比如恶劣天气、设计出图不及时等，应及时收集实际数据对项目进展情况进行评估，应及时地将投资目标的计划值与实际值进行比较。应及时检查实际值与计划值有无偏差，若没有偏差则项目应继续开展并应继续投入人力、物力和财力等；如果有偏差则应需要分析产生偏差的原因并采取控制措施。

对图7-2-1这种动态控制过程应着重做好以下4方面工作：①应对计划目标值进行论证和分析，实践证明，由于各种主、客观因素制约，项目规划中的计划目标值有可能是难以实现或不尽合理的，这就需要在项目实施过程中进行合理调整、细化、精化，只有项目目标正确合理才能使项目控制方法有效。②应及时对项目进展进行评估，即收集实际数据，没有实际数据的收集就无法真正了解项目的实际进展情况，更无法判断其是否存在偏差，因此，及时、完整和准确数据是偏差确定的可靠依据。③应及时对项目计划值与实际值进行比较以判断是否存在偏差，这种比较同样也要求在项目规划阶段就应付诸实施，从而实现数据体系的统一设计、确保比较工作的效率和可靠性。④应采取合理的控制措施确保投资控制目标的实现。

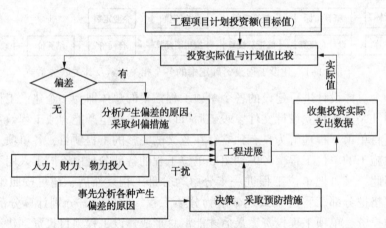

图7-2-1　投资控制原理

控制是为实现设定目标服务的。一个没有目标的系统是不需要控制的，也是无法进行控制的。系统目标的设置是一项非常严肃的工作，应有科学的依据。工程项目建设过程是一个周期长、投入大的生产过程，建设者在一定时间内占有的经验知识是有限的。工程建设过程不仅常常会受到科学条件和技术条件的限制，而且也会受到客观过程的发展及其表现程度的限制，因而，不可能在工程建设伊始就设置一个非常科学的、一成不变的投资控制目标，只能设置一个大致合理的投资控制目标，这就是投资估算。随着工程建设的进展，会不断引发"实践、认识、再实践、再认识"的过程，从而使投资控制目标渐次变得清晰、准确，这就是设计概算、施工图预算、承包合同价等经济指标，因此，投资控制目标应随工程项目建设实践的不断深入而分阶段设置，即投资估算是建设工程设计方案选择和初步设计的投资控制目标；设计概算是技术设计和施工图设计的投资控制目标；施工图预算或建安工程承包合同价是施工阶段投资控制的目标。上述有机联系的各个阶段目标相互制约、相互补充，前者控制后者、后者补充前者，共同组成了建设工程投资控制的目标系统。目标的制定应合理，应既体现先进性又具备实现的可能性，目标的设定应能激发执行者的进取心并能充分发挥他们的工作能力、挖掘他们的潜力。目标太低则形同虚设，其对建造者缺乏激励性，建造者潜力无法发挥，比如对建设工程投资高估冒算。目标太高会使建造者即使努力也无法达到，进而导致心灰意冷、使工程投资控制成为一纸空文，比如在建设工程立项时投资留有缺口。

投资控制贯穿项目建设的全过程，图 7-2-2 是一个典型的、反映不同建设阶段影响建设工程投资程度的坐标图。由图 7-2-2 不难看出，影响项目投资最大的阶段是约占工程项目建设周期 1/4 的技术设计结束前的工作阶段，初步设计阶段影响项目投资的可能性为 75%~95%；技术设计阶段影响项目投资的可能性为 35%~75%；施工图设计阶段影响项目投资的可能性为 5%~35%。很显然，项目投资控制的重点在于施工以前的投资决策和设计阶段，项目做出投资决策后控制项目投资的关键在于设计。欧美发达国家的分析结果显示，设计费在建设工程全寿命费用中通常只占不到 1% 的水平，但正是这少于 1% 的费用却基本决定了几乎全部的随后费用，可见设计对整个建设工程的效益举足轻重。前述建设工程全寿命费用包括建设投资和工程交付使用后的经常性开支费用（含经营费用、日常维护修理费用、使用期内大修理和局部更新费用）以及该项目使用期满后的报废拆除费用等。

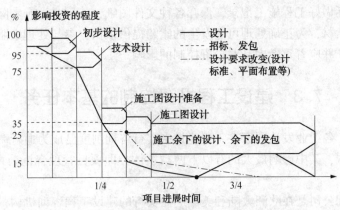

图 7-2-2　不同建设阶段对建设项目投资影响的程度

为有效控制建设工程投资应从组织、技术、经济、合同与信息管理等多方面采取措施。从组织上采取的措施包括明确项目组织结构、明确投资控制者及其任务以便使投资控制有专人负责并明确管理的职能分工；从技术上采取的措施包括重视设计的多方案选择，严格审查监督初步设计、技术设计、施工图设计、施工组织设计，深入技术领域研究节约投资的可能性；从经济上采取的措施包括动态比较投资的实际值和计划值，严格审核各项费用支出，采取节约投资的奖励措施等。毋庸讳言，技术与经济相结合是控制投资的最有效手段。长期以来，我国工程建设领域技术与经济是分离的。欧美发达国家的技术人员时刻考虑如何降低工程投资，但我国技术人员通常把它看成是与己无关的财会人员的职责。我国财会、概预算人员的主要责任是根据财务制度办事，往往不熟悉工程知识，也较少了解工程进展中的各种关系和问题，往往单纯地从财务制度角度审核费用开支，难以有效控制工程投资。因此，我国目前迫切需要解决的问题实现技术与经济的统一，即以提高项目投资效益为目的在工程建设过程中把技术与经济有机结合，要通过技术比较、经济分析和效果评价正确处理技术先进与经济合理两者之间的对立统一关系，力求技术先进条件下的经济合理以及经济合理基础上的技术先进，把控制工程项目投资观念渗透到工程建设的各个阶段中。建设工程投资主要发生在施工阶段，在这一阶段需要投入大量人力、物力、财力等，施工阶段是工程项目建设费用消耗最多的时期，其浪费投资的可能性也非常大，因此，监理单位督促承包单位精心组织施工、充分挖掘各方面潜力、节约资源消耗仍可收到节约投资的明显效果。参建各方对施工阶段的投资控制应给予足够重视，仅通过工程款支付进行控制是远远不够的，应从组织、经济、技术、合同等多方面采取措施控制投资。

项目监理机构在施工阶段控制投资的措施大致可归纳为以下 4 个方面，即组织措施、经济措施、技术措施、合同措施。组织措施包括在项目监理机构中落实从投资控制角度进行施工跟踪的人员、任务分工和职能分工，编制本阶段投资控制工作计划和详细的工作流程图。经济措施包括编制资金使用计划并确定、分解投资控制目标，对工程项目造价目标进行风险分析并制定防范性对策；进行工程计量；复核工程付款账单，签发付款证书；在施工过程中进行投资跟踪控制，定期进行投资实际支出值与计划目标值的比较，发现偏差时及时分析产生偏差的原因并采取纠偏措施；协商确定工程变更的价款，审核竣工结算；对工程施工过程中的投资支出做好分析与预测，经常或定期向建设单位提交项目投资控制及其存在问题的报告。技术措施包括对设计变更进行技术经济比较，严格控制设计变更；继续寻找通过设计挖潜节约投资的可能性；审核承包人编制的施工组织设计，对主要施工方案进行技术经济分析。合同措施包括做好工程施工记录，保存各种文件图纸，特别是注有实际施工变更情况的图纸；注意积累素材，为正确处理可能发生的索赔提供依据；参与处理索赔事宜；参与合同修改、补充工作，并应着重考虑其对投资控制的影响。

7.3 建设工程投资控制的基本任务

近几十年来，各工业发达国家在工程建设中实行咨询制度已成为通行惯例并形成了许多不同的模式和流派，其中影响最大的有以下两类主体，即项目管理咨询公司(PM)和工料测量师行(QS)。

项目管理咨询公司是在欧洲大陆和美国广泛实行的建设工程咨询机构，其国际性组织是国际咨询工程师联合会(FIDIC)。该组织 1980 年所制定的 IGRA-1980PM 文件是用于咨询工程师与业主之间订立委托咨询的国际通用合同文本，该文本规定了咨询工程师的根本任务，即进行项目管理并在业主要求的进度、质量和投资限制条件下完成项目，咨询工程师可向业主提供以下 8 个方面的咨询服务：项目的经济可行性分析；项目的财务管理；与项目有关的技术转让；项目的资源管理；环境对项目影响的评估；项目建设的工程技术咨询；物资采购与工程发包；施工管理。其中，涉及项目投资控制的具体任务是项目的投资效益分析(多方案)、初步设计时的投资估算、项目实施时的预算控制、工程合同的签订和实施监控、物资采购、工程量的核实、工时与投资的预测、工时与投资的核实、有关控制措施的制定、发行企业债券、保险审议、其他财务管理等。

英联邦国家负责项目投资控制的机构通常是工料测量师行。公司开办人称为合伙人，他们是公司的所有者，在法律上代表公司，在经济上自负盈亏并亲自进行管理。合伙人本身必须是经过英国皇家测量师协会授予称号的工料测量师，如果一个人只拥有资金而不是工料测量师则不能当工料测量师行合伙人。英联邦国家的基本建设程序一般分为两大阶段，即合同签订前、后两阶段。工料测量师在工程建设中的主要任务和作用也分 2 个阶段。在立约前阶段工料测量师的任务主要有以下 10 项：工程建设开始阶段业主提出建设规模、技术条件和可筹集到的资金等建设任务和要求，这时工料测量师要和建筑师、工程师共同研究提出"初步投资建议"，对拟建项目作出初步的经济评价，并和业主讨论在工程建设过程中工料测量师行的服务内容、收费标准，同时着手一般准备工作和今后行动计划；在可行性研究阶段，工料测量师根据建筑师和工程师提供的建设工程的规模、场址、技术协作条件对各种拟建方案制定做出初步估算，有的还要为业主估算竣工后的经营费用和维护保养费，从而向业主提交估价和建议，以便业主决定项目执行方案，确保该方案在功能上、技术上和财务上的可行性；在方案建议(也称总体建议)阶段，工料测量师按照不同的设计方案编制估算书，除反映总投资额外还要提供分部工程的投资额，以便业主能确定拟建项目的布局、设计和施工方案，工料测量师还应为拟建项目获得当局批准而向业主提供必要的报告；在初步设计阶段，根据建筑师、工程师草拟的图纸制定建设投资分项初步概算，根据概算及建设程序制定资金支出初步估算表以保证投资得到最有效的运用并可作为确定项目投资限额使用；在详细设计阶段，根据近似的工料数量及当时的价格制定更详细的分项概算并将它们与项目投资限额相比较；对不同的设计及材料进行成本研究，并向建筑师、工程师或设计人员提出成本建议，协助他们在投资限额范围内设计；就工程的招标程序、合同安排、合同内容方面提供建议；制定招标文件、工料清单、合同条款、工料说明书及投标书，供业主招标或供业主与选定的承包人议价；研究并分析收回的投标，包括进行详尽的技术及数据审核，向业主提交对各项投标的分析报告；为总承包单位及指定供货单位或分包单位制定正式合同文件。在立约后阶段工料测量师的任务主要有以下 8 项：工程开工后对工程进度进行估计并向业主提出中期付款的建议；工程进行期间定期制定最终成本估计报告书，反映施工中存在的问题及投资的支付情况；制定工程变更清单，并与承包人达成费用上增减的协议；就考虑中的工程变更的大约费用向建筑师提供建议；审核及评估承包人提出的索赔并进行协商；与工程项目顾问团的其他成员(建筑师、工程师等)紧密合作，在施工阶段严格控制成本；审核工程竣工结算，该结算是工程最终成本的详细说明；回顾分析项目管理和执行情况。工料测量师行受雇于业主，根据工程规模的大小、难易程度，按总投资 0.5%~3%收费，同时对项目投资控制负有重大责任。如果项目建设成本最后在缺乏充足正当理由情况下超支较多，业主付不起，则将要求工料测量师行对建设成本超支额及应付银行贷款利息进行赔偿。所以测量师行在接受项目投资控制委托，特别是接受工期较长、难度较大的项目投资控制委托时都要买专业保险，以防估价失误时因对业主进行赔偿而破产。由于工料测量师在工程建设中的主要任务就是对项目投资进行全面系统的控制，因而他们被誉为"工程建设的经济专家"和"工程建设中管理财务的经理"。

我国项目监理机构在建设工程投资控制中的主要工作涉及多个方面。投资控制是我国建设工程监理的一项主要任务，贯穿于监理工作的各个环节。根据《建设工程监理规范》(GB/T 50319—2013)的规定，工程监理单位要依据法律法规、工程建设标准、勘察设计文件及合同，在施工阶段对建设工程进行造价控制。同时，工程监理单位还应根据建设工程监理合同的约定，在工程勘察、设计、保修等阶段为建设单位提供相关服务工作。

我国监理机构在施工阶段投资控制的主要工作可概括为以下 5 个方面：进行工程计量和付款签证，专业监理工程师对施工单位在工程款支付报审表中提交的工程量和支付金额进行复核，确定实际完成的工程量，提出到期应支付给施工单位的金额，并提出相应的支持性材料；总监理工程师对专业监理工程师的审查意见进行审核，签认后报建设单位审批；总监理工程师根据建设单位的审批意见，向施工单位签发工程款支付证书。对完成工程量进行偏差分析，项目监理机构应建立月完成工程量统计表，对实际完成量与计划完成量进行比较分析，发现偏差的应提出调整建议并应在监理月报中向建设单位报告。审核竣工结算款，专业监理工程师审查施工单位提交的竣工结算款支付申请，提出审查意见；总监理工程师对专业监理工程师的审查意见进行审核，签认后报建设单位审批，同时抄送施工单位，并就工程竣工结算事宜与建设单位、施工单位协商，达成一致意见的根据建设单位审批意见向施工单位签发竣工结算款支付证书，不能达成一致意见的应按施工合同约定处理。处理施工单位提出的工程变更费用，总监理工程师组织专业监理工程师对工程变更费用及工期影响做出评估；总监理工程师组织建设单位、施工单位等共同协商确定工程变更费用及工期变化，会签工程变更单；项目监理机构可在工程变更实施前与建设单位、施工单位等协商确定工程变更的计价原则、计价方法或价款；建设单位与施工单位未能就工程变更费用达成协议时项目监理机构可提出一个暂定价格并经建设单位同意作为临时支付工程款的依据，工程变更款项最终结算时应以建设单位与施工单位达成的协议为依据。处理费用索赔，项目监理机构应及时收集、整理有关工程费用的原始资料，为处理费用索赔提供证据；审查费用索赔报审表，需要施工单位进一步提交详细资料时应在施工合同约定的期限内发出通知；与建设单位和施工单位协商一致后，在施工合同约定的期限内签发费用索赔报审表，并报建设单位；当施工单位的费用索赔要求与工程延期要求相关联时，项目监理机构可提出费用索赔和工程延期的综合处理意见，并应与建设单位和施工单位协商；因施工单位原因造成建设单位损失，建设单位提出索赔时，项目监理机构应与建设单位和施工单位协商处理。

我国监理机构在相关服务阶段投资控制的主要工作可概括为以下2个方面：工程勘察设计阶段，协助建设单位编制工程勘察设计任务书和选择工程勘察设计单位，并应协助签订工程勘察设计合同；审核勘察单位提交的勘察费用支付申请表，以及签发勘察费用支付证书；审核设计单位提交的设计费用支付申请表，以及签认设计费用支付证书；审查设计单位提交的设计成果，并应提出评估报告；审查设计单位提出的新材料、新工艺、新技术、新设备在相关部门的备案情况，必要时应协助建设单位组织专家评审；审查设计单位提出的设计概算、施工图预算，提出审查意见；分析可能发生索赔的原因，制定防范对策；协助建设单位组织专家对设计成果进行评审；根据勘察设计合同协调处理勘察设计延期、费用索赔等事宜。工程保修阶段，对建设单位或使用单位提出的工程质量缺陷，工程监理单位应安排监理人员进行检查和记录，并应要求施工单位予以修复，同时应监督实施，合格后应予以签认；工程监理单位应对工程质量缺陷原因进行调查并应与建设单位、施工单位协商确定责任归属，对非施工单位原因造成的工程质量缺陷应核实施工单位申报的修复工程费用并应签认工程款支付证书。

7.4 建设工程投资的构成体系及其特点

（1）我国现行建设工程投资的构成体系

我国现行建设工程总投资由建设投资和流动资产投资(流动资金)两大部分构成。建设投资包括设备及工器具购置费、建筑安装工程费用、工程建设其他费用、预备费、建设期利息等五部分构成。设备及工器具购置费包括设备购置费、工具器具及生产家具购置费，设备购置费包括设备原价、设备运杂费。建筑安装工程费用包括人工费、材料费、施工机具使用费、企业管理费、利润、规费、税金，2016年5月1日实施营业税改征增值税试点后取消了规费和税金。工程建设其他费用包括土地使用费、与项目建设有关的其他费用、与未来企业生产经营有关的其他费用。预备费包括基本预备费、涨价预备费。

（2）世界银行和国际咨询工程师联合会建设工程投资的构成体系

1978年，世界银行、国际咨询工程师联合会对项目的总建设成本（相当于我国的建设工程总投资）作了统一规定，即建设工程投资由项目直接建设成本、项目间接建设成本、应急费、建设成本上升费用、四大部分构成。

项目直接建设成本包括土地征购费、场外设施费用、场地费用、工艺设备费、设备安装费、管理系统费用、电气设备费、电气安装费、仪器仪表费、机械的绝缘和油漆费、工艺建筑费、服务性建筑费用、工厂普通公共设施费、其他当地费用等。场外设施费用包括道路、码头、桥梁、机场、输电线路等设施费用。场地费用是指用于场地准备、厂区道路、铁路、围栏、场内设施等的建设费用。工艺设备费是指主要设备、辅助设备及零配件的购置费用，包括海运包装费用、交货港离岸价，但不包括税金。设备安装费是指设备供应商的技术服务费用，本国劳务及工资费用，辅助材料、施工设备、消耗品和工具等费用，以及安装承包商的管理费和利润等。管理系统费用是指与系统的材料及劳务相关的全部费用。电气设备费的内容与工艺设备费相似。电气安装费是指设备供应商的监理费用，本国劳力与工资费用，辅助材料、电缆、管道和工具费用，以及营造承包商的管理费和利润。仪器仪表费是指所有自动仪表、控制板、配线和辅助材料的费用以及供应商的监理费用、外国或本国劳务及工资费用、承包商的管理费和利润。机械的绝缘和油漆费是指与机械及管道的绝缘和油漆相关的全部费用。工艺建筑费是指原材料、劳务以及与基础、建筑结构、屋顶、内外装修、公共设施有关的全部费用。服务性建筑费用的内容与工艺建筑费相似。工厂普通公共设施费包括材料和劳务费以及与供水、燃料供应、通风、蒸汽、下水道、污物处理等公共设施有关的费用。其他当地费用是指那些不能归类于以上任何一个项目，不能计入项目间接成本，但在建设期间又是必不可少的当地费用，比如临时设备、临时公共设施及场地的维持费，营地设施及其管理，建筑保险和债券，杂项开支等费用。

项目间接建设成本包括项目管理费、开工试车费、业主的行政性费用、生产前费用、运费和保险费、地方税等。项目管理费包括以下4大部分：总部人员的薪金和福利费以及用于初步和详细工程设计、采购、时间和成本控制、行政和其他一般管理的费用；施工管理现场人员的薪金、福利费和用于施工现场监督、质量保证、现场采购、时间及成本控制、行政及其他施工管理机构的费用；返工、差旅、生活津贴、业务支出等零星杂项费用；各种酬金。开工试车费是指工厂投料试车必需的劳务和材料费用（项目直接成本包括项目完工后的试车和空运转费用。业主的行政性费用是指业主的项目管理人员费用及支出（其中某些费用必须排除在外，并在"估算基础"中详细说明）。生产前费用是指前期研究、勘测、建矿、采矿等费用（其中一些费用必须排除在外，并在"估算基础"中详细说明）。运费和保险费是指海运、国内运输、许可证及佣金、海洋保险、综合保险等费用。地方税是指地方关税、地方税及对特殊项目征收的税金。

应急费用包括未明确项目的准备金、不可预见准备金两大部分。未明确项目的准备金用于在估算时不可能明确的潜在项目，包括那些在做成本估算时因为缺乏完整、准确和详细的资料而不能完全预见和不能注明的项目，并且这些项目是必须完成的，或它们的费用是必定要发生的，在每一个组成部分中均单独以一定的百分数确定，并作为估算的一个项目单独列出。未明确项目的准备金不是为了支付工作范围以外可能增加的项目，不是用以应付天灾、非正常经济情况及罢工等情况，也不是用来补偿估算的任何误差，而是用来支付那些几乎可以确定要发生的费用，因此，它是估算不可缺少的一个组成部分。不可预见准备金（在未明确项目准备金之外）用于在估算达到了一定的完整性并符合技术标准的基础上，由于物质、社会和经济的变化导致估算增加的情况（此种情况可能发生，也可能不发生），因此，不可预见准备金只是一种储备、可能不动用。

建设成本上升费用应按相关规则计算。通常，估算中使用的构成工资率、材料和设备价格基础的截止日期就是"估算日期"。必须对该日期或已知成本基础进行调整，以补偿直至工程结束时的未知价格增长。工程的各个主要组成部分（国内劳务和相关成本、本国材料、外国材料、本国设备、外国设备、项目管理机构）的细目划分确定以后，便可确定每一个主要组成部分的增长率。这个增长率是一项判断因素，它以已发表的国内和国际成本指数、公司记录等为依据，并与实际供应进行核对，然后根据确定的增长率和从工程进度表中获得的每项活动的中点值，计算出每项主要组成部分的成本上升值。

（3）我国建筑安装工程费用的组成

按照费用构成要素划分，建筑安装工程费由人工费、材料（包含工程设备，下同）费、施工机具使用费、企业管理费、利润、规费和税金组成。其中人工费、材料费、施工机具使用费、企业管理费和利润包含在分部分项工程费、措施项目费、其他项目费中。

建筑安装工程费按照工程造价形成由分部分项工程费、措施项目费、其他项目费、规费、税金组成，分部分项工程费、措施项目费、其他项目费包含人工费、材料费、施工机具使用费、企业管理费和利润。

7.5　建设工程设计阶段投资控制的特点及相关要求

建设工程设计阶段的投资控制主要借助资金时间价值理论。经济评价中将所评价的对象（如一个资金使用方案）视为一个独立的经济系统。站在经济系统的角度考察，某一时点 t 流入经济系统的资金称为现金流入，记为 CI_t，流出经济系统的资金称为现金流出，记为 CO_t，同一时点上的现金流入与现金流出之差称之为净现金流量，记为 NCF（Net Cash Flow）或 $(CI-CO)_t$，现金流入量、现金流出量、净现金流量统称为现金流量。现金流量图是一种反映经济系统资金运动状态的图式，运用现金流量图可以形象、直观地表示现金流量的三要素，即大小（资金数额）、方向（资金流入或流出）和作用点（资金流入或流出的时间点）。现金流量表也是表示经济系统现金流量的工具。

将一笔资金存入银行会获得利息进行投资可获得收益（也可能会发生亏损，而向银行借贷也需要收付利息。这反映出资金在运动中，其数量会随着时间的推移而变动，变动的这部分资金就是原有资金的时间价值。比如，资金所有者将 100 万元存入银行 1 年以后可以收回本金和利息共计 106 万元，若将 100 万元进行投资 1 年以后可以收回本金和投资收益共计115 万元，这里的 6 万元和 15 万元就是本金 100 万元的时间价值。资金时间价值的本质是资金在运动过程中产生的增值。对于资金提供者而言，资金时间价值是暂时放弃资金使用权而获得的补偿；对于资金使用者而言，资金时间价值是使用资金获取的收益中支付给资金提供者的部分，也是其使用资金应付出的代价。如果资金使用者使用自有资金，资金时间价值是该项资金的机会成本。正如资金时间价值的概念中描述的一样，资金所有者认为现在的 100 万元和 1 年以后的 106 万元是等效的，投资者认为现在的 100 万元和 1 年以后的 115 万元是等效的。资金的时间价值，使得金额相同的资金发生在不同时间，其价值不相等；反之，不同时点数值不等的资金在时间价值的作用下却可能具有相等的价值。这些不同时期、不同数额但其"价值等效"的资金称为等值，又叫等效值。任何技术方案的实施，都有一个时间上的延续过程，由于资金时间价值的存在，使不同时点上发生的现金流量无法直接进行比较。而是要通过两个方案资金时间价值计算（即等值计算）以后，再进行评价和比较。资金时间价值的计算，基本种类有计算未来值和现在值两种，如资金时间价值概念中的例子，现在的 100 万元与 1 年以后的多少资金等效？又与 2 年以后的多少资金等效？即要计算现在 100 万元的终值（未来值）；反之，1 年以后可以收回本金和收益共计 115 万元，现在投入多少万元才是等效的？值得的？即要计算 115 万元的现值（现在值）。从上面例子不难理解，影响资金等值的因素有 3 个，即资金的多少、资金发生的时间、利率（或收益率、折现率，以下简称利率）的大小。其中，利率是一个关键因素，在等值计算中，一般是以同一利率为依据。如果将一笔资金存入银行，存入银行的资金就叫作本金，经过了一段时间以后，从银行提出本金之外，资金所有者还能得到一些报酬，就称之为利息。一般地，利息是指占用资金所付出的代价。单位时间内利息与本金的比值就称为利率，一般以百分数表示。即，利率是在一个计息周期内所应付出的利息额与本金之比，或是单位本金在单位时间内所支付的利息。利息的计算分为单利法和复利法两种方式。单利法是每期的利息均按原始本金计算的计息方式，即不论计息期数为多少，只有本金计息，利息不计利息。复利法是各期的利息分别按原始本金与累计利息之和计算的计息方式，即每期计算的利息计入下期的本金，下期将按本利和的总额计息。在按复利法计息的情况下，除本金计息外，利息也计利息。

项目评价包括对推荐方案进行环境影响评价、财务评价、国民经济评价、社会评价及风险分析，以判别项目的环境可行性、经济可行性、社会可行性和抗风险能力。运用方案经济效果评价（以下简称方案经济评价）指标对方案进行经济评价主要有两个用途，一是对某一个方案进行分析，判断一个方案在经济上是否可行，对于这种情况，需要选用适当指标并计算指标值，根据判断准则评价其经济性；另一个用途是对多方案进行经济上的比选。方案经济评价指标不是惟一的，这些指标可以从不同侧面反映方案的经济效果。在建设工程监理及相关服务中，需要对方案进行经济评价时，应根据不同的评价深度要求和可获得资料的多少，以及评价方案本身的特点，选用不同的评价指标；选用多个指标进行评价时，应注意综合评价结论依据指标的主次。比如，如果对方案进行评价，重点可选择投资收益率、投资回收期、净现值、内部收益率等指标；对设备购置方案进行经济评价，可重点选用净现值、净年值等指标。根据计算指标时是否考虑资金时间价值，将经济评价指标分为静态评价指标和动态评价指标，共同构成经济评价指标体系。上述指标还可以分为时间性指标、价值性指标和比率性指标。

我国工程设计一般遵循的原则是"安全、适用、经济、美观"。"安全"是工程设计的基本要求，就是要在合理使用期限内，能保证建筑结构的安全可靠性、耐久性，各项与安全相关的技术和功能能够可靠有效地发挥作用。"适用"是对建筑最基本的功能要求，也是最本质的要求，不同的建筑功能适用于不同人的各种基本功能需求，同时也要考虑到未来人们需求的发展变化对建筑的灵活适应性要求，满足不断发展变化的功能要求是"适用"的真正内涵。"经济"在现阶段已经不能简单地理解为追求低造价，不能狭隘地理解投入少就是经济，而要追求全寿命的经济、高性价比的经济。那种以牺牲功能、牺牲舒适度为代价，片面讲求经济和节约资源的做法是短视的。"美观"在建筑上的作用应从文化层面上理解。中国当代的建筑应反映中国文化和中国人的审美情趣，反映社会经济进步带来的对建筑审美的新要求，反映中华民族文化的多样性及地域性特征，这也会自然反映出建筑空间与外观形态上的美学特征。

设计方案评选的内容，就是要根据设计原则对设计方案的优劣进行评判，总体而言，应当对设计方案进行全面的综合评价。由于设计方案具有多个层次，如规划设计方案、建筑设计方案、初步设计方案、结构设计方案等，在不同的方案评价时，评价重点应有所差异。例如，规划方案和建筑方案更侧重于适用、美观，结构设计方案更侧重于安全和经济性，因此在不同的设计方案评选中，应有不同的评价重点，可以通过设计方案综合评价时赋予不同内容以不同的权重来体现。

设计方案评价的基本方法包括定性评价法和定量评价法，应根据设计方案评选内容的不同，采用不同的评价方法，在各项内容分别评价的基础上，进行综合评价。定量评价是指采用数学的方法，收集和处理数据资料，对评价对象做出定量结果的价值判断。定量评价具有客观化、标准化、精确化、量化、简便化等鲜明的特征。定量评价的目的是把握事物量的规定性，客观简洁地揭示被评价对象重要的可测特征。定性评价是用语言描述的形式以及哲学思辨、逻辑分析揭示被评价对象特征的信息分析和处理的方法，其目的是把握事物的规定性，形成对被评价对象完整的看法，根据评价者对评价对象的表现、现实和状态或文献资料的观察和分析直接对评价对象做出定性结论的价值判断，比如评出等级、写出评语、排出优劣顺序等。定性评价是利用评价人员的知识、经验和判断对评价对象进行评审和比较的评标方法。定性评价强调观察、分析、归纳与描述。定性分析和定量分析这两种方法各有所长，两者是优势互补的，在分析评价时，评价者应当根据评价信息的特性和其他因素选择最适当的方法，如果评价信息主要用于帮助被评价者改进工作则定性分析比定量分析更有价值；而当评价的主要目的是比较、评比时则定量分析更为适合。

不论是对设计方案"安全、适用、经济、美观"某一方面进行评价还是进行综合评价，评价指标和方法的选取均应围绕技术可行性、经济可行性、社会环境影响等展开。技术可行性方面，应分析和研究方案能否满足所要求的功能（如适用性、安全性、美观等要求）及其本身在技术上能否实现；经济可行性方面，应分析和研究实现安全、适用、美观等的经济制约，以及实现目标成本的可能性；社会评价方面，主要研究和分析方案给国家和社会带来的影响。

对设计方案进行综合评价时，可以在定性评价定量化的基础上进行综合评价，也可以在对定性评价结果和定量评价指标综合权衡的基础上，由决策者确定各设计方案的优劣。用于方案综合评价的方法有很多，常用的定性方法有德尔菲法、优缺点列举法等；常用的定量方法有直接评分法、加权评分法、比较价值评分法、环比评分法、强制评分法、几何平均值评分法等。

价值工程是以提高产品或作业价值为目的，通过有组织的创造性工作，寻求用最低的寿命周期成本，可靠地实现使用者所需功能的一种管理技术。价值工程中所述的"价值"是指作为某种产品（或作业）所具有的功能与获得该功能的全部费用的比值。它不是对象的使用价值，也不是对象的经济价值和交换价值，而是对象的比较价值，是作为评价事物有效程度的一种尺度提出来的。

设计概算是在初步设计或扩大初步设计阶段，按照设计要求概略地计算拟建工程从立项开始到交付使用为止全过程所发生的建设费用的文件。建设项目设计概算是设计文件的重要组成部分，是确定和控制建设项目全部投资的文件，是编制固定资产投资计划、实行建设项目投资包干、签订承发包合同的依据，是签订贷款合同、项目实施全过程造价控制管理以及考核项目经济合理性的依据。设计概算由项目设计单位负责编制，并对其编制质量负责。

施工图预算是以施工图设计文件为主要依据，按照规定的程序、方法和依据，在施工招投标阶段编制的预测工程造价的经济文件。

7.6　建设工程招标阶段投资控制的特点及相关要求

工程招标是招标人选择工程承包商、确定工程合同价格的过程。招标人在组织工程招标的过程中，最重要的工作是编制招标文件和确定合同价格。为了合理确定合同价格，招标人可以确定某个价格作为评标的依据，并组织工程招标。按照我国现行规定，工程量清单计价已成为招标中的主要计价方式，按工程量清单计价方式编制的招标控制价将逐渐取代传统的标底，从而达到杜绝围标、串标，有效控制建设项目投资的作用。

工程量清单是载明建设工程分部分项工程项目、措施项目、其他项目的名称和相应数量以及规费、税金项目等内容的明细清单。工程量清单分为招标工程量清单、已标价工程量清单两类。招标工程量清单是指招标人依据国家标准、招标文件、设计文件以及施工现场实际情况编制的，随招标文件发布供投标报价的工程量清单，包括其说明和表格。已标价工程量清单是指构成合同文件组成部分的投标文件中已标明价格，经算术性错误修正（如有）且承包人已确认的工程量清单，包括其说明和表格。

在招投标阶段，招标工程量清单为投标人的投标竞争提供了一个平等和共同的基础，工程量清单将要求投标人完成的工程项目及其相应工程实体数量全部列出，为投标人提供拟建工程的基本内容、实体数量和质量要求等信息。这使所有投标人所掌握的信息相同，受到的待遇是客观、公正和公平的。工程量清单是建设工程计价的依据，招标投标过程中招标人根据工程量清单编制招标工程的招标控制价；投标人按照工程量清单所表述的内容，依据企业定额计算投标价格，自主填报工程量清单所列项目的单价与合价。工程量清单是工程付款和结算的依据，发包人根据承包人是否完成工程量清单规定的内容以投标时在工程量清单中所报的单价作为支付工程进度款和进行结算的依据。工程量清单是调整工程量、进行工程索赔的依据，在发生工程变更、索赔、增加新的工程项目等情况时，可以选用或者参照工程量清单中的分部分项工程或计价项目与合同单价来确定变更项目或索赔项目的单价和相关费用。

工程量清单适用于建设工程发承包及实施阶段的计价活动，包括工程量清单的编制、招标控制价的编制、投标报价的编制、工程合同价款的约定、工程施工过程中计量与合同价款的支付、索赔与现场签证、竣工结算的办理和合同价款争议的解决以及工程造价鉴定等活动。我国现行计价规范规定，使用国有资金投资的工程建设工程发承包项目，必须采用工程量清单计价。对于非国有资金投资的工程建设项目，是否采用工程量清单方式计价由项目业主自主确定，当确定采用工程量清单计价时则按现行计价规范规定执行；对于不采用工程量清单计价的建设工程，除不执行工程量清单计价的专门性规定外，仍应执行现行计价规范规定的工程价款调整、工程计量和价款支付、索赔与现场签证、竣工结算以及工程造价争议处理等条文。

《建设工程工程量清单计价规范》（GB 50500—2013）包括规范条文和附录两部分，规范条文共 16 章，包括总则、术语、一般规定、工程量清单编制、招标控制价、投标报价、合同价款约定、工程计量、合同价款调整、合同价款期中支付、竣工结算与支付、合同解除的价款结算与支付、合同价款争议的解决、工程造价鉴定、工程计价资料与档案、工程计价表格。规范条文就适用范围、作用以及计量活动中应遵循的原则、工程量清单编制的规则、工程量清单计价的规则、工程量清单计价格式及编制人员资格等作出了明确规定。附录共计 11 个。除附录 A 外，其余为工程计价表格。附录分别对招标控制价、投标报价、竣工结算的编制等使用的表格作出了明确规定。

工程量清单应由具有编制能力的招标人或受其委托，具有相应资质的工程造价咨询人编制。采用工程量清单方式招标，招标工程量清单必须作为招标文件的组成部分，其准确性和完整性由招标人负责。工程量清单由分部分项工程量清单、措施项目清单、其他项目清单、规费项目清单、税金项目清单组成。工程量清单编制的依据包括现行计价规范和相关工程的国家计量规范；国家或省级、行业建设主管部门颁发的计价定额和办法；建设工程设计文件及相关资料；与建设工程项目有关的标准、规范、技术资料；拟定的招标文件；施工现场情况、地勘水文资料、工程特点及常规施工方案；其他相关资料。分部分项工程项目清单为不可调整的闭口清单。在投标阶段，投标人对招标文件提供的分部分项工程项目清单必须逐一计价，对清单所列内容不允许进行任何更改变动。投标人如果认为清单内容有不妥或遗漏，只能通过质疑的方式由清单编制人作统一的修改更正。清单编制人应将修正后的工程量清单发往所有投标人。分部分项工程量清单应按 GB 50500—2013 的规定，确定项目编码、项目名称、项目特征、计量单位，并按不同专业工程量计量规范给出的工程量计算规则，进行工程量的计算。

项目编码是分部分项工程量清单项目名称的数字标识。现行计量规范项目编码由十二位数字构成。一至九位应按现行计量规范的规定设置，十至十二位应根据拟建工程的工程量清单项目名称和项目特征设置，同一招标工程的项目编码不得有重码。在十二位数字中，一至二位为专业工程码，如建筑工程与装饰工程为 01、仿古建筑工程为 02、通用安装工程为 03、市政工程为 04、园林绿化工程为 05、矿山工程为 06、构筑物工程为 07、城市轨道交通工程为 08、爆破工程为 09。三至四位为附录分类顺序码；五至六位为分部工程顺序码；七、八、九位为分项工程项目名称顺序码；十至十二位为清单项目名称顺序码。

分部分项工程项目清单的项目名称应按现行计量规范的项目名称结合拟建工程的实际确定。分项工程项目清单的项目名称一般以工程实体命名，项目名称如有缺项，编制人应作补充，并报省级或行业工程造价管理机构备案。补充项目的编码由现行计量规范的专业工程代码 X（即 01~09）与 B 和三位阿拉伯数字组成，并应从 XB001 起顺序编制，同一招标工程的项目不得重码。分部分项工程项目清单中应附补充项目名称、项目特征、计量单位、工程量计算规则、工作内容。项目特征是确定分部分项工程项目清单综合单价的重要依据，在编制的分部项工程项目清单时，必须对其项目特征进行准确和全面的描述。分部分项工程项目清单的计量单位应按现行计量规范规定的计量单位确定。现行计量规范明确了清单项目的工程量计算规则，其工程量是以形成工程实体为准，并以完成后的净值来计算的，这一计算方法避免了因施工方案不同而造成计算的工程量大小各异的情况，为各投标人提供了一个公平的平台。

措施项目清单为可调整清单，投标人对招标文件中所列项目，可根据企业自身特点做适当的变更增减。投标人要对拟建工程可能发生的措施项目和措施费用作通盘考虑，清单一经报出，即被认为是包括了所有应该发生的措施项目的全部费用。如果报出的清单中没有列项，且施工中又必须发生的项目，业主有权认为，其已经综合在分部分项工程量清单的综合单价中，将来措施项目发生时投标人不得以任何借口提出索赔与调整。现行计价规范中，将措施项目分为能计量和不能计量的两类。对能计量的措施项目〔即单价措施项目〕，同分部分项工程量一样，编制措施项目清单时应列出项目编码、项目名称、项目特征、计量单位，并按现行计量规范规定，采用对应的工程量计算规则计算其工程量。对不能计量的措施项目（即总价措施项目），措施项目清单中仅列出了项目编码、项目名称，但未列出项目特征、计量单位的项目，编制措施项目清单时应按现行计量规范附录（措施项目）的规定执行。由于工程建设施工的特点和承包人组织施工生产的施工装备水平、施工方案及其管理水平的差异，同一工程、不同的承包人组织施工采用的施工措施并不完全一致，因此，措施项目清单应根据拟建工程和承包人的实际情况列项。

　　其他项目清单是指因招标人的特殊要求而发生的与拟建工程有关的其他费用项目和相应数量的清单。其他项目清单应根据拟建工程的具体情况列项。暂列金额是招标人暂定并包括在合同中的一笔款项，中标人只有按照合同约定程序，实际发生了暂列金额所包的工作才能将其纳入合同结算价款中，扣除实际发生金额后的暂列金额仍属于招标人所有。暂估价包括材料暂估价、工程设备暂估价和专业工程暂估价。暂估价中的材料、工程设备暂估单价应根据工程造价信息或参照市场价格估算，列出明细表；专业工程暂估价应分不同专业，按有关计价规定估算，列出明细表。

　　不同的合同价款形式，其价款约定方式与内容也有差异。建设项目中，应根据项目特点，选择合适的合同价款形式，以保证项目投资的有效控制。建设工程承包合同的计价方式通常可分为总价合同、单价合同和成本加酬金合同三大类。

　　总价合同是指支付给承包方的工程款项在承包合同中是一个规定的金额，它是以设计图纸和工程说明书为依据由承包方与发包方经过协商确定的。总价合同的主要特征为根据招标文件的要求由承包方实施全部工程任务，按承包方在投标报价中提出的总价确定；拟实施项目的工程性质和工程量应在事先基本确定。合同价款总额由每一分项工程的包干价款（固定总价）构成。承包商必须根据工程信息计算工程量。如果业主提供的或承包商自己编制的工程量表有漏项或计算错误，所涉及的工程价款被认为已包括在整个合同总价中，因此承包商必须认真复核工程量。显然，总价合同对承包方具有一定的风险。采用这种合同时必须明确工程承包合同标的物的详细内容及其各种技术经济指标，一方面承包方在投标报价时要仔细分析风险因素，需在报价中考虑一定的风险费；另一方面发包方也应考虑到使承包方承担的风险是可以承受的，以获得合格而又有竞争力的投标人。总价合同可以分为固定总价合同和可调总价合同两类。固定总价合同的价格计算是以设计图纸、工程量及现行规范等为依据，发承包双方就承包工程协商一个固定的总价，即承包方按投标时发包方接受的合同价格实施工程，并一笔包死，无特定情况不作变化。采用这种合同，合同总价只有在设计和工程范围发生变更的情况下才能随之作相应的变更，除此之外，合同总价一般不得变动。可调总价合同的总价一般也是以设计图纸及规定、现行规范为基础，在报价及签约时，按招标文件的要求和当时的物价计算合同总价，但合同总价是一个相对固定的价格，在合同执行过程中，由于通货膨胀而使所用的工料成本增加，可对合同总价进行相应的调整。可调总价合同在合同条款中设有调价条款，如果出现通货膨胀这一不可预见的费用因素，合同总价就可按约定的调价条款作相应调整。可调总价合同列出的有关调价的特定条款，往往是在合同专用条款中列明。调价工作必须按照这些特定的调价条款进行。这种合同与固定总价合同的不同之处在于，它对合同实施中出现的风险做了分摊，发包方承担了通货膨胀的风险，而承包方承担合同实施中实物工程量、成本和工期因素等的其他风险。

单价合同是指承包方按发包方提供的工程量清单内的分部分项工程内容填报单价，并据此签订承包合同，而实际总价则是按实际完成的工程量与合同单价计算确定，合同履行过程中无特殊情况，一般不得变更单价。单价合同的执行原则是，单价合同的工程量清单内所列出的分部分项工程的工程量为估计工程量，而非准确工程量，工程量在合同实施过程中允许有上下的浮动变化，但分部分项工程的合同单价却不变，结算支付时以实际完成工程量为依据。因此，采用单价合同时按招标文件工程量清单中的预计工程量乘以所报单价计算得到的合同价格，并不一定就是承包方圆满实施合同规定的任务后所获得的全部工程款项，实际工程价格可能大于原合同价格，也可能小于原合同价格。单价合同分为固定单价合同和可调单价合同。估算工程量单价合同是以工程量清单和相应的综合单价表为基础和依据来计算合同价格的，也称为计量估价合同。估算工程量单价合同通常是由发包方提出工程量清单，列出分部分项工程量，由承包方以此为基础填报相应单价，累计计算后得出合同价格。但最后的工程结算价应按照实际完成的工程量来计算，即按合同中的分部分项工程单价和实际工程量，计算得出工程结算和支付的工程总价格。采用这种合同时，要求实际完成的工程量与原估计的工程量不能有实质性的变更。因为承包方给出的单价是以相应的工程量为基础的，如果工程量大幅度增减可能影响工程成本。这种合同计价方式较为合理地分担了合同履行过程中的风险。采用纯单价合同时，发包方只向承包方给出发包工程的有关分部分项工程以及工程范围，不对工程量作任何规定。即在招标文件中仅给出工程内各个分部分项工程一览表、工程范围和必要的说明，而不必提供实物工程量。承包方在投标时只需要对这类给定范围的分部分项工程做出报价即可，合同实施过程中按实际完成的工程量进行结算。

7.7　建设工程施工阶段投资控制的特点及相关要求

监理工程师在施工阶段进行投资控制的基本原理是把计划投资额作为投资控制的目标值，在工程施工过程中定期进行投资实际值与目标值的比较，通过比较发现并找出实际支出额与投资控制目标值之间的偏差，分析产生偏差的原因，并采取有效措施加以控制，以保证投资控制目标的实现。

投资控制的目的是为了确保投资目标的实现。因此，监理工程师必须编制资金使用计划，合理地确定投资控制目标值，包括建设工程投资的总目标值、分目标值、各详细目标值。如果没有明确的投资控制目标，就无法进行项目投资实际支出值与目标值的比较，不能进行比较也就不能找出偏差，不知道偏差程度，就会使控制措施缺乏针对性。在确定投资控制目标时，应有科学的依据。如果投资目标值与人工单价、材料预算价格、设备价格及各项有关费用和各种取费标准不相适应，那么投资控制目标便没有实现的可能，则控制也是徒劳的。由于人们对客观事物的认识有个过程，也由于人们在一定时间内所占有的经验和知识有限，因此，对工程项目的投资控制目标应辩证地对待，既要维护投资控制目标的严肃性，也要允许对脱离实际的既定投资控制目标进行必要的调整，调整并不意味着可以随意改变项目投资目标值，而必须按照有关的规定和程序进行。

编制资金使用计划过程中最重要的步骤，就是项目投资目标的分解。根据投资控制目标和要求的不同，投资目标的分解可以分为按项目投资构成、子项目、时间分解三种类型。

工程项目的投资主要分为建筑安装工程投资、设备及工器具购置投资及工程建设其他投资。在按项目投资构成分解时，可以根据以往的经验和建立的数据库来确定适当的比例。必要时也可以作一些适当的调整。

一般来说，由于概算和预算大都是按照单项工程和单位工程来编制的，所以将项目总投资分解到各单项工程和单位工程是比较容易的。需要注意的是，按照这种方法分解项目总投资，不能只是分解建筑工程投资、安装工程投资和设备工器具购置投资，还应该分解项目的其他投资。但项目其他投资所包含的内容既与具体单项工程或单位工程直接有关，也与整个项目建设有关，因此必须采取适当的方法将项目其他投资合理分解到各个单项工程和单位工程中。最常用的也是最简单的方法，就是按照单项工程的建筑安装工程投资和设备工器具购置投资之和的比例分摊。但其结果可能与实际支出的投资相差甚远。因此实践中一般应对工程项目的其他投资的具体内容进行分析，将其中确实与各单项工程和单位工程有关的投资分离出来，按照一定比例分解到相应的工程内容上。其他与整个项目有关的投资则不分解到各单项工程和单位工程上。另外，对各单位工程的建筑安装工程投资还需要进一步分解，在施工阶段一般可分解到分部分项工程。

工程项目的投资总是分阶段、分期支出的，资金应用是否合理与资金的时间安排有密切关系。工程投资和设备购置投资作为一个整体来确定它们所占的比例，然后再根据具体情况决定细分或不细分。按投资的构成来分解的方法比较适合于有大量经验数据的工程项目。

为了编制项目资金使用计划，并据此筹措资金，尽可能减少资金占用和利息支出，有必要将项目总投资按其使用时间进行分解。编制按时间进度的资金使用计划，通常可利用控制项目进度的网络图进一步扩充而得。即在建立网络图时，一方面确定完成各项活动所需花费的时间，另一方面同时确定完成这一活动的合适的投资支出预算。在实践中，将工程项目分解为既能方便地表示时间，又能方便地表示投资支出预算的工作是不容易的。通常，如果项目分解程度对时间控制合适的话，则对投资支出预算可能分配过细，以致于不可能对每项活动确定其投资支出预算。反之亦然。因此，在编制网络计划时应在充分考虑进度控制对项目划分要求的同时，还要考虑确定投资支出预算对项目划分的要求，做到二者兼顾。

三种编制资金使用计划的方法并不是相互独立的。在实践中，往往是将这几种方法结合起来使用，从而达到扬长避短的效果。例如，将按子项目分解项目总投资与按投资构成分解项目总投资两种方法相结合，横向按子项目分解，纵向按投资构成分解，或相反。这种分解方法有助于检查各单项工程和单位工程投资构成是否完整，有无重复计算或缺项；同时还有助于检查各项具体的投资支出的对象是否明确或落实，并且可以从数字上校核分解的结果有无错误。

在完成工程项目投资目标分解之后，接下来就要具体地分配投资，编制工程分项的投资支出计划，从而得到详细的资金使用计划表。其内容一般包括工程分项编码、工程内容、计量单位、工程数量、计划综合单价、本分项总计。在编制投资支出计划时，要在项目总的方面考虑总的预备费，也要在主要的工程分项中安排适当的不可预见费，避免在具体编制资金使用计划时，可能发现个别单位工程或工程量表中某项内容的工程量计算有较大出入，使原来的投资预算失实，并在项目实施过程中对其尽可能地采取一些措施。通过对项目投资目标按时间进行分解，在网络计划基础上，可获得项目进度计划的横道图，并在此基础上编制资金使用计划。其表示方式有两种，一种是在总体控制时标网络图上表示，另一种是利用时间-投资曲线表示。一般而言，所有工作都按最迟开始时间开始，对节约发包人的建设资金、贷款利息是有利的，但同时，也降低了项目按期竣工的保证率。因此，监理工程师必须合理地确定投资支出计划，达到既节约投资支出，又能控制项目工期的目的。将投资目标的不同分解方法相结合会得到更为详尽、有效的综合分解资金使用计划表。综合分解资金使用计划表一方面有助于检查各单项工程和单位工程的投资构成是否合理，有无缺陷或重复计算；另一方面也可以检查各项具体的投资支出的对象是否明确和落实，并可校核分解的结果是否正确。

工程计量是指根据发包人提供的施工图纸、工程量清单和其他文件，项目监理机构对承包人申报的合格工程的工程量进行的核验，它不仅是控制项目投资支出的关键环节，同时也是约束承包人履行合同义务，强化承包人合同意识的手段。工程量的正确计量是发包人向承包人支付工程进度款的前提和依据，必须按照相关工程现行国家计量规范规定的工程量计算规则计算。工程计量可选择按月或按工程形象进度分段计量，具体计量周期在合同中约定。因承包人原因造成的超出合同工程范围施工或返工的工程量，发包人不予计量。成本加酬金合同参照单价合同计量。工程计量的依据一般有质量合格证书、工程量清单前言、技术规范中的"计量支付"条款和设计图纸，即计量时必须以这些资料为依据。对于承包人已完的工程，并不是全部进行计量，而只是质量达到合同标准的已完工程才予以计量。所以工程计量必须与质量监理紧密配合，经过专业工程师检验，工程质量达到合同规定的标准后，由专业工程师签署报验申请表（质量合格书），只有质量合格的工程才予以计量。所以说质量监理是计量监理的基础，计量又是质量监理的保障，通过计量支付强化承包人的质量意识。工程量清单前言和技术规范是确定计量方法的依据。因为工程量清单前言和技术规范的"计量支付"条款规定了清单中每一项工程的计量方法，同时还规定了按规定的计量方法确定的单价所包括的工作内容和范围。单价合同以实际完成的工程量进行结算，但被工程师计量的工程数量，并不一定是承包人实际施工的数量。计量的几何尺寸要以设计图纸为依据，工程师对承包人超出设计图纸要求增加的工程量和自身原因造成返工的工程量，不予计量。工程量必须以承包人完成合同工程应予计量的工程量确定，施工中进行工程量计量时，当发现招标工程量清单中出现缺项、工程量偏差，或因工程变更引起工程量增减时，应按承包人在履行合同义务中实际完成的工程量计量。关于单价合同的计量程序，《建设工程施工合同（示范文本）》（GF—2013—0201）以及《建设工程工程量清单计价规范》（GB 50500—2013）中均有专门的规定。

工程项目建设周期长，在整个建设周期内会受到多种因素的影响，GB 50500—2013 参照国内外多部合同范本，结合工程建设合同的实践经验和建筑市场的交易习惯，对所有涉及合同价款调整、变动的因素或其范围进行了归并，主要包括五大类：法规变化类（法律法规变化）；工程变更类（工程变更、项目特征不符、工程量清单缺项、工程量偏差、计日工）；物价变化类（物价变化、暂估件）；工程索赔类（不可抗力、提前竣工、索赔等）；其他类（现场签证等）。

暂列金额是指招标人在工程量清单中暂定并包括在合同价款中的一笔款项。用于工程合同签订时尚未确定或者不可预见的所需材料、工程设备、服务的采购，施工中可能发生的工程变更、合同约定调整因素出现时的合同价款调整以及发生的索赔、现场签证确认等的费用。已签约合同价中的暂列金额由发包人掌握使用。发包人按照合同的规定做出支付后，如有剩余，则暂列金额余额归发包人所有。暂列金额在实际履行过程中可能发生，也可能不发生。

在工程项目的实施过程中，由于多方面的情况变更，经常出现工程量变化、施工进度变化，以及发包方与承包方在执行合同中的争执等许多问题。这些问题的产生，一方面是由于勘察设计工作不细，以致在施工过程中发现许多招标文件中没有考虑或估算不准确的工程量，因而不得不改变施工项目或增减工程量；另一方面，是由于发生不可预见的事件，如自然或社会原因引起的停工或工期拖延等。由于工程变更所引起的工程量的变化、承包人的索赔等，都有可能使项目投资超出原来的预算投资，监理工程师必须严格予以控制，密切注意其对未完工程投资支出的影响及对工期的影响。

GB 50500—2013 在 GB 50500—2008 的基础上，对索赔进行了调整，其中，未对索赔范围做出限制，这与国际工程所指的广义索赔保持一致，即在合同履行过程中，对于非己方的过错而应由对方承担责任的情况造成的损失，向对方提出补偿的要求。建设工程施工中的索赔是发、承包双方行使正当权利的行为，承包人可向发包人索赔，发包人也可向承包人索赔。索赔是工程承包中经常发生并随处可见的正常现象。由于施工现场条件、气候条件的变化，施工进度的变化，以及合同条款、规范、标准文件和施工图纸的变更、差异、延误等因素的影响，使得工程承包中不可避免地出现索赔，进而导致项目的投资发生变化。因此索赔的控制是建设工程施工阶段投资控制的重要手段。项目监理机构应及时收集、整理有关工程费用的原始资料，包括施工合同、采购合同、工程变更单、监理记录、监理工作联系单等，为处理费用索赔提供证据。由于施工生产的特殊性，在施工过程中往往会出现一些与合同工程或合同约定不一致或未约定的事项，现场签证就是指发包人现场代表〔或其授权的监理人、工程造价咨询人）与承包人现场代表就这类事项所作的签认证明。

期中支付的合同价款包括预付款、安全文明施工费和进度款。监理工程师应做好合同价款期中支付工作。工程预付款是建设工程施工合同订立后由发包人按照合同约定，在正式开工前预先支付给承包人的工程款，它是施工准备和所需要材料、结构件等流动资金的主要来源。工程是否实行预付款，取决于工程性质、承包工程量的大小及发包人在招标文件中的规定。工程实行预付款的，发包人应按照合同约定支付工程预付款，承包人应将预付款专用于合同工程。支付的工程预付款，按照合同约定在工程进度款中抵扣。包工包料工程的预付款的支付比例不得低于签约合同价（扣除暂列金额）的10%，不宜高于签约合同价（扣除暂列金额）的30%，重大工程项目按年度工程计划逐年预付。实行工程量清单计价的工程，实体性消耗和非实体性消耗部分应在合同中分别约定预付款比例（或金额）。发包人拨付给承包人的工程预付款属于预支的性质。随着工程进度的推进，拨付的工程进度款数额不断增加，工程所需主要材料、构件的储备逐步减少，原已支付的预付款应以抵扣的方式从工程进度款中予以陆续扣回。预付款应从每一个支付期应支付给承包人的工程进度款中扣回，直到扣回的金额达到合同约定的预付款金额为止。承包人的预付款保函的担保金额根据预付款扣回的数额相应递减，但在预付款全部扣回之前一直保持有效。发包人应在预付款扣完后的14天内将预付款保函退还给承包人。预付的工程款必须在合同中约定扣回方式，在承包人完成金额累计达到合同总价一定比例（双方合同约定）后采用等比率或等额扣款的方式分期抵扣，也可针对工程实际情况具体处理。

工程完工后，发承包双方必须在合同约定时间内办理工程竣工结算。工程竣工结算由承包人或受其委托具有相应资质的工程造价咨询人编制，由发包人或受其委托具有相应资质的工程造价咨询人核对。竣工结算办理完毕，发包人应将竣工结算文件报送工程所在地(或有该工程管辖权的行业管理部门)工程造价管理机构备案，竣工结算文件作为工程竣工验收备案、交付使用的必备文件。其中，项目监理机构应按有关工程结算规定及施工合同约定对竣工结算进行审核，程序如下，即专业监理工程师审查承包人提交的工程结算款支付申请，提出审查意见；总监理工程师对专业监理工程师的审查意见进行审核，签认后报发包人审批，同时抄送承包人，并就工程竣工结算事宜与发包人、承包人协商；达成一致意见的，根据发包人审批意见向承包人签发竣工结算款支付证书；不能达成一致意见的，应按施工合同约定处理。工程竣工结算应根据下列依据编制和复核：GB 50500—2013，工程合同，发承包双方实施过程中已确认的工程量及其结算的合同价款，发承包双方实施过程中已确调整后追加(减)的合同价款、建设工程设计文件及相关资料、投标文件、其他依据。分部分项工程和措施项目中的单价项目应依据双方确认的工程量与已标价工程量清单的综合单价计算；如发生调整的，应以发承包双方确认调整的综合单价计算。措施项目中的总价项目应依据已标价工程量清单的项目和金额计算；发生调整的应以发承包双方确认调整的金额计算，其中安全文明施工费应按国家或省级、行业建设主管部门的规定计算。其他项目应按相关规定计价。

在确定了投资控制目标之后，为了有效地进行投资控制，监理工程师就必须定期进行投资计划值与实际值的比较，当实际值偏离计划值时，分析产生偏差的原因，采取适当的纠偏措施，以使投资超支尽可能小。投资偏差分析的方法很多，采用比较普遍的是赢得值(挣值)法。赢得值法(Earned Value Management，EVM)作为一项先进的项目管理技术，最初是美国国防部于1967年首次确立的。到目前为止，国际上先进的咨询公司已普遍采用赢得值法进行工程项目的投资、进度综合分析控制。用赢得值法进行投资、进度综合分析控制，基本参数有三项，即已完工作预算投资、计划工作预算投资和已完工作实际投资。

对偏差原因进行分析的目的是为了有针对性地采取纠偏措施，从而实现投资的动态控制和主动控制。纠偏首要要确定纠偏的主要对象。有些偏差是无法避免和控制的，比如客观原因，充其量只能对其中少数原因做到防患于未然，力求减少该原因所产生的经济损失。对于施工原因所导致的经济损失通常是由承包人自己承担的，从投资控制的角度只能加强合同的管理，避免被承包人索赔。所以，这些偏差原因都不是纠偏的主要对象。纠偏的主要对象是发包人原因和设计原因造成的投资偏差。在确定了纠偏的主要对象之后，就需要采取有针对性的纠偏措施。纠偏可采用组织措施、经济措施、技术措施和合同措施等。比如寻找新的、更好更省的、效率更高的设计方案；购买部分产品，而不是采用完全由自己生产的产品；重新选择供应商，但会产生供应风险，选择需要时间；改变实施过程；变更工程范围；索赔等。

★ 思 考 题

1. 简述建设工程项目投资的特点。
2. 简述建设工程投资控制的基本原则。
3. 建设工程投资控制的基本任务是什么？
4. 简述建设工程投资的构成体系及其特点。
5. 简述建设工程设计阶段投资控制的特点及相关要求。
6. 简述建设工程招标阶段投资控制的特点及相关要求。
7. 简述建设工程施工阶段投资控制的特点及相关要求。

第8章 建设工程质量控制的特点及基本要求

8.1 建设工程质量控制的特点

建设工程质量是实现建设工程功能与效果的基本要素。项目监理机构要有效地进行工程质量控制就必须熟悉工程质量形成过程及其影响因素、了解工程质量管理制度、懂得各个建设工程参与主体单位的工程质量责任规定。

(1) 建设工程质量的特点

质量是指一组固有特性满足要求的程度。前述"固有特性"包括明示和隐含特性，明示特性一般以书面形式阐明或明确向顾客指出，隐含特性则是指惯例或一般做法。前述"满足要求"是指满足顾客和相关方的要求，包括法律法规及标准规范的要求。建设工程质量（简称工程质量）是指建设工程满足相关标准规定和合同约定要求的程度，包括在安全、使用功能及其在耐久性能、节能与环境保护等方面所有明示和隐含的固有特性。建设工程作为一种特殊产品，除具有一般产品共有的质量特性外还具有其独特的内涵。

一个合格的建设工程应满足7方面基本要求：适用性、耐久性、安全性、可靠性、经济性、节能性、环境协调性。适用性主要与功能有关，通常是指工程满足使用目的的各种性能，比如理化性能、结构性能、使用性能、外观性能等。理化性能包括尺寸、规格、保温、隔热、隔声等物理性能，以及耐酸、耐碱、耐腐蚀、防火、防风化、防尘等化学特性。结构性能包括地基基础的牢固程度以及结构的强度、刚度和稳定性等。使用性能是指满足特定的使用要求，比如民用住宅工程应能使居住者安居，工业厂房应能满足生产活动需要，道路、桥梁、铁路、航道等应能通达便捷，建设工程的组成部件、配件、水/暖/电/卫器具、设备应能发挥其使用功能。外观性能主要与建筑的感观有关，要求建筑物的造型、布置、室内装饰效果、色彩等应美观大方、协调。耐久性主要与建筑寿命有关，要求工程在规定条件下应能满足规定功能要求的使用年限，即应确保工程竣工后的合理使用寿命满足设计要求，建筑物自身结构类型不同、质量要求不同、施工方法不同、使用性能不同，其合理使用寿命期的要求也不同，我国民用建筑主体结构耐用年限分为四级（即15~30年、30~50年、50~100年、100年以上），公路工程设计年限根据等级不同介于10~20年之间，城市道路工程设计年限视道路构成及所用材料的不同而有所不同，塑料管道、屋面防水、卫生洁具、电梯等工程组成部件的耐用年限也视生产厂家设计产品的性质及工程使用状态而有所不同。安全性主要是指工程建成后的使用过程中确保结构安全、人身安全以及免受环境危害的程度，通常要求建设工程产品在结构安全度、抗震、耐火、防火、人民防空、抗辐射、抗核污染、抗冲击波等方面的能力满足特定的要求，这些都是安全性的重要标志，另外，工程交付使用之后必须确保人身财产、工程整体能免遭工程结构破坏及外来危害的伤害，阳台栏杆、楼梯扶手、电器产品漏电保护、电梯及各类设备等工程组成部件能够确保使用者的安全。可靠性是指工程在规定时间和规定条件下完成规定功能的能力，工程不仅要求在交工验收时应达到规定的指标，而且在一定使用时期内仍要保持应有的正常功能，工程上的防洪与抗震能力、防水隔热能力、恒温恒湿措施、工业生产用管道的"跑、冒、滴、漏"等都属可靠性的质量范畴。经济性是指工程从规划、勘察、设计、施工到整个产品使用寿命周期内的成本和消耗的费用，工程的经济性通过设计成本、施工成本、使用成本三者之和来反映，包括从征地、拆迁、勘察、设计、采购（材料、设备）、施工、配套设施等建设全过程的总投资和工程使用阶段的能耗、水耗、维护、保养乃至改建更新的使用维修费用，通过分析比较可判断工程是否符合经济性要求。节能性是指工程在设计与建造过程中以及使用过程中节能减排、降低能耗的程度。与环境的协调性是指工程与其周围生态环境的协调度，其应与所在地区经济环境相协调，应与周围已建工程相协调，应适应可持续发展要求。以上七方面特性是相互依存的。总体而言，一个合格的建筑工程其适用、耐久、安全、可靠、经济、节能与环境适应性均必须达到相应的基本要求、缺一不可。当然，不同门类不同行业的工程因所处地域环境条件的不同以及技术经济条件方面的差异会有不同的侧重，比如工业建筑、民用建筑、公共建筑、住宅建筑、道路建筑等。

（2）建设工程质量的形成过程

工程建设阶段不同，对工程项目质量形成起作用的因素和影响特征也不同。

1）项目可行性研究对工程质量的影响。项目可行性研究的基本特征是在项目建议书和项目策划的基础上运用经济学原理对与投资项目相关的技术、经济、社会、环境等各个方面进行尽可能全面的调查研究，对各种可能的拟建方案和建成投产后的经济效益、社会效益、环境效益等进行尽可能全面的技术经济分析、预测和论证，从而确定项目建设的可行性，在认为可行的情况下通过多方案比较从中选择出最佳建设方案作为项目决策和设计的依据。项目可行性研究过程需要确定工程项目的质量要求并与投资目标相协调，因此，项目的可行性研究直接影响项目的决策质量和设计质量。

2）项目决策对工程质量的影响。项目决策的基本特征是通过项目可行性研究和项目评估对项目的建设方案做出决策，使项目的建设能充分反映业主意愿并与地区环境相适应，实现投资、质量、进度三者的协调统一。因此，项目决策阶段对工程质量的影响主要在于确定工程项目应达到的质量目标和水平。

3）工程勘察设计对工程质量的影响。工程地质勘察的基本特征是为建设场地的选择和工程的设计及施工提供基础地质资料依据。工程设计的基本特征是根据建设项目总体需求（包括已确定的质量目标和水平）和地质勘察报告对工程的外形和内在实体进行筹划、研究、构思、设计和描绘，从而形成设计说明书和图纸等相关文件，使质量目标和水平具体化、为施工提供直接依据。工程设计质量是决定工程质量的关键环节。工程采用什么样的平面布置和空间形式，选用什么样的结构类型，使用什么样的材料、构配件及设备，这些都直接关系到工程主体结构的安全可靠性，也关系到建设投资的综合功能，决定了对规划意图的体现程度。设计的完美性可在一定程度上反映一个国家的科技水平和文化品味。设计的严密性、合理性决定了工程建设的成败，是建设工程"安全、适用、经济、环保"目标实现的基础。

4）工程施工对工程质量的影响。工程施工的基本特征是按照设计图纸和相关文件要求在建设场地上将设计意图付诸实现，其通过测量、作业、检验形成工程实体并建成最终产品。任何优秀的设计成果只有通过施工才能变为现实。因此，工程施工活动是实现设计意图的唯一途径，其直接关系到工程的安全、可靠和使用功能的发挥，是直观展示建筑设计艺术水平的唯一依托。从某种意义上讲，工程施工是形成实体质量的决定性环节。

5）工程竣工验收对工程质量的影响。工程竣工验收的基本特征是对工程施工质量通过检查评定、试车运转等手段考核其施工质量是否达到设计要求的目标，进而判断其是否符合决策阶段确定的质量目标和水平，是确保工程项目质量的杀手锏。因此，工程竣工验收关乎最终产品的质量。

（3）建设工程质量的影响因素

影响工程的因素多种多样，但归纳起来主要有以下五个方面，即人员（Man）、工程材料（Material）、机械设备（Machine）、方法（Method）和环境条件（Environment），简称4M1E。

1）人员素质。人是生产经营活动的主体，也是工程项目建设的决策者、管理者和操作者，工程建设的规划、决策、勘察、设计、施工、竣工验收等各个环节都是通过人的工作来完成的。人员素质是人的文化水平、技术水平、决策能力、管理能力、组织能力、作业能力、控制能力、身体素质及职业道德等的综合体现。人员素质将直接和间接地对规划、决策、勘察、设计、施工等的质量产生影响，规划的合理性、决策的正确性、设计的质量（比如是否符合所需要的质量功能）、施工的质量（比如能否满足合同、规范、技术标准的需要等）又都将对工程质量产生不同程度的影响。可见，人员素质是影响工程质量的一个重要因素。因此，建筑行业实行资质管理和各类专业从业人员持证上岗制度是确保人员素质的重要管理措施。

2）工程材料。工程材料通常是指构成工程实体的各类建筑材料、构配件、半成品等，其既是工程建设的物质条件，也是工程质量的基础。工程材料选用是否合理、产品是否合格、材质是否经过检验、保管使用是否得当等都不仅会直接影响建设工程的结构刚度和强度，还会影响工程的外表、观感、使用功能、使用安全。

3）机械设备。建设工程机械设备分结构配套设备和施工设备两大类。组成工程实体及配套的工艺设备和各类机具主要包括电梯、泵机、通风设备等，它们借助建筑设备安装工程或工业设备安装工程形成完整的使用功能。施工过程中使用的各类机具设备（简称施工机具设备）主要包括大型竖向与横向运输设备、各类操作工具、各种施工安全设施、各类测量仪器和计量器具等，它们是施工生产的手段，其对工程质量同样具有重要影响。工程所用机具设备质量的优劣直接影响工程的使用功能和质量。施工机具设备的类型是否符合工程施工特点、性能是否先进稳定、操作是否方便安全等均会影响工程项目的质量。

4）方法。方法是指工艺方法、操作方法和施工方案。工程施工中施工方案是否合理、施工工艺是否先进、施工操作是否正确都将对工程质量产生重大影响。采用新技术、新工艺、新方法不断提高工艺技术水平是保证工程质量稳定提高的重要因素。

5）环境条件。环境条件是指对工程质量特性起重要作用的环境因素，包括工程技术环境、工程管理环境、周边环境、工程作业环境等。工程地质、水文、气象等属于工程技术环境，施工环境作业面大小、防护设施、通风照明和通信条件等属于工程作业环境，工程邻近的地下管线、建（构）筑物等属于周边环境。工程管理环境主要是指工程实施的合同环境与管理关系的确定，组织体制及管理制度等。环境条件往往会对工程质量产生特定影响。加强环境管理、改进作业条件、把握技术环境、辅以必要措施是控制环境对质量影响的重要保证。

（4）建设工程质量的特征因子

建设工程质量的特点由建设工程本身和建设生产的特点决定。建设工程（产品）及其生产的特点可概括为以下4个方面，即产品的固定性与生产的流动性；产品的多样性与生产的单件性；产品形体庞大、高投入、生产周期长的风险性；产品的社会性与生产的外部约束性。上述建设工程的特点决定了工程质量的基本特征，即影响因素多、质量波动大、质量隐蔽性强、终检局限性大、评价方法特殊性强。建设工程质量受多种因素的影响，这些因素包括决策、设计、材料、机具设备、施工方法、施工工艺、技术措施、人员素质、工期、工程造价等，这些因素直接或间接地影响工程项目质量。由于建筑生产的单件性和流动性，使其不能像一般工业产品生产那样有固定的生产流水线、规范化的生产工艺、完善的检测技术、成套的生产设备、稳定的生产环境，因此，其工程质量容易产生波动且波动大。同时由于影响工程质量的偶然性因素和系统性因素比较。同时由于影响工程质量的偶然性因素和系统性因素比较多，任一因素发生变动都会使工程质量产生波动，比如材料规格品种使用错误、施工方法不当、操作未按规程进行、机械设备过度磨损或出现故障、设计计算失误等都会发生质量波动、产生系统因素的质量变异、造成工程质量事故。因此，要严防出现系统性因素的质量变异，要把质量波动控制在偶然性因素范围内。建设工程施工过程中分项工程交接多、中间产品多、隐蔽工程多、质量存在隐蔽性，若在施工中不及时进行质量检查则事后只能从表面上检查并很难发现内在的质量问题，这样就容易产生判断错误，易将不合格品误认为合格品。工程项目建成后不可能像一般工业产品那样依靠终检来判断产品质量，也不可能将产品拆卸、解体来检查其内在质量，更不能对不合格零部件进行更换，工程项目的终检（竣工验收）无法进行工程内在质量的检验、发现隐蔽的质量缺陷，故工程项目终检存在一定的局限性，这就要求工程质量控制应以预防为主、防患于未然。工程质量的检查评定及验收是按检验批、分项工程、分部工程、单位工程进行的，检验批的质量是分项工程乃至整个工程质量检验的基础，检验批合格质量主要取决于主控项目和一般项目检验的结果。隐蔽工程在隐蔽前要检查合格后验收，涉及结构安全的试块、试件以及有关材料应按规定进行见证取样检测，涉及结构安全和使用功能的重要分部工程要进行抽样检测。工程质量是在施工单位按合格质量标准自行检查评定的基础上由项目监理机构组织有关单位、人员进行检验确认验收的，这种评价方法体现了"验评分离、强化验收、完善手段、过程控制"的指导思想。

（5）建设工程质量的控制主体

工程质量控制贯穿于工程项目实施的全过程，其要点是按既定目标、准则、程序使产品和过程的实施保持受控状态，预防不合格事件的发生，持续稳定地生产合格品。工程质量控制按其实施主体的不同分自控主体和监控主体。自控主体是指直接从事质量职能的活动者，监控主体是指对他人质量能力和效果的监控者。我国工程建设的监控主体主要包括政府的工程质量控制、建设单位的工程质量控制、工程监理单位的质量控制、勘察设计单位的质量控制。在我国，政府作为监控主体主要以法律法规为依据，通过抓工程报建、施工图设计文件审查、施工许可、材料和设备准用、工程质量监督、工程竣工验收备案等主要环节实施监控。建设单位作为监控主体，其工程质量控制按工程质量形成过程进行，建设单位的质量控制包括建设全过程的各个阶段，决策阶段的质量控制主要是通过项目的可行性研究选择最佳建设方案使项目的质量要求符合业主的意图并与投资目标相协调、与所在地区环境相协调；

工程勘察设计阶段的质量控制主要是通过选择好的勘察设计单位以保证工程设计符合决策阶段确定的质量要求，保证设计符合有关技术规范和标准规定，保证设计文件、图纸符合现场和施工实际条件，使其设计深度能满足施工需要；工程施工阶段的质量控制主要在于择优选择能保证工程质量的施工单位、择优选择服务质量好的监理单位，委托监理单位严格监督施工单位按设计图纸进行施工并形成符合合同文件规定质量要求的最终建设产品。工程监理单位作为监控主体主要受建设单位的委托，根据法律法规、工程建设标准、勘察设计文件及合同制定和实施相应的监理措施，采用旁站、巡视、平行检验和检查验收等方式代表建设单位在施工阶段的工程质量进行监督和控制以满足建设单位对工程质量的要求。勘察设计单位属于自控主体，其以法律、法规及合同为依据，对勘察设计的整个过程进行控制，包括工作质量和成果文件质量的控制，确保提交的勘察设计文件所包含的功能和使用价值满足建设单位工程建造的要求。施工单位属于自控主体，其以工程合同、设计图纸和技术规范为依据，对施工准备阶段、施工阶段、竣工验收交付阶段等施工全过程的工作质量和工程质量进行的控制，以达到施工合同文件规定的质量要求。

（6）建设工程质量控制的基本原则

项目监理机构在工程质量控制过程中应遵循以下 5 条基本原则，即坚持质量第一的原则；坚持以人为核心的原则；坚持以预防为主的原则；以合同为依据坚持质量标准原则；坚持科学、公平、守法的职业道德规范。建设工程质量不仅关系工程的适用性和建设项目的投资效果，而且关系到人民群众生命财产的安全，所以项目监理机构在进行投资、进度、质量三大目标控制时应正确处理三者关系，按照"百年大计，质量第一"的方针在工程建设中自始至终把"质量第一"作为对工程质量控制的基本原则。人是工程建设的决策者、组织者、管理者和操作者，工程建设中各单位、各部门、各岗位人员的工作质量水平和完善程度都直接和间接地影响工程质量，在工程质量控制中要以人为核心重点控制人的素质和人的行为，充分发挥人的积极性和创造性，以人的工作质量确保工程质量。工程质量控制应该是积极主动的，应事先对影响质量的各种因素加以控制，而不能消极被动等到出现质量问题时再进行处理进而造成不必要的损失，要重点做好质量的事先控制和事中控制，以预防为主，加强过程和中间产品的质量检查和控制。质量标准是评价产品质量的尺度，工程质量是否符合合同规定的质量标准要求应通过质量检验并与质量标准对照判断，符合质量标准要求的才是合格，不符合质量标准要求的就是不合格且必须返工处理。工程质量控制中，项目监理机构必须坚持科学、公平、守法的职业道德规范，要尊重科学、尊重事实，应以数据资料为依据客观、公平地进行质量问题的处理，要坚持原则、遵纪守法、秉公监理。

8.2 我国建设工程质量管理的基本制度体系

（1）我国的工程质量管理体制

根据我国投资建设项目管理体制，建设工程管理的行为主体可分为政府部门、建设单位、工程建设参与方。政府部门包括中央政府和地方政府的发展和改革部门、城乡和住房建设部门、国土资源部门、环境保护部门、安全生产管理部门等相关部门，政府部门对建设工程的管理属于行政管理范畴，其主要是从行政层面上对建设工程进行管理，其目标是保证建设工程符合国家经济和社会发展要求、维护国家经济安全、监督与确保建设工程活动不危害社会公众利益，其中，政府对工程质量监督管理的作用就是保障公众安全与社会利益不受危害。建设工程管理过程中，建设单位自始至终是建设工程管理的主导者和责任人，其主要责任是对建设工程进行全过程、全方位的有效管理以确保建设工程总体目标的实现并承担项目的风险以及经济、法律责任。工程建设参与方包括工程勘察设计单位、工程施工承包单位、材料设备供应单位以及工程咨询、工程监理、招标代理、造价咨询单位等工程服务机构，他们的主要任务是按照合同约定对各自承担的建设工程相关任务进行管理并承担相应的经济和法律责任。

工程质量管理体系是指为实现工程项目质量管理目标，围绕工程项目质量管理建立的质量管理体系。工程质量管理体系包含三个层次，即承建方的自控、建设方(含监理等咨询服务方)的监控、政府和社会的监督。其中，承建方包括勘察单位、设计单位、施工单位、材料供应单位等；咨询服务方包括监理单位、咨询单位、项目管理公司、审图机构、检测机构等。因此，我国工程建设实行"政府监督、社会监理与检测、企业自控"的质量管理与保证体系。但社会监理的实施并不能取代建设单位和承建方按法律法规规定应承担的质量责任。

(2) 我国对工程建设的政府监督管理职能

我国对工程建设的政府监督管理职能可概括为以下 5 个方面：建立和完善工程质量管理法规；建立和落实工程质量责任制；建设活动主体资格的管理；工程承发包管理；工程建设程序管理。工程质量管理法规包括行政性法规和工程技术规范标准，《建筑法》《招标投标法》《建设工程质量管理条例》等属于前者，工程设计规范、建筑工程施工质量验收统一标准、工程施工质量验收规范等属于后者。工程质量责任制包括工程质量行政领导的责任、项目法定代表人的责任、参建单位法定代表人的责任和工程质量终身负责制等。国家对从事建设活动的单位实行严格的从业许可证制度，对从事建设活动的专业技术人员实行严格的执业资格制度，建设行政主管部门及有关专业部门按各自的分工负责各类资质标准的审查、从业单位资质等级的最后认定、专业技术人员资格等级的核查和注册并对资质等级和从业范围等实施动态管理。工程承发包管理包括规定工程招投标承发包的范围、类型、条件，以及对招投标承发包活动的依法监督和工程合同管理。工程建设程序管理包括工程报建、施工图设计文件审查、工程施工许可、工程材料和设备准用、工程质量监督、施工验收备案等管理。

(3) 我国工程质量管理的主要制度

工程质量管理的主要制度涉及工程质量监督、施工图设计文件审查、建设工程施工许可、工程质量检测、工程竣工验收与备案、工程质量保修等诸多方面。

1) 工程质量监督。我国国务院建设行政主管部门对全国的建设工程质量实施统一监督管理，国务院交通、水利等有关部门按国务院规定的职责分工负责全国有关专业的建设工程质量的监督管理，县级以上地方人民政府建设行政主管部门对本行政区域内的建设工程质量实施监督管理，县级以上地方人民政府交通、水利等有关部门在各自职责范围内负责本行政区域内的专业建设工程质量的监督管理。国务院发展和改革委员会按照国务院规定的职责组织稽查特派员对国家出资的重大建设项目实施监督检查；国务院工业与信息产业部门按国务院规定的职责对国家重大技术改造项目实施监督检查；国务院建设行政主管部门和国务院交通运输、水利等有关专业部门、县级以上地方人民政府建设行政主管部门和其他有关部门对有关建设工程质量的法律、法规和强制性标准执行情况加强监督检查。县级以上政府建设行政主管部门和其他有关部门履行检查职责时有权要求被检查的单位提供有关工程质量的文件和资料，有权进入被检查单位的施工现场进行检查，在检查中发现工程质量存在问题时有权责令改正，政府的工程质量监督管理具有权威性、强制性、综合性的特点。建设工程质量监督管理可以由建设行政主管部门或者其他有关部门委托的建设工程质量监督机构具体实施，工程质量监督管理的主体是各级政府建设行政主管部门和其他有关部门，工程建设周期长、环节多、点多面广，工程质量监督工作是一项专业技术性强且很繁杂的工作，政府部门不可能亲自进行日常检查工作，因此，工程质量监督管理由建设行政主管部门或其他有关部门委托的工程质量监督机构具体实施。工程质量监督机构是经省级以上建设行政主管部门或有关专业部门考核认定、具有独立法人资格的单位，其受县级以上地方人民政府建设行政主管部门或有关专业部门的委托依法对工程质量进行强制性监督并对委托部门负责。

工程质量监督机构的主要任务体现在以下 8 个方面：根据政府主管部门的委托受理建设工程项目的质量监督。制定质量监督工作方案，确定负责该项工程的质量监督工程师和助理质量监督师，根据有关法律、法规和工程建设强制性标准针对工程特点明确监督的具体内容、监督方式，在方案中对地基基础、主体结构和其他涉及结构安全的重要部位和关键过程做出实施监督的详细计划安排并将质量监督工作方案通知建设、勘察、设计、施工、监理单位。检查施工现场工程建设各方主体的质量行为，检查施工现场工程建设各方主体及有关人员的资质或资格；检查勘察、设计、施工、监理单位的质量管理体系和质量责任制落实情况；检查有关质量文件、技术资料是否齐全并符合规定。检查建设工程实体质量，按照质量监督工作方案对建设工程地基基础、主体结构和其他涉及安全的关键部位进行现场实地抽查，对用于工程的主要建筑材料、构配件的质量进行抽查，对地基基础分部、主体结构分部和其他涉及安全的分部工程的质量验收进行监督。监督工程质量验收，监督建设单位组织的工程竣工验收的组织形式、验收程序以及在验收过程中提供的有关资料和形成的质量评定文件是否符合有关规定，实体质量是否存在严重缺陷，工程质量验收是否符合国家标准。向委托部门报送工程质量监督报告，报告的内容应包括对地基基础和主体结构质量检查的结论，工程施工验收的程序、内容和质量检验评定是否符合有关规定，以及历次抽查该工程的质量问题和处理情况等。对预制建筑构件和商品混凝土的质量进行监督。政府主管部门委托的工程质量监督管理的其他工作。

2）施工图设计文件审查。施工图设计文件（以下简称施工图）审查是政府主管部门对工程勘察设计质量监督管理的重要环节。施工图审查是指国务院建设行政主管部门和省、自治区、直辖市人民政府建设行政主管部门委托依法认定的设计审查机构，根据国家法律、法规，对施工图涉及公共利益、公众安全和工程建设强制性标准的内容进行的审查。房屋建筑工程、市政基础设施工程施工图设计文件均属审查范围，省、自治区、直辖市人民政府建设行政主管部门可结合本地实际确定具体的审查范围，建设单位应当将施工图送审查机构审查，建设单位可以自主选择审查机构但审查机构不得与所审查项目的建设单位、勘察设计单位有隶属关系或其他利害关系，建设单位应当向审查机构提供的资料包括作为勘察、设计的批准文件及附件和全套施工图。施工图审查的主要内容包括是否符合工程建设强制性标准；地基基础和主体结构的安全性；勘察设计企业和注册执业人员以及相关人员是否按规定在施工图上加盖相应的图章和签字；法律、法规、规章规定必须审查的其他内容。

施工图审查有关各方应遵守各自的职责。国务院建设行政主管部门负责规定审查机构的条件、施工图审查工作管理办法并对全国的施工图审查工作实施指导监管；省、自治区、直辖市人民政府建设行政主管部门负责认定本行政区域内的审查机构、对施工图审查工作实施监督管理并接受国务院建设主管部门的指导和监督；市、县人民政府建设行政主管部门对本行政区域内的施工图审查工作实施日常监督管理并受省、自治区、直辖市人民政府建设主管部门的指导和监督；勘察、设计单位必须按照工程建设强制性标准进行勘察、设计并对勘察、设计质量负责，审查机构按有关规定对勘察成果、施工图设文件进行审查并不改变勘察、设计单位的质量责任。建设工程经施工图设计文件审查后因勘察设计原因发生工程质量问题时审查机构承担审查失职的责任。施工图审查原则上不超过下列时限：一级以上建筑工程、大型市政工程为15个工作日，二级及以下建筑工程或中型及以下市政工程为10个工作日；工程勘察文件对甲级项目为7个工作日、乙级及以下项目为5个工作日。施工图审查合格的，审查机构应当向建设单位出具审查合格书并将经审查机构盖章的全套施工图交还建设单位，审查合格书应当有各专业的审查人员签字并经法定代表人签发且应加盖审查机构公章，审查机构应当在5个工作日内将审查情况报工程所在地县级以上地方人民政府建设主管部门备案。施工图审查不合格的，审查机构应当将施工图退建设单位并书面说明不合格原因，同时，应将审查中发现的建设单位、勘察设计单位和注册执业人员违反法律、法规和工程建设强制性标准的问题报工程所在地县级以上地方人员政府建设主管部门，施工图退建设单位后建设单位应当要求原勘察设计单位进行修改并将修改后的施工图返原审查机构审查。任何单位或者个人不得擅自修改审查合格的施工图。

3）建设工程施工许可。建设工程开工前建设单位应当按照国家有关规定向工程所在地县级以上人民政府建设行政主管部门申请领取施工许可证，但国务院建设行政主管部门确定的限额以下的小型工程除外。办理施工许可证应满足的条件：已经办理该建设工程用地批准手续；在城市规划区的建设工程已经取得规划许可证；需要拆迁的其拆迁进度符合施工要求；已经确定建筑施工企业；有满足施工需要的施工图纸及技术资料；有保证工程质量和安全的具体措施；建设资金已经落实；满足法律、行政法规规定的其他条件。

4）工程质量检测。工程质量检测工作是对工程质量进行监督管理的重要手段之一。工程质量检测机构是对建设工程、建筑构件、制品及现场所用的有关建筑材料、设备质量进行检测的法定单位，其在建设行政主管部门领导和标准化管理部门指导下开展检测工作，其出具的检测报告具有法定效力。法定的国家级检测机构出具的检测报告在国内为最终裁定，在国外具有代表国家的性质。

国家级检测机构的主要任务有2个：受国务院建设行政主管部门和专业部门委托对指定的国家重点工程进行检测复核、提出检测复核报告和建议；受国家建设行政主管部门和国家标准部门委托对建筑构件、制品及有关材料、设备及产品进行抽样检验。各省级、市（地区）级、县级检测机构的主要任务有2个，即对本地区正在施工的建设工程所用的材料、混凝土、砂浆和建筑构件等进行随机抽样检测，向本地建设工程质量主管部门和质量监督部门提出抽样报告和建议；受同级建设行政主管部门委托对本省、市、县的建筑构件、制品进行抽样检测，检测单位对违反技术标准、失去质量控制的产品有权提供主管部门停止其生产的证明从而确保"不合格产品不准出厂、已出厂的产品不得使用"。建设工程质量检测机构的业务内容分为专项检测和见证取样检测，具体由工程项目建设单位委托，利害关系人对检测结果发生争议的由双方共同认可的检测机构复验，复验结果由提出复验方报当地建设主管部门备案。质量检测试样的取样应严格执行有关工程建设标准和国家有关规定并应在建设单位或工程监理单位监督下现场取样，提供质量检测试样的单位和个人应当对试样的真实性负责。检测机构完成检测业务后应及时出具检测报告。检测报告经检测人员签字、检测机构法定代表人或其授权的签字人签署并加盖检测机构公章或检测专用章后方可生效。检测报告经建设单位或工程监理单位确认后，由施工单位归档。检测机构应当将检测过程中发现的建设单位、监理单位和施工单位违反有关法律、法规和工程建设强制性标准的情况，以及涉及结构安全检测结果的不合格情况，及时报告工程所在地建设主管部门。

5）工程竣工验收与备案。项目建成后必须按国家有关规定进行竣工验收并由验收人员签字负责。建设单位收到建设工程竣工报告后应当组织设计、施工、工程监理等有关单位进行竣工验收。建设工程竣工验收应当具备下列条件，即完成建设工程设计和合同约定的各项内容；有完整的技术档案和施工管理资料；有工程使用的主要建筑材料、建筑构配件和设备的进场试验报告；有勘察、设计、施工、工程监理等单位分别签署的质量合格文件；有施工单位签署的工程保修书。建设工程经验收合格方可交付使用。建设单位应当自工程竣工验收合格起15日内向工程所在地的县级以上地方人民政府建设行政主管部门备案。建设单位办理工程竣工验收备案应当提交下列文件，即工程竣工验收备案表；工程竣工验收报告；法律、行政法规规定应当由规划、公安消防、环保等部门出具的认可文件或者准许使用文件；施工单位签署的工程质量保修书；法规、规章规定必须提供的其他文件。其中，竣工验收报告应当包括工程报建日期，施工许可证号，施工图设计文件审查意见，勘察、设计、施工、工程监理等单位分别签署的质量合格文件及验收人员签署的竣工验收原始文件，市政基础设施的有关质量检测和功能性试验资料以及备案机关认为需要提供的有关资料。备案机关收到建设单位报送的竣工验收备案文件，验证文件齐全后，应当在工程竣工验收备案表上签署文件收讫。工程竣工验收备案表一式二份，一份由建设单位保存，一份留备案机关存档。

6）工程质量保修。建设工程质量保修制度是指建设工程在办理交工验收手续后，在规定的保修期限内，因勘察、设计、施工、材料等原因造成的质量问题要由施工单位负责维修、更换，由责任单位负责赔偿损失。质量问题是指工程不符合国家工程建设强制性标准、设计文件以及合同中对质量的要求。建设工程承包单位在向建设单位提交工程竣工验收报告时应向建设单位出具工程质量保修书，质量保修书中应明确建设工程保修范围、保修期限和保修责任等。正常使用条件下建设工程的最低保修期限应遵守相关规定，即基础设施工程、房屋建筑工程的地基基础和主体结构工程为设计文件规定的该工程的合理使用年限；屋面防水工程、有防水要求的卫生间、房间和外墙面的防渗漏为5年；供热与供冷系统为2个采暖期、供冷期；电气管线、给排水管道、设备安装和装修工程为2年；其他项目的保修期由发包方与承包方约定。保修期自竣工验收合格之日起计算。建设工程在保修范围和保修期限内发生质量问题的施工单位应当履行保修义务。保修义务的承担和经济责任的承担应按下列原则处理，即施工单位未按国家有关标准、规范和设计要求施工造成的质量问题由施工单位负责返修并承担经济责任；由于设计方面的原因造成的质量问题应先由施工单位负责维修，其经济责任按有关规定通过建设单位向设计单位索赔；因建筑材料、构配件和设备质量不合格引起的质量问题先由施工单位负责维修，其经济责任属于施工单位采购的由施工单位承担经济责任，属于建设单位采购的由建设单位承担经济责任；因建设单位（含监理单位）错误管理造成的质量问题先由施工单位负责维修，其经济责任由建设单位承担，如属监理单位责任则由建设单位向监理单位索赔；因使用单位使用不当造成的损坏问题先由施工单位负责维修，其经济责任由使用单位自行负责；因地震、洪水、台风等不可抗拒原因造成的损坏问题先由施工单位负责维修，建设参与各方根据国家具体政策分担经济责任。

8.3 建设工程项目参建各方的质量责任

工程项目建设过程中参与工程建设的各方应根据《建设工程质量管理条例》以及合同、协议及有关文件的规定承担相应的质量责任。

（1）建设单位的质量责任

建设单位要根据工程特点和技术要求按有关规定选择相应资质等级的勘察、设计单位和施工单位，在合同中必须有质量条款并明确质量责任，还应真实、准确、齐全地提供与建设工程有关的原始资料。凡法律法规规定建设工程勘察、设计、施工、监理以及工程建设有关重要设备材料采购实行招标的必须实行招标，并应依法确定程序和方法、择优选定中标者。不得将应由一个承包单位完成的建设工程项目肢解成若干部分发包给几个承包单位，不得迫使承包方以低于成本的价格竞标，不得任意压缩合理工期，不得明示或暗示设计单位或施工单位违反建设强制性标准降低建设工程质量。建设单位对其自行选择的设计、施工单位发生的质量问题承担相应责任。

建设单位应根据工程特点配备相应的质量管理人员。对国家规定强制实行监理的工程项目必须委托有相应资质等级的工程监理单位进行监理。建设单位应与工程监理单位签订监理合同，明确双方的责任和义务。

建设单位在工程开工前负责办理有关施工图设计文件审查、工程施工许可证和工程质量监督手续，组织设计和施工单位认真进行设计交底。工程施工中应按国家现行有关工程建设法规、技术标准及合同规定对工程质量进行检查。涉及建筑主体和承重结构变动的装修工程建设单位应在施工前委托原设计单位或者相应资质等级的设计单位提出设计方案，经原审查机构审批后方可施工。工程项目竣工后应及时组织设计、施工、工程监理等有关单位进行施工验收，未经验收备案或验收备案不合格的不得交付使用。建设单位按合同的约定负责采购供应的建筑材料、建筑构配件和设备应符合设计文件和合同要求，对发生的质量问题应承担相应的责任。

（2）勘察、设计单位的质量责任

勘察、设计单位必须在其资质等级许可的范围内承揽相应的勘察设计任务，不许承揽超越其资质等级许可范围以外的任务，不得将承揽工程转包或违法分包，也不得以任何形式用其他单位的名义承揽业务或允许其他单位或个人以本单位的名义承揽业务。勘察、设计单位必须按照国家现行的有关规定、工程建设强制性标准和合同要求进行勘察、设计工作，并对所编制的勘察、设计文件的质量负责。

勘察单位提供的地质、测量、水文等勘察成果文件应当符合国家规定的勘察深度要求，必须真实、准确。勘察单位应参与施工验槽，及时解决工程设计和施工中与勘察工作有关的问题；应参与建设工程质量事故的分析，对因勘察原因造成的质量事故提出相应的技术处理方案。勘察单位的法定代表人、项目负责人、审核人、审定人等相应人员应在勘察文件上签字或盖章并对勘察质量负责。勘察单位的法定代表人对本企业的勘察质量全面负责，项目负责人对项目勘察文件负主要质量责任，项目审核人、审定人对其审核、审定项目的勘察文件负审核、审定的质量责任。

设计单位提供的设计文件应当符合国家规定的设计深度要求，并应注明工程合理使用年限。设计文件中选用的材料、构配件和设备应当注明规格、型号、性能等技术指标，其质量必须符合国家规定的标准。除有特殊要求的建筑材料、专用设备、工艺生产线外不得指定生产厂、供应商。设计单位应就审查合格的施工图文件向施工单位作出详细说明，应解决施工中对设计提出的问题并负责设计变更。应参与工程质量事故分析并对因设计造成的质量事故提出相应的技术处理方案。

(3) 施工单位的质量责任

施工单位必须在其资质等级许可的范围内承揽相应的施工任务，不许承揽超越其资质等级业务范围以外的任务，不得将承接的工程转包或违法分包，也不得以任何形式用其他施工单位的名义承揽工程或允许其他单位或个人以本单位的名义承揽工程。

施工单位对所承包的工程项目的施工质量负责。应当建立健全质量管理体系、落实质量责任制，应确定工程项目的项目经理、技术负责人和施工管理负责人。实行总承包的工程其总承包单位应对全部建设工程质量负责。建设工程勘察、设计、施工、设备采购的一项或多项实行总承包的其总承包单位应对其承包的建设工程或采购的设备的质量负责。实行总分包的工程，分包单位应按照分包合同约定对其分包工程的质量向总承包单位负责，总承包单位对分包工程的质量承担连带责任。施工单位必须按照工程设计图纸和施工技术规范标准组织施工，未经设计单位同意不得擅自修改工程设计。施工中必须按照工程设计要求、施工技术规范标准和合同约定对建筑材料、构配件、设备和商品混凝土进行检验，不得偷工减料，不得使用不符合设计和强制性标准要求的产品，不得使用未经检验和试验或检验和试验不合格的产品。

工程项目总承包是指从事工程总承包的企业受建设单位委托，按照合同约定对工程项目的勘察、设计、采购、施工、试运行(竣工验收)等实行全过程或若干阶段的承包。设计采购施工总承包是指工程总承包企业按照合同约定，承担工程项目的设计、采购、施工等工作。工程项目总承包企业按照合同约定承包内容(设计、采购、施工)对工程项目的(设计、材料及设备采购、施工)质量向建设单位负责。工程总承包企业可依法将所承包工程中的部分工作发包给具有相应资质的分包企业，分包企业按照分包合同的约定对总承包企业负责。

(4) 工程监理单位的质量责任

工程监理单位应按其资质等级许可的范围承担工程监理业务，不许超越本单位资质等级许可的范围或以其他工程监理单位的名义承担工程监理业务，不得转让工程监理业务，不许其他单位或个人以本单位的名义承担工程监理业务。

工程监理单位应依照法律、法规以及有关技术标准、设计文件和建设工程承包合同与建设单位签订监理合同，代表建设单位对工程质量实施监理，并对工程质量承担监理责任。监理责任主要有违法责任和违约责任两个方面。工程监理单位故意弄虚作假、降低工程质量标准、造成质量事故的要承担法律责任。工程监理单位与承包单位串通谋取非法利益给建设单位造成损失的应当与承包单位承担连带赔偿责任。监理单位在责任期内不按照监理合同约定履行监理职责给建设单位或其他单位造成损失的属违约责任，应当按监理合同约定向建设单位赔偿。

（5）工程材料、构配件及设备生产或供应单位的质量责任

工程材料、构配件及设备生产或供应单位对其生产或供应的产品质量负责。生产厂或供应商必须具备相应的生产条件、技术装备和质量管理体系，所生产或供应的工程材料、构配件及设备的质量应符合国家和行业现行的技术规定的合格标准和设计要求，并与说明书和包装上的质量标准相符，且应有相应的产品检验合格证，设备应有详细的使用说明。

8.4 ISO 质量管理体系

（1）质量管理体系的内涵

质量管理体系是组织内部建立的、为实现质量目标所必需的、系统的质量管理模式，是组织的一项战略决策。它将资源与过程结合，以过程管理方法进行系统管理，根据企业特点选用若干体系要素加以组合。一般包括与管理活动、资源提供、产品实现以及测量、分析与改进活动相关的过程组成，可以理解为涵盖了从确定顾客需求、设计研制、生产、检验、销售、交付之前全过程的策划、实施、监控、纠正与改进活动的要求。一般以文件化的方式，成为组织内部质量管理工作的要求。

针对质量管理体系的要求，质量管理体系国际标准化组织（ISO）的质量管理和质量保证技术委员会制定了 ISO 9000 族系列标准，以适用于不同类型、产品、规模与性质的组织。该类标准由若干相互关联或补充的单个标准组成，其中为大家所熟知的是 ISO 9001《质量管理体系要求》，它提出的要求是对产品要求的补充，经过数次的改版。

（2）2008 版 ISO 9000 族标准的构成

1999 年 9 月召开的 ISO/TC176 第 17 届年会上提出了 2000 版 ISO 9000 族标准的文件结构。2008 版 ISO 9000 族标准包括 4 个核心标准、1 个支持性标准、若干个技术报告和宣传性小册子。4 个核心标准分别是《GB/T 19000—2008idtISO 9000：2005 质量管理体系 基础和术语》、《GB/T 19001—2008idtISO 9001：2008 质量管理体系 要求》、《GB/T 19004—2009idtISO 9004：2009 质量管理体系 业绩改进指南》、《GB/T 19011—2003idtISO 9011：2002 质量和（或）环境管理体系审核指南》。支持性标准和文件包括 ISO10012 测量控制系统、ISO/TR10006 质量管理项目管理质量指南、ISO/TR10007 质量管理技术状态管理指南、ISO/TR10013 质量管理体系文件指南、ISO/TR10014 质量经济性管理指南、ISO/TR10015 质量管理培训指南、ISO/TR10017 统计技术指南、质量管理原则——选择和使用指南、小型企业的应用。

（3）ISO 质量管理体系的质置管理原则

1）以顾客为关注焦点。提出"组织依存于其顾客。因此，组织应理解顾客当前和未来的需求，满足顾客要求并争取超越顾客期望"，就是一切要以顾客为中心，没有了顾客产品销售不出去，市场自然也就没有了。所以，无论什么样的组织，都要满足顾客的需求，顾客的需求是第一位的。要满足顾客需求，首先就要了解顾客的需求。这里说的需求，包含顾客明示的和隐含的需求。明示的需求就是顾客明确提出来的对产品或服务的要求；隐含的需求或者说是顾客的期望，是指顾客没有明示但是必须要遵守的，比如说法律法规的要求，还有产品相关的标准的要求。作为一个组织还应该了解顾客和市场的反馈信息，并把它转化为质量要求，采取有效措施来实现这些要求。想顾客所想，这样才能做到超越顾客期望。此外，要注意到随着时间的推移、经济和技术的发展，顾客的需求也会发生相应的变化。所以，组织必须对顾客进行动态的跟踪，及时地掌握顾客需求的变化，不断地进行质量等方面的改进，争取同步地满足顾客的需求与期望。

2) 领导作用。提出"领导者建立组织统一的宗旨和方向。他们应当创造并保持能使员工充分参与实现组织目标的内部环境"。即作为组织的最高管理层和决策层，领导者在一个组织的质量管理活动中起着关键的作用。领导者要制定适宜的质量方针和质量目标，同时还要创造一个良好的组织内部环境，激励员工积极地工作，充分参与质量管理，为实现质量方针和质量目标做出应有的贡献。领导的作用，应确保关注顾客要求，确保建立和实施一个有效的质量管理体系，确保提供相应的资源，并随时将组织运行的结果与目标比较，根据情况决定实现质量方针、目标的措施、决定持续改进的措施。在领导作风上还要做到透明、务实和以身作则。

3) 全员参与。提出"各级人员都是组织之本，只有他们的充分参与，才能使他们的才干为组织带来收益"。即全体职工是每个组织的基础。组织的质量管理不仅需要最高管理者的正确领导，还有赖于全员的参与。质量管理应以人为本。组织的质量管理是通过组织内部各级各类人员参与生产经营的各项质量活动来加以实施的，只有不断提高员工的质量，让他们参与质量管理，才能实现组织的质量方针和目标，并带来最大收益。所以，要对职工进行质量意识、职业道德、以顾客为中心的意识和敬业精神的教育，还要激发员工的积极性和责任感。

4) 过程方法。提出"将活动和相关的资源作为过程进行管理，可以更高效地得到预期的结果"。"过程"在标准中的定义是一组将输入转化为输出的相互关联或相互作用的活动。一个过程的输入通常是其他过程的输出，过程应该是组织为了增值而对过程进行的策划并使其在受控条件下运行。任何质量工作都是通过具体的过程来完成的。为了更高效地得到期望的结果，必须识别并管理质量工作中有关的过程。过程活动的输入是资源，输出是产品及过程的结果。因此，应对活动和相关的资源认真管理。

5) 管理的系统方法。提出"将互相关联的过程作为系统加以识别、理解和管理，有助于组织提高实现目标的有效性和效率"。即任何一个组织要想提高组织的效率和有效性就必须采用系统管理的方法。在质量管理活动中就要求用系统方法建立、运行和保持质量管理体系。针对设定的目标，识别、理解并管理一个由相互关联的过程所组成的体系，有助于提高组织的有效性和效率。这种建立和实施质量管理体系的方法，既可用于新建体系，也可用于现有体系的改进。此方法的实施可在三方面受益，即提供对过程能力及产品可靠性的信任；为持续改进打好基础；使顾客满意，最终使组织获得成功。

6) 持续改进。提出"持续改进总体业绩应当是组织的一个永恒目标"。即任何事物都是不断发展变化的，都有一个逐步完善和不断适应更新的过程，质量管理也是一样，持续改进是组织的一个永恒目标。在质量管理体系中，改进是指产品质量、过程及体系有效性和效率的提高。持续改进包括了解现状；建立目标；寻找、评价和实施解决办法；测量、验证和分析结果，把更改纳入文件等活动，最终形成一个 PDCA(Plan. Do. Check. Act)循环，并使这个循环不断地运行，使得组织能够持续改进。

7）基于事实的决策方法。提出"有效决策是建立在数据和信息分析的基础上"。即决策是通过调查研究和分析，确定质量目标并提出实现目标的方案，对可供选择的方案进行优选做出抉择的过程。正确有效的决策依赖于科学的决策方法，更依赖于符合客观事实的数据和信息。

8）与供方互利的关系。提出"组织与供方是相互依存的，互利的关系可增强双方创造价值的能力"。即通常情况下，一个组织不可能单独完成由最初的原材料开始加工直至形成最终顾客使用的产品这一过程，一个产品的形成往往是由多个组织分工协作来完成的。任何一个组织都有其供应方或合作关系的伙伴，供应方作为组织的重要资源之一，其提供的原材料、半成品、零部件或服务的好坏对产品最终的质量有着重要的影响。组织的市场份额也对供应方的利益有着切身的影响，只有当双方共同努力合作，才能增强彼此创造价值的能力，使双方通过互利共赢的关系，增强组织及其供方创造价值的能力。供方提供的产品将对组织向顾客提供满意的产品产生重要影响，因此，处理好与供方的关系，影响到组织能否持续稳定地提供顾客满意的产品。对供方不能只讲控制不讲合作互利，特别对关键供方，更要建立互利关系，这对组织和供方都有利。

（4）ISO 质量管理体系的特征

1）符合性。要有效开展质量管理，必须设计、建立、实施和保持质量管理体系。组织的最高管理者依据相关标准对质量管理体系的设计、建立应符合行业特点、组织规模、人员素质和能力，同时还要考虑到产品和过程的复杂性、过程的相互作用情况、顾客的特点等。

2）系统性。质量管理体系是相互关联和相互作用的子系统所组成的复合系统，包括组织结构、程序、过程、资源。组织结构是指合理的组织机构和明确的职责、权限及其协调的关系；程序是指规定到位的形成文件的程序和作业指导书，是过程运行和进行活动的依据；过程是指质量管理体系的有效实施，是通过其过程的有效运行来实现的；资源是指必需、充分且适宜的资源，包括人员、材料、设备、设施、能源、资金、技术、方法等。

3）全面有效性。质量管理体系的运行应是全面有效的，既能满足组织内部质量管理的要求，又能满足组织与顾客的合同要求，还能满足第二方认定、第三方认证和注册的要求。

4）预防性。质量管理体系应能采用适当的预防措施，有一定的防止重要质量问题发生的能力。

5）动态性。组织应综合考虑利益、成本和风险，通过质量管理体系持续有效运行和动态管理使其最佳化。最高管理者定期批准进行内部质量管理体系审核，定期进行管理评审，以改进质量管理体系；还要支持质量职能部门（含现场）采用纠正措施和预防措施改进过程，从而完善体系。

6）持续受控。质量管理体系应保持过程及其活动持续受控。

8.5　建设工程质量分析及试验检测的基本要求

建设工程质量问题大都可以采用统计分析方法进行分析，查找原因，找出相应的纠正措施。试验检测是衡量和反映工程质量好坏的重要手段与方法，是保证工程安全性、耐久性和使用功能的有效手段。

（1）质量统计分析

总体也称母体，是所研究对象的全体。个体，是组成总体的基本元素。实践中，一般把从每件产品检测得到的某一质量数据（强度、几何尺寸、重量等）即质量特性值视为个体，产品的全部质量数据的集合即为总体。样本也称子样，是从总体中随机抽取出来，并根据对其研究结果推断总体质量特征的那部分个体。被抽中的个体称为样品，样品的数目称样本容量。质量统计推断工作是运用质量统计方法在生产过程中或一批产品中，随机抽取样本，通过对样品进行检测和数据处理、分析，从中获得样本质量数据信息，并以此为依据，以概率数理统计为理论基础，对总体的质量状况作出分析和判断。样本数据特征值是由样本数据计算的描述样本质量数据波动规律的指标。统计推断就是根据这些样本数据特征值来分析、判断总体的质量状况，常用的有描述数据分布集中趋势的算术平均数、中位数和描述数据分布离中趋势的极差、标准偏差、变异系数等。算术平均数又称均值，是消除了个体之间个别偶然的差异，显示出所有个体共性和数据一般水平的统计指标，它由所有数据计算得到，是数据的分布中心，对数据的代表性好。极差是数据中最大值与最小值之差，是用数据变动的幅度来反映其分散状况的特征值。极差计算简单、使用方便，但粗略，数值仅受两个极端值的影响，损失的质量信息多，不能反映中间数据的分布和波动规律，仅适用于小样本。标准偏差简称标准差或均方差，是个体数据与均值离差平方和的算术平均数的算术根，是大于0的正数。标准差值小说明分布集中程度高、离散程度小、均值对总体（样本）的代表性好。标准差的平方是方差，有鲜明的数理统计特征，能确切说明数据分布的离散程度和波动规律，是最常用的反映数据变异程度的特征值。变异系数又称离散系数，是用标准差除以算术平均数得到的相对数，它表示数据的相对离散波动程度。变异系数小说明分布集中程度高、离散程度小、均值对总体（样本）的代表性好。由于消除了数据平均水平不同的影响，变异系数适用于均值有较大差异的总体之间离散程度的比较，应用更为广泛。质量数据具有个体数值的波动性和总体（样本）分布的规律性。

实际质量检测中，即使在生产过程是稳定正常的情况下，同一总体（样本）的个体产品的质量特性值也是互不相同的。这种个体间表现形式上的差异性反映在质量数据上即为个体数值的波动性、随机性。然而当运用统计方法对这些大量丰富的个体质量数值进行数据处理和分析后，这些产品质量特性值（以计量值数据为例）大多都分布在数值变动范围的中部区域，即有向分布中心靠拢的倾向，表现为数值的集中趋势；还有一部分质量特性值在中心的两侧分布，随着逐渐远离中心，数值的个数变少，表现为数值的离中趋势。质量数据的集中趋势和离中趋势反映了总体（样本）质量变化的内在规律性。

影响产品质量主要有5方面因素：人（包括质量意识、技术水平、精神状态等）、材料（包括材均匀度、理化性能等）、机械设备（包括其先进性、精度、维护保养状况等）、方法（包括生产工艺、操作方法等）、环境（包括时间、季节、现场温湿度、噪声干扰等），同时这些因素自身也在不断变化中。个体产品质量的表现形式的千差万别就是这些因素综合作用的结果，质量数据也因此具有了波动性。质量特性值的变化在质量标准允许范围内波动称之为正常波动，是由偶然性原因引起的；若是超越了质量标准允许范围的波动则称之为异常波动，是由系统性原因引起的。

在实际生产中，影响因素的微小变化具有随机发生的特点，是不可避免、难以测量和控制的，或者是在经济上不值得消除，它们大量存在但对质量的影响很小，属于允许偏差、允许位移范畴，引起的是正常波动，一般不会因此造成废品，生产过程正常稳定。通常把人、机、料、法、环等因素的这类微小变化归为影响质量的偶然性原因、不可避免原因或正常原因。

当影响质量的人、机、料、法、环等因素发生了较大变化，如工人未遵守操作规程、机械设备发生故障或过度磨损、原材料质量规格有显著差异等情况发生时，没有及时排除，生产过程则不正常，产品质量数据就会离散过大或与质量标准有较大偏离，表现为异常波动、次品、废品产生。这就是产生质量问题的系统性原因或异常原因。由于异常波动特征明显，容易识别和避免，特别是对质量的负面影响不可忽视，生产中应该随时监控、及时识别和处理。

对于每件产品来说，在产品质量形成的过程中，单个影响因素对其影响的程度和方向是不同的，也是在不断改变的。众多因素交织在一起，共同起作用的结果，使各因素引起的差异大多互相抵消，最终表现出来的误差具有随机性。对于在正常生产条件下的大量产品，误差接近零的产品数目要多些，具有较大正负误差的产品要相对少，偏离很大的产品就更少了，同时正负误差绝对值相等的产品数目非常接近。于是就形成了一个能反映质量数据规律性的分布，即以质量标准为中心的质量数据分布，它可用一个"中间高、两端低、左右对称"的几何图形表示，即一般服从正态分布。

概率数理统计在对大量统计数据研究中，归纳总结出许多分布类型，如一般计量值数据服从正态分布，计件值数据服从二项分布，计点值数据服从泊松分布等。实践中，只要是受许多起微小作用的因素影响的质量数据，都可认为是近似服从正态分布的，如构件的几何尺寸、混凝土强度等。如果是随机抽取的样本，无论它来自的总体是何种分布，在样本容量较大时，其样本均值也将服从或近似服从正态分布。因而，正态分布最重要、最常见，应用最广泛。

检验是指用某种方法(技术手段)测量、试验和计量产品的一种或多种质量特性，并将测定结果与判别标准相比较，以判别每个产品或每批产品是否合格的过程。检验包括全数检验和抽样检验。全数检验是对总体中的全部个体逐一观察、测量、计数、登记，从而获得对总体质量水平评价结论的方法。抽样检验是按照随机抽样的原则，从总体中抽取部分个体组成样本，根据对样品进行检测的结果，推断总体质量水平的方法。虽然只有采用全数检验，才有可能得到100%的合格品，但由于下列原因，还必须采用抽样检验，比如破坏性检验不能采取全数检验方式；全数检验有时需要花很大成本，在经济上不一定合算；检验需要时间，采取全数检验方式有时在时间上不允许。实践经验表明，长时间重复性的检验工作会给检验人员带来疲劳，常导致错检、漏检，检验效果并不理想。有时使用大量不熟练的检验人员进行全数检验，也不如使用少量熟练检验人员进行抽样检验的效果好。

提供检验的一批产品称为检验批，检验批中所包含的单位产品数量称为批量。构成一批的所有单位产品，不应有本质的差别，只能有随机的波动。因此，一个检验批应当由在基本相同条件下，并在大约相同的时期内所制造的同形式、同等级、同种类、同尺寸以及同成分的单位产品所组成。批量的大小没有规定。一般地，质量不太稳定的产品，以小批量为宜；质量很稳定的产品，批量可以大一些，但不能过大。批量过大，一旦误判，造成的损失也很大。要使样本的数据能够反映总体的全貌，样本必须能够代表总体的质量特性，因此，样本数据的收集应建立在随机抽样的基础上。

在我国，产品质量监督是一项独具特点的宏观质量管理工作，其目的是利用统计抽样调查方法对产品的质量进行宏观调控。

（2）工程质量统计分析方法

1）调查表法。统计调查表法又称统计调查分析法，它是利用专门设计的统计表对质量数据进行收集、整理和粗略分析质量状态的一种方法。在质量控制活动中，利用统计调查表收集数据，简便灵活，便于整理，实用有效。它没有固定格式，可根据需要和具体情况，设计出不同统计调查表。

2）分层法。分层法又叫分类法，是将调查收集的原始数据，根据不同的目的和要求，按某一性质进行分组、整理的分析方法。分层的结果使数据各层间的差异突出地显示出来，层内的数据差异减少了。在此基础上再进行层间、层内的比较分析，可以更深入地发现和认识质量问题的原因。由于产品质量是多方面因素共同作用的结果，因而对同一批数据，可以按不同性质分层，使我们能从不同角度来考虑、分析产品存在的质量问题和影响因素。

3）排列图法。排列图法是利用排列图寻找影响质量主次因素的一种有效方法。排列图又叫帕累托图或主次因素分析图，它是由两个纵坐标、一个横坐标、几个连起来的直方形和一条曲线所组成。左侧的纵坐标表示频数，右侧纵坐标表示累计频率，横坐标表示影响质量的各个因素或项目，按影响程度大小从左至右排列，直方形的高度示意某个因素的影响大小。

4）因果分析图法。因果分析图法是利用因果分析图来系统整理分析某个质量问题（结果）与其产生原因之间关系的有效工具。因果分析图也称特性要因图，又因其形状常被称为树枝图或鱼刺图。

5）直方图法。直方图法即频数分布直方图法，它是将收集到的质量数据进行分组整理，绘制成频数分布直方图，用以描述质量分布状态的一种分析方法，所以又称质量分布图法。通过直方图的观察与分析，可了解产品质量的波动情况，掌握质量特性的分布规律，以便对质量状况进行分析判断。同时可通过质量数据特征值的计算，估算施工生产过程总体的不合格品率、评价过程能力等。

6）控制图法。控制图又称管理图。它是在直角坐标系内画有控制界限、描述生产过程中产品质量波动状态的图形。利用控制图区分质量波动原因，判明生产过程是否处于稳定状态的方法称为控制图法。

7）相关图法。相关图又称散布图。在质量控制中它是用来显示两种质量数据之间关系的一种图形。质量数据之间的关系多属相关关系。一般有 3 种类型：一是质量特性和影响因素之间的关系；二是质量特性和质量特性之间的关系；三是影响因素和影响因素之间的关系。用 X 和 Y 分别表示质量特性值和影响因素，通过绘制散布图，计算相关系数等，分析研究两个变量之间是否存在相关关系，以及这种关系密切程度如何，进而对相关程度密切的两个变量，通过对其中一个变量的观察控制，去估计控制另一个变量的数值，以达到保证产品质量的目的，这种统计分析方法，称为相关图法。

（3）工程质量试验与检测

工程质量试验与检测应按我国现行相关规范的规定进行，限于篇幅不再赘述。

8.6　建设工程施工质量控制的基本要求

工程施工质量控制是项目监理机构的主要工作内容。项目监理机构应根据施工质量控制的依据和工作程序做好施工质量控制工作。施工阶段的质量控制应做好的重点工作主要包括图纸会审与设计交底、施工组织设计审查、施工方案审查、现场施工准备等。项目监理机构的质量控制手段主要有审查、巡视、监理指令、旁站、见证取样、验收和平行检验，应做好工程变更的控制工作以及质量记录资料的管理工作。

（1）工程施工质量控制的依据

1）工程合同文件。包括建设工程监理合同、建设单位与其他相关单位签订的合同。建设单位与其他相关单位签订的合同包括与施工单位签订的施工合同，与材料设备供应单位签订的材料设备采购合同等。项目监理机构既要履行建设工程监理合同条款，又要监督施工单位、材料设备供应单位履行有关工程质量合同条款。因此，项目监理机构监理人员应熟悉这些相应条款并据以进行质量控制。

2）工程勘察设计文件。工程勘察的主要内容包括工程测量以及工程地质和水文地质勘察。工程勘察设计文件是工程项目选址、工程设计、工程施工的主要依据，也是项目监理机构审批工程施工组织设计（或施工方案）以及进行工程地基基础验收等工程质量控制工作的重要依据。经过批准的设计图纸和技术说明书等设计文件是质量控制的主要依据。施工图审查报告、审查批准书以及施工过程中设计单位出具的工程变更设计等都属于设计文件的范畴，是项目监理机构进行质量控制的基本依据。

3）有关质量管理方面的法律法规、部门规章与规范性文件。法律类文件主要包括《中华人民共和国建筑法》《中华人民共和国刑法》《中华人民共和国防震减灾法》《中华人民共和国节约能源法》《中华人民共和国消防法》等。行政法规类文件主要包括《建设工程质量管理条例》《民用建筑节能条例》等。部门规章主要包括《建筑工程施工许可管理办法》《实施工程建设强制性标准监督规定》《房屋建筑和市政基础设施工程质量监督管理规定》。规范性文件主要包括《房屋建筑工程施工旁站监理管理办法(试行)》《建设工程质量责任主体和有关机构不良记录管理办法(试行)》《关于〈建设行政主管部门对工程监理企业履行质量责任加强监督〉的若干意见》、等；国家发改委颁发的规范性文件《关于〈加强重大工程安全质量保障措施〉的通知》等；交通、能源、水利、冶金、化工等行业以及省、市、自治区有关主管部门根据本行业及地方的特点制定和颁发的有关法规性文件。

4）质量标准与技术规范(规程)。质量标准与技术规范(规程)是针对不同行业、不同质量控制对象而制定的，包括各种有关的标准、规范或规程。标准分国家标准、行业标准、地方标准和企业标准，它们是建立和维护正常的生产和工作秩序应遵守的准则，也是衡量工程、设备和材料质量的尺度。对国内工程，执行与遵守国家标准是必须的最低要求，行业标准、地方标准和企业标准的要求不能低于国家标准。企业标准是企业生产与工作的要求与规定，适用于企业的内部管理。在工程建设国家标准与行业标准中，有些条文用粗体字表达，它们被称为工程建设强制性标准(条文)，是指直接涉及工程质量、安全、卫生及环境保护等方面的工程建设标准强制性条文。国家规定，在中华人民共和国境内从事新建、扩建、改建等工程建设活动必须执行工程建设强制性标准。工程质量监督机构应对工程建设施工、监理、验收等执行强制性标准的情况实施监督，项目监理机构在质量控制中不得违反工程建设标准强制性条文的规定。《实施工程建设强制性标准监督规定》第十九条规定"工程监理单位违反强制性标准，将不合格的建设工程以及建筑材料、建筑构配件和设备按照合格签字的，责令改正，处50万元以上100万元以下的罚款，降低资质等级或者吊销资质证书；有违法所得的，予以没收；造成损失的，承担连带赔偿责任"。

（2）项目监理机构质量控制的依据

1）工程项目施工质量验收标准。这类标准主要由国家或部门统一制定作为检验和验收工程项目质量水平所依据的技术法规性文件，比如《建筑工程施工质量验收统一标准》（GB 50300—2013）、《混凝土结构工程施工质量验收规范》（GB 50204—2015）、《建筑装饰装修工程质量验收规范》（GB 50210—2001）等，水利、电力、交通等其他行业对工程项目的质量验收也有与之类似的相应的质量验收标准。

2）有关工程材料、半成品和构配件质量控制方面的专门技术法规性依据。主要包括有关材料及其制品质量的技术标准、有关材料或半成品等的取样、试验等方面的技术标准或规程、有关材料验收、包装、标志方面的技术标准和规定、控制施工作业活动质量的技术规程、等。有关材料及其制品质量的技术标准涉及水泥、木材及其制品、钢材、砌块、石材、石灰、砂、玻璃、陶瓷及其制品；涂料、保温及吸声材料、防水材料、塑料制品；建筑五金、电缆电线、绝缘材料以及其他材料或制品的质量标准。有关材料或半成品等的取样、试验等方面的技术标准或规程涉及木材的物理力学试验方法、钢材的机械及工艺试验取样法、水泥安定性检验方法等。有关材料验收、包装、标志方面的技术标准和规定涉及型钢的验收、包装、标志及质量证明书的一般规定；钢管验收、包装、标志及质量证明书的一般规定等。控制施工作业活动质量的技术规程涉及电焊操作规程、砌体操作规程、混凝土施工操作规程等。以上这些是为保证施工作业活动质量而在作业过程中应遵照执行的技术规程。凡采用新工艺、新技术、新材料的工程事先应进行试验并应有权威性技术部门的技术鉴定书及有关的质量数据、指标，还应以上述工作为基础制定相应的质量标准和施工工艺规程作为判断与控制质量的依据。如果拟采用的新工艺、新技术、新材料不符合现行强制性标准规定时应由拟采用单位提请建设单位组织专题技术论证并报批准标准的建设行政主管部门或者国务院有关主管部门审定。

（3）工程施工质量控制的工作程序

施工阶段中，项目监理机构要进行全过程的监督、检查与控制，不仅涉及最终产品的检查、验收，而且涉及施工过程的各环节及中间产品的监督、检查与验收。工程开始前施工单位须做好施工准备工作，待开工条件具备时应向项目监理机构报送工程开工报审表及相关资料。专业监理工程师重点审查的内容包括施工单位的施工组织设计是否已由总监理工程师签认，是否已建立相应的现场质量、安全生产管理体系，管理及施工人员是否已到位，主要施工机械是否已具备使用条件，主要工程材料是否已落实到位，设计交底和图纸会审是否已完成，进场道路及水、电、通信等是否满足开工要求，审查合格后由总监理工程师签署审核意见并报建设单位批准后总监理工程师才能签发开工令。否则，施工单位应进一步做好施工准备，待条件具备时再次报送工程开工报审表。

施工过程中专业监理工程师应督促施工单位加强内部质量管理，严格质量控制。施工作业过程均应按规定工艺和技术要求进行。在每道工序完成后，施工单位应进行自检，只有上一道工序被确认质量合格后，方能准许下道工序施工。当隐蔽工程、检验批、分项工程完成后，施工单位应自检合格，填写相应的隐蔽工程或检验批或分项工程报审、报验表，并附有相应工序和部位的工程质量检查记录，报送项目监理机构。经专业监理工程师现场检查及对相关资料审核后，符合要求予以签认。反之，则指令施工单位进行整改或返工处理。

施工单位按照施工进度计划完成分部工程施工且分部工程所包含的分项工程全部检验合格后应填写相应分部工程报验表，并附有分部工程质量控制资料，报送项目监理机构验收，由总监理工程师组织相关人员对分部工程进行验收并签署验收意见。按照单位工程施工总进度计划，施工单位已完成施工合同所约定的所有工程量并完成自检工作，工程验收资料已整理完毕，应填报单位工程竣工验收报审表，报送项目监理机构竣工验收，总监理工程师组织专业监理工程师进行竣工预验收并签署验收意见。在施工质量验收过程中，涉及结构安全的试块、试件以及有关材料应按规定进行见证取样检测；对涉及结构安全和使用功能的重要分部工程应进行抽样检测，承担见证取样检测及有关结构安全检测的单位应具有相应资质。

8.7　设备采购和监造质量控制的基本要求

设备采购和设备监造的质量控制工作也是监理单位控制工程质量的重要工作内容。设备可采取市场采购、向制造厂商订货或招标采购等方式进行采购，采购过程中的质量控制主要是采购方案的审查及其工作计划中质量要求的确定。

（1）市场采购设备的质量控制

市场采购方式主要用于标准设备的采购。设备由建设单位直接采购的，项目监理机构要协助编制设备采购方案；由总承包单位或设备安装单位采购的，项目监理机构要对总承包单位或安装单位编制的采购方案进行审查。设备采购方案要根据建设项目的总体计划和相关设计文件的要求编制，使采购的设备符合设计文件要求。采购方案要明确设备采购的原则、范围和内容、程序、方式和方法，包括采购设备的类型、数量、质量要求、技术参数、供货周期要求、价格控制要求等因素。设备采购方案最终应获得建设单位的批准。设备采购时应向有良好社会信誉、供货质量稳定的供货商采购；所采购设备应质量可靠并满足设计文件所确定的各项技术要求，应能保证整个项目生产或运行的稳定性；所采购设备和配件应价格合理、技术先进、交货及时且维修和保养应能得到充分保障；应符合国家对特定设备采购的相关政策法规规定。根据设计文件，对需采购的设备应编制拟采购设备表以及相应的备品配件表，包括名称、型号、规格、数量、主要技术参数、要求交货期以及这些设备相应的图纸、数据表、技术规格、说明书、其他技术附件等。

为使采购的设备满足要求，负责设备采购质量控制的监理人员应熟悉和掌握设计文件中设备的各项要求、技术说明和规范标准。这些要求、说明和标准包括采购设备的名称、型号、规格、数量、技术性能，适用的制造和安装验收标准，要求的交货时间及交货方式与地点，以及其他技术参数、经济指标等各种资料和数据，并对存在的问题通过建设单位向设计单位提出意见和建议。应了解和把握总承包单位或设备安装单位负责设备采购人员的技术能力情况，这些人应具备设备的专业知识，了解设备的技术要求，市场供货情况，熟悉合同条件及采购程序。总承包单位或安装单位负责采购的设备，采购前应向项目监理机构提交设备采购方案，按程序审查同意后方可实施。对设备采购方案审查的重点是采购的基本原则、范围和内容，依据的图纸、规范和标准、质量标准、检查及验收程序，质量文件要求以及保证设备质量的具体措施等。

(2) 向生产厂家订购设备的质量控制

选择一个合格的供货厂商是向生产厂家订购设备质量控制工作的首要环节，为此，设备订购前应做好厂商的初选入围与实地考察工作。应按照建设单位、监理单位或设备招标代理单位规定的评审内容在各同类厂商中进行横向比较以确定备选厂商，评审过程中对于以往的工程项目中有业务来往且实践表明能充分合作的厂商可优先考虑。对供货厂商进行初选考虑的因素主要包括供货厂商的资质、设备供货能力、企业现状、等。供货厂商的资质审查内容主要是供货厂商的营业执照、生产许可证、经营范围是否涵盖了拟采购设备，对需要承担设计并制造专用设备的供货厂商或承担制造并安装设备的供货厂商还应审查是否具有设计资格证书或安装资格证书。设备供货能力考察包括企业的生产能力、装备条件、技术水平、工艺水平、人员组成、生产管理、质量的稳定性、财务状况的好坏、售后服务的优劣及企业的信誉、检测手段、人员素质、生产计划调度和文明生产的情况、工艺规程执行情况、质量管理体系运行情况、原材料和配套零部件及元器件采购渠道。企业现状考察的重点在于近几年供应、生产、制造类似设备的情况，目前正在生产的设备情况、生产制造设备情况、产品质量状况，过去几年的资金平衡表和资产负债表，需要另行分包采购的原材料、配套零部件及元器件的情况，各种检验检测手段及试验室资质，企业的各项生产、质量、技术、管理制度的执行情况。在初选确定供货厂商名单后，项目监理机构应与建设单位或采购单位一起对供货厂商做进一步现场实地考察调研，提出建议，与建设单位和相关单位一起作出考察结论。

(3) 招标采购设备的质量控制

设备招标采购一般用于大型、复杂、关键设备和成套设备及生产线设备的采购。在设备招标采购阶段，监理单位应该当好建设单位的参谋和助手，把好设备订货合同中技术标准、质量标准等内容的审查关。监理单位应掌握设计对设备提出的要求，协助建设单位或设备招标代理单位起草招标文件、审查投标单位的资质情况和投标单位的设备供货能力，做好资格预审工作；应参加对设备供货制造厂商或投标单位的考察，提出建议，与建设单位和相关单位一起作出考察结论；应协助建设单位进行综合比较，对设备的制造质量、设备的使用寿命和成本、维修的难易及备件的供应、安装调试组织，以及投标单位的生产管理、技术管理、质量管理和企业的信誉等几个方面作出评价；应协助建设单位向中标单位或设备供货厂商移交必要的技术文件。

8.8　建设工程施工质量验收的基本要求

工程施工质量验收是指工程施工质量在施工单位自行检查评定合格的基础上，由工程质量验收责任方组织，工程建设相关单位参加，对检验批、分项、分部、单位工程及其隐蔽工程的质量进行抽样检验，对技术文件进行审核，并根据设计文件和相关标准以书面形式对工程质量是否达到合格作出确认。工程施工质量验收包括工程施工过程质量验收和竣工质量验收，是工程质量控制的重要环节。建筑工程施工质量验收应以《建筑工程施工质量验收统一标准》（GB 50300—2013）和《建设工程监理规范》（GB/T 50319—2013），其他行业工程施工质量验收可按其行业要求进行。

（1）施工质量验收层次划分

随着我国经济发展和施工技术的进步，工程建设规模不断扩大，技术复杂程度越来越高，出现了大量工程规模较大的单体工程和具有综合使用功能的综合性建筑物。由于大型单体工程可能在功能或结构上由若干个单体组成，且整个建设周期较长，可能出现已建成可使用的部分单体需先投入使用，或先将工程中一部分提前建成使用等情况，需要进行分段验收。再加之对规模特别大的工程进行一次验收也不方便等。因此我国规定可将此类工程划分为若干个子单位工程进行验收。同时，为了更加科学地评价工程施工质量和有利于对其进行验收，根据工程特点，按结构分解的原则将单位或子单位工程又划分为若干个分部工程。在分部工程中，按相近工作内容和系统又划分为若干个子分部工程。每个分部工程或子分部工程又可划分为若干个分项工程。每个分项工程中又可划分为若干个检验批。检验批是工程施工质量验收的最小单位。

工程施工质量验收涉及工程施工过程质量验收和竣工质量验收，是工程施工质量控制的重要环节。根据工程特点，按项目层次分解的原则合理划分工程施工质量验收层次，将有利于对工程施工质量进行过程控制和阶段质量验收，特别是不同专业工程的验收批的确定将直接影响到工程施工质量验收工作的科学性、经济性、实用性和可操作性。因此，对施工质量验收层次进行合理划分非常必要，这有利于工程施工质量的过程控制和最终把关，确保工程质量符合有关标准。

1) 单位工程的划分。单位工程是指具备独立的设计文件、独立的施工条件并能形成独立使用功能的建筑物或构筑物。建筑工程的单位工程划分应遵守以下规定，即具备独立施工条件并能形成独立使用功能的建筑物或构筑物为一个单位工程，比如一所学校中的一栋教学楼、办公楼、传达室，某城市的广播电视塔等；对于规模较大的单位工程可将其能形成独立使用功能的部分划分为一个子单位工程，子单位工程的划分一般可根据工程的建筑设计分区、使用功能的显著差异、结构缝的设置等实际情况施工前由建设、监理、施工单位商定划分方案并据此收集整理施工技术资料和验收；室外工程可根据专业类别和工程规模划分单位工程或子单位工程、分部工程，室外工程的单位工程、分部工程划分可参考表8-8-1。

表 8-8-1　室外工程的单位工程、分部工程划分

单 位 工 程	子 单 位 工 程	分 部 工 程
室外设施	道路	路基、基层、面层、广场与停车场、人道、人行地道、挡土墙、附属构筑物
	边坡	土石方、挡土墙、支护
附属建筑及室外环境	附属建筑	车棚、围墙、大门、挡土墙
	室外环境	建筑小品、亭台、水景、连廊、花坛、场坪绿化、景观桥
室外安装	给水排水	室外给水系统、室外排水系统
	供热	室外供热系统
	电气	室外供电系统、室外照明系统

2) 分部工程的划分。分部工程是单位工程的组成部分。一般按专业性质、工程部位或特点、功能和工程量确定。建筑工程的分部工程划分应遵守下述规定，即分部工程的划分应

128

按专业性质、工程部位确定，比如建筑工程划分为地基与基础、主体结构、建筑装饰装修、屋面、建筑给水排水及供暖、通风与空调、建筑电气、建筑智能化、建筑节能、电梯等10个分部工程；当分部工程较大或较复杂时可按材料种类、施工特点、施工程序、专业系统及类别将分部工程划分为若干子分部工程，比如建筑智能化分部工程中就包含了通信网络系统、计算机网络系统、建筑设备监控系统、火灾报警及消防联动系统、会议系统与信息导航系统、专业应用系统、安全防范系统、综合布线系统、智能化集成系统、电源与接地、计算机机房工程、住宅智能化系统等子分部工程。

3）分项工程的划分。分项工程是分部工程的组成部分。可按主要工种、材料、施工工艺、设备类别进行划分。比如建筑工程主体结构分部工程中的混凝土结构子分部工程按主要工种分为模板、钢筋、混凝土等分项工程；按施工工艺又分为预应力、现浇结构、装配式结构等分项工程。建筑工程分部或子分部工程、分项工程的具体划分应遵守《建筑工程施工质量验收统一标准》（GB 50300—2013）及相关专业验收规范的规定。

4）检验批的划分。检验批在 GB 50300—2013 中是指按相同的生产条件或按规定的方式汇总起来供抽样检验用的，由一定数量样本组成的检验体。检验批是建筑工程质量验收划分中的最小验收单位。分项工程可由一个或若干个检验批组成，检验批可根据施工、质量控制和专业验收的需要按工程量、楼层、施工段、变形缝进行划分。施工前应由施工单位制定分项工程和检验批的划分方案并由项目监理机构审核。对于 GB 50300—2013 及相关专业验收规范未涵盖的分项工程和检验批可由建设单位组织监理、施工等单位协商确定。通常，多层及高层建筑的分项工程可按楼层或施工段来划分检验批；单层建筑的分项工程可按变形缝等划分检验批；地基与基础的分项工程一般划分为一个检验批，有地下层的基础工程可按不同地下层划分检验批；屋面工程的分项工程可按不同楼层屋面划分为不同的检验批；其他分部工程中的分项工程，一般按楼层划分检验批；对于工程量较少的分项工程可划分为一个检验批；安装工程一般按一个设计系统或设备组别划分为一个检验批；室外工程一般划分为一个检验批；散水、台阶、明沟等含在地面检验批中。

（2）工程施工质量验收程序和标准

工程施工质量验收程序和标准应遵守 GB 50300—2013 及相关专业验收规范规定，其内容浩繁，限于篇幅不再赘述。

8.9 建设工程质量缺陷处理及事故控制的基本要求

项目监理机构应采取有效措施预防工程质量缺陷及事故的出现。工程施工过程中一旦出现工程质量缺陷及事故，项目监理机构应按规定的程序予以处理。

（1）工程质量缺陷

工程质量缺陷是指工程不符合国家或行业的有关技术标准、设计文件及合同中对质量的要求。工程质量缺陷可分为施工过程中的质量缺陷和永久质量缺陷，施工过程中的质量缺陷又可分为可整改质量缺陷和不可整改质量缺陷。由于建设工程施工周期较长，所用材料品种繁杂，在施工过程中，受社会环境和自然条件等方面因素的影响，产生的工程质量问题表现形式千差万别，类型多种多样。因而引起工程质量缺陷的成因也错综复杂，往往一项质量缺陷是由于多种原因引起。虽然每次发生质量缺陷的类型各不相同，但通过对大量质量缺陷调查与分析发现，其发生的原因有不少相同或相似之处，归纳其最基本的因素主要有以下 10 个方面：违背基本建设程序、违反法律法规、地质勘察数据失真、设计差错、施工与管理不到位、操作工人素质差、使用不合格的原材料及构配件和设备、自然环境因素、盲目抢工、使用不当。

　　基本建设程序是工程项目建设过程及其客观规律的反映，违背基本建设程序的典型特征是不按建设程序办事，比如未搞清地质情况就仓促开工；边设计、边施工；无图施工；不经竣工验收就交付使用等。违反法律法规的典型特征是无证设计，无证施工，越级设计，越级施工，转包、挂靠，工程招投标中的不公平竞争，超常的低价中标，非法分包，擅自修改设计等。地质勘察数据失真的典型表现是未认真进行地质勘察或勘探时钻孔深度、间距、范围不符合规定要求，地质勘察报告不详细、不准确、不能全面反映实际的地基情况，从而使得地下情况不清，或对基岩起伏、土层分布误判，或未查清地下软土层、墓穴、孔洞等，这些均会导致采用不恰当或错误的基础方案并造成地基不均匀沉降、失稳，使上部结构或墙体开裂、破坏，或引发建筑物倾斜、倒塌等。设计差错的典型表现是盲目套用图纸、采用不正确的结构方案、计算简图与实际受力情况不符、荷载取值过小、内力分析有误、沉降缝或变形缝设置不当、悬挑结构未进行抗倾覆验算、计算错误等。施工与管理不到位的典型表现是不按图施工或未经设计单位同意擅自修改设计，比如将铰接做成刚接，将简支梁做成连续梁导致结构破坏；挡土墙不按图设滤水层、排水孔，导致压力增大，墙体破坏或倾覆；不按有关的施工规范和操作规程施工，浇筑混凝土时振捣不良，造成薄弱部位；砖砌体砌筑上下通缝，灰浆不饱满等均能导致砖墙破坏；施工组织管理紊乱，不熟悉图纸，盲目施工；施工方案考虑不周，施工顺序颠倒；图纸未经会审，仓促施工；技术交底不清，违章作业；疏于检查、验收等。近年来施工操作人员的素质不断下降，过去师傅带徒弟的技术传承方式没有了，熟练工人的总体数量无法满足全国大量开工的基本建设需求，工人流动性大，缺乏培训，操作技能差，质量意识和安全意识差。近年来假冒伪劣材料、构配件和设备大量出现，一旦把关不严，不合格的建筑材料及制品被用于工程将导致质量隐患，造成质量缺陷和质量事故，典型表现是钢筋物理力学性能不良导致钢筋混凝土结构破坏；骨料中碱活性物质导致碱骨料反应使混凝土产生破坏；水泥安定性不合格会造成混凝土爆裂；水泥受潮、过期、结块，砂石含泥量及有害物含量超标，外加剂掺量等不符合要求时，影响混凝土强度、和易性、密实性、抗渗性，从而导致混凝土结构强度不足、裂缝、渗漏等质量缺陷。此外，预制构件截面尺寸不足，支承锚固长度不足，未可靠地建立预应力值，漏放或少放钢筋，板面开裂等均可能出现断裂、坍塌；变配电设备质量缺陷可能导致自燃或火灾。自然环境因素主要与空气温度、湿度、暴雨、大风、洪水、雷电、日晒和浪潮等有关。盲目抢工的典型表现是盲目压缩工期，不尊重质量、进度、造价的内在规律。使用不当是指对建筑物或设施使用不当，比如装修中未经校核验算就任意对建筑物加层；任意拆除承重结构部件；任意在结构物上开槽、打洞、削弱承重结构截面等。

（2）质量缺陷成因的分析方法

　　工程质量缺陷的发生既可能因设计计算和施工图纸中存在错误，也可能因施工中出现不合格或质量缺陷，也可能因使用不当。要分析究竟是哪种原因所引起，必须对质量缺陷的特征表现以及其在施工中和使用中所处的实际情况和条件进行具体分析。分析的基本步骤如下，即进行详细的现场调查研究，观察记录全部实况，充分了解与掌握引发质量缺陷的现象和特征；收集调查与质量缺陷有关的全部设计和施工资料，分析摸清工程在施工或使用过程中所处的环境及面临的各种条件和情况；找出可能产生质量缺陷的所有因素；分析、比较和判断，找出最可能造成质量缺陷的原因；进行必要的计算分析或模拟试验予以论证确认。分析要领如下，即确定质量缺陷的初始点（即所谓原点），它是一系列独立原因集合起来形成的爆发点，因其可反映质量缺陷的直接原因而在分析过程中具有关键性作用；围绕原点对现场各种现象和特征进行分析，区别导致同类质量缺陷的不同原因，逐步揭示质量缺陷萌生、发展和最终形成的过程；综合考虑原因复杂性，确定诱发质量缺陷的起源点（即真正原因）。工程质量缺陷原因分析是对一堆模糊不清的事物和现象客观属性和联系的反映，它的准确性和管理人员的能力学识、经验和态度有极大关系，其结果不单是简单的信息描述，而是逻辑推理的产物，其推理可用于工程质量的事前控制。

（3）工程质量缺陷的处理

工程施工过程中，由于种种主观和客观原因，往往难以避免出现质量缺陷。对已发生的质量缺陷，项目监理机构应按以下程序进行处理：发生工程质量缺陷后，项目监理机构签发监理通知单，责成施工单位进行处理；施工单位进行质量缺陷调查，分析质量缺陷产生的原因，并提出经设计等相关单位认可的处理方案；项目监理机构审查施工单位报送的质量缺陷处理方案并签署意见；施工单位按审查合格的处理方案实施处理，项目监理机构对处理过程进行跟踪检查，对处理结果进行验收；质量缺陷处理完毕后，项目监理机构应根据施工单位报送的监理通知回复单对质量缺陷处理情况进行复查，并提出复查意见；处理记录整理归档。

（4）工程质量事故

工程质量事故的定义可参考《关于做好房屋建筑和市政基础设施工程质量事故报告和调查处理工作的通知》（建质〔2010〕111号），即工程质量事故是指由于建设、勘察、设计、施工、监理等单位违反工程质量有关法律法规和工程建设标准，使工程产生结构安全、重要使用功能等方面的质量缺陷，造成人身伤亡或者重大经济损失的事故。根据工程质量事故造成的人员伤亡或者直接经济损失，工程质量事故分为4个等级。特别重大事故是指造成30人以上死亡，或者100人以上重伤，或者1亿元以上直接经济损失的事故；重大事故是指造成10人以上30人以下死亡，或者50人以上100人以下重伤，或者5000万元以上1亿元以下直接经济损失的事故；较大事故是指造成3人以上10人以下死亡，或者10人以上50人以下重伤，或者1000万元以上5000万元以下直接经济损失的事故；一般事故是指造成3人以下死亡，或者10人以下重伤，或者100万元以上1000万元以下直接经济损失的事故。上述等级划分中所称的"以上"包括本数，所称的"以下"不包括本数。

（5）工程质量事故处理

建设工程一旦发生质量事故，除相关行业有特殊要求外，应按照《关于做好房屋建筑和市政基础设施工程质量事故报告和调查处理工作的通告》（建质〔2010〕111号）的要求，由各级政府建设行政主管部门按事故等级划分开展相关的工程质量事故调查，明确相应责任单位，提出相应的处理意见。项目监理机构除积极配合做好上述工程质量事故调查外，还应做好由于事故对工程产生的结构安全及重要使用功能等方面的质量缺陷处理工作，为此，项目监理机构应掌握工程质量事故所造成缺陷的处理依据、程序和基本方法。

进行工程质量事故处理的主要依据有4个方面：相关的法律法规；具有法律效力的工程承包合同、设计委托合同、材料或设备购销合同以及监理合同或分包合同等合同文件；质量事故的实况资料；有关的工程技术文件、资料、档案。

8.10　建设工程勘察设计及保修阶段的质量管理要求

建设工程勘察设计、保修阶段质量管理是工程监理单位相关服务工作的主要内容，监理人员应掌握勘察设计管理的工作内容以及工程保修阶段的主要工作内容。

（1）工程勘察设计阶段质量管理

工程勘察是勘察单位通过技术手段查明、分析、评价建设场地的水文、地质、地理环境特征和岩土工程条件，编制建设工程勘察文件的活动。工程勘察管理服务是指工程监理单位根据建设单位的要求对工程勘察活动的管理。由工程建设专业门类不同，勘察工作本身差异很大。例如，大城市一般基础设施建设条件较好，长期积累的水文地质资料较多，建设场地集中，勘察工作量不大。但对于高速公路、铁路等项目，线长条件艰苦，工作量大，勘察工作必须与设计工作紧密结合，勘察设计工作的准确性决定了工程造价，在很大程度上决定着项目的可行性和成败。对于不同的专业门类，勘察管理服务的要求也不同。

工程勘察工作一般分三个阶段，即可行性研究勘察、初步勘察、详细勘察。对工程地质条件复杂或有特殊施工要求的重要工程应进行施工勘察。可行性研究勘察又称选址勘察，其目的是要通过搜集、分析已有资料进行现场踏勘，必要时还应进行工程地质测绘和少量勘探工作，对拟选场址的稳定性和适宜性作出岩土工程评价，进行技术经济论证和方案比较，满足确定场地方案的要求。初步勘察是指在可行性研究勘察的基础上，对场地内建筑地段的稳定性作出岩土工程评价并为确定建筑总平面布置、主要建筑物地基基础方案及对不良地质现象的防治工作方案进行论证，满足初步设计或扩大初步设计的要求。详细勘察应对地基基础处理与加固、不良地质现象的防治工程进行岩土工程计算与评价，满足施工图设计的要求。

工程监理单位勘察质量管理的主要工作包括协助建设单位编制工程勘察任务书和选择工程勘察单位并协助签订工程勘察合同；审查勘察单位提交的勘察方案，提出审查意见并报建设单位，变更勘察方案时应按原程序重新审查；检查勘察现场及室内试验主要岗位操作人员的资格，所使用设备、仪器计量的检定情况；检查勘察单位执行勘察方案的情况，对重要点位的勘探与测试应进行现场检查；审查勘察单位提交的勘察成果报告，必要时对于各阶段的勘察成果报告组织专家论证或专家审查并向建设单位提交勘察成果评估报告，同时应参与勘察成果验收，经验收合格后勘察成果报告才能正式使用。勘察成果评估报告应包括勘察工作概况；勘察报告编制深度与勘察标准的符合情况；勘察任务书的完成情况；存在问题及建议；评估结论。

监理工程师对勘察成果的审核与评定是勘察阶段质量控制最重要的工作，审核与评定包括程序性审查和技术性审查。程序性审查包括工程勘察资料、图表、报告等文件要依据工程类别按有关规定执行各级审核、审批程序，并由负责人签字；工程勘察成果应齐全、可靠，满足国家有关法律法规、技术标准和合同规定的要求；工程勘察成果必须严格按照质量管理有关程序进行检查和验收，质量合格方能提供使用。对工程勘察成果的检查验收和质量评定应当执行国家、行业和地方有关工程勘察成果检查验收评定的规定。技术性审查包括报告中不仅要提出勘察场地的工程地质条件和存在的地质问题，更重要的是结合工程设计、施工条件，以及地基处理、开挖、支护、降水等工程的具体要求，进行技术论证和评价，提出岩土工程问题及解决问题的决策性具体建议，并提出基础、边坡等工程的设计准则和岩土工程施工的指导性意见，为设计、施工提供依据，服务于工程建设全过程。另外，应针对不同勘察阶段，对工程勘察报告的内容和深度进行检查，看其是否满足勘察任务书和相应设计阶段的要求。比如，在可行性研究勘察阶段要得到建筑场地选址的可行性分析报告，对拟建场地的稳定性和适宜性做出评价；在初步勘察阶段要注明地层、构造、岩土物理力学性质、地下水埋藏条件及冻结深度，描绘出场地不良地质现象的成因、分布、对场地稳定性的影响及其发展趋势，对抗震设防烈度等于或大于 7 度的场地应判定场地和地基的地震效应；在详细勘察阶段要提供满足设计、施工所需的岩土技术参数，确定地基承载力，预测地基沉降及其均匀性，并且提出地基和基础设计方案建议。

（2）工程设计质量管理

建设工程设计是指根据建设单位的要求对建设工程所需的技术、经济、资源、环境等条件进行综合分析、论证，编制建设工程设计文件的活动。一般分为方案设计、初步设计、施工图设计 3 个阶段。工程设计管理服务是指监理单位根据建设单位的委托，组成设计管理咨询专家团队，通过对设计全过程的管理，在设计环节上满足对工程项目质量、进度、投资控制的需要，满足建设单位对于项目功能和品质的要求。

工程设计质量管理的依据是有关工程建设及质量管理方面的法律、法规，城市规划，国家规定的建设工程勘察、设计深度要求，铁路、交通、水利等专业建设工程还应依据专业规划的要求；有关工程建设的技术标准，比如勘察和设计的工程建设强制性标准规范及规程、设计参数、定额、指标等；项目批准文件，比如项目可行性研究报告、项目评估报告及选址报告；体现建设单位建设意图的设计规划大纲、纲要和合同文件；反映项目建设过程中和建成后所需要的有关技术、资源、经济、社会协作等方面的协议、数据和资料。

工程设计质量管理的主要工作内容包括设计单位选择、起草设计任务书、起草设计合同、分阶段设计审查、审查备案、深化设计的协调管理等。

设计单位可以通过招投标、设计方案竞赛、建设单位直接委托等方式选择和委托。组织设计招标是用竞争机制优选设计方案和设计单位。采用公开招标方式的，招标人应当按国家规定发布招标公告；采用邀请招标方式的，招标人应当向 3 个以上设计单位发出招标邀请书。设计招标的目的是选择最适合项目需要的设计单位，设计单位的社会信誉、所选派的主要设计人员的能力和业绩等是主要的考察内容。设计任务书是设计依据之一，是建设单位意图的体现。现实情况基本是设计单位写一个设计任务书请建设单位修改后作为正式的设计任务书使用，有的甚至不编写设计任务书。起草设计任务书的过程，是各方就项目的功能、标准、区域划分、特殊要求等涉及项目的具体事宜不断沟通和深化交流，最终达成一致并形成文字资料的过程，这对于建设单位意图的把握非常重要，可以互相启发、互相提醒，使设计工作少走弯路。设计质量目标主要通过项目描述和设计合同反映出来，设计描述和设计合同综合起来，确立设计的内容、深度、依据和质量标准，设计质量目标要尽量避免出现语义模糊和矛盾。设计合同应重点注意写明设计进度要求、主要设计人员、优化设计要求、限额设计要求、施工现场配合以及专业深化图配合等内容。由建设单位组织有关专家或机构进行工程设计评审，目的是控制设计成果质量，优化工程设计，提高效益。分阶段设计审查时计评审包括设计方案评审、初步设计评审和施工图设计评审各阶段的内容。

总体方案评审时应重点审核设计依据、设计规模、产品方案、工艺流程、项目组成及布局、设备配套、占地面积、建筑面积、建筑造型、协作条件、环保设施、防震防灾、建设期限、投资概算等的可靠性、合理性、经济性、先进性和协调性。专业设计方案评审时应重点审核专业设计方案的设计参数、设计标准、设备选型和结构造型、功能和使用价值等。设计方案审核时应结合投资概算资料进行技术经济比较和多方案论证，确保工程质量、投资和进度目标的实现。

初步设计成果评审应依据建设单位提出的工程设计委托任务和设计原则，逐条对照，审核设计是否均已满足要求。应审核设计项目的完整性，项目是否齐全、有无遗漏项；设计基础资料可靠性，以及设计标准、装备标准是否符合预定要求；重点审查总平面布置、工艺流程、施工进度能否实现；总平面布置是否充分考虑方向、风向、采光、通风等要素；设计方案是否全面，经济评价是否合理。

施工图设计评审的内容包括对工程对象物的尺寸、布置、选材、构造、相互关系、施工及安装质量要求的详细设计图和说明，这也是设计阶段质量控制的一个重点。评审的重点是使用功能是否满足质量目标和标准，设计文件是否齐全、完整，设计深度是否符合规定。总体审核时应首先审核施工图纸的完整性及各级的签字盖章；其次要重点审核工艺和总图布置的合理性，项目是否齐全，有无遗漏项，总图在平面和空间布置上是否有交叉和矛盾；然后审核工艺流程及装置、设备是否满足标准、规程、规范等要求。审查设计总说明时应重点审查所采用的设计依据、参数、标准是否满足质量要求，各项工程做法是否合理，选用设备、材料等是否先进、合理，采用的技术标准是否满足工程需要。施工设计图审查时应重点审查施工图是否符合现行标准、规程、规范、规定的要求；设计图纸是否符合现场和施工的实际条件，深度是否达到施工和安装的要求，是否达到工程质量的标准；选型、选材、造型、尺寸、节点等设计图纸是否满足质量要求。审查施工图预算和总投资预算时应审查预算编制是否符合预算编制要求，工程量计算是否正确，定额标准是否合理，各项收费是否符合规定，总投资预算是否在总概算控制范围内。审查其他要求时应审核是否符合勘察提供的建设条件，是否满足环境保护措施，是否满足施工安全、卫生、劳动保护的要求。

审查设计单位提交的设计成果并提出评估报告。评估报告应包括设计工作概况；设计深度与设计标准的符合情况；设计任务书的完成情况；有关部门审查意见的落实情况；存在的问题及建议。

审查备案时应审查设计单位提出的新材料、新工艺、新技术、新设备在相关部门的备案情况，必要时应协助建设单位组织专家评审。

应做好深化设计的协调管理工作。对于专业性较强或有行业专门资质要求的项目，目前的通行做法是委托专业设计单位，或由具有专业设计资质的施工单位出具深化设计图纸，由设计单位统一会签，以确认深化设计符合总体设计要求，并对于相的配套专业能否满足深化图纸的要求予以确认。设计管理对于总体设计单位和深化图设计单位的横向管理很重要。

（3）工程保修阶段质量管理

我国《建筑法》第六十二条规定"建筑工程的保修范围应当包括地基基础工程、主体结构工程、屋面防水工程和其他土建工程，以及电气管线、上下水管线的安装工程，供热、供冷系统工程等项目；保修的期限应当按照保证建筑物合理寿命年限内正常使用，维护使用者合法权益的原则确定"。具体的保修范围和保修期限在《建设工程质量管理条例》中有明确规定。

建设工程在保修范围和保修期限内出现质量缺陷，施工单位应当履行保修义务，建设单位或者建设工程所有人应当向施工单位发出保修通知。施工单位接到保修通知后，应当到现场核查情况，在保修书约定的时间内予以保修。发生涉及结构安全或者严重影响使用功能的紧急抢修事故，施工单位接到保修通知后应当立即到达现场抢修。发生涉及结构安全的质量缺陷，建设单位或者建设工程所有人应当立即向当地建设行政主管部门报告，采取安全防范措施，由原设计单位或者具有相应资质等级的设计单位提出保修方案，施工单位实施保修，原工程质量监督机构负责监督。

在保修期限内，因工程质量缺陷造成建设工程所有人、使用人或者第三方人身、财产损害的，建设工程所有人、使用人或者第三方可以向建设单位提出赔偿要求。建设单位向造成房屋建设工程质量缺陷的责任方追偿。因保修不及时造成新的人身、财产损害，由造成拖延的责任方承担赔偿责任。但因使用不当或者第三方造成的质量缺陷以及不可抗力造成的质量缺陷不属于保修范围。

按照我国现行相关规定，工程建设过程中建设单位扣留每期工程进度款的5%作为工程质量保证金。财政部《基本建设财务管理规定》（财建〔2002〕394号）规定"工程建设期间，建设单位与施工单位进行工程价款结算，建设单位必须按工程价款结算总额的5%预留工程质量保证金，待工程竣工验收一年后再清算。"，《建设工程价款结算暂行办法》（财建〔2004〕369号）规定"发包人根据确认的竣工结算报告向承包人支付工程竣工结算价款，保留5%左右的质量保证（保修）金，待工程交付使用一年（质保期到期后）清算（合同另有约定的，从其约定），质保期内如有返修，发生的费用应在质量保证（保修）金内扣除。"有些地方和行业根据自身特点也规定了相应的缺陷责任期。

（4）工程保修阶段工程监理单位的主要工作

1）定期回访。承担工程保修阶段的服务工作时工程监理单位应定期回访，及时征求建设单位或使用单位的意见，及时发现使用中存在的问题。

2）协调联系。对建设单位或使用单位提出的工程质量缺陷，工程监理单位应安排监理人员进行检查和记录，并应向施工单位发出保修通知，要求施工单位予以修复。施工单位接到保修通知后，应当到现场核查情况，在保修书约定的时间内予以保修。发生涉及结构安全或者严重影响使用功能的紧急抢修事故，监理单位应单独或通过建设单位向政府管理部门报告，并立即通知施工单位到达现场抢修。

3）界定责任。监理单位应组织相关单位对质量缺陷责任进行界定。首先应界定是否是使用不当责任，如果是使用者责任，施工单位修复的费用应由使用者承担；如果不是使用者责任，应界定是施工责任还是材料缺陷，该缺陷部位的施工方的具体情况。分清情况按施工合同的约定合理界定责任方。对非施工单位原因造成的工程质量缺陷应核实施工单位申报的修复工程费用并应签认工程款支付证书，同时应报建设单位。

4）督促维修。施工单位对于质量缺陷的维修过程，监理单位应予监督，合格后应予以签认。

5）检查验收。施工单位保修完成后，经监理单位验收合格，由建设单位或者工程所有人组织验收。涉及结构安全的应当报当地建设行政主管部门备案。

保修工作千差万别，监理单位应根据具体项目的工作量决定保修期间的具体工作计划，并根据与建设单位的合同约定决定具体工作方式和资料留存要求。

★ 思 考 题

1. 简述建设工程质量控制的特点。
2. 我国的建设工程质量管理基本制度体系有何特点？
3. 建设工程项目参建各方的质量责任各有哪些？
4. 简述 ISO 质量管理体系的特点。
5. 建设工程质量分析及试验检测的基本要求有哪些？
6. 简述建设工程施工质量控制的基本要求。
7. 简述设备采购和监造质量控制的基本要求。
8. 建设工程施工质量验收的基本要求有哪些？
9. 简述建设工程质量缺陷处理及事故控制的基本要求。
10. 建设工程勘察设计及保修阶段的质量管理要求有哪些？

第9章 建设工程进度控制的特点及基本要求

9.1 建设工程进度控制的作用及意义

控制建设工程进度不仅能确保工程建设项目按预定的时间交付使用、及时发挥投资效益，而且有益于维持国家良好的经济秩序。因此，监理工程师应采用科学的控制方法和手段来控制工程项目的建设进度。

(1) 建设工程进度控制的特点

建设工程进度控制是对工程项目建设各阶段的工作内容、工作程序、持续时间和衔接关系根据进度总目标及资源优化配置原则编制计划并付诸实施，然后在进度计划实施过程中经常检查实际进度是否按计划要求进行，对出现的偏差情况进行分析后采取补救措施或调整、修改原计划后继续推进项目实施，如此循环直至建设工程竣工验收交付使用。建设工程进度控制的最终目的是确保建设项目按预定的时间动用或提前交付使用，建设工程进度控制的总目标是建设工期。

进度控制是监理工程师的主要任务之一。由于在工程建设过程中存在着许多影响进度的因素，这些因素往往来自不同的部门和不同的时期，它们对建设工程进度产生着复杂的影响。因此，进度控制人员必须事先对影响建设工程进度的各种因素进行调查分析，预测其对建设工程进度的影响程度，确定合理的进度控制目标，编制可行的进度计划，使工程建设工作始终按计划进行。但不管进度计划如何周密、细致，其毕竟是人们的一种主观设想，在计划实施过程中必然会遇到新情况和新问题，新情况和新问题的产生以及各种干扰因素和风险因素的作用必然会使项目进程发生变化，导致难以按原定的进度计划推进项目实施，因此，项目进度控制人员必须实时掌握项目动态，在计划执行过程中不断检查建设工程实际进展情况，将实际状况与计划安排进行对比得出偏离计划的信息，在分析偏差及其产生原因的基础上利用各种控制理论通过采取组织、技术、经济等措施维护原计划使之能正常实施，如果采取措施后不能维持原计划则需对原进度计划进行调整或修正并按新的进度计划推进项目实施，通过在进度计划执行过程中的不断地检查和调整确保对建设工程进度的有效控制。

(2) 影响建设工程进度的因素

建设工程项目规模庞大、工程结构与工艺技术复杂、建设周期长、参与的相关单位多的特点决定了建设工程进度会受到许多因素的影响。要想有效控制建设工程进度就必须对影响进度的有利因素和不利因素进行全面、细致的分析和预测。只有通过充分发挥有利因素作用、积极消除与防范不利因素影响、事先制定相应的预防措施，采取事中有效应对、事后妥善补救方能缩小实际进度与进度计划的偏差，才能实现对建设工程进度的主动控制和动态控制。影响建设工程进度的不利因素多种多样，常见因素有人为因素，技术因素，设备、材料及构配件因素，机具因素，资金因素，水文、地质与气象因素，各种自然和社会环境因素。

其中，人为因素是最大的干扰因素。从不利因素产生的根源看，有的来源于建设单位及其上级主管部门；有的来源于勘察设计、施工及材料、设备供应单位；有的来源于政府、建设主管部门、有关协作单位和社会；有的来源于各种自然条件；也有的来源于建设监理单位本身。笼统而言，工程建设过程中影响工程进度的常见因素有业主因素、勘察设计因素、施工技术因素、自然环境因素、社会环境因素、组织管理因素、材料及设备因素、资金因素等。

业主因素主要表现在业主使用要求改变而进行设计变更、；应提供的施工场地条件不能及时提供或所提供的场地不能满足工程正常需要；不能及时向施工承包单位或材料供应商付款等。勘察设计因素主要表现在勘察资料不准确，特别是地质资料错误或遗漏；设计内容不完善，规范应用不恰当，设计有缺陷或错误；设计时对施工的可能性未考虑或考虑不周；施工图纸供应不及时、不配套，或出现重大差错等。施工技术因素主要表现在施工工艺错误，不合理的施工方案，施工安全措施不当，不可靠技术的应用等。自然环境因素主要表现在复杂的工程地质条件，不明的水文气象条件，地下埋藏文物的保护、处理，洪水、地震、台风等不可抗力等。社会环境因素主要表现在外单位临近工程施工干扰，节假日交通、市容整顿的限制，临时停水、停电、断路，国外常见的法律及制度变化以及经济制裁，战争、骚乱、罢工、企业倒闭等。组织管理因素主要表现在向有关部门提出各种申请审批手续的延误；合同签订时遗漏条款、表达失当；计划安排不周密，组织协调不力，导致停工待料、相关作业脱节；领导不力、指挥失当使参加工程建设的各个单位、各个专业、各个施工过程之间交接、配合上发生矛盾等。材料及设备因素主要表现在材料、构配件、机具、设备供应环节的差错，品种、规格、质量、数量、时间不能满足工程的需要；特殊材料及新材料的不合理使用；施工设备不配套，选型失当，安装失误，有故障等。资金因素主要表现在有关方拖欠资金，资金不到位，资金短缺；汇率浮动和通货膨胀等。

（3）进度控制的措施

为实施进度控制，监理工程师必须根据建设工程的具体情况认真制定进度控制措施以确保建设工程进度控制目标的实现。进度控制的措施应包括组织措施、技术措施、经济措施及合同措施。

1）组织措施。进度控制的组织措施主要包括建立进度控制目标体系，明确建设工程现场监理组织机构中进度控制人员及其职责分工；建立工程进度报告制度及进度信息沟通网络；建立进度计划审核制度和进度计划实施中的检查分析制度；建立进度协调会议制度，包括协调会议举行的时间、地点，协调会议的参加人员等；建立图纸审查、工程变更和设计变更管理制度。

2）技术措施。进度控制的技术措施主要包括审查承包商提交的进度计划，使承包商能在合理的状态下施工；编制进度控制工作细则，指导监理人员实施进度控制；采用网络计划技术及其他科学适用的计划方法，并结合电子计算机的应用对建设工程进度实施动态控制。

3）经济措施。进度控制的经济措施主要包括及时办理工程预付款及工程进度款支付手续；对应急赶工给予优厚的赶工费用；对工期提前给予奖励；对工程延误收取误期损失赔偿金。

4）合同措施。进度控制的合同措施主要包括推行承发包模式，对建设工程实行分段设计、分段发包和分段施工；加强合同管理，协调合同工期与进度计划之间的关系，保障合同中进度目标的实现；严格控制合同变更，对各方提出的工程变更和设计变更监理工程师应严格审查后再补入合同文件之中；加强风险管理，在合同中应充分考虑风险因素及其对进度的影响，应设定相应的处理方法；加强索赔管理，公正处理索赔问题。

（4）建设工程各个实施阶段进度控制的主要任务

设计准备阶段进度控制的任务是收集有关工期的信息，进行工期目标和进度控制决策；编制工程项目总进度计划；编制设计准备阶段详细工作计划并控制其执行；进行环境及施工现场条件的调查和分析。设计阶段进度控制的任务是编制设计阶段工作计划并控制其执行；编制详细的出图计划并控制其执行。施工阶段进度控制的任务是编制施工总进度计划并控制其执行；编制单位工程施工进度计划并控制其执行；编制工程年、季、月实施计划并控制其执行。为有效地控制建设工程进度，监理工程师要在设计准备阶段向建设单位提供有关工期的信息、协助建设单位确定工期总目标并进行环境及施工现场条件的调查和分析。在设计阶段和施工阶段，监理工程师不仅要审查设计单位和施工单位提交的进度计划，更要编制监理进度计划以确保进度控制目标的实现。

（5）建设项目总进度目标的论证

建设项目总进度目标指的是整个项目的进度目标，它是在项目决策阶段时确定的，项目管理的主要任务是在项目的实施阶段对项目的目标进行控制。建设项目总进度目标的控制是业主方项目管理的任务，若采用建设项目总承包模式则协助业主进行项目总进度目标控制也是总承包方项目管理的任务。进行建设项目总进度目标控制前应首先分析和论证目标实现的可能性，若项目总进度目标不可能实现则项目管理方应提出调整项目总进度目标的建议提请项目决策者审议。项目实施阶段项目总进度包括设计前准备阶段的工作进度、设计工作进度、招标工作进度、施工前准备工作进度、工程施工和设备安装进度、项目动用前的准备工作进度等。建设项目总进度目标论证应分析和论证上述各项工作的进度，及上述各项工作进展的相互关系。通常，在建设项目总进度目标论证时往往还不掌握比较详细的设计资料，也缺乏比较全面的有关工程发包的组织、施工组织和施工技术方面的资料以及其他有关项目实施条件的资料，因此，总进度目标论证并不是单纯的总进度规划的编制工作，其涉及许多项目实施的条件分析和项目实施策划方面的问题。大型建设项目总进度目标论证的核心工作是通过编制总进度纲要论证总进度目标实现的可能性。总进度纲要的主要内容包括项目实施的总体部署、总进度规划、各子系统进度规划、确定里程碑事件的计划进度目标、总进度目标实现的条件和应采取的措施等。

建设项目总进度目标论证的工作步骤依次为调查研究和收集资料，项目结构分析，进度计划系统的结构分析，项目的工作编码，编制各层进度计划，协调各层进度计划的关系、编制总进度计划。若所编制的总进度计划不符合项目的进度目标则设法调整，若经过多次调整进度目标仍无法实现则报告项目决策者。

9.2　建设工程进度控制计划体系的特征

为了确保建设工程进度控制目的实现，参与工程项目建设的各有关单位都要编制进度计划并且控制这些进度计划的实施。建设工程进度控制计划体系主要包括建设单位的计划系统、监理单位的计划系统、设计单位的计划系统和施工单位的计划系统。为编制进度计划必须进行相关资料收集和调查研究工作，调查研究和收集资料需要做的工作主要有：了解和收集项目决策阶段有关项目进度目标确定的情况和资料；收集与进度有关的该项目组织、管理、经济和技术资料；收集类似项目的进度资料；了解和调查该项目的总体部署；了解和调查该项目实施的主客观条件等。

大型建设工程项目结构分析时应根据编制总进度纲要的需要将整个项目进行逐层分解并确立相应的工作目录，比如一级工作任务目录将整个项目划分成若干个子系统；二级工作任务目录将每一个子系统分解为若干个子项目；三级工作任务目录将每一个子项目分解为若干个工作项。整个项目划分成多少计划层应根据项目规模和特点确定。大型建设项目的计划系统一般由多层计划构成。项目的工作编码通常为每一个工作项的编码，编码有多种方式，编码时应考虑下列因素，即对不同计划层的标识；对不同计划对象的标识(比如不同子项目)；对不同工作的标识(比如设计工作、招标工作和施工工作等)。

(1) 建设单位的计划系统

建设单位编制(也可委托监理单位编制)的进度计划包括工程项目前期工作计划、工程项目建设总进度计划和工程项目年度计划。

1) 工程项目前期工作计划。工程项目前期工作计划是指对工程项目可行性研究、项目评估及初步设计的工作进度安排，它可使工程项目前期决策阶段各项工作的时间得到控制。工程项目前期工作计划需在预测的基础上编制，其中"建设性质"是指新建、改建或扩建；"建设规模"是指生产能力、使用规模或建筑面积等。

2) 工程项目建设总进度计划。工程项目建设总进度计划是指初步设计被批准后，在编报工程项目年度计划之前，根据初步设计对工程项目从开始建设(设计、施工准备)至竣工投产(动用)全过程的统一部署。其主要目的是安排各单位工程的建设进度，合理分配年度投资，组织各方面的协作，保证初步设计所确定的各项建设任务的完成。工程项目建设总进度计划对于保证工程项目建设的连续性、增强工程建设的预见性、确保工程项目按期动用，都具有十分重要的作用。工程项目建设总进度计划是编报工程建设年度计划的依据，其主要内容包括文字和表格两部分。文字部分主要说明工程项目的概况和特点；安排建设总进度的原则和依据，建设投资来源和资金年度安排情况，技术设计、施工图设计、设备交付和施工力量进场时间的安排，道路、供电、供水等方面的协作配合及进度的衔接，计划中存在的主要问题及采取的措施，需要上级及有关部门解决的重大问题等；表格部分包括工程项目一览表、工程项目总进度计划、投资计划年度分配表、工程项目进度平衡表等，在此基础上可以分别编制综合进度控制计划、设计进度控制计划、采购进度控制计划、施工进度控制计划和验收投产进度计划等。

工程项目一览表将初步设计中确定的建设内容，按照单位工程归类并编号，明确其建设内容和投资额，以便各部门按统一的口径确定工程项目投资额，并以此为依据对其进行管理。工程项目总进度计划的特点是根据初步设计中确定的建设工期和工艺流程具体安排单位工程的开工日期和竣工日期。投资计划年度分配表的特点是根据工程项目总进度计划安排各个年度的投资，以便预测各个年度的投资规模，为筹集建设资金或与银行签订借款合同及制定分年用款计划提供依据。工程项目进度平衡表的特点是明确各种设计文件交付日期、主要设备交货日期、施工单位进场日期、水电及道路接通日期等，以保证工程建设中各个环节相互衔接，确保工程项目按期投产或交付使用。

140

3) 工程项目年度计划。工程项目年度计划是依据工程项目建设总进度计划和批准的设计文件进行编制的。该计划既要满足工程项目建设总进度计划的要求，又要与当年可能获得的资金、设备、材料、施工力量相适应。应根据分批配套投产或交付使用的要求合理安排本年度建设的工程项目。工程项目年度计划主要包括文字和表格两部分内容。文字部分主要说明编制年度计划的依据和原则；建设进度、本年计划投资额及计划建造的建筑面积；施工图、设备、材料、施工力量等建设条件的落实情况；动力资源情况；对外部协作配合项目建设进度的安排或要求；需要上级主管部门协助解决的问题；计划中存在的其他问题以及为完成计划而采取的各项措施等。表格部分包括年度计划项目表、年度竣工投产交付使用计划表、年度建设资金平衡表、年度设备平衡表等。

年度计划项目表的特点是确定年度施工项目的投资额和年末形象进度并阐明建设条件（图纸、设备、材料、施工力量）的落实情况。年度竣工投产交付使用计划表主要阐明各单位工程的建筑面积、投资额、新增固定资产、新增生产能力等建筑总规模及本年计划完成情况并阐明其竣工日期。

（2）监理单位的计划系统

监理单位除对被监理单位的进度计划进行监控外，自己也应编制有关进度计划以便更有效地控制建设工程实施进度。

1) 监理总进度计划。在对建设工程实施全过程监理的情况下，监理总进度计划是依据工程项目可行性研究报告、工程项目前期工作计划和工程项目建设总进度计划编制的，其目的是对建设工程进度控制总目标进行规划，明确建设工程前期准备、设计、施工、动用前准备及项目动用等各个阶段的进度安排。

2) 监理总进度分解计划。既可按工程进展阶段分解，也可按时间分解。按工程进展阶段分解时应包括设计准备阶段进度计划、设计阶段进度计划、施工阶段进度计划、动用前准备阶段进度计划；按时间分解时应包括年度进度计划、季度进度计划、月度进度计划。

（3）设计单位的计划系统

1) 设计总进度计划。设计总进度计划主要用来安排自设计准备开始至施工图设计完成的总设计时间内所包含的各阶段工作的开始时间和完成时间，从而确保设计进度控制总目标的实现。

2) 阶段性设计进度计划。阶段性设计进度计划包括设计准备工作进度计划、初步设计（技术设计）工作进度计划和施工图设计工作进度计划。这些计划是用来控制各阶段设计进度的，目的是实现阶段性设计进度目标。在编制阶段性设计进度计划时必须考虑设计总进度计划对各个设计阶段的时间要求。设计准备工作进度计划中一般要考虑规划设计条件的确定、设计基础资料的提供及委托设计等工作的时间安排，其中的项目还可根据需要进一步细化。初步设计（技术设计）工作进度计划要考虑方案设计、初步设计、技术设计、设计的分析评审、概算的编制、修正概算的编制以及设计文件审批等工作的时间安排，一般按单位工程编制。施工图设计工作进度计划主要考虑各单位工程的设计进度及其搭接关系。

3) 设计作业进度计划。为控制各专业的设计进度并作为设计人员承包设计任务的依据，应根据施工图设计工作进度计划、单位工程设计工日定额及所投入的设计人员数编制设计作业进度计划。

（4）施工单位的计划系统

施工单位的进度计划包括施工准备工作计划、施工总进度计划、单位工程施工进度计划及分部分项工程进度计划。

1）施工准备工作计划。施工准备工作的主要任务是为建设工程的施工创造必要的技术和物资条件，统筹安排施工力量和施工现场。施工准备的工作内容通常包括：技术准备、物资准备、劳动组织准备、施工现场准备和施工场外准备。为落实各项施工准备工作，加强检查和监督，应根据各项施工准备工作的内容、时间和人员，编制施工准备工作计划。

2）施工总进度计划。施工总进度计划是根据施工部署中施工方案和工程项目的开展程序对全工地所有单位工程做出时间上的安排。其目的在于确定各单位工程及全工地性工程的施工期限及开竣工日期，进而确定施工现场劳动力、材料、成品、半成品、施工机械的需要数量和调配情况，以及现场临时设施的数量、水电供应量和能源、交通需求量。因此，科学、合理地编制施工总进度计划，是保证整个建设工程按期交付使用、充分发挥投资效益、降低建设工程成本的重要条件。

3）单位工程施工进度计划。单位工程施工进度计划是在既定施工方案的基础上，根据规定的工期和各种资源供应条件，遵循各施工过程的合理施工顺序，对单位工程中的各施工过程做出时间和空间上的安排，并以此为依据确定施工作业所必需的劳动力、施工机具和材料供应计划。因此，合理安排单位工程施工进度，是保证在规定工期内完成符合质量要求的工程任务的重要前提。同时，其也为编制各种资源需要量计划和施工准备工作计划提供依据。

4）分部分项工程进度计划。分部分项工程进度计划是针对工程量较大或施工技术比较复杂的分部分项工程，在依据工程具体情况所制定的施工方案基础上对其各施工过程所作出的时间安排。比如大型基础土方工程、复杂的基础加固工程、大体积混凝土工程、大型桩基工程、大面积预制构件吊装工程等均应编制详细的进度计划，以保证单位工程施工进度计划的顺利实施。此外，为有效控制建设工程施工进度，施工单位还应编制年度施工计划、季度施工计划和月（旬）作业计划，将施工进度计划逐层细化形成一个旬保月、月保季、季保年的计划体系。

9.3 建设工程进度计划的表示方法和编制程序

建设工程进度计划的表示方法很多，常用的有横道图和网络图两种表示方法。

（1）横道图

横道图也称甘特图，是美国人甘特（Gantt）在20世纪初提出的一种进度计划表示方法，由于其形象、直观且易于编制和理解，因而长期以来广泛应用于建设工程进度控制之中。用横道图表示的建设工程进度计划一般包括两个基本部分，即左侧的工作名称及工作的持续时间等基本数据部分和右侧的横道线部分。利用横道图表示工程进度计划存在以下4方面缺点：不能明确地反映出各项工作之间错综复杂的相互关系，因而在计划执行过程中，当某些工作的进度由于某种原因提前或拖延时不便于分析其对其他工作及总工期的影响程度，不利于建设工程进度的动态控制；不能明确地反映出影响工期的关键工作和关键线路，也就无法反映出整个工程项目的关键所在，因而不便于进度控制人员抓住主要矛盾；不能反映出工作所具有的机动时间，看不到计划的潜力所在，无法进行最合理的组织和指挥；不能反映工程费用与工期之间的关系，因而不便于缩短工期和降低工程成本。由于横道计划存在上述不足，给建设工程进度控制工作带来很大不便。即使进度控制人员在编制计划时已充分考虑了各方面的问题，在横道图上也不能全面地反映出来，特别是当工程项目规模大、工艺关系复杂时横道图很难充分暴露矛盾，而且在横道计划的执行过程中对其进行调整也十分繁琐和费时。由此可见，利用横道计划控制建设工程进度有较大的局限性。

（2）网络计划技术

建设工程进度计划用网络图来表示可以使建设工程进度得到有效控制。国内外实践证明，网络计划技术是用于控制建设工程进度的最有效工具。无论是建设工程设计阶段的进度控制，还是施工阶段的进度控制，均可使用网络计划技术。建设工程监理工程师必须掌握和应用网络计划技术。

网络计划技术自20世纪50年代诞生以来已得到迅速发展和广泛应用，其种类也越来越多。总的说来，网络计划可分为确定型和非确定型两类。如果网络计划中各项工作及其持续时间和各工作之间的相互关系都是确定的，就是确定型网络计划，否则属于非确定型网络计划。比如计划评审技术（PERT）、图示评审技术（GERT）、风险评审技术（VERT）、决策关键线路法（DN）等均属于非确定型网络计划。一般情况下，建设工程进度控制主要应用确定型网络计划。对于确定型网络计划来说，除了普通的双代号网络计划和单代号网络计划以外，还根据工程实际的需要派生出下列几种网络计划，即时标网络计划、搭接网络计划、有时限的网络计划、多级网络计划等。除上述网络计划外，还有用于表示工作之间流水作业关系的流水网络计划和具有多个工期目标的多目标网络计划等。

时标网络计划是以时间坐标为尺度表示工作进度安排的网络计划，其主要特点是计划时间直观明了。搭接网络计划是可以表示计划中各项工作之间搭接关系的网络计划，其主要特点是计划图形简单，常用的搭接网络计划是单代号搭接网络计划。有时限的网络计划是指能够体现由于外界因素的影响而对工作计划时间安排有限制的网络计划。多级网络计划是一个由若干个处于不同层次且相互间有关联的网络计划组成的系统，它主要适用于大中型工程建设项目，用来解决工程进度中的综合平衡问题。

利用网络计划控制建设工程进度可以弥补横道计划的许多不足。与横道计划相比网络计划具有以下4方面主要特点：网络计划能够明确表达各项工作之间的逻辑关系，所谓逻辑关系是指各项工作之间的先后顺序关系，网络计划能够明确地表达各项工作之间的逻辑关系对于分析各项工作之间的相互影响及处理它们之间的协作关系具有非常重要的意义，同时也是网络计划相对于横道图计划最明显的特征之一；通过网络计划时间参数的计算可以找出关键线路和关键工作；通过网络计划时间参数的计算可以明确各项工作的机动时间；网络计划可以利用电子计算机进行计算、优化和调整。

在关键线路法中关键线路是指在网络计划中从起点节点开始，沿箭线方向通过一系列箭线与节点，最后到达终点节点为止所形成的通路上所有工作持续时间总和最大的线路。关键线路上各项工作持续时间总和即为网络计划的工期，关键线路上的工作就是关键工作，关键工作的进度将直接影响到网络计划的工期。通过时间参数的计算，能够明确网络计划中的关键线路和关键工作，也就明确了工程进度控制中的工作重点，这对提高建设工程进度控制的效果具有非常重要的意义。所谓工作的机动时间，是指在执行进度计划时除完成任务所必需的时间外尚剩余的、可供利用的富余时间，亦称"时差"。在一般情况下，除关键工作外，其他各项工作(非关键工作)均有富余时间。这种富余时间可视为一种"潜力"，既可以用来支援关键工作，也可以用来优化网络计划，降低单位时间资源需求量。对进度计划进行优化和调整是工程进度控制工作中的一项重要内容。如果仅靠手工进行计算、优化和调整是非常困难的，必须借助于电子计算机。而且由于影响建设工程进度的因素有很多，只有利用电子计算机进行进度计划的优化和调整，才能适应实际变化的要求。网络计划就是这样一种模型，它能使进度控制人员利用电子计算机对工程进度计划进行计算、优化和调整。正是由于网络计划的这一特点，使其成为最有效的进度控制方法，从而受到普遍重视。当然，网络计划也有其不足之处，比如不像横道计划那么直观明了等，但这可以通过绘制时标网络计划得到弥补。

(3) 建设工程进度计划的编制程序

应用网络计划技术编制建设工程进度计划时其编制程序一般包括四个阶段 10 个步骤，即计划准备阶段，调查研究、计算时间参数；确定关键线路阶段，计算工作持续时间、确定进度计划目标、计算网络计划时间参数；绘制网络图阶段，进行项目分解、确定关键线路和关键工作、分析逻辑关系；网络计划优化阶段，优化网络计划、绘制网络图、编制优化后网络计划。

1) 计划准备阶段。该阶段的主要工作是调查研究、确定进度计划目标。调查研究的目的是为了掌握足够充分、准确的资料，从而为确定合理的进度目标、编制科学的进度计划提供可靠依据。调查研究的内容包括工程任务情况、实施条件、设计资料；有关标准、定额、规程、制度；资源需求与供应情况；资金需求与供应情况；有关统计资料、经验总结及历史资料等。调查研究的方法有实际观察、测算、询问；会议调查；资料检索；分析预测等。网络计划的目标由工程项目的目标所决定，一般可分为以下 3 类，即时间目标、时间—资源目标、时间—成本目标。时间目标即工期目标，是指建设工程合同中规定的工期或有关主管部门要求的工期。工期目标的确定应以建筑设计周期定额和建筑安装工程工期定额为依据，同时充分考虑类似工程实际进展情况、气候条件以及工程难易程度和建设条件的落实情况等因素。建设工程设计和施工进度安排必须以建筑设计周期定额和建筑安装工程工期定额为最高时限。所谓资源是指在工程建设过程中所需要投入的劳动力、原材料及施工机具等。一般情况下，时间—资源目标分为两类，即资源有限、工期最短；工期固定、资源均衡。"资源有限、工期最短"是指在一种或几种资源供应能力有限的情况下，寻求工期最短的计划安排。"工期固定、资源均衡"是指在工期固定的前提下，寻求资源需用量尽可能均衡的计划安排。时间—成本目标是指以限定的工期寻求最低成本或寻求最低成本时的工期安排。

2) 绘制网络图阶段。该阶段的主要工作是进行项目分解、分析逻辑关系、绘制网络图。进行项目分解是指将工程项目由粗到细进行分解，是编制网络计划的前提。如何进行工程项目的分解，工作划分的粗细程度如何，将直接影响到网络图的结构。控制性网络计划其工作划分应粗一些，实施性网络计划其工作划分应细一些。工作划分的粗细程度应根据实际需要确定。分析各项工作之间的逻辑关系时既要考虑施工程序或工艺技术过程，又要考虑组织安排或资源调配需要。对施工进度计划而言，分析其工作之间的逻辑关系时应考虑以下 6 方面问题，即施工工艺的要求；施工方法和施工机械的要求；施工组织的要求；施工质量的要求；当地的气候条件；安全技术的要求。分析逻辑关系的主要依据是施工方案、有关资源供应情况和施工经验等。根据已确定的逻辑关系即可按绘图规则绘制网络图，既可绘制单代号网络图也可绘制双代号网络图，也可根据需要绘制双代号时标网络计划。

3）计算时间参数及确定关键线路阶段。该阶段的主要工作是计算工作持续时间、计算网络计划时间参数、确定关键线路和关键工作。计算工作持续时间应遵守相关规定，工作持续时间是指完成该工作所花费的时间，其计算方法有多种，既可以凭以往的经验进行估算也可以通过试验推算，当有定额可用时还可利用时间定额或产量定额并考虑工作面及合理的劳动组织进行计算。所谓时间定额是指某种专业的工人班组或个人，在合理的劳动组织与合理使用材料的条件下，完成符合质量要求的单位产品所必需的工作时间，包括准备与结束时间、基本生产时间、辅助生产时间、不可避免的中断时间及工人必须的休息时间。时间定额通常以工日为单位，每一工日按 8 小时计算。所谓产量定额是指在合理的劳动组织与合理使用材料的条件下，某种专业、某种技术等级的工人班组或个人在单位工日中所应完成的质量合格的产品数量。产量定额与时间定额成反比，二者互为倒数。对于搭接网络计划还需要按最优施工顺序及施工需要确定出各项工作之间的搭接时间，如果有些工作有时限要求则应确定其时限。计算网络计划时间参数应遵守相关规定，网络计划是指在网络图上加注各项工作的时间参数而成的工作进度计划，网络计划时间参数一般包括工作最早开始时间、工作最早完成时间、工作最迟开始时间、工作最迟完成时间、工作总时差、工作自由时差、节点最早时间、节点最迟时间、相邻两项工作之间的时间间隔、计算工期等，应根据网络计划的类型及其使用要求选算上述时间参数，网络计划时间参数的计算方法有图上计算法、表上计算法、公式法等。确定关键线路和关键工作应遵守相关规定，在计算网络计划时间参数的基础上便可根据有关时间参数确定网络计划中的关键线路和关键工作。

4）网络计划优化阶段。该阶段的主要工作是优化网络计划、编制优化后网络计划。优化网络计划应遵守相关规定，当初始网络计划的工期满足所要求的工期及资源需求量，且无需进行网络优化时初始网络计划即可作为正式的网络计划，否则就需要对初始网络计划进行优化。根据所追求的目标不同，网络计划的优化包括工期优化、费用优化和资源优化三种，应根据工程的实际需要选择不同的优化方法。编制优化后网络计划应遵守相关规定，根据网络计划的优化结果便可绘制优化后的网络计划，同时编制网络计划说明书。网络计划说明书的内容应包括编制原则和依据、主要计划指标一览表、执行计划的关键问题、需要解决的主要问题及其主要措施以及其他需要说明的问题。

（4）计算机辅助建设项目进度控制

国外有很多用于进度计划编制的商品软件，自 20 世纪 70 年代末期和 80 年代初期我国也开始研制进度计划编制的软件，这些软件都是在网络计划原理的基础上编制的。应用这些软件可以实现计算机辅助建设项目进度计划的编制和调整，以确定网络计划的时间参数。计算机辅助建设项目网络计划编制的意义体现在以下 4 个方面：解决当网络计划计算量大，而手工计算难以承担的困难；确保网络计划计算的准确性；有利于网络计划及时调整；有利于编制资源需求计划等。进度控制是一个动态编制和调整计划的过程，初始的进度计划和在项目实施过程中不断调整的计划，以及与进度控制有关的信息应尽可能对项目各参与方透明，以便各方为实现项目的进度目标协同工作。为使业主方各工作部门和项目各参与方便捷地获取进度信息可利用项目专用网站作为基于网络的信息处理平台辅助进度控制。

9.4 流水施工与网络计划技术的特点

(1) 流水施工的特点

流水施工是一种科学、有效的工程项目施工组织方法之一，它可以充分地利用工作时间和操作空间，减少非生产性劳动消耗，提高劳动生产率，保证工程施工连续、均衡、有节奏地进行，从而对提高工程质量、降低工程造价、缩短工期有着显著的作用。

流水施工组织施工的方式很多，考虑工程项目的施工特点、工艺流程、资源利用、平面或空间布置等要求，其施工可以采用依次、平行、流水等组织方式。依次施工方式的特点是将拟建工程项目中的每一个施工对象分解为若干个施工过程，按施工工艺要求依次完成每一个施工过程；当一个施工对象完成后，再按同样的顺序完成下一个施工对象，依次类推，直至完成所有施工对象。

(2) 网络计划技术的特点

在建设工程进度控制工作中，较多地采用确定型网络计划。确定型网络计划的基本原理：首先利用网络图形式表达一项工程计划方案中各项工作之间的相互关系和先后顺序关系；其次，通过计算找出影响工期的关键线路和关键工作；接着，通过不断调整网络计划，寻求最优方案并付诸实施；最后，在计划实施过程中采取有效措施对其进行控制，以合理使用资源，高效、优质、低耗地完成预定任务。由此可见，网络计划技术不仅是一种科学的计划方法，同时也是一种科学的动态控制方法。

网络图是由箭线和节点组成，用来表示工作流程的有向、有序网状图形。一个网络图表示一项计划任务。网络图中的工作是计划任务按需要粗细程度划分而成的、消耗时间或同时也消耗资源的一个子项目或子任务。工作可以是单位工程；也可以是分部工程、分项工程；一个施工过程也可以作为一项工作。在一般情况下，完成一项工作既需要消耗时间，也需要消耗劳动力、原材料、施工机具等资源。但也有一些工作只消耗时间而不消耗资源，如混凝土浇筑后的养护过程和墙面抹灰后的干燥过程等。网络图有双代号网络图和单代号网络图两种。双代号网络图又称箭线式网络图，它是以箭线及其两端节点的编号表示工作，同时，节点表示工作的开始或结束以及工作之间的连接状态。单代号网络图又称节点式网络图，它是以节点及其编号表示工作，箭线表示工作之间的逻辑关系。

9.5 建设工程进度计划实施中的监测与调整方法

确定建设工程进度目标，编制一个科学、合理的进度计划是监理工程师实现进度控制的首要前提。但是在工程项目的实施过程中，由于外部环境和条件的变化，进度计划的编制者很难事先对项目在实施过程中可能出现的问题进行全面的估计。气候的变化、不可预见事件的发生以及其他条件的变化均会对工程进度计划的实施产生影响，从而造成实际进度偏离计划进度，如果实际进度与计划进度的偏差得不到及时纠正，势必影响进度总目标的实现。为此，在进度计划的执行过程中，必须采取有效的监测手段对进度计划的实施过程进行监控，以便及时发现问题，并运用行之有效的进度调整方法来解决问题。

（1）实际进度监测的系统过程

在建设工程实施过程中，监理工程师应经常地、定期地对进度计划的执行情况进行跟踪检查，发现问题后，及时采取措施加以解决。进度监测的系统过程主要由以下3个环节构成。

1）进度计划执行中的跟踪检查。对进度计划的执行情况进行跟踪检查是计划执行信息的主要来源，是进度分析和调整的依据，也是进度控制的关键步骤。跟踪检查的主要工作是定期收集反映工程实际进度的有关数据，收集的数据应当全面、真实、可靠，不完整或不正确的进度数据将导致判断不准确或决策失误。为了全面、准确地掌握进度计划的执行情况，监理工程师应认真做好以下3方面的工作，即定期收集进度报表资料、现场实地检查工程进展情况、定期召开现场会议。

进度报表是反映工程实际进度的主要方式之一，进度计划执行单位应按照进度监理制度规定的时间和报表内容定期填写进度报表，监理工程师通过收集进度报表资料掌握工程实际进展情况。派监理人员常驻现场，随时检查进度计划的实际执行情况，这样可以加强进度监测工作，掌握工程实际进度的第一手资料，发现进度偏差。借助定期召开现场会议，监理工程师通过与进度计划执行单位的有关人员面对面的交谈既可以了解工程实际进度状况，同时也可以协调有关方面的进度关系。一般说来，进度控制的效果与收集数据资料的时间间隔有关。究竟多长时间进行一次进度检查这是监理工程师应当确定的问题。如果不经常地、定斯地收集实际进度数据，就难以有效地控制实际进度。进度检查的时间间隔与工程项目的类型、规模、监理对象及有关条件等多方面因素相关，可视工程的具体情况，每月、每半月或每周进行一次检查。特殊情况下甚至需要每日进行一次进度检查。

2）实际进度数据的加工处理。为了进行实际进度与计划进度的比较，必须对收集到的实际进度数据进行加工处理，形成与计划进度具有可比性的数据。比如，对检查时段实际完成工作量的进度数据进行整理、统计和分析，确定本期累计完成的工作量、本期已完成的工作量占计划总工作量的百分数等。

3）实际进度与计划进度的对比分析。将实际进度数据与计划进度数据进行比较可以估算建设工程实际执行状况与计划目标之间的差距。为了直观反映实际进度偏差，通常采用表格或图形进行实际进度与计划进度的对比分析，从而得出实际进度比计划进度超前、滞后还是一致的结论。

（2）实际进度调整的系统过程

在建设工程实施进度监测过程中，一旦发现实际进度偏离计划进度，即出现进度偏差时，必须认真分析产生偏差的原因及其对后续工作和总工期的影响，必要时采取合理、有效的进度计划调整措施，确保进度总目标的实现。实际进度调整的系统过程主要有以下5个环节构成：

1）分析进度偏差产生的原因。通过实际进度与计划进度的比较发现进度偏差时，为了采取有效措施调整进度计划，必须深入现场进行调查，分析产生进度偏差的原因。

2）分析进度偏差对后续工作和总工期的影响。当查明进度偏差产生的原因之后，要分析进度偏差对后续工作和总工期的影响程度以确定是否应采取措施调整进度计划。

3）确定后续工作和总工期的限制条件。当出现的进度偏差影响到后续工作或总工期而需要采取进度调整措施时应当首先确定可调整进度的范围，主要指关键节点、后续工作的限制条件以及总工期允许变化的范围。这些限制条件往往与合同条件有关，需要认真分析后确定。

4）采取措施调整进度计划。采取进度调整措施应以后续工作和总工期的限制条件为依据，确保要求的进度目标得到实现。

5）实施调整后的进度计划。进度计划调整之后应采取相应的组织、经济、技术措施执行它，并继续监测其执行情况。

（3）实际进度与计划进度的比较方法

实际进度与计划进度的比较是建设工程进度监测的主要环节。常用的进度比较方法有横道图、S曲线、香蕉曲线、前锋线和列表。

1）横道图比较法。横道图比较法是指将项目实施过程中检查实际进度收集到的数据，经加工整理后直接用横道线平行绘于原计划的横道线处，进行实际进度与计划进度的比较方法。采用横道图比较法可以形象、直观地反映实际进度与计划进度的比较情况。根据各项工作的进度偏差，进度控制者可以采取相应的纠偏措施对进度计划进行调整，以确保该工程按期完成。实际工程项目中各项工作的进展不一定是匀速的。根据工程项目中各项工作的进展是否匀速可分别采用以下两种方法进行实际进度与计划进度的比较，即匀速进展横道图比较法、非匀速进展横道图比较法。

2）S曲线比较法。S曲线比较法是以横坐标表示时间，纵坐标表示累计完成任务量，绘制一条按计划时间累计完成任务量的S曲线。然后将工程项目实施过程中各检查时间实际累计完成任务量的S曲线也绘制在同一坐标系中，进行实际进度与计划进度比较的一种方法。从整个工程项目实际进展全过程看，单位时间投入的资源量一般是开始和结束时较少、中间阶段较多，与其相对应单位时间完成的任务量也呈同样的变化规律，而随工程进展累计完成的任务量则应呈S形变化，由于其形似英文字母S，S曲线比较法因此而得名。

3）香蕉曲线比较法。香蕉曲线是由两条S曲线组合而成的闭合曲线。由S曲线比较法可知，工程项目累计完成的任务量与计划时间的关系，可以用一条S曲线表示。对于一个工程项目的网络计划来说，如果以其中各项工作的最早开始时间安排进度而绘制S曲线，称为曲线S_2；如果以其中各项工作的最迟开始时间安排进度而绘制S曲线，称为曲线S_1。两条S曲线具有相同的起点和终点，因此，两条曲线是闭合的。一般情况下，曲线S_2上的其余各点均落在曲线S_1的相应点的左侧。由于该闭合曲线形似"香蕉"，故称为香蕉曲线。香蕉曲线比较法能直观地反映工程项目的实际进展情况，并可以获得比S曲线更多的信息。

4）前锋线比较法。前锋线比较法是通过绘制某检查时刻工程实际进度前锋线，进行工程实际进度与计划进度比较的方法，它主要适用于时标网络计划。所谓前锋线，是指在原时标网络计划上，从检查时刻的时标点出发，用点划线依次将各项工作实际进展位置点连接而成的折线。前锋线比较法就是通过实际进度前锋线与原进度计划中各工作箭线交点的位置来判断工作实际进度与计划进度的偏差，进而判定该偏差对后续工作及总工期影响程度的一种方法。

5）列表比较法。当工程进度计划用非时标网络图表示时，可以采用列表比较法进行实际进度与计划进度的比较。这种方法是记录检查日期应该进行的工作名称及其已经作业的时间，然后列表计算有关时间参数，并根据工作总时差进行实际进度与计划进度比较的方法。

9.6 建设工程设计阶段进度控制的特点与基本要求

建设工程设计阶段是工程项目建设过程中的一个重要阶段，同时也是影响工程项目建设工期的关键阶段之一。在实施设计阶段监理中，监理工程师必须采取有效措施对建设工程设计进度进行控制以确保建设工程总进度目标的实现。

(1) 设计阶段进度控制的意义

设计进度控制是建设工程进度控制的重要内容。建设工程进度控制的目标是建设工期，而工程设计作为工程项目实施阶段的一个重要环节，其设计周期又是建设工期的组成部分。因此，为了实现建设工程进度总目标，就必须对设计进度进行控制。工程设计工作涉及众多因素，包括规划、勘察、地理、地质、水文、能源、市政、环境保护、运输、物资供应、设备制造等。设计本身又是多专业的协作产物，它必须满足使用要求，同时也要讲究美观和经济效益，并考虑施工的可能性。为了对上述诸多复杂的问题进行综合考虑，工程设计要划分为初步设计和施工图设计两个阶段，特别复杂的工程设计还要增加技术设计阶段。这样，工程项目的设计周期往往很长，有时需要经过多次反复才能定案。因此，控制工程设计进度，不仅对建设工程总进度的控制有着很重要的意义，同时通过确定合理的设计周期，也使工程设计的质量得到了保证。

设计进度控制是施工进度控制的前提。在建设工程实施过程中，必须是先有设计图纸，然后才能按图施工。只有及时供应图纸才可能保证正常的施工进度；否则设计就会拖施工的后腿。在实际工作中，由于设计进度缓慢和设计变更多，使施工进度受到牵制的情况是经常发生的。为了保证施工进度不受影响，应加强设计进度控制。

设计进度控制是设备和材料供应进度控制的前提。实施建设工程所需要的设备和材料是根据设计而来的。设计单位必须提出设备清单，以便进行加工订货或购买。由于设备制造需要一定的时间，因此，必须控制设计工作的进度，才能保证设备加工的进度。材料的加工和购买也是如此。这样，在设计和施工两个实施环节之间就必须有足够的时间，以便进行设备与材料的加工订货和采购。因此，必须对设计进度进行控制，以保证设备和材料供应的进度，进而保证施工进度。

(2) 设计阶段进度控制工作程序

建设工程设计阶段进度控制的主要任务是出图控制，也就是通过采取有效措施使工程设计者如期完成初步设计、技术设计、施工图设计等各阶段的设计工作，并提交相应的设计图纸及说明。为此，监理工程师要审核设计单位的进度计划和各专业的出图计划，并在设计实施过程中，跟踪检查这些计划的执行情况，定期将实际进度与计划进度进行比较，进而纠正或修订进度计划。若发现进度拖后，监理工程师应督促设计单位采取有效措施加快进度。

(3) 设计阶段进度控制目标体系

建设工程设计阶段进度控制的最终目标是按质、按量、按时间要求提供施工图设计文件。确定建设工程设计进度控制总目标时，其主要依据包括建设工程总进度目标对设计周期的要求；设计工期定额、类似工程项目的设计进度、工程项目的技术先进程度等。为了有效地控制设计进度，还需要将建设工程设计进度控制总目标按设计进展阶段和专业进行分解，从而形成设计阶段进度控制目标体系。应合理确定设计进度控制分阶段目标，建设工程设计主要包括设计准备、初步设计、技术设计、施工图设计等阶段，为确保设计进度控制总目标的实现应明确每一阶段的进度控制目标。应合理确定设计准备工作时间目标，设计准备工作阶段主要包括规划设计条件的确定、设计基础资料的提供以及委托设计等工作，它们都应有明确的时间目标。设计工作能否顺利进行以及能否缩短设计周期与设计准备工作时间目标的实现关系极大。确定设计准备工作时间目标主要有以下 3 步工作。

1）确定规划设计条件。规划设计条件是指在城市建设中，由城市规划管理部门根据国家有关规定，从城市总体规划的角度出发，对拟建项目在规划设计方面所提出的要求。规划设计条件的确定按下列程序进行，即由建设单位持建设项目的批准文件和确定的建设用地通知书，向城市规划管理部门申请确定拟建项目的规划设计条件；城市规划管理部门提出规划设计条件征询意见表，以了解有关部门是否有能力承担该项目的配套建设（比如供电、供水、供气、排水、交通等），以及存在的问题和要求等；建设单位按照城市规划管理部门的要求分别向有关单位征询意见，由各有关单位签注意见和要求，必要时由建设单位与有关单位签订配套项目协议；将征询意见表返回城市规划管理部门，经整理确定后，再向建设单位发出规划设计条件通知书。如果有人防工程，还须另发人防工程设计条件通知书。规划设计条件通知书一般包括下列内容，即工程位置及附图；用地面积；建设项目的名称、建筑面积、高度、层数；建筑高度限额及容积率限额；绿化面积比例限额；机动车停车场位和地面车位比例；自行车场车位数；其他规划设计条件；注意事项等。

2）提供设计基础资料。建设单位必须向设计单位提供完整、可靠的设计基础资料，它是设计单位进行工程设计的主要依据。设计基础资料一般包括下列内容，即经批准的可行性研究报告；城市规划管理部门发给的"规划设计条件通知书"和地形图；建筑总平面布置图；原有的上下水；管道图、道路图、动力和照明线路图；建设单位与有关部门签订的供电、供气、供热、供水、雨污水排放方案或协议书；环保部门批准的建设工程环境影响审批表和城市节水部门批准的节水措施批件；当地的气象、风向、风荷、雪荷及地震级别；水文地质和工程地质勘察报告；对建筑物的采光、照明、供电、供气、供热、给排水、空调及电梯的要求；建筑构配件的适用要求；各类设备的选型、生产厂家及设备构造安装图纸；建筑物的装饰标准及要求；对"三废"处理的要求；建设项目所在地区其他方面的要求和限制（比如机场、港口、文物保护等）。

3）选定设计单位、商签设计合同。设计单位的选定可以采用直接指定、设计招标及设计方案竞赛等方式。为了优选设计单位、保证工程设计质量、降低设计费用、缩短设计周期，应当通过设计招标选定设计单位。而设计方案竞赛的主要目的是用来获得理想的设计方案，同时也有助于选择理想的设计单位，从而为以后的工程设计打下良好的基础。当选定设计单位之后，建设单位和设计单位应就设计费用及委托设计合同中的一些细节进行谈判、磋商，双方取得一致意见后即可签订建设工程设计合同。在该合同中，要明确设计进度及设计图纸提交时间。

（4）初步设计、技术设计工作时间目标

初步设计应根据建设单位所提供的设计基础资料进行编制。初步设计和总概算经批准

后，便可作为确定建设项目投资额、编制固定资产投资计划、签订总包合同及贷款合同、实行投资包干、控制建设工程拨款、组织主要设备订货、进行施工准备及编制技术设计（或施工图设计）文件等的主要依据。技术设计应根据初步设计文件进行编制，技术设计和修正总概算经批准后，便成为建设工程拨款和编制施工图设计文件的依据。为了确保工程建设进度总目标的实现，并保证工程设计质量，应根据建设工程的具体情况，确定出合理的初步设计和技术设计周期。该时间目标中，除了要考虑设计工作本身及进行设计分析和评审所花的时间外，还应考虑设计文件的报批时间。

（5）施工图设计工作时间目标

施工图设计应根据批准的初步设计文件（或技术设计文件）和主要设备订货情况进行编制，它是工程施工的主要依据。施工图设计是工程设计的最后一个阶段，其工作进度将直接影响建设工程的施工进度，进而影响建设工程进度总目标的实现。因此，必须确定合理的施工图设计交付时间，确保建设工程设计进度总目标的实现，从而为工程施工的正常进行创造良好的条件。

（6）设计进度控制分专业目标

以上是设计进度控制分阶段目标，为了有效地控制建设工程设计进度，还可以将各阶段设计进度目标具体化，进行进一步分解。比如可以将初步设计工作时间目标分解为方案设计时间目标和初步设计时间目标；将施工图设计时间目标分解为基础设计时间目标、结构设计时间目标、装饰设计时间目标及安装图设计时间目标等。这样，设计进度控制目标便构成了一个从总目标到分目标的完整的目标体系。

（7）设计进度控制影响因素

1）建设意图及要求改变的影响。建设工程设计是本着业主的建设意图和要求而进行的，所有的工程设计必然是业主意图的体现。因此，在设计过程中，如果业主改变其建设意图和要求，就会引起设计单位的设计变更，必然会对设计进度造成影响。

2）设计审批时间的影响。建设工程设计是分阶段进行的，如果前一阶段（如初步设计）的设计文件不能顺利得到批准，必然会影响到下一阶段（如施工图设计）的设计进度。因此，设计审批时间的长短，在一定条件下将影响到设计进度。

3）设计各专业之间协调配合的影响。如前所述，建设工程设计是一个多专业、多方面协调合作的复杂过程，如果业主、设计单位、监理单位等各单位之间，以及土建、电气、通信等各专业之间没有良好的协作关系，必然会影响建设工程设计工作的顺利实施。

4）工程变更的影响。当建设工程采用法实行分段设计、分段施工时，如果在已施工的部分发现一些问题而必须进行工程变更的情况下，也会影响设计工作进度。

5）材料代用、设备选用失误的影响。材料代用、设备选用的失误将会导致原有工程设计失效而重新进行设计，这也会影响设计工作进度。

（8）设计单位的进度控制

为了履行设计合同，按期提交施工图设计文件，设计单位应采取有效措施，控制建设工程设计进度。应建立计划部门，负责设计单位年度计划的编制和工程项目设计进度计划的编制；应建立健全设计技术经济定额，并按定额要求进行计划的编制与考核；应实行设计工作技术经济责任制，将职工的经济利益与其完成任务的数量和质量挂钩；应编制切实可行的设计总进度计划、阶段性设计进度计划和设计进度作业计划，在编制计划时，加强与业主、监理单位、科研单位及承包商的协作与配合，使设计进度计划积极可靠；应认真实施设计进度计划，力争设计工作有节奏、有秩序、合理搭接地进行，在执行计划时要定期检查计划的执行情况并及时对设计进度进行调整，使设计工作始终处于可控状态；应坚持按基本建设程序办事，尽量避免进行"边设计、边准备、边施工"的"三边"设计；应不断分析总结设计进度控制工作经验，逐步提高设计进度控制工作水平。

(9) 监理单位的进度监控

监理单位受业主的委托进行工程设计监理时，应落实项目监理班子中专门负责设计进度控制的人员，按合同要求对设计工作进度进行严格监控。对于设计进度的监控应实施动态控制，在设计工作开始之前首先应由监理工程师审查设计单位所编制的进度计划的合理性和可行性，在进度计划实施过程中监理工程师应定期检查设计工作的实际完成情况并与计划进度进行比较分析，一旦发现偏差就应在分析原因的基础上提出纠偏措施以加快设计工作进度，必要时应对原进度计划进行调整或修订。在设计进度控制中，监理工程师要对设计单位填写的设计图纸进度表进行核查分析并提出自己的见解，从而将各设计阶段的每一张图纸(包括其相应的设计文件)的进度都纳入监控之中。

(10) 建筑工程管理方法

建筑工程管理(CM，Construction Management)方法是近年来在国外推行的一种系统工程管理方法，其特点是将工程设计分阶段进行，每阶段设计好之后就进行招标施工，并在全部工程竣工前，可将已完部分工程交付使用。这样，不仅可以缩短工程项目的建设工期，还可以使部分工程分批投产以提前获得收益。

CM 的基本指导思想是缩短工程项目的建设周期，它采用快速路径(Fast-Track)的生产组织方式，特别适用于那些实施周期长、工期要求紧迫的大型复杂建设工程。建设工程采用承发包模式，在进度控制方面的优势主要体现在以下几个方面，即由于采取分阶段发包、集中管理实现了有条件的"边设计、边施工"，使设计与施工能够充分地搭接，有利于缩短建设工期；监理工程师在建设工程设计早期即可参与项目的实施，并对工程设计提出合理化建议，使设计方案的施工可行性和合理性在设计阶段就得到考虑和证实，从而可以减少施工阶段因修改设计而造成的实际进度拖后；为了实现设计与施工以及施工与施工的合理搭接，建筑工程管理方法将项目的进度安排看作一个完整的系统工程，一般在项目实施早期即编制供货期长的设备采购计划，并提前安排设备招标、提前组织设备采购，从而可以避免因设备供应工作的组织和管理不当而造成的工程延期。

当采用建筑工程管理方法时，监理工程师不仅要负责设计方面的管理与协调工作，同时还有施工方面的监理职能。因此，监理工程师必须采取有效措施，使工程设计与施工能协调地进行，避免出现因设计进度拖延而导致施工进度受影响的不正常情况，最终确保建设工程进度总目标的实现。

9.7 建设工程施工阶段进度控制的特点与基本要求

施工阶段是建设工程实体的形成阶段，对其进度实施控制是建设工程进度控制的重点。做好施工进度计划与项目建设总进度计划的衔接，并跟踪检查施工进度计划的执行情况，在必要时对施工进度计划进行调整对于建设工程进度控制总目标的实现具有十分重要的意义。

监理工程师受业主的委托在建设工程施工阶段实施监理时，其进度控制的总任务就是在满足工程项目建设总进度计划要求的基础上，编制或审核施工进度计划，并对其执行情况加以动态控制，以保证工程项目按期竣工交付使用。

（1）施工进度控制目标体系

保证工程项目按期建成交付使用，是建设工程施工阶段进度控制的最终目的。为了有效地控制施工进度，首先要将施工进度总目标从不同角度进行层层分解，形成施工进度控制目标体系，从而作为实施进度控制的依据。建设工程不但要有项目建成交付使用的确切日期这个总目标，还要有各单位工程交工动用的分目标以及按承包单位、施工阶段和不同计划期划分的分目标。各目标之间相互联系，共同构成建设工程施工进度控制目标体系。其中，下级目标受上级目标的制约，下级目标保证上级目标，最终保证施工进度总目标的实现。

应按项目组成分解确定各单位工程开工及动用日期。各单位工程的进度目标在工程项目建设总进度计划及建设工程年度计划中都有体现。在施工阶段应进一步明确各单位工程的开工和交工动用日期，以确保施工总进度目标的实现。

应按承包单位分解，明确分工条件和承包责任。在一个单位工程中有多个承包单位参加施工时，应按承包单位将单位工程的进度目标分解，确定出各分包单位的进度目标，列入分包合同，以便落实分包责任，并根据各专业工程交叉施工方案和前后衔接条件，明确不同承包单位工作面交接的条件和时间。

应按施工阶段分解，划定进度控制分界点。根据工程项目的特点应将其施工分成几个阶段，比如土建工程可分为基础、结构和内外装修阶段。每一阶段的起止时间都要有明确的标志，特别是不同单位承包的不同施工段之间，更要明确划定时间分界点，以此作为形象进度的控制标志，从而使单位工程动用目标具体化。

应按计划期分解，组织综合施工。将工程项目的施工进度控制目标按年度、季度、月（或旬）进行分解，并用实物工程量、货币工作量及形象进度表示，将更有利于监理工程师明确对各承包单位的进度要求。同时，还可以据此监督其实施，检查其完成情况。计划期愈短，进度目标愈细，进度跟踪就愈及时，发生进度偏差时也就更能有效地采取措施予以纠正。这样，就形成一个有计划、有步骤协调施工，长期目标对短期目标自上而下逐级控制，短期目标对长期目标自下而上逐级保证，逐步趋近进度总目标的局面，最终达到工程项目按期竣工交付使用的目的。

（2）施工进度控制目标的确定

为了提高进度计划的预见性和进度控制的主动性，在确定施工进度控制目标时必须全面细致地分析与建设工程进度有关的各种有利因素和不利因素。只有这样，才能订出一个科学、合理的进度控制目标。确定施工进度控制目标的主要依据：建设工程总进度目标对施工工期的要求；工期定额、类似工程项目的实际进度；工程难易程度和工程条件的落实情况等。在确定施工进度分解目标时还要考虑以下各方面因素：

1) 对于大型建设工程项目应根据尽早提供可动用单元的原则，集中力量分期分批建设，以便尽早投入使用，尽快发挥投资效益。这时，为保证每一动用单元能形成完整的生产能力，就要考虑这些动用单元交付使用时所必需的全部配套项目。因此，要处理好前期动用和后期建设的关系、每期工程中主体工程与辅助及附属工程之间的关系等。

2) 合理安排土建与设备的综合施工。要按照它们各自的特点，合理安排土建施工与设备基础、设备安装的先后顺序及搭接、交叉或平行作业，明确设备工程对土建工程的要求和土建工程为设备工程提供施工条件的内容及时间。

3) 结合工程的特点，参考同类建设工程的经验来确定施工进度目标。避免只按主观愿望盲目确定进度目标，从而在实施过程中造成进度失控。

4) 做好资金供应能力、施工力量配备、物资(材料、构配件、设备)供应能力与施工进度的平衡工作，确保工程进度目标的要求而不使其落空。

5) 考虑外部协作条件的配合情况。包括施工过程中及项目竣工动用所需的水、电、气、通信、道路及其他社会服务项目的满足程序和满足时间。它们必须与有关项目的进度目标相协调。

6) 考虑工程项目所在地区地形、地质、水文、气象等方面的限制条件。

总之，要想对工程项目的施工进度实施控制，就必须有明确、合理的进度目标(进度总目标和进度分目标)否则，控制便失去了意义。

(3) 建设工程施工进度控制工作内容

建设工程施工进度控制工作从审核承包单位提交的施工进度计划开始，直至建设工程保修期满为止，其工作内容主要有编制施工进度控制工作细则；编制或审核施工进度计划；按年、季、月编制工程综合计划；下达工程开工令；协助承包单位实施进度计划；监督施工进度计划的实施；监督施工进度计划的实施；组织现场协调会；签发工程进度款支付凭证；审批工程延期；处理工程延误；向业主提供进度报告；督促承包单位整理技术资料；签署工程竣工报验单，提交质量评估报告；整理工程进度资料；工程移交。

为了保证建设工程的施工任务按期完成，监理工程师必须审核承包单位提交的施工进度计划。对于大型建设工程，由于单位工程较多、施工工期长，且采取分期分批发包又没有一个负责全部工程的总承包单位时，就需要监理工程师编制施工总进度计划；或者当建设工程由若干个承包单位平行承包时，监理工程师也有必要编制施工总进度计划。施工总进度计划应确定分期分批的项目组成；各批工程项目的开工、竣工顺序及时间安排；全场性准备工程，特别是首批准备工程的内容与进度安排等。当建设工程有总承包单位时，监理工程师只需对总承包单位提交的施工总进度计划进行审核即可。而对于单位工程施工进度计划，监理工程师只负责审核而不需要编制。

在按计划期编制的进度计划中，监理工程师应着重解决各承包单位施工进度计划之间、施工进度计划与资源(包括资金、设备、机具、材料及劳动力)保障计划之间及外部协作条件的延伸性计划之间的综合平衡与相互衔接问题，并根据上期计划的完成情况对本期计划作必要的调整，从而作为承包单位近期执行的指令性计划。

监理工程师应根据承包单位和业主双方关于工程开工的准备情况，选择合适的时机发布

154

工程开工令。工程开工令的发布，要尽可能及时。因为从发布工程开工令之日算起，加上合同工期后即为工程竣工日期。如果开工令发布拖延，就等于推迟了竣工时间，甚至可能引起承包单位的索赔。为了检查双方的准备情况，监理工程师应参加由业主主持召开的第一次工地会议。业主应按照合同规定，做好征地拆迁工作，及时提供施工用地。同时，还应当完成法律及财务方面的手续，以便能及时向承包单位支付工程预付款。承包单位应当将开工所需要的人力、材料及设备准备好，同时还要按合同规定为监理工程师提供各种条件。

监理工程师要随时了解施工进度计划执行过程中所存在的问题，并帮助承包单位予以解决，特别是承包单位无力解决的内外关系协调问题。

监督施工进度计划的实施是建设工程施工进度控制的经常性工作。监理工程师不仅要及时检查承包单位报送的施工进度报表和分析资料，同时还要进行必要的现场实地检查，核实所报送的已完项目的时间及工程量，杜绝虚报现象。

监理工程师应每月、每周定期组织召开不同层级的现场协调会议，以解决工程施工过程中的相互协调配合问题。在每月召开的高级协调会上通报工程项目建设的重大变更事项，协商其后果处理，解决各个承包单位之间以及业主与承包单位之间的重大协调配合问题。在每周召开的管理层协调会上，通报各自进度状况、存在的问题及下周的安排，解决施工中的相互协调配合问题。通常包括：各承包单位之间的进度协调问题；工作面交接和阶段成品保护责任问题；场地与公用设施利用中的矛盾问题；某一方面断水、断电、断路、开挖要求对其他方面影响的协调问题以及资源保障、外协条件配合问题等。在平行、交叉施工单位多，工序交接频繁且工期紧迫的情况下，现场协调会甚至需要每日召开。在会上通报和检查当天的工程进度，确定薄弱环节，部署当天的赶工任务，以便为次日正常施工创造条件。对于某些未曾预料的突发变故或问题，监理工程师还可以通过发布紧急协调指令，督促有关单位采取应急措施维护施工的正常秩序。

监理工程师应对承包单位申报的已完分项工程量进行核实，在质量监理人员检查验收后，签发工程进度款支付凭证。造成工程进度拖延的原因有两个方面：一方面是由于承包单位自身的原因，另一方面是由于承包单位以外的原因，前者所造成的进度拖延称为工程延误；而后者所造成的进度拖延称为工程延期。监理工程师应随时整理进度资料，并做好工程记录，定期向业主提交工程进度报告。监理工程师要根据工程进展情况，督促承包单位及时整理有关技术资料。

当单位工程达到竣工验收条件后，承包单位在自行预验的基础上提交工程竣工报验单，申请竣工验收。监理工程师在对竣工资料及工程实体进行全面检查、验收合格后，签署工程竣工报验单，并向业主提出质量评估报告。

工程完工以后，监理工程师应将工程进度资料收集起来，进行归类、编目和建档，以便为今后其他类似工程项目的进度控制提供参考。

监理工程师应督促承包单位办理工程移交手续，颁发工程移交证书。在工程移交后的保修期内，还要处理验收后质量问题的原因及责任等争议问题，并督促责任单位及时修理。当保修期结束且再无争议时，建设工程进度控制的任务即告完成。

(4) 施工进度计划的编制与审查

施工进度计划是表示各项工程(单位工程、分部工程或分项工程)的施工顺序、开始和结束时间以及相互衔接关系的计划。它既是承包单位进行现场施工管理的核心指导文件，也是监理工程师实施进度控制的依据。施工进度计划通常是按工程对象编制的。

施工总进度计划一般是建设工程项目的施工进度计划。它是用来确定建设工程项目中所包含的各单位工程的施工顺序、施工时间及相互衔接关系的计划。编制施工总进度计划的依据：施工总方案；资源供应条件；各类定额资料；合同文件；工程项目建设总进度计划；工程动用时间目标；建设地区自然条件及有关技术经济资料等。

单位工程施工进度计划是在既定施工方案的基础上，根据规定的工期和各种资源供应条件，对单位工程中的各分部分项工程的施工顺序、施工起止时间及衔接关系进行合理安排的计划。其编制的主要依据：施工总进度计划；单位工程施工方案；合同工期或定额工期；施工定额；施工图和施工预算；施工现场条件；资源供应条件；气象资料等。

在工程项目开工前，项目监理机构应审查施工单位报审的施工总进度计划和阶段性施工进度计划，提出审查意见，并应由总监理工程师审核后报建设单位。

（5）施工进度计划实施中的检查与调整

施工进度计划由承包单位编制完成后，应提交给监理工程师审查，待监理工程师审查确认后即可付诸实施。承包单位在执行施工进度计划的过程中，应接受监理工程师的监督与检查。而监理工程师应定期向业主报告工程进展状况。

（6）工程延期

如前所述，在建设工程施工过程中，其工期的延长分为工程延误和工程延期两种。虽然它们都是使工程拖期，但由于性质不同，因而业主与承包单位所承担的责任也就不同。如果是属于工程延误，则由此造成的一切损失由承包单位承担。同时，业主还有权对承包单位施行误期违约罚款。而如果是属于工程延期，则承包单位不仅有权要求延长工期，而且还有权向业主提出赔偿费用的要求以弥补由此造成的额外损失。因此，监理工程师应正确处理工程延期问题。

（7）物资供应进度控制

建设工程物资供应是实现建设工程投资、进度和质量3大目标控制的物质基础。正确的物资供应渠道与合理的供应方式可以降低工程费用，有利于投资目标的实现；完善合理的物资供应计划是实现进度目标的根本保证；严格的物资供应检查制度是实现质量目标的前提。因此，保证建设工程物资及时、合理供应是监理工程师必须重视的重要问题。

★ 思 考 题

1. 简述建设工程进度控制的作用及意义。
2. 建设工程进度控制计划体系的特征是什么？
3. 简述建设工程进度计划的表示方法和编制程序。
4. 流水施工与网络计划技术的特点是什么？
5. 简述建设工程进度计划实施中的监测与调整方法。
6. 简述建设工程设计阶段进度控制的特点与基本要求。
7. 简述建设工程施工阶段进度控制的特点与基本要求。

第10章　建设工程合同管理的特点及相关要求

10.1　建设工程合同管理的特点及作用

(1) 建设工程合同管理的目标

建设工程合同是承包人实施工程建设活动，发包人支付价款或酬金的协议。建设工程合同的顺利履行是建设工程质量、投资和工期的基本保障，其不仅对建设工程合同当事人有重要意义，而且对社会公共利益、公众生命健康同样具有重要意义。

作为社会主义市场经济的重要组成部分，我国建筑市场需要不断发展和完善。市场经济与计划经济的最主要区别在于市场经济主要是依靠合同来规范当事人的交易行为，而计划经济主要是依靠行政手段来规范财产流转关系，因此，发展和完善建筑市场必须有规范的建设工程合同管理制度。市场经济条件下由于主要依靠合同来规范当事人的交易行为，因此，合同的内容将成为实施建设工程行为的主要依据。依法加强建设工程合同管理可以保障建筑市场的资金、材料、技术、信息、劳动力的管理，保障建筑市场有序运行。

我国建设领域推行项目法人负责制、招标投标制、工程监理制和合同管理制。这些制度的核心就是合同管理制度，因为项目法人责任制是要建立能够独立承担民事责任的主体制度，而市场经济中的民事责任则主要是基于合同义务的合同责任。招标投标制实际上是要确立一种公平、公正、公开的合同订立制度，是合同形成过程的程序要求。工程监理制也是依靠合同来规范业主、承包人、监理人相互之间关系的法律制度，因此，建设领域的各项制度实际上是以合同制度为中心相互推进的，建设工程合同管理的健全与完善无疑有助于建筑领域其他各项制度的推进。

工程建设管理水平的提高体现在工程质量、进度和投资的三大控制目标上，这三大控制目标的水平主要体现在合同中。在合同中规定三大控制目标后，要求合同当事人在工程管理中细化这些内容，在工程建设过程中严格执行这些规定。同时，如果能够严格按照合同要求进行管理则工程的质量就能够有效地得到保障，进度和投资的控制目标也就能够实现。因此，建设工程合同管理能够有效提高工程建设的管理水平。

建设领域是我国经济犯罪的高发领域。出现这样的情况主要是由于工程建设中的公开、公正、公平做得不够好，加强建设工程合同管理能够有效地做到公开、公正、公平。特别是健全和完善建设工程合同的招标投标制度，将建筑市场的交易行为置于阳光之下、约束权力滥用行为，可有效避免和克服建设领域的违法犯罪行为。加强建设工程合同履行的管理也有助于政府行政管理部门对合同的监督，避免和克服建设领域的经济违法和犯罪。

(2) 建设工程合同的种类

建筑市场中的各方主体包括建设单位、勘察设计单位、施工单位、咨询单位、监理单位、材料设备供应单位等，这些主体都要依靠合同确立相互之间的关系。在这些合同中有些属于建设工程合同，有些则是属于与建设工程相关的合同。建设工程合同可以从不同的角度进行分类。

从承发包的不同范围和数量进行划分可以将建设工程合同分为建设工程设计施工总承包合同、工程施工承包合同、施工分包合同。发包人将工程建设的勘察、设计、施工等任务发包给一个承包人的合同即为建设工程设计施工总承包合同；发包人将全部或部分施工任务发包给一个承包人的合同即为施工承包合同；承包人经发包人认可，将承包的工程中部分施工任务交予其他人完成而订立的合同即为施工分包合同。

按完成承包的内容进行划分，建设工程合同可以分为建设工程勘察合同、建设工程设计合同和建设工程施工合同三类。

(3) 合同主体的严格性

建设工程合同主体一般是法人。发包人一般是经过批准进行工程项目建设的法人，必须有国家批准建设项目，落实的投资计划，并且应当具备相应的协调能力。承包人则必须具备法人资格，而且应当具备相应的从事勘察设计、施工、监理等资质。无营业执照或无承包资质的单位不能作为建设工程合同的主体，资质等级伸的单位不能越级承包建设工程。

建设工程合同的标的是各类建筑产品。建筑产品是不动产，其基础部分与大地相连、不能移动。这就决定了每个建设工程合同的标的都是特殊的，相互间具有不可替代性。同时这还决定了承包人工作的流动性。建筑物所在地就是勘察、设计、施工生产的场地，施工队伍、施工机械必须围绕建筑产品不断移动。另外，建筑产品类别庞杂，其外观、结构、使用目的、使用人各不相同，这就要求每一个建筑产品都需单独设计和施工(即使可重复利用标准设计或重复使用图纸也应采取必要的修改设计才能施工)，即建筑产品是单体性生产，这也决定了建设工程合同标的的特殊性。

建设工程由于结构复杂、体积大、建筑材料类型多、工作量大，使得合同履行期限都较长〔与一般工业产品的生产相比建设工程合同的订立和履行一般都需要较长的准备期〕。在合同的履行过程中，还可能因为不可抗力、工程变更、材料供应不及时等原因而导致合同期限顺延。所有这些情况都决定了建设工程合同的履行期限具有长期性。

由于工程建设对国家经济发展、公民工作和生活都有重大的影响，因此国家对建设工程的计划和程序都有严格的管理制度。订立建设工程合同必须以国家批准的投资计划为前提，即使是国家投资以外的、以其他方式筹集的投资也要受到当年的贷款规模和批准限额的限制，纳入当年投资规模的平衡，并经过严格的审批程序。另外，建设工程合同的订立和履行还必须符合国家关于工程建设程序的规定。

我国《合同法》对合同形式确立了以不要式为主的原则，即在一般情况下对合同形式采用书面形式还是口头形式没有限制。但是考虑到建设工程的重要性和复杂性，在建设过程中经常会发生影响合同履行的纠纷，因此《合同法》要求建设工程合同应当采用书面形式，即采用要式合同。

(4) 招标投标与合同的关系

在工程建设领域，招标投标与合同管理是改革开放初期的两项重要改革。在市场经济建设中，两者相辅相成、缺一不可。招标投标能够体现建筑市场交易中的公平、公开、公正。合同则是招标投标竞争内容的明确化。通过招标投标和订立合同保障工程建设能够更好地完成。

10.2　建设工程合同管理的基本要求

我国建设工程合同管理的基本要求可概括为以下 5 点。

1）严格执行建设工程合同管理法律法规。应当说，随着我国《民法通则》《合同法》《招标投标法》《建筑法》的颁布和实施，建设工程合同管理法律已基本健全。但在实践中，这些法律的执行还存在着很大的问题，其中既有勘察、设计、施工单位转包、违法分包和不认真执行工程建设强制性标准、偷工减料、忽视工程质量的问题，也有监理单位监理不到位的问题，还有建设单位不认真履行合同（特别是拖欠工程款）的问题。市场经济条件下，要求在建设工程合同管理时要严格依法进行。这样，管理行为才能有效，才能提高建设工程合同管理的水平，才能解决建设领域存在的诸多问题。

2）普及相关法律知识，培训合同管理人才。市场经济条件下，工程建设领域的从业人员应当增强合同观念和合同意识，这就要求普及相关法律知识，培训合同管理人才。不论是施工合同中的监理工程师，还是建设工程合同的当事人，以及涉及有关合同的各类人员，都应当熟悉合同的相关法律知识，增强合同观念和合同意识，努力做好建设工程合同管理工作。

3）设立合同管理机构，配备合同管理人员。加强建设工程合同管理应当设立合同管理机构，配备合同管理人员。一方面，建设工程合同管理工作应当作为建设行政管理部门的管理内容之一；另一方面，建设工程合同当事人内部也要建立合同管理机构。特别是建设工程合同当事人内部不但应当建立合同管理机构，还应当配备合同管理人员，建立合同台账、统计、检查和报告制度，提高建设工程合同管理的水平。

4）建立合同管理目标制度。合同管理目标是指合同管理活动应当达到的预期结果和最终目的。建设工程合同管理需要设立管理目标，并且管理目标可以分解为管理的各个阶段的目标。合同的管理目标应当落到实处。为此，还应当建立建设工程合同管理的评估制度。这样，才能有效地督促合同管理人员提高合同管理的水平。

5）推行合同示范文本制度。推行合同示范文本制度，一方面有助于当事人了解、掌握有关法律、法规，使具体实施项目的建设工程合同符合法律法规的要求，避免缺款少项，防止出现显失公平的条款，也有助于当事人熟悉合同的运行；另一方面，有利于行政管理机关对合同的监督，有助于仲裁机构或者人民法院及时裁判纠纷，维护当事人的利益。使用标准化的范本签订合同，对完善建设工程合同管理制度起到了极大的推动作用。

10.3　建设工程合同管理的法律基础

(1) 合同法律关系

法律关系是一定的社会关系在相应的法律规范的调整下形成的权利义务关系。法律关系的实质是法律关系主体之间存在的特定权利义务关系。合同法律关系是一种重要的法律关系。合同法律关系是指由合同法律规范所调整的、在民事流转过程中所产生的权利义务关系。合同法律关系包括合同法律关系主体、合同法律关系客体、合同法律关系内容三个要素。这三要素构成了合同法律关系，缺少其中任何一个要素都不能构成合同法律关系，改变其中的任何一个要素就改变了原来设定的法律关系。合同法律关系主体是参加合同法律关系，享有相应权利、承担相应义务的自然人、法人和其他组织为合同当事人。

自然人是指基于出生而成为民事法律关系主体的有生命的人。作为合同法律关系主体的自然人必须具备相应的民事权利能力和民事行为能力。民事权利能力是民事主体依法享有民事权利和承担民事义务的资格。自然人的民事权利能力始于出生，终于死亡。民事行为能力是民事主体通过自己的行为取得民事权利和履行民事义务的资格。根据自然人的年龄和精神健康状况，可以将自然人分为完全民事行为能力人、限制民事行为能力人和无民事行为能力人。自然人在我国《民法通则》的民事主体中使用的是"公民"一词。自然人既包括公民，也包括外国人和无国籍人，他们都可以作为合同法律关系的主体。

法人是具有民事权利能力和民事行为能力，依法独立享有民事权利和承担民事义务的组织。法人是与自然人相对应的概念，是法律赋予社会组织具有人格的一项制度。这一制度为确立社会组织的权利、义务，便于社会组织独立承担责任提供了基础。法人应当具备以下 4 个条件，即依法成立；有必要的财产或者经费；有自己的名称、组织机构和场所；能够独立承担民事责任。法人不能自然产生，它的产生必须经过法定程序，法人的设立目的和方式必须符合法律的规定，设立法人必须经过政府主管机关的批准或者核准登记。有必要的财产或者经费是法人进行民事活动的物质基础，它要求法人的财产或者经费必须与法人的经营范围或者设立目的相适应，否则不能被批准设立或者核准登记。法人的名称是法人相互区别的标志和法人进行活动时使用的代号，法人的组织机构是指对内管理法人事务、对外代表法人进行民事活动的机构，法人的场所则是法人进行业务活动的所在地，也是确定法律管辖的依据。法人必须能够以自己的财产或者经费承担在民事活动中的债务，在民事活动中给其他主体造成损失时能够承担赔偿责任。法人的法定代表人是自然人，他依照法律或者法人组织章程的规定，代表法人行使职权。法人以它的主要办事机构所在地为住所。法人可以分为企业法人和非企业法人两大类，非企业法人包括行政法人、事业法人、社团法人。企业法人依法经工商行政管理机关核准登记后取得法人资格。企业法人分立、合并或者有其他重要事项变更，应当向登记机关办理登记并公告。企业法人分立、合并，它的权利和义务由变更后的法人享有和承担。有独立经费的机关从成立之日起具有法人资格。具有法人条件的事业单位、社会团体，依法不需要办理法人登记的，从成立之日起具有法人资格；依法需要办理法人登记的经核准登记取得法人资格。

法人以外的其他组织也可以成为合同法律关系主体，主要包括法人的分支机构，不具备法人资格的联营体、合伙企业、个人独资企业等。这些组织应当是合法成立、有一定的组织机构和财产，但又不具备法人资格的组织。其他组织与法人相比，其复杂性在于民事责任的承担较为复杂。

合同法律关系客体是指参加合同法律关系的主体享有的权利和承担的义务所共同指向的对象。合同法律关系的客体主要包括物、行为、智力成果。法律意义上的物是指可为人们控制并具有经济价值的生产资料和消费资料，可以分为动产和不动产、流通物与限制流通物、特定物与种类物等，比如建筑材料、建筑设备、建筑物等都可能成为合同法律关系的客体，货币作为一般等价物也是法律意义上的物，可以作为合同法律关系的客体，比如借款合同等。法律意义上的行为是指人的有意识的活动，在合同法律关系中，行为多表现为完成一定的工作，比如勘察设计、施工安装等，这些行为都可以成为合同法律关系的客体，行为也可以表现为提供一定的劳务，比如绑扎钢筋、土方开挖、抹灰等。智力成果是通过人的智力活动所创造出的精神成果，包括知识产权、技术秘密及在特定情况下的公知技术，比如专利权、工程设计等，都有可能成为合同法律关系的客体。

合同法律关系的内容是指合同约定和法律规定的权利和义务。合同法律关系的内容是合同的具体要求，决定了合同法律关系的性质，它是连接主体的纽带。权利是指合同法律关系主体在法定范围内按照合同的约定有权按照自己的意志作出某种行为，权利主体也可以要求义务主体作出一定的行为或不作出一定的行为以实现自己的有关权利，当权利受到侵害时有权得到法律保护。义务是指合同法律关系主体必须按法律规定或约定承担应负的责任。义务和权利是相互对应的，相应主体应自觉履行相对应的义务。否则，义务人应承担相应的法律责任。

（2）合同法律关系的产生、变更与消灭

合同法律关系并不是由建设法律规范本身产生的，只有在具有一定的情况和条件下才能产生、变更和消灭。能够引起合同法律关系产生、变更和消灭的客观现象和事实，就是法律事实。法律事实包括行为和事件。

行为是指法律关系主体有意识的活动，能够引起法律关系发生变更和消灭的行为，包括作为和不作为两种表现形式。行为还可分为合法行为和违法行为。凡符合国家法律规定或为国家法律所许可的行为是合法行为，比如在建设活动中当事人订立合法有效的合同会产生建设工程合同关系；建设行政管理部门依法对建设活动进行的管理活动会产生建设行政管理关系。凡违反国家法律规定的行为是违法行为，比如建设工程合同当事人违约会导致建设工程合同关系的变更或者消灭。此外，行政行为和发生法律效力的法院判决、裁定以及仲裁机构发生法律效力的裁决等也是一种法律事实，也能引起法律关系的发生、变更、消灭。

事件是指不以合同法律关系主体的主观意志为转移而发生的，能够引起合同法律关系产生、变更、消灭的客观现象。这些客观事件的出现与否是当事人无法预见和控制的。事件可分为自然事件和社会事件两种。自然事件是指由于自然现象所引起的客观事实，比如地震、台风等。社会事件是指由于社会上发生了不以个人意志为转移的、难以预料的重大事件所形成的客观事实，比如战争、罢工、禁运等。无论自然事件还是社会事件，它们的发生都能引起一定的法律后果，即导致合同法律关系的产生或者迫使已经存在的合同法律关系发生变化。

（3）代理关系

代理是代理人在代理权限内以被代理人的名义实施的、其民事责任由被代理人承担的法律行为。代理具有以下4方面特征：代理人必须在代理权限范围内实施代理行为；代理人以被代理人的名义实施代理行为；代理人在被代理人的授权范围内独立地表现自己的意志；被代理人对代理行为承担民事责任。

无论代理权的产生是基于何种法律事实，代理人都不得擅自变更或扩大代理权限，代理人超越代理权限的行为不属于代理行为、被代理人对此不承担责任，在代理关系中，委托代理中的代理人应根据被代理人的授权范围进行代理，法定代理和指定代理中的代理人也应在法律规定或指定的权限范围内实施代理行为。代理人只有以被代理人的名义实施代理行为才能为被代理人取得权利和设定义务；如果代理人是以自己的名义为法律行为则这种行为是代理人自己的行为而非代理行为，这种行为所设定的权利与义务只能由代理人自己承受。在被

代理人的授权范围内代理人以自己的意志去积极地为实现被代理人的利益和意愿进行具有法律意义的活动，它具体表现为代理人有权自行解决他如何向第三人作出意思表示，或者是否接受第二人的意思表示。代理是代理人以被代理人的名义实施的法律行为，所以在代理关系中所设定的权利义务，当然应当直接归属被代理人享受和承担；被代理人对代理人的代理行为应承担的责任，既包括对代理人执行代理任务的合法行为承担民事责任，也包括对代理人不当代理行为承担民事责任。

以代理权产生的依据不同可将代理分为委托代理、法定代理和指定代理。

（4）合同担保

担保是指当事人根据法律规定或者双方约定，为促使债务人履行债务实现债权人权利的法律制度。担保通常由当事人双方订立担保合同。担保合同是被担保合同的从合同，被担保合同是主合同，主合同无效，从合同也无效。但担保合同另有约定的按照约定。担保活动应当遵循平等、自愿、公平、诚实信用的原则。担保法是指调整因担保关系而产生的债权债务关系的法律规范总称。我国《担保法》规定的担保方式为保证、抵押、质押、留置和定金。

（5）工程保险

1）保险。保险是指投保人根据合同约定，向保险人支付保险费，保险人对于合同约定的可能发生的事故因其发生所造成的财产损失承担赔偿保险金责任，或者当被保险人死亡、伤残、疾病或者达到合同约定的年龄、期限时承担给付保险金责任的商保险行为。保险是一种受法律保护的分散危险、消化损失的法律制度。保险的目的是为了分散危险，因此，危险的存在是保险产生的前提。保险制度上的危险是一种损失发生的不确定性，其表现为发生与否的不确定性；发生时间的不确定性；发生后果的不确定性。

2）保险合同。保险合同是指投保人与保险人约定保险权利义务关系的协议。投保人是指与保险人订立保险合同，并按照保险合同负有支付保险费义务的人。保险人是指与投保人订立保险合同，并承担赔偿或者给付保险金责任的保险公司。保险合同在履行中还会涉及被保险人和受益人的概念。被保险人是指其财产或者人身受保险合同保障，享有保险金请求权的人，投保人可以为被保险人。受益人是指人身保险合同中由被保险人或者投保人指定的享有保险金请求权的人，投保人、被保险人可以为受益人。保险合同一般是以保险单的形式订立的。

3）保险合同的分类。保险合同主要有财产保险合同、人身保险合同2类。财产保险合同是以财产及其有关利益为保险标的的保险合同。在财产保险合同中，保险合同的转让应当通知保险人，经保险人同意继续承保后，依法转让合同。在合同的有效期内，保险标的危险程度增加的，被保险人按照合同约定应当及时通知保险人，保险人有权要求增加保险费或者变更保险合同。建筑工程一切险和安装工程一切险即为财产保险合同。人身保险合同是以人的寿命和身体为保险标的的保险合同，投保人应向保险人如实申报被保险人的年龄、身体状况，投保人于合同成立后可以向保险人一次支付全部保险费，也可以按照合同规定分期支付保险费。人身保险的受益人由被保险人或者投保人指定。保险人对人身保险的保险费不得用诉讼方式要求投保人支付。

4）工程建设涉及的主要险种。工程建设由于涉及的法律关系较为复杂，风险也较为多样，因此，工程建设涉及的险种也较多。主要包括建筑工程一切险（及第三者责任险）、安装工程一切险(及第三者责任险)、机器损坏险、机动车辆险、人身意外伤害险、货物运输险等。但狭义的工程险则是针对工程的保险,则只有建筑工程一切险(及第三者责任险)和安装工程一切险(及第三者责任险),其他险种则并非专门针对工程的保险。由于工程安全事关国计民生,许多国家对工程险有强制性投保的规定。我国目前施工单位职工的意外伤害险是强制险。

10.4 建设工程施工招标的特点及基本要求

(1) 标准施工招标文件的特点

根据《招标投标法》《招标投标法实施条例》等法律、法规,为了规范施工招标活动,提高资格预审文件和招标文件编制质量,促进招标投标活动的公开、公平和公正,国家发改委、财政部、建设部、铁道部、交通部、信息产业部、水利部、民用航空总局、广播电影电视总局联合编制了《标准施工招标资格预审文件》和《标准施工招标文件》(以下简称《标准文件》),根据9部委联合颁布的《标准施工招标资格预审文件》和《〈标准施工招标文件〉试行规定》(发改委第56号令),国务院有关行业主管部门可根据《标准施工招标文件》并结合本行业施工招标特点和管理需要,编制行业标准施工招标文件。根据上述规定,住房和城乡建设部在2010年制定了《房屋建筑和市政工程标准施工招标资格预审文件》和《房屋建筑和市政工程标准施工招标文件》,并重点对"专用合同条款"、"工程量清单"、"图纸"、"技术标准和要求"作出具体规定。发改委第56号令要求,行业标准施工招标文件和招标人编制的施工招标资格预审文件、施工招标文件,应不加修改地引用《标准施工招标资格预审文件》中的"申请人须知"(申请人须知前附表除外)、"资格审查办法"(资格审查办法前附表除外)以及《标准施工招标文件》中的"投标人须知"(投标人须知前附表和其他附表除外)、"评标办法"(评标办法前附表除外)。另外,9部委在2012年又颁发了适用于工期在12个月之内的《简明标准施工招标文件》,并约定其适用范围。2013年5月,9部委又在广泛征求意见的基础上,对《招标投标法》实施以来国家发展改革委牵头制定的有关施工招标、投标的规章和规范性文件进行了全面清理。其中也对发改委第56号令的有关条款进行了修改。此次修改的内容主要体现在两个方面,一是文件名称,将《〈标准施工招标资格预审文件〉和〈标准施工招标文件〉试行规定》修改为《〈标准施工招标资格预审文件〉和〈标准施工招标文件〉暂行规定》;二是适用《标准文件》的范围由试点改为所有依法必须招标的工程建设项目,有关条款也做了相应的文字性修改,如将"试点项目"、"在试行过程中"等删除或修改。修改并没有涉及《标准文件》本身,因此,在涉及有关内容时,按照新修改的名称,文号仍沿用56号令的简称。

(2) 标准施工招标文件的基本架构

《标准施工招标文件》共包含封面格式和四卷八章的内容,第一卷包括第一章至第五章,涉及招标公告(投标邀请书)、投标人须知、评标办法、合同条款及格式、工程量清单等内容;第二卷由第六章图纸组成;第三卷由第七章技术标准和要求组成;第四卷由第八章投标文件格式组成。标准招标文件相同序号标示的节、条、款、项、目,由招标人依据需要选择其一形成一份完整的招标文件。

1）招标公告（投标邀请书）。招标公告适用于进行资格预审的公开招标，内容包括招标条件、项目概况与招标范围、投标人资格要求、招标文件的获取、投标文件的递交、发布公告的媒介和联系方式等内容。投标邀请书适用于进行资格后审的邀请招标，内容包括被邀请单位名称、招标条件、项目概况与招标范围、投标人资格要求、招标文件的获取、投标文件的递交、确认和联系方式等内容。投标邀请书（代资格预审通过通知书）适用于进行资格预审的公开招标或邀请招标，对通过资格预审申请投标人的投标邀请通知书，内容包括被邀请单位名称、购买招标文件的时间、售价、投标截止时间、收到邀请书的确认时间和联系方式等内容。

2）投标人须知。投标人须知包括前附表、正文和附表格式三部分。正文包括以下 10 部分，即①总则，包括项目概况、资金来源和落实情况、招标范围、计划工期和质量要求、投标人资格要求等内容；②招标文件，包括招标文件的组成、招标文件的澄清与修改等内容；③投标文件，包括投标文件的组成、投标报价、投标有效期、投标保证金和投标文件的编制等内容；④投标，包括投标文件的密封和标识、投标文件的递交和投标文件的修改与撤回等内容；⑤开标，包括开标时间、地点和开标程序；⑥评标，包括评标委员会和评标原则等内容；⑦合同授予；⑧重新招标和不再招标；⑨纪律和监督；⑩需要补充的其他内容。前附表针对招标工程列明正文中的具体要求，明确新项目的要求、招标程序中主要工作步骤的时间安排、对投标书的编制要求等内容。附表格式是招标过程中用到的标准化格式，包括开标记录表、问题澄清通知书格式、中标通知书格式和中标结果通知书格式。

3）评标办法。评标办法分为经评审的最低投标价法和综合评估法，供招标人根据项目具体特点和实际需要选择适用。每种评标办法都包括评标办法前附表和正文。正文包括评标办法、评审标准和评标程序等内容。

4）合同条款及格式。包括通用合同条款、专用合同条款和合同附件格式三部分。通用合同条款包括一般约定、发包人义务、监理人、承包人、材料和工程设备、施工设备和临时设施、交通运输、测量放线、施工安全、治安保卫和环境保护、进度计划、开工和竣工、暂停施工、工程质量、试验与检验、变更、价格调整、计量与支付、竣工验收、缺陷责任与保修责任、保险、不可抗力、违约、索赔、争议的解决。专用合同条款由国务院有关行业主管部门和招标人根据需要编制。合同附件格式，包括合同协议书、履约担保、预付款担保等三个标准格式文件。

5）工程量清单。包括工程量清单说明、投标报价说明、其他说明和工程量清单的格式等内容。

6）图纸。包括图纸目录和图纸两部分。

7）技术标准和要求。由招标人依据行业管理规定和项目特点进行编制。

8）投标文件格式。包括投标函及投标函附录、法定代表人身份证明（授权委托书）、联合体协议书、投标保证金、已标价工程量清单、施工组织设计、项目管理机构、拟分包项目情况表、资格审查资料、其他材料等十个方面的格式或内容要求。

另外，根据《标准文件》的规定，招标人对招标文件的澄清与修改也作为招标文件的组成部分。

（3）简明标准施工招标文件的特点

国家发改委会同工信部、财政部等 9 部委联合发布的《关于印发简明标准施工招标文件和标准设计施工总承包招标文件的通知》，规定《简明标准施工招标文件》和《标准设计施工总承包招标文件》自 2012 年 5 月 1 日起实施。

1）简明施工招标文件和设计施工总承包招标文件。《简明标准施工招标文件》共分招标公告(或投标邀请书)、投标人须知、评标办法、合同条款及格式、工程量清单、图纸、技术标准和要求、投标文件格式八章。《标准设计施工总承包招标文件》共分招标公告(或投标邀请书)、投标人须知、评标办法、合同条款及格式、发包人要求、发包人提供的资料、投标文件格式七章。

2）适用范围。这两个文件对适用范围做出了明确界定，即"依法必须进行招标的工程建设项目，工期不超过 12 个月、技术相对简单且设计和施工不是由同一承包人承担的小型项目，其施工招标文件应当根据《简明标准施工招标文件》编制；设计施工一体化的总承包项目，其招标文件应当根据《标准设计施工总承包招标文件》编制"。

(4) 施工招标

建设工程施工招标是招标人通过招标方式发包各类建筑工程、安装工程和装饰工程等施工任务，与选择的施工承包或工程总承包企业订立合同的行为。《招标投标法实施条例》以及《工程建设项目招标范围和规模标准规定》等法规、规章文件，明确了依法必须招标和可以不招标的工程建设项目内容、范围和规模标准。

(5) 投标人资格审查

依法必须招标的工程项目应按照 9 部委制定《标准资格预审文件》，结合招标项目的技术管理特点和需求，编制招标资格预审文件。

1）标准资格预审文件的组成。《标准资格预审文件》共包含封面格式和五章内容，相同序号标示的章、节、条、款、项、目，由招标人依据需要选择其一，形成一份完整的资格预审文件。文件各章规定的内容如下，即①资格预审公告，包括招标条件、项目概况与招标范围、申请人资格要求、资格预审方法、资格预审文件的获取、资格预审申请文件的递交、发布公告的媒介和联系方式等公告内容。②申请人须知，包括申请人须知前附表和正文。申请人须知前附表内招标人根据招标项目具体特点和实际需要编制，用于进一步明确正文中的未尽事宜。正文包括九部分内容，即总则，包含项目概况、资金来源和落实情况、招标范围、工作计划和质量要求、申请人资格要求、语言文字以及费用承担等内容；资格预审文件，包括资格预审文件的组成、资格预审文件的澄清和修改等内容；资格预审申请文件的编制，包括资格预审申请文件的组成、资格预审申请文件的编制要求以及资格预审申请文件的装订、签字；资格预审申请文件的递交，包括资格预审申请文件的密封和标识以及资格预审申请文件的递交两部分；资格预审申请文件的审查，包括审查委员会和资格审查两部分内容；通知和确认；申请人的资格改变；纪律与监督；需要补充的其他内容。③资格审查方法，资格审查分为资格预审和资格后审两种。对于公开招标的项目实行资格预审。资格预审是指招标人在投标前按照有关规定的程序和要求公布资格预审公告和资格预审文件，对获取资格预审文件并递交资格预审申请文件的申请人组织资格审查，确定合格投标人的方法。邀请招标的项目实行资格后审。资格后审是指开标后由评标委员会对投标人资格进行审查的方法。采用资格后审方法的，按规定要求发布招标公告，并根据招标文件中规定的资格审查方法、因素和标准，在评标时审查确认满足投标资格条件的投标人。资格预审和资格后审不同时使用，二者审查的时间是不同的，审查的内容是一致的。一般情况下，资格预审比较适合于具有单件性特点，且技术难度较大或投标文件编制费用较高，或潜在投标人数量较多的招标项目；资格后审适合于潜在投标人数量不多的通用性、标准化项目。通常情况下，资格预审多用于公开招标，资格后审多用于邀请招标。④资格审查办法，资格审查分为合格制和有限数量制两种审查办法，招标人根据项目具体特点和实际需要选择适用。每种办法都包括简明说明、评审因素和标准的附表和正文。附表由招标人根据招标项目具体特点和实际需要编制和填写。正文包括4部分，即审查方法；审查标准，包括初步审查标准、详细审查标准以及评分标准（有限数量制）；审查程序，包括初步审查、详细审查、资格预审申请文件的澄清以及评分（有限数量制）；审查结果。⑤资格预审申请文件，资格预审申请文件的内容包括法定代表人身份证明或授权委托书、联合体协议书、申请人基本情况表、近年财务状况、近年完成的类似项目情况表、正在施工的和新承接的项目情况表、近年发生的诉讼及仲裁情况、其他资料等八个方面的内容要求。

2）资格预审公告。工程招标资格预审公告适用于公开招标，具有代替招标公告的功能，主要包括以下内容：①招标条件，主要是简要介绍项目名称、审批机关、批文、业主、资金来源以及招标人情况。其中需要注意的是此处的信息必须与其他地方所公开的信息一致，如项目名称需要与预审文件封面一致，项目业主必须与相关核准文件载明的项目单位一致，招标人也应该与预审文件封面一致。②项目概况与招标范围，项目概况简要介绍项目的建设地点、规模、计划工期等内容；招标范围主要针对本次招标的项目内容、标段划分及各标段的内容进行概括性的描述，使潜在投标人能够初步判断是否有兴趣参与投标竞争、是否有实力完成该项目。需要注意的是关于标段划分与工程实施技术紧密相连、不可分割的单位工程不得设立标段，也不得以不合理的标段设置或工期限制排斥潜在的投标人。③对申请人的资格要求，招标人对申请人的资格要求应当限于招标人审查申请人是否具有独立订立合同的能力，是否具有相应的履约能力等。主要包括4个方面：申请人的资质、业绩、投标联合体要求和标段。其中需要注意的是，资质要求由招标人根据项目特点和实际需要，明确提出申请人应具有的最低资质。另外，对于联合体的要求主要是明确联合体成员在资质、财务、业绩、信誉等方面应满足的最低要求。④资格预审方法，资格审查方法分为合格制和有限数量制两种。投标人数过多，申请人的投标成本加大，不符合节约原则；而人数过少又不能形成充分竞争。因此，由招标人结合项目特点和市场情况选择使用合格制和有限数量制。如无特殊情况，鼓励招标人采用合格制。⑤资格预审文件的获取，主要向有意参与资格预审的主体告知与获取文件有关的时间、地点和费用。需要注意的是招标人在填写发售时间时应满足不少于5个工作日的要求，预审文件售价应当合理，不得以盈利为目的。⑥资格预审文件的递交，告知提交预审申请文件的截止时间以及预期未提交的后果。需要招标人注意的是，在填写具体的申请截止时间时，应当根据有关法律规定和项目具体特点合理确定提交时间。

3）资格审查办法。有合格制和有限数量制2种。采用合格制时凡符合资格预审文件规定的初步审查标准和详细审查标准的申请人均通过资格预审，取得投标人资格。合格制比较公平公正，有利于招标人获得最优方案；但可能会出现人数多，增加招标成本。采用有限数量制时审查委员会依据资格预审文件中审查办法（有限数量制度）规定的审查标准和程序，对通过初步审查和详细审查的资格预审申请文件进行量化打分，按得分由高到低的顺序确定通过资格预审的申请人，通过资格预审的申请人不超过资格预审须知说明的数量。

(6) 施工评标办法

评标办法是招标人根据项目的特点和要求，参照一定的评标因素和标准，对投标文件进行评价和比较的方法。常用的评标方法分为经评审的最低投标价法〔以下简称最低评标价法〕和综合评估法两种。

最低评标价法一般适用于具有通用技术、性能标准或者招标人对其技术、性能标准没有特殊要求的招标项目。根据发改委56号令的规定，招标人编制施工招标文件时，应不加修改地引用《标准文件》规定的方法。评标办法前附表由招标人根据招标项目具体特点和实际需要编制，用于进一步明确未尽事宜，但务必与招标文件中其他章节相衔接，并不得与《标准文件》的内容相抵触，否则抵触内容无效。

综合评估法是综合衡量价格、商务、技术等各项因素对招标文件的满足程度，按照统一的标准(分值或货币)量化后进行比较的方法。采用综合评估法，可以将这些因素折算为货币、分数或比例系数等，再做比较。综合评估法一般适用于招标人对招标项目的技术、性能有专门要求的招标项目。与最低评标价法要求一样，招标人编制施工招标文件时，应按照标准施工招标文件的规定进行评标。

10.5 建设工程设计招标和设备材料采购招标的特点及要求

(1) 工程设计招标

设计的优劣对工程项目建设的成败有着至关重要的影响。以招标方式委托设计任务是为了让设计的技术和成果作为有价值的商品进入市场，打破地区、部门的界限开展设计竞争，通过招标择优确定实施单位，达到拟建工程项目能够采用先进的技术和工艺、优化功能布局、降低工程造价、缩短建设周期和提高投资效益的目的。设计招标的特点是投标人将招标人对项目的设想变为可实施方案的竞争。

从事工程设计招标时，依据的法规、规章主要有国务院2000年9月发布的《建设工程勘察设计管理条例》，国家发展和改革委员会、建设部、铁道部、交通部、信息产业部、水利部、中国民用航空总局和国家广播电影电视总局于2003年6月联合发布的《工程建设项目勘察设计招标投标办法》，以及建设部2000年10月发布的《建筑工程设计招标投标管理办法》。此外，在建设工程以外的其他工程领域也存在着部分规章性的规定，如交通运输部制定的《公路工程勘察设计招标投标管理办法》等，在涉及上述设计招标时，应重点参考相关领域的具体规定。

建设工程设计是指根据建设工程的要求和地质勘察报告，对建设工程所需的技术、经济、资源、环境等条件进行综合分析、论证，编制建设工程设计文件的活动。根据设计条件和设计深度，建筑工程设计一般分为两个阶段，即初步设计阶段和施工图设计阶段。

与工程设计的两个阶段相对应，工程设计招标一般分为初步设计招标和施工图设计招标。对计划复杂而又缺乏经验的项目，如被称为鸟巢的国家体育场，在必要时还要增加技术设计阶段。为了保证设计指导思想连续贯穿于设计的各个阶段，一般多采用技术设计招标或施工图设计招标，不单独进行初步设计招标，而是由中标的设计单位承担初步设计任务。招标人应依据工程项目的具体特点决定发包的工作范围，可以采用设计全过程总发包的一次性招标，也可以选择分单项或分专业的设计任务发包招标。另外，招标人可以依据工程建设项目的不同特点，实行勘察设计一次性总体招标。

设计招标不同于工程项目实施阶段的施工招标、材料供应招标、设备订购招标，其特点表现为承包任务是投标人通过自己的智力劳动，将招标人对建设项目的设想变为可实施的蓝图；而后者则是投标人按设计的明确要求完成规定的物质生产劳动。因此，设计招标文件对投标人所提出的要求不那么明确具体，只是简单介绍工程项目的实施条件、预期达到的技术经济指标、投资限额、进度要求等。投标人按规定分别报出工程项目的构思方案、实施计划和报价。招标人通过开标、评标程序对各方案进行比较选择后确定中标人。鉴于设计任务本身的特点，设计招标通常采用设计方案竞选的方式招标。设计招标与其他招标在程序上的主要区别有如下4个方面：招标文件的内容不同；对投标书的编制要求不同；开标形式不同；评标原则不同。设计招标文件中仅提出设计依据、工程项目应达到的技术指标、项目限定的工作范围、项目所在地的基本资料、要求完成的时间等内容，而无具体的工作量。投标人的投标报价不是按规定的工程量清单填报报价后算出总价，而是首先提出设计构思和初步方案，并论述该方案的优点和实施计划，在此基础上进一步提出报价。开标时不是由招标单位的主持人宣读投标书并按报价高低排定标价次序，而是由各投标人自己说明投标方案的基本构思和意图，以及其他实质性内容，而且不按报价高低排定次序。评标时不过分追求投标价的高低，评标委员更多关注于所提供方案的技术先进性、所达到的技术指标、方案的合理性，以及对工程项目投资效应的影响等方面的因素，以此做出一个综合判断。

工程设计的招标阶段涉及的主要环节包括在具备设计招标条件后发布招标公告，投标单位资格预审，编制、发放招标文件等。建筑工程设计招标依法可以公开招标或者邀请招标。根据国务院批准的由原国家计委于2000年5月发布的《工程建设项目招标范围和规模标准规定》下列情形，除了依法获得有关部门批准可以不进行公开招标的，必须实行公开招标：对于单项合同估算价在50万元人民币以上的设计服务的采购；全部使用国有资金投资或者国有资金投资占控股或者主导地位的工程建设项目设计服务招标；国务院发展和改革部门确定的国家重点项目和省、自治区、直辖市人民政府确定的地方重点项目。依法必须进行招标的项目在下列情况下可以进行邀请招标：技术复杂、有特殊要求或者受自然环境限制，只有少量潜在投标人可供选择；采用公开招标方式的费用占项目合同金额的比例过大。招标人采用邀请招标方式的，应保证有3个以上具备承担招标项目设计能力，并具有相应资质的特定法人或者其他组织参加投标。

我国对从事建设工程设计活动的单位实行资质管理制度，在工程设计招标过程中招标人应初步审查投标人所持有的资质证书是否与招标文件的要求相一致，是否具备从事设计任务的资格。根据原建设部颁布的《建设工程勘察设计资质管理规定》，工程设计资质分为工程设计综合资质、工程设计行业资质、工程设计专业资质和工程设计专项资质四类。其中，工程设计综合资质只设甲级；工程设计行业资质、工程设计专业资质、工程设计专项资质设甲级、乙级。根据工程性质和技术特点，个别行业、专业、专项资质可以设丙级，建筑工程专业资质可以设丁级。取得工程设计综合资质的企业，可以承接各行业、各等级的建设工程设计业务；取得工程设计行业资质的企业，可以承接相应行业相应等级的工程设计业务及本行业范围内同级别的相应专业、专项(设计施工一体化资质除外)工程设计业务；取得工程设计专业资质的企业，可以承接本专业相应等级的专业工程设计业务及同级别的相应专项工程设计业务(设计施工一体化资质除外、取得工程设计专项资质的企业，可以承接本专项相应等级的专项工程设计业务。建设工程设计单位应当在其资质等级许可的范围内承揽建设工程设计业务。禁止建设工程设计单位超越其资质等级许可的范围或者以其他建设工程设计单位的名义承揽建设工程设计业务。禁止建设工程设计单位允许其他单位或者个人以本单位的名义承揽建设工程设计业务。

判定投标人是否具备承担发包任务的能力，通常要进一步审查人员的技术力量。人员的技术力量主要考察设计负责人的资格和能力，以及各类设计人员的专业覆盖面、人员数量和各级职称人员的比例等是否满足完成工程设计的需要。同类工程的设计经历是非常重要的内容，因此通过投标人报送的最近几年完成工程项目业绩表，评定其设计能力与水平。侧重于考察已完成的设计项目与招标工程的规模、性质、形式是否相适应。

设计招标文件是指导投标人正确编制投标文件的依据，招标人应当根据招标项目的特点和需要编制招标文件。设计招标文件应当包括下列内容，即投标须知，包含所有对投标要求有关的事项；投标文件格式及主要合同条款；项目说明书，包括资金来源情况；设计范围，对设计进度、阶段和深度要求；设计依据的基础资料；设计费用支付方式，对未中标人是否给予补偿及补偿标准；投标报价要求；对投标人资格审查的标准；评标标准和方法；投标有效期；招标可能涉及的其他有关内容。招标文件一经发出后，需要进行必要的澄清或者修改时，应当在提交投标文件截止日期15日前，书面通知所有招标文件收受人。

招标文件是招标人向潜在投标人发出的邀约邀请文件，是告知投标人招标项目内容、范围、数量与招标要求、投标资格要求、招标程序规则、投标文件编制与递交要求、评标标准与方法、合同条款与技术标准等招标投标活动主体必须掌握的信息和遵守的依据，对招标投标各方具有法律约束力。设计要求招标文件大致包括以下内容，即设计文件编制依据；国家有关行政主管部门对规划方面的要求；技术经济指标要求；平面布局要求；结构形式方面的要求；结构设计方面的要求；设备设计方面的要求；特殊工程方面的要求；其他有关方面的要求，如环保、消防、人防等。编制设计要求文件应兼顾三个方面，即严格性、完整性、灵活性，亦即文字表达应清楚不被误解；任务要求全面不遗漏；要为投标人发挥设计创造性留有充分的自由度。

设计投标管理阶段的主要环节包括现场踏勘、答疑、投标人编制投标文件、开标、评标、中标、订立设计合同等。工程设计投标的评比一般分为技术标和商务标两部分，评标委员会必须严格按照招标文件确定的评标标准和评标办法进行评审。评标委员会应当在符合城市规划、消防、节能、环保的前提下，按照投标、文件的要求，对投标设计方案的经济、技术、功能和造型等进行比选、评价，确定符合招标文件要求的最优设计方案。通常，如果招标人不接受投标人技术标方案的投标书，即被淘汰，不再进行商务标的评审。

评标委员会应当在评标完成后，向招标人提出书面评标报告。采用公开招标方式的，评标委员会应当向招标人推荐2~3个中标候选方案。采用邀请招标方式的，评标委员会应当向招标人推荐1~2个中标候选方案。国有资金占控股或者主导地位的依法必须招标的项目，招标人应当确定排名第一的中标候选人为中标人。排名第一的中标候选人放弃中标、因不可抗力提出不能履行合同，不按照招标文件要求提交履约保证金，或者被查实存在影响中标结果的违法行为等情形，不符合中标条件时，招标人可以按照评标委员会提出的中标候选人名单排序依次确定其他人为中标人。依次确定其他中标候选人与招标人预期差距较大，或者对招标人明显不利的，招标人可以重新招标。

（2）材料设备采购招标

建设工程项目所需材料设备的采购按标的物的特点可以区分为买卖合同和承揽合同两大类。采购大宗建筑材料或通用型批量生产的中小型设备属于买卖合同。由于标的物的规格、性能、主要技术参数均为通用指标，因此招标一般仅限于对投标人的商业信誉、报价和交货期限等方面的比较。而订购非批量生产的大型复杂机组设备、特殊用途的大型非标准部件则属于承揽合同，招标评选时要对投标人的商业信誉、加工制造能力、报价、交货期限和方式、安装(或安装指导)、调试、保修及操作人员培训等各方面条件进行全面比较。通常情况下，材料和通用型生产的中小型设备追求价格低，大型设备追求价格功能比最好。

结合工程实际，一般建筑工程中重要设备包括：电梯、配电设备(含电缆)、防火消防设备、锅炉暖通及空调设备、给排水设备、楼宇自动化设备。重要材料包括：建筑钢材、水泥、预拌混凝土、沥青、墙体材料、建筑门窗、建筑陶瓷、建筑石材、给排水、供气管材、用水器具、电线电缆及开关、苗木、路灯、交通设施等。

材料、通用型设备采购招标，应当具备下列条件后方可进行，即项目法人已经依法成立；按照国家有关规定应当履行项目审批、核准或者备案手续的，已经审批、核准或者备案；有相应资金或者资金来源已经落实；能够提出货物的使用与技术要求。

建设工程所需的材料和中小型设备采购应按实际需要的时间安排招标，同类材料、设备通常为一次招标分期交货，不同设备材料可以分阶段采购。每次招标时，可依据设备材料的性质只发 1 个合同包或分成几个合同包同时招标。

综合评估法的好处是简便易行，评标考虑要素较为全面，可以将难以用金额表示的某些要素量化后加以比较。缺点是各评标委员独自给分，对评标人的水平和知识面要求高，否则主观随意性大。投标人提供的设备型号各异，难以合理确定不同技术性能的相关分值差异。

（3）大型工程设备的采购招标

大型工程设备一般为非标准产品，需要专门加工制作，不同厂家的设备各项技术指标有一定的差异，且技术复杂而市场需求量较小，一般没有现货，需要采购双方订立采购合同之后由投标人进行专门的加工制作。与一般的通用设备相比，大型工程设备采购招标中具有标的物数量少、金额大、质量和技术复杂、技术标准高、对投标人资质和能力条件要求高等特征。

目前，我国大型工程设备采购招标依据的法律、法规和规章主要有《招投标法》《招标投标法实施条例》以及《工程建设项目货物招标投标管理办法》。由于大型工程设备招标投标主要涉及国际领域的采购招标，因此还有商务部 2004 年发布的《机电产品国际招标投标实施办法》和 2008 年发布的《机电产品采购国际竞争性招标文件》等规范性文件。本节主要通过介绍机电产品的国际招标投标的基本方法，包括资格要求、招标文件的内容、评审的要素和量化比较等，作为大型工程设备采购招标的参照。

工程建设机电产品国际招标投标一般应采用公开招标的方式进行；根据法律、行政法规的规定，不适宜公开招标的，可以采取邀请招标，采用邀请招标方式的项目应当向商务部备案。工程建设机电产品国际招标采购应当采用国际招标的方式进行；已经明确采购产品的原产地在国内的，可以采用国内招标的方式进行。

承办机电产品国际招标的招标机构应取得机电产品国际招标代理资格。机电产品国际招标的投标人国别必须是中国或与中国有正常贸易往来的国家或地区，且不得与本次招标货物的设计、咨询机构有任何关联，必须在法律上和财务上独立、合法运作并独立于招标人和招标机构。

商务部指定专门的招标网站为机电产品国际招标业务提供网络服务。机电产品国际招标应当在招标网上完成招标项目建档、招标文件备案、招标公告或者投标邀请书发布、评审专家抽取、评标结果公示、质疑处理等招标业务的相关程序。

必须进行国际招标的机电产品范围为国家规定进行国际招标采购的机电产品；基础设施项目公用事业项目中进行国际招标采购的机电产品；使用国有资金或国家融资资金进行国际招标采购的机电产品；使用国际组织或者外国政府贷款、援助资金（以下简称国外贷款）进行国际招标采购的机电产品；政府采购项下规定进行国际招标采购的机电产品；其他需要进行国际招标采购的机电产品。

10.6　建设工程勘察设计合同管理的特点及基本要求

建设工程勘察合同是指根据建设工程的要求，查明、分析、评价建设场地的地质地理环境特征和岩土工程条件，编制建设工程勘察文件订立的协议。建设工程设计合同是指根据建设工程的要求，对建设工程所需的技术、经济、资源、环境等条件进行综合分析、论证，编制建设工程设计文件的协议。为了保证工程项目的建设质量达到预期的投资目的，实施过程必须遵循项目建设的内在规律，即坚持先勘察、后设计、再施工的程序。

发包人通过招标方式与选择的中标人就委托的勘察、设计任务签订合同。订立合同委托勘察、设计任务是发包人和承包人的自主市场行为，但必须遵守《中华人民共和国合同法》《中华人民共和国建筑法》《建设工程勘察设计管理条例》《建设工程勘察设计市场管理规定》等法律和法规的要求。为了保证勘察、设计合同的内容完备、责任明确、风险责任分担合理，原建设部和国家工商行政管理局联合颁布了《建设工程勘察合同示范文本》和《建设工程设计合同示范文本》。

建设工程勘察合同示范文本按照委托勘察任务的不同分为两个版本。建设工程勘察合同（一）[GF-2000-0203]示范文本适用于为设计提供勘察工作的委托任务，包括岩土工程勘察、水文地质勘察（含凿井）、工程测量、工程物探等勘察，合同条款的主要内容包括工程概况，发包人应提供的资料，勘察成果的提交，勘察费用的支付，发包人、勘察人责任，违约责任，未尽事宜的约定，其他约定事项，合同争议的解决，合同生效。建设工程勘察合同（二）[GF-2000-0204]示范文本的委托工作内容仅涉及岩土工程，包括取得岩土工程的勘察资料，对项目的岩土工程进行设计、治理和监测工作，由于委托工作范围包括岩土工程的设计、处理和监测，因此合同条款的主要内容除了上述勘察合同应具备的条款外，还包括变更及工程费的调整，材料设备的供应，报告、文件、治理工程等的检查和验收等方面的约定条款。

建设工程设计合同示范文本分为两个版本。建设工程设计合同（一）[GF-2000-0209]示范文本适用于民用建设工程设计的合同，主要条款包括：订立合同的依据文件；委托设计任务的范围和内容；发包人应提供的有关资料和文件；设计人应交付的资料和文件；设计费的支付；双方责任；违约责任；其他。建设工程设计合同（二）[GF-2000-0210]示范文本适用于委托专业工程的设计，除了上述设计合同应包括的条款内容外，还增加有设计依据，合同文件的组成和优先次序，项目的投资要求、设计阶段和设计内容，保密等方面的条款。

建设工程勘察合同是指发包人与勘察人就完成建设工程地理、地质状况的调查研究工作而达成的明确双方权利、义务的协议。建设工程勘察，是指根据建设工程的要求，查明、分析、评价建设场地的地质地理环境特征和岩土工程条件，编制建设工程勘察文件的活动。建设工程勘察的内容一般包括工程测量、水文地质勘察和工程地质勘察。目的在于查明工程项目建设地点的地形地貌、地层土壤岩型、地质构造、水文条件等自然地质条件资料，做出鉴定和综合评价，为建设项目的工程设计和施工提供科学的依据。就具体工程项目的需求而言，可以委托勘察人承担一项或多项工作，订立合同时应具体明确约定勘察工作范围和成果要求。工程测量包括平面控制测量、高程控制测量、地形测量、摄影测量、线路测量和绘制测量图等项工作，其目的是为建设项目的选址（选线）、设计和施工提供有关地形地貌的依据。水文地质勘察一般包括水文地质测绘、地球物理勘探、钻探、抽水试验、地下水动态观测、水文地质参数计算、地下水资源评价和地下水资源保护方案等工作。其任务在于提供有关供水地下水源的详细资料。

10.7　建设工程施工合同管理的特点及基本要求

国家发展和改革委员会、财政部、建设部、铁道部、交通部、信息产业部、水利部、民用航空总局、广播电影电视总局九部委联合颁发的适用于大型复杂工程项目的《标准施工招标文件》（2007 年版）中包括施工合同标准文本（以下简称"标准施工合同"）。九部委在 2012 年又颁发了适用于工期在 12 个月之内的《简明标准施工招标文件》，其中包括《合同条款及格式》（以下简称"简明施工合同"）。按照九部委联合颁布的"标准施工招标资格预审文件和标准施工招标文件试行规定"（发改委第 56 号令）要求，各行业编制的标准施工合同应不加修改地引用"通用合同条款"，即标准施工合同和简明施工合同的通用条款广泛适用于各类建设工程。各行业编制的标准施工招标文件中的"专用合同条款"可结合施工项目的具体特点，对标准的"通用合同条款"进行补充、细化。除"通用合同条款"明确"专用合同条款"可做出不同约定外，补充和细化的内容不得与"通用合同条款"的规定相抵触，否则抵触内容无效。

标准施工合同提供了通用条款、专用条款和签订合同时采用的合同附件格式。

标准施工合同的通用条款包括 24 条：发包人义务，监理人，承包人，材料和工程设备，施工设备和临时设施，交通运输，测量放线，施工安全、治安保卫和环境保护，进度计划，开工和竣工，暂停施工，工程质量，试验和检验，变更，价格调整，计量与支付，竣工验收，缺陷责任与保修责任，保险，不可抗力，违约，索赔，争议的解决，共计 131 款。

由于通用条款的内容涵盖各类工程项目施工共性的合同责任和履行管理程序，各行业可以结合工程项目施工的行业特点编制标准施工合同文本，具体招标工程在编制合同时，应针对项目的特点、招标人的要求，在专用条款内针对通用条款涉及的内容进行补充、细化。

工程实践应用时，通用条款中适用于招标项目的条或款不必在专用条款内重复，需要补充细化的内容应与通用条款的条或款的序号一致，使得通用条款与专用条款中相同序号的条款内容共同构成对履行合同某一方面的完备约定。

为了便于行业主管部门或招标人编制招标文件和拟定合同，标准施工合同文本根据通用条款的规定，在专用条款中针对 22 条 50 款作出了应用的参考说明。

标准施工合同中给出的合同附件格式，是订立合同时采用的规范化文件，包括合同协议书、履约保函和预付款保函3个文件。

合同协议书是合同组成文件中唯一需要发包人和承包人同时签字盖章的法律文书，因此标准施工合同中规定了应用格式。除了明确规定对当事人双方有约束力的合同组成文件外，具体招标工程项目订立合同时需要明确填写的内容仅包括发包人和承包人的名称，施工的工程或标段，签约合同价，合同工期，质量标准和项目经理的人选。

标准施工合同要求履约担保采用保函的形式，给出的履约保函准格式主要表现为以下两个方面的特点，即担保期限自发包人和承包人签订合同之日起，至签发工程移交证书日止。没有采用国际招标工程或使用世界银行贷款建设工程的担保期限至缺陷责任期满止的规定，即担保人对承包人保修期内履行合同义务的行为不承担担保责任。采用无条件担保方式，即持有履约保函的发包人认为承包人有严重违约情况时，即可凭保函向担保人要求予以赔偿，不需承包人确认。无条件担保有利于当出现承包人严重违约情况，由于解决合同争议而影响后续工程的施工。标准履约担保格式中，担保人承诺"在本担保有效期内，因承包人违反合同约定的义务给你方造成经济损失时，我方在收到你方以书面形式提出的在担保金额内的赔偿要求后，在7天内无条件支付。

标准施工合同规定的预付款担保采用银行保函形式，主要特点为担保方式也是采用无条件担保形式；担保期限自预付款支付给承包人起生效，至发包人签发的进度付款证书说明已完全扣清预付款止；担保金额尽管在预付款担保书内填写的数额与合同约定的预付款数额一致，但与履约担保不同，当发包人在工程进度款支付中已扣除部分预付款后担保金额相应递减，保函格式中明确说明"本保函的担保金额，在任何时候不应超过预付款金额减去发包人按合同约定在向承包人签发的进度付款证书中扣除的金额"，即保持担保金额与剩余预付款的金额相等原则。

由于简明施工合同适用于工期在12个月内的中小工程施工，是对标准施工合同简化的文本，通常由发包人负责材料和设备的供应，承包人仅承担施工义务，因此合同条款较少。简明施工合同通用条款包括17条：发包人义务、监理人、承包人、施工控制网、工期、工程质量、试验和检验；变更；计量与支付；竣工验收；缺陷责任与保修责任、保险、不可抗力；违约；索赔；争议的解决，共69款。各条中与标准施工合同对应条款规定的管理程序和合同责任相同。

施工合同当事人是发包人和承包人，双方按照所签订合同约定的义务，履行相应的责任。

标准施工合同通用条款中对监理人的定义是"受发包人委托对合同履行实施管理的法人或其他组织"，即属于受发包人聘请的管理人，与承包人没有任何利益关系。由于监理人不是施工合同的当事人，在施工合同的履行管理中不是"独立的第三方"，属于发包人一方的人员，但又不同于发包人的雇员，即不是一切行为均遵照发包人的指示，而是在授权范围内独立工作，以保障工程按期、按质、按量完成发包人的最大利益为管理目标，依据合同条款的约定，公平合理地处理合同履行过程中的有关管理事项。按照标准施工合同通用条款对监理人的相关规定，监理人的合同管理地位和职责主要表现在以下几个方面，即受发包人委托对施工合同的履行进行管理；在发包人授权范围内负责发出指示、检查施工质量、控制进度等现场管理工作；在发包人授权范围内独立处理合同履行过程中的有关事项，行使通用条款规定的，以及具体施工合同专用条款中说明的权力；承包人收到监理人发出的任何指示视为已得到发包人的批准，应遵照执行；在合同规定的权限范围内，独立处理或决定有关事项，如单价的合理调整、变更估价、索赔等；居于施工合同履行管理的核心地位；监理人应按照合同条款的约定，公平合理地处理合同履行过程中涉及的有关事项；除合同另有约定外，承包人只从总监理工程师或被授权的监理人员处取得指示；为了使工程施工顺利开展，避免指令冲突及尽量减少合同争议，发包人对施工工程的任何想法通过监理人的协调指令来实现；承包人的各种问题也首先提交监理人，尽量减少发包人和承包人分别站在各自立场解释合同导致争议。"商定或确定"条款规定，总监理工程师在协调处理合同履行过程中的有关事项时，应首先与合同当事人协商，尽量达成一致。不能达成一致时，总监理工程师应认真研究审慎"确定"后通知当事人双方并附详细依据。由于监理人不是合同当事人，因此对有关问题的处理不用决定，而用确定一词，即表示总监理工程师提出的方案或发出的指示并非最终不可改变，任何一方有不同意见均可按照争议的条款解决，同时体现了监理人独立工作的性质。

监理人给承包人发出的指示，承包人应遵照执行。如果监理人的指示错误或失误给承包人造成损失，则由发包人负责赔偿。通用条款明确规定监理人未能按合同约定发出指示、指示延误或指示错误而导致承包人施工成本增加和(或)工期延误，由发包人承担赔偿责任；监理人无权免除或变更合同约定的发包人和承包人权利、义务和责任。由于监理人不是合同当事人，因此合同约定应由承包人承担的义务和责任不因监理人对承包人提交文件的审查或批准，对工程、材料和设备的检查和检验，以及为实施监理做出的指示等职务行为而减轻或解除。

在合同订立过程中有些问题还需要明确或细化以保证合同的权利和义务界定清晰。"合同"是指构成对发包人和承包人履行约定义务过程中，有约束力的全部文件体系的总称。标准施工合同的通用条款中规定，合同的组成文件包括合同协议书；中标通知书；投标函及投标函附录；专用合同条款；通用合同条款；技术标准和要求；图纸；已标价的工程量清单；其他合同文件；经合同当事人双方确认构成合同的其他文件。组成合同的各文件中出现含义或内容的矛盾时，如果专用条款没有另行的约定，以上合同文件序号为优先解释的顺序。标准施工合同条款中未明确由谁来解释文件之间的歧义，但可以结合监理工程师职责中的规定，总监理工程师应与发包人和承包人进行协商，尽量达成一致。不能达成一致时，总监理工程师应认真研究后审慎确定。

中标通知书是招标人接受中标人的书面承诺文件，具体写明承包的施工标段、中标价、工期、工程质量标准和中标人的项目经理名称。中标价应是在评标过程中对报价的计算或书写错误进行修正后，作为该投标人评标的基准价格。项目经理的名称是中标人的投标文件中说明并已在评标时作为量化评审要素的人选，要求履行合同时必须到位。

标准施工合同文件组成中的投标函，不同于《建设工程施工合同(示范文本)》(GF-2013—0201)规定的投标书及其附件，仅是投标人置于投标文件首页的保证中标后与发包人签订合同、按照要求提供履约担保、按期完成施工任务的承诺文件。

投标函附录是投标函内承诺部分主要内容的细化，包括项目经理的人选、工期、缺陷责任期、分包的工程部位、公式法调价的基数和系数等的具体说明。因此承包人的承诺文件作为合同组成部分，并非指整个投标文件。

10.8 建设工程设计施工总承包合同管理的特点及基本要求

按照《建设工程项目总承包管理规范》（GB/T 50358—2005）的规定，建设工程项目总承包是指对工程项目的设计、采购、施工、试运行的全过程或部分过程进行承包。工程项目总承包是国际上较为流行的一种项目建设的管理模式，发包人在工程立项后提出项目建设的具体要求，以合同的形式将从设计至工程移交的实施全部委托给承包人。在项目实施阶段，发包人将更多精力用于项目的筹资、建设过程重大问题的决策等方面，由承包人承担实施过程的主要风险。部分工程进行设计施工总承包经常出现在大型工业工程对在建或已建工程的单位工程或分部工程使用承包人的专利技术实施。

与发包人将工程项目建设的全部任务采用平行发包或陆续发包的方式比较，项目建设总承包方式对发包人而言，对实施项目的管理有较为突出的优点：单一的合同责任；固定工期、固定费用；可以缩短建设周期；减少设计变更；减少承包人的索赔。发包人与承包人签订总承包合同后，合同责任明确，对设计、招标、实施过程的管理均仅进行宏观控制，简化了管理的工作内容。国际工程总承包合同通常采用固定工期、固定费用的承包方式，项目建设的预期目标容易实现。我国的标准设计施工总承包合同，分别给出可以补偿或不补偿两种可供发包人选择的合同模式。由于承包人对项目实施的全过程进行一体化管理，不必等工程的全部设计完成后再开始施工，单位工程的施工图设计完成并通过评审后既可开始该单位工程的施工。设计与施工在时间上可以进行合理的搭接，缩短项目实施的总时间。承包的范围内包括设计、招标、施工、试运行的全部工作内容，设计在满足招标人要求的前提下，可以充分体现施工的专利技术、专有技术在施工中的应用，达到设计与施工的紧密衔接。常规的施工承包合同在履行过程中，发包人承担了较多自己主观无法控制不确定因素发生的风险，承包人的索赔将分散双方管理过程中的很多精力，而总承包合同发包人仅承担签订合同阶段承包人无法合理预见的重大风险，单一的合同责任减少了大量的索赔处理工作，使投资和工期得到保障。

总承包方式对发包人而言也有一些不利的因素。即设计不一定是最优方案；减弱实施阶段发包人对承包人的监督和检查。由于在招标文件中发包人仅对项目的建设提出具体要求，实际方案由承包人提出，设计可能受到实施者利益影响，对工程实施成本的考虑往往会影响到设计方案的优化。工程选用的质量标准只要满足发包人要求即可，不会采用更高的质量标准。虽然设计和施工过程中，发包人也聘请监理人（或发包人代表），但由于设计方案和质量标准均出自承包人，监理人对项目实施的监督力度比发包人委托设计再由承包人施工的管理模式，对设计的细节和施工过程的控制能力降低。

9 部委在标准施工合同的基础上，又颁发了《标准设计施工总承包招标文件》（2012 年版），其中包括《合同条款及格式》（以下简称"设计施工总承包合同"）。对于招标文件和合同通用条款的使用要求与标准施工合同的要求相同，设计施工总承包合同的文件组成与标准施工合同相同，也是由协议书、通用条款和专用条款组成，与标准施工合同内容相同的条款在用词上也完全一致。设计施工总承包合同的通用条款包括 24 条：一般约定；发包人义务；监理人；承包人；设计；材料和工程设备；施工设备和临时设施；交通运输；测量放线；施工安全、治安保卫和环境保护；开始工作和竣工；暂停施工；工程质量；试验和检验；变更；价格调整；合同价格与支付；竣工试验和竣工验收；缺陷责任与保修责任；保险；不可抗力；违约；索赔；争议的解决。共计 304 款。由于设计施工总承包合同与标准施工合同的条款结构基本一致，施工阶段的很多条款在用词、用语方面与标准施工合同完全相同，以下针对总承包合同的特点，对有区别的规定予以说明。发包人是总承包合同的一方当事人，对工程项目的实施负责投资支付和项目建设有关重大事项的决定。承包人是总承包合同的另一方当事人，按合同的约定承担完成工程项目的设计、招标、采购、施工、试运行和缺陷责任期的质量缺陷修复责任。总承包合同的承包人可以是独立承包人，也可以是联合体。对于联合体的承包人，合同履行过程中发包人和监理人仅与联合体牵头人或联合体授权的代表联系，由其负责组织和协调联合体各成员全面履行合同。由于联合体的组成和内部分工是评标中很重要的评审内容，联合体协议经发包人确认后已作为合同附件，因此通用条款规定，履行合同过程中，未经发包人同意，承包人不得擅自改变联合体的组成和修改联合体协议。

在项目实施过程中可能需要分包人承担部分工作，如设计分包人、施工分包人、供货分包人等。尽管委托分包人的招标工作由承包人完成，发包人也不是分包合同的当事人，但为了保证工程项目完满实现发包人预期的建设目标，通用条款中对工程分包做了如下规定：承包人不得将其承包的全部工程转包给第三人，也不得将其承包的全部工程肢解后以分包的名义分别转包给第三人；分包工作需要征得发包人同意。发包人已同意投标文件中说明的分包，合同履行过程中承包人还需要分包的工作，仍应征得发包人同意；承包人不得将设计和施工的主体、关键性工作的施工分包给第三人，要求承包人是具有实施工程设计和施工能力的合格主体而非皮包公司；分包人的资格能力应与其分包工作的标准和规模相适应，其资质能力的材料应经监理人审查；发包人同意分包的工作，承包人应向发包人和监理人提交分包合同副本。

监理人的地位和作用与标准施工合同相同，但对承包人的干预较少。总监理工程师可以授权其他监理人员负责执行其指派的一项或多项监理工作。总监理工程师应将被授权监理人员的姓名及其授权范围通知承包人。被授权的监理人员在授权范围内发出的指示视为已得到总监理工程师的同意，与总监理工程师发出的指示具有同等效力。承包人对总监理工程师授权的监理人员发出的指示有疑问时，可在该指示发出的 48 小时内向总监理工程师提出书面异议，总监理工程师应在 48 小时内对该指示予以确认、更改或撤销。

设计施工总承包合同的通用条款和专用条款尽管在招标投标阶段已作为招标文件的组成部分，但在合同订立过程中有些问题还需要明确或细化，以保证合同的权利和义务界定清晰。在标准总承包合同的通用条款中规定，履行合同过程中，构成对发包人和承包人有约束力合同的组成文件包括合同协议书、中标通知书、投标函及投标函附录、专用条款、通用合同条款、发包人要求、承包人建议书、价格清单。

10.9　建设工程材料设备采购合同管理的特点及基本要求

建设工程材料设备采购合同是出卖人转移建设工程材料设备的所有权于买受人、买受人支付价款的合同。建设工程材料设备采购合同属于买卖合同，具有买卖合同的一般特点，即出卖人与买受人订立买卖合同，是以转移财产所有权为目的；买卖合同的买受人取得财产所有权，必须支付相应的价款；出卖人转移财产所有权，必须以买受人支付价款为对价；买卖合同是双务、有偿合同，所谓双务有偿是指合同双方互负一定义务，出卖人应当保质、保量、按期交付合同订购的物资、设备，买受人应当按合同约定的条件接收货物并及时支付货款；买卖合同是诺成合同，除法律有特殊规定的情况外，当事人之间意思表示一致买卖合同即可成立，并不以实物的交付为合同成立的条件。

建设工程材料设备采购合同与建设项目的建设密切相关。建设工程材料设备采购合同的买受人（即采购人）可以是发包人，也可能是承包人，依据合同的承包方式来确定。永久工程的大型设备一般情况下由发包人采购。施工中使用的建筑材料采购责任，按照施工合同专用条款的约定执行。通常分为发包人负责采购供应；承包人负责采购，包工包料承包；大宗建筑材料由发包人采购供应，当地材料和数量较少的材料由承包人负责三类方式。采购合同的出卖人即供货人，可以是生产厂家，也可以是从事物资流转业务的供应商。建设工程材料设备采购合同的标的品种繁多，供货条件差异较大。建设工程材料设备采购合同视标的的特点，合同涉及的条款繁简程度差异较大。建筑材料采购合同的条款一般限于物资交货阶段，主要涉及交接程序、检验方式、质量要求和合同价款的支付等。大型设备的采购，除了交货阶段的工作外，往往还需包括设备生产制造阶段、设备安装调试阶段、设备试运行阶段、设备性能达标检验和保修等方面的条款约定。建设工程材料设备采购合同的履行与施工进度密切相关。出卖人必须严格按照合同约定的时间交付订购的货物。延误交货将导致工程施工的停工待料，不能使建设项目及时发挥效益。提前交货通常买受人也不同意接收，一方面货物将占用施工现场有限的场地影响施工；另一方面增加了买受人的仓储保管费用。如出卖人提前将水泥提前发运到施工现场，而买受人仓库已满只好露天存放，为了防潮则需要投入很多物资进行维护保管。

按照不同的标准，建设工程材料设备采购合同可以有不同的分类。按照标的不同，建设工程材料设备采购合同可以分为材料采购合同和设备采购合同。材料采购合同采购的是建筑材料，是指用于建筑和土木工程领域的各种材料的总称，如钢、木材、玻璃、水泥、涂料等，也包括用于建筑设备的材料，如电线、水管等。设备采购合同采购的设备，既可能是安装于工程中的设备，如安装在电力工程中的发电机、发动机等，也包括在施工过程中使用的设备，如塔吊等。按照履行时间的不同，建设工程材料设备采购合同可以分为即时买卖合同和非即时买卖合同。即时买卖合同是指当事人双方在买卖合同成立的同时，就履行了全部义务，即移转了材料设备的所有权、价款的占有。即时买卖合同以外的合同就是非即时买卖合同。由于建设工程材料设备采购合同的标的数量较大，一般都采用非即时买卖合同。非即时买卖合同的表现有很多种。在建设工程材料设备采购合同比较常见的是货样买卖、试用买卖、分期交付买卖和分期付款买卖等。

货样买卖，是指当事人双方按照货样或样本所显示的质量进行交易。凭样品买卖的当事人应当封存样品，并可以对样品质量予以说明。出卖人交付的标的物应当与样品及其说明的货样买卖，是指当事人双方按照货样或样本所显示的质量进行交易。凭样品买卖的当事人应当封存样品，并可以对样品质量予以说明。出卖人交付的标的物应当与样品及其说明的质量相同。凭样品买卖的买受人不知道样品有隐蔽瑕疵的，即使交付的标的物与样品相同，出卖人交付的标的物质量仍然应当符合同种标的物的通常标准。

试用买卖，是指出卖人允许买受人试验其标的物、买受人认可后再支付价款的交易。试用买卖的当事人可以约定标的物的试用期间，试用买卖的买受人在试用期内可以购买标的物，也可以拒绝购买。试用期届满，买受人对是否购买标的物未作表示的，视为购买。

分期交付买卖，是指购买的标的物要分批交付。由于工程建设的工期较长，这种交付方式很常见。出卖人分批交付标的物的，出卖人对其中一批标的物不交付或者交付不符合约定，致使该批标的物不能实现合同目的的，买受人可以就该批标的物解除合同。出卖人不交付其中一批标的物或者交付不符合约定，致使今后其他各批标的物的交付不能实现合同目的，买受人可以就该批以及今后其他各批标的物解除合同。买受人如果就其中一批标的物解除合同，该批标的物与其他各批标的物相互依存的，可以就已经交付和未交付的各批标的物解除合同。

分期付款买卖，是指买受人分期支付价款。在工程建设中，这种付款方式也很常见。分期付款的买受人未支付到期价款的金额达到全部价款的五分之一的，出卖人可以要求买受人支付全部价款或者解除合同。出卖人解除合同的，可以向买受人要求支付该标的物的使用费。

按照合同订立方式的不同，建设工程材料设备采购合同可以分为竞争买卖合同和自由买卖合同。竞争买卖包括招标投标和拍卖。在建设工程领域，一般都是通过招标投标进行竞争。竞争买卖以外的交易则是自由买卖。

按照《合同法》的分类，材料采购合同属于买卖合同，合同条款一般包括以下几方面内容：产品名称、商标、型号、生产厂家、订购数量、合同金额、供货时间及每次供应数量；质量要求的技术标准，供货方对质量负责的条件和期限；交(提)货地点、方式；运输方式及到站、港和费用的负担责任；合理损耗及计算方法；包装标准、包装物的供应与回收；验收标准、方法及提出异议的期限；随机备品、配件工具数量及供应办法；结算方式及期限；如需提供担保，另立合同担保书作为合同附件；违约责任；解决合同争议的方法；其他约定事项。

订购物资或产品的供应方式，可以分为采购方到合同约定地点自提货物和供货方负责将货物送达指定地点两大类，而供货方送货又可细分为将货物负责送抵现场或委托运输部门代运两种形式。为了明确货物的运输责任，应在相应条款内写明所采用的交(提)货方式、交(接)货物的地点、接货单位(或接货人)的名称。

产品交付的法律意义是，一般情况下，交付导致采购材料的所有权发生转移。如果材料在订立合同之前已为买受人占有，合同生效的时间为交付时间。与所有权转移相对应，标的物毁损、灭失的风险，在标的物交付之前由出卖人承担，交付之后由买受人承担，但法律另有规定或者当事人另有约定的除外。

货物的交(提)货期限，是指货物交接的具体时间要求。它不仅关系到合同是否按期履行，还可能会出现货物意外灭失或损坏时的责任承担问题。合同内应对交(提)货期限写明月份或更具体的时间(如旬、日)。如果合同内规定分批交货时，还需注明各批次交货的时间，以便明确责任。

⭐ 思 考 题

1. 简述建设工程合同管理的特点及作用。
2. 简述建设工程合同管理的基本要求。
3. 建设工程合同管理的法律基础是什么？
4. 简述建设工程施工招标的特点及基本要求。

5. 简述建设工程设计招标和设备材料采购招标的特点及基本要求。

6. 简述建设工程勘察设计合同管理的特点及基本要求。

7. 简述建设工程施工合同管理的特点及基本要求。

8. 简述建设工程设计施工总承包合同管理的特点及基本要求。

9. 简述建设工程材料设备采购合同管理的特点及基本要求。

第11章 监理企业业务手册的基本架构

11.1 监理企业内设监理工作程序

监理工作总程序见图11-1-1，工程质量事故处理流程见图11-1-2，工程质量控制程序见图11-1-3，工程进度控制程序见图11-1-4，工程投资控制程序见图11-1-5，单位工程竣工验收程序见图11-1-6。

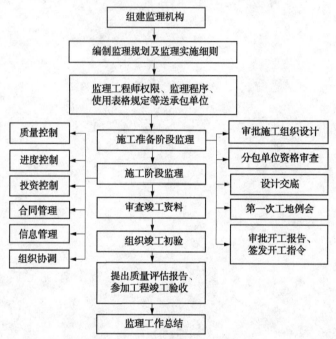

图11-1-1 监理工作总程序

工程质量事故处理的行为主体是承包商、监理方、业主、设计单位、建设行政主管部门；工作时间应遵守相关规定，即质量事故发生后监理方和施工方应及时予以处理，如属重大的质量事故应在12小时内上报建设行政主管部门；工作标准应遵守相关规定，即作为监理方应协组施工单位及有关部门做好事故的调查工作并如实作好事故情况记录，弄清原因、制定出解决措施后监理人员应严格检查施工单位的落实和整改结果直至达到要求，之后监理组应编写质量事故处理报告向建设单位和有关部门进行汇报。单位工程竣工验收的行为主体是承包商、监理方、业主、勘察设计单位、质量监督机构以及消防、环保、规划部门；其工作时间应遵守相关规定，即施工单位提出申请后监理方应尽快进行资料、实物的检查和审核，条件具备后即可组织验收；工作标准应遵守相关规定，即监理方应按工程验收的有关标准客观、公正、独立的对工程质量、进度及投资等方面进行评估，评估报告务必依据正确、明了、足够，且结论应明确、程序应合理、规范。

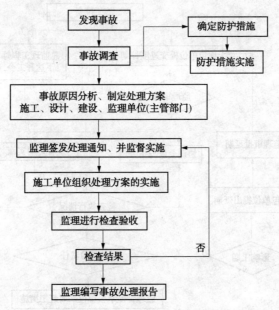

图 11-1-2 工程质量事故处理流程

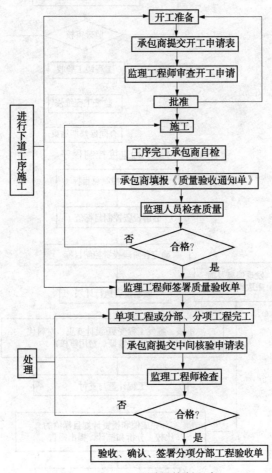

图 11-1-3 工程质量控制程序

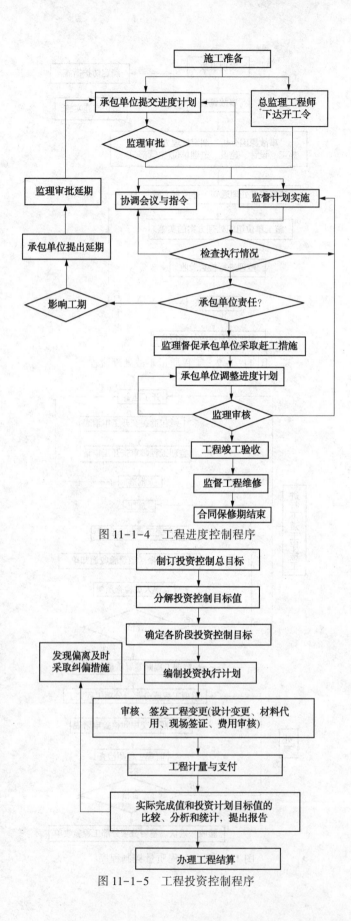

图 11-1-4　工程进度控制程序

图 11-1-5　工程投资控制程序

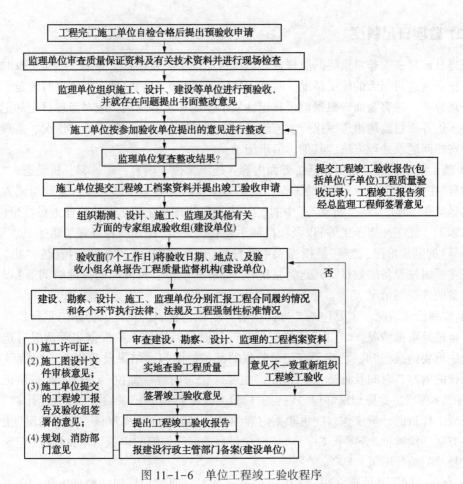

图 11-1-6 单位工程竣工验收程序

11.2 监理企业内设监理工作制度

(1) 监理会议制度

根据《建设工程监理规范》监理会议主要包括第一次工地会议和工地例会。

1) 第一次工地会议。工程项目开工前项目部应提醒业主主持召开第一次工地会议，所有监理人员均应参加。第一次工地会议的主要内容包括建设单位、承包单位和监理单位分别介绍各自驻现场的组织机构、人员及其分工；建设单位根据委托监理合同宣布对总监理工程师的授权；建设单位介绍施工准备情况；承包单位介绍施工准备情况；建设单位和总监理工程师对施工准备情况提出意见和要求；总监理工程师介绍监理规划的主要内容；研究确定各方在施工过程中参加工地例会的主要人员，召开工地例会周期、地点及主要议题。

2) 工地例会。施工过程中，总监理工程师应定期主持召开工地例会。会议纪要应由项目监理机构负责起草，并经与会各方代表会签。工地例会的主要内容包括检查上次会议定事项的落实情况，分析未完成事项原因；检查分析工程项目进度计划完成情况，提出下一阶段进度目标及落实措施；检查分析工程项目质量状况，针对存在的质量问题提出改进措施；检查工程量核定及工程款支付情况；解决需要协调的有关事项；其他有关事宜。

（2）监理日记制度

监理日记是一项非常重要的监理资料，项目监理组必须认真、详细、如实、及时地予以记录。记录前应对当天的施工情况、监理工作情况进行汇总、整理，做到书写清楚、版面整齐、条理分明、内容全面。根据监理日记性质、作用和经验总结，应对监理日记的记录内容做出要求供各项目监理组遵照执行。监理日记的记录内容应包括施工活动情况、监理活动情况、存在的问题及处理方法、其他、值班记录。

1）施工活动情况。主要包括2方面内容：施工部位、内容；工、料、机动态。"施工部位、内容"主要是指关键线路上的工作、重要部位或结点的工作以及项目监理组认为需要记录的其他工作。"工、料、机动态"中的"工"主要是指现场主要工种的作业人员数量（比如钢筋工、木工、泥工、架子工等）以及项目部主要管理人员（比如项目经理、施工员、质量员、安全员等）的到位情况；"料"是指当天主要材料（包括构配件）的进退场情况；"机"是指施工现场主要机械设备的数量及其运行情况（比如有否故障、及故障的排除时间等）以及主要机械设备的进退场情况。

2）监理活动情况。主要包括7方面内容：巡视、验收、见证、旁站、平行检验、工程计量、审核及审批情况。"巡视"主要应记录巡视时间或次数，应根据实际情况有选择地记录巡视中重要情况。"验收"主要应记录验收的部位、内容、结果及验收人。"见证"主要应记录见证的内容、时间及见证人。"旁站"主要应记录内容、部位、旁站人及旁站记录的编号。"平行检验"主要应记录部位、内容、检验人及平行检验记录编号。"工程计量"主要应记录完成工程量的计量工作、变更联系内容的计量（需要的）。"审核、审批情况"主要应记录有关方案、检验批（分项、工序等）、原材料、进度计划等的审核、审批情况（记录有关审核、审批单的编号即可）。

3）存在的问题及处理方法。主要应记录一天来，通过一系列的监理工作，在工程的质量、进度、投资等方面发现了什么问题？针对这些问题监理组是如何处理的，处理结果怎样？对一些重大的质量、安全事故的处理应按规定程序进行并按规定记录、保存、整理有关的资料，日记中的记录应言简意赅。

4）其他。主要包括监理指令（比如监理通知、备忘录、整改通知、变更通知等）；会议及会议纪要情况；往来函件情况；安全工作情况；合理化建议情况；建设各方领导部门或建设行政主管部门的检查情况。

5）值班记录。应有当天值班监理人员的签名。

（3）施工阶段监理资料管理制度

工程建设监理资料是项目监理组对工程项目实施监理过程中直接形成的，是工程建设过程真实、全面的反映；工程建设监理资料的管理水平反映了工程项目监理组的管理水平、人员素质和监理工作的质量。应依据《工程建设监理规范》《建设工程质量管理条例》《属地建设工程监理管理条例》及其他有关监理工作的规定对监理资料的收集、整理、归档做出相应的要求。

1）施工阶段监理资料的内容。主要包括以下28方面内容：施工合同文件及委托监理合同；勘察设计文件；监理规划；监理实施细则；分包单位资格报审表；设计交底与图纸会审纪要；施工组织设计（方案）报审表；工程开工/复工报审表及工程停工令；测量核验资料；

工程进度计划；工程材料、构配件、设备的质量证明文件；检查试验资料；工程变更资料；隐蔽工程验收资料；工程计量单和工程款支付证书；监理工程师通知单；监理工作联系单；报验申请表；会议纪要；往来函件；监理日记；监理月报；质量缺陷与事故的处理文件；分部工程、单位工程等验收资料；索赔文件资料；竣工结算审核意见书；工程项目施工阶段质量评估报告等专题报告；监理工作总结。

2) 归档的监理资料内容。主要包括以下 21 方面内容：委托监理合同；监理规划、监理细则；监理日记；监理月报；监理指令文件(监理工程师通知单，监理工程师通知回复单，备忘录，工程停工令，工程开工/复工报审表等)；与业主、被监理单位、设计单位往来函件、文件；会议纪要；工程计量单、工程款支付证书、竣工结算审核意见书；施工组织设计、施工方案审核签证资料；监理总结报告、工程质量评估报告；工程质量安全事故调查处理文件；工程验收资料(包括分部工程验收记录、单位工程竣工验收记录、单位工程质量控制资料核查记录、单位工程安全和功能检验资料核查及主要功能抽查记录、单位工程观感质量检查记录、单位工程竣工报验单、竣工验收报告、工程质量保修书等方面的资料)；分包单位资格报审资料；索赔文件资料；报验申请表(原材料/构配件/设备、检验批、分项、定位放样、沉降观察、施工试验等)；工程变更单；监理工作联系单；总监巡视检查记录；旁站记录；工程进度资料；主要的监理台账。

3) 监理资料的管理要求。监理资料的管理要求包括以下 6 个方面，即监理资料管理实行总工程师负责制；监理档案应按单位工程和施工的时间先后顺序整理，分类立卷装订，每页要有编号，每卷要有目录；每个单位工程的监理档案封面应注明工程名称、合同号、建设单位、总包单位、建设日期、完成日期和总监理工程师审核签字；在工程(合同)完成后一个月内由资料管理人员整理装订后，移交档案室并办理交接手续；一般工程监理档案在工程保修期满后保存一年，重要的工程监理档案保存可延长至三年，保存期间需要查阅时应办理借阅和归还手续；监理档案应真实可靠，字迹要清楚，签字要齐全，不得弄虚造假、擅自涂改原始记录。

4) 施工阶段监理资料的归档方法。施工阶段监理资料应按以下 5 部分归档，即合同管理资料；质量控制资料；投资控制资料；进度控制资料；监理工作管理资料。合同管理资料(表 11-2-1)，进度控制资料(表 11-2-2)，工程质量控制资料(表 11-2-3)，工程质量控制资料(表 11-2-4)，监理工作管理资料(表 11-2-5)。表 11-2-2 中的工程进度资料通常指施工进度计划(年、月、旬、周)申报表及监理方的审批意见，进度计划与工程实际完成情况的比较分析报告，施工计划变更申请及监理方的批复意见，延长工期申请及批复意见，人员、材料、机械设备的进场计划及监理方的审批意见，工程开工/复工申请及监理方的批复意见。表 11-2-3 因归档需要，在有关的报验申请表中应注明部位、内容，监理方的审批意见应明确、依据充分。由于工程质量评估报告中已包含了质量保证资料(施工技术资料)的核查情况、检验批/分项/分部工程的质量统计情况、混凝土/砂浆试块的评定结果等方面的资料，因而，在归档资料中不再单独列项。如果监理方不参与工程竣工结算工作，则表 11-2-4 中第 3 项就不存在。表 11-2-5 中，主要的监理台账按"现场监理工作台账记录规定"处理。为保证监理资料的完整、分类有序，工程开工前总监应与建设单位、承包单位对资料的分类、格式(包括用纸尺寸)、份数达成一致意见。各地区、各部门对监理资料的组卷及归档有不同的要求,因此,项目开工前,项目监理组应主动与当地档案部门进行联系,明确具体要求。竣工资料要求应与建设单位、质监站取得共识,以使资料管理符合有关规定和要求。

表 11-2-1　合同管理资料

编号	归档资料名称	编号	归档资料名称
1	监理委托合同	5	工程变更单
2	分包单位资格报审资料	6	工程竣工验收资料
3	施工组织设计报审表	7	工程质量保修书或移交证书
4	索赔文件资料(申请书、批复意见)		

表 11-2-2　进度控制资料

编号	归档资料名称	编号	归档资料名称
1	施工进度计划报审单及审核批复意见	3	有关工程进度方面的专题报告及建议
2	工程开工/复工报审表及批复意见		

表 11-2-3　工程质量控制资料

编　号	归档资料名称
1	施工方案报审表及监理工程师审批意见
2	工程质量安全事故调查处理文件(事故调查报告、事故处理意见书、事故评估报告等)
3	原材料、构配件、设备报验申请表(含批复意见)
4	检验批、分项工程报验单(含批复意见)
5	工程定位放线报验单及监理工程师复核意见
6	分部工程验收记录(工程验收记录)
7	旁站记录
8	施工试验报审单及监理方的见证意见
9	工程质量评估报告

表 11-2-4　投资控制资料

编号	归档资料名称	编号	归档资料名称
1	工程计量单及审核意见	3	竣工结算审核意见书
2	工程款支付证书		

表 11-2-5　监理工作管理资料

编号	归档资料名称	编号	归档资料名称
1	监理规划	6	总监巡视检查记录
2	监理实施细则	7	与业主、被监理单位、设计单位的往来函件
3	监理日记	8	会议纪要
4	监理月报	9	监理总结报告
5	监理指令文件	10	主要的监理台账

（4）项目部办公场所管理制度

办公室是办公专用场所，应树立良好的行业对外形象并便于管理。项目部办公室的布置实行统一安排制度，各级人员职责、进度表、晴雨表等均应悬挂在办公室的明显位置。办公室的布置工作应在监理人员进场后由工程部协助完成，项目部监理人员应做好保护工作。办公室应保持室内干净、整洁，办公室内的物品应摆放整齐。监理人员在工作时间必须佩带统一制作的工作卡，着装必须整齐大方。讲话要文明，待客要礼貌。下班离开办公室之前必须关好门窗、电灯、电脑。项目完成后应做好办公用具的清点工作。监理人员应保守企业及业主的机密，相关文件或资料必须妥善保管，严防泄漏。不得在公共办公场所讨论涉及企业机密的问题。

11.3　监理企业内设常见监理工作处理原则

（1）开工报审

开工条件的审查是依法开展工程管理的需要，也是有效保证施工阶段的质量和进度控制、规范监理工作、顺利实现监理工作目标体系的需要。开工报审采用统一的工程开工/复工报审表。审查内容主要有 3 大部分，即业主应提供的基础资料和准备工作，施工单位应提供的基础资料和准备工作，项目监理部应具备的开工条件。

1）业主应提供的基础资料和准备工作包括施工许可证，向质量监督机构办理监督业务手续，经建设行政主管部门审查批准的设计图纸及设计文件，工程地质勘察报告、水文地质资料，施工承包合同、招投标文件，业主与相关部门签订的合同、协议，水准点、坐标点等原始资料，业主驻工地代表的授权，地下管线现状分布图，施工场地条件已按合同约定条件落实到位。

2）施工单位应提供的基础资料和准备工作包括施工企业资质证书、营业执照及其他如质量体系认证证书等，施工单位提供的试验室资质证书（当施工单位自己承担部分或全部施工试验项目时），工程项目经理、技术负责人及管理人员资格证书、岗位证书，特种人员岗位证书，自审手续齐全的施工组织设计和施工方案，按施工组织设计开列进场的第一批施工机械设备已经报验通过，对业主提供的水准点和坐标点的复合工作已经完成、有复核记录，并已经完成建筑定位、放样工作，开工所需的原材料已经进场，质保资料、试验报告齐全、有效，质保体系、安全保证体系机构健全，体系文件资料齐全，人员到位，并已开始运转，临时设施搭设满足开工要求。

3）项目监理部应具备的开工条件包括监理委托合同，总监理工程师授权书，已经批准的监理规划，审查意见。

总监理工程师指定专业监理工程师对上述审查内容进行检查，逐一落实，具备开工条件时，向总监理工程师报告，并在工程开工报审表中填写"该工程各项开工准备工作符合要求，同意于某年某月开工"，总监理工程师签发。

相关注意事项有以下 3 条：在签发工程开工报审表前应提醒业主组织第一次工地会议；整个项目一次开工只报审一次，若工程项目中涉及较多单位工程且开工时间不同则每个单位工程开工都应报审一次；由于审查内容较多，监理部可以自制"工程开工条件核查表"以使工程开工报审资料清晰、有条理。工程开工条件核查表可参考表11-3-1。

表 11-3-1　工程开工条件核查表

工程名称：　　　　　　　　　　　　　　　　　　　　　　　　　　　　　　　编号：

	开 工 条 件	监理核查		开 工 条 件	监理核查
业主应提供的基础资料和准备工作	设计施工图(编号)		施工单位应提供的基础资料和准备工作	施工组织设计报审(编号)	
	工程地质报告(编号)			基础工程施工方案报审(编号)	
	施工许可证(复印件)			进度计划报审(编号)	
	质监委托书(编号)			工程分包资质报审(编号)	
	灰线验收合格证(编号)			工程分包合同(编号)	
	施工招投标文件(编号)			总、分包单位营业执照、资质证书(复印件)	
	施工承包合同(编号)			总、分包单位管理人员、特种人员岗位证书(复印件)	
	地下管线现状分布图				
	施工图纸交底纪要(编号)			安监委托书(编号)	
	水准点、坐标点原始资料			排污许可证(编号)	
	"三通一平"完成			消防、治安手续	
	业主驻工地代表的授权			夜间施工许可证(复印件)	
				主要进场机械申报(编号)	
				主要施工材料/构配件/设备申报(编号)	
				工程测量放线报验(编号)	
				监理工作表齐备	
监理单位准备工作	监理规划，监理细则			试桩纪录(纪要)手续完备	
	施工图纸自审记录			主要施工人员已进场	
	第一次工地会议纪要			施工临时设施基本具备	
	监理人员进场			安全措施已落实	
	监理办公条件具备				
	承包单位有关开工报审已批复				

（2）分包单位资质审查

应按规定使用《分包单位资格报审表》。审查内容包括分包单位资质材料等。审查意见应按规定签署，包括专业监理工程师审查意见和总监理工程师审查意见。

1）分包单位资质材料审查。分包单位资质材料审查应按建设部第87号令颁布的《建筑企业资质管理规定》进行，应检查经建设行政主管部门进行资质审查核发的具有相应承包企业资质和建筑业劳务分包企业资质的《建筑业企业资质证书》和《企业法人营业执照》，应注意拟承担分包工程内容与资质等级、营业执照是否相符，需要时应一并审查特种行业施工许可证、国外(境外)企业在国内承包工程许可证。应审查分包单位近年来类似工程业绩，要求提供工程名称，质量等级证明文件。应审查拟分包工程的内容和范围，应注意承包单位的发包性质，禁止转包、肢解分包、层层分包等违法行为，应注意分包是否符合施工合同规定。应审查专职管理人员和特种作业人员的资格证、上岗证。

2) 专业监理工程师审查意见。专业监理工程师应对照审查内容逐一审查，必要时可以会同承包单位进行实地考察和调查，核实承包单位申报材料与实际是否相符。在此基础上提出审查意见，签署"该分包单位具备分包条件，拟同意分包，请总监理工程师审核"。如认为不具备分包条件则应简要提出不符合条件之处，签署"拟不同意分包，请总监理工程师审查"。

3) 总监理工程师审查意见。总监理工程师对专业监理工程师的审查意见进行审核，如同意专业监理工程师意见则签署"同意分包"；如不同意专业监理工程师意见则应指明不同意专业监理工程审查意见之处并签署不同意分包的意见。

4) 注意事项。若承包合同中已明确分包单位的该分包单位的资格审查不报审，但承包单位应采用《承包单位报审表(通用)》提供该分包单位的营业执照、资质证书、专职管理人员和特种作业人员的资格证、上岗证。对业主指定的分包单位应审查其资质。

(3) 工程延期审批

1) 审查内容。审核在延期事件发生后承包单位是否在合同规定有效时间内向监理机构以书面形式提出延期申请。审核该延期的依据和延期工期的计算。

2) 审查意见。总监理工程师如同意延期则延期时间应按核实时间填写，并在《工程临时延期审批表》或《工程最终延期审批表》中"暂时同意工期延长…"前"□"内打" "，否则"在不同意延长工期…"前"□"内打" "。同时应说明同意(不同意)延期的理由和依据。在《工程临时延期审批表》或《工程最终延期审批表》中的"说明:"后签署"该延期事件符合(不符合)承包合同关于工期延期的约定，同意(不同意)延期"。

3) 注意事项。工程延期必须是非承包单位自身原因造成，必须在施工进度计划的关键线路上，必须存在影响工期的事实(比如工地停电24小时，但现场采取自发电措施后没有停工则工期就不能延期)。如延期事件具有持续性则需使用《工程临时延期审批表》。临时延期的时间一般不能超过最终延期的时间。

(4) 施工组织设计、施工技术方案审批

1) 审查内容。审查内容包括承包单位对施工组织设计(方案)签字、审批手续是否齐全；施工组织设计(方案)的主要内容是否齐全；承包单位现场项目管理机构的质量体系、技术管理体系，特别是质量保证体是否齐全；主要项目的施工方法是否合理可行，是否符合现场条件及工艺要求；施工机械设备的选择是否考虑了对施工质量的影响与保证；施工总进度计划、施工程序的安排是否合理、科学、符合承包合同的要求；主要的施工技术、质量保证措施针对性、有效性如何；施工现场总体布置是否合理，是否有利于保证工程的正常顺利施工，是否有利于工程保证质量，施工总平面图不知是否与地貌环境、建筑平面协调一致。

施工组织设计的内容应符合规定。施工组织总设计的内容应包括工程概况和施工特点分析；施工部署和主要项目施工方案；施工总进度计划；全场性的施工准备工作计划；施工资源总需要量计划；施工总平面图和各项主要技术经济评价指标。单位工程施工组织设计的内容应包括工程概况和施工特点分析；施工方案选择；施工进度计划；劳动力、材料、构配件、施工机械和施工机具等需要量计划；施工平面图；保证质量、安全、降低成本和冻雨季施工的技术组织措施；各项技术经济指标等。施工方案设计是指重点部位、关键工序或技术复杂的分项、分部工程施工方案和采用新技术、新工艺、新技术、新设备的施工方案，其内

容应包括：工程概况；施工程序和顺序；主要分项分部的施工方案和施工机械选择；技术、质量保证措施等。

2）专业监理工程师审查意见。专业监理工程师根据对上述内容的审查，认为符合要求则签署"施工组织设计（方案）合理、可行，且审批手续齐全，拟同意承包单位按该施工组织设计（方案）组织施工，请总监理工程师审核"。如认为不符合要求，专业监理工程师应简明指出不符合要求之处，并提出修改补充意见后签署"暂不同意承包单位按该施工组织设计（方案）组织施工，带修改完善后再报，请总监理工程师审核"。

3）总监理工程师审核意见。总监理工程师对专业监理工程师的审查进行审核，若同意专业监理工程师审查意见则应签认"同意专业监理工程师审查意见并同意承包单位按该施工组织设计（方案）组织施工"；若不同意专业监理工程师的审查意见，则应简明提出与专业监理工程师审查意见的不同之处、签署修改意见并签认最终结论不同意承包单位按该施工组织设计（方案）组织施工（修改后再报）"。

4）注意事项。应注意以下5方面问题，即施工组织设计（方案）中工期、质量目标应与施工合同相一致；施工组织设计应优先选用成熟、先进的施工技术；安全、环保、消防和文明施工措施切实可行并符合有关规定；规模大、结构复杂或属新结构、特种机构的工程，项目监理机构对施工组织设计审查后还应报送监理单位技术负责人审查，提出审查意见后由总监理工程师签发，必要时应与建设单位协商并组织有关专业部门和有关专家会审；承包单位按审定的施工组织设计（方案）组织施工，如需对其内容作较大变更则应在实施前将变更内容以《承包单位申请表（通用）》的书面形式报送监理机构审查。

(5) 备忘录的使用要求

备忘录是指监理工程师对有关工程技术、质量、安全等事项及与建设单位、承包单位、设计单位等有关单位的业务往来需备案的事情进行记录，并发往备忘对象。相关表格使用类似《监理通知》但不需对方回复，遇到一般问题时监理工程师应多发此表，遇到较严重问题时应发《监理通知单》。具体使用时应写明事由且内容要详实、用词要委婉。比如某工程在打预制管桩时刚好是新旧规范交替时，监理单位提出应按新规范施工，建设单位口头同意按新规范施工但没有书面材料，此时监理项目组就应该写好监理备忘录主送建设单位、抄送施工单位同时盖好项目组公章。

(6) 会议记录方法

项目监理过程中很多问题需要用会议的形式予以解决，会议中形成的一致意见具有法律效力，是合同的一种补充，与会各方都有义务遵照执行。根据监理工作的有关规定，工程实施过程中会议记录工作一般都由监理方负责。会议记录方式是否科学，内容是否合理、合法、明确，条理是否清楚直接反映了监理组的工作水平和总体素质。为规范监理工作，不断提高项目监理水平，会议记录的格式和记录方式应遵守以下规定。

1）记录格式。第一页为企业的会议纪要表，后面附详细记录内容。表中"主要议题"一览的填写方法应规范，比如若是例会则写"工程例会"，质量、进度、投资专题会议应写"××专题会"，质量事故处理会议应写"××质量事故处理会"，第一次工程例会应写"第一次工程例会"，其他应按"图纸会审、××方案论证、××工程技术交底、××工程验收"等方式填写。

2) 记录方式。工程会议的最终目的是提出问题和解决问题，因而，在记录过程中应始终围绕这个主题进行。有时某些人发言，颂古论今、旁证侧引仅仅是为了论证其观点而已，作为记录者必须抓住其要点，不能走进庐山云雾中。记录应有层次，该次会议提出了哪些主要问题应准确予以记录；通过会议的讨论，哪些问题形成了共同的解决意见，应明确予以记录；对未形成共同意见的问题如需记录的可按观点区分，比如"××单位或人的意见为：……"；以推卸责任为目的的不同意见不作记录。记录应以会议主持人或领导勉励性的，同时按有关法规、规范规定应该做到的要求作为会议记录的结尾，确无此项的可以不写。按以上方法记录会议内容就比较合理、明确，同时文字组织应言简义赅。表 11-3-2 为某项目监理组的一个会议记录。

表 11-3-2 某项目监理组的一个会议记录

（会议主要议题：××工程配套管线施工单位进场开工前协调会）

会议内容：

  ××工程工期紧、任务重，其中×××部分在各施工单位的努力下实现合同目标在望。但×××部分的施工工期将更紧，整个工程工期目标能否按合同实现，关键在于电信、电力、自来水、煤气等配套管线施工单位和道路施工单位的配合是否密切。为此，召集此次会议，确定各单位进场时间、完成时间及配合的一些要求。

  会议首先由道路工程施工单位对工程的整体情况进行了介绍，之后通过讨论、分析、协商，形成以下共同意见：

  （1）电信施工单位于 4 月 6 日进场，4 月 16 日完成所有工作内容；

  （2）自来水施工单位于 4 月 4 日进场，4 月 8 日完成全部工作内容；

  （3）电力管线施工单位于 4 月 2 日进场，4 月 25 日完成所有工作内容；

  （4）在施工过程中，各配套管线的平面位置和标高应严格按设计图纸施工，不得擅自改变，否则因此发生碰撞，由擅自改变图纸方承担一切经济损失。

  （5）南半幅道路施工后，因时间和场地原因，不可能再留设施工便道，以后材料的进场会比较困难。因此，各施工单位应利用近几天时间将主要材料进场并合理堆放。

  （6）道路施工单位将 03 省道挖出的土及时外运，不得影响配套管线施工；道路支管施工时应与配套管线单位密切协调，不能影响配套管线的施工。

  （7）自来水施工单位应于 3 月 8 日前将南半幅道路内废弃的自来水管挖除，保证不影响道路施工单位的正常施工。确有困难的区段，留待交通改道后处理。

  （8）煤气横穿管道保证紧跟道路单位的工作面，不影响其他单位的施工。

  （9）自来水管在与 D1800 雨水管交叉区段，采用顶管施工，确保工程进度。

  以上安排与会议各方均表示同意，请各施工单位落实执行。

  最后，建设单位和项目监理组要求各施工单位进场后应做好文明安全工作，尤其是施工用电的安全应特别重视。接、拆电线应有专业电工负责，严格按照安全操作规程的有关要求进行操作。

  记录单位：××工程监理有限公司

       ××工程项目监理组

（7）监理日记编写

  监理日记是一项非常重要的监理资料，项目监理组必须认真、详细、如实、及时地予以记录。记录前应对当天的施工情况、监理工作情况进行汇总、整理，做到书写清楚、版面整齐、条理分明、内容全面。监理企业应根据监理日记性质、作用和经验总结对监理日记的记录方式做出相关规定供各项目监理组遵照执行。监理日记的记录应包括 5 方面内容：施工活动情况；监理活动情况；其他；值班记录。

(8) 监理月报编写

尽管监理月报的编写内容在《监理规范》中有明确规定，但在实际工作中各个监理组的编写内容和格式仍然五花八门、迥然不同，其固然有工作马虎、态度不认真原因，另一主要原因则是不知在规范规定的纲要内容下如何去写。为此，各个监理企业可根据《监理规范》的要求和工作经验对监理月报的编写内容进行细化，同时对编写格式做出规定。监理月报的编写目的是通过阅览监理月报让业主足不出户就可以比较全面地了解本月工程的进度、质量、工程款支付额以及工程变更引起工程投资的变化情况，另外，还必须让业主知道监理方为工程三大目标的控制做了哪些具体的工作。编写具体内容包括以下 6 部分。

1）工程概况。该项内容在第一期月报中写，以后可以省略。内容包括基础形式、结构形式、内外主要装修形式、屋面防水方式、楼地面形式、水电安装方面的概要情况。采用列表形式比较简要明了，见表 11-3-3。

表 11-3-3 工 程 概 况

建筑面积、层数、总高度	外墙装修	内墙装修	楼地面	门窗	基础形式
主体结构形式	屋面防水	建筑电气	给排水	消防	

2）工程进度。包括工程计划进度、形象进度；进度分析；监理方采取的措施及其效果。工程计划进度、形象进度可以用横道图(双比例单侧或双比例双侧)、柱状图、列表等形式表示，采用哪种表示方式更直观、更方便应根据工程的具体情况确定，且不同的施工阶段可采用不同的表示方式。比如住宅小区，因单位工程比较多，采用柱状图表示比较好；一个单位工程的高层建筑或小高层建筑则用横道图较为合适，在主体施工阶段用柱状图表示也非常方便和明了；对工作面比较多(如装修阶段)难以用图示的采用列表形式可能更为有效。施工过程中计划进度和实际进度往往会发生偏差，监理部必须对偏差原因进行分析并提出纠正的措施。原因分析主要从以下 6 方面入手，即天气原因；施工作业人员、材料(包括周转材料)、机械设备原因；现场管理原因；周围环境原因；工程变更方面原因；业主方面的原因。天气原因应注明影响工程正常施工的雨天、台风、高温、严寒等有几天。施工作业人员、材料(包括周转材料)、机械设备原因应注明是否充足，进场是否及时，机械设备性能是否能满足施工要求等。现场管理原因应注明计划安排是否合理，组织工作是否严密科学，管理体系是否健全等。周围环境原因应注明是交通运输方面还是夜间施工方面。工程变更方面原因应注明有否工程量的增加或减少影响工程进度，变更是否及时。业主方面的原因应注明工程款支付，设计文件及其他应提供的资料有否影响到工程进度。监理方采取的措施及其效果部分的撰写应遵守相关规定，找出了进度产生偏差的原因后监理组应采取一定的措施予以纠正，常规有以下措施，即召开进度专题会议；加强建设各方的配合；技术方面措施。通过召开进度专题会议增加人、材、机等资源，延长工作时间，调整进度计划，加强现场管理，解决周边环境的制约问题等。加强建设各方的配合方面包括缩短验收时间、及时签复各种函件。技术方面包括有否提出新的施工工艺、施工方法，对施工方案中的技术措施是否提出变更建议等。最后还应说明监理方采取的一系列措施施工单位是否认可、是否落实到位、最终的效果如何。

3) 工程质量。包括本月完成的工程质量概况；本月完成的检验批、分项工程、分部工程验收结果；监理方采取的工程质量措施及效果。本月完成的工程质量概况包括原材料、够配件质量情况；完成的分项工程、检验批质量情况。对本月进场的原材料、够配件应从质量证明文件、外观质量及试验结果等方面说明其质量情况。应从施工工艺的规范性，外观质量，实测实量的结果、质量保证和技术资料等方面进行说明。本月完成的检验批、分项工程、分部工程验收结果可采用表 11-3-4 的形式表示。监理方采取的工程质量措施及效果可采用表 11-3-5 的形式表示，有关工程质量整改意见的通知都可在"监理工程师通知单"中签发，"效果"部分应主要写施工单位对监理指令的执行情况以及原来实物质量不够理想部位有否因此而改善。

表 11-3-4　本月完成的检验批、分项工程、分部工程验收结果

项 目 名 称	项目部 自验结果	验 收 结 论		备　　注
		第一次	第二次	

一次验收合格率：

表 11-3-5　监理方采取的工程质量措施及效果

措　　施	次数或份数	主要内容	资料编号
例会或专题会议			
监理工程师通知			
监理备忘录			
停工通知			
监理交底			
缺陷处理记录			

4) 工程计量与工程款支付。其标准写法是"本月完成并通过验收合格的工程量和工作量××日施工单位上报我监理组，根据施工合同、招标文件和有效投标文件的有关规定，经我方详细审核后结果见表 11-3-6"。

表 11-3-6　工程计量与工程款支付

本月施工单位申报工作量 /万元	本月监理审定工作量 /万元	本月应支付工程进度款 /万元	累计支付工程款 /万元

5) 合同其他事项。合同其他事项可采用表 11-3-7 的形式。

表 11-3-7　合同其他事项

工 程 变 更	工 程 延 期	费 用 索 赔
共　　次(项)，具体为： 1.……编号： 2.……编号： 3.……编号：	根据施工合同本月工程延期共　天。具体为： 1.……天 2.……天	根据施工合同本月费用索赔共××万元。内容及审核意见详见××号费用索赔审批表

6) 本月监理工作小结。本月监理工作小结包括本月监理工作情况；有关本工程的意见和建议；下月监理工作的重点。本月监理工作情况中应注明本月本工程监理人员有××人。还应注明"根据监理委托合同的规定，我监理组采用旁站、验收、监理指令、会议、实测实量、见证、巡视等一系列手段通过组织协调的方式，对工程质量、进度、投资三大目标进行了科学、严格的控制。监理工作统计结果见表11-3-8"。

表 11-3-8　监理工作统计结果

序号	工作名称	单位	本年度		开工以来
			本月	累计	
1	监理会议及纪要	次			
2	审批施工组织设计(方案)	次			
3	审批施工进度计划	次			
4	发出监理工程师通知单	份			
5	发出监理备忘录	份			
6	监理交底	次			
7	平行检测记录	次			
8	见证取样、送样	次			
9	发出工程部分暂停指令	份			
10	检验批、分项工程验收	次			
11	旁站时间	小时			
12	考察生产厂家	次			
13	原材料、够配件审批	次			
...					

有关本工程的意见和建议部分应注明根据工程的具体情况认为哪些方面存在不足之处需要改善或改变的，尤其是需要业主方下决心全力支持方可得以解决的问题，均可在此提出意见或建议。下月监理工作的重点部分应注明根据工程的进展趋势判断下月施工单位的主要工作，为保证这些工作的质量作为监理方主要应该作好哪些工作。表11-3-9和表11-3-10是2个典型的下月监理工作的重点的示例。

表 11-3-9　下月监理工作的重点示例 1

我公司监理的某工程工期非常紧张，业主对此特别重视。针对这一情况，继续密切关注工程进展速度，及时分析和预测工程进度偏差，并提出纠正措施；处理和协调好工程进度与工程质量的矛盾，力争使二者相统一。

表 11-3-10　下月监理工作的重点示例 2

工程质量方面：加强对现浇楼板厚度的控制；加强对钢筋位置的控制；加强构造柱混凝土外观质量的控制；
安全、文明施工方面：督促施工单位保持和完善上月的整改成果，强调文明、安全施工应贯穿整个项目施工的全过程；
进度方面：配合施工单位调整好工程的工期目标值，并保证该目标值在正常的情况下切实可行。

监理月报由"封面、目录、内容"三部分组成。封面用A4纸，样版见表11-3-11，其中，"监理月报"用黑体加粗、48号字、居中；粗细双线用4磅线；编号中英文字母为工程名称的拼音缩写，前二个数字为年份，第三、第四数字为月份，横杆后数字为月报期数；

194

"工程名称、建设单位、施工单位、月报时间、总监"字样用黑体小三号；最下面的单位名称和监理组名称用黑体小二号字。目录用A4号纸，样板见表11-3-12，其中，"目录"用黑体二号字、居中；大标题用黑体四号字，小标题用黑体小四号字。

表11-3-11 监理月报封面

监理月报

（编号）

工程名称：
建设单位：
施工单位：
月报时间：
总监：

××工程监理有限公司
项目监理组

表11-3-12 监理月报目录

目　录

（9）检验批、分项、分部、单位工程验收记录表填写要求

检验批是工程验收的最小单位，是分项工程乃至整个建筑工程质量验收的基础。检验批通常按相关规定划分。检验批内质量应均匀一致，抽样应符合随机性和真实性原则。应遵循过程控制原则，并按施工次序、便于质量验收和控制以及关键工序质量的需要划分检验批。监理单位一定要作好相关工作。检验批的质量验收记录必须由施工项目专业质量检查员填写，监理单位确认，施工单位必须明确施工验收部位，监理人员必须认真核对。检验批质量验收分主控项目和一般项目，主控项目是指对检验批的基本质量起决定性影响的检验项目，主控项目应全部合格，一般项目允许存在一定的偏差但不得影响分部工程的整体质量，监理员应在监理单位验收记录一栏填写相关内容，填写时须注明资料检查情况和主控项目、一般

项目质量情况，监理工程师应在验收结论一栏填写，应首先对该检验批给出"合格"、"不合格"的结论，对原不合格的通过加固补强或重新制作达到合格应有说明。分项工程验收应在检验批的基础上进行，将有关的检验批汇集构成分项工程，构成分项工程的各检验批的验收资料文件应完整且合格，分项工程应验收合格。

分项工程质量验收记录须详细核实各检验批的情况，最后得出结论"合格"、"不合格"。监理工程师在验收结论一栏可写"构成该分项工程的各检验批的验收资料完整且均已验收合格，该分项工程合格"。

分部工程在各分项工程验收基础上进行，分项工程全部合格且相应的质量控制资料文件完整，另外涉及安全和使用功能的地基基础，主体结构有关安全及重要使用功能的安装分部工程应进行有关见证取样实验或抽样检测，此部分工作监理应根据监理台账记录做好评价。总监理工程师在分部工程验收栏可写"构成该分部的各分项工程验收资料完整且均已验收合格，感观质量验收良好，构成分部工程验收合格"。

单位工程质量竣工验收记录（汇总表）应按相关规定撰写。监理人员对单位（子单位）工程质量控制质量资料进行核查，意见由监理人员填写，基本用语为"齐全"、"基本齐全"、"不齐全"。质量竣工验收记录结论为"合格"、"不合格"。

（10）原材料、构配件、设备报审单批复的注意事项

首先，专业监理工程师应对相关表格及其附件进行审核，附件中的"质量证明文件"是指出厂合格证、试验报告等，新材料、新产品应提供经有关部门鉴定、确认的证明文件。书面材料通过后，监理人员再对进场实物进行细致检查，对规范要求进行复试的材料（比如钢材、水泥）监理人员应会同承包单位进行随机指定取样，取样应遵守技术标准、规范的规定，从检验（测）对象中抽取试验样品的过程应符合要求。取样完成后应由监理人员封样加盖见证取样专用章，同时作好取样、封样记录，并留送样委托单，送权威机构检测。材料复试结果出来后签署相关表格，签署时在相应位置打勾即可。

对建设工程中结构用钢筋及焊接试件、混凝土用的原材料、混凝土试块、砌筑砂浆试块、防水材料等项目应实行见证取样、送样制度。见证取样的程序应遵守相关规定，建设单位应向工程受监质检站和工程检测单位递交《见证单位和见证人员授权书》，授权书应写明本工程现场委托的见证单位名称和见证人员姓名以便质检机构和检测单位检查核对。施工单位取样人员在现场进行原材料取样和试块制作时见证人必须在旁见证。见证人员应对试样进行监护并和施工单位取样人员一起将试样送至检测单位或采取有效的封样措施送样。检测单位在接受委托任务时须由送检单位填写委托单，见证人应在检验委托单上签名。检测单位应在检验报告单备注栏中填写见证单位和见证人姓名，发生试样不合格情况时应首先通知工程见证单位。

见证人员的职责主要有以下6个：取样时见证人员必须在现场进行见证；见证人员必须对试样进行监护；见证人员必须和施工人员一起将试样送至检测单位；有专用送样工具的工地，见证人员必须亲自封样；见证人员必须在检验委托单上签字并出示见证人员证书；见证人员对试样的代表性和真实性负有法律责任。

（11）工程质量评估报告的编写

工程质量评估报告的编写应遵守相关规定，其内容主要有以下7个部分。

1）工程概况。可以以列表形式表述。

2）评估依据。包括以下 6 类，即《建筑工程施工质量验收统一标准》（GB 50300—2013）；国家和地方颁布的现行的工程施工质量验收规范；现行的基本试验方法标准、现场检测方法标准；正式的施工设计图纸及其他设计文件，地质勘察报告；工程施工合同；委托监理合同。

3）分部工程有关安全和功能的检测结果。分部工程安全主要包括以下 7 部分，即地基基础和主体结构的混凝土强度检测；地基基础和主体结构的砂浆强度的检测；基础沉降观测结果；桩基的静载荷、大小应变检测结果；等电位接地电阻、绝缘电阻的检测结果；对主体结构的观察结果；建筑物铅直度、标高、全高测量情况。地基基础和主体结构的混凝土强度应按不同分部、不同强度等级对混凝土试块试验结果进行评定，同时结合混凝土回弹的结果判定分部工程混凝土强度是否符合设计要求。地基基础和主体结构的砂浆强度应按不同分部、不同标号、不同砂浆种类对砂浆试块试验结果进行评定并判定分部工程砂浆强度是否符合设计要求。基础沉降情况应通过对沉降观测数据的系统分析（用沉降曲线分析为好）判断沉降是否均匀、稳定及符合规范要求。桩基状况应根据桩基检测报告分析判定，对施工过程中事故桩的处理和检测结果应给出交代。等电位接地电阻、绝缘电阻状况应通过检测数据与规范的对照分析判断其是否符合规范要求。应在主体结构施工过程中和完工后观察有否影响结构安全的裂缝及其他异常情况发生。根据上述 7 方面情况可判定有关分部工程的使用安全能否符合设计要求。分部工程使用功能主要包括以下 7 部分，即屋面防水情况；外墙窗、幕墙防水情况；卫生间及其他有防水要求房间的防水情况；地下室防水情况；通水、通电检测或检查情况；主要设备的试运行情况（单机和联动调试记录）；室内环境检测情况。屋面防水情况应借助雨天观察或浇水检查有无渗漏情况发生。外墙窗、幕墙防水情况应借助雨天观察检查结果或三性试验结果发现有无渗漏水现象。卫生间及其他有防水要求房间的防水情况应按验收规范要求进行相关试验确定是否有渗漏水情况。地下室防水情况应根据防水检查结果进行判断并应建立防水检查记录。通水、通电检查或检测应有相应的记录。室内环境情况应根据有资质单位检测报告的结果判断。

4）检验批、分项工程、分部工程验收结果统计。应以分项工程为单位对检验批的验收结果进行统计，进而判断分项工程是否合格。可采用用列表的形式，见表 11-3-13。

表 11-3-13　检验批、分项工程、分部工程验收结果统计

序号	分部工程名称	子分部工程	分项工程名称	检验批数量	检验批验收资料	检验批合格率	分项工程质量等级	分部工程质量等级
1	主体结构	混凝土结构	模板工程	20	完整	100%	合格	合格
2			钢筋工程	20	完整	100%	合格	
3			混凝土工程	20	完整	100%	合格	
4		砌体结构	砖砌体	30	完整	100%	合格	
5			空心砌块	10	完整	100%	合格	

5）质量控制资料核查情况。可采用质量保证资料核查表的形式表述。核查后应有结论性意见，即"齐全或基本齐全"。

6）单位工程观感质量检查情况。应按相关规范表中的内容抽查记录并判断结果。

7）评估结论。综合以上各方面情况，根据 GB 50300—2013 判断该单位工程的质量是否合格。

（12）工程变更处理

工程变更是指构成合同文件的任何组成部分的变更，包括设计变更、施工次序变更、施工时间变更、工程数量的变更、技术规范的变更、合同条件的修改。实质上，工程变更是对合同文件的修正、补充和完善。

1）工程变更的程序。工程变更的提出可以是业主、设计单位、承包商、监理机构。无论是设计单位、建设单位或承包单位提出的工程变更均应经过建设单位、设计单位、承包单位、监理机构的代表签认，并通过项目总监理工程师下达变更指令后承包单位方可施工。这是我国监理规范对工程变更的规定。工程变更的处理程序应符合要求。设计单位对原设计存在的缺陷提出的工程变更应编制设计变更文件，业主收到设计变更文件后填写工程变更单表格，由总监理工程师最后签发。业主或承包商提出的工程变更也应填写工程变更单表格，提交总监理工程师，由总监理工程师组织专业监理工程师审查，审查同意后，总监理工程师认为是重要的工程变更应使用《监理工作联系单》书面将审查意见报告业主，再由业主转交原设计单位编制设计变更文件，工程变更涉及安全、环保等内容时应按规定经有关部门审定并出具审批意见作为此次变更的附件，最后由总监理工程师签发工程变更单。监理工程师提出的工程变更可使用《监理工作联系单》向业主提出工程变更的理由、内容以及转交设计单位编制变更文件的意思表达，最后由总监理工程师签发工程变更单。

2）审查工程变更的注意事项。不管是业主还是承包商提出的工程变更，监理工程师对工程变更审查的原则均为以下4条：变更后的工程不能降低使用标准；变更项目在技术上必须可行，同时还必须可靠；变更后的工程费用要合理；变更后的施工工艺不宜复杂。

3）工程变更文件组成。工程变更文件由以下4部分组成：《工程变更单》；监理对工程变更的报告(用《监理工作联系单》)；设计变更文件或图纸；其他来往函件。

（13）监理旁站要求

施工旁站监理是指监理人员在房屋建筑工程施工阶段监理中对关键部位、关键工序的施工质量实施全过程现场跟班的监督活动。房屋建筑工程的关键部位、关键工序在基础工程方面包括土方回填，混凝土灌注桩浇筑，地下连续墙、土钉墙、后浇带及其他结构混凝土、防水混凝土浇筑，卷材防水层细部构造处理，钢结构安装；在主体结构工程方面包括梁柱节点钢筋隐蔽过程，混凝土浇筑，预应力张拉，装配式结构安装，钢结构安装，网架结构安装，索膜安装。总监理工程师在编制监理规划时应制定旁站监理方案，应明确旁站监理的范围、内容、程序和旁站监理人员职责等。旁站监理应在总监理工程师的指导下由现场监理人员负责具体实施。

旁站监理人员的主要职责体现在以下4个方面：检查施工企业现场质检人员到岗、特殊工种人员持证上岗以及施工机械、建筑材料准备情况；在现场跟班监督关键部位、关键工序的施工执行施工方案以及工程建设强制性标准情况；核查进场建筑材料、建筑构配件、设备和商品混凝土的质量检验报告等，并可在现场监督施工企业进行检验或者委托具有资格的第三方进行复验；做好旁站监理记录和监理日记，保存旁站监理原始资料。

表 11-3-14　旁站监理记录表

工程名称：		编号：	
日期及气候：		工程地点：	
旁站监理的部位或工序：			
旁站监理开始时间：		旁站监理结束时间：	
施工情况：			
监理情况：			
发现问题：			
处理意见：			
备注：			
施工企业：_____ 项目经理部：_____ 质检员(签字)：_____ 年　月　日		监理企业：_____ 项目监理机构：_____ 旁站监理人员(签字)：_____ 年　月　日	

旁站监理人员应当认真履行职责，对需要实施旁站监理的关键部位、关键工序在施工现场跟班监督，及时发现和处理旁站监理过程中出现的质量问题，如实准确地做好旁站监理记录。凡旁站监理人员和施工企业现场质检人员未在旁站监理记录(表11-3-14)上签字的不得进行下一道工序施工。旁站监理人员实施旁站监理时发现施工企业有违反工程建设强制性标准行为的有权责令施工企业立即整改；发现其施工活动已经或者可能危及工程质量的应当及时向监理工程师或者总监理工程师报告，由总监理工程师下达局部暂停施工指令或者采取其他应急措施。旁站监理记录是监理工程师或者总监理工程师依法行使有关签字权的重要依据。对于需要旁站监理的关键部位、关键工序施工，凡没有实施旁站监理或者没有旁站监理记录的，监理工程师或者总监理工程师不得在相应文件上签字。在工程竣工验收后，监理企业应当将旁站监理记录存档备查。

★ 思　考　题

1. 简述监理企业内设监理工作程序的特点。
2. 简述监理企业内设监理工作制度的特点。
3. 简述监理企业内设常见监理工作处理的基本原则。

第12章 国际工程咨询行业的基本架构与工作模式

12.1 FIDIC 合同的特点

FIDIC 条款为 FIDIC 编制的《土木工程施工合同条件》的简称，也称为 FIDIC 合同条件。FIDIC 条款具有结构严密，逻辑性强的特点，其内容广泛具体、可操作性强。

FIDIC 是国际咨询工程师联合会（Fédération Internationale Des Ingénieurs-Conseils）的法文缩写，于 1913 年在英国成立。第二次世界大战结束后 FIDIC 发展迅速。至今已有 60 多个国家和地区成为其会员。中国于 1996 年正式加入。FIDIC 是世界上多数独立的咨询工程师的代表，是最具权威的咨询工程师组织，它推动着全球范围内高质量、高水平的工程咨询服务业的发展。

FIDIC 下设 2 个地区成员协会，即 FIDIC 亚洲及太平洋成员协会（ASPAC）；FIDIC 非洲成员协会集团（CAMA）。FIDIC 还设有许多专业委员会用于专业咨询和管理，比如业主/咨询工程师关系委员会（CCRC）、合同委员会（CC）、执行委员会（EC）、风险管理委员会（ENVC）、质量管理委员会（QMC）、21 世纪工作组（Task Force21）等。FIDIC 总部机构现设于瑞士洛桑（FIDIC P. O. Box 861000 Lausanne 12，Switerland）。

FIDIC 出版的各类合同条件先后有《土木工程施工合同条件》（1987 年第 4 版，1992 年修订版）（红皮书）、《电气与机械工程合同条件》（1988 年第 2 版）（黄皮书）、《土木工程施工分包合同条件》（1994 年第 1 版）（与红皮书配套使用）、《设计——建造与交钥匙工程合同条件》（1995 年版）（桔皮书）、《施工合同条件》（1999 年第 1 版）、《生产设备和设计——施工合同条件》（1999 年第 1 版）、《设计采购施工（EPC）/交钥匙工程合同条件》（1999 年第 1 版）、《简明合同格式》（1999 年第 1 版）、多边开发银行统一版《施工合同条件》（2005 年版）等。

FIDIC 于 1999 年出版的 4 种新版的合同条件继承了以往合同条件的优点，在内容、结构和措辞等方面作了较大修改，进行了重大的调整。称为第一版可为今后改进留有余地。2002 年，中国工程咨询协会经 FIDIC 授权将新版合同条件译成中文本。《施工合同条件》（Conditions of Contract for Construction），简称"新红皮书"。该文件推荐用于有雇主或其代表——工程师设计的建筑或工程项目，主要用于单价合同，在这种合同形式下通常由工程师负责监理，由承包商按照雇主提供的设计施工，但也可以包含由承包商设计的土木、机械、电气和构筑物的某些部分。《生产设备和设计——施工合同条件》（Conditions of Contract for Plant and Design-Build），简称"新黄皮书"，该文件推荐用于电气和（或）机械设备供货和建筑或工程的设计与施工，通常采用总价合同，由承包商按照雇主的要求设计和提供生产设备和（或）其他工程，可以包括土木、机械、电气和建筑物的任何组合进行工程总承包，但也可以对部分工程采用单价合同。《设计采购施工（EPC）/交钥匙工程合同条件》（Conditions of

Contract for EPC/Turnkey Projects），简称"银皮书"，该文件可适用于以交钥匙方式提供工厂或类似设施的加工或动力设备、基础设施项目或其他类型的开发项目，采用总价合同，这种合同条件下项目的最终价格和要求的工期具有更大程度的确定性，由承包商承担项目实施的全部责任、雇主很少介入，即由承包商进行所有的设计、采购和施工，最后提供一个设施配备完整、可以投产运行的项目。《简明合同格式》（Short Form of Contract），简称"绿皮书"，该文件适用于投资金额较小的建筑或工程项目，根据工程的类型和具体情况，这种合同格式也可用于投资金额较大的工程，特别是较简单的、或重复性的、或工期短的工程，在此合同格式下一般都由承包商按照雇主或其代表——工程师提供的设计实施工程，但对于部分或完全由承包商设计的土木、机械、电气和（或）构筑物的工程此合同也同样适用。

新版的 FIDIC 合同条件同过去版本比较具有以下 6 方面特点，即编排格式上的统一化，新版中的通用条件部分均分为 20 条，条款的标题以至部分条款的内容能一致的都尽可能一致；4 种新版合同条件的使用范围大大拓宽，适用的项目种类更加广泛；与老版本相比较新版条款的内容作了较大的改进和补充；编写思想上有了新的变化，新版本尽可能地在通用条件中做出全面而细致的规定，便于用户在专用条件中自行修改编写；新版本对业主、承包商双方的职责、业务以及工程师的职权都作了更为严格而明确的规定，提出了更高的要求；新版合同条件在语言上比以前的老版本简明，句子的结构也相对简单清楚，因比老版本更易懂、易读。

FIDIC 与世界银行、亚洲开发银行、非洲开发银行、泛美开发银行、加勒比开发银行、北欧开发基金等国际金融机构共同工作，对 FIDIC《施工合同条件》（1999 年第 1 版）进行了修改补充，编制了用于多边开发银行提供贷款项目的合同条件——多边开发银行统一版《施工合同条件》（2005 版）。这本合同条件，不仅便于多边开发银行及其借款人使用 FIDIC 合同条件，也便于参与多边开发银行贷款项目的其他各方使用，比如工程咨询机构、承包商等。多边开发银行统一版《施工合同条件》在通用条件中加入了以往多边开发银行在专用条件中使用的标准措辞，减少了以往在专用条件中增补和修改的数量，提高了用户的工作效率，减少了不确定性和发生争端的可能性。该合同条件与 FIDIC 的其他合同条件的格式一样，包括通用条件、专用条件以及各种担保、保证、保函和争端委员会协议书的标准文本，方便用户的理解和使用。

FIDIC 出版的协议书是也一种合同格式，通常适用于应用功能比较单一、条款比较简单的合同。目前常用的协议书范本有《客户/咨询工程师（单位）服务协议书范本》（1998 年第三版）（白皮书）、《客户/咨询工程师（单位）服务协议书》、《代表性协议范本（新）》、《EIC 的施工-运营-转让/公共民营合作制项目白皮书》、《联营（联合）协议书》、《咨询分包协议书》。其中，《客户/咨询工程师（单位）服务协议书范本》（白皮书第 3 版），用于建设项目业主同咨询工程师签订服务协议书时参考使用，文本适用于由咨询工程师提供项目的投资机会研究、可行性研究、工程设计、招标评标、合同管理、生产准备和运营等涉及建设全过程的各种咨询服务内容，该协议书中对客户和工程咨询单位的职责、义务、风险分担和保险等方面在条款内容上做了更加明确的规定，增加了反腐败条款和友好解决争端等条款，更好地适应了当前工程市场的需要，这对加强工程咨询市场的规范化，提高工程咨询质量，进而提升项目决策和管理水平有较大的帮助。

FIDIC 为了帮助项目参与各方正确理解和使用合同条件和协议书的涵义，帮助咨询工程师提高道德和业务素质、提升执业水平，相应地编写了一系列工作指南。FIDIC 先后出版的工作指南达几十种，比如《FIDIC 合同指南》(2000 年第 1 版)、《客户/咨询工程师(单位)服务协议书(白皮书)指南》(2001 年第 2 版)、《咨询工程师和环境行动指南》、《咨询分包协议书与联营(联合)协议书应用指南》、《工程咨询业质量管理指南》、《工程咨询业 ISO9001：9004 标准解释和应用指南》、《咨询企业商务指南》、《根据质量选择咨询服务和咨询专家工作成果评价指南》、《FIDIC 关于提供运行、维护和培训(MT)服务的指南》、《FIDIC 生产设备合同的 EIC 承包商指南》、《设计采购施工(EPC)/交钥匙工程合同的 EIC 承包商指南》、《红皮书指南》、《业务实践指南系列》、《业务实践手册指南》、《工程咨询业实力建设指南》、《选聘咨询工程师(单位)指南》、《施工质量——行动指南》、《质量管理指南》、《ISO 9001：2000 质量管理指南解读》、《业务廉洁管理指南》、《职业赔偿和项目风险保险：客户指南》、《联合国环境署——国际商会——FIDIC 环境管理体系认证指南》、《项目可持续管理指南》等。

《FIDIC 合同指南》(2000 年第 1 版)是 FIDIC 针对其 3 本新版合同条件(1999 年第 1 版)编写的权威性应用指南。FIDIC3 本新版合同条件，即《施工合同条件》、《生产设备和设计——施工合同条件》和《设计采购施工(EPC)/交钥匙工程合同条件》。为帮助有关人员更好地学习应用这套新版合同条件，《FIDIC 合同指南》将 3 种合同条件的特点进行了对比；对编写中的思路以及一些条款做了说明；对如何选用适合的合同格式、如何编写合同专用条件及附件等提供了指导意见。这对于加深理解和合理使用这些合同条件具有指导意义。

《客户/咨询工程师(单位)协议书(白皮书)指南》(2001 年第 2 版)是 FIDIC 于 2001 年在原白皮书《应用指南》(1991 年)的基础上，针对 1998 年 FIDIC《客户/咨询工程师服务协议书范本》(白皮书)第 3 版重新修订的《应用指南》。全书共分 8 章。第 1 章为引言，介绍了"白皮书"的编写背景和指导原则。第 2 章对"白皮书"中的工程咨询服务协议书通用条件及专用条件 44 条规定作了详细说明；对需要在专用条件中对通用条件做补充调整的给出了范例条款。第 3 章是对"白皮书"的附加讨论，针对不同的委托服务方式，对有关条款特别是双方责任划分和保险等问题做了进一步说明，对需要补充的专用条款的有关规定，都给出了范例条款，包括可能需要增加的第 45 ~50 条的附加条款范例。第 4 章介绍作为服务协议书附录 A 的服务范围，提出了咨询工程师可提供的咨询服务，包括投资前、详细规划、设计、采购、实施和运行 6 个阶段的各类咨询；给出了每一阶段咨询工程师可以提供的服务及协议书中应明确的原则，并在附件 1 和附件 2 中对土木和环境工程咨询工程师可提供的服务分别开列了详细清单。第 5 章是介绍作为协议书附录 B 的"需要客户提供的人员、设备、设施和其他服务"的相关背景。第 6 章对如何计算和支付报酬作了详细说明，并给出相应的范例条款。第 7 章是编写委托服务范围(TOR)、建议书和协议书的注意事项。第 8 章是新开列的参考文献。

FIDIC 编制的文件中有许多关于咨询业务的指导性文件，主要有工作程序与准则以及工作手册等，这些文件对于规范工程市场活动，指导咨询工程师的工作实践、提高服务质量均有重要的借鉴和参考价值。FIDIC 根据咨询的业务实践的需要编制和出版了一些重要的工作程序与准则以指导工作，其中包括 FIDIC 招标程序，咨询专家在运行、维护和培训中的作用——运行、维护和培训，编制项目成本估算的准则及工作大纲，根据质量选择咨询服务，推荐常规——供在解决建设上争端中作为专家的设计专业人员使用，职业责任保险入门，建设、保险与法律，国外施工工程英文标准函，大型土木工程项目保险，承包商资格预审标准格式。

FIDIC 的工作手册可以作为咨询工程师的培训资料，对于提高他们的职业道德和业务素质起着有益的作用。常用的工作手册有《风险管理手册》《环境管理体系培训大全》《业务廉洁管理体系培训手册》《业务实践手册》《质量管理体系培训材料》等。

　　FIDIC 合同条件是在总结各个国家、各个地区的业主、咨询工程师和承包商各方经验基础上编制出来的，也是在长期的国际工程实践中形成并逐渐发展成熟起来的，是目前国际上广泛采用的高水平的、规范的合同条件。这些条件具有国际性、通用性和权威性。其合同条款公正合理、职责分明、程序严谨、易于操作。考虑到工程项目的一次性、唯一性等特点，FIDIC 合同条件分成了通用条件（General Conditions）和专用条件（Conditions of Particular Application）两部分。通用条件适于某一类工程，比如红皮书适于整个土木工程（包括工业厂房、公路、桥梁、水利、港口、铁路、房屋建筑等）。专用条件则针对一个具体的工程项目，是在考虑项目所在国法律法规不同、项目特点和业主要求不同的基础上，对通用条件进行的具体化的修改和补充。

　　国际金融组织贷款和一些国际项目可直接采用 FIDIC 合同条件。在世界各地，凡世行、亚行、非行贷款的工程项目以及一些国家和地区的工程招标文件中大部分全文采用 FIDIC 合同条件。在我国，凡亚行贷款项目全文采用 FIDIC "红皮书"；凡世行贷款项目，在执行世行有关合同原则的基础上，执行我国财政部在世行批准和指导下编制的有关合同条件。

　　许多国家在学习、借鉴 FIDIC 合同条件的基础上编制了一系列适合本国国情的标准合同条件。这些合同条件的项目和内容与 FIDIC 合同条件大同小异。主要差异体现在处理问题的程序规定上以及风险分担规定上。FIDIC 合同条件的各项程序是相当严谨的，处理业主和承包商风险、权利及义务也比较公正。因此，业主、咨询工程师、承包商通常都会将 FIDIC 合同条件作为一把尺子，与工作中遇到的其他合同条件相对比，进行合同分析和风险研究，制定相应的合同管理措施，防止合同管理上出现漏洞。

　　FIDIC 合同条件的国际性、通用性和权威性使合同双方在谈判中可以以"国际惯例"为理由要求对方对其合同条款的不合理、不完善之处作出修改或补充，以维护双方的合法权益。这种方式在国际工程项目合同谈判中普遍使用。即使不全文采用 FIDIC 合同条件，在编制招标文件、分包合同条件时仍可以部分选择其中的某些条款、某些规定、某些程序甚至某些思路，使所编制的文件更完善、更严谨。

　　在项目实施过程中也可以借鉴 FIDIC 合同条件的思路和程序来解决和处理有关问题。需要说明的是，FIDIC 在编制各类合同条件的同时还编制了相应的"应用指南"。在"应用指南"中，除了介绍招标程序、合同各方及工程师职责外，还对合同每一条款进行了详细解释和说明，这对使用者是很有帮助的。另外，每份合同条件的前面均列有有关措词的定义和释义。这些定义和释义非常重要，它们不仅适用于合同条件，也适合于其全部合同文件。系统地、认真地学习和掌握 FIDIC 合同条件是每一位工程管理人员掌握现代化项目管理、合同管理理论和方法，提高管理水平的基本要求，也是我国工程项目管理与国际接轨的基本条件。目前，我国岩土工程行业面临着许多机遇与挑战。不少施工单位参与了许多大型工程项目的建设，对 FIDIC 合同条件及管理模式有了一定的体会和认识。进一步加强这方面的学习，关注和及时获取这方面的信息，对提高管理水平是十分有益的。

　　每一种 FIDIC 合同条件文本主要包括两个部分，即通用条件和专用条件，在使用中可利用专用条件对通用条件的内容进行修改和补充，以满足各类项目和不同需要。FIDIC 系列合同条件的优点是具有国际性、通用性、公正性和严密性；合同各方职责分明，各方的合法权益可以得到保障；处理与解决问题程序严谨、易于操作。FIDIC 合同条件把与工程管理相关的技术、经济、法律三者有机地结合在一起，构成了一个较为完善的合同体系。

12.2　FIDIC 合同条件要点

FIDIC《施工合同条件》不仅适用于建筑工程，也可以用于安装工程施工。《施工合同条件》中的合同文件由合同协议书、中标函、投标函、合同专用条件、合同通用条件、规范、图纸、资料表等构成。目前最新的全套 FIDIC 合同条件文本包括：《The Red Book：Conditions of Contract for Construction，for Building and Engineering Works Designed by the Employer，First Edition 1999》《The Pink Book：Conditions of Contract for Construction，MDB1 Harmonised Edition for Building and Engineering Works Designed by the Employer，June 2010》《The Red Book Subcontract：Conditions of Subcontract for Construction for Building and Engineering Works Designed by the Employer，First Edition 2011》《The Yellow Book：Conditions of Contract for Plant and Design-Build for Electrical and Mechanical Plant，and for Building and Engineering Works，Designed by the Contractor，First Edition 1999》《The Silver Book：Conditions of Contract for EPC/Turnkey Projects，First Edition 1999》《The Gold Book：Conditions of Contract for Design，Build and Operate Projects，First Edition 2008》《The Green Book：Short form of Contract，First Edition 1999》《The White Book：Client/Consultant Model Services Agreement，Fourth Edition 2006》。

(1)《施工合同条件》中的合同担保

1）承包商提供的担保。合同条款中规定，承包商签订合同时应提供履约担保，接受预付款前应提供预付款担保。在范本中给出了担保书的格式，分为企业法人提供的保证书和金融机构提供的保函两类格式。保函均为不需承包商确认违约的无条件担保形式。

2）业主提供的担保。在专用条件范例中增加了业主应向承包商提交"支付保函"的可选择使用的条款，并附有保函格式。业主提供的支付保函担保金额可以按总价或分项合同价的某一百分比计算，担保期限至缺陷通知期满后 6 个月，并且为无条件担保，使合同双方的担保义务对等。

(2)《施工合同条件》履行中涉及的几个期限

1）合同工期。合同工期在合同条件中用"竣工时间"的概念，指所签合同内注明的完成全部工程的时间，加上合同履行过程中因非承包商应负责原因导致变更和索赔事件发生后，经工程师批准顺延工期之和。如有分部移交工程，也需在专用条件的条款内明确约定。合同内约定的工期指承包商在投标书附录中承诺的竣工时间。合同工期的时间界限作为衡量承包商是否按合同约定期限履行施工义务的标准。

2）施工期。从工程师按合同约定发布的"开工令"中指明的应开工之日起，至工程接收证书注明的竣工日止的日历天数为承包商的施工期。用施工期与合同工期比较，判定承包商的施工是提前竣工还是延误竣工。

3）缺陷通知期。缺陷通知期即国内施工文本所指的工程保修期，自工程接收证书中写明的竣工日开始，至工程师颁发履约证书为止的日历天数。

4）合同有效期。自合同签字日起至承包商提交给业主的"结清单"生效日止，施工承包合同对业主和承包商均具有法律约束力。颁发履约证书只是表示承包商的施工义务终止，合同约定的权利义务并未完全结束，还剩有管理和结算等手续。结清单生效指业主已按工程师签发的最终支付证书中的金额付款，并退还承包商的履约保函。结清单一经生效，承包商在合同内享有的索赔权利也自行终止。

(3)《施工合同条件》中接受的合同款额与合同价格

"接受的合同款额"是指业主在"中标函"中对实施、完成和修复工程缺陷所接受的金额，来源于承包商的投标报价并对其确认。"合同价格"则指按照合同各条款的约定，承包商完成建造和保修任务后，对所有合格工程有权获得的全部工程款。最终结算的合同价可能与中标函中注明的接受的合同款额不一定相等。

(4)《施工合同条件》中承包商的质量责任

不合格材料和工程的重复检验费用由承包方承担。承包商没有改正忽视质量的错误行为所发生的费用应从承包商处扣回。折价接收部分有缺陷工程。

(5)《施工合同条件》中承包商延误工期或提前竣工

1）因承包商责任的延误竣工。签订合同同时双方需约定口拖期赔偿额和最高赔偿限额。如果因承包商应负责原因竣工时间迟于合同工期，将按日拖期赔偿额乘以延误天数计算拖期违约赔偿金，但以约定的最高赔偿限额为赔偿业主延迟发挥工程效益的最高款额。专用条款中的日拖期赔偿额视合同金额的大小，可在 0.03% ~ 0.2% 合同价的范围内约定具体数额或百分比，最高赔偿限额一般不超过合同价的 10%。

2）提前竣工。承包商通过自己的努力使工程提前竣工是否应得到奖励，在施工合同条件中列入可选择条款一类。业主要看提前竣工的工程或区段是否能让其得到提前使用的收益，而决定该条款的取舍。

(6)《施工合同条件》中包含在合同价格之内的暂列金额

某些项目的工程量清单中包括有"暂列金额"款项，尽管这笔款额计入在合同价格内，但其使用却归工程师控制。暂列金额实际上是一笔业主方的备用金，用于招标时对尚未确定或不可预见项目的储备金额。施工过程中工程师有权依据工程进展的实际需要经业主同意后，用于施工或提供物资、设备，以及技术服务等内容的开支，也可以作为供意外用途的开支。

(7)《施工合同条件》中的指定分包商

指定分包商是指由业主(或工程师)指定、选定，完成某项特定工作内容并与承包商签订分包合同的特殊分包商。合同条款规定，业主有权将部分工程项目的施工任务或涉及提供材料、设备、服务等工作内容发包给指定分包商实施。由于指定分包商是与承包商签订分包合同，因而在合同关系和管理关系方面与一般分包商处于同等地位，对其施工过程中的监督、协调工作纳入承包商的管理之中。指定分包商与一般分包商的差异在于选择分包单位的权利不同，承担指定分包工作任务的单位由业主或工程师选定，而一般分包商则由承包商选择；分包合同的工作内容不同，指定分包工作属于承包商无力完成，不属于合同约定应由承包商必须完成范围之内的工作，即属于承包商投标报价时没有摊入间接费、管理费、利润、税金的工作，因此不损害承包商的合法权益，而一般分包商的工作则为承包商承包工作范围的一部分；工程款的支付开支项目不同，为不损害承包商的利益，给指定分包商的付款应从暂列金额内开支，而对一般分包商的付款则从工程量清单中相应工作内容项内支付；业主对分包商利益的保护不同，尽管指定分包商与承包商签订分包合同后按照权利义务关系他直接对承包商负责，但由于指定分包商终究是业主选定的而且其工程款的支付从暂列金额内开支，因此，在合同条件内列有保护指定分包商的条款；承包商对分包商违约行为承担责任的范围不同，除非由于承包商向指定分包商发布了错误的指示要承担责任外，对指定分包商的任何违约行为给业主或第三者造成损害而导致索赔或诉讼承包商不承担责任，如果一般分包商有违约行为则业主将其视为承包商的违约行为并按主合同的规定追究承包商的责任。特殊专项工作的实施要求指定分包商拥有某方面的专业技术或专门的施工设备、独特的施工方法，业主和工程师往往根据所积累的资料、信息，也可能依据以前与之交往的经验对其信誉、技术能力、财务能力等进行比较了解，通过议标方式选择，若没有理想的合作者也可以就这部分承包商不善于实施的工作内容采用招标方式选择指定分包商。

(8)《施工合同条件》中解决合同争议的程序

主要有4个：提交工程师决定、提交争端裁决委员会决定、双方协商、仲裁。

(9)《施工合同条件》中的争端裁决委员会

签定合同时，业主与承包商通过协商组成裁决委员会。裁决委员会可选定为1名或3名成员，一般由3名成员组成，合同每一方应提名1位成员由对方批准。双方应与这两名成员共同商定第3名成员，第3人作为主席。争端裁决委员会属于非强制性但具有法律效力的行为，相当于我国法律中解决合同争议的调解，但其性质属于个人委托。争端裁决委员会的成员应满足以下3条要求：对承包合同的履行有经验、在合同的解释方面有经验、能流利地使用合同中规定的交流语言。争端裁决委员会的平时工作应合规，裁决委员会的成员应对工程的实施定期进行现场考察，了解施工进度和实际潜在的问题，一般在关键施工作业期间到现场考察，但两次考察的间隔时间不少于140天，离开现场前应向业主和承包商提交考察报告。解决合同争议的工作应合规，接到任何一方申请后即应在工地或其他选定的地点处理争议的有关问题。付给争端裁决委员会的酬金分为月聘请费和日酬金两部分，由业主与承包商平均负担，裁决委员会到现场考察和处理合同争议的时间按日酬金计算(相当于咨询费)。

保证公正处理合同争议是争端裁决委员会的最基本义务，虽然当事人双方各提名1位成员，但他不能代表任何一方的单方利益，因此合同规定在业主与承包商双方同意的任何时候他们可以共同将事宜提交给争端裁决委员会请他们提出意见，没有另一方的同意任一方不得就任何事宜向争端裁决委员会征求建议；裁决委员会或其中的任何成员不应从业主、承包商或工程师处单方获得任何经济利益或其他利益；不得在业主、承包商或工程师处担任咨询顾问或其他职务；合同争议提交仲裁时不能被任命为仲裁人，只能作为证人向仲裁提供争端证据。

(10)《施工合同条件》中的争端裁决的程序

程序依次为接到业主或承包商任何一方的请求后裁决委员会确定会议的时间和地点；裁

决委员会成员审阅各方提交的材料；召开听证会，充分听取各方的陈述，审阅证明材料；调解合同争议并作出决定。

(11)《施工合同条件》中业主应承担的风险义务

1) 合同条件规定的业主风险。合同条件规定的业主风险包括以下 8 个方面：战争、敌对行动、入侵、外敌行动；工程所在国国内发生叛乱、革命、暴动或军事政变、篡夺政权或内战（在我国实施的工程均不采用此条款）；不属于承包商施工原因造成的爆炸、核废料辐射或放射性污染等；超音速或亚音速飞行物产生的压力波；暴乱、骚乱或混乱，但不包括承包商及分包商的雇员因执行合同而引起的行为；因业主在合同规定以外，使用或占用永久工程的某一区段或某一部分而造成的损失或损害；业主提供的设计不当造成的损失；一个有经验承包商通常无法预测和防范的任何自然力作用。

2) 不可预见的物质条件。不可预见的物质条件的范围是指承包商施工过程中遇到的不利于施工的外界自然条件、人为干扰、招标文件和图纸均未说明的外界障碍物、污染物的影响、招标文件未提供或与提供资料不一致的地表以下的地质和水文条件，但不包括气候条件。出现不可预见的物质条件时承包商应及时发出通知，遇到上述情况后承包商递交给工程师的通知中应具体描述该外界条件并说明为什么承包商认为是不可预见的原因。发生这类情况后承包商应继续实施工程，采用在此外界条件下合适的以及合理的措施，并且应该遵守工程师给予的任何指示。工程师应与承包商进行协商并做出决定，判定原则有以下 4 个：承包商在多大程度上对该外界条件不可预见，事件原因可能属于业主风险或有经验的承包商应该合理预见的，也可能双方都应负有一定责任，工程师应合理划分责任或责任限度；不属于承包商责任的事件影响程度，评定损害或损失的额度；与业主和承包商协商或决定补偿之前还应审查是否在工程类似部分（如有时）出现过其他外界条件比承包商在提交投标书时合理预见的物质条件更为有利的情况，如果在一定程度上承包商遇到过此类更为有利的条件，工程师还应就补偿时对因此有利条件而应支付费用的扣除与承包商做出商定或决定，并且将其加入合同价格和支付证书中（作为扣除）；但由于工程类似部分遇到的所有外界有利条件而做出对已支付工程款的调整结果不应导致合同价格的减少，即如果承包商不依据"不可预见的物质条件"提出索赔时将不考虑类似情况下有利条件承包商所得到的好处，另外对有利部分的扣减不应超过对不利补偿的金额。

3) 其他不能合理预见的风险。包括外币支付部分由于汇率变化的影响和法令、政策变化对工程成本的影响。

(12)《施工合同条件》中承包商应承担的风险义务

在施工现场属于不包括在保险范围内的，由于承包商的施工、管理等失误或违约行为导致工程、业主人员的伤害及财产损失应承担责任。依据合同通用条款的规定，承包商对业主的全部责任不应超过专用条款约定的赔偿最高限额，若未约定则不应超过中标的合同金额。但对于因欺骗、有意违约或轻率的不当行为造成的损失其赔偿的责任限度不受限额的限制。

(13)《施工合同条件》中施工进度计划的编制

承包商应在合同约定的日期或接到中标函后的 42 天内（合同未作约定）开工，工程师则应至少提前 7 天通知承包商开工日期。承包商收到开工通知后的 28 天内，按工程师要求的格式和详细程度提交施工进度计划，说明为完成施工任务而打算采用的施工方法、施工组织方案、进度计划安排，以及按季度列出根据合同预计应支付给承包商费用的资金估算表。

(14)《施工合同条件》中施工进度计划的内容

施工进度计划的内容应包括以下4部分，即实施工程的进度计划，每个指定分包商施工各阶段的安排，合同中规定的重要检查、检验的次序和时间，保证计划实施的说明文件。保证计划实施的说明文件应包括承包商在各施工阶段准备采用的方法和主要阶段的总体描述；各主要阶段承包商准备投入的人员和设备数量的计划等。

(15)《施工合同条件》中施工进度计划的确认

承包商有权按照他认为最合理的方法进行施工组织，工程师不应干预。工程师对承包商提交的施工计划的审查主要涉及以下3个方面：计划实施工程的总工期和重要阶段的里程碑工期是否与合同的约定一致；承包商各阶段准备投入的机械和人力资源计划能否保证计划的实现；承包商拟采用的施工方案与同时实施的其他合同是否有冲突或干扰等。如果出现前述情况，工程师可以要求承包商修改计划方案。由于编制计划和按计划施工是承包商的基本义务之一，因此承包商将计划提交的21天内工程师未提出需修改计划的通知即认为该计划已被工程师认可。

(16)《施工合同条件》中施工进度计划的修订

当工程师发现实际进度与计划进度严重偏离时，不论实际进度是超前还是滞后于计划进度，都随时有权指示承包商编制改进的施工进度计划并再次提交工程师认可后执行，新进度计划将代替原来的计划。也允许在合同内明确规定，每隔一段时间(一般为3个月)承包商都要对施工计划进行一次修改，并经过工程师认可。按照合同条件的规定工程师在管理中应注意以下两点问题，即不论因何方应承担责任的原因导致实际进度与计划进度不符，承包商都无权对修改进度计划的工作要求额外支付；工程师对修改后进度计划的批准并不意味着承包商可以摆脱合同规定应承担的责任。

(17)《施工合同条件》中可以顺延合同工期的情况

可以顺延合同工期的情况主要有以下15种：延误发放图纸；延误移交施工现场；承包商依据工程师提供的错误数据导致放线错误；不可预见的外界条件；施工中遇到文物和古迹而对施工进度的干扰；非承包商原因检验导致施工的延误；发生变更或合同中实际工程量与计划工程量出现实质性变化；施工中遇到有经验的承包商不能合理预见的异常不利气候条件影响；由于传染病或政府行为导致工期的延误；施工中受到业主或其他承包商的干扰；施工涉及有关公共部门原因引起的延误；业主提前占用工程导致对后续施工的延误；非承包商原因使竣工检验不能按计划正常进行；后续法规调整引起的延误；发生不可抗力事件的影响。

(18)《施工合同条件》中的工程变更问题

1）工程变更。工程变更是指施工过程中出现了与签订合同时的预计条件不一致的情况，而需要改变原定施工承包范围内的某些工作内容。工程变更属于对原合同进行实质性的改动，应由业主和承包商通过协商达成一致后以补充协议的方式变更。

2）工程变更的范围。工程师可以根据施工进展的实际情况，在认为必要时就以下 6 个方面发布变更指令：对合同中任何工作工程量的改变，任何工作质量或其他特性的变更，工程任何部分标高、位置和尺寸的改变，删减任何合同约定的工作内容，进行永久工程所必需的任何附加工作、永久设备、材料供应或其他服务，（包括任何联合竣工检验、钻孔和其他检验以及勘察工作），改变原定的施工顺序或时间安排。

（19）《施工合同条件》中工程变更的程序

颁发工程接收证书前的任何时间，工程师可以通过发布变更指示或以要求承包商递交建议书的任何一种方式提出变更。

1）指示变更。工程师在业主授权范围内根据施工现场的实际情况，在确属需要时有权发布变更指示。指示的内容应包括详细的变更内容、变更工程量、变更项目的施工技术要求和有关部门文件图纸，以及变更处理的原则。

2）要求承包商递交建议书后再确定的变更。其程序有以下 6 条：工程师将计划变更事项通知承包商并要求他递交实施变更的建议书；承包商应尽快予以答复；工程师作出是否变更的决定，尽快通知承包商说明批准与否或提出意见；承包商在等待答复期间不应延误任何工作；工程师发出每一项实施变更的指示应要求承包商记录支出的费用；承包商提出的变更建议书只是作为工程师决定是否实施变更的参考，除了工程师做出指示或批准以总价方式支付的情况外每一项变更均应依据计量工程量进行估价和支付。

（20）《施工合同条件》中工程变更的估价

1）变更估价的原则。承包商按照工程师的变更指示实施变更工作后往往会涉及对变更工程的估价问题，变更工程的价格或费率往往是双方协商的焦点。

2）可以调整合同工作单价的原则。具备以下 3 个条件时允许对某一项工作规定的费率或价格加以调整：此项工作实际测量的工程量比工程量表或其他报表中规定的工程量的变动大于10%；工程量的变更与对该项工作规定的具体费率的乘积超过了接受的合同款额的0.01%；由此工程量的变更直接造成的该项工作每单位工程量费用的变动超过1%。

3）删减原定工作后对承包商的补偿。工程师发布删减工作的变更指示后承包商不再实施部分工作，合同价格中包括的直接费部分没有受到损害，但摊销在该部分的间接费、税金和利润则实际不能合理回收。因此承包商可以就其损失向工程师发出通知并提供具体的证明资料，工程师与合同双方协商后确定一笔补偿金额加入到合同价内。

（21）《施工合同条件》中承包商申请的变更

承包商根据工程施工的具体情况可以向工程师提出对合同内任何一个项目或工作的详细变更请求报告。未经工程师批准承包商不得擅自变更，若工程师同意则按工程师发布的变更指示的程序执行。

（22）《施工合同条件》中预付款

1）预付款。预付款是业主为了帮助承包商解决施工前期开展工作时的资金短缺从未来的工程款中提前支付的一笔款项。

2）预付款支付。预付款的数额由承包商在投标书内确认。承包商需首先将银行出具的履约保函和预付款保函交给业主并通知工程师，工程师在 21 天内签发"预付款支付证书"，业主按合同约定的数额和外币比例支付预付款。预付款保函金额始终保持与预付款等额，即随着承包商对预付款的偿还逐渐递减保函金额。

3）预付款扣还。预付款在分期支付工程进度款的支付中按百分比扣减的方式偿还。

（23）《施工合同条件》中用于永久工程的设备和材料款预付

由于合同条件是针对包工包料承包的单价合同编制的，因此规定由承包商自筹资金采购工程材料和设备，只有当材料和设备用于永久工程后才能将这部分费用计入到工程进度款内结算支付。

（24）《施工合同条件》中业主的资金安排

承包商应根据施工计划向业主提供不具约束力的各阶段资金需求计划，即接到工程开工通知的 28 天内承包商应向工程师提交每一个总价承包项目的价格分解建议表；第一份资金需求估价单应在开工日期后 42 天之内提交；根据施工的实际进展承包商应按季度提交修正的估价单直到工程的接收证书已经颁发为止。

业主应按照承包商的实施计划做好资金安排，为此，通用条件规定接到承包商的请求后应在 28 天内提供合理的证据表明他已作出了资金安排并将一直坚持实施这种安排，此安排能够使业主按照合同规定支付合同价格（按照当时的估算值）的款额；如果业主欲对其资金安排做出任何实质性变更应向承包商发出通知并提供详细资料。

业主未能按照资金安排计划和支付的规定执行，承包商可提前 21 天以上通知业主将要暂停工作或降低工作速度。

（25）《施工合同条件》中的保留金

1）保留金。保留金是按合同约定从承包商应得的工程进度款中相应扣减的一笔金额保留在业主手中作为约束承包商严格履行合同义务的措施之一，当承包商有一般违约行为使业主受到损失时可从该项金额内直接扣除损害赔偿费。

2）保留金约定。承包商在投标书附录中按招标文件提供的信息和要求确认了每次扣留保留金的百分比和保留金限额。每次月进度款支付时扣留的百分比一般为 5% ~ 10%，累计扣留的最高限额为合同价的 2.5% ~ 5%。

3）保留金扣除。保留金扣除是指每次中期支付时扣除的保留金。从首次支付工程进度款开始，用该月承包商完成合格工程应得款加上因后续法规政策变化的调整和时常价格浮动变化的调价款为基数，乘以合同约定保留金的百分比作为本次支付时应扣留的保留金。逐月累计扣到合同约定的保留金最高限额为止。

4）保留金返还。扣留承包商的保留金应分两次返还。第一次为颁发工程接收证书后的返还，方式是颁发了整个工程的接收证书时将保留金的前一半支付给承包商，如果颁发的接收证书只是限于一个区段或工程的一部分则【返还金额】=【保留金总额的一半】×【（移交工程区段或部分的合同价值/最终合同价值的估算值）】×40%。第二次为保修期满颁发履约证书后将剩余保留金返还，方式是整个合同的缺陷通知期满返还剩余的保留金，如果颁发的履约证书只限于一个区段则在这个区段的缺陷通知期满后并不全部返还该部分剩余的保留金，此时【返还金额】=【剩余保留金总额】×【（移交工程区段或部分的合同价值/最终合同价值的估算值）】×40%。

合同内以履约保函和保留金两种手段作为约束承包商忠实履行合同义务的措施，当承包商严重违约而使合同不能继续顺利履行时业主可以凭履约保函向银行获取损害赔偿，而因承包商的一般违约行为令业主蒙受损失时通常利用保留金补偿损失。履约保函和保留金的约束期均是承包商负有施工义务的责任期限（包括施工期和保修期）。

5）保留金代换。当保留金已累计扣留到保留金限额的60%时，为使承包商有较充裕的流动资金用于工程施工可以允许承包商提交保留金保函代换保留金，业主返还保留金限额的50%，剩余部分待颁发履约证书后再返还。保函金额在颁发接收证书后不递减。

（26）《施工合同条件》中工程进度款的支付程序

1）工程量计量。工程量清单中所列的工程量仅是对工程的估算量，不能作为承包商完成合同规定施工义务的结算依据，每次支付工程期（月）进度款前均需通过测量来核实实际完成的工程量并以计量值作为支付依据。采用单价合同的施工工作内容应以计量的数量作为支付进度款的依据，而总价合同或单价包干混合式合同中按总价承包的部分可以按图纸工程量作为支付依据而仅对变更部分予以计量。

2）承包商提供报表。每个期（月）的期（月）末承包商应按工程师规定的格式提交本期（月）支付报表，内容包括提出本期（月）已完成合格工程的应付款要求和对应扣款的确认。

3）工程师签证。工程师接到报表后应对承包商完成的工程形象、项目、质量、数量以及各项价款的计算进行核查，有疑问时可要求承包商共同复核工程量，在收到承包商的支付报表后28天内应按核查结果以及总价承包分解表中核实的实际完成情况签发支付证书。工程师可以不签发证书或扣减承包商报表中部分金额的情况包括以下3种，即合同内约定有工程师签证的最小金额时，本月应签发的金额小于签证的最小金额，工程师不出具月进度款的支付证书，本月应付款接转下月待超过最小签证金额后一并支付；承包商提供的货物或施工的工程不符合合同要求时可扣发修正或重置相应的费用直至修整或重置工作完成后再支付；承包商未能按合同规定进行工作或履行义务并且工程师已经通知了承包商，则可以扣留该工作或义务的价值直至工作或义务履行为止。工程进度款支付证书属于临时支付证书，工程师有权对以前签发过的证书中发现的错、漏或重复进行更改或修正，承包商也有权提出更改或修正，经双方复核同意后将增加或扣减的余额纳入本次签证中。

4）业主支付。承包商的报表经过工程师认可并签发工程进度款支付证书后，业主应在接到证书后及时给承包商付款。业主的付款时间不应超过工程师收到承包商的月进度付款申请单后的56天，如果逾期支付将承担延期付款的违约责任，延期付款的利息按银行贷款利率加3%计算。

（27）《施工合同条件》中的竣工检验

承包商完成工程并准备好竣工报告所需报送的资料后应提前21天将某一确定的日期通知工程师，说明此日后已准备好进行竣工检验，工程师应指示在该日期后14天内的某日进行竣工验收。

（28）《施工合同条件》中的颁发工程接收证书

工程通过竣工检验达到了合同规定的"基本竣工"要求后，承包商在他认为可以完成移交工作前 14 天以书面形式向工程师申请颁发接收证书。工程师接到承包商申请后的 28 天内，如果认为已满足竣工条件即可颁发工程接收证书；若不满意则应书面通知承包商，指出还需完成哪些工作后才达到基本竣工条件。工程接收证书中应包括确认工程达到竣工的具体日期。

（29）《施工合同条件》中特殊情况下的工程接收证书颁发程序

1）业主提前占用工程。工程师应及时颁发工程接收证书并确认业主占用日为竣工日。提前占用或使用表明该部分工程已达到竣工要求，对工程照管责任也相应转移给业主，但承包商对该部分工程的施工质量缺陷仍负有责任。工程师颁发接收证书后应尽快给承包商采取必要措施完成竣工检验的机会。

2）因非承包商原因导致不能进行规定的竣工检验。有时也会出现施工已达到竣工条件，但由于不应由承包商负责的主观或客观原因不能进行竣工检验。如果等条件具备进行竣工验收后再颁发接收证书，既会因推迟竣工时间而影响到对承包商是否按期竣工的合理判定，也会产生在这段时间内对该部分工程的使用和照管责任不明的问题。针对此种情况，工程师应以本该进行竣工检验为由签发工程接收证书，将这部分工程移交给业主照管和使用，工程虽已接收但仍应在缺陷通知期内进行补充检验。当竣工检验条件具备后，承包商应在接到工程师指示进行竣工验收通知的 14 天内完成检验工作。由于非承包商原因导致缺陷通知期内进行的补检属于承包商在投标阶段不能合理预见到的情况，该项检查试验比正常检验多支出的费用应由业主承担。

（30）《施工合同条件》中工程未能通过竣工检验的处理

1）重新检验。如果工程或某区段未能通过竣工检验，则承包商应对缺陷进行修复和改正，然后在相同条件下重复进行此类未通过的试验和对任何相关工作的竣工检验。

2）重复检验仍未能通过。当整个工程或某区段未能通过按重新检验条款规定所进行的重复竣工检验时，工程师应有权选择以下 3 种方法中的任何一种处理方法，即指示再进行一次重复的竣工检验；如果由于该工程缺陷致使业主基本上无法享用该工程或区段所带来的全部利益而拒收整个工程或区段（视情况而定）时业主有权获得承包商的赔偿，赔偿既包括业主为整个工程或该部分工程（视情况而定）所支付的全部费用以及融资费用，也包括拆除工程、清理现场和将永久设备和材料退还给承包商所支付的费用；颁发一份接收证书（如果业主同意的话）折价接收该部分工程，合同价格应按照评估结果适当弥补由于此类失误而给业主造成的价值数额的减少并予以扣减。

（31）《施工合同条件》中的竣工结算

1）承包商报送竣工报表。颁发工程接收证书后的 84 天内，承包商应按工程师规定的格式报送竣工报表。报表内容应包括到工程接收证书中指明的竣工日止根据合同完成全部工作的最终价值；承包商认为应该支付给他的其他款项，比如要求的索赔款、应退还的部分保留金等；承包商认为根据合同应支付给他的估算总额。所谓"估算总额"是指这笔金额还未经过工程师审核同意，估算总额应在竣工结算报表中单独列出以便工程师签发支付证书。

2）竣工结算与支付。工程师接到竣工报表后应对照竣工图进行工程量详细核算，对其他支付要求进行审查，然后再依据检查结果签署竣工结算的支付证书。此项签证工作工程师也应在收到竣工报表后 28 天内完成。业主应依据工程师的签证予以支付。

(32)《施工合同条件》中的履约证书

履约证书是承包商已按合同规定完成全部施工义务的证明，因此该证书颁发后工程师无权再指示承包商进行任何施工工作，承包商即可办理最终结算手续。缺陷通知期满，工程师颁发履约证书。业主应在颁发证书后的 14 天内退还承包商的履约证书。缺陷通知期满时，如果工程师认为还存在影响工程运行或使用的较大缺陷可以延长缺陷通知期、推迟颁发证书，但缺陷通知期的延长不应超过竣工日后的 2 年。

(33)《施工合同条件》中的最终结算

颁发履约证书后的 56 天内承包商应向工程师提交最终报表草案以及工程师要求提交的有关资料，工程师应在接到最终报表和结清单附件后的 28 天内签发最终支付证书，业主应在收到最终支付证书后的 56 天内支付。只有当业主按照最终支付证书的金额予以支付并退还履约保函后结清单才生效，承包商的索赔权也即行终止。

(34）分包合同条件中业主对分包合同的管理

业主不是分包合同的当事人，对分包合同权利义务如何约定不参与意见，与分包商没有任何合同关系。但作为工程项目的投资方和施工合同的当事人其对分包合同的管理主要表现为对分包工程的批准。

(35）分包合同条件中工程师对分包合同的管理

工程师仅与承包商建立监理与被监理的关系，对分包商在现场的施工不承担协调管理义务，只是依据主合同对分包工作内容及分包商的资质进行审查行使确认权或否定权，另外，还应对分包商使用的材料、施工工艺、工程质量进行监督管理。为了准确地区分合同责任，工程师就分包工程施工发布的任何指示均应发给承包商。分包合同内明确规定"分包商接到工程师的指示后不能立即执行，需得到承包商同意才可实施"。

(36）分包合同条件中承包商对分包合同的管理

承包商作为两个合同的当事人，不仅对业主承担整个合同工程按预期目标实现的义务，而且对分包工程的实施负有全面管理责任。承包商需委派代表对分包商的施工进行监督、管理和协调，承担如同主合同履行过程中工程师的职责。承包商的管理工作主要通过发布一系列指示来实现。接到工程师就分包工程发布的指示后，应将其要求列入自己的管理工作内容，并及时以书面确认的形式转发给分包商令其遵照执行。也可以根据现场的实际情况自主地发布有关的协调、管理指令。

(37）分包合同条件中分包工程的支付管理

1）支付程序。分包商应在合同约定的日期向承包商报送该阶段施工的支付报表。承包商代表经过审核后将其列入主合同的支付报表内一并提交工程师批准。承包商应在分包合同约定的时间内支付分包工程款，逾期支付要计算拖期利息。

2）承包商代表对支付报表的审查。接到分包商的支付报表后，承包商代表应首先对照分包合同工程量清单中的工作项目、单价或价格复核取费的合理性和计算的正确性，并依据分包合同的约定扣除预付款、保留金、对分包施工支援的实际应收款项、分包管理费等后，核准该阶段应付给分包商的金额。然后，再将分包工程完成工作的项目内容及工程量按主合同工程量清单中的取费标准计算填入到向工程师报送的支付报表内。

3）承包商不承担逾期付款责任的情况。如果属于工程师不认可分包商报表中的某些款项，业主拖延支付给承包商经过工程师签证后的应付款，分包商与承包商或与业主之间因涉及工程量或报表中某些支付要求发生争议3种情况，承包商代表在应付款日之前及时将扣发或缓发分包工程款的理由通知分包商则不承担逾期付款责任。

（38）分包合同条件中对分包工程变更的管理

1）发布变更指令。承包商代表接到工程师依据主合同发布的涉及分包工程变更指令后应以书面确认方式通知分包商，也有权根据工程的实际进展情况自主发布有关变更指令。

2）执行变更指令。分包商执行了工程师发布的变更指令，进行变更工程量计量及对变更工程进行估价时应请分包商参加以便合理确定分包商应获得的补偿款额和工期延长时间。承包商依据分包合同单独发布的指令大多与主合同没有关系，通常属于增加或减少分包合同规定的部分工作内容，为了整个合同工程的顺利实施而改变分包商原定的施工方法、作业次序或时间等。若变更指令的起因不属于分包商的责任则承包商应给分包商相应的费用补偿和分包合同工期的顺延，如果工期不能顺延则要考虑赶工措施费用，进行变更工程估价时应参考分包合同工程量表中相同或类似工作的费率来核定，如果没有可参考项目或表中的价格不适用于变更工程时则应通过协商确定一个公平合理的费用加到分包合同价格内。

（39）分包合同条件中对分包合同的索赔程序

1）提出索赔要求。分包合同履行过程中，当分包商认为自己的合法权益受到损害，则不论事件起因于业主或工程师的责任还是承包商应承担的义务，他都只能向承包商提出索赔要求并保持影响事件发生后的现场同期记录。

2）递交索赔报告。分包商向承包商提出索赔要求后，承包商应首先分析事件的起因和影响并依据两个合同判明责任。如果认为分包商的索赔要求合理且原因属于主合同约定应由业主承担风险责任或行为责任的事件则要及时按照主合同规定的索赔程序以承包商的名义就该事件向工程师递交索赔报告。

（40）分包合同条件中应由业主承担责任的索赔事件

应由业主承担风险的事件主要有以下4类，即施工中遇到了不利的外界障碍、施工图纸有错误等；业主的违约行为，比如拖延支付工程款等；工程师的失职行为，比如发布错误的指令、协调管理不力导致对分包工程施工的干扰等；执行工程师指令后对补偿不满意，比如对变更工程的估价认为过少等。

(41) 分包合同条件中应由承包商承担责任的事件

此类索赔产生于承包商与分包商之间，工程师不参与索赔的处理，双方通过协商解决。原因往往是由于承包商的违约行为或分包商执行承包商代表指令导致。分包商按规定程序提出索赔后，承包商代表要客观地分析事件的起因和产生的实际损害，然后依据分包合同分清责任。

(42) 分包合同条件中的代为索赔

当事件的影响仅使分包商受到损害时，承包商的行为属于代为索赔。若承包商就同一事件也受到了损害则分包商的索赔就作为承包商要求的一部分。索赔获得批准顺延的工期应加到分包合同工期上去，得到支付的索赔款应按照公平合理原则转交给分包商。

(43) 分包合同条件中承包商处理分包商索赔时应注意的两个基本原则

两个原则是从业主处获得批准的索赔款为承包商就该索赔对分包商承担责任的先决条件；分包商没有按规定的程序及时提出索赔导致承包商不能按主合同规定的程序提出索赔，承包商不仅不承担责任，而且为了减小事件影响使承包商为分包商采取的任何补救措施费用均应由分包商承担。

12.3 英国的 NEC 合同文本

英国土木工程师学会编制的标准合同文本（NEC 合同）不仅在英国和英联邦国家得到广泛应用，而且对国际上众多的标准化文本的起草起到了参考和借鉴作用，在全球的影响力很大。NEC 的合同系列包括工程施工合同、专业服务合同、工程设计与施工简要合同、评判人合同、定期合同和框架合同。工程施工合同（NCC）的管理理念和合同原则是 NEC 系列其他合同编制的基础。目前，最新的 NEC 合同文本为第 3 版（the third edition of the New Engineering Contract Engineering and Construction Contract. Booknews，June，2011）。

(1) ECC 工程施工合同文本的履行管理模式

ECC 工程施工合同文本的条款规定是基于当事人双方信誉良好、履行合同诚信基础上设定的条款内容，是施工过程中发生的有关事项由雇主聘任的项目经理与承包商通过协商确定的二元管理模式。合同争议首先提交给当事人共同选定的"评判人"独立、公正地作出处理决定。虽然合同涉及的相关方中也有工程师，但他的职责仅限于工程实施的质量管理，不参与合同履行的全面管理，比我国监理工程师的职责简单。

(2) ECC 工程施工合同文本的结构

ECC 工程施工合同文本具有条款用词简洁、使用灵活的特点，为广泛适用于各类的土木工程施工管理，ECC 标准文本的结构以核心条款为基础，允许使用者根据实施工程的承包特点采用积木块组合形式选择本工程适用的主要选项条款和次要条款，从而形成具体的工程施工合同。

1) 核心条款。核心条款是 ECC 施工合同的基础和框架，规定的工作程序和责任适用于施工承包、设计施工总承包和交钥匙工程承包的各类施工合同。ECC 工程施工合同（第 2 版）中的核心条款共有 9 条、155 款，9 条依次为总则；承包商的主要责任；工期；测试和缺陷；付款；补偿事件；所有权；风险和保险；争端和合同终止。

2）主要选项条款。由于核心条款是对施工合同主要共性条款的规定，因此还要根据具体工程的合同策略，在主要选项条款的 6 个不同合同计价模式中确定一个适用模式将其纳入到合同条款之中〔只能选择一项〕。主要选项条款是对核心条款的补充和细化，每一主要选项条款均有许多针对核心条款的补充规定，只要将对应序号的补充条款纳入核心条款即可。主要选项条款包括以下 6 个，即选项 A（带有分项工程表的标价合同），选项 B（带有工程量清单的标价合同），选项 C（带有分项工程表的目标合同），选项 D（带有工程量清单的目标合同），选项 E（成本补偿合同），选项 F（管理合同）。标价合同适用于签订合同时价格已经确定的合同，选项 A 适用于固定价格承包，B 适用于采用综合单价计量承包。目标合同（选项 C、选项 B）适用于拟建工程范围在订立合同时还没有完全界定或预测风险较大的情况，承包商的投标价作为合同的目标成本，当工程费用超支或节省时雇主与承包商按合同约定的方式分摊。成本补偿合同（选项 E）适用于工程范围的界定尚不明确，甚至以目标合同为基础也不够充分，而且又要求尽早动工的情况，其工程成本部分实报实销，按合同约定的工程成本一定百分数作为承包商的收入。管理合同（选项 F）适用于施工管理承包，管理承包商与雇主签订管理承包合同，他不直接承担施工任务，以管理费用和估算的分包合同总价报价，管理承包商与若干施工分包商订立分包合同但确定的分包合同履行费用由雇主支付。若承包商直接参与施工，将部分承包任务分包则不属于管理合同。

3）次要选项条款。ECC 工程施工合同文本中提供了以下 18 个可供选择的次要选项条款，包括通货膨胀引起的价格调整，法律的变化，多种货币，母公司担保，区段竣工，提前竣工奖金，误期损害赔偿费，"伙伴关系"协议，履约保证，支付承包商预付款，承包商对其设计所承担的责任只限于运用合理的技术和精心设计，保留金，功能欠佳赔偿费，有限责任，关键业绩指标，1996 年房屋补助金、建设和重建法案（适用于英国本土实施的工程），1999 年合同法案（适用于英国本土实施的工程），其他合同条件。雇主在制定具体工程的施工合同时可根据工程项目的具体情况和自身要求选择本工程合同适用的选项条款，对于采用的选项需对应做出进一步明确的内容约定。对于具体工程项目建设使用的施工合同，核心条款加上选定的主要选项条款和次要选项条款就构成了一个内容约定完备的合同文件。

（3）ECC 的合作伙伴管理理念

ECC 核心条款明确规定"雇主、承包商、项目经理和工程师应在工作中相互信任、相互合作和风险合理分担"。ECC 工程施工合同规定合同履行过程中的合作伙伴管理，改变了传统的雇主与承包商以合同价格为核心，中标靠报价、盈利靠索赔的合同对立关系，建立以工程按质、按量、按期完成并实现项目的预期功能作为参与项目建设有关各方的共同目标进行合作管理的新理念（即 Partnering 管理模式）。ECC 次要选项条款中规定的伙伴关系协议，要求雇主与参建各方在相互信任、资源共享的基础上通过签订合作伙伴协议组建工作团队，在兼顾各方利益的条件下明确团队的共同目标和各自责任，建立完善的协调和沟通机制，实现风险合理分担的项目团队管理实施模式。

1）ECC"伙伴关系"协议。鉴于参与工程项目的有关方较多，影响施工正常进行的影响因素来源于各个方面，因此，建立伙伴关系的有关各方不仅指施工合同的双方当事人和参与实施管理的有关各方，还可能包括合同定义的"其他方"。其他方指不直接参与本合同的人员和机构，包括雇主、项目经理、工程师、裁决人、承包商以及承包商的雇员、分包商或供应商以外的人员或机构。ECC 伙伴系协议明确各方工作应达到的关键考核指标以及完成考核指标后应获得的奖励，雇主负责支付咨询顾问费用，承包商负责支付专业分包商的费用，如果因伙伴关系中某一方的过失造成了损失则各方应通过双边合同的约定来解决，对于违约方的最终惩罚是将来不再给他达成伙伴关系的机会，即表明其诚信和能力存在污点从而影响其对以后项目的承接或参与。ECC 由参与团队的主要有关方组成的核心项目组负责协调伙伴关系成员之间的关系，监控现场内外的工程实施，团队成员有义务向雇主或其他成员提示施工过程中的错误、遗漏或不一致之处，尽早防患于未然。

2) 早期警告。ECC 工程施工合同文本提出的早期警告条款是对双方诚信、合作基础上实现项目预期目标的很好措施，建立了风险预警机制。当项目经理或承包人任一方发现有可能影响合同价款、推迟竣工或削弱工程的使用功能的情况时应立即向对方发出早期警告，而非事件发生后进行索赔。这些事件可能涉及发现意外地质条件，主要材料或设备的供货可能延误，因公用设施工程或其他承包商工程可能造成的延误，恶劣气候条件的影响，分包商未履约以及设计问题等情况。项目经理和承包商都可以提出召开早期警告会议的要求并在对方同意后邀请其他方出席，与会各方可能包括分包商、供应商、公用事业部门、地方行政机关代表或雇主，与会各方在合作的前提下提出并研究建议措施以避免或减小早期警告通知的问题影响；寻求对受影响的所有各方均有利的解决办法；决定各方应采取的行动。项目经理应在早期警告会议上对所研究的建议和做出的决定记录在案，会后发给承包商。ECC 在核心条款"补偿事件"标题下规定"项目经理发出的指令或变更导致合同价款的补偿时，如果项目经理认为承包商未就此事件发出过一个有经验的承包商应发出的早期警告则可适当减少承包商应得的补偿"。

12.4 美国的 AIA 合同文本

美国建筑师学会(AIA, the American Institute of Architects)编制了众多的系列标准合同文本，适用于不同的项目管理类型和管理模式，包括传统模式、CM 模式、设计-建造模式和集成化管理模式。AIA 包括以下 5 个系列，A 系列为雇主与施工承包商、CM 承包商、供应商之间的合同以及总承包商与分包商之间合同的文本；B 系列为雇主与建筑师之间合同的文本；C 系列为建筑师与专业咨询机构之间合同的文本；D 系列为建筑师行业的有关文件；E 系列为合同和办公管理中使用的文件。每一系列均包括很多相关的文件供使用者选择，《施工合同通用条件》(A201)是施工期间所涉及各类合同文件的基础。目前最新的 AIA 合同文本为第 111 版的 AIA，即 AIA 111th。

(1) CM 合同类型

CM 合同属于管理承包合同，其有别于施工总承包商承包后对分包合同的管理。与雇主签订合同的 CM 承包商属于承担施工的承包商公司，而非建筑师或专业咨询机构。依据雇主委托项目实施阶段管理的范围和管理责任不同分代理型 CM 合同和风险型 CM 合同两类。代理型 CM 合同中 CM 承包商只为雇主对设计和施工阶段的有关问题提供咨询服务，不承担项目的实施风险。风险型 CM 合同要求在设计阶段为雇主提供咨询服务但不参与合同履行的管理，施工阶段相当于总承包商与分包商、供货商签订分包合同，承担各分包合同的协调管理职责，确保工程在设定最大费用前提下完成施工任务。

（2）风险型CM的工作

风险型CM承包商应非常熟悉施工工艺和方法，了解施工成本的组成，有很高的施工管理和组织协调能力。其工作内容包括施工前阶段的咨询服务和施工阶段的组织、管理工作。工程设计阶段CM承包商就介入，为设计者提供建议。建议内容可能包括将预先考虑的施工影响因素供设计者参考以尽可能使设计具有可施工性；运用价值工程提出改进设计的建议以节省工程总投资等。部分设计完成后CM承包商即可选择分包商施工，而不一定等工程的设计全部完成后才开始施工以缩短项目的建设周期（采用快速路径法）。CM承包商对雇主委托范围的工作可以自己承担部分施工任务，也可以全部由分包商实施。CM自己施工部分属于施工承包，不在CM工作范围内。CM工作则是负责对自己选择的施工分包商和供货商，以及雇主签订合同交由CM负责管理的承包商（视雇主委托合同的约定）和指定分包商的实施工程进行组织、协调、管理，以确保承包管理的工程部分能够按合同要求顺利完成。

（3）风险型CM的合同计价方式

风险型CM合同采用成本加酬金的计价方式，成本部分由雇主承担，CM承包商获取约定的酬金。CM承包商签订的每一个分包合同均对雇主公开，雇主按分包合同约定的价格支付，CM承包商不赚取总包、分包合同的差价，这是与总承包后再分包的主要差异之一。CM承包商的酬金约定通常可采用以下3种方式中的一种，即按分包合同价的百分数取费；按分包合同实际发生工程费用的百分数取费；固定酬金。

（4）CM的保证工程最大费用原则

随着设计的进展和深化，承包商要陆续编制工程各部分的工程预算。施工图设计完成后，CM承包商按照最终的工程预算提出保证工程的最大费用值（GMP）。CM承包商与雇主协商达成一致后，按GMP的限制进行计划和组织施工，对施工阶段的工作承担经济责任。当工程实际总费用超过GMP时，超过部分由CM承包商承担，即管理性承包的含义。但并不意味CM是按GMP费用为合同承包总价，对于工程节约的费用归雇主，CM承包商可以按合同约定的一定百分比获得相应的奖励。约定保证工程最大费用（GMP）后，由于实施过程中发生CM承包商确定GMP时不一致使得工程费用增加的情况发生后，可以与雇主协商调整GMP。可能的情况包括发生设计变更或补充图纸；雇主要求变更材料、设备的标准、系统、种类、数量和质量；雇主签约交由CM承包商管理的施工承包商或雇主指定分包商与CM承包商签约的合同价大于GMP中的相应金额等情况。

12.5 信息管理的特点

信息管理（IM，Information Management）是人类为有效地开发和利用信息资源，以现代信息技术为手段对信息资源进行计划、组织、领导和控制的社会活动。简单地说，信息管理就是人对信息资源和信息活动的管理。信息管理是指在整个管理过程中人们收集、加工和输入、输出的信息的总称。信息管理的过程包括信息收集、信息传输、信息加工和信息储存。

信息管理是人类综合采用技术的、经济的、政策的、法律的和人文的方法和手段以便对信息流(包括非正规信息流和正规信息流)进行控制,以提高信息利用效率、最大限度地实现信息效用价值为目的的一种活动。信息是事物的存在状态和运动属性的表现形式。"事物"泛指人类社会、思维活动和自然界一切可能的对象。"存在方式"指事物的内部结构和外部联系。"运动"泛指一切意义上的变化,包括机械的、物理的、化学的、生物的、思维的和社会的运动。"运动状态"是指事物在时间和空间上变化所展示的特征、态势和规律。信息一般经由两种方式从信息产生者向信息利用者传递,一种是由信息产生者直接流向信息利用者(称为非正规信息流);另一种是信息在信息系统的控制下流向信息利用者(称为正规信息流)。信息管理也指对人类社会信息活动的各种相关因素(主要是人、信息、技术和机构)进行科学的计划,组织,控制和协调以实现信息资源的合理开发与有效利用的过程,它既包括微观上对信息内容的管理(比如信息的组织、检索、加工、服务等),也包括宏观上对信息机构和信息系统的管理。通过制定完善的信息管理制度,采用现代化的信息技术,保证信息系统有效运转的工作过程。既有静态管理,又有动态管理,但更重要的是动态管理。它不仅仅要保证信息资料的完整状态,而且还要保证信息系统在"信息输入-信息输出"的循环中正常运行。信息管理是人类为了收集,处理和利用信息而进行的社会活动。它是科学技术发展,社会环境变迁,人类思想进步所造成的必然结果和必然趋势。计算机、全球通信和英特网等信息技术的飞速发展及广泛应用,使科技、经济、文化和社会正在经历一场深刻的变化。20世纪90年代以来,人类已经进入到以"信息化"、"网络化"和"全球化"为主要特征的经济发展的新时期,信息已成为支撑社会经济发展的继物质和能量之后的重要资源,它正在改变着社会资源的配置方式,改变着人们的价值观念及工作与生活方式。了解信息、信息科学、信息技术和信息社会,把握信息资源和信息管理,对于当代管理者来说,就像把握企业财务管理、人力资源管理和物流管理等一样重要。信息管理的对象是信息资源和信息活动;信息科学是研究信息运动规律和应用方法的科学;信息技术是关于信息的产生、发送、传输、接收、变换、识别和控制等应用技术的总称,架起了信息科学和生产实践应用之间的桥梁;信息管理学是以信息资源及信息活动为研究对象研究各种信息管理活动的基本规律和方法的科学。

信息管理是指在整个管理过程中人们收集、加工和输入、输出的信息的总称。信息管理的过程包括信息收集、信息传输、信息加工和信息储存。信息收集就是对原始信息的获取;信息传输是信息在时间和空间上的转移,因为信息只有及时准确地送到需要者的手中才能发挥作用;信息加工包括信息形式的变换和信息内容的处理(信息的形式变换是指在信息传输过程中,通过变换载体,使信息准确地传输给接收者;信息的内容处理是指对原始信息进行加工整理,深入揭示信息的内容)。经过信息内容的处理,输入的信息才能变成所需要的信息,才能被适时有效地利用。信息送到使用者手中,有的并非使用完后就无用了,有的还需留做事后的参考和保留,这就是信息储存。通过信息的储存可以从中揭示出规律性的东西,也可以重复使用。信息是组织的一种资源,一般认为,信息是具有新内容、新知识的消息(如书信、情报、指令等)。信息与数据既有联系又有区别,数据是对情况的记录,数据的含不仅限于数值数据,而且还包括非数值的数据,比如声音、各种特殊符号图像、表格、文字等。信息是经过加工处理后对组织的管理决策和管理目的实现有参考价值的数据。作为一种资源的信息具有以下5方面特点:影响和决定组织的生存;能够为组织带来收益;获取和使用信息要支付费用和成本;信息具有很强的时效性,延迟的信息可能起到相反的作用;信息的使用者应当考虑信息的费用与它为改善管理所带来的功相比是否合算。显然，无论是从改进计划工作、组织工作、人员配备、指导与领导的角度，还是从直接利用信息资源的角度都必须加强对信息的管理。虽管理信息要支出费用且可能还会很高，但对信息管理不善而付出的代价也许更高。

（1）信息管理的发展历程

信息管理活动的发展历史源远流长。从原始社会人类的结绳记事，到今天人们广泛利用计算机等信息技术来提升信息的管理水平与效率，可以说，人类的历史有多长，信息管理活动的发展历史就有多长。纵观人类信息管理活动所采用的手段与方法，基本上可以将它分为3个时期：古代信息管理活动时期、近代信息管理活动时期、现代信息管理活动时期。考察人类在不同阶段的信息管理活动特点应从最能反映该时期与其他时期最明显的本质不同的因素出发，概括起来，这些因素包括当时社会的整体经济环境、信息资源状况、信息资源类型、信息管理的主体、管理信息的手段与方法等重要方面。

1）古代信息管理活动时期。信息的存储是"藏书楼式"的，该时代的跨度从人类诞生到封建社会。在文字发明以前人们使用声音语言来传递信息、表达情感，语言是表达人类思想以及人类认识自然与改造自然结果的重要载体。那时信息的保存与管理主要通过口耳相传，因此信息管理的效果得不到保证，只有极少数的信息得以保留下来，成为今天人类极其珍贵的文化遗产。那时声音信息的传递范围从广度和深度上讲均受到很大的限制。文字的出现使人类可以在时空上加强对信息的管理，使信息管理发生了重大变革。文字发明以前人们通过图画的方式来记录、传递与保存信息，由此产生了象形文字并最后导致了正式文字的诞生。古代时期，我国的信息管理活动在全世界最具代表性。清朝"康乾盛世"之前，我国一直国力强大、经济繁荣，各项事业都走在世界的前列，社会信息资源丰富，信息管理的手段也比较发达。广泛利用了当时比较先进的管理思想与方法，比如将分类管理的思想应用到信息管理活动之中编制出了经世济用的"四部分类法"，即以经、史、子、集为主的分类体系。古代封建社会的信息资源主要以文献信息资源为主。文献信息资源主要依靠手抄本、雕版印刷术和活字印刷术。造纸术与印刷术大大推进了世界信息数量的增长以及信息加工手段的提高，同时也扩大了信息传递的空间范围、加快了信息传递的速度。

我国古代信息管理活动时期的特点主要体现在5个方面：总体而言，古代信息管理时期信息资源数量相比当今的社会信息资源数量非常有限，且其多以纸制手抄本和印刷本为主。古代封建时期的中国信息资源数量在当时的世界上应该说是属于前列位置的，我国古时的信息资源管理技术与方法也走在了世界前列。信息管理重心集中于"藏"，主张藏书秘不示人、属于私人财产，甚至于即使是家人也难于看到馆藏，这一做法有利于文献的保管并使之得以流传到今，但也有悖于信息管理的"传"、"用"宗旨。我国也有着良好的信息管理传统，各朝代都有专门记录和管理档案文书的官员负责这方面的事务，比如司马迁就是史官。当然，国家的文献信息资源管理活动也是积极主动的，各朝各代都修史，在史册中皆要有专门记录当代文献的史册，用中国传统的目录学方法对所记录文献加以"辨章学术、考镜源流"，这种信息管理的思想极大地丰富了现代信息管理的内涵。我国古代有历史可查的图书整理活动起于汉代刘向、刘歆的《七略》和《七录》，虽然这两部书均已亡佚，但从《汉书·艺文志》中还可见其内容、方法与规模。《隋书·经籍志》也是我国古代具有代表性的信息管理活动成果之一。我国古代的图书整理活动到清朝达到极致，其代表性事件就是《四库全书》的出版。

其倡导的信息管理方法(四部分类法)是适合于中国古代典籍的文献信息管理方法,它所创造的信息分类管理思想对今天的信息管理活动和行为都产生了深远的影响与冲击。今天,四部分类法依旧是中国传统古籍资源的整理方法。

当然,我国古代时期的信息管理活动没有形成社会规模;社会信息资源数量有限,并且以纸制手抄本及印刷本为主;信息存储的方式是封闭的、私有化的;信息管理的手段与方法以手工为主,创造出了适用于当时的信息资源状况的独特方法并且将此方法与学术研究及其方法结合在一起;文献资源的所有者或者是官方指定的官员是信息管理的主体,其完成信息管理活动、执行信息管理行为。

2)近代信息管理活动时期。这一时期是从机器大生产代替手工生产,资本主义代替封建主义成为世界主流社会形态后开始的。信息管理活动的兴盛与衰落与一个国家文化和经济的兴盛与衰落是相伴而行的。19世纪前是东方文化的世界,20世纪是西方文化的世界,我国古代的信息管理活动成为世界的领头军,但19世纪末20世纪初开始,随着我国经济的衰退,信息管理活动的重心开始向西方国家倾斜。这一时期,资本主义的科学与民主等人文主义思想不断扩散到全世界。人们追求真理、追求进步思想的呼声高涨,直接推动了社会的整体进步;社会中可接受教育的人数不断增多,群众的识字率不断提高,社会文化不断普及。社会信息资源因为科学技术的发展而快速增加,特别是新型的机器印刷的出现加快了文献信息的生产,使得社会信息积聚不断加快;除了图书这种信息载体类型之外,报纸、杂志等新型载体也大量涌现,但仍旧以纸制印刷品为主;信息传递的渠道增多。信息交流的广度和深度大大加强。

与前一个时期相比,这个时期最明显的进步就是社会文化水平的提高。对于信息保存来说,藏书楼式的藏书制度被彻底打破。在以图书文献为主要的社会信息资源的社会背景下,保存文献信息资源的责任义无反顾地选择了这一时期新型的信息存储机构——图书馆。图书馆的出现是人类文明的一大进步,它不同于传统的藏书楼,它已经将信息管理的目的从简单的"藏"发展到"藏"与"用"相结合。图书馆的出现,一方面反映了普通人追求知识的热情,人们可以平等地追求知识,另 方面也反映了社会的进步与发展。20世纪20~30年代在西方国家发起的公共图书馆运动充分证明了这一点,同时也极大地推动了图书馆事业的大发展,更多类型的图书馆不断涌现。图书馆的出现促进了信息的管理思想及管理手段与方法的变化。联合国教科文组织认定的图书馆四项职能是保存人类文化遗产、社会信息流整序、传递情报、启发民智的文化教育。在这里,最重要的当属社会信息流整序的职能。图书馆开创了具有现代意义的一系列行之有效的信息管理方法,比如分类法、编目法、主题法、索引法、计量法等。这个时期,从事信息管理的人员不能再以官员的身分出现,取而代之的是专业的信息管理人员。这种专门化的信息管理人员在这个阶段主要集中于图书馆中,被称为图书馆员。

近代信息管理活动时期虽然信息管理思想、手段与方法不断进步,但信息管理仍旧被解释为"对信息的管理",是一个简单的动词,信息管理强调的仍旧是对信息加以管理的技术手段与方法,没有上升到一个战略的高度,它的内涵还是比较单薄的。这一阶段,以文献信息为中心,图书馆为主要场所,由专门的信息管理专业人员所创造的一系列技术手段成为信息管理的主要方法,同时出现了针对信息收集、处理、保存、利用等过程的解释。

3)现代信息管理活动时期。该时期以第二次世界大战的结束为标志,信息管理活动进入了第三个阶段——现代信息管理时期。即,随着世界上第一台计算机在1945年研制成功,在次年 2 月的正式面世。信息技术在信息管理活动的发展中占有重要地位，它主导着信息管理各时期的发展。计算机技术的出现，对整个人类社会的方方面面都产生了巨大的影响。在这个阶段早期，社会经济在遭受了战争的创伤后进入了恢复与发展时期，资本主义经历了两次世界大战完成了资本的原始积累，进入了迅速发展的快车道，世界经济出现了欣欣向荣、蒸蒸日上的景象，也促进了社会其他领域的大发展。计算机、网络等现代信息技术的迅速发展，对信息管理的发展起到重大推动作用，对人类的工作与学习方式，而且对人类思维方式都产生了巨大的影响。网络的出现也扩大了信息交流的范围，促进了信息的爆炸性增长。信息传播与交流方式发生了翻天覆地的变化。报纸与杂志出现的时代比较早，在近代信息管理时期就已经存在了，而在第二次世界大战后，广播、电视、网络三大媒介形式出现，并且成为大众信息交流的主要手段与方式，刺激了信息量的迅猛增加，人们获取信息的渠道与方式改变了，社会信息量加大了。目前，电子信息交流的方式极大地改变着自人类诞生以来的传统信息交流手段与渠道。伴随着信息技术的变化，信息资源类型不断多样化。除了文献型信息资源外还出现了缩微型、电子型、网络型等新型媒体，比如网络上的流媒体，已经引起了人们的极大兴趣与关注。信息管理技术的不断复杂化与多功能化，也为信息的深度管理奠定了基础，由向载体单元的操作深入到了信息内部的知识单元，要挖掘信息内部存在的具有逻辑关联的智慧资源，这对信息管理的要求越来越高。信息管理的手段充分利用信息技术，一方面提升了上两个时期形成的信息管理方法，另一方面结合新的信息形式、信息载体、信息类型，而开发出新的管理技术手段，比如数据库、数据仓库、联机分析、商务智能、大数据、云平台等。图书馆在这一时期继续扮演着社会信息流整序的职能，但它已经不再是唯一具有此类社会职能的信息管理机构，社会上出现了相对于图书馆来说功能与目的皆不同的各类型信息管理机构，比如咨询公司、企业管理公司、调查公司等，它们共同承担着不同领域、部门和层次的社会信息流的管理工作，共同完成整个社会中信息流的管理。

综上所述，现代的信息管理已经大大超越了古代和近代时期对信息管理的理解框架，发生了质的认识变化。信息管理的内涵与外延都得到了扩大，它所面对的信息资源已经远远超出了传统的文献型信息资源的范畴，扩大到了多种新型的信息类型，整个社会的信息资源呈几何级数增长，不同的部门和领域均不得不面对信息管理的挑战。信息管理技术充分利用了现代信息技术的优势，突破了传统处理文献的信息管理技术范围，大量采用了网络、数据库、数据仓库、联机分析技术等先进技术手段与方法，传统的信息管理技术在新的技术环境下不断地完善与发展以适应新的环境的变化；而信息管理人员早已不仅是以传统的文献信息处理为任务，而且更加技术化、专业化、专门化，他们在组织内部被称为 CIO 或 CKO，已经成为社会组织中的一个阶层。

（2）信息管理的特征

信息管理是管理的一种，因此它具有管理的一般性特征。比如管理的基本职能是计划、组织、领导、控制；管理的对象是组织活动；管理的目的是为了实现组织的目标等，在信息管理中同样具备。但是，信息管理作为一个专门的管理类型又有自己的独有特征，即管理的对象不是人、财、物，而是信息资源和信息活动；信息管理贯穿于整个管理过程之中。

信息管理的时代特征可归纳为信息量猛增；信息处理和传播速度更快；信息处理的方法日趋复杂；信息管理所涉及的领域不断扩大。随着经济全球化，世界各国和地区之间的政治、经济、文化交往日益频繁；组织与组织之间的联系越来越广泛；组织内部各部门之间的联系越来越多，以致信息量猛增。由于信息技术的飞速发展，使得信息处理和传播的速度越来越快。随着管理工作要求的提高，信息处理的方法也就越来越复杂。早期的信息加工，多为一种经验性加工或简单的计算。现在的加工处理方法不仅需要一般的数学方法，还要运用数理统计方法、运筹学方法等。从知识范畴上看，信息管理涉及到管理学、社会科学、行为科学、经济学、心理学、计算机科学等；从技术上看，信息管理涉及到计算机技术、通信技术、办公自动化技术、测试技术、缩微技术等。

（3）信息管理的分类

信息管理按管理层次不同可分为宏观信息管理、中观信息管理、微观信息管理；按管理性质不同可分为信息生产管理、信息组织管理、信息系统管理、信息产业管理、信息市场管理等；按应用范围不同可分为企业信息管理、政务信息管理、商务信息管理、公共事业信息管理等；按管理手段不同可分为手工信息管理、信息技术管理、信息资源管理等；按信息内容不同可分为经济信息管理、科技信息管理、教育信息管理、军事信息管理等。

（4）信息管理的基本原理

信息管理涉及信息技术、信息资源、参与活动的人员等要素，是多学科、多要素、多手段的管理活动。作为一种社会性的管理活动，它具有一般管理活动的特点；作为一种技术性很强的管理活动，它要运用许多技术手段和管理手段。同时，信息管理活动总是指向一定目标，达到一定的效果并完成预定任务的。

从微观的角度来看，信息管理的目标包括两个方面：一方面是建立信息集约，即在收集信息的基础上，实现信息流（即信息从信源出发后沿着信道向信宿方向传递所形成的"流"）的集约控制；另一方面是对信息进行整序与开发，实现信息的质量控制。从宏观的角度来看信息管理的目标是为了提高社会活动资源的系统功能，最终提高社会活动资源的系统效率。

信息管理原理是信息管理活动本身所包含的具有普遍意义的规律，从信息资源状态变化和信息管理活动目标指向的角度而言，信息管理有四大基本原理，即信息增值原理、增效原理、服务原理、市场调节原理。

信息增值是指信息内容的增加或信息活动效率的提高，它是通过对信息的收集、组织、存储、查找、加工、传输、共享和利用来实现的，信息增值包含以下内容，即信息集成增值、信息序化增值、信息开发增值。从零散信息或孤立的信息系统中很难得到有用的信息或用于决策的知识，因此，零散信息或孤立信息系统的集成是很重要的，信息集成是指把零散信息或孤立的信息系统整合成不同层次的信息资源体系，它包含 3 个不同层次的信息增值阈：把零散的个别信息收集起来形成的信息集合；孤立的信息系统的集成；社会整体的信息资源的集成。信息的序化是信息活动的结果，是信息组织的价值体现，目的是为了实现快速存取，信息序化克服了混乱的信息流带来的信息查询和利用困难、提高了查找效率、节约了查询成本，有序化的信息集合是信息资源建设的基本条件。有序的信息资源不仅能够保证信息的可查询性，而且能够根据信息内容的关联性开发新的信息与知识资源。信息管理可以通过提供信息和开发信息，充分发挥信息资源对包括信息和知识在内的各种社会活动要素的渗透、激活与倍增作用，从而节约资源、提高效率、创造效益，实现社会的可持续发展，信息管理是现代社会节约成本，提高效率，实现可持续发展的有效途径。信息管理与一般的管理过程相比具有更强烈的服务性，信息管理的作用最终体现为信息资源对包括信息知识在内的各种社会活动要素的渗透、激活与倍增作用，这决定了信息管理必须通过服务用户来发挥作用，信息管理的所有过程、手段和目的都必须围绕用户信息满足程度这个中心，信息管理方法和手段的采用、活动的安排、技术的运用、信息系统的设计与开发等都必须具有方便、易用的服务特色并以提高服务能力与水平为宗旨。信息管理也受市场规律的调节，主要表现在以下两个方面，即信息产品价格受市场规律的调节，价值规律是信息商品市场的基本规律，市场这只"看不见的手"是调节信息产品与信息服务的主要力量。信息资源要素受市场规律调节，在信息商品市场上，信息、人员、信息服务机构、技术、信息设施等各种资源要素配置会达到某个效率的均衡点，信息产品的市场价格及其背后的社会信息需求是信息资源配置的动力。

（5）信息管理的方法

1）逻辑顺序方法。信息管理就是对信息资源进行管理。对企业来说信息管理的主要任务就是将企业内外的信息资源调查清楚并根据类别加以分析研究，以便找出那些对本企业的生存和发展有促进作用的信息资源。信息资源的管理划分为信息调查、信息分类、信息登记、信息评价4个基本步骤：①进行切实的调查以及摸清信息资源的情况是信息管理的基础。因为信息资源涉及的范围非常广泛，所以必须从使用者的需求出发，了解企业对信息方面的需求情况，做到心中有数。信息资源调查的主要目的是不仅要调查清楚目前的明显的信息资源，而且更主要的是发现对企业未来有重要意义的潜在的信息资源。②信息分类是信息资源管理的一个最基本的工作。收集得到的信息形式可能是多种多样的，专门人员对信息实质内容的把握要清晰，所以有必要做好信息分类。分类不宜过多、过细，要便于分析和综合。目前还没有统一的信息分类原则，主要是根据企业的实际情况来考虑信息分类问题。③信息登记是一项具体而又繁琐的工作。调研人员应该亲自将调查所收集到的企业信息资源的情况进行归纳和整理，登记在信息资源表上。然后，按信息资源分类将登记表编出目录，并按照部门编出索引，以便迅速查找。④信息研究的目的是为了更好地使用信息资源。企业在信息资源方面的投入就是为了取得效益。这就需要研究每一项信息资源的供应、管理和使用情况，找出现有信息资源不能满足今后需要的问题，并采取积极有效的措施。并不是所有的信息都是资源，只有对企业的发展目标和现实生产有意义的信息资源才是企业的宝贵资源。

2）物理过程方法。信息与世界上所有的其他事物一样，都有其发生、发展、成熟和死亡的过程。信息生命周期是信息运动的自然规律。从信息的产生到最终被使用发挥其价值，一般可以分为信息的收集、传输、加工、存储、维护这几个阶段。信息管理的主要任务是识别使用者的信息需要，对数据进行收集、加工、存储，对信息的传递加以计划，将数据转化为信息，并将这些信息及时、准确、适用和经济地提供给组织的各级主管人员以及其他相关人员。在生命周期的每一个阶段都有其具体工作，需要相应的管理。这里将信息生命周期的管理概括为以下四个方面：信息需求与服务，信息收集与加工，信息存储与检索，信息传递与反馈。信息需求与服务一方面是信息规划的问题，目的是明确信息的用途、范围和要求；另一方面，就是要为用户提供信息，让他们利用信息进行管理决策。信息收集与加工主要是通过已有的渠道或建立新的渠道去收集所需要的数据，将收集到的数据按照规定的要求进行处理，这时的数据才成为真正的信息。信息存储与检索就是将处理后的信息按照科学的方式存储起来以便用户检索使用，存储并不是目的，而只是手段，检索才是存储的目的。信息传递与反馈反映了信息的作用在于被用户所接受和采用。

3）企业系统规划方法。企业系统规划法（Business System Planning，BSP）是由 IBM 公司提出的，主要是基于信息支持企业运行的思想。该方法的应用帮助企业改善了对信息和数据资源的使用，满足了企业近期和长期的信息需求，从而成为开发企业信息系统的有效方法之一。企业系统规划方法是通过全面调查，分析企业信息需求，确定信息结构的一种方法。只有对组织整体具有彻底的认识，才能明确企业或各部门的信息需求。BSP 方法的基本原则有 5 个：信息系统必须支持企业的战略目标；信息系统的战略应当表达出企业各个管理层次的需求；信息系统应该向整个企业提供一致信息；信息系统应是先"自上而下"识别，再"自下而上"设计；信息系统应该经得起组织机构和管理体制变化。

4）战略数据规划方法。战略数据规划法是美国著名学者 James Martin 提出的。他曾明确指出，系统规划的基础性内容有以下 3 个方面：企业的业务战略规划；企业信息技术战略规划；企业战略数据规划。其中战略数据规划是系统规划的核心。

（6）企业系统规划法的实现途径

1）研究的准备工作。企业的最高层领导亲自参与；企业各主要业务部门的负责人能正确解释他们所在部门得到的资料；由经验丰富的系统分析师全面负责；在整个工作中，需要各业务部门的具体管理人员积极配合，提供详细真实的材料。要制定研究计划。参与研究的成员在思想上要明确"做什么"、"为什么做"、"如何做"，以及达到的目标是什么。BSP 是一项系统工程性的工作，要做好充分的准备，这对成功完成任务非常重要。所以，在这里，我们要再强调一下准备工作，如果准备工作没有做好不要仓促上阵。

2）研究的开始阶段。企业规划方法研究的首项活动是企业情况介绍，全体研究组成员都要参与。介绍内容包括 3 个方面：由企业的最高领导介绍研究的目标，期望的成果和研究的远景，以及企业的活动和目标的关系；由系统分析员介绍收集到的相关资料，使成员熟悉有关资料，系统分析员还应该对有关问题提出自己的评价和看法；由各重要业务部门的负责人介绍本部门数据处理的情况。通过以上 3 个方面内容的介绍，加上已收集到的有关资料，将加深对企业及其数据处理业务的全面了解。

3）定义企业过程。定义企业过程是该方法的核心。研究组的每个成员均应全力以赴去识别它们，描述它们，对它们要有彻底的了解，只有这样，BSP 才能成功。企业过程被定义为逻辑上相关的一组决策和过程的集合，这些过程和决策是管理企业资源所需要的。整个企业的管理活动由许多企业过程组成。识别企业过程可对企业如何完成其目标有一个深刻的了解。识别企业过程要依靠已有材料进行分析研究，但更重要的是要和经验丰富的管理人员讨论商量，因为只有他们对企业的活动了解得最深刻。总之，识别过程是 BSP 方法的关键，应当给予充分的重视。

4）定义数据类。企业过程被识别后，下一步就是要对由这些过程所产生、控制和使用的数据进行识别和分类。数据类是指支持企业所必需的逻辑上相关的数据。可以通过企业资源/数据类矩阵分析，识别与这些企业资源有关的数据类。行表示主要的数据类型，列表示企业资源，相对每一个数据类型填上相应的数据。这种方法首先列出企业实体，然后列出数据类，也就是所谓的企业实体法。

5）分析当前业务与系统的关系。当对企业过程和实现它们所必需的数据类有清晰的了解后，还必须了解当前的数据处理工作是如何支持企业的。分析企业与系统的关系主要是通过几个矩阵。可以画出系统过程矩阵，用以表示某系统支持某过程。通过对机构职责和相对于每一过程的信息需求的深入分析，研究人员对问题会有进一步的了解，建立起问题和过程间的关系，识别出对于过程的信息需求，并把它们包含到上面定义的数据类中。

6) 定义信息结构。当企业过程和数据类确定后，应研究如何组织管理这些数据，即将已识别的数据类，按逻辑关系组织成数据库从而形成信息系统来支持企业过程。为识别要开发的信息系统和其子系统，需要用表达数据对系统和系统所支持的过程之间关系的关系图来定义出信息结构。信息结构确定出分系统和子系统，根据它们产生、控制和使用的数据类以及它们支持的企业过程，提供企业将来信息支持的概貌。以上是 BSP 研究方法的简单介绍。它概括地描述了 BSP 方法的基本概念和基本内容。一般认为它适合较大型的信息系统规划。

（7）战略数据规划方法的实现途径

1) 进行业务分析，建立企业模型。依靠各级管理人员和业务人员，由系统分析员向企业中的各层管理人员、业务人员进行调查。具体调查的内容包括：系统边界、组织机构、人员分工、业务流程、信息载体、资源情况、薄弱环节。可以采取以下的调查方式：查找书面资料、发调查表、直接观察等。进行业务分析要按照企业的长远目标，分析企业的现行业务及业务之间的逻辑关系，将它们划分为若干个职能域，然后弄清楚各职能域中所包含的全部业务过程，再将各业务过程细分为一些业务活动。具体要从组织机构图出发，最终建立企业模型：职能域-业务过程-业务活动。

2) 进行数据分析，建立主题数据库。在业务分析的基础上，可以弄清楚所有业务过程所涉及的数据实体及其属性。重点是分析实体及其相互之间的联系。按照各层管理人员和业务人员的经验和其他方法，将联系密切的实体划分在一起，形成实体组。这些实体组内部的实体之间联系密切而与外部实体联系松散，它们是划分主题数据库的依据。这里具体又可以分为信息过滤和主题库定义两个阶段。

信息过滤应遵守相关规定。应从内外信息中认识出对系统有用的信息。信息的来源非常广泛，有大量来自系统内部的各类信息，也有来自外部的涉及面广的各种信息，我们不可能也没有必要将全部的信息都收集起来，必须对信息进行过滤，识别出有用的信息。

主题库定义应遵守相关规定。将信息经过过滤识别出来后下一个阶段就是要从全局出发，根据管理需求将信息按照不同的主题进行"分类"，然后分别对每一个主题数据库进行定义工作。识别出的信息进行分类并建立主题数据库。目前还没有一套形式化的方法，只是将与某一个管理主题相关的数据归于一个数据库。另外，还要进行数据的分布分析(使用/产生)和可靠性规划(有条件共享/权限定义)。

3) 子系统划分。主题数据规划出来后，可通过对主题库与业务过程对应矩阵的一系列处理来规划新系统的组成——各子系统。第一步：建立业务过程与主体库的对应矩阵(U/C)，哪些业务过程产生或使用这些数据。第二步：变动主体库的顺序，使得字母 C 大致排列在从左上角到右下角的对角线上。第三步：根据新系统逻辑职能域的划分，用方框划分子系统。在划分好子系统后，应该对各个子系统的内容进行分析和说明，并将它们写下来。根据信息的产生和使用来划分子系统，并尽量将信息产生的企业过程和信息使用的企业过程划分在同一个子系统中，从而达到减少子系统之间信息交换的目的。这样，整个信息系统是由若干个子系统构成。这些子系统之间是通过主题库实现信息交换关系。

（8）信息管理模式

信息管理对应 3 种社会背景：信息技术、信息经济、信息文化。三者应目标一致、功能协调，对信息的有效管理应在这 3 个方向上努力。技术管理是指用技术手段从事搜集、整理、存储和传播工作。经济管理是指运用经济手段，按照客观经济规律要求管理信息资源。人文管理是指通过信息政策、信息法律及信息道德等人文手段对信息资源进行管理。

（9）信息管理的职能

1）信息管理的计划职能。信息管理的计划职能，是围绕信息的生命周期和信息活动的整个管理过程，通过调查研究，预测未来，根据战略规划所确定的总体目标，分解出子目标和阶段任务，并规定实现这些目标的途径和方法，制定出各种信息管理计划，从而把已定的总体目标转化为全体组织成员在一定时期内的行动指南，指引组织未来的行动。信息管理计划包括信息资源计划和信息系统建设计划。信息资源计划是信息管理的主计划，包括组织信息资源管理的战略规划和常规管理计划，信息资源管理的战略规划是组织信息管理的行动纲领，规定组织信息管理的目标、方法和原则，常规管理计划是指信息管理的日常计划，包括信息收集计划、信息加工计划、信息存储计划、信息利用计划和信息维护计划等，是对信息资源管理的战略规划的具体落实。信息系统是信息管理的重要方法和手段。

信息系统建设计划是信息管理过程中一项至关重要的专项计划，是指组织关于信息系统建设的行动安排和纲领性文件，内容包括信息系统建设的工作范围、对人财物和信息等资源的需求、系统建设的成本估算、工作进度安排和相关的专题计划等。信息系统建设计划中的专题计划是信息系统建设过程中为保证某些细节工作能够顺利完成、保证工作质量而制定的，这些专题计划包括质量保证计划，配置管理计划、测试计划、培训计划、信息准备计划和系统切换计划等。

2）信息管理的组织职能。随着经济全球化、网络化、知识化的发展与网络通信技术、计算机信息处理技术的发展，这些对人类活动的组织产生了深刻的影响，信息活动的组织也随之发展。计算机网络及信息处理技术被应用于组织中的各项工作，使组织能更好地收集情报，更快地做出决策，增强了组织的适应能力与竞争力。从而使组织信息资源管理的规模日益增大，信息管理对于组织更显重要，信息管理组织成为组织中的重要部门。信息管理部门不仅要承担信息系统组建、保障信息系统运行和对信息系统的维护更新，还要向信息资源使用者提供信息、技术支持和培训等。

综合起来，信息管理组织的职能包括信息系统研发与管理、信息系统运行维护与管理、信息资源管理与服务和提高信息管理组织的有效性 4 个方面。提高信息管理组织的有效性，即通过对信息管理组织的改进与变革，使信息管理组织高效率地实现信息系统的研究开发与应用、信息系统运行和维护、向信息资源使用者提供信息、技术支持和培训等服务，使信息管理组织以较低的成本满足组织利益相关者的要求，实现信息管理组织目标，成为适应环境变化的、具有积极的组织文化的、组织内部及其成员之间相互协调的、能够通过组织学习不断自我完善的、与时俱进的组织。信息管理组织利益相关者是信息管理组织内部和外部与组织业绩有利益关系的集团和个人。每个利益相关者在组织中追求不同的利益，对信息管理的要求是不同的。对企业来说信息管理组织的利益相关者包括股东、信息管理组织的工作人员、企业管理者、组织内信息用户、政府部门、债权人、供应商和客户等。

利益相关者要求信息管理组织快速地提供相关的组织信息，并对信息管理组织有不同的有效性评价标准。股东注重信息管理组织的财务收益性；组织的成员希望自我实现并有好的工资待遇；债权人、供应商希望有可靠的信用与合理的利润；企业管理者与组织内信息用户希望信息管理组织提供好的信息服务，方便地使用信息系统，并能为其决策提供良好的支持；政府部门希望信息管理组织遵守法律、法规，提供真实可靠的信息；客户希望信息管理组织提供关于产品和服务等方面的真实可靠的信息以获得相应的实惠。

3）信息管理的领导职能。信息管理的领导职能指的是信息管理领导者对组织内所有成员的信息行为进行指导或引导和施加影响，使成员能够自觉自愿地为实现组织的信息管理目标而工作的过程。其主要作用就是要使信息管理组织成员更有效、更协调地工作，发挥自己的潜力，从而实现信息管理组织的目标。信息管理的领导职能不是独立存在的，它贯穿信息管理的全过程，贯穿计划、组织和控制等职能之中。具体来说，信息管理的领导者职责包括：参与高层管理决策，为最高决策层提供解决全局性问题的信息和建议；负责制定组织信息政策和信息基础标准，使组织信息资源的开发和利用策略与管理策略保持高度一致，信息基础标准涉及信息分类标准、代码设计标准、数据库设计标准等等；负责组织开发和管理信息系统，对于已经建立计算机信息系统的组织，信息管理领导者必须负责领导信息系统的维护、设备维修和管理等工作，对于未建立计算机信息系统的组织，信息管理领导者必须负责组织制定信息系统建设战略规划、决策外包开发还是自主开发信息系统、在组织内推广应用信息系统以及信息系统投运后的维护和管理等；负责协调和监督组织各部门的信息工作；负责收集、提供和管理组织的内部活动信息、外部相关信息和未来预测信息。

4）信息管理的控制职能。信息管理的控制职能是指为了确保组织的信息管理目标以及为此而制定的信息管理计划能够顺利实现，信息管理者根据事先确定的标准或因发展需要而重新确定的标准，对信息工作进行衡量、测量和评价，并在出现偏差时进行纠正，以防止偏差继续发展或今后再度发生；或者，根据组织内外环境的变化和组织发展的需要，在信息管理计划的执行过程中，对原计划进行修订或制定新的计划，并调整信息管理工作的部署。也就是说，控制工作一般分为两类：一类是纠正实际工作，减小实际工作结果与原有计划及标准的偏差，保证计划的顺利实施；另一类是纠正组织已经确定的目标及计划，使之适应组织内外环境的变化，从而纠正实际工作结果与目标和计划的偏差。

信息管理的控制工作是每个信息管理者的职责。有些信息管理者常常忽略了这一点，认为实施控制主要是上层和中层管理者的职责，基层部门的控制就不大需要了。其实，各层管理者只是所负责的控制范围各不相同，但各个层次的管理者都负有执行计划实施控制之职责。因此，所有信息管理者包括基层管理者都必须承担实施控制工作这一重要职责，尤其是协调和监督组织各部门的信息工作，保证信息获取的质量和信息利用的程度。

（10）信息管理的过程

信息管理的过程包括信息收集、信息传输、信息加工和信息储存。信息收集就是对原始信息的获取。信息传输是信息在时间和空间上的转移，因为信息只有及时准确地送到需要者的手中才能发挥作用。信息加工包括信息形式的变换和信息内容的处理。信息的形式变换是指在信息传输过程中，通过变换载体，使信息准确地传输给接收者。信息的内容处理是指对原始信息进行加工整理，深入揭示信息的内容。经过信息内容的处理，输入的信息才能变成所需要的信息，才能被适时有效地利用。信息送到使用者手中，有的并非使用完后就无用了，有的还需留做事后的参考和保留，这就是信息储存。通过信息的储存可以从中揭示出规律性的东西，也可以重复使用。

1) 管理信息的收集。管理信息的收集包括识别和收集2大工作。

管理信息的识别应遵守相关规定。管理信息收集所遇到的第一个问题就是确定信息需求的问题或者叫做信息的识别。由于信息的不完全性，想得到关于客观情况的全部信息实际上是不可能的，那种"给我全部情况，以便我进行决策"的话等于没说，所以信息的识别是十分重要的。确定信息的需求要从系统目标出发，要从客观情况调查出发，加上主观判断，规定数据的思路。带着主观偏见去收集信息不对，但无主观思路规定数据的范围，以相等的权重看待所有的信息，则只能是眉毛胡子一把抓，可能丢了西瓜，拣了芝麻。信息识别的方法有以下3种：由决策者进行识别、系统分析员（信息收集者）亲自观察识别、两种方法结合。

由决策者进行识别应遵守相关规定。决策者是信息的用户，他最清楚组织的目标，也最清楚信息的需要。向决策者调查可以采用交谈和发调查表的方法。这两种方法都是基于一个前提，即决策者对于他们的决策过程比较了解，因而能比较准确地说明他们所需要的信息。如果管理人员对他们的决策过程不十分清楚，则识别的效果会受到影响。

系统分析员（信息收集者）亲自观察识别应遵守相关规定。系统分析员不直接询问信息的需要，而是了解工作。这样管理人员谈论起来往往津津乐道，系统分析员可以以旁观者的角度分析信息的需要，并把信息的需要和其用途联系起来，使系统分析员深入地了解信息。对管理工作的描述越到下级越容易、越具体；越到上级其职能越广、越全面、越复杂。很多情况只靠外来人员是很难了解透的，因而选派一些管理人员参加系统分析会有很大好处。

两种方法结合应遵守相关规定。先由系统分析员观察基本的信息要求，再向决策人员进行调查，补充信息。这种方法虽然浪费一些时间，但了解的信息需求可能比较真实。这里应特别注意，决策者本人对信息的具体要求应当优先考虑，往往这些是重要的信息。

管理信息的收集应遵守相关规定。信息识别以后下一步就是信息的采集。由于目标不同，信息的采集方法也不相同，人体上有以下3种方法：自下而上的广泛收集、有目的的专项收集、随机积累法。自下而上的广泛收集方法可服务于多种目标，一般用于统计及组织的日常管理，这种收集有固定的时间周期，有固定的数据结构，一般不随便更动。有目的的专项收集应遵守相关规定，比如要了解企业的利润留成情况就应有意识地去了解几项信息并发调查表或亲自去调查，有时可以全面调查，有时只能抽样调查，样本最好由计算机随机抽样得到，这样才能真实地反映情况。采用随机积累法应遵守相关规定，调查没有明确的目标或者是很宽的目标，只要是"新鲜"的事就把它积累下来以备后用，今后是否有用现在还不十分清楚，信息收集之后要用一定的形式表示出来，信息的表达方式有文字表述、数字表达、图像表达3种。

2) 管理信息的传输。信息在不同主体之间进行传递就是信息的传输。管理者在传播信息时尤其要注意的是信息的畸变或失真，以保证和提高信息传播的质量和效率。具体来说，能够引起信息失真的原因主要有以下几个，即传输主体的干扰、传输渠道的干扰、传输过程的客观障碍。

应重视传输主体的干扰问题。在组织中，信息传输主体可能由于主观原因而故意歪曲、删减信息；或者受自身理解与表达能力、心理状态的影响，无法正确把握信息的内涵，无意中造成信息的失真；还有可能由于组织效率的原因引起信息传播过程中信息的损失。

应重视传输渠道的干扰问题。组织的信息传输渠道有内部的，也有外部的。信息传输渠道的选择对信息的传输质量有很大影响，特别是在使用多种渠道进行传输时，每次传输渠道的交换都会影响传播的速度以及内容，甚至会造成信息中断和丢失。

应重视传输过程的客观障碍问题。输过程中可能存在的客观障碍有自然语言的障碍、学科专业知识的障碍、传输技术本身的障碍等等。

3) 管理信息的加工。信息的加工是指对收集来的大量信息进行鉴别和筛选，使信息条理化、规范化、准确化的过程。加工过的信息便于储存、传播和利用，只有经过加工，信息的价值才能真正体现。信息加工的步骤一般分为以下几个阶段：鉴别、筛选、排序、初步激活、编写。

鉴别是指确认信息可靠性的活动。可靠性的鉴别标准如下：信息本身是否真实；信息内容是否正确；信息的表述是否准确；数据是否正确无误；有无信息的遗漏、失真、冗余等情况。鉴别方法主要有查证法、比较法、佐证法和逻辑法等。

筛选是指在鉴别的基础上，对采集来的信息进行取舍的活动。筛选与鉴别是两种不同的活动，筛选旨在解决信息的适用性问题，主要依据的是管理者的主观判断。筛选的依据是信息的适用性、精约性与先进性。适用性是指信息的内容是否符合信息收集的目的，符合的谓之适用，不符合的就被删除。精约性是指信息的表述是否精炼、简约。筛选时将繁琐、臃肿的信息删除，以降低信息的冗余程度。先进性是指信息的内容是否先进，相对落后的信息也要被剔除。

排序是指对筛选后的信息进行归类整理，按照管理者所偏好的某一特性对信息进行等级、层次的划分的活动。初步激活是指对排序后的信息进行开发、分析和转换，实现信息的活化以便使用的活动。编写是信息加工过程的产出环节，是指对加工后的信息进行编写，便于使用者认识的活动。

4) 管理信息的储存。信息的储存是指对加工后的信息进行记录、存放、保管以便使用的过程。信息储存具有以下 3 层含义：用文字、声音、图像等形式将加工后的信息记录在相应的载体上；对这些载体进行归类，形成方便使用者检索的数据库；对数据库进行日常维护，使信息及时得到更新，信息的存储工作由归档、登录、编目、编码、排架等环节构成。

(11) 信息管理的管理层次

信息管理的管理层次依次为信息产品管理、信息系统管理、信息产业管理。信息产品管理应关注信息产品的开发(信息采集、整序、分析)，信息服务方式与信息市场管理，信息环境对信息资源开发利用活动的影响等问题。信息系统管理应关注信息系统的设计、实施与评价，信息系统运行管理，信息系统安全管理等问题。信息产业管理应关注信息服务业的发展机制与管理模式、信息产业政策和信息立法、社会信息化与发展战略等问题。

(12) 信息管理的任务

要对信息进行有效的管理就要对信息进行科学的分类。按组织不同层次的要求可以将信息分为计划信息、控制信息、作业信息。按信息的稳定性可以将信息分为固定信息和流动信息两种类型。计划信息与最高管理层的计划工作任务有关，即与确定织在一定时期的目标、制订战略和政策、制订规划、合理地分配资源有关。计划信息主要来自外部环境，诸如当前的和未来的经济形势的分析预测料、资源的可获量、市场和竞争对手的发展动向，以及政府政策及政治的变化等。控制信息与中层管理部门的职能工作有关，它帮助职能门制定组织内部的计划并使之有可能检查实施效果是否符合计划目标，这种信息主要来自组织的内部。作业信息与组织的日常管理活动和业务活动有关，比如计信息、库存信息、生产进度信息以及质量和废品率信息、产量信息等，这信息来自组织的内部，基层主管人员是这种信息的主要使用者。固定信息是指具有相对稳定性的信息，在一段时间内可以供各管理工作重复使用而不发生质的变化，它是组织或企业一切计划和组织工作的重要依据。以企业为例固定信息主要由信息产业管理、计划合同信息、查询信息三部分组成。定额标准信息包括产品的结构、工艺文件、各类劳动定额，料消耗定额、工时定额、各种标准报表、各类台账等。计划合同信息包括计划指标体系和合同文件等。属于查询信息的有国际标准、国家标准、专业标准企业标准、产品和原材料价目表、设备档案、人事档案、固定资产档案等。流动信息又称为作业统计信息，它是反映生产经营活动实际进程实际状态的信息，是随着生产经营活动的进展不断更新的，因此，这类信时间性较强，一般只具有一次性使用价值，但及时收集这类信息并与计划指标进行比较是控制和评价企业生产经营活动，不失时机地揭示和克服薄弱环节的重要手段。一般来说，固定信息约占企业管理系统中周转的总信息量的 75%，整个企业管理系统的工作质量很大程度上取决于固定信息的管理，因此，无论现行管理系统的整顿工作，还是应用现代化手段的计算机管理系统建立，一般都是从组织和建立固定信息文件开始的。

有人形容当今的时代特点是"信息爆炸"。的确，信息的大量增加给计划工作人员和各级主管人员带来了沉重的负担，甚至产生了适得其反的作用。大多数主管人员的抱怨都集中在以下几方面，即类型不对的信息大多，合乎要求的信息不足；信息被分散存贮于组织的各个单位，以至要使用它们对极简单的题给出答案都很困难；查询极不方便；一些重要的信息经常不能及时送达需要它的主管人员手中；数据大多、有用的信息太少，就是说，对大量数据的加工、提炼处理工作远远不能满足主管人员的要求。

管理实践表明，要提高计划工作的水平，要提高整个管理工作的效率效果，就必须对信息进行有效的管理。信息管理的主要任务是识别使用的信息需要，对数据进行收集、加工、存贮和检索，对信息的传递加以计划，将数据转换为信息，并将这些信息及时、准确、适用和经济地提供给组织各级主管人员以及其他相关人员。这是一项艰巨的、浩繁的任务。计算机的管理信息系统的建立为完成这一任务提供了强有力的手段。

面对信息量的剧增，国际信息界对信息资源管理开始加以重视和研究。比如美国学者马尔香（D. A. Marchand）和克雷斯莱因（J. C. Kresslein）在《信息资源管理手册》（1988）中指出"信息资源管理是一种对改进机构的生产率和效率有独特认识的管理哲学。"而英国学者马丁（W. J. Martin）在《信息社会》（1988）一书中也提出了信息管理中的质量、预算和成本概念。在世界上，美国率先导入了信息管理的概念并予以实践。早在 1942 年，美国国会就通过了《联邦报告法案》，提出了控制文书的联邦政策。1966 年颁布的《信息自由法案》则对政府信息公开和利用进行了规范，规定任何人都有权利利用联邦政府部门的记录，并授权公开这些记录。1975～1977 年，美国政府专门成立了"联邦文件委员会"，该委员会由联邦和各州的政府官员以及来自商界、劳工界、顾客群体和信息管理专家组成。联邦文件委员会在此后的报告中指出，联邦政府严重的官僚主义的根源在于联邦政府的信息管理非常差。该委员会在1980年通过了《文书削减法》，被认为是全球信息资源管理的里程碑；与此同时，联邦政府部门开始设立信息主管人员。从美国的信息管理案例中可以发现以下特点，即信息管理最早是由政府主导和推动；通过法案将信息管理纳入了法制的轨道；在政府部门中成立了由各方人员组成的文件委员会并在政府各部门中专设了信息主管。这样的信息管理机制大大促进了信息向知识和智慧的转化，确保了信息资源管理在美国政府各部门的实施，并使政府机构中的信息得以有效地流通和利用。

（13）信息管理应注意的问题

一切与组织活动有关的信息都应准确毫无遗漏地收集。为此，要建立相应的制度，安排专人或设立专门的机构从事原始信息收集的工作。在组织信息管理中，要对工作成绩突出的单位和个人给予必要的奖励，对那些因不负责任造成信息延误和失真，或者出于某种目的胡编乱造、提供假数据的人，要给予必要的处罚。

在信息管理中，要明确规定上下级之间纵向的信息通道，同时也要明确规定同级之间横向的信息通道。建立必要的制度，明确各单位、各部门在对外提供信息方面的职责和义务，在组织内部进行合理地分工，避免重复采集和收集信息。

信息的利用率，一般指有效的信息占全部原始信息的百分数。这个百分数越高，说明信息工作的成效越大。反之，不仅在人力、物力上造成浪费，还使有用的信息得不到正常的流通。因此，必须加强信息处理机构和提高信息工作人员的业务水平，健全信息管理体系，通过专门的训练，使信息工作人员具有识别信息的能力。同时，必须重视用科学的定量分析方法，从大量数据中找出规律，提高科学管理水平，使信息充分发挥作用。

信息反馈是指及时发现计划和决策执行中的偏差，并且对组织进行有效地控制和调节，如果对执行中出现的偏差反应迟钝，在造成较大失误之后才发现，这样就会给工作带来损失。因此，组织必须把管理中的追踪检查、监督和反馈摆在重要地位，严格规定监督反馈制度，定期对各种数据、信息作深入地分析，通过多种渠道，建立快速而灵敏的信息反馈系统。

根据对众多公司的信息应用和开发历史的研究会发现主要存在4种典型的信息管理模式，即信息独裁、信息无政府状态、信息民主、信息大使。信息独裁是指信息特权集中在少数人手里，尽管少数高级经理人能够得到一些有用的信息，但常常需要通过昂贵的信息系统（经理信息系统 EIS）才能获取，这种 EIS 系统非常复杂、难以程序化而且使用不方便，更严重和深层的问题还在于由于所有决策是由少数人做出、诸多员工的智慧未被利用。此外，还有一种比较微妙的信息独裁模式，即企业管理人员和其他业务经理们并没有什么 EIS 系统，但企业培养和训练了一批高手，在他们的电脑里安装了专门的报告、分析和统计软件，这种被称为"信息中心"的概念把信息的利用扩大到更多的业务人员，但不知不觉中，这些技术精英们变成了另一种形式的信息独裁者。在上述两种信息独裁模式中，中、下层员工都被剥夺了信息享有权，这样就产生了信息特权阶层和信息隔离阶层两种人。信息隔离阶层可能被施加更多的压力，要求作出更好的工作业绩，但是在不赋予他们信息知情权的情况下难度很大，于是他们可能会发动信息叛乱，要求建立自己的数据管理系统，这就是造成数据过载的基础。信息无政府状态源于个人或部门把所需的信息均纳入自己的掌握之中。其结果是各自为政的数据"领地"或"地下"数据库的迅速产生，由于这些"地下"数据库建立在互不兼容的软硬件平台和应用的基础上根本无法连通，这种无政府状态下固有的混乱等缺点对内部沟通和企业赢利造成严重的破坏。和历史上许多短命的无政府状态事件相似，信息无政府状态往往只是一个短暂的狂欢过程。建立自己的地下数据库的部门对解决方案也只能有瞬间的满意，因为一旦高层管理人员收到来自不同部门数据不一致的报告，就会盘问数据的真实性。这样这些来路不明的地下数据库早晚会被统一。许多公司逐渐明白，让企业内的所有员工共享信息可以使信息极大增值，他们也明白，为了使企业行为更加敏捷和高效，不能把大多数员工拒于信息之门的外面，而让他们一味盲目工作。因此，咀嚼数字、各自为政、分散的信息分析模式将逐渐让位于信息民主。后者通过向员工提供准确的信息，下放决策权而赋予企业更快更敏捷的行动能力。调查显示，民主化和授权的程度越大信息的价值也就越大，越倾向于打破机构界限，信息的价值也就越大。德鲁克也认为"决策应该在组织的最下层作出并尽可能接近这一决策的执行人"。信息民主并不需要局限在企业的防火墙里，通过因特网信息民主可以通过企业外网延伸到客户、供应商和合作伙伴，含有商务智能的企业外网应该是一个安全的网站，企业外的用户可以获取和分析信息，由于它们代表公司和外界交流的前沿阵地，所以称之为信息大使。有远见的企业利用电子商务建立信息大使，目的是为企业外部用户提供获取、分析和共享相关信息的手段。利用这种信息大使，客户、供应商和合作伙伴也会使自己的业务更加智能化。企业外网主要在以下3个应用领域形成：供应链型外网、用户关系型外网以及信息中介型外网。这种信息大使将是未来开展因特网业务的公司区别于其他公司的主要所在。这些能够利用增值信息提升其产品和服务的公司将能够向客户提供更有价值的建议并最终赢得客户忠诚度。

企业文化创新与信息管理之间有着天然的联系，如人性、知识、创新等。信息管理与企业文化不可分割，信息管理是企业文化的时代坐标和准则，信息管理建设还要文化的支撑，也正是为了高效益地进行信息管理。企业的资源可以分为硬资源和软资源。企业信息和企业文化都属于企业的软资源。企业信息和企业文化具有如下特征，即可再生性、共享性、边际效益随边际成本的递减而递增、附加值高、竞争力强。

硬资源是有限的，是不可再生的。而企业信息和企业文化创新相对来讲是无限的，是可再生的。知识、文化、思想、理念等不是越用越少而是越用越多。在使用中会不断得到增长。知识、技术、文化、理念等都是可以不断创新、不断发展、不断增加的。信息资源是有寿命的，随着时间的延长，信息的使用价值逐渐减少甚至完全消失。但是信息在不同的时间、地点和目的又会具有不同的意义，从而显示出新的使用价值。硬资源一般具有独占性和排它性，是有明显边界的。但是企业信息和企业文化创新却不同，具有共享性。知识、技术、文化、理念等都是可以进行学习和掌握的，是无边界的，靠的是一种学习的能力，而能力又是软资源，也是可以通过培养、训练而造就的。企业信息也可以为多方所利用。硬资源的边际成本是递增的。而企业信息和企业文化创新则不同，并不会随着使用量的增加而使成本递增，相反随着使用者的增多、使用量的增加而使其成本递减。知识、技术、文化等是越学越多的，积累得越多，再学习的成本就越低，掌握新技术、新知识就会越来越快、越来越多。知识、技术、文化等是可以不断得到提升，其边际效益是递增的。以硬资源为主的产品容易被学习和模仿，随着产出的增加，卖得越多则利润越低，形成"薄利多销"。而信息产品却不同，由于技术含量多、文化品味高、社会效应大，难以被学习和模仿，具有一定的垄断性等。在企业服务与管理中，良好的企业文化创新体现在良好的营销关系、市场效应中。

企业环境是塑造企业文化创新最重要的因素，是企业生产经营所处的社会和业务环境，包括市场、政府、技术环境等的状况。这些因素都是影响信息管理实施的直接原因。信息技术的高速发展唤出了知识经济的出现，而世界范围内对于知识经济的不断唱响促进了企业对于信息资源的高度整合和提炼，并达到充分共享，这实际上就是信息管理。价值观在企业文化中处于核心地位，是企业文化创新能否对企业经营发挥正面作用的关键。企业的价值观实际就是企业思想文化、意识形态体系中最核心的内容，也是企业的精神、信念、动力和追求。比如很多国内外企业都有着自我的核心价值观，而且，这些价值观都在引导着本企业的文化和发展，都收到了良好的效果。实施信息管理的企业，坚持知识为核心的价值观实际也是坚持以人为本的价值观，因为知识主要存在人的大脑中。这种跟传统工业时代不同的价值观会促使企业形成一种崇尚知识，尊重人才的企业文化创新氛围。且把这种指导精神和具体的信息管理思想及方法转化为企业的日常管理和员工行为，使员工在工作中表现出异乎寻常的积极性并愿意为企业发展尽心尽力，最终从主观上促进信息管理的顺利实施。在信息管理中，知识型员工在重视物质激励的同时更加注重声誉等精神方面的东西。企业应针对这些新特点新需求，尝试增加更具效力的新的激励内容。文化网络是指企业文化创新信息传递的主要渠道和路径，是企业价值观和英雄轶事的"载体"，是传播企业文化创新的通道。企业管理者往往通过正式性和非正式性的文化网络渠道，传播有利于信息管理开展的相关信息，对企业的发展使命、战略、价值观、企业精神等文化进行宣传和教育，达到潜移默化的作用。企业要顺利实施信息管理，必须认真研究信息管理下企业文化创新的特点，通过不断创新，积极构建促进信息管理的企业文化体系，最终促进企业经营的管理水平，提高企业创造价值能力。

应强调以人为本的企业文化，企业文化创新的重要特点是重视人的价值，正确认识员工在企业中的地位和作用，激发员工的整体意识，从根本上调动员工的积极性和创造性。知识型员工自我发挥、自我发展、自我实现的需要，只有在"以人为本"的企业文化创新环境中才能获得满足。鼓励创新、支持变革是促进信息管理的企业文化创新的鲜明特点，信息管理背景下企业除了通过创新活动把知识资源转化为新产品、新工艺、新的组织管理当中去之外，还要设法将创新之成果迅速生产并推向市场，这就必须借由企业文化创新之协助，以促使企业内部达成求新求变的共识。企业在创新途中还会遇到种种挫折，要想做到百折不挠，必须建立鼓励不断学习与容忍失败的企业文化创新。企业必须提高获取知识和有效应用知识的能力，而学习、研究与开发正是获取这种能力的基本途径。企业应为所有员工营造学习的环境，提供共同学习的机会，鼓励员工善于学习，掌握最新知识，提升学习能力和执行能力，把学习贯穿整个职业生涯并有所创造。知识的交流和共享不是无条件的和免费的，企业知识交流和共享需要有一个和谐的环境和相互信任的人际关系。企业应该营造知识交流共享的氛围，建立从高层管理者到普通员工之间的友好、合作的共享型企业文化创新。当然，这种共享型的企业文化创新必须有相应激励和惩罚机制加以引导和约束，同时还应采取相应的知识信息交流方式，比如通过电子邮件、BBS论坛、博客、实时的信息交流工具（QQ、微信、二维码)等来保证实施。企业信息和企业文化是现代企业提升竞争实力的非常重要的软资源。良好的企业文化会有效促进企业信息的丰富和高效利用。因此，不断丰富和创新企业文化创新，加强企业信息建设，成为企业不断进行理论和实践探究的领域。

★ 思 考 题

1. 简述 FIDIC 合同的特点及作用。
2. FIDIC 合同条件要点涉及哪些问题？
3. 简述英国 NEC 合同文本的特点。
4. 简述美国 AIA 合同文本的特点。
5. 信息管理应注意哪些问题？

第13章 交通工程监理的特点及基本要求

13.1 我国公路水运工程监理企业资质管理制度的特点

(1) 基本管理原则

公路、水运工程监理企业的资质管理应规范化、法制化，应确保公路、水运建设市场的良好秩序，保证公路、水运工程建设质量。公路、水运工程监理企业资质的行政许可及其监督管理活动应遵守国务院相关职能部门的基相关规定。所谓"公路水运工程监理企业资质"是指监理企业的人员组成、专业配置、测试仪器的配备、财务状况、管理水平等方面的综合能力。监理企业从事公路、水运工程监理活动应按照相关规定取得资质后方可开展相应的监理业务。我国交通运输部负责全国公路、水运工程监理企业资质管理工作，其所属的质量监督机构受交通运输部委托具体负责全国公路、水运工程监理企业资质的监督管理工作。省、自治区、直辖市人民政府交通运输主管部门负责本行政区域内公路、水运工程监理企业资质管理工作，其所属的质量监督机构受省、自治区、直辖市人民政府交通运输主管部门委托具体负责本行政区域内公路、水运工程监理企业资质的监督管理工作。

(2) 公路水运工程监理企业资质等级和从业范围

公路、水运工程监理企业资质按专业不同划分为公路工程和水运工程两个专业。公路工程专业监理资质分为甲级、乙级、丙级三个等级和特殊独立大桥专项、特殊独立隧道专项、公路机电工程专项；水运工程专业监理资质分为甲级、乙级、丙级三个等级和水运机电工程专项。

公路、水运工程监理企业应按其获得的资质等级和业务范围开展监理业务，即获得公路工程专业甲级监理资质的可在全国范围内从事一类、二类、三类公路工程、桥梁工程、隧道工程项目的监理业务；获得公路工程专业乙级监理资质的可在全国范围内从事二类、三类公路工程、桥梁工程、隧道工程项目的监理业务；获得公路工程专业丙级监理资质的可在企业所在地的省级行政区域内从事三类公路工程、桥梁工程、隧道工程项目的监理业务；获得公路工程专业特殊独立大桥专项监理资质的可在全国范围内从事特殊独立大桥项目的监理业务；获得公路工程专业特殊独立隧道专项监理资质的可在全国范围内从事特殊独立隧道项目的监理业务；获得公路工程专业公路机电工程专项监理资质的可在全国范围内从事各等级公路、桥梁、隧道工程通讯、监控、收费等机电工程项目的监理业务；获得水运工程专业甲级监理资质的可在全国范围内从事大、中、小型水运工程项目的监理业务；获得水运工程专业乙级监理资质的可在全国范围内从事中、小型水运工程项目的监理业务；获得水运工程专业丙级监理资质的可在企业所在地的省级行政区域内从事小型水运工程项目的监理业务；获得水运工程专业水运机电工程专项监理资质的可在全国范围内从事水运机电工程项目的监理业务。公路、水运工程监理业务的分级标准见相关规范。

（3）公路水运工程监理企业资质的申请与许可

申请公路、水运工程监理资质应当具备相关规范规定的相应资质条件。交通运输部负责公路工程专业甲级、乙级监理资质，公路工程专业特殊独立大桥专项、特殊独立隧道专项、公路机电工程专项监理资质的行政许可工作。省、自治区、直辖市人民政府交通运输主管部门负责公路工程专业丙级监理资质，水运工程专业甲级、乙级、丙级监理资质，水运机电工程专项监理资质的行政许可工作。

申请人申请公路、水运工程监理资质应当向许可机关提交下列6方面申请材料：《公路水运工程监理企业资质申请表》；《企业法人营业执照》(复印件)或者工商行政管理部门核发的企业名称预登记证明；企业章程和制度；监理人员的监理工程师资格证书和中级职称以上人员职称证书(复印件)；主要成员从事公路水运工程监理或者其他工作经历的业绩证明；主要试验检测仪器设备和装备证明。申请人应当如实向许可机关提交有关材料和反映真实情况并对其提交材料实质内容的真实性负责。

属于交通运输部受理的申请，申请人在向交通运输部递交申请材料的同时还应当向企业注册地的省、自治区、直辖市人民政府交通运输主管部门递交申请材料副本。有关省、自治区、直辖市人民政府交通运输主管部门自收到申请人的申请材料副本之日起10日内提出审查意见报交通运输部。交通运输部自收到申请人完整齐备的申请材料之日起20日内作出行政许可决定，准予许可的颁发相应的《监理资质证书》，不予许可的应当书面通知申请人并说明理由。

属于省、自治区、直辖市人民政府交通运输主管部门受理的申请，申请人应当向企业注册地的省、自治区、直辖市人民政府交通运输主管部门递交相关规定第十条规定的申请材料。省、自治区、直辖市人民政府交通运输主管部门自收到完整齐备的申请材料之日起20日内作出行政许可决定，准予许可的颁发相应的《监理资质证书》，不予许可的应当书面通知申请人并说明理由。

许可机关在作出行政许可决定的过程中可以聘请专家对申请材料进行评审并且将评审结果向社会公示。专家评审的时间不计算在行政许可期限内，但应当将专家评审需要的时间告知申请人。专家评审的时间最长不得超过60日。许可机关聘请的评审专家应当从交通运输部建立的公路、水运工程监理专家库中选定。选择专家应当符合回避的要求；参与评审的专家应当履行公正评审、保守企业商业秘密的义务。

许可机关在许可过程中需要核查申请人有关条件的可以对申请人的有关情况进行实地核查，申请人应当配合。许可机关作出的准予许可决定应当向社会公开，公众有权查阅。《监理资质证书》有效期限为四年。监理企业在领取新的资质证书时应将原资质证书交回原发证机关。破产或者倒闭的监理企业应将资质证书交回原发证机关予以注销。

（4）对公路水运工程监理企业实施监督检查的基本原则

监理企业应当依法、依合同对公路、水运工程建设项目实施监理。监理企业和各有关机构必须如实填写《项目监理评定书》。《项目监理评定书》的格式由交通运输部规定。监理企业资质实行定期检验制度，每2年检验一次。定期检验的内容是检查监理企业现状与资质等级条件的符合程度以及监理企业在检验期内的业绩情况。申请定期检验的企业应当在其资质证书使用期满2年前30日内向检验机构提出定期检验申请并提交《公路水运工程监理企业资质检验表》、本检验期内的《项目监理评定书》。监理企业的定期检验工作由作出许可决定的许可机关委托其所属的质量监督机构负责，负责检验的质量监督机构应当自收到完整齐备的申请材料 20 日内作出定期检验结论。对定期检验合格的监理企业应由质量监督机构在其《监理资质证书》上签署意见并盖章。质量监督机构对定期检验不合格的监理企业应责令其在 6 个月内进行整改，整改期满仍不能达到规定条件的应由质量监督机构提请原许可机关对其予以降低资质等级或者撤销对其的资质许可。监理企业未按规定的期限申请资质定期检验的，其资质证书失效。监理企业遗失《监理资质证书》的应当在公开媒体和质量监督机构指定的网站上声明作废并到原许可机关办理补证手续。监理企业的名称、地址、法定代表人、企业负责人和技术负责人等发生变更时应当在变更后两个月内到原许可机关办理证书变更手续，有关行政机关应当依据资质等级条件予以审查办理。各级交通运输主管部门及其质量监督机构应当加强对监理企业以及监理现场工作的监督检查，有关单位应当配合。交通运输部和省、自治区、直辖市人民政府交通运输主管部门依据职权有权对利害关系人的举报进行调查核实，有关单位应当配合。

(5) 其他

监理企业违反相关规定时应由交通运输部或者省、自治区、直辖市人民政府交通运输主管部门依据《建设工程质量管理条例》的有关规定给予相应处罚。监理企业违反国家规定，降低工程质量标准，造成重大质量安全事故，构成犯罪的，对直接责任人员依法追究刑事责任。交通运输主管部门工作人员在资质许可和监督管理工作中玩忽职守、滥用职权、徇私舞弊等严重失职的，由所在单位或其上级机关依照国家有关规定给予行政处分；构成犯罪的依法追究刑事责任。监理企业的《监理资质证书》由交通运输部统一印制，正本一份、副本二份，副本与正本具有同等法律效力。

13.2 公路工程施工监理招标投标的基本原则

(1) 公路工程施工监理招标投标的总体规定

应规范公路工程施工监理招标投标活动，保证公路工程质量，维护招标投标活动各方当事人合法权益。依法必须进行招标的公路工程施工监理项目其招标投标活动应当遵守相关规定。所谓"公路工程施工监理"包括路基路面(含交通安全设施)工程、桥梁工程、隧道工程、机电工程、环境保护配套工程的施工监理以及对施工过程中环境保护和施工安全的监理。公路工程施工监理招标投标应当遵循"公开、公平、公正和诚实信用"原则。我国交通运输部负责全国公路工程施工监理招标投标活动的监督管理。县级以上地方人民政府交通主管部门负责本行政区域内公路工程施工监理招标投标活动的监督管理工作。交通主管部门可以委托其所属的质量监督机构具体负责施工监理招标投标活动的监督管理工作。交通主管部门应当加强对公路工程施工监理招标投标活动全过程的监督管理。交通主管部门应当按照《工程建设项目招标投标活动投诉处理办法》和国家有关规定建立公正、高效的招标投标投诉处理机制。任何单位和个人认为公路工程施工监理招标投标活动违反法律、法规、规章规定都有权向招标人提出异议或者依法向交通主管部门投诉。交通主管部门应当逐步建立公路工程施工监理企业和人员信用档案体系。信用档案中应当包括公路工程施工监理企业和人员的基本情况、业绩以及行政处罚记录。

（2）公路工程施工监理招标

依照相关规定进行施工监理招标的公路工程项目应当具备下列3个基本条件：初步设计文件应当履行审批手续的，已经批准；建设资金已经落实；项目法人或者承担项目管理的机构已经依法成立。公路工程施工监理招标人应当是符合相关规定而对公路工程施工监理招标项目进行招标的公路工程项目法人或者其他组织。招标人可以将整个公路工程项目的施工监理作为一个标一次招标，也可以按不同专业、不同阶段分标段进行招标。招标人分标段进行施工监理招标的，标段划分应当充分考虑有利于对招标项目实施有效管理和监理企业合理投入等因素。

公路工程施工监理招标分为公开招标和邀请招标。公路工程施工监理应当公开招标。符合下列5个条件之一的项目经有审批权的部门批准后可以进行邀请招标：技术复杂或者有特殊要求的；符合条件的潜在投标人数量有限的；受自然地域环境限制的；公开招标的费用与工程监理费用相比所占比例过大的；法律、法规规定不宜公开招标的。采用公开招标方式的，招标人应当依法在国家指定媒介上发布招标公告并可以在交通主管部门提供的媒介上同步发布。

公路工程施工监理招标的招标人应当对潜在投标人进行资格审查，资格审查方式分为资格预审和资格后审。资格预审是招标人在发布招标公告后，发出投标邀请书前对潜在投标人的资质、信誉和能力进行的审查，招标人只向通过资格预审的潜在投标人发出投标邀请书和发售招标文件。资格后审是招标人在收到投标人的投标文件后，对投标人的资质、信誉和能力进行的审查。

资格审查方法分为强制性条件审查法和综合评分审查法。强制性条件审查法是指招标人只对投标人或者潜在投标人的资格条件是否满足招标文件规定的投标资格、信誉要求等强制性条件进行审查并得出"通过"或者"不通过"的审查结论，不对投标人或潜在投标人的资格条件进行具体量化评分的资格审查方法。综合评分审查法是指在投标人或者潜在投标人的资格条件满足招标文件规定的最低资格、信誉要求的基础上，招标人对投标人或者潜在投标人的施工监理能力、管理能力、履约情况和施工监理经验等进行量化评分并按照分值进行筛选的资格审查方法。

公路工程施工监理招标应当按照下列12步程序依序进行：招标人确定招标方式，采用邀请招标的应当履行审批手续；招标人编制招标文件并按照项目管理权限报县级以上地方交通主管部门备案，采用资格预审方式的应同时编制投标资格预审文件，预审文件中应当载明提交资格预审申请文件的时间和地点；发布招标公告，采用资格预审方式的应同时发售投标资格预审文件，采用邀请招标的则应由招标人直接发出投标邀请并发售招标文件；采用资格预审方式的应对潜在投标人进行资格审查并将资格预审结果通知所有参加资格预审的潜在投标人，向通过资格预审的潜在投标人发出投标邀请书和发售招标文件；必要时组织投标人考察招标项目工程现场，召开标前会议；接受投标人的投标文件；公开开标；采用资格后审方式的其招标人应对投标人进行资格审查；组建评标委员会评标，推荐中标候选人；确定中标人，将评标报告和评标结果按照项目管理权限报县级以上地方交通主管部门备案并公示；招标人发出中标通知书；招标人与中标人签订公路工程施工监理合同。二级以下公路、独立中、小桥及独立中、短隧道的新建、改建以及养护大修工程项目可根据具体条件和实际需要对上述程序适当简化，但应符合《招标投标法》的规定。

招标人应当根据施工监理招标项目的特点和需要编制招标文件，招标文件应当符合交通运输部部颁标准《公路工程施工监理规范》中要求强制性执行的规定。二级及二级以上公路、独立大桥及特大桥、独立长隧道及特长隧道的新建、改建以及养护大修工程项目，其主体工程的施工监理招标文件，应当使用交通运输部颁布的《公路工程施工监理招标文件范本》，附属设施工程及其他等级的公路工程项目的施工监理招标文件可以参照交通运输部颁布的《公路工程施工监理招标文件范本》进行编制并可适当简化。

招标文件应当包括以下 11 方面主要内容：投标邀请书；投标须知（包括工程概况和必要的工程设计图纸，提交投标文件的起止时间、地点和方式，开标的时间和地点等）；资格审查要求及资格审查文件格式（适用于采用资格后审方式的）；公路工程施工监理合同条款；招标项目适用的标准、规范、规程；对投标监理企业的业务能力、资质等级及交通和办公设施的要求；根据招标对象是总监理机构还是驻地监理机构，提出对投标人投入现场的监理人员、监理设备的最低要求；是否接受联合体投标；各级监理机构的职责分工；投标文件格式，包括商务文件格式、技术建议书格式、财务建议书格式等；评标标准和办法，评标标准应当考虑投标人的业绩或者处罚记录等诚信因素，评标办法应当注重人员素质和技术方案。

招标人对重要监理岗位人员的数量、资格条件和备选人员的要求应当符合《公路工程施工监理规范》的规定。招标人要求投标人提交投标担保的，投标人应当按照要求的金额和形式提交，投标保证金金额一般不得超过 5 万元人民币。招标人不得在招标文件中制定限制性条件阻碍或者排斥投标人，不得规定以获得本地区奖项等要求作为评标加分条件或者中标条件。

招标公告、投标邀请书应当载明 5 方面内容：招标人的名称和地址；招标项目的名称、技术标准、规模、投资情况、工期、实施地点和时间；获取招标文件或者资格预审文件的办法、时间和地点；招标人对投标人或者潜在投标人的资质要求；招标人认为应当公告或者告知的其他事项。

资格预审文件和招标文件的发售时间不得少于 5 个工作日。招标人应当合理确定投标人编制资格预审申请文件和投标文件的时间。采用资格预审的招标项目，潜在投标人编制资格预审申请文件的时间，自开始发售资格预审文件之日起至提交资格预审申请文件截止之日止，不得少于 14 日。投标人编制投标文件的时间，自发售招标文件之日起至提交投标文件截止之日止不得少于 20 日。招标人发出的招标文件补遗书至少应当在投标截止日期 15 日前以书面形式通知所有投标人或者潜在投标人，补遗书应当向招标文件的备案部门补充备案。招标人应当根据编制成本，合理确定资格预审文件和招标文件的售价。

（3）公路工程施工监理投标

公路工程施工监理投标人应是依法取得交通主管部门颁发的监理企业资质，响应招标、参加投标竞争的监理企业。

招标人允许监理企业以联合体方式投标的，联合体应当符合：联合体成员可以由两个以上监理企业组成，联合体各方均应当具备承担招标项目的相应能力和招标文件规定的资格条件，由同一专业的监理企业组成的联合体应按照资质等级较低的企业确定资质等级；联合体各方应当签订共同投标协议、约定各方拟承担的工作和责任并将共同投标协议连同投标文件一并提交招标人，联合体各方签订共同投标协议后只能以一个投标人的身份投标，不得针对同一标段再以各自名义单独投标或者参加其他联合体投标。

投标人应当按照招标文件的要求编制投标文件，并对招标文件提出的实质性要求和条件做出响应。采用技术评分合理标价法和综合评标法的项目其投标文件应由商务文件、技术建议书、财务建议书组成，商务文件和技术建议书应当密封于一个信封中、财务建议书密封于另一个信封中，上述两个信封应当再密封于同一信封内而成为一份投标文件。采用固定标价评分法的项目其投标文件应由商务文件、技术建议书组成，商务文件和技术建议书应当密封于一个信封中而成为一份投标文件。投标文件及任何说明函件应当经投标人盖章，投标文件内的任何有文字页须经其法定代表人或者其授权的代理人签字。

（4）公路工程施工监理开标、评标和中标规定

开标应由招标人主持，邀请所有投标人的法定代表人或其授权的代理人参加。交通主管部门应当对开标过程进行监督。开标时应由投标人或者其推选的代表检查投标文件的密封情况，也可以由招标人委托的公证机构进行检查并公证；经确认无误后当众拆封商务文件和技术建议书所在的信封，宣读投标人名称和主要监理人员等内容。投标文件中财务建议书所在的信封在开标时不予拆封，由交通主管部门妥善保存。在评标委员会完成对投标人的商务文件和技术建议书的评分后，在交通主管部门的监督下，再由评标委员会拆封参与评分的投标人的财务建议书的信封。开标过程应当记录，并存档备查。投标人少于 3 个的，招标人应当重新招标。招标人设有标底的，标底应当符合有关价格管理规定；标底应当综合考虑项目特点、要求投入的监理人员、配备的监理设备等因素；标底应当在开标时予以公布。招标人不设标底且不采用固定标价评分法的，招标人可以在规定的范围内设定投标报价上下限。

评标工作由招标人依法组建的评标委员会负责。对国家和交通运输部重点公路建设项目，评标委员会的专家应当从交通运输部设立的监理专家库中随机抽取，或者根据交通运输部授权从省级交通主管部门设立的监理专家库中随机抽取；其他公路建设项目评标委员会的专家从省级交通主管部门设立的监理专家库中随机抽取。

评标委员会应当按照招标文件确定的评标标准和方法对投标文件进行评审和比较，未列入招标文件的评标标准和方法不得作为评标的依据。评标可以使用固定标价评分法、技术评分合理标价法、综合评标法以及法律、法规允许的其他评标方法。固定标价评分法是指由招标人按照价格管理规定确定监理招标标段的公开标价，对投标人的商务文件和技术建议书进行评分，并按照得分由高至低排序，确定得分最高者为中标候选人的方法。技术评分合理标价法是指对投标人的商务文件和技术建议书进行评分，并按照得分由高至低排序，确定得分前二名中的投标价较低者为中标候选人的方法。综合评标法是指对投标人的商务文件和技术建议书、财务建议书进行评分、排序，确定得分最高者为中标候选人的方法，其中财务建议书的评分权值应当不超过 10%。

评标委员会成员应当客观、公正地履行职务，遵守职业道德，对所提出的评审意见承担个人责任。评标委员会成员及参加评标的有关工作人员不得私下接触投标人，不得收受商业贿赂。评标委员会完成评标后应当向招标人提交书面评标报告。评标报告应当包括以下 7 方面内容：评标委员会的成员名单；开标记录情况；符合要求的投标人情况；评标采用的标准、评标办法；投标人排序；推荐的中标候选人；需要说明的其他事项。

招标人确定中标人后应当及时向中标人发出中标通知书，并同时将中标结果告知所有的

投标人。招标人和中标人应当自中标通知书发出之日起 30 日内订立书面合同，招标人和中标人均不得提出招标文件和投标文件之外的任何其他条件。招标文件中要求中标人提交履约担保的，中标人应当按要求的金额、时间和形式提交，以保证金形式提交的金额一般不得超过合同价的 5%。招标人应当在与中标人签订合同后的 5 个工作日内，向中标人和未中标的投标人退还投标保证金。

（5）公路工程施工监理招标投标的法律责任

违反相关公路工程施工监理招标投标规定的应由交通主管部门根据各自的职责权限按照《招标投标法》和有关法规、规章及相关规定进行处罚。

招标人有下列 5 种情形之一的，交通主管部门责令其限期改正，根据情节可以处 3 万元以下的罚款，即公开招标的项目未在国家指定的媒介发布招标公告的；应当公开招标而不公开招标的；不具备招标条件而进行招标的；资格预审文件及招标文件出售时限、潜在投标人提交资格预审申请文件的时限、投标人提交投标文件的时限少于规定时限的；在规定时限外接收资格预审申请文件和投标文件的。

评标过程中有下列 4 种情形之一其评标无效且应当依法重新进行评标，即使用招标文件没有确定的评标标准和方法评标的；评标标准和方法含有倾向或者排斥投标人的内容，妨碍或者限制投标人之间竞争，且影响评标结果的；应当回避担任评标委员会成员的人员参与评标的；评标委员会的组建及人员组成不符合法定要求的。

评标委员会成员及参加评标的有关工作人员收受投标人的商业贿赂，向他人透露对投标文件的评审和比较、中标候选人的推荐以及与评标有关的其他情况的，给予警告，没收收受的财物，可以并处 3000 元以上 5 万元以下的罚款，对评标委员会成员，如有上述违规行为，则取消其担任评标委员会成员的资格，不得再参加任何依法必须进行招标的项目的评标；构成犯罪的依法追究刑事责任。

交通主管部门及其所属质量监督机构的工作人员违反相关规定，在监理招标投标活动的监督管理工作中徇私舞弊、收受商业贿赂、滥用职权或者玩忽职守，构成犯罪的依法追究刑事责任；不构成犯罪的依法给予行政处分。

（6）其他

国际金融组织或者外国政府贷款、援助资金的公路工程项目，贷款方或者资金提供方对施工监理招标投标的具体条件和程序有不同规定的，可以适用前述规定，但不得违背中华人民共和国的社会公众利益。

13.3　我国公路水运工程监理企业的信用评价体系

（1）信用评价体系的意义

构建信用评价体系的目的在于加强公路水运工程监理市场管理，维护公平有序竞争的市场秩序，增强监理企业和监理工程师诚信意识，推动诚信体系建设，信用评价体系应符合《中华人民共和国招标投标法》《中华人民共和国安全生产法》《建设工程质量管理条例》《建设工程安全生产管理条例》等法律法规的相关规定。公路水运工程监理企业的信用评价是指交通运输主管部门依据有关法律法规和合同文件等对监理企业和监理工程师从业承诺履行状况的评定。监理企业和监理工程师在工程项目监理过程中的行为，监理企业在资质许可、定期检验、资质复查、资质变更、投标活动以及履行监理合同等过程中的行为，监理工程师在岗位登记、业绩填报、履行合同等过程中的行为，属于从业承诺履行行为。公路水运工程监理企业是指依法取得交通运输部颁发的甲、乙级及专项监理资质证书的企业。公路水运工程监理工程师是指具有交通运输部核准的监理工程师或专业监理工程师资格的人员。信用评价体系中的工程项目是指列入交通运输质量监督机构监督范围、监理合同额 50 万元(含)以上的公路水运工程项目，其中公路工程项目还应满足以下条件：合同工期大于等于 3 个月的二级(含)以上项目。不属于信用评价体系规定的工程项目范围但属于下列 4 种情形之一的也应纳入信用评价范围，即在交通运输主管部门或其质量监督机构受理的举报事件中查实存在违法违规问题的监理企业和监理工程师；在重大质量事故中涉及的监理企业和监理工程师；在较大及以上等级安全生产责任事故中涉及的监理企业和监理工程师；从业过程中有相关规定中"直接定为 D 级"行为的监理企业。

信用评价应遵循公开、公平、公正的原则。信用评价工作实行评价人签认负责制度和评价结果公示、公告制度。信用评价工作实行统一管理、分级负责。交通运输部负责全国范围内从业的监理企业和监理工程师的信用评价管理工作，交通运输部质量监督机构负责对具体信用评价工作进行指导并负责综合信用评价。省级交通运输主管部门负责在本地区从业的监理企业和监理工程师的信用评价管理工作，省级交通运输质量监督机构负责本地区信用评价的具体工作。项目业主负责本项目监理企业和监理工程师的信用评价初评工作。监理企业负责本企业信用评价申报以及相关基本信息录入工作。

下列 8 方面资料可以作为信用评价采信的基础资料，即交通运输主管部门及其质量监督机构文件(含督查、检查、通报文件) 和执法文书；质量监督机构发出的监督意见通知书、停工通知书、质量安全问题整改通知单；工程其他监管部门稽查、督查(察)、检查等活动中形成的检查文件；举报投诉调查处理的相关文件和专家鉴定意见；质量、安全事故调查处理及责任认定相关文件；项目业主有关现场监理机构和监理人员履约、质量和安全问题的处理意见；总监办、项目监理部、驻地办有关质量安全问题的处理意见；项目业主向质量监督机构提供的项目监理人员履约情况(包括合同规定监理人员、实际到位人员及人员变更情况等内容)。

项目业主、项目交通运输质量监督机构、省级交通运输质量监督机构及省级交通运输主管部门应对收集的基础资料进行分析、确认，对有疑问或证据不充足的资料应查证后作为评价依据。项目交通运输质量监督机构应对纳入信用评价范围的工程项目每年不少于 1 次进行现场检查评价。监理企业信用评价周期为 1 年，从每年 1 月 1 日起，至当年 12 月 31 日止。监理工程师信用评价周期为 3 年，从第一年 1 月 1 日起，至第三年 12 月 31 日止。

监理企业负责组织项目监理机构于每年 1 月 10 日前将上一年度项目监理情况向项目业主提出信用评价申报，并将项目监理机构和扣分监理工程师的相关信用自评信息录入部信用信息数据库。项目业主应于每年 1 月底前将上一年度对监理企业和监理工程师的初评结果、扣分依据等相关资料报项目交通运输质量监督机构，同时将初评结果抄送相关监理企业。监理企业如有异议可于收到初评结果后 5 个工作日内向项目交通运输质量监督机构申诉。项目交通运输质量监督机构根据现场检查评价情况、申诉调查结论等对项目业主的初评结果进行核实，将核实后的初评结果报省级交通运输质量监督机构。省级交通运输质量监督机构根据项目交通运输质量监督机构核实后的初评结果，并结合收集的其他资料进行审核和综合评分后，将评价结论报省级交通运输主管部门审定。

省级交通运输主管部门应于每年 3 月底前将审定后的评价结果委托省级交通运输质量监督机构录入部信用信息数据库，并同时将书面文件报交通运输部。交通运输部质量监督机构在汇总各省评分的基础上，结合掌握的相关企业和个人的信用情况，对监理企业和监理工程师进行综合评价。

（2）监理企业信用评价的基本原则

监理企业信用评价实行信用综合评分制。监理企业信用评分的基准分为 100 分，以每个单独签订合同的公路水运工程监理合同段为一评价单元进行扣分，具体扣分标准按照附件 1 执行。对有多个监理合同段的企业，按照监理合同额进行加权，计算其综合评分。联合体在工程监理过程中的失信行为对联合体各方均按照扣分标准进行扣分或确定信用等级，合同额不进行拆分。项目业主对监理企业的初评评分按相关规定计算。监理企业在从业省份及全国范围内的信用综合评分按相关规定分别计算。对于评价当年交工验收的工程项目，除按照相关规定对监理企业当年的从业承诺履行状况进行评价外，还应对监理企业在该工程项目建设期间的从业承诺履行状况进行总体评价，监理企业在工程项目建设期间的信用总体评价的评分按相关规定计算。监理企业信用评价分 AA、A、B、C和 D 五个等级，评分对应的信用等级标准如下，即 AA 级、95 分<评分≤100 分、信用好；A 级、85 分<评分≤95 分、信用较好；B 级、70 分<评分≤85 分、信用一般；C 级、60 分≤评分≤70 分、信用较差；D 级、评分<60 分、信用很差。监理企业首次参与监理信用评价的，其当年全国信用评价等级最高为 A 级。任一年内，水运工程监理企业仅在 1个省从业的，其当年全国信用评价等级最高为 A 级。对信用行为"直接定为 D 级"的监理企业实行动态评价，自省级交通运输主管部门认定之日起，企业在该省和全国范围内当年的信用等级定为 D 级，且定为 D 级的时间为一年。监理企业在工程项目建设期间，任一年在该工程项目上发生"直接定为 D 级"行为之一的，其在该项目上的总体信用评价等级最高为 B 级。监理企业有相关规定明确界定的不良行为的，在任一年内每发生一次，其在全国当年的信用等级降低一级，直至降到 D 级。

（3）监理工程师信用评价的基本原则

监理工程师信用评价实行累计扣分制，具体扣分标准按相关规定执行。评价周期内，对监理工程师失信行为扣分进行累加。对评价周期内累计扣分分值大于等于 12 分、但小于 24分的监理工程师，在其数据库资料中标注"评价周期内从业承诺履行状况较差"。对评价周期内累计扣分分值大于等于 24 分的监理工程师，在其数据库资料中标注"评价周期内从业承诺履行状况很差"。

（4）信用评价的管理方式

交通运输主管部门应将评价结果公示，公示时间不应少于 10 个工作日。交通运输主管部门应将最终确定的评价结果向社会公告。监理企业的信用评价结果自正式公告之日起 4 年内，向社会提供公开查询。"评价周期内从业承诺履行状况较差"和"评价周期内从业承诺履行状况很差"监理工程师的扣分情况，向社会提供公开查询。交通运输主管部门应将信用评价等级为 D 级的企业、累计扣分大于等于 24 分的监理工程师列入"信用不良的重点监管对象"加强管理。省级交通运输质量监督机构应指定专人负责信用评价资料的整理和归档等工作，录入交通运输部数据库的信用数据资料应经省级交通运输质量监督机构负责人签认。交通运输部质量监督机构负责信用评价数据库的管理和维护，省级交通运输质量监督机构负责本地区监理企业和监理工程师信用评价资料的管理。监理企业信用评价纸质资料及信用评（扣）分、信用等级等的电子数据资料保存期限应不少于 5 年。监理工程师的信用评价资料应不少于 6 年。监理企业或监理工程师对省级交通运输主管部门的信用评价公示结果有异议的应按时向省级交通运输主管部门申诉；如对省级交通运输主管部门申诉处理结果有异议的可向上一级交通运输主管部门再次申诉。交通运输部不定期组织对全国信用评价情况进行监督检查。

在相关规定范围以外的其他项目上从业的甲、乙级及专项监理资质企业和监理工程师的信用评价工作，由省级交通运输主管部门参照相关规定制定评价办法。

13.4　公路水运工程监理工程师登记管理规定

（1）基本原则

通过登记制度加强公路水运工程监理工程师从业管理工作、促进监理市场有序发展。取得交通运输部公路水运工程监理工程师或专业监理工程师资格的人员，应按规定进行从业登记和业绩登记。从业登记是指与监理企业建立合同关系的监理工程师，声明以监理工程师名义从事工程监理或相关业务活动的起始记录。业绩登记是指监理工程师在工程项目中代表监理企业以监理工程师名义从事监理工作的记录。工程项目总监、副总监、总监代表、驻地监理工程师、副驻地监理工程师和专业监理工程师应在项目中标监理企业进行从业登记和业绩登记。交通运输部工程质量监督局（以下简称部质监局）负责建立和完善登记管理制度及网络登记系统，监督、检查和指导省级交通运输主管部门质量监督机构（以下简称省级质监机构）的登记工作。各省级质监机构负责本地区监理工程师登记的具体工作，其中，从业登记由监理企业注册地的省级质监机构负责，业绩登记由负责工程项目监督工作的质量监督机构（以下简称项目质监机构）负责。登记工作依托部质监局网络登记系统进行，遵循"个人录入、企业复核、质监机构审核"原则，监理工程师对其录入和填写资料的真实性负责。

（2）从业登记规则

申请从业登记的监理工程师应正式受聘于一家监理企业，依法与企业签订劳动合同，企业为其正常缴纳基本养老保险、基本医疗保险和失业保险（离退休人员除外，属于企业内部人事调动或事业单位编制情形的，需提供相关证明）。申请人通过虚假手段获得监理资格证书的，提供虚假登记资料的，违反规定同时受聘于两家以上企业的，信用评价周期内从业承诺履行状况很差（信用评价累计扣分大于等于 24 分）的，仍在刑事、行政处罚期内的，或在职的国家公职人员，省级质监机构不得予以登记。省级质监机构发现已登记的监理工程师有上述情形的应当直接注销登记并告知监理企业和监理工程师本人，省级质监机构应对直接注销从业登记人员的姓名、身份证件号、监理资格证书号、注销原因等情况进行记录备查。

申请从业登记时需提交下列 5 方面材料，即监理工程师从业登记表；身份证件复印件（原件备查）；监理资格证书和职称证复印件（原件备查）；劳动合同复印件（原件备查）和缴纳保险情况证明（离退休人员除外，属于企业内部人事调动或事业单位编制情形的需提供相关证明）；其他需提交的资料。省级质监机构收到监理工程师的从业登记表及相关材料后应当在 20 个工作日内完成审核工作。

自从业登记审核通过之日起，省级质监机构 6 个月内不受理同一监理工程师的从业登记注销申请。已办理过从业登记的监理工程师，其身份证件、监理资格证书、职称等个人信息发生变化时应当办理个人信息变更。个人信息变更由本人书面提出，所在监理企业复核，报省级质监机构审核。监理工程师应按要求提供相关信息变更证明资料。

监理工程师与监理企业依法终止劳动合同的应当在合同终止之日起 20 个工作日内向监理企业提交从业登记注销表，监理企业应在收到注销表之日起 20 个工作日内完成确认工作并报省级质监机构办理注销手续。监理工程师因其他原因离开监理企业的，自其离开之日起，企业应在 20 个工作日内向省级质监机构提交从业登记注销表。省级质监机构收到从业登记注销表后，应在 20 个工作日内完成审核注销。

监理工程师在原从业登记的监理企业注销登记后方可变更登记至其他企业。对于已进行从业登记的监理工程师，其年龄达到 65 岁时自动退出从业登记人员数据库。监理工程师变更从业登记所在企业的历史记录可供社会查询。

监理工程师已离开监理企业，未在规定的时限内申请从业登记注销的，监理企业应当及时向省级质监机构申请办理其从业登记注销。监理工程师已离开监理企业，并向监理企业提出从业登记注销，监理企业逾期未予以从业登记注销确认的，监理工程师可持相关证明材料直接向省级质监机构申请办理从业登记注销。

（3）业绩登记规则

在工程项目上从事监理工作的监理工程师应在进场后 20 个工作日内向项目质监机构提交业绩登记表，项目质监机构收到监理工程师业绩登记表后应在 20 个工作日内完成审核。监理工程师结束工程项目现场监理工作的，自其离开项目现场监理机构之日起 20 个工作日内，由监理企业向项目质监机构提交业绩登记截止表，质监机构收到业绩登记截止表后应在 20 个工作日内完成审核，监理企业逾期未办理的应由项目质监机构责成其限期改正。监理工程师在一个工程项目的业绩登记截止审核确认后方可在下一工程项目上进行业绩登记，未进行业绩登记或业绩登记尚未截止的项目不作为监理工程师个人的完整业绩。

（4）监督管理要求

省级质监机构应建立健全从业登记、业绩登记相关管理制度，确保登记工作有序开展。从业登记、业绩登记过程中经审核的电子信息与纸质资料信息具有同等效力。登记申请等相关纸质资料应保存 3 年。监理企业或监理工程师在从业登记、业绩登记中违反有关规定的，相应行为记入信用记录，纳入监理企业和监理工程师信用评价管理。质监机构工作人员在登记管理中玩忽职守、滥用职权的，按违反质监工作纪律追究责任。任何单位和个人有权对登记工作中的违规行为向质监机构进行举报投诉。监理工程师从业登记表的格式见表 13-4-1和表 13-4-2。监理工程师从业登记注销表的格式见表 13-4-3，监理工程师业绩登记表的格式见表 13-4-4；监理工程师业绩登记截止表的格式见表 13-4-5。

表 13-4-1　监理工程师从业登记表

姓名		性别		身份证号码	
专业技术职称			交通运输部 监理资格证书号		□JGJ□JGZ □JSJ□JSZ
通讯地址及邮编			联系电话		

本人已同_____(单位名称)签订劳动合同，合同自　年　月　日至　年　月　日，现提出在该单位进行从业登记。

本人签字：
年　月　日

_____(姓名)已同我单位签订劳动合同，合同自　年　月　日至　年　月　日。我单位已为其缴纳_____(保险名称)保险，并同意其在我单位进行从业登记。

监理单位负责人签字：(盖章)
年　月　日

省级质监 机构意见	(审核未通过的应说明原因) 　　　　　　　　　　　　　　省级质监机构负责人签字：(盖章) 　　　　　　　　　　　　　　　　　　　年　　月　　日

注：本表一式三份，监理工程师、监理企业、省级质监机构各执一份；在□内打√或×。

表 13-4-2　监理工程师从业登记表(仅适用于人事调动方式时使用)

姓名		性别		身份证号码	
专业技术职称			交通运输部 监理资格证书号		□JGJ□JGZ □JSJ□JSZ
通讯地址及邮编			联系电话		

本人已由_____(单位名称)单位调至_____(单位名称)，工作期限自　年　月　日至　年　月　日(或长期)，现提出进行从业登记。

本人签字：
年　月　日

调出单位意见	我单位同意_____(姓名)调至_____(单位名称)，其_____(保险名称)保险由我单位缴纳。 　　　　　　　　　　　　　　　　　企业负责人签字：(盖章) 　　　　　　　　　　　　　　　　　　　　年　月　日
调入单位	_____(姓名)已由_____(调出单位名称)单位调至我单位，工作期限自　年　月　日至　年　月　日(或长期)。其保险由缴纳，同意其在我单位进行从业登记。 　　　　　　　　　　　　　　　　　企业负责人签字：(盖章) 　　　　　　　　　　　　　　　　　　　　年　月　日
省级质监 机构意见	(审核未通过的应说明原因) 　　　　　　　　　　　　　　省级质监机构负责人签字：(盖章) 　　　　　　　　　　　　　　　　　　　年　　月　　日

注：本表一式四份，监理工程师、调出单位、调入单位、省级质监机构各执一份；在□内打√或×。

表 13-4-3　监理工程师从业登记注销表

姓名		性别		身份证号码	
交通运输部监理资格证书号			□JGJ□JGZ □JSJ□JSZ		

□	依法终止 合同的情况	本人已与_____年_____月_____日同_____(单位名称)依法解除劳动合同，现提出注销在该企业的从业登记。 本人签字： 年　月　日
		(原企业意见：情况是否属实) 企业负责人签字：(单位盖章) 年　月　日
□	其他终止合同的 情况	_____(姓名)自　年　月　日起已不在我单位工作，现提出注销其在我单位的从业登记。 离开原因： 企业负责人签字：(盖章) 年　月　日
省级质监 机构意见		(审核未通过的应说明原因) 省级质监机构负责人签字：(盖章) 年　月　日

注：本表一式三份，监理工程师、企业、省级质监机构各执一份；在□内打√或×。属于"其他终止合同的情况"的，本表一式二份，企业、省级质监机构各执一份。

表 13-4-4　监理工程师业绩登记表

姓名		性别		身份证号码	
是否从业登记 在中标监理企业	□是 □否		交通运输部 监理资格证书号	□JGJ□JGZ □JSJ□JSZ	

本人已在_____(监理企业名称)中标的项目监理合同段从事_____(监理岗位)监理工作，现提出进行业绩登记。
监理工作起始时间为　年　月　日。

本人签字：
年　月　日

_____(姓名)已在我单位中标的项目监理合同段从事_____(监理岗位)监理工作，监理工作起始时间为
　年　月　日，现按规定办理业绩登记手续。

监理企业负责人签字：(盖章)
年　月　日

建设单位意见：

建设单位负责人签字：(盖章)
年　月　日

姓名		性别		身份证号码	
项目质监 机构意见	（审核未通过的应说明原因） 项目质监机构负责人签字；（单位盖章） 年　月　日				

注：本表一式四份，监理工程师、监理企业、建设单位、项目质监机构各执一份；在□内打√或×。

表 13-4-5　监理工程师业绩登记截止表

姓名		性别		身份证号码	
是否从业登记 在中标监理企业	□是 □否		交通运输部 监理资格证书号	□JGJ□JGZ □JSJ□JSZ	

＿＿＿＿＿（姓名）已于　年　月　日离开我单位中标的项目监理合同段。

离开原因：

工作评价：

监理企业负责人签字：（盖章）
年　月　日

建设单位意见：

建设单位负责人签字：（盖章）
年　月　日

项目质监 机构意见	（审核未通过的应说明原因） 项目质监机构负责人签字；（单位盖章） 年　月　日

注：本表一式三份，监理企业、建设单位、项目质监机构各执一份；在□内打√或×。

13.5　水运工程施工监理的特点及基本要求

水运工程施工监理中监理单位的作用是根据国家法律、法规和监理合同的要求，依据工程技术标准、设计文件和合同文件等，遵照一定的准则，并采取相应的措施，从施工招标期到交工验收及保修期的整个施工阶段，对水运工程建设的质量、进度、费用进行控制，对合同和信息进行管理并协调有关参建各方关系。

（1）水运工程施工监理的宏观要求

监理工程师应依据下列 5 方面文件和资料进行施工监理，即相关的法律、法规及有关工程技术标准等；经批准的工程设计文件；依法签订的监理合同与合同文件；经业主和监理工程师审查批准的施工组织设计及其他技术文件；业主、设计单位、监理机构和承包人在工程实施过程中有关的会议纪要和经确认的其他文字记载。施工监理阶段应包括施工招标期、准备期、施工期、交工验收及保修期。

监理组织和人员应满足以下 4 条要求，即监理单位应按监理合同要求并根据工程的规模、特点、工期、环境条件等因素组建工程项目监理机构；监理机构应根据监理合同的规定，在现场设置相应资质的检测试验室或委托当地具有相应资质的检测试验室进行必要的检测和平行试验；监理机构应设置总监理工程师，并配备相应监理人员和设备，监理工作应实行总监理工程师负责制；在监理机构中从事监理工作的人员应根据监理工作的需要，配备总监理工程师代表、专业监理工程师、监理员、测量和试验专业人员等。

监理机构应履行以下 18 条主要职责，即协助业主进行施工招标；编写《监理规划》和《监理实施细则》；审查承包人编制的施工组织设计及施工总进度计划；向承包人移交工程控制点并核验承包人设置的测量控制网点或基线；组织或参加施工图纸会审，参加设计交底；检查施工人员、机械、材料的进场情况，审查承包人的开工申请，签署工程的开工令；主持或参加工地会议并进行有关协调；控制施工质量，检查或检验建筑材料和构配件质量，检查施工原始记录及报告；对隐蔽、分项和分部工程有规定时间内进行检查验收并签认，对分项工程质量进行评定；组织或参加工程质量事故调查，协助审查质量事故的处理方案及其补救措施；检查工程进度和计划执行情况；审查工程变更引起的工程量变化；进行工程计量，审核支付申请，审核承包人担出的交工申请，组织初验合格后及时向业主转报；参与合同管理，审核索赔报告，协调各方关系；提交相应的施工质量评价意见和监理工作报告；协助业主审查竣工结算；审核承包人在保修期内对工程出现质量问题的处理方案和实施情况。

监理机构应具有 7 方面主要权利：在监理合同规定的范围内对受监工程独立进行监理；查阅受监工程的有关文件；参加业主和承包人召开的受监工程的有关会议；制止各种质量与性能不合格的建筑材料、构配件和设备进场；对质量不合格的工程和未进行验收的隐蔽工程拒绝计量；当工程进度滞后于计划时要求承包人限期整改；对不符合要求的施工有权要求承包人改正，情况严重时报告业主同意后可部分暂停施工、调整不称职的人员，直至建议业主更换承包人。

监理机构应遵守 6 项主要工作原则：设置或更换总监理工程师应经业主认可；按监理合同的规定配备足够的监理人员常驻现场；定期向业主书面报告工程质量、进度和费用等情况；及时向承包人转达业主指令和修改设计；及时转达承包人对业主的要求、建议与意见等；按合同文件规定及时办理工程验收、工程计量和支付等签认手续。

监理人员应具有相应的工作职责。总监理工程师应有 11 条职责：对监理合同的实施负全面责任，并定期向监理单位报告工作；明确监理机构职能分工和监理人员的岗位责任；主持编写《监理规划》，审批《监理实施细则》；审核承包人的施工组织设计；组织监理工作会议，签发监理机构有关文件，下达有关指令；参加招标和评标工作；审批承包人申报的有关申请报告和报审表；组织编制并签发监理月报；组织审查承包人的交工申请和交工预验收；组织实施工程项目保修期的监理工作；组织整理工程竣工监理档案资料，对工程项目的质量、进度和费用控制等进行全面总结，并编写监理工作总结报告。专业监理工程师应有 10 条职责：编制《监理实施细则》；组织并指导监理员的工作；审核承包人的施工方案；检查承包人的测量控制网点或测量基线；核实工程材料、设备的采购情况，检查进场材料、构配件和设备的质量；组织或参加隐蔽工程和分项、分部工程验收；检查工程情况，及时发现和处理工程问题；进行工程计量；检查承包人的施工资料；做好监理日记并定期向总监理工程提交监理月报和监理工作总结。监理员有 4 条职责：掌握工程施工情况，旁站监察承包人施工；记录工程进度的详细情况及有关情况；及时发现和纠正施工中出现的问题；做好详细准确的监理日记，及时向专业监理工程师汇报现场的异常情况。监理工程师应按规定认真填写监理用表，并督促承包人按规定认真填写承包人用表。常用施工监理表见监理规范。

监理工作应遵守以下5条规定，即监理单位和监理人员应依据"科学、公正、独立"原则全面履行施工监理的职责、权利与义务；监理单位不得转让监理业务，不得超越等级承担监理业务；监理单位不得与承包人及材料、构配件和设备供应等单位有利害关系；监理人员不得在影响公正执行监理业务的单位兼职；监理人员不得泄漏获悉的工程有关的商业秘密。

（2）水运工程施工招标期的监理工作

施工招标期，监理机构可根据监理合同的约定承担以下5方面主要工作：协助业主核定工程量；协助业主编写施工招标文件；协助业主审查投标人的资格；参加开标和评标工作；协助业主签订施工承包合同。

（3）水运工程施工准备期的监理工作

1）监理工作准备。监理单位应按监理合同要求，在规定时间内派出能满足工作需要的监理人员进驻现场，组建监理机构。依据监理合同规定，监理单位应在所承担的工程项目现场，配备必要的监理设施与设备。监理人员应全面熟悉合同文件、设计图纸，并掌握有关标准及测试方法。总监理工程师应在监理合同签订后，主持制定《监理规划》，经监理单位技术负责人审定后，按时报送业主。专业监理工程师应根据《监理规划》编制相应专业性的《监理实施细则》，并经总监理工程师审定批准后施行。《监理规划》应包括以下9方面主要内容，即工程项目概述（包括工作项目名称、地点、建设单位、建设规模、项目组成、结构型式等）；监理工作依据；监理范围和目标（包括工作范围、工作内容和质量等级、进度、费用控制等）；监理机构的组织形式、人员构成、职责分工和朝进场计划安排等到；监理工作管理制度（包括信息资料管理制度、工地会议制度、工作报告制度和其他监理工作制度）；工程质量控制（包括质量控制目标分解、质量控制程序、质量控制要点和质量风险控制措施等）；工程进度控制（包括进度控制目标分解、进度控制程序、进度控制要点和进度风险控制措施等）；工程费用控制（包括费用控制目标分解、费用控制程序和费用风险控制措施等）；合同管理（包括工作变更、分包和索赔的管理及协调方法等）。《监理实施细则》应包括以下6方面主要内容，即工程概况；控制目标；施工工序的控制点及控制措施；采用的质量控制标准；隐蔽工程和分项工程的验收方法和程序；文件处理程序。监理机构应建立质量监控、图纸会审、材料检验、隐蔽、分项工程验收、工程质量整改、巡视和旁站、风证取样、送检和工地会议等制度。监理工程师应根据合同文件的要求并结合工程项目的实际，制定质量、进度、费用控制和合同管理、信息管理的各种记录、报表、图式。

2）施工准备期监理业务。施工准备期监理应包括以下10方面主要内容，即召开第一次工地会议；施工监理交底；组织或参加图纸会审，参加设计交底会；审查承包人的施工组织设计；审查承包人的质量管理体系；向承包人移交工程控制点；核验承包人的测量控制网点或基线；审查承包人的工地实验室；审查承包人开条件，签署开工令；审核签认承包人提交的"材料/构配件/设备报验单"。

施工组织设计的审查应符合相关规定要求。施工组织设计的审查应包括以下6方面主要内容，即施工组织设计的签认手续；施工总平面布置；施工方法、质量标准及质量保证措施等；施工进度计划安排，包括人员、材料、设备的配备和施工用款计划；冬季、雨季施工措

251

施和专项施工方案；安全、环保和文明施工措施。承包人的项目经理部编制的施工组织设计应经承包人的技术负责人审查签认，并在规定的时间内填报"施工组织设计（方案）报审表"报监理机构审批。施工组织设计应经总监理工程师组织审查批准后实施，当需要承包人修改时应由总监理工程师签发书面意见，退回承包人修改，修改后重新报审。对规模较大、施工工艺复杂的工程经总监理工程师批准，其施工组织设计可分阶段报批施工方案，必要时应经业主审批。

承包人质量管理体系的审查应符合相关规定要求。质量管理体系的审查应包括质量管理机构的设置、人员配备和管理制度的落实情况等。质量管理体系应设置质量负责人和专职质量员，质量负责人应项目经理或项目总工担任。质量管理体系中各级管理人员及专业操作人员应持证上岗。质量管理体系应以承包人自检为主，对每道工序应进行现场自检，签字后报验，以保证施工过程中的材料及工艺符合有关标准及设计要求。

承包人工地试验室的审查应符合相关规定要求。监理机构应对试验室的资质、试验人员的专业，资历和资格等进行审查，条件不具备时应委托具有相应资质的试验室进行试验。工地试验室试验设备的规格、性能、数量应满足现场试验的需要，计量设备应由计量部门定期检定。

监理机构应对承包人填报的"施工测量放线报验单"及时组织检查、核验。

开工条件的审查应符合相关规定要求。监理机构应对承包人提交的"工程开工报审表"进行审查。监理机构对开工条件的核查应包括以下4方面内容：施工组织设计已经监理机构审批；测量控制网点和基线已核验合格；承包人施工和管理人员到位，施工设备已按需进场，主要材料已落实；现场水、电、路、通信已达到开工条件。

（4）水运工程施工期的监理工作

1）工程质量控制。工程质量控制应包括以下5方面主要内容："材料/构配件/设备报验单"的签认；巡视和旁站；典型施工的确认；实验成果和检测结果的审查；组织召开必要的现场会议；组织隐蔽工程、分项和他部工程的验收。

工程质量控制应遵守相关规范规定，即工程质量控制应以预防为主，监督承包人按审查批准的施工组织设计进行施工；应以合同文件和有关标准为依据，督促承包人全面实现承包合同约定的质量目标；应对工程项目的人、机、料、方法、环境等因素进行全面检查，督促承包人落实质量管理体系；对上道工序质量不合格或未进行验收的不得进行下道工序施工。

工程质量控制应遵循基本工作程序，即工程材料、构配件和设备应在承包人填写"材料/构配件/设备报验单"经监理工程师审核合格后进场；隐蔽工程和分项工程应在收到承包人自检合格填写的"隐蔽工程/分项工程报验单"进行现场检测、抽样试验、验收合格后方可进行隐蔽工程掩盖或下道工序施工，对现场验收不合格的工程应责成承包人限期纠正重新报验。

"材料/构配件/设备报验单"的签认应符合相关规定要求，即材料、构配件和设备定货前应由承包人向监理机构提供生产厂家的生产许可证和相应资质等材料，必要时应进行考察，对新材料、新产品核查鉴定证明和有关确认文件；对进场的材料，承包人应取得材料质保书进行复检并由监理工程师见证取样、送检，对重要材料应由监理机构进行平行试验；对进场的构配件和设备，经承包人揽检、测试合格后，应由监理工程师进行现场检查并查验产品合格证书。对承包人自行检测的材料和混凝土试件，监理机构应按承包人检测数量的

10%进行平行试验。

巡视和旁站应按相关要求进行，即监理工程师应采用目视、测量或抽检试验等手段，对工程进行巡视检查；监理工程师应对关键部位的混凝土浇注和倒滤层、沉桩、灌注桩、强夯、排水板、主要构件及设备安装等施工过程进行旁站；对巡视和平共处旁站所发现的质量问题，视程度可采用口头通知、监理例会纪要或监理通知单等形式，要求承包人予以改正，承包人应将整改结果局面报告监理工程师。

对重要工程部位的施工方案应进行审查确认；对重要分项工程，监理工程师应在开工前要求承包人进行典型施工，关在典型施工工艺和质量检查确认后，进行大面积施工。监理工程师应对承包人的施工记录和有关资料进行检查，并进行工程的预验、复验、中间检查等工作。对大型工程，监理机构庆组织召开现场会，由各相关承包人对各施工项目进行互检。

隐蔽工程的验收应符合相关规定要求，即监理工程师应对经承包人自检合格报送的"隐蔽/分项工程报验单"在约定的时间内进行验收；监理工程师对验收合格的隐蔽工程应签认"隐蔽/分项工程报验单"，对不合格的隐蔽工程应由承包人进行整改。

分项工程验收应符合相关规定要求，即监理工程师应对承包人自检合格报送的分项工程"隐蔽/分项工程报验单"在约定的时间内进行验收；对验收合格的分项工程由监理工程师确认，对不合格的分项工程应由承包人进行整改。

工程质量问题的处理应符合相关规定要求，即对施工过程中可以弥补的质量问题应要求承包人立即改正，必要时应进行返工；对需要加固补强的质量缺陷应责成承包人写出质量问题报告并报告业主，由承包人按设计单位的意见进行修补和加固；对施工期间发生的质量事故，监理工程师应立即要求承包人暂停该项工程的施工，并要求承包人采取有效的技术处理措施，当提交的技术处理措施得到批准后应恢复施工。

2）工程进度控制。工程进度控制应包括以下5方面主要内容：检查各施工项目之间的合理搭接和进度安排的合理性；审查承包人的人员、船机、材料、设备的供应计划；检查进度安排与施工程序的协调；检查进度与其他计划的协调；审查进度安排的合理性。工程进度控制应遵守以下3条原则，即应保证合同文件约定的工期目标；应保证工程质量和施工安全；应采用动态的控制方法对关键路线进行控制。工程进度控制应遵循以下4个基本程序：对承包人扫送的总进度计划、年进度和季进度计划，依据施工组织设计进行审查；对承包人报送的月进度计划进行审查签认；对月进度计划实施情况进行检查、分析；当工程进度严重偏离工期目标时应签发"监理业务联系（通知）单"，要求承包人采取调整措施，直至实现计划目标。

应对工程进度计划进行动态控制，做到日掌握、周检查、月总结，并应遵守以下4条规定：应检查有关进度报表资料；应检查工程进度的执行情况，核实承包人提交的进度报表、资料，每半月或一个月进行一次工程统计，报送业主；应定期主持或参加有关工程进度协调节器会议；应采用反映工程实际进度与计划进度差异的进度控制图、表对工程实际进度进行分析和评价。

施工进度计划的调整应符合相关规定要求，即根据对实际工程进度的分析，当关键路线的工期滞后时应及时要求承包人对施工进度进行调整、加大施工力度，其调整措施应经监理机构批准；因业主、设计或不可抗力因素导致的工期延误，监理工程师应审查签认并经业主批准后由承包人重新调整施工进度计划；对承包人造成的工期延误，承包人拒绝接受监理机构提出的进度调整要求时，监理工程师应对承包人发出局面警告，并及时向业主报告。

3）工程费用控制。工程费用控制应包括以下 6 方面主要内容：审核工程费用年度使用计划；签认预付款申请；工程计量，签认中期支付申请；签认变更支付申请；定期进行工程费用分析；制定索赔防范措施，签认索赔文件。

工程费用控制应遵守以下 4 条原则：应依据国家法规、技术标准和合同文件等有效控制工程费用；对报验资料不全、与合同文件约定不符或质量不合格的工程，不应进行工程计量；监理工程师应在规定的期限内签认工程款申请；对工程费用的索赔应合理、公正。工程预付款申请应在承包人出示履约保函后依据合同文件签认。

工程计量应符合相关规定要求，即对单价合同应根据合同文件规定，核实和确认工程实际发生的工程量；对总价合同应根据承包人中标价，按项目进行分解，并将管理费等其他费用分摊在各项中，形成调整单价，报业主批准后执行；工程计量按合同文件规定的方法，可每月计量一次，也可按工程部位计量；工程量的核查应以施工图为依据；监理工程师对承包人填报的工程量有异议时应会同承包人对工程量进行核实，总监理工程师应对核实的工程量进行签认并通知承包人；监理机构应按合同文件规定核实已完工的费用。

中期支付申请应以核实的工程量和工程费用为准，由总监理工程师签认，中期支付应依据合同文件的规定扣除工程预付款。因工程变更、物价和费率调整等原因引起工程费用的变化，应按合同文件规定，与业主和承包人协商确定新的工程费用并签认变更支付申请。监理机构应依据合同文件的规定对承包人提出的索赔报告进行核查，或对承包人造成的工程损失进行测算，并经业主和承包人协商一致辞后签认索赔文件。

4）合同管理。合同管理应包括以下 5 方面主要内容：分包工程管理；工程变更管理；索赔管理；工程保险管理；争端调解。合同管理应遵守以下 2 条原则：监理工程师应科学公正地对施工合同进行监督管理，当发生合同争端时应进行调解或为仲裁机构提供材料；监理工程师应对合同进行动态管理，及时发现和纠正合同违约行为。

分包工程的管理应符合相关规定。即应审核分包人的营业执照和资质等级证书、专业施工许可证、分包工程管理人员的资质及施工机械状况等，审核分包工程的类别与数量，审核分包工程采用的技术标准与验收标准，审核分包工程的工期。监理工程师应通过承包人对分包工程进行管理。监理工程师应对分包工程进行监督检查，发现问题应要求承包人负责处理，对指定倪工程发现的问题应由指定分包人负责。

工程变更的管理应符合相关规定要求，即业主和设计单位提出的工程变更，监理工程师应根据合同文件规定办理有关手续；承包人提出施工工艺变更，监理工程师应进行审查；承包人提出工程设计变更，监理工程师应进行审查，并取得业主同意，由业主委托设计单位修改设计；监理工程师对承包人提交的"延长工期报审表"进行审查，报业主批准。

对承包人提出的费用索赔报告，监理工程师应就其中申述的理由进行调查，并根据有关程序报业主批准。监理工程师应进行工程保险情况的检查，工程保险应满足合同保险金额和合同工期的要求。当业主和承包人因合同争端要求调解时监理工程师应对争端事件进行调查并按合同文件规定进行调解，当需由仲裁机构仲裁时监理工程师应为仲裁机构提供准确真实的材料。

5）工地会议。监理工程师应根据合同文件规定和工程具体特点主持或参加工地会议，其形式宜为第一次工地会议、周例会、月度生产协调节器例会和专题会议等。第一次工地会议应符合相关规定要求，即第一次工地会议应在下达工程开工令前进行；第一次工地会议应由业主或总监理工程师主持，业主代表及有关职能人员、设计代表、承包人项目经理及有关职能人员、分包人负责人、监理机构总监理工程师代表、专业监理工程师及有关人员应参加会议。第一次工地会议应包括下列 4 方面主要内容：人员介绍；承包人施工准备情况介绍；业主职能部门和办事程序说明；总监理工程师施工监理程序介绍和协调方式确定。

周例会和月度生产协调例会应符合相关规定要求，即业主、承包人和监理机构庆能过周例会和月度生产协调例会进行曲信息交流和沟通协调节器解决存在的问题；周例会和月度生产协调例会应在施工期内定期召开，周例会每周召开一次，月度生产协调例会每月召开一次；周例会应由总监理工程师、总监理工程师代表或专业监理工程师主持，承包人负责人、分包人负责人及其他有关人员应参加会议，业主代表可视情况参加会议；月度生产协调例会应由总监理工程师或业主主持，承包人负责人、分包人负责人、业主代表及其他有关人员应参加会议。周例会和月度生产协调例会应包括以下 10 方面主要内容：检查上次例会纪要落实情况，分析未落实的原因；检查工程进度情况，确定下一阶段进度目标；检查现场材料、构配件和设备供应情况，分析存在的质量问题；分析工程质量和工程技术方面的有关问题，明确主要改进措施；讨论工程费用核定及工程款支付中的有关问题；讨论工程变更、存在的主要问题；检查施工环境和施工安全等情况；讨论索赔问题；协调分包工程的管理；明确对进度计划和工程质量的要求等。周例会和月度生产协调例会应由专人记录并形成会议纪要，其内容应真实、简明扼要，会议纪要应由会议主持人签发并应附有参加会议人员签定表，纪要中提出的问题应在规定时间内予以解决。

专题会议应符合相关规定要求，即对施工专项问题监理机构应及时组织召开专题会议；专题会议应对发现的质量问题及时以纠正并对其他重大问题进行讨论；专题会议应由总监理工程师或专业监理工程师主持，业主代表、承包人负责人、分包人负责人及其他有关人员应参会议，必要时也可聘请有关专家参加会议；专题会议应由监理人员作好记录并形成会议纪要，由总监进工程师签发。

6）施工监理交底。监理机构应在第一次工地会议后、下达工程开工令前向承包人进行施工监量交底，其中心内容是贯彻《监理规划》和《监理实施细则》。施工监理交底应由总监理工程师或专业监理工程师主持。施工监理交底应包括以下 4 方面主要内容：有关法律、法规和技术标准等；《监理规划》和《监理实施细则》；监理工作内容和有关报表的填报要求；监理工作的基本程序和方法等。

（5）水运工程交工验收及保修期的监理工作

1）交工验收。交工验收应包括以下 8 方面主要内容：审查承包人的预验收申请报告；对全部完成或部分完成的工程进行预验收；审查承包人的交工验收报告或口音验收报告及其他有关交工资料；对申请交工程提出质量等级评价建议；审查承包人工程保修期的质量保证计划；审查交工结算；参加交工验收会议并签认"交工验收证书"或"中间验收证书"；提交监理工作总结报告。交工资料应真实、完整并符合档案管理要求，工程预验收应满足以下 3 条要求：施工合同范围内的全部工程已完成或根据业主要求部分工程已完成；施工中出现的质量缺陷已得到弥补；申请交工工程的整体尺寸、外观和质量满足有关要求。申请交工工程的质量等级评价应符合现行有关行业标准的规定。交工验收合格后监理机构应签认"交工验收证书"或"中期验收证书"。监理机构应对交工结算进行审查，协调处理工程费用的遗留问题，依据合同文件的规定扣留工程保修金。因特殊原因，部分单位工程和部分须甩项交工时，双方订立甩项交工协议，明确各方责任。

2）保修期监理。保修期监理应包括 5 方面主要内容：检查工程质量情况；审查或估算修复费用；审查承包人的补充资料；审查承包人的工程保修终止报告；签认"工程保修终止证书"。监理单位应配备必要的监理人员，定期检查工程质量。监理工程师应对工程缺陷发生的原因进行调查，对承包人原因造成的工程质量缺陷应责成承包人进行修复；对非承包人原因造成的工程质量缺陷，监理工程师应协助业主对修复工作进行费用估算。"工程保修终止证书"的签认应满足 2 个条件：保修期满，承包人已完成全部工程保修工作，工程质量符合规定并满足使用要求；工程已通过监理机构、业主、质监部门的联合检查和确认。

(6) 水运工程监理信息管理与资料管理的基本要求

1）信息管理。监理机构应对信息处理的收集、分类、处理、储存、传递和发布进行管理，可根据工程建设需要运用人工与计算机辅助管理相结全的手段建立信息管理系统。信息可按监理目标划分为质量控制信息、进度控制信息、费用控制信息和全同管理信息等。信息管理应建立信息收集、鉴别、整理和保存等管理制度，并对工程质量、进度、费用和合同等信息进行整理归类。

2）资料管理。监理资料主要应包括监理记录、监理月报和监理工作总结报告等。监理记录资料应包括 7 方面主要内容：各分项工程批准开工、质量检验和材料试验结果记录；重要部位或隐蔽工程的检验记录、照片、录像等；监理业务联系(通知)单；监理日记；旁站监理记录；平行试验资料；工地会议纪要等。监理月报资料应包括 7 方面主要内容：工程概况；工程质量情况；工程进度分析；工程款支付统计表；监理工作执行情况；对承包人要求；下月监理工作要点。监理工作总结报告应包括以下 8 方面主要内容，即工程概况；监理单位及监理工作起、止时间；关于工程质量、进度、费用控制及合同管理的执行情况；分项、分部、单位工程质量评估；工程费用分析；对工程建议中存在问题的处理意见和建议；对工程的使用要求；照片或录像。监理单位的监理资料归档应包括 12 类资料：监理合同和平共处施工合同；《监理规划》和《监理实施细则》；与业主、设计单位和承包人的往来文件；会议纪要、监理业务联系(通知)单；质量控制资料及质量事故处理报告；"隐蔽/分项工程质量报验单"和"单位工程质量评定表"；专题报告；工程费用控制资料；监理月报；工程质量评价建议；监理工作总结报告；工程交工验收资料及"交工验收证书"或"中间验收证书"等。监理机构应向业主提供 7 方面主要资料：《监理规划》和《监理实施细则》；与业主、设计单位和承包人的往来文件；会议纪要、监理业务联系(通知)单；专题报告；监理月报；工程质量评价建议；监理工作总结报告等。

13.6　公路工程施工监理的特点及基本要求

(1) 公路工程施工监理的宏观要求

公路工程施工监理制度的实施是公路工程监理工作标准化、规范化的前提。实施工程监理制度的公路工程项目的施工监理及养护工程监理均应遵守相关监理要求。公路工程监理机构应依据 7 类法律、法规、文件开展工作：国家和地方法律、法规；国家和行业、地方有关标准、规范、规程；监理合同；施工合同；工程前期有关文件；工程设计文件和图纸；工程实施过程中有关的函件。工程项目监理合同必须明确双方职责与权限。监理单位应依据相关规范规定，按照监理合同约定的职责与权限，对工程质量、安全、环保、费用、进度实施监督管理。建设单位必须严格执行国家工程建设质量管理、安全生产、环境保护等法规，创造合法、规范、有序的监理工作环境。公路工程施工监理应符合国家及行业现行的有关标准、规范的规定。公路工程监理是指监理人员依据监理合同对工程质量、安全、环保、费用、进度实施的监督和管理活动。监理单位是指具有法人资格并取得交通主管部门颁发的公路工程施工监理资质证书的企业。监理机构是指由监理单位派出并代表监理单位履行监理合同的现场监理组织。监理工程师是指监理机构中具有交通运输部核准的公路工程监理工程师或专业监理工程师资格的人员统称为监理工程师。监理工程师和监理机构中的相关专业技术人员统称为监理人员。总监理工程师是指具有交通运输部公路工程监理工程师资格，经项目建设单位同意，在监理机构中负责项目工程全部监理工作的总负责人。驻地监理工程师是指具有交通运输部公路工程监理工程师资格，经总监理工程师授权，负责项目部分工程监理工作的驻地监理负责人。监理计划是指由总监理工程师主持编制、在监理合同期内开展监理工作的指导性文件。监理细则是指根据监理计划，针对技术复杂、专业性较强的分项、分部工程或监理工作的某一方面，由驻地监理工程师主持编写、经总监理工程师批准的操作性文件。巡视是指监理人员对施工现场进行的经常性巡回检查活动。旁站是指监理人员在施工现场对某一具体的工序、工艺或部位施工全过程进行的监理。试验工程是指为确认施工方案、获取控制参数所进行的试验路段或工程部位。标准试验是指工程开工前为确定工程材料的最佳组合（如含水量、级配、配合比等），建立施工控制和检验标准所进行的试验。自检是指施工单位按合同技术规范规定的项目和频率对工程材料、构、配件、设备或工程实体进行的旨在检查、评价质量合格与否的试验、检测。公路机电工程监理是指公路监控、通信、收费、供配电、照明、隧道机电系统等工程的监理。公路机电工程试运行期是指机电工程完工至交工验收之间，调整系统运行参数使之处于最佳工作状态、检验系统设备工作稳定性的时期。

1）监理机构设置。高速和一级公路可设置二级监理机构，即总监理工程师办公室（简称总监办）和驻地监理工程师办公室（简称驻地办）。开工里程在20km以下的宜设置一级监理机构，即总监办。二级及二级以下公路和养护工程可根据工程规模、难易程度、合同工期安排、现场条件等因素设置一级或二级监理机构。公路机电工程可设置一级监理机构。

2）监理人员配备。监理机构中监理人员的数量和结构应根据监理内容、工程规模、合同工期、工程条件和施工阶段等因素，按保证对工程实施有效监理的原则确定。高速公路、一级公路工程每年每5000万元建安费宜配备交通运输部核准资格的监理工程师1名；独立大桥、特长隧道工程每年每3000万元建安费宜配备交通运输部核准资格的监理工程师1名。根据工程特点和实际需要，上述配置可在0.8~1.2的系数范围内调整。高速公路机电工程，每50km每系统宜配备交通运输部核准资格的监理工程师1名，根据工程情况，如系统复杂或隧道机电工程内容较多，可适当增加。如遇重大工程变更等情况，上述人员配备应根据需要进行调整，并就工程内容的变化、人员的调整事宜签订补充合同。总监办应配备1名总监理工程师和若干名专业监理工程师。总监理工程师应具有相应专业的高级技术职称、5年以上的现场工程监理经历、担任过两项以上同类工程的驻地或总监职务。驻地办应根据工程复杂程度配备1~2名驻地监理工程师和若干名专业监理工程师。驻地监理工程师应具有相应专业的中级或高级技术职称、同类工程3年以上监理经历。

3）职责划分。当采用二级监理机构和监理总承包时应由中标的监理单位划分各级监理机构及监理人员的职责和权限；当对监理机构分别招标时应由建设单位划分确定监理机构各自的职责和权限。

4）总监办的主要职责。总监办的主要职责有以下 8 个，即主持编制监理计划；主持召开监理交底会、第一次工地会议；按合同要求建立中心试验室；审批施工组织设计及总体进度计划、重要工程材料及混合料配合比；签发支付证书、合同工程开工令、单位或合同工程的暂停令和复工令；审核变更单价和总额以及延期和费用索赔；协助建设单位审查交工验收申请，评定工程质量；组织编写监理月报、编制监理竣工文件、编写监理工作报告。

5）驻地办主要职责。驻地办主要职责有以下 10 个，即主持编制监理细则；主持召开工地会议；按合同要求建立驻地试验室；审批一般工程原材料和混合料配合比、施工单位的机械设备、施工方案；审批施工单位测量基准点的复测、原地面线测量及施工放线成果；审批分项工程开工申请，签发分项和分部工程暂停令和复工令；日常巡视、旁站、抽检，并做好记录；核算工程量清单，负责对已完工程进行计量；组织分项、分部工程中间验收和质量评定，签发中间交工证书；审批月进度计划，编写合同段监理工作报告。

6）监理阶段划分。公路工程施工监理阶段划分为施工准备、施工、交工验收与缺陷责任期 3 个阶段。监理合同签订之日至合同工程开工令确定的开工之日为施工准备阶段；合同工程开工之日至合同工程交工验收申请受理之日为施工阶段；合同工程交工验收申请受理之日至缺陷责任终止证书签发之日为交工验收与缺陷责任期阶段。公路机电工程监理应增加试运行期阶段。

（2）公路工程施工准备阶段的监理工作

1）准备工作。准备工作包括配备试验室设备、熟悉合同文件、调查施工环境条件、编制监理计划、编制监理细则。即总监办中心试验室应按监理合同要求配备常规的试验检测设备，驻地办试验室应按监理合同要求配备现场抽查常用的试验检测设备；监理机构应组织监理人员熟悉相关规范规定的有关法律、法规、文件，当发现有关文件不一致或有错误时应及时书面报告建设单位；监理工程师应对施工合同约定的施工条件进行调查，掌握有关情况；总监理工程师应在合同规定的期限内主持编制监理计划并按合同规定报批后执行；驻地监理工程师应根据监理计划在相应工程开工前主持编制监理细则，明确监理的重点、难点、具体措施及方法步骤，经总监理工程师批准后实施。监理计划应明确监理目标、依据、范围和内容，监理机构各部门及岗位职责，监理人员和设备的配备及进退场计划，监理方案，监理制度，监理程序及表格，监理设施等。

2）监理工作内容。监理工作内容包括参加设计交底、审批施工组织设计、检查保证体系、审核工地试验室、审批复测结果、验收地面线、审批工程划分、确认场地占用计划、核算工程量清单、签发开工预付款支付证书、召开监理交底会、召开第一次工地会议、签发合同工程开工令。监理工程师应参加设计交底，掌握本工程的设计意图、设计标准和要点；熟悉对材料与工艺的要求，施工中应特别注意的事项，以及对施工安全、环保工作的要求等；澄清有关问题，收集资料并记录。总监理工程师应在合同规定的期限内及时审批施工单位提交的施工组织设计，重点包括施工组织设计的审批手续是否齐全有效；施工质量、安全、环保、进度、费用目标是否与合同一致；质量、安全和环保等保证体系是否健全有效；安全技术措施、施工现场临时用电方案及工程项目应急救援抢险方案是否符合要求；施工总体部署与施工方案和安全、环保等应急预案是否合理可行。技术复杂或采用新技术、新工艺或在特殊季节施工的分项、分部工程和危险性较大的分部工程，应要求施工单位编制专项施工方案，并由驻地监理工程师审核，总监理工程师批准后实施。监理工程师应检查施工单位质量、安全和环保等保证体系是否落实，重点检查项目经理、技术负责人、工地试验室负责人的资格及质量、安全、环保人员的履约情况。监理工程师应审核施工单位工地试验室的人员、设备和试验检测能力是否满足合同要求，管理制度是否健全。监理工程师应对施工单位提交的原始基准点、基准线和基准高程的复测结果进行审核和平行复测，当双方复测结果一致并满足规范要求时监理工程师应在合同规定的期限内批复。监理工程师应监督施工单位在原始地面线未被扰动前测定地面线并对测定结果进行抽测，抽测频率应能判定施工单位测定结果是否真实可靠且不低于施工单位测点的 30%，监理工程师应对施工单位提交的土石方工程量计算资料进行审核。总监理工程师应于总体工程开工前对施工单位提交的分项、分部、单位工程划分予以批复并报建设单位备案。监理工程师应对施工单位提交的场地占用计划及临时增减的用地计划予以确认并及时提交建设单位。监理工程师应对工程量清单复核结果进行核算。总监理工程师应在施工单位提交了开工预付款担保后，按合同规定的金额签发开工预付款支付证书，报建设单位审批。总监理工程师应在合同工程开工前主持召开由施工单位项目经理、技术负责人及相关人员参加的监理交底会，介绍监理计划的相关内容。总监理工程师应主持召开第一次工地会议，会议的组织和要求应符合相关规范规定。监理工程师收到施工单位提交的合同工程开工申请后应对合同工程的开工条件进行核查，具备开工条件的由总监理工程师签发合同工程开工令并报建设单位备案。

（3）公路工程施工阶段的监理工作

1）质量监理。质量监理包括审查工程分包、审批施工测量放线、审批工程原材料与混合料、审查施工组织及人员配备、审查施工机械设备、审查施工方案及主要工艺、审批分项/分部工程的开工申请、验收构/配件或设备、巡视、旁站、抽检、关键工序签认、质量事故处理、中间交工验收、质量评定。

监理工程师应按相关规范规定对工程分包进行审查。监理工程师应检查施工单位使用的测量仪器是否按规定进行了校准，审查其提交的施工测量放线数据、图表及放线成果并予以批复。监理工程师应对从基准点引出的工程控制桩进行复测，对施工放线的重点桩位 100%复测，其他桩位不低于 30%抽测。监理工程师应审查施工单位申报的原材料、混合料试验资料，对原材料应独立取样进行平行试验；对混合料可在施工单位标准试验的基础上进行试验验证，必要时做标准试验，在合同规定的期限内予以批复。监理工程师应对施工单位申请使用的商品混凝土或商品混合料配合比进行审查，并进行试验验证。分项工程开工前监理工程师应审查该分项工程的施工组织，包括项目负责人、技术负责人及质量、安全、环保等施工管理、自检人员及主要施工操作人员的配备是否符合合同要求并满足施工需要。监理工程师应审查施工单位进场的施工机械设备是否满足合同要求，重点审查机械设备是否满足施工质量、安全、环保、进度等要求。施工单位如使用合同约定外的施工机械设备，监理工程师应要求施工单位另行提出使用申请。监理工程师应审查施工单位提交的分项、分部工程的施工方案及主要工艺，对技术复杂或采用新技术、新工艺、新材料、新设备的工程，应根据试验工程结果进行审批。监理工程师应要求施工单位提交分项、分部工程的开工申请，在合同规定的时间内重点按相关规范规定审查其是否具备开工条件，以确定是否批复其开工申请。

对施工单位外购或订做用于永久工程的构、配件或设备，监理工程师应要求施工单位提交产品合格证和自检报告，可采用常规仪器设备进行检测的监理工程师应按不低于施工单位自检频率的20%进行抽检，合格后方可准予使用。监理人员应重点巡视正在施工的分项、分部工程是否已批准开工；质量检测、安全管理人员是否按规定到岗；特种作业人员是否持证上岗；现场使用的原材料或混合料、外购产品、施工机械设备及采用的施工方法与工艺是否与批准的一致；质量、安全及环保措施是否实施到位；试验检测仪器、设备是否按规定进行了校准；是否按规定进行了施工自检和工序交接。监理人员每天对每道工序的巡视应不少于1次并按规定格式详细做好巡视记录。监理人员应对试验工程、重要隐蔽工程和完工后无法检测其质量或返工会造成较大损失的工程进行旁站，宜旁站的项目参考相关规范。旁站监理人员应重点对旁站项目的工艺过程进行监督，并对相关规范规定的内容进行检查，对发现的问题应责令立即改正；当可能危及工程质量、安全或环境时应予制止并及时向驻地监理工程师或总监理工程师报告。旁站监理人员应按规定的格式如实、准确、详细地作好旁站记录。旁站项目完工后，监理工程师应组织检查验收，验收合格方可进行下道工序施工。监理工程师应按规定重点对施工过程中使用的水泥、钢材、沥青、石灰、粉煤灰、砂砾、碎石等主要原材料及各种混合料进行抽检，抽检频率应不低于施工单位自检频率的20%，其余材料应不低于10%；对已完工程实体质量的抽检频率应不低于施工单位自检频率的20%；监理工程师对材料或工程的质量有怀疑时应进行进一步的判定。完工后无法检验的关键工序须经监理工程师签认并留存相应的图像资料，未经签认不得进行下道工序施工。当发生可由监理机构处理的质量缺陷、质量隐患时监理工程师应立即向施工单位发出工程暂时停工指令，并要求其立即书面报告质量缺陷、质量隐患的发生时间、部位、原因及已采取的措施和进一步处理方案；监理工程师应对处理方案进行审核后报建设单位批准，对处理方案的实施进行监理并予以验收，处理合格、隐患消除的可发出复工指令。当发生不属于监理机构处理的质量事故时，监理工程师应要求施工单位按规定速报有关部门，监理机构应和施工等单位一起保护事故现场，抢救人员和财产，防止事故扩大，积极配合调查。对加固、返工或重建的工程，除特殊规定外，应视同正常施工工程进行监理。总监办应建立专门台账，记录质量事故发生、处理和返工验收的过程和结果。监理工程师收到分项工程中间交工申请后，应检查各道工序的施工自检记录、交接单及监理工程师签认的关键工序的交接单；检查分项工程的质量自检和质量等级评定资料；检查质量保证资料的完整性。驻地办应按合同规定对交工的分项工程进行质量等级评定并签发《中间交工证书》。监理工程师应按有关规定及时对已完工程进行质量评定。

2）施工安全监理。工程开工前监理工程师应审查施工单位编制的施工组织设计中的安全技术措施或专项施工方案是否符合强制性标准，审查合格后方可同意工程开工。审查重点主要有以下8个：安全管理和安全保证体系的组织机构，包括项目经理、专职安全管理人员、特种作业人员配备的数量及安全资格培训持证上岗情况；是否制订了施工安全生产责任制、安全管理规章制度、安全操作规程；施工单位的安全防护用具、机械设备、施工机具是否符合国家有关安全规定；是否制订了施工现场临时用电方案的安全技术措施和电气防火措施；施工场地布置是否符合有关安全要求；生产安全事故应急救援预案的制订情况，针对重点部位和重点环节制订的工程项目危险源监控措施和应急预案；施工人员安全教育计划、安全交底安排；安全技术措施费用的使用计划。

监理工程师应审查分包合同中是否明确了施工单位与分包单位各自在安全生产方面的责任。监理工程师在巡视、旁站过程中应监督施工单位按专项安全施工方案组织施工，若发现施工单位未按有关安全法律、法规和工程强制性标准施工，违规作业时，应予制止。对危险性较大的工程作业等要定期巡视检查，如发现安全事故隐患，应立即书面指令施工单位整改；情况严重的应签发《工程暂停令》要求施工单位暂停施工，并及时报告建设单位。施工单位拒不整改或者不停止施工的，监理工程师应及时向有关主管部门报告。督促施工单位进行安全生产自查工作、落实施工生产安全技术措施，参加施工现场的安全生产检查。建立施工安全监理台账，监理机构应建立施工安全监理台账并由专人负责，监理人员应将每次巡视、检查、旁站中发现的涉及施工安全的情况、存在的问题、监理的指令及施工单位处理的措施和结果及时记入台账，总监理工程师和驻地监理工程师应定期检查施工安全监理台账记录情况。分项、分部工程交工验收时，如安全事故的现场处理未完成，不得签发《中间交工证书》。

3）施工环境保护监理。监理工程师应审查施工组织设计是否按设计文件和环境影响评价报告的有关要求制订了施工环境保护措施，审查合格后方可同意工程开工。监理工程师在巡视、旁站中应随时检查施工单位制订的环境保护措施的落实情况，检查的主要内容主要有以下9项：是否落实了施工环境保护责任人；是否对施工人员进行了环保教育；施工场地的布设是否符合相关环保要求；职业危害的防护措施是否健全；施工现场(含临时便道、拌和站、预制场等)和料场等是否洒水防尘；是否按有关要求采取降噪措施；材料堆场设置环境的合理性及采取措施减少运输漏洒情况；施工废水、渣土、生活污水、垃圾的处置是否合理；是否按照批准在拟定的取弃土场取弃土，取土结束后是否采取了有效的排水防护和植被恢复措施。如发现施工中存在违反有关环保规定、未按合同要求落实环保措施的情况，监理工程师应书面指令施工单位整改；情况严重的应签发《工程暂停令》要求施工单位暂时停工，并及时报告建设单位。施工中发现文物时，监理工程师应要求施工单位依法保护现场，并报告有关部门和建设单位。监理工程师应要求施工单位依法取得砍伐许可后方可按照砍伐许可的面积、株数、树种进行砍伐，并注意保护野生动物、植物。

4）费用监理。监理工程师必须以质量合格、手续齐全，且符合安全和环保要求，作为计量与支付的先决条件，未经监理工程师批准不得支付。监理工程师在计量与支付时应符合合同规定，并做到客观、公正、准确、及时，计量与支付的项目与数量应不漏、不重、不超。对实体质量合格，存在外观质量缺陷但不影响使用和安全的工程，监理工程师可依据合同规定折减计量与支付，并报建设单位批准。监理工程师应建立计量与支付台账，根据施工单位申请和有关规定及时登账记录，实行动态管理，当有较大差异时应报建设单位。监理工程师收到施工单位计量申请后应及时计量，对路基基底处理、结构物基础的基底处理及其他复杂、有争议需要现场确认的项目，应会同建设、设计、施工等单位现场计量。监理工程师须依据相关规范规定和经监理工程师签发的《中间交工证书》及核定的工程量清单资料进行计量。监理工程师应对施工单位提交的工程支付申请进行审核，确认无误后签发支付证书并报建设单位。

5）进度监理。进度监理应在确保质量和安全的基础上以计划控制为主线进行。监理工程师应要求施工单位按时提交进度计划，严格进度计划审批，及时收集、整理、分析进度信息，发现问题及时按照合同规定纠正。监理工程师应要求施工单位在合同规定的期限内编制并提交进度计划。进度计划应有文字说明、进度图表和保证措施等。总体进度计划中宜绘制网络图，标注关键路线和时间参数。总体进度计划和月进度计划中应绘制资金流量S曲线图。监理工程师应在合同规定的期限内审批是施工单位提交的进度计划。总体进度计划应由总监理工程师审批；月进度计划等应由驻地监理工程师审核并报总监办。经批准的进度计划作为进度监理的依据。监理工程师应根据进度计划检查工程实际进度，并通过实际进度与计划进度的比较对每月的工程进度进行分析和评价，评价结论写入工程监理月报。对总体工程进度起控制作用的分项工程的实际工程进度明显滞后于计划进度且施工单位未获得延期批准时，监理工程师必须签发监理指令，要求施工单位采取措施加快工程进度。需要调整进度计划的，调整后的工程进度计划必须报监理工程师重新审核。施工单位获得延期批准后，监理工程师应要求施工单位根据延期批复调整工程进度计划。调整后的工程进度计划应报监理工程师审批。由于施工单位自身原因造成工程进度延误，在监理工程师签发监理指令后施工单位未有明显改进，致使合同工程在合同工期内难以完成时，监理工程师应及时向建设单位提交书面报告，并按合同规定处理。建设单位或施工单位提出工程进度重大调整时应按合同或签订的补充合同执行。

6）合同其他事项管理。合同其他事项管理工作包括工程变更、工程延期、费用索赔、价格调整和计日工、工程暂停、工程复工、工程分包、工程保险、违约处理、争端协调等。

施工单位要求工程变更时应提交变更申报单，报监理工程师审核，按施工合同要求须由建设单位批准的隐蔽工程的变更，还应会同建设、设计、施工等单位现场共同确认；建设单位要求工程变更时，监理工程师应按施工合同规定下达工程变更令。变更费用应按施工合同约定计算，合同未约定的应由合同双方协商确定。监理工程师应对符合合同规定的延期意向或事件做好现场调查和记录，在施工单位提出正式延期申请后，对延期原因、发展情况、结果测算等资料进行审核并报建设单位。监理工程师应对施工单位提出的符合合同规定条件的费用索赔意向和申请予以受理，对索赔发生的原因、发展情况、结果测算等资料进行审核，审核后应编制费用索赔报告建设单位。价格调整和计日工应由监理工程师按合同规定予以核定。监理工程师签发的工程暂停令应明确工程暂停范围、期限及工程暂停期间施工单位应做的工作，并报建设单位。施工单位原因引起的工程暂停需复工时监理工程师应要求施工单位提出复工申请并签发复工指令。非施工单位原因引起的工程暂停，在暂停原因消失后具备复工条件时，监理工程师应及时签发复工指令。监理工程师应当加强对施工单位工程分包的管理，按合同规定对工程分包计划和协议进行审查，报建设单位批准；监理工程师发现有非法分包、转包时应指令施工单位纠正并报告建设单位。监理工程师应根据合同规定，对工程保险办理情况进行检查。监理工程师认为违约事件可能发生时应及时提示施工单位和建设单位；违约事件已发生时监理工程师应调查分析、掌握情况并依据合同规定和有关证据评估损失提出处理意见。监理工程师应受理争端一方或双方提出的协调申请并及时调查和收集相关资料、提出解决建议、对双方进行调解；仲裁或诉讼时监理工程师有义务作为证人向仲裁机关或法院提供有关证据。

（4）公路工程交工验收与缺陷责任期的监理工作

1）审查交工验收申请。监理工程师应按合同及有关规定要求，审查施工单位提交的合同工程交工验收申请。重点检查合同约定的各项内容的完成情况、施工自检结果、各项资料的完整性、工程数量核对情况、工程现场清理情况等。

2）评定工程质量与编制监理工作报告。监理工程师应及时汇总、整理监理资料，对工程的质量等级进行评定，按有关规定编制监理工作报告，并提交建设单位。

3）参加交工验收。监理工程师应参加建设单位组织的合同工程交工验收，接收对监理独立抽检资料、监理工作报告及质量评定资料的检查，协助建设单位检查施工单位的合同执行情况，核对工程数量，评定各合同段的工程质量。

4）签认交工结账证书。合同工程交工验收证书签发后监理工程师应认真审核施工单位提交的合同工程交工结账单，并在规定期限内签认合同工程交工结账证书，报建设单位批准。

5）缺陷责任期的监理。在合同工程的缺陷责任期内，监理工程师应检查施工单位剩余工程的实施情况；巡视检查已完工程；记录发生的工程缺陷，指示施工单位进行修复，并对工程缺陷发生的原因、责任及修复费用进行调整、确认；督促施工单位按合同规定完成竣工资料。

6）签发缺陷责任终止证书。在合同工程缺陷责任期结束，收到施工单位向建设单位提交的终止缺陷责任的申请后，监理工程师应进行检查。符合条件时，经建设单位同意，监理工程师应在合同规定的时间内签发合同工程缺陷责任终止证书，并按规定向建设单位提交缺陷责任期监理工作总结。

7）签认最后支付证书。监理工程师收到施工单位提交的最后结账单及所附资料后应进行审核。审核后的最后结账单经施工单位认可后，由总监理工程师签认并报建设单位审批。

8）参加工程竣工验收。监理单位应参加工程竣工验收工作，负责提交监理工作报告，提供工程监理资料，配合竣工验收检查工作。

（5）公路工程施工工地会议的基本要求

1）工地会议的形式及记录。工地会议按召开时间、内容及参加人员的不同分为第一次工地会议、工地例会、专题工地会议三种形式。工地会议应由主持单位作好记录，会议形成的纪要应由参加单位确认并可作为合同文件的一部分，会议中决定执行的有关事项仍应按规定的监理程序办理。

2）第一次工地会议。第一次工地会议应在工程正式开工前召开；总监办应事先将会议议程及有关事项通知建设单位、施工单位及其他有关单位并做好会议准备；会议应由总监理工程师主持，建设单位、施工单位法定代表人或授权代表必须出席；各方在工程项目中担任主要职务的人员及分包单位负责人应参加会议；第一次工地会议应邀请质量监督部门参加。第一次工地会议上各方应介绍各自的人员、组织机构、职责范围及联系方式；建设单位应宣布对监理工程师烦的授权；总监理工程师应宣布对驻地监理工程师授权；施工单位应书面提交对工地代表(项目经理)的授权书；施工单位应陈述开工的各项准备情况；监理工程师应就施工准备以及安全、环保等予以评述；建设单位应就工程占地、临时用地、临时道路、拆迁、工程支付担保情况以及其他与开工条件有关的内容及事项进行说明；监理单位应就监理工作准备情况以及有关事项作出说明；监理工程师应就主要监理程序、质量和安全事故报告程序、报表格式、函件往来程序、工地例会等进行说明；总监理工程师应进行会议小结，明确施工准备工作还存在的主要问题及解决措施。开工条件具备的可下达开工令。

3）工地例会。工地例会应由总监理工程师或驻地监理工程师主持，宜每月召开一次，建设单位代表和施工单位现场主要负责人及三方有关人员参加。会议应检查上次会议议定事项的落实情况，并就工程质量、安全、环保、费用、进度及合同其他事项等进行讨论，提出解决问题的措施并确定下一步工作的具体安排和要求。

4）专题工地会议。专题工地会议由监理工程师主持，根据工程需要及时召开，建设单位代表和施工单位代表及其他有关人员参加，必要时应邀请有关专家参加。会议对施工期内出现的工程质量、安全、环保、费用、进度及合同管理等方面的重点、难点和需要协调的问题进行研讨，并提出明确的解决方案和落实措施。

（6）公路工程施工监理文件与资料管理的基本要求

1）监理文件与资料管理。监理机构应建立健全监理文件与资料管理制度，并应根据工程建设需要建立文件资料的计算机管理系统，对文件资料进行管理。监理工程师应建立材料、试验、测量、计量支付、工程变更、安全、环保等各项台账。监理文件与资料应及时整理，分类有序、系统、完善、妥善存放和保管。监理资料应内容完整、填写认真、审批意见与签认齐全。

2）监理文件与资料内容。监理文件与资料包括监理管理文件、质量监理文件、施工安全监理与环保监理文件、费用监理文件、进度监理文件、合同管理文件及工程监理月报、监理工作报告、监理日志、会议纪要、巡视记录、旁站记录、监理工作指令、工程变更令、工程分项开工的申请批复、试验抽检的原始记录等。监理管理文件与资料包括监理计划、监理细则等。质量监理文件与资料包括质量监理措施、规定及往来文件、试验检测资料、监理抽检资料、交工验收工程质量评定资料。施工安全监理与环保监理文件应包括安全管理的规章制度、措施、会议记录、检查结果、安全事故的有关文件及施工环境保护规划、环境保护措施、环境保护检查等。费用监理文件与资料包括各类工程支付文件、工程变更有关费用审核工作、工程竣工决算审核意见书等。进度监理文件与资料包括进度计划审批、检查、调整有关文件；工程开工/复工令及工程暂停令等。合同管理文件与资料包括施工单位办理保险的有关文件、延期索赔申请、分包资质资料、延期和索赔的批准文件、价格调整申请及批准文件等。监理工程师每月应向建设单位和上级监理机构报送工程监理月报，其内容包括本月工程概述，工程质量、进度、安全、环保、支付、合同管理的其他事项，合同执行情况，存在的问题，本月监理工作小结等。工程结束时，监理工程师应提交监理工作报告，其内容包括工程基本情况，监理机构及工作起止时间，投入的监理人员、设备和设施。关于工程质量、安全、环保、费用、进度监理及合同管理执行情况，分项、分部、单位工程质量评估，工程费用分析，工程建设中存在问题的处理意见和建议。

3）监理文件与资料归档。监理归档文件必须完整、准确、系统地反映工程监理活动的全过程。监理文件归档与保存应符合国家及部、省主管部门的有关规定。不列入归档的监理文件与资料也应分类整理，与工程直接相关的文件资料，竣工后移交建设单位保管。

（7）公路机电工程监理的基本要求

1）公路机电工程施工准备阶段监理。公路机电工程施工准备阶段监理包括监理工作条件准备、检测仪器/仪表准备、监理工作准备、阶段性监理工作、签发合同工程开工令等。监理单位应按合同约定安排监理人员进场，进行驻地建设，并应按相关规范的相关规定开展监理工作。监理机构应按合同要求配备机电工程监理的常规检测仪器、仪表，并制订进场计划。监理机构应组织监理人员熟悉合同文件、进行施工条件调查，总监理工程师应在合同规定的期限内主持编制监理计划和监理细则。监理机构应按照相关规范进行施工准备阶段监理工作，包括参加设计交底、审批施工组织设计、检查质保体系落实情况、审批工程划分、核算工程量清单、签发开工预付款支付证书、召开监理交底会、召开第一次工地会议。监理工程师应审查施工单位提交的工程开工申请单，具备开工条件时，总监理工程师应签发工程开工令并报建设单位备案。

2）公路机电工程施工阶段监理。公路机电工程施工阶段监理包括检验进场设备/材料及软件、厂检、应用软件开发监理、审核施工机具、审批分项/分部工程的开工申请、巡视、旁站、质量事故处理、隐蔽工程的验收、安装验收、施工安全监理、费用监理、进度监理、审批系统测试大纲、检查测试仪器/仪表、系统检验测试、合同其他事项管理、工地会议、监理月报、审查完工申请、参加完工验收等。

监理工程师应审查进场的设备、材料是否符合合同要求，是否具有产品检验合格证、质量检验单和出厂合格证；进口设备、材料还应提交商检部门的检验合格证书；进场的计算机平台软件应具有软件拷贝、说明书和最终用户的授权文件。经监理工程师检验不合格的设备、材料、软件，必须清退出场，不得在工程中使用。对施工现场不具备检测条件或无法进行现场检测的主要设备、材料，监理工程师应到生产厂监督检测，监督检测频率不得低于15%，当设备数量少于等于 3 台件时宜逐台检测。监理机构应审批施工单位提交的机电工程应用软件的需求分析、概要设计、详细设计和测试大纲，应用软件必须经测试合格后方可进行安装。监理工程师应审核施工单位使用的施工机具是否符合合同约定。监理工程师应审查施工单位提交的分项、分部工程的开工申请，具备开工条件的应批准开工。监理人员应重点巡视正在施工的分项、分部工程是否经批准开工；质量、安全、测试人员是否按规定到岗；特种作业人员是否持证到岗；现场使用的设备、材料、施工机具及采用的施工方法与工艺是否与批准的一致；质量、安全措施是否落实到位；测试仪器、仪表是否按规定进行了校准；是否按规定进行了施工自检和工序交接。监理人员每天对每道工序的巡视应不少于 1 次并按规定格式详细做好巡视记录。监理人员应对重要工程施工、隐蔽工程和完工后无法检测其质量或返工会造成较大损失的工程进行旁站，宜旁站的项目见相关规范。旁站监理人员应重点对旁站项目的工艺过程进行监督，对发现的问题应责令施工单位立即改正；当可能危及工程质量、安全时，应予以制止并及时向总监理工程师报告。旁站监理人员应按规定格式如实、准确、详细地做好旁站记录。旁站项目完工后，监理工程师应组织检查验收，验收合格的方可进行下道工序。发生机电工程质量事故时，监理工程师应按相关规范规定处理。隐蔽工程完工后，施工单位提出申请，监理工程师应及时进行专项验收。监理工程师应对施工单位安装完工并自检合格的单位、分部或分项工程设备、线缆安装的质量、数量、位置、工艺进行验收，经验收合格的工程由总监理工程师签发安装验收合格证书，未经安装验收或验收不合格的工程不得进行调试工序。监理工程师应检查施工单位供配电、高空作业等施工安全保证措施的落实情况，督促施工单位设备安装、光电缆布设、设备基础施工等执行安全生产要求。监理工程师应按相关规范的规定实施费用监理，设备、材料报验资料不完整、手续不完备、安装验收资料不齐全的工程项目应暂不予计量。监理工程师应按相关规范规定实施进度监理。监理工程师应按合同约定的系统功能、技术指标等内容审批施工单位提交的系统测试大纲。监理工程师应检查施工单位使用的测试仪器、仪表是否按规定进行了校准。施工单位按测试大纲完成自测并提交自测报告后可由监理工程师主持现场系统检验测试，受条件限制无法进行的单机测试项目可使用厂验检测数据，监理工程师应对系统测试的各项指标是否合格作出结论。监理工程师应按相关规范规定处理工程变更、延期、费用索赔等事项。工地会议应按相关规范规定进行。监理月报的编报应按相关规范规定进行。监理工程师应审查施工单位提交的完工申请，具备完工条件的合同工程，应建议建设单位组织完工验收。监理工程师应参加完工验收并签署意见。

3）公路机电工程试运行阶段监理。公路机电工程试运行阶段监理包括检查遗留问题的整改、检查系统试运行情况、核查专用工具/备品/备件、审查交工申请与合同工程质量评定等。监理工程师应检查、督促施工单位按照完工验收提出的问题和意见进行整改落实。监理工程师应巡视系统的试运行情况并作好巡视记录，应重点检查试运行人员的值班记录、系统工作情况，对发现的问题应要求施工单位及时回应、整改。监理工程师应核查施工单位提供专用工具、备品、备件的质量、数量是否符合合同约定。监理工程师应审查施工单位提交的交工申请，对具备交工验收条件的应及时进行合同工程的质量评定。

4）公路机电工程缺陷责任期监理。公路机电工程缺陷责任期监理包括检查遗留问题的整改、缺陷责任期的监理、竣工文件整理等。监理工程师应检查、督促施工单位按照交工验收提出的问题和意见进行整改落实，并予以验收。监理工程师应检查、督促施工单位对缺陷责任期内发生的设备缺陷及时修复，并重新界定相应设备的缺陷责任期。监理工程师应按相关规范规定整理监理文件与资料，并督促施工单位编制和整理竣工资料。

公路工程监理的相关表格见表 13-6-1~表 13-6-7。

表 13-6-1　公路工程监理旁站工序/部位一览表

单位工程	分 部 工 程	分 项 工 程	旁站工序或部位
路基工程	路基土石方工程	软土地基处治（碎石桩、塑排桩、粉喷桩等）	试验工程
		土工合成材料处治层	试验工程
	大型挡土墙	基础	混凝土浇筑
路面工程	路面工程	底基层、基层、垫层、联结层	试验工程
		沥青面层	试验工程
		水泥混凝土面层	试验工程、摊铺
桥梁工程	基础及下部构造	桩基	试桩、钢筋笼安放、混凝土浇筑
		地下连续墙	混凝土浇筑
		沉井浇筑顶板混凝土	定位、下沉、浇筑封底混凝土
		桩的制作、墩台帽、组合桥台	张拉、压浆
	上部构造预制和安装	预应力筋的加工和张拉	张拉、压浆
		转体施工拱	桥体预制、接头混凝土浇筑
		吊杆制作和安装	穿吊杆、预应力束张拉、压浆
	上部构造现场浇筑	预应力筋的加工和张拉	张拉、压浆
		主要构件浇筑、悬臂浇筑	主梁段混凝土浇筑、压浆
		劲性骨架混凝土拱、钢管混凝土拱	混凝土浇筑
	总体、桥面系和附属工程	桥面铺装	试验工程
		钢桥面板上沥青混凝土面层	试验工程、面层铺筑
		伸缩缝安装、大型伸缩缝安装	首件安装
隧道工程	洞身衬砌	初期支护	试验工程
		混凝土衬砌	试验工程
	隧道路面	基层、面层等	同路面工程基层、面层
	辅助施工措施	小导管周壁预注浆、深孔预注浆	注浆
交通安全设施	防护栏	混凝土护栏	首段混凝土浇筑

注：互通立交工程各分部、分项工程须旁站的工序同主线各相应分项工程的规定。

266

表 13-6-2　机电工程监理旁站工序/部位一览表

单位工程	分部工程	分项工程	规定旁站工序
机电工程	监控设施	2.1 车辆检测器	首个线圈布设、控制机箱安装
		2.2 气象检测器	首个基础施工、首件设备安装
		2.3 闭路电视监视系统	首个外场立柱基础施工、首个外场设备安装、首条视频电缆布放、室内设备以中心(分中心)为单位的安装
		2.4 可变标志	可变情报板、首个可变标志基础施工,首个可变标志外场安装
		2.5 光、电缆线路	开盘测试、前 5 条光、电缆布设施工
		2.6 监控中心设备安装及软件调测	设备平面位置确定
		2.7 地图板	拼接安装、调试
		2.8 大屏幕投影系统	屏幕拼接安装、调试
		2.9 计算机监控软件与网络	
	通信设施	3.1 通信管道与光、电缆线路	首区段管道、首个人(手)井施工,光、电缆线路同 2.5
		3.2 光纤数字传输系统	首站设备安装
		3.3 程控数字交换系统	首站设备安装
		3.4 紧急电话系统	首对外场单机安装和控制台安装
		3.5 无线移动通信系统	基站设备安装
		3.6 通信电源	首站设备安装
	收费设施	4.1 入口车道设备	首站车道设备安装
		4.2 出口车道设备	首站车道设备安装
		4.3 收费站设备及软件	首站收费设备安装
		4.4 收费中心设备及软件	中心设备安装
		4.5 IC 卡及发卡编码系统	首站 IC 卡机安装
		4.6 闭路电视监视系统	首个外场立柱基础施工、首个外场设备安装、首条视频电缆布放、室内设备以中心(分中心)为单位的安装
		4.7 内部有线对讲及紧急报警系统	首站对讲分机、主机、报警设备安装
		4.8 站内光、电缆线路	首站光、电缆布设
		4.9 收费系统计算机网络	首站收费计算机网络设备安装
	低压配电设施	5.1 中心(站)内低压配电设备	首站低压配电设备安装
		5.2 外场设备电力电缆	前 3 条电力电缆布设施工、前 3 个电力电缆接头
	照明设施	照明设施	前 3 根低杆、高杆基础施工,前 3 根低、高杆安装,首站照明控制设备安装
	隧道机电设施	7.1 车辆检测器	同 2.1
		7.2 气象检测器	同 2.2
		7.3 闭路电视监视系统	同 2.3
		7.4 紧急电话系统	首对隧道单机安装
		7.5 环境检测设备	首个控制箱、探头安装
		7.6 报警与诱导设施	首个控制箱、诱导设施安装
		7.7 可变标志	同 2.4
		7.8 通风设施	前 2 对风机安装
		7.9 照明设施	首个控制箱、前 20 个灯具安装
		7.10 消防设施	首个隧道系统设施安装和管道试压
		7.11 本地控制器	首个控制器安装
		7.12 隧道监控中心计算机控制系统	中心设备安装
		7.13 隧道监控中心计算机网络	中心设备安装
		7.14 低压供电	首个低压供配电柜安装,前 3 条电缆布设和电缆接头
		机电系统新设备、材料	首件新设备、新材料安装
		机电工程施工新工艺	首次施工新工艺施工过程

注：表中分部、分项工程编号引自《公路工程质量检验评定标准-第二册·机电工程》(JTG F80/2)。

表 13-6-3　公路工程监理巡视记录

　　　　　　　　工程项目巡视记录

编号：　　　　　　　

施工单位		合同号	
巡视监理		日期	
起始时间		终止时间	
巡视范围、主要部位、工序			
施工单位主要施工项目、人员到位、工艺合规性简述			
巡视人主要巡检数据记录			
巡视人发现的问题及处理情况简述			

表 13-6-4　公路工程监理旁站记录

　　　　　　　　工程项目旁站记录

编号：　　　　　　　

施工单位		合同号	
旁站监理		日期	
到场时间		离场时间	
质检人员		部位或桩号	
天气			
旁站工序或主要工作内容			
施工过程简述			
监理工作简述			
主要数据记录			
发现问题及处理结果			

表 13-6-5　公路工程监理日志

　　　　　　　　工程项目监理记录

编号：　　　　　　　

监理机构		合同号	
记录人		日期	
审核人		日期	
天气			
各合同段主要施工项目简述			
监理机构主要工作简述(审批、验收、旁站、指令、会议等)			
就有关问题与建设单位、施工单位等进行澄清或处理的情况简述			

表 13-6-6　公路工程监理指令单

_____工程项目监理指令单

编号：_____

施工单位		合同号	
监理单位		监理机构	
签发人		日期	

致_____

（阐述指令依据、施工单位不符合规定的事实及整改要求等）

请于_____年_____月_____日前回复

　　抄报（送）：

签收人		日期		

表 13-6-7　公路工程监理中间交工证书

_____工程项目中间交工证书

编号：_____

施工单位		合同号	
监理单位		监理机构	
中间交工内容（桩号、项目划分、工程项目、工程数量）			
施工单位签字		申请日期	
监理接收人		接收日期	
监理机构对施工单位中间交工申请的评述意见及其结论			
监理机构签字		日期	
施工单位签字		日期	

13.7　铁路建设工程施工监理的特点及基本要求

（1）铁路建设工程监理的宏观要求

　　铁路建设工程监理工作是建设管理工作的延伸，监理单位代表建设单位行使所委托的安全、质量、工期、投资、环保控制等相关权力并将工程质量作为工作重点。应提高铁路建设工程监理水平、规范铁路建设工程监理行为。监理单位必须与建设单位签订铁路建设工程委托监理合同，合同中应包括监理工作的范围、服务期、酬金，合同双方的职责和权利等。建设单位应将委托监理合同的相关授权书面通知承包单位。建设单位与承包单位之间在委托监理合同范围内的联系活动应当通过监理单位进行。铁路建设工程监理实行总监理工程师负责制。监理单位应公平、独立、自主地开展监理工作，维护建设单位的合法权益，不得损害其他单位的合法权益。新建、改建铁路建设工程施工阶段的监理工作应遵守相关规范规定。铁路建设工程监理还应符合国家有关法律法规和铁道系统规章制度以及强制性标准及规范的规定。

铁路建设工程项目监理机构是指监理单位派出并代表其履行委托监理合同的现场监理机构。铁路建设工程监理的工作依据主要有以下5类：国家有关法律、法规及铁道系统有关规章、制度；国家和铁道系统有关标准、规范、规程；国家和铁道系统对本项目的批复文件；审核合格的施工图；本工程项目的委托监理合同、承包合同和材料设备供应合同。

（2）铁路建设工程项目监理机构的组建原则

铁路建设工程监理单位必须在工程施工现场设置组织机构健全、人员职责明确、岗位设置合理的项目监理机构。项目监理机构的组织形式、人员构成纳入委托监理合同，监理单位应在委托监理合同签订后7天内将总监理工程师的任命书及专业监理工程师名单书面通知建设单位。现场监理人员按总监理工程师（如监理工作需要可配副总监理工程师）、专业监理工程师和监理员3个层次配备并符合以下4条要求，即总监理工程师、监理工程师应具备相应的执业资格，监理员应经培训合格；专业监理工程师的专业和数量应与监理工作匹配，监理人员数量应满足现场监理工作需要；专业监理工程师应不少于合同约定监理人员总数的60%，其中具有高级技术职称的人员应不少于合同约定监理人员总数的20%；现场监理人员年龄不得大于65岁，年龄60~65岁人员数量不得大于现场监理人员总数的20%且身体健康能胜任现场工作。监理人员配备应符合要求，即新建普通单线铁路每公里0.3~0.5人，根据监理工作内容确定，双线增加20%；客运专线按普通双线增加20%；增建二线工程、电气化改造工程、既有线改造工程等参照上述标准，根据实际需要配备监理人员；独立工程以及工程简单的项目根据实际需要配备监理人员。

项目总监理工程师一般不得更换，因特殊原因需要更换时应在更换21天前书面通知建设单位并取得建设单位同意。监理单位应根据现场工作需要及时对现场专业监理工程师、监理员进行调整，更换专业监理工程师应提前7天通知建设单位并取得建设单位同意。监理单位应根据工程项目类别、规模、技术复杂程度、工程项目所在地的环境条件，按委托监理合同的约定，为项目监理机构配备满足监理工作需要的办公、生活设施、检验检测设备及交通工具。建设单位向项目监理机构提供办公、生活设施的，项目监理机构应妥善使用和保管并在完成监理工作后移交建设单位。项目监理机构应实施计算机辅助管理，监理工作纳入建设项目管理信息系统的，项目监理机构应按要求及时提供资料。监理人员必须贯彻执行国家有关法律、法规，铁道系统规章、制度，工程建设强制性标准、规范及规程，依据委托监理合同实施工程监理。

1）监理人员的职责。总监理工程师应履行以下16项职责：主持项目监理机构工作，代表监理单位全面履行委托监理合同；主持编写项目监理规划，审批项目监理实施细则；确定项目监理机构人员分工和岗位职责，并以书面形式通知建设单位和承包单位；检查和监督监理人员的工作，协调处理各专业监理业务，根据工程项目的进展情况调配人员；主持监理工作会议、工地例会，签发项目监理机构的文件和指令；审查并签署承包单位提交的开工报告、施工组织设计、技术方案、进度计划等文件；检查承包单位项目经理部的质量、安全管理体系和管理制度；签发单位工程停工令、复工令，审核并签署验工计价表、工程付款凭证和工程结算书；根据授权审核和处理变更设计事宜；根据政府主管部门或建设单位的要求，参与或配合对工程质量事故、施工安全事故的调查；定期巡视施工现场；对索赔、工程延期提出处理意见；组织编制监理月报、专题报告和工作总结；审核并签认承包单位的单位工程质量验收资料；审查承包单位提交的竣工申请报告，组织专业监理工程师编写工程质量评估报告，参加工程项目的竣工验收；组织整理项目监理资料。

副总监理工程师配合总监理工程师工作，应按总监理工程师的授权，行使总监理工程师的部分职责和权利。专业监理工程师应履行以下 12 项职责：参与编制监理规划，负责编制本专业的监理实施细则；负责本专业监理工作的具体实施；审阅并现场核对施工图；对监理员的工作进行组织、指导、检查和监督，应向总监理工程师提出监理员调整建议；审查承包单位提交的涉及本专业的计划、方案、申请、变更等，并向总监理工程师提出报告；负责本专业的检验批、分项、分部工程验收及相关隐蔽工程验收；定期向总监理工程师提交监理工作实施情况报告，重大问题及时向总监理工程师汇报；核查进场材料、设备、构配件的原始凭证、检测报告等质量证明文件及其质量情况，对进场材料、设备、构配件进行见证检验或平行检验，合格时予以签认；进行现场巡视，发现质量问题和安全隐患及时处理，并向总监理工程师汇报；负责本专业工程计量工作，审核工程计量数据和原始凭证；负责本专业监理资料的收集、汇总及整理，编制监理月报；做好监理日记。

监理员应履行以下 6 项职责：在专业监理工程师的指导下进行现场监理工作；检查承包单位投入工程项目的人力、材料、主要设备及其使用运行状况，并做好检查记录；复核或从施工现场直接获取工程计量的有关数据并签署原始凭证；按设计图及有关标准，对承包单位的工艺过程或施工工序进行检查和记录，对加工制作及工序施工质量检查结果进行记录；进行旁站监理工作并作好记录，发现问题要及时指出并向专业监理工程师报告；作好监理日记。

2）监理规划。监理规划应在签订委托监理合同及收到设计文件后按照监理大纲编制，经监理单位技术负责人批准，在召开第一次工地例会前 7 天内报送建设单位核备。监理规划的编制应针对工程项目的实际情况，明确项目监理机构的工作目标、工作要求，确定具体的监理工作制度、程序、方法和措施。监理规划的编制依据主要为以下 3 类：与建设工程相关的法律、法规、规章和项目审批文件；与建设工程项目有关的标准、设计文件、技术资料；委托监理合同、监理大纲以及与建设工程项目相关的合同文件。监理规划应包括以下 11 方面主要内容：工程建设项目概况；监理工作的范围；监理工作的依据；项目监理机构的组织形式；项目监理机构的人员配备；项目监理机构的人员岗位职责；监理工作程序；监理工作的方法和措施；监理工作制度；监理实施细则；监理设施。在监理工作实施过程中需要修改监理规划时，总监理工程师应组织专业监理工程师及时进行修改，按原程序经过批准后报建设单位。

3）监理实施细则。监理实施细则应由专业监理工程师编制，经总监理工程师批准，在工程开工前完成，并报建设单位核备。监理实施细则应详细具体，具有可操作性，其编制依据包括已批准的监理规划；与专业工程相关的标准、设计文件和技术资料；批准的施工组织设计、专项施工方案。监理实施细则应包括以下 6 方面主要内容，即专业工程特点及其技术、质量标准；监理工作范围及重点；监理工作流程；监理工作控制要点、目标及监控手段；监理工作方法及措施；具体旁站部位和工序。在监理工作实施过程中，监理实施细则应根据实际情况进行补充、修改和完善。

（3）铁路建设工程项目工程开工前的监理工作

总监理工程师应组织监理人员熟悉和掌握委托监理合同、工程承包合同、设计文件、有关技术标准和检验检测方法。监理人员应参加由建设单位组织的设计技术交底会，并由总监理工程师会签会议纪要。总监理工程师、专业监理工程师应审阅、核对施工图纸，发现设计文件中有差错、漏项等问题，项目监理机构应向建设单位提出报告，并要求承包单位对施工图纸和交桩资料进行现场核对。专业监理工程师应对承包单位核对设计文件进行检查，对承包单位提出的施工图设计及勘察问题进行研究，并将意见送建设单位和勘察设计单位。总监理工程师应组织专业监理人员检查承包单位对测量基准点、基准线和水准点的复测以及承包单位报送的复测成果，专业监理人员应对重要工程的控制点进行复测，对单位工程的施工放样进行检查。总监理工程师应组织专业监理工程师审查工程承包单位报送的《施工组织设计（方案）报审表》、提出审查意见后报建设单位，主要审查内容包括质量、安全、投资、进度、环保及水保控制目标；施工场地布置及文明施工；施工方案、施工方法、施工工艺；投入现场的施工机械设备、人员；质量、安全、环保水保管理体系；安全、消防措施；施工过渡方案；工程承包单位内部签认制度。总监理工程师应核查承包单位提交的《主要进场人员报审表》并签署意见。专业监理工程师应审查承包单位报送的《工程开工/复工申请表》及相关资料，当具备以下开工条件时由总监理工程师签发并报建设单位，即施工组织设计已获总监理工程师签认；项目经理、技术负责人、其他技术和管理人员已经到位，主要施工设备、施工人员已经进场，主要工程材料已经落实；进场道路及水、电、通信等均已满足开工要求；经审核合格的施工图已到位；工程复测或施工放样工作已完成；涉及营业线的应检查承包单位与铁路运营单位签订的营业线施工安全协议。

分包工程开工前，专业监理工程师应审查承包单位报送的《分包单位资质报审表》和有关资料，合格后由总监理工程师予以签认，并将审查结果报建设单位核备。对分包单位资质应审查以下5方面内容，即分包单位的营业执照、资质等级证书；安全生产许可证及安全生产管理制度；分包单位的业绩；分包工程的内容和范围；分包单位的主要管理人员和特种作业人员的资格证、上岗证。项目监理机构对分包单位资质的审查，不解除承包单位应承担的责任。专业监理工程师应按照承包合同、批准的工程进度计划，审核承包单位提交的《进场施工机械、设备报验表》，核查进场的机械设备数量及性能，合格时予以签认，经核查合格的机械设备未经专业监理工程师同意不得撤出现场。专业监理工程师应对工程承包单位的工地试验室进行核查，核查的主要内容应包括试验室的资质及试验范围；法定计量部门对试验设备出具的检定证明；试验室管理制度；试验人员资格证书；本工程的试验项目及要求；试验设备和环境条件能否满足拟开展试验项目要求。监理工程师应参加工程开工之前召开的第一次工地例会。

（4）铁路建设工程项目的工程质量控制

项目监理机构应对承包单位的技术管理体系和质量管理体系进行核查，核查技术、质量管理体系的组织机构，技术、质量管理制度，专职质量管理人员配置及到位，特种作业人员的资格证、上岗证。

项目监理机构应按以下程序和要求对进场材料进行验收，即对材料、构配件和设备的外观、规格、型号和质量证明文件进行检查验收，进口材料和设备应有国家商检部门的商检资料；审查新材料、新产品、新工艺的鉴定证明和确认文件；督促承包单位对进场材料、构配件和设备按规定进行检验、测试，承包单位自检合格后向项目监理机构提交《进场材料/构配件/设备报验表》，由专业监理工程师予以审核并签认；对进场材料(主要是地材和混凝土外加剂)应进行检验或平行检验，检验数量必须满足相关工程质量验收标准的要求；对进场的构配件和设备进行见证检验，检查数量必须满足相关工程质量验收标准的要求；审核混凝土、砂浆配合比，对承包单位申请使用的商品混凝土配合比进行检查。

对未经专业监理工程师验收或验收不合格的材料、构配件和设备，专业监理工程师应拒绝签认并应签发《监理工程师通知单》，通知承包单位严禁在工程中使用或安装并限期将不合格的工程材料、构配件、设备撤出现场，承包单位应在规定的时间内对监理工程师通知的内容进行处理并填报《监理工程师通知回复单》。

总监理工程师应依据有关专业施工质量验收标准对承包单位《现场质量管理检查记录》的内容进行核查。专业监理工程师应对承包单位报送的施工放线成果进行核查，合格后签认承包单位报送的《施工测量放样报验表》。项目监理机构应按工程施工质量验收标准要求进行见证检验或平行检验。在关键部位或关键工序施工前，专业监理工程师认为有必要可要求承包单位报送该部位或工序的施工工艺方案和确保工程质量的措施。专业监理工程师应定期检查承包单位工程计量设备及其技术状况。总监理工程师应安排监理人员对施工过程进行巡视检查和检测，其主要检查内容包括是否按照设计文件和批准的施工方案施工；使用的材料、构配件和设备是否合格；施工现场管理人员，尤其是质检人员是否到岗到位；施工操作人员的技术水平、操作条件是否满足工艺操作要求，特种操作人员是否持证上岗；施工环境是否对工程质量产生不利影响；已施工部位是否存在质量缺陷。对施工过程中出现质量问题或质量隐患，监理工程师宜采用照相、录像等手段予以记录，并向承包单位发出整改指令。总监理工程师应安排监理人员对隐蔽工程的隐蔽过程、下道工序完成后难以检查的重点部位，以及工程关键部位和关键工序进行旁站监理，并填写《旁站监理记录表》。总监理工程师应根据工作需要调整旁站监理工作内容。

旁站监理人员的主要工作内容包括检查承包单位现场质检人员到岗、特殊工种人员持证上岗以及施工机械、建筑材料准备情况；在现场跟班检查施工过程中执行施工方案以及工程建设强制性标准的情况；核查进场建筑材料、建筑构配件、设备的质量检验报告等；并可在现场监督承包单位进行检验；做好旁站监理记录和监理日记。旁站监理应按以下程序进行，即旁站监理人员应当对需要实施旁站监理的部位、工序在施工现场跟班监督，及时处理旁站监理过程中出现的问题，如实准确地做好旁站监理记录；旁站监理人员实施旁站监理时，发现施工单位有违反工程建设强制标准行为的，有权责令施工单位立即整改；旁站监理过程中发现施工活动已经或者可能危及施工质量的，应及时向监理工程师或总监理工程师报告，由总监理工程师下达局部暂停施工指令或采取其他应急措施。

隐蔽工程的检查应按以下程序进行，即承包单位首先进行自检，自检合格后填写《工程报验申请表》，在规定的时限内向项目监理机构报验；在合同约定的时限内，专业监理工程师到现场进行核实，承包单位的质检人员应同时在现场进行配合；监理工程师对检查合格的工程予以现场签认，并准许承包单位进行下一道工序施工；对检查不合格的工程，监理工程师应在《工程报验申请表》上签署检查不合格及整改意见或签发《监理工程师通知单》，由承包单位对不合格工程进行整改，自检合格后向现场监理机构重新报验或填报《监理工程师通知回复单》。

施工过程中，当承包单位对已批准的施工组织设计或专项施工方案进行调整时，专业监理工程师应重新审查，并应由总监理工程师签认。监理人员发现承包单位有违反工程建设强制性标准的行为，应责令承包单位立即整改；发现其施工活动可能或已经危及工程质量的，应采取应急措施，必要时由总监理工程师下达暂停施工指令。项目监理机构对承包单位的施工质量或使用的工程材料产生疑问，应要求承包单位进一步检测，承包单位必须密切配合。

工程施工质量验收执行铁路工程施工质量验收标准。项目监理机构应按以下程序对工程施工质量进行验收。检验批验收应遵守相关规定，承包单位自检合格后填写《检验批质量验收记录》，向项目监理机构报验，专业监理工程师在规定的时限内组织承包单位专职质检人员等进行验收，检验批的质量验收应包括实物检查和资料检查两部分，验收合格后签认《检验批质量验收记录》。分项工程验收应遵守相关规定，专业监理工程师应在分项工程的所有检验批验收合格后，及时组织承包单位分项工程技术负责人等进行验收，验收合格后签认《分项工程质量验收记录》。分部工程验收应遵守相关规定，专业监理工程师应在分部工程的所有分项工程验收合格后，及时组织承包单位项目负责人和应遵守相关规定，总监理工程师应参加由建设单位组织的单位工程施工质量验收，验收合格后签认《单位工程质量验收记录》。工程施工质量验收标准规定工程验收中应有勘察设计人员参加或确认时，专业监理工程师应通知勘察设计单位相关人员参加。特殊的检验批、分项工程、分部工程验收应由总监理工程师组织进行。验收不合格的，项目监理机构应指示承包单位返工处理，重新向项目监理机构报验，返修或加固处理后仍不能满足安全和使用功能要求的，项目监理机构严禁验收。

监理人员发现施工过程中存在质量缺陷时，监理工程师应及时下达通知，责令承包单位进行整改，并对整改过程和结果进行检查验收。施工过程中存在工程质量事故隐患或发生工程质量事故时，总监理工程师应下达工程暂停令，责令承包单位停工处理和整改。处理和整改完毕经专业监理工程师验收后，由总监理工程师签署工程复工报审表。总监理工程师在下达工程暂停令或签署工程复工报审表前，应向建设单位报告。当发生工程质量事故时，项目监理机构应做好以下5方面工作，即责令承包单位立即采取措施保护事故现场，同时向建设单位报告；责令承包单位尽快进行事故分析，及时报送《工程质量事故报告单》；参与质量事故调查，研究事故处理方案；对工程质量事故的处理过程进行检查，对工程处理结果进行验收；向建设单位及时提交由总监理工程师签署意见的质量事故报告，并将质量事故处理记录整理归档。

（5）铁路建设工程项目的安全生产监理工作要求

1）安全生产监理工作内容。项目监理机构应依据国家和铁道系统规定的工程监理安全责任，建立安全生产监理工作制度，明确安全生产监理工作范围、内容、程序、措施，确定安全生产专职或兼职监理人员及其职责。项目监理机构应将安全生产监理工作内容编入监理规划并纳入监理实施细则，对危险性较大的分部、分项工程应单独编制安全生产监理实施细则。监理实施细则应明确安全生产监理工作的方法、措施和控制要点，以及对承包单位安全技术措施的检查方案。项目监理机构应审查承包单位、分包单位的安全生许可证及特种作业人员的资格证、上岗证是否有效，检查安全生产规章制度、机构及专职安全生产管理人员配备情况；督促承包单位检查各分包单位的安全生产规章制度的建立情况。总监理工程师应组织审查承包单位编制的施工组织设计中的安全技术措施和危险性较大的分部、分项工程专项施工方案并签署审查意见，审查内容包括地下管线保护措施；基坑支护与降水、围堰、沉井、高陡坡土石方开挖、起重吊装、钢结构安装、爆破工程，隧道开挖，高空、水上、潜水作业等施工方案；高墩、大跨、深水和结构复杂桥梁工程的专项施工方案；架梁、营业线施工防护方案；冬季、雨季等季节性施工方案；施工总平面布置图及排水、防火措施。项目监理机构应审查承包单位的安全防护用具、机械设施工机具是否符合国家有关安全规定，施工人员的安全教育和安全交底安排。项目监理机构应审核承包单位应急救援预案和安全防护措施费用使用计划，核查承包单位提交的有关施工机械、安全设备验收记录并备案。项目监理机构应检查施工现场各种安全标志和安全防护是否符合强制性标准要求。营业线改建及增建二线施工，项目监理机构应督促承包与运输设备管理部门和行车组织单位按铁道系统有关规定办理线施工安全协议并监督承包单位按规定设置防护。凡发现涉及营业线行车、人身安全的违章作业，应立即下达工程暂停令，同时向有关各方报告，并在现场督促承包单位迅速采取措施，确保行车安全。

2）全生产监理工作程序。总监理工程师应组织专业监理工程师编制包括施工安全监理内容的实施细则或专项安全监理实施细则，制定安全施工监理目标及措施，并将安全生产控制要点分解到各专业，形成控制网络。在施工准备阶段，审查承包单位有关安全技术文件，并由总监理工程师在技术文件上签署意见，审查未通过的不得批准开工。在施工阶段，项目监理机构应对施工现场安全生产情况进行巡视，对危险性较大工程作业进行定期检查。巡视、定期检查时，发现违规行为应及时制止；发现存在安全事故隐患，应当要求承包单位整改；情况严重，总监理工程师应及时下达工程暂停令，并同时报告建设单位。承包单位拒不整改或者不停止施工，项目监理机构应及时向有关主管部门报告，以电话形式报告应当有通话记录，并及时补充书面报告。检查、报告等情况应记载在监理日志、监理月报中。工程竣工验收后，项目监理机构应将包括施工安全监理工作的技术资料归档。

（6）铁路建设工程项目的工程进度控制

1）施工进度计划的审核。专业监理工程师应审核承包单位报送的施工进度计划，报总监理工程师审批。控制工程的施工进度计划还应报建设单位审批。施工进度计划审核的主要内容包括施工进度计划是否符合承包合同中的工期要求；主要工程项目是否有遗漏，总承包、分包单位分别编制各单项工程进度计划之间是否相协调；施工安排是否符合施工工艺的要求；施工组织是否进行优化，进度安排是否合理；劳动力、材料、构配件、施工机具设备、水、电等生产要素供应计划能否保证施工进度计划的需要，供应是否均衡；承包单位提出的应由建设单位提供的施工条件是否合理，是否有造成建设单位违约而导致工程延期和费用索赔的可能。项目监理机构应对承包单位施工进度的实施情况进行跟踪检查和分析，发现偏差时应指令承包单位采取措施纠正。

2）施工进度控制方案的编制和实施。专业监理工程师应依据承包合同、设计文件及批准的施工组织设计编制施工进度控制方案，报总监理工程师批准。施工进度控制方案应包括以下4方面主要内容，即施工进度控制目标分解图、风险分析；施工进度控制的主要工作内容；监理人员对进度控制的职责分工；进度控制工作流程、方法、措施。在实施进度控制过程中，监理工程师的主要工作包括检查和记录实际进度完成情况；绘制有关工程的形象进度图表，建立进度台账；通过下达监理指令、召开工地例会、各种层次的专题协调会议，督促承包单位按期完成进度计划；当发现实际进度滞后于计划进度时，总监理工程师应指令承包单位采取调整措施。总监理工程师应定期向建设单位报告施工进度情况，并提出合理的建议，防止由于建设单位原因可能导致的工程延期及费用索赔。

（7）铁路建设工程项目的工程投资控制

项目监理机构应依据国家和铁道系统发布的有关规定、本工程的设计文件和施工承包合同，做好工程投资控制。专业监理工程师应掌握铁路验工计价的规定，熟悉设计文件的工程内容及工程量构成，熟悉合同的工程量清单及数量，掌握二者之间的对应关系，熟悉工程量清单内和清单外工程数量的计价原则。专业监理工程师在计量与支付审核时应符合合同约定，做到客观、准确、及时，计量与支付的项目与数量不漏、不超、不重。

项目监理机构应按下列程序进行工程计量和工程款支付签认，即专业监理工程师按照施工图（包括批准的变更设计文件）和合同工程量清单对承包单位提交的《已完工程数量报审表》和工程数量计算明细表、批准的变更设计及施工图增减工程数量表等附件复核和审查，对数量有疑义的要求承包单位进行共同复核和抽样复测；专业监理工程师审核中对数量有疑义的应与承包单位对其共同复核或抽样复测，认为有必要时可通知承包单位共同进行联合测量、计量，确认后签署《已完工程数量报审表》并依据承包合同约定的计价原则审查承包单位编制的《验工计价表》，签署意见后报总监理工程师；总监理工程师按照施工图（包括批准的变更设计文件）、合同工程量清单、承包合同约定的计价原则审核并签署《验工计价表》和《验工计价金额表》，报建设单位。

专业监理工程师应建立月完成工程量和支付统计台账，对实际完成量与计划完成量进行比较、分析，制定调整措施并应在监理月报中向建设单位报告。专业监理工程师应及时收集、整理与费用索赔有关资料。凡有下列9种情况之一者项目监理机构不予验工计价，即单项开工报告未经批准的工程；已完工程未按质量验收标准进行检验或检验不合格的工程；超出施工图或超出批准变更设计的工程；工程质量不合格、需要返工处理的工程；存在质量安全问题，发出质量安全通知书后未整改的工程；转包、违法分包的工程；未按规定程序办理变更设计的工程；超出合同约定的工程；合同约定不予验工计价的其他情况。

当承包单位按承包合同中所列工程内容全部完工、自验合格、竣工文件编制后，项目监理机构应对竣工结算资料进行初审，对验工计价数量进行全面清理。在工程项目初验合格、费用索赔处理完毕、无合同纠纷或合同纠纷已得到调解后，总监理工程师应对竣工结算资料进行审查并签认，报建设单位。

项目监理机构应按下列程序对竣工结算进行审查、签认，即专业监理工程师依据施工图（包括批准的变更设计文件）、合同工程量清单、承包合同约定的计价原则审核承包单位报送的竣工结算报表；总监理工程师依据施工图（包括批准的变更设计文件）、合同工程量清单承包合同约定的计价原则审定竣工结算报表，签认竣工结算文件和最终的工程价款支付证书报建设单位。

（8）铁路建设工程项目的环境保护与水土保持监理工作

总监理工程师审查承包单位的施工组织设计时应审查环保、水保运行体系、保护目标、保护措施，发生环保、水保事故的应急机制，环保、水保责任制度及事故报告制度等，不达标时总监理工程师不得批准开工。施工阶段环保、水保监理工作的主要内容包括审查承包单位现场环保、水保相关制度的建立，人员设置，环保、水保措施及应急预案是否满足相关规定；检查承包单位落实设计文件中的环境保护、水土保持措施；对施工场所进行巡检，掌握环保、水保措施的落实情况；对承包单位违反设计文件中环保、水保要求的，专业监理工程师应及时发出整改通知书，督促承包单位进行整改，并对整改的结果复查。

(9) 铁路建设工程项目合同管理的其他工作

1) 工程暂停及复工。在发生下列5种情况时总监理工程师可签发《工程暂停令》：建设单位要求暂停施工且工程需要暂停施工时；为了保证工程质量而需要停工进行处理时；当出现安全隐患，认为有必要停工以消除隐患时；发生必须暂时停止施工的紧急事件时；承包单位未经许可擅自开(复)工，或拒绝项目监理机构的检查时。当发生需要签发《工程暂停令》的情况时，总监理工程师应按照承包合同约定，确定工程项目停工范围，判定暂停工程的影响范围和程度，在征求建设单位意见后签发《工程暂停令》，并报建设单位备案。由于承包单位原因导致暂停施工，在具备恢复施工条件时，项目监理机构应审查承包单位报送的复工申请及有关资料，同意后由总监理工程师签署工程复工报审表，指令承包单位继续施工。由于非承包单位原因导致暂停施工时，总监理工程师在签发《工程暂停令》之前应就有关工期和费用等事宜与承包单位进行协商，如实记录所发生的实际情况，总监理工程师应在施工暂停原因消失、具备复工条件时及时签署《工程复工令》以指令承包单位继续施工。由于承包单位原因导致暂停施工，在具备恢复施工条件时项目监理机构应审查承包单位报送的复工申请及有关资料，同意后由总监理工程师签署工程复工报审表，指令承包单位继续施工。总监理工程师在签发工程暂停令后，应会同有关各方按照承包合同的约定，处理因工程暂停引起的与工期、费用有关的问题。

2) 变更设计。项目监理机构应依据下列文件处理变更设计，即铁道系统发布的《变更设计管理办法》；承包合同和委托监理合同、设计文件。项目监理机构应协助建设单位审查《变更设计提议单》，参与方案研究、现场核对和责任分析，并按批准的变更设计文件监督承包单位实施。监理工程师应检查变更设计文件，未经审查同意的变更设计不得实施，项目监理机构不得予以计量。

3) 费用索赔处理。当承包单位提出费用索赔的理由同时满足以下条件时项目监理机构应予以受理，即索赔事件已造成承包单位的直接经济损失；索赔事件是由于非承包单位的责任发生的；承包单位已按照承包合同规定的条件、期限和程序提出《索赔申请表》并附有索赔凭证材料。承包单位向建设单位提出费用索赔时项目监理机构应按下列程序处理，即总监理工程师初步审查费用索赔报告符合规定的条件时予以受理；总监理工程师指定专业监理工程师收集与索赔有关的资料；总监理工程师依据合同约定进行审查并在初步确定索赔数额后上报建设单位核定。当承包单位的费用索赔要求与工程延期要求相关联时，总监理工程师应综合考虑费用索赔与工程延期问题，做出费用索赔和工程延期的建议，签署《索赔审批表》报建设单位批准。由于承包单位的原因造成建设单位的经济损失时，建设单位向承包单位提出费用索赔时，总监理工程师在审查索赔报告后应及时书面通知承包单位，详细说明建设单位有权得到的索赔金额和(或)延长缺陷责任期的细节和依据。建设单位向承包单位提出费用索赔后，项目监理机构应与承包单位进行协商，确定建设单位从承包单位得到赔付的金额和(或)缺陷责任期的延长期，总监理工程师应及时给建设单位做出索赔答复。

4）工程延期及工期延误的处理。项目监理机构只有在承包单位提出工程延期要求、收到《工程延期报审表》后，且符合承包合同的规定条件时才予以受理。当影响工期的事件具有持续性时承包单位应向项目监理机构提交阶段性工期延期报告，总监理工程师审查阶段性工期延期报告并与建设单位协商后作出工程临时延期批准。当承包单位向项目监理机构提交工程最终延期（工期索赔）申请报告后，总监理工程师应复查工程延期的全部情况并与建设单位协商后，作出工程最终延期批准。项目监理机构审查和批准工程临时延期或工程最终延期的程序与费用索赔的处理程序相同。项目监理机构在审查工程延期时应依下列 3 种情况确定批准工程延期时间：承包合同中有关工程延期的约定；工期拖延和影响工期事件的事实和程度；影响工期事件对工期影响的量化程度。工程延期造成承包单位提出费用索赔时，项目监理机构应按相关规定进行处理。当承包单位未能按照承包合同要求的工期竣工交付而造成工期延误时应按合同约定处理。

（10）铁路建设工程项目工程质量缺陷责任期与竣工验收监理工作

1）工程质量缺陷责任期。项目监理机构应依据委托监理合同中所约定工程质量缺陷责任期内监理工作的时间、范围和内容开展工作。在工程质量缺陷责任期内，项目监理机构应检查承包单位对验收委员会提出的工程质量缺陷或需返工处理的工程项目实施整改；承包单位整改完毕后，项目监理机构应对承包单位返修的工程施工质量进行验收，合格后予以签认。总监理工程师应对造成工程质量缺陷的原因进行调查分析，确定责任方。对于非承包单位责任造成的工程质量缺陷返修，专业监理工程师应审核返修工程数量和费用，由总监理工程师签署返修工程验工计价单，报建设单位。

2）竣工验收。在施工过程中，项目监理机构应提醒承包单位按专业和工点建立单位工程的施工技术档案，并确定收集资料的内容，逐一收集，整理归档。工程项目竣工后，项目监理机构应检查承包单位按铁道系统的有关规定编制工程竣工文件和交验资料。在单位工程施工质量验收合格、竣工文件按规定编制完成后，项目监理机构应对承包单位报送的《工程竣工初验报审表》及有关资料进行审查，总监理工程师组织专业监理工程师会同承包单位到现场进行实物检查，认可后签发《工程竣工初验报审表》。总监理工程师签发全部单位工程的《工程竣工初验报审表》后，承包单位方可申请竣工验收。项目监理机构在竣工验收交接中的主要工作有 4 个：总监理工程师应组织专业监理工程师参加建设单位组织的对本标段的工程检查，督促承包单位及时完成整改，达到验收的有关要求；专业监理工程师参与对本专业工程的检验或检查，总监理工程师应参加有关验收工作；项目监理机构应提交本标段工程质量评估报告和监理工作总结；总监理工程师应参与对竣工验收交接中重要问题的讨论，对存在的问题和处理意见项目监理机构应督促承包单位及时提出整改措施。

（11）铁路建设工程项目的工地会议

1）第一次工地例会。在工程正式开工之前的适当时间，由建设单位主持，承包单位、项目监理机构、设计单位参加，召开第一次工地例会，与会人员应在《会议签到表》上签名。第一次工地例会应包括以下 5 方面内容：建设单位宣布总监理工程师、承包单位项目经理及有关事项；总监理工程师介绍项目监理机构的机构设置、人员配备及其职责、权力，监理规划和工作程序，以及其他需要说明的内容；承包单位项目经理介绍项目管理机构的机构设置、人员配备及其职责、权力，各项施工准备工作的进展情况；建设单位介绍建设单位的机构设置、主要人员、职责范围，征地拆迁等外部条件的落实情况；与会各方商定召开工地例会的时间、议程及参加人员。第一次工地例会形成的会议纪要应由与会各方会签。

2）工地例会。工地例会应按商定的时间定期召开并形成会议纪要。当建设单位、承包单位或项目监理机构中任何一方认为有必要或出现亟待解决的重大问题时，应召开专题会议研究处理。工地例会应由总监理工程师或授权的专业监理工程师主持召开。工地例会应包括以下 3 方面内容：研究施工过程中质量、进度、投资、安全、环保、水保及合同方面存在的问题，分析原因，制定措施，寻求解决办法；互相通报近期工作重点和安排，以便各方协调配合；与工程有关的其他事项。参加工地例会的人员应包括项目监理机构的监理人员和承包单位项目经理及主要人员，必要时应邀请建设单位、设计单位参加会议。

（12）铁路建设工程项目监理资料管理的基本要求

1）监理日记。监理人员应详细、真实记录，监理日记应包含以下 8 方面内容：时间、地点、气候记录；施工进展情况，包括施工机械进出场情况，施工人员动态，进场材料、构配件的数量及质量状况等；巡视检查及旁站过程中发现的问题及处理情况；工程试验或监测记录；发生索赔、合同争议及纠纷时承包单位的实际情形和处理意见；向承包单位发出的通知或口头指示，承包单位提出的问题及答复意见；上级指示或指令，建设单位的有关要求，质量监督机构的检查意见；尚需解决的问题。监理人员离开岗位时应将监理日记交项目监理机构登记归档。

2）监理日志。项目监理机构应建立项目监理日志，由总监理工程师指定专人(专业监理工程师)负责记录每天监理工作的实施情况。监理日志应记录的内容包括当日施工情况；当日主要监理工作；其他有关情况。总监理工程师应每月检查一次项目监理日志，按月整理，装订成册。项目监理机构如有分支机构，宜按对应的施工标段分别记录或按专业记录。

3）监理月报。监理月报应由总监理工程师主持编制，并在规定的时限内报送建设单位。监理月报应包括以下 9 方面基本内容，即本月施工概况；工程进度情况，重点、控制工期工程应详细说明；工程质量、安全情况；变更设计；质量、安全事故；监理工作；监理人员名单；存在问题及建议；下月工作重点。

4）监理工作总结。工程完工后，项目监理机构应在总监理工程师主持下编制项目监理工作总结，报送建设单位和监理单位。项目监理工作总结应包含工程概况，项目监理机构组成，工程质量、安全、进度、投资、环保、水保的控制和合同管理的执行情况，工程质量评估，施工中存在问题的处理，监理工作的经验和教训，有关建议、工程照片及录像等。

5）监理资料分类。报送建设单位的资料应包括监理规划；监理工作总结(专题、阶段和竣工总结报告)；质量、安全事故处理资料；竣工报验单及验收记录；竣工结算审批表；年、季验工计价汇总表；监理月报；工程质量评估报告。发送承包单位的资料应包括施工组织设计及单项施工方案审批资料；开工申请报告及批复；检验批、分项、分部和单位工程质量验收记录；监理工程师检查签认记录；变更设计、洽商费用审批资料；监理工程师通知单；索赔、合同纠纷、争议调解的有关资料。监理工作依据的资料应包括上级部门下发的文件；与建设单位、承包单位之间来往函件，会议纪要；委托监理合同、承包合同；设计文件技术交底纪要、图纸会审资料、变更设计资料；监理规划及监理实施细则。监理工作内部资料应包括监理单位内部来往的函件、请示报告及批复；见证检验、平行检验结果统计表；各种管理台账(如工程数量清单、验工计价台账等);监理日志、监理日记。

6)监理资料日常管理。总监理工程师应指定项目监理机构中的专门人员负责监理资料的收集、整理、归档及管理工作。监理资料的组卷、规格、装订应执行铁道系统档案管理的统一规定。监理资料必须真实完整,整理及时,分类有序。

铁路建设工程项目监理工作的相关表格见表 13-7-1~表 13-7-24。

表 13-7-1　施工组织设计(方案)报审表

工程项目名称:　　　　　施工合同段:　　　　　　　　　编号:

致(项目监理机构):

我单位根据施工合同的有关规定已编制完成工程的施工组织设计(方案),并经我单位技术负责人审查批准,请予以审查。

附:施工组织设计(方案)

承包单位(章)

项目经理

日期

专业监理工程师意见:

专业监理工程师:

日期

总监理工程师意见:

项目监理机构(章)

总监理工程师:

日期

注:本表一式 4 份,承包单位 2 份,监理单位、建设单位各 1 份。

表 13-7-2　工程开工/复工申请表

工程项目名称:　　　　　施工合同段:　　　　　　　　　编号:

工程名称(单位、分部)

里程/部位

申请开工/复工日期

计划工期

致(项目监理机构):

我方承担的工程,已完成各项准备工作,具备了开工/复工条件,特此申请施工,请核查并签发开工/复工指令。

附件:1. 开工/复工报告

2.(证明文件)

承包单位(章)

项目经理

日期

审查意见:

项目监理机构(章)

总监理工程师:

日期

建设单位意见:

公章

负责人

日期

注:本表一式 4 份,承包单位 2 份,监理单位、建设单位各 1 份。

表 13-7-3　分包单位资格报审表

工程项目名称：　　　　　施工合同段：　　　　　编号：

致(项目监理机构)：

经考察，我方认为选择的_____(分包单位)具有承担下列工程的施工资质和施工能力，可以保证本工程项目按合同的规定进行施工。分包后，我方仍承担总包单位的全部责任。请予以审查和批准。

附：1. 分包单位资质材料

　　2. 分包单位业绩材料

分包工程名称(部位)

工程数量(单位)

拟分包工程合同额(万元)

分包工程占总包工程

(%)

合计

承包单位(章)

项目经理

日期

专业监理工程师意见：

专业监理工程师：

日期

总监理工程师意见：

项目监理机构(章)：

总监理工程师：

日期

注：本表一式 4 份，承包单位 2 份，监理单位、建设单位各 1 份。

表 13-7-4　进场施工机械、设备报验单

工程项目名称：　　　　　施工合同段：　　　　　编号：

致(项目监理机构)：

下列施工机械、设备按合同约定已进场，并经我方检查，能满足工程施工需要，请审验签证并准予使用。

承包单位(章)

技术负责人

日期

序号

机械设备名称

规格及型号

数量

技术状况

进场

日期

使用工点

备注

监理审验意见：

审验结论：

专业监理工程师：

日期

注：本表一式 4 份，承包单位 2 份，监理单位、建设单位各 1 份。

表 13-7-5 主要进场人员报审表

工程项目名称：　　　　　　施工合同段：　　　　　　　　　　编号：

致(项目监理机构)：

下列人员已进场，并满足合同约定，请予以审查。

附：人员资格证明复印件。

承包单位(章)

项目经理

日期

序号

姓名

性别

出生年月

职务

学历

专业

专业年限

备注

监理审查意见

审查结论：

总监理工程师

日期

注：本表一式 4 份，承包单位 2 份，监理单位、建设单位各 1 份。

表 13-7-6　进场材料/构配件/设备报验单

工程项目名称：　　　　　　施工合同段：　　　　　　　　编号：

致(项目监理机构)：

下列原材料/构件/设备经自检符合技术规范要求，报请检验并准予在指定的部位使用。

附件：1. 出厂质量保证书(产品合格证)；

　　　2. 出厂检验报告；

　　　3. 自检试验报告。

项目经理

技术负责人

日期

名称

规格及型号

本批数量

供货单位

到达时间

合格证

来源或产地

使用工点及部位

取样地点及日期

检查人及检查日期

自检情况

检查结果

使用日期

监理检验意见

审查结论：

专业监理工程师

日期

注：本表一式 4 份，承包单位 2 份，监理单位、建设单位各 1 份。

表 13-7-7 施工测量放样报验单

工程项目名称：　　　　施工合同段：　　　　　　编号：

致(项目监理机构)：

根据合同要求，我单位已完成的施工测量放样工作，清单如下，请予以核验。

附件：测量及放样资料

工程地点

放样内容

备注

测量人　　　审核人　　　技术负责人　　　日期

审核意见：

专业监理工程师

日期

注：本表一式 3 份，承包单位 2 份、监理单位 1 份。

表 13-7-8 工程报验申请表

工程项目名称：　　　　施工合同段：　　　　　　编号：

致(项目监理机构)：

根据承包合同和设计文件的要求，我单位已完成下列施工项目并自检合格，报请检查。

项目 1：

项目 2：

项目 3：

……

附件：自检资料，包括检验批及附表。

质量检查工程师(签字)

日期

监理工程师意见：

专业监理工程师

日期

注：本表一式 3 份，承包单位 2 份、监理单位 1 份。

表 13-7-9 工程质量事故报告表

工程项目名称：　　　　施工合同段：　　　　　　编号：

致(项目监理机构)：

　年　月　日时，在发生工程质量事故，报告如下：

1. 事故经过及原因简要说明(详见附件)；

2. 事故性质；

3. 预计造成损失；

4. 应急措施；

5. 初步处理意见；

待进场现场调查后，另行详细报告。

承包单位(章)

项目经理　年　月　日　时

收件人　　年　月　日　时

注：本表一式 4 份，施工单位 2 份，监理单位、建设单位各 1 份。

表 13-7-10　年季度已完工程数量报审表

承包单位(章)：　　工程项目名称：　施工合同段：　　编号：

工程数量	
序号	
项目名称	
区间土方($\times 10^4 \text{m}^3$)	
区间土方($\times 10^4 \text{m}^3$)	
站场土方($\times 10^4 \text{m}^3$)	
站场石方($\times 10^4 \text{m}^3$)	
路基圬工($\times 10^4 \text{m}^3$)	
特大桥(延长米)	
大中桥(延长米)	
小桥(延长米)	
涵渠(横延米)	
隧道(延长米)	
桥梁架设(孔)	
正线铺轨(km)	
站线铺轨(km)	
铺碴(m^3)	
房屋建筑(m^2)	
信号(站/km)	
通信(km)	
电力(km)	
电气化(km)	

填表人：　　复核人：　　施工单位项目经理：　年　月　日　　专业监理工程师：　年　月　日

注：本表一式 4 份，施工单位 2 份，建设单位、监理单位各 1 份。

表 13-7-11　年季度验工计价表

工程项目名称：　　施工合同段：　　单位：万元　　编号：

章号	
项目名称	
合同价值	
本季验工计价	
本年验工计价	
开工累计计价	
合同余额	
编制人　承包单位(章)　项目监理机构(章)	
复核人　项目经理　专业监理工程师　日期	
总监理工程师　　日期	

注：本表一式 4 份，施工单位 2 份，建设单位、监理单位各 1 份。

表 13-7-12 监理工程师通知回复单

工程项目名称：　　　　　施工合同段：　　　　　　　编号：

致(项目监理机构)：

我方接到编号_____的监理工程师通知单后，已按要求完成了工作，请予以复查。

内容：

施工单位(章)

项目经理

日期

复查意见：

专业监理工程师

日期

注：本表一式 3 份，承包单位 2 份，监理单位 1 份。

表 13-7-13 工程延期报审表

工程项目名称：　　　　　施工合同段：　　　　　　　编号：

致(项目监理机构)：

根据合同____条的规定，由于_____原因，我方申请工程延期，请予以审查批准。

附件：

1. 工程延期的依据及工期计算

合同竣工日期：

申请延长竣工日期：

2. 证明材料

承包单位(章)

项目经理

日期

总监理工程师意见：

总监理工程师

日期

建设单位审批意见：

建设单位(章)

负责人

日期

注：本表一式 4 份，承包单位 2 份，监理单位、建设单位各 1 份。

表 13-7-14 工程竣工初验报审表

工程项目名称：　　　　　施工合同段：　　　　　　　编号：

致(项目监理机构)：

我方已按合同要求完成工程，经自检合格，请予以审查验收。

附件：

承包单位(章)

项目经理

日期

审查意见：

项目监理机构(章)

总监理工程师

日期

注：本表一式 4 份，索赔单位 2 份，监理单位、建设单位各 1 份。

表 13-7-15 监理工程师通知单

工程项目名称:	施工合同段:	编号:

致：(承包单位)

事由：

通知内容：

专业监理工程师　　年　月　日　时

收件人　　年　月　日　时

注：本表一式4份，承包单位2份，监理单位、建设单位各1份。

表 13-7-16 旁站监理记录表

工程项目名称:	施工合同段:	编号:

日期

气候

工程地点

旁站监理部位或工序

旁站监理开始时间

旁站监理结束时间

施工情况：

监理情况：

发现问题：

处理意见：

备注：

　　　　　　　　　　　　　　　　　　　　旁站监理人员(签字)

　　　　　　　　　　　　　　　　　　　　日期

注：本表一式3份，承包单位2份，监理单位1份。

表 13-7-17 工程暂停令

工程项目名称:	施工合同段:	编号:

致(承包单位)：

由于＿＿＿＿＿的原因，现通知你方必须于　年　月　日时起对＿＿＿＿＿(工程项目名称及里程)工程暂停施工。

停工内容：

停工原因：

整改要求：

总监理工程师

项目监理机构(章)　　年　月　日　时

收件人　　年　月　日　时

注：本表一式4份，承包单位2份，建设单位、监理单位各1份。

表 13-7-18 工程复工令

工程项目名称：施工合同段：编号：

致(承包单位)：

鉴于工程暂停令所述工程暂停的原因已经消除，现通知你方于　　年　　月　　日　　时起可。对工程恢复施工。

项目监理机构(章)

总监理工程师

日期

收件人　　年　月　日　时

注：本表一式4份，施工单位2份，监理单位、建设单位各1份。

表 13-7-19 索赔审批表

工程项目名称： 　　　　　施工合同段： 　　　　　编号：

致(索赔单位)：

根据施工合同____条____款的规定，你方提出的费用索赔申请_____(编号)，索赔____(大写)，经我方审核：

□不同意索赔。

□同意索赔，金额为(大写)。

同意/不同意索赔的理由：

项目监理机构(章)

总监理工程师

日期

建设单位意见：

建设单位(章)

负责人

日期

注：本表一式 4 份，施工单位 2 份，监理单位、建设单位各 1 份。

表 13-7-20 工作联系单

工程项目名称： 　　　　　施工合同段： 　　　　　编号：

致：

事由：

内容：

单位(章)

负责人

日期

注：本表一式×份，相关单位各 1 份。

表 13-7-21 变更设计提议单

工程项目名称： 　　　　　施工合同段： 　　　　　编号：

致：

由于_____原因，兹提出工程变更(内容见附件)，请予以审批。

附件：

提议单位(章)

负责人

日期

设计单位意见：

设计单位(章)

负责人

日期

承包单位意见：

承包单位(章)

负责人

日期

监理单位意见：

项目监理机构(章)

负责人

日期

建设单位意见：

建设单位(章)

负责人

日期

注：本表一式 5 份，承包单位 2 份，监理单位、建设单位、设计单位各 1 份。

表 13-7-22　索赔申请表

工程项目名称：　　　　　施工合同段：　　　　　　编号：

致：(项目监理机构)：

根据合同第____条规定，由于_____原因，我方要求索赔金额_____(大写)，请予以审查批准。

索赔的详细理由：

索赔金额计算：

附：证明材料

索赔单位(章)

负责人

日期

总监理工程师意见：

总监理工程师

日期

注：本表一式 4 份，承包单位 2 份，监理单位、建设单位各 1 份。

表 13-7-23　会议签到表

工程项目名称：　　　　　施工合同段：　　　　　　编号：

时间

地点

主持人

议题

序号

姓名

单位名称

职务

联系电话

注：本表一式 5 份，承包单位 2 份，监理单位、建设单位、设计单位各 1 份。

表 13-7-24　铁路工程旁站监理部位

1. 土石方及路基工程

路基：地基土换填、排水砂井、粉喷桩、CFG 桩、塑料排水板的主要施工过程；过渡段填筑；重力式挡墙基坑地基承载力试验。

2. 混凝土和钢筋混凝土工程

1)混凝土工程：重要结构、重要部位混凝土灌筑。

2)预应力混凝土工程：施加预应力过程。

3)特殊情况下的混凝土工程：水下混凝土灌筑、高强混凝土配制。

3. 桥涵工桥

1)基础工程：扩大基础开挖、基底处理，钻孔桩水下混凝土的灌筑，打入桩施工工艺试验。

2)墩台工程：墩台身混凝土浇筑。

3)梁部工程：现场预制梁的混凝土浇筑及预应力施加。

4. 隧道工程

1)围岩类别判定，初期支护。

2)锚杆抗拔试验；特殊设计地段混凝土浇筑及拱部超挖回填。

3)隧道防排水设施施工。

5. 轨道工程

整体道床混凝土浇筑。

6. 给排水工程

1)水源工程：供水管井的成井工艺；大口井、结合井、辐射井和集水井混凝土封底。

2)管道工程：虹吸管道水压(气压)试验。

3)机械设备安装：真空泵、锅炉等压力容器的运行试验。

4)贮、配水设备：注水试验。

5)污水处理工程和设备安装：注水试验；成套设备的调试工作。

7. 电力工程

1)变、配电所：变压器各项电气试验；图线、绝缘子、穿墙套管试验；试运行。

2)架空电力线路：交接试验；通电试运行。

3)电缆线路：交接试验；通电试运行。

4)室内、外配线：验收试验(测量绝缘电阻、耐压试验)；通电试运行。

5)室内、外照明：验收试验；通电试运行。

6)车间动力：耐压试验；起吊、走行试验。

7)接地装置：测量接地电阻。

8. 电力牵引供电工程

1)牵引变电所、开闭所、分区所、自耦变压器所、电力调度所：对超过有效试验期的设备的重新试验；牵引变电所电气设备交接试验。

2)接触网：冷滑试验；动态参数试验；开通试验。

9. 通信工程

1)光缆的接续、测试。

2)电缆的接续、测试。

3)通信设备的测试和开通。

10. 信号工程

1)电缆接续。

2)联锁试验。

11. 既有线龙口拨接

⭐ 思 考 题

1. 简述我国公路水运工程监理企业资质管理制度的特点。

2. 我国公路工程施工监理招标投标的基本原则是什么？

3. 简述我国公路水运工程监理企业信用评价体系的特点。

4. 简述我国公路水运工程监理工程师登记管理规定的特点。

5. 谈谈你对水运工程施工监理工作的认识。

6. 谈谈你对公路工程施工监理工作的认识。

7. 谈谈你对铁路建设工程施工监理工作的认识。

第 14 章　水利工程监理的特点及相关要求

14.1　我国水利水电工程施工总承包资质规定

我国水利水电工程施工总承包资质分为特级、一级、二级、三级。特级由国家特批。

1）一级资质标准。企业净资产 1 亿元以上。企业水利水电工程专业一级注册建造师不少于 15 人；技术负责人具有 10 年以上从事工程施工技术管理工作经历且具有水利水电工程相关专业高级职称；水利水电工程相关专业中级以上有职称人员不少于 60 人；持有岗位证书的施工现场管理人员不少于 50 人且施工员、质量员、安全员、材料员、资料员等人员齐全；经考核或培训合格的中级工以上技术工人不少于 70 人。企业近 10 年承担过下列 7 类中的 3 类工程的施工总承包或主体工程承包，其中①～②类至少 1 项、③～⑤类至少 1 项，工程质量合格，即①库容 $5000 \times 10^4 m^3$ 以上且坝高 15 米以上或库容 $1000 \times 10^4 m^3$ 以上且坝高 50m 以上的水库、水电站大坝 2 座；②过闸流量 $\geq 500 m^3/s$ 的水闸 4 座（不包括橡胶坝等）；③总装机容量 100MW 以上水电站 2 座；④总装机容量 5MW（或流量 $\geq 25 m^3/s$）以上泵站 2 座；⑤洞径 $\geq 6m$（或断面积相等的其他型式）、长度 $\geq 500m$ 的水工隧洞 4 个；⑥年完成水工混凝土浇筑 $50 \times 10^4 m^3$ 以上或坝体土石方填筑 $120 \times 10^4 m^3$ 以上或灌浆 $12 \times 10^4 m$ 以上或防渗墙 $8 \times 10^4 m^2$ 以上；⑦单项合同额 1 亿元以上的水利水电工程。

2）二级资质标准。企业净资产 4000 万元以上。企业水利水电工程专业注册建造师不少于 15 人，其中一级注册建造师不少于 6 人；技术负责人具有 8 年以上从事工程施工技术管理工作经历且具有水利水电工程相关专业高级职称或水利水电工程专业一级注册建造师执业资格；水利水电工程相关专业中级以上有职称人员不少于 30 人；持有岗位证书的施工现场管理人员不少于 30 人且施工员、质量员、安全员、材料员、资料员等人员齐全；经考核或培训合格的中级工以上技术工人不少于 40 人。企业工程业绩近 10 年承担过下列 7 类中的 3 类工程的施工总承包或主体工程承包，其中①～②类至少 1 项、③～⑤类至少 1 项，工程质量合格，即①库容 $500 \times 10^4 m^3$ 以上且坝高 15m 以上或库容 $10 \times 10^4 m^3$ 以上且坝高 30m 以上的水库、水电站大坝 2 座；②过闸流量 $60 m^3/s$ 的水闸 4 座（不包括橡胶坝等）；③总装机容量 10MW 以上水电站 2 座；④总装机容量 500kW（或流量 $\geq 8 m^3/s$）以上泵站 2 座；⑤洞径 $\geq 4m$（或断面积相等的其他型式）、长度 $\geq 200m$ 的水工隧洞 3 个；⑥年完成水工混凝土浇筑 $20 \times 10^4 m^3$ 以上或坝体土石方填筑 $60 \times 10^4 m^3$ 以上或灌浆 $6 \times 10^4 m$ 以上或防渗墙 $4 \times 10^4 m^2$ 以上；⑦单项合同额 5000 万元以上的水利水电工程。

3）三级资质标准。企业净资产 800 万元以上。企业水利水电工程专业注册建造师不少于 8 人；技术负责人具有 5 年以上从事工程施工技术管理工作经历且具有水利水电工程相关专业中级以上职称或水利水电工程专业注册建造师执业资格；水利水电工程相关专业中级以上有职称人员不少于 10 人；持有岗位证书的施工现场管理人员不少于 15 人且施工员、质量员、安全员、材料员、资料员等人员齐全；经考核或培训合格的中级工以上技术工人不少于 20 人；技术负责人（或注册建造师）主持完成过本类别资质②级以上标准要求的工程业绩不少于 2 项。

4）承包工程范围。一级企业可承担各等级水利水电工程的施工。二级企业可承担工程规模中型以下水利水电工程和建筑物级别 3 级以下水工建筑物的施工，但下列工程规模限制在以下范围内，即坝高 70m 以下、水电站总装机容量 150MW 以下、水工隧洞洞径小于 8m（或断面积相等的其他型式）且长度小于 1000m、堤防级别 2 级以下。三级企业可承担单项合同额 6000 万元以下的下列水利水电工程的施工，即小（1）型以下水利水电工程和建筑物级别 4 级以下水工建筑物的施工总承包，但下列工程限制在以下范围内，即坝高 40m 以下、水电站总装机容量 20MW 以下、泵站总装机容量 800kW 以下、水工隧洞洞径小于 6m（或断面积相等的其他型式）且长度小于 500m、堤防级别 3 级以下。

5）相关名词的含义。水利水电工程是指以防洪、灌溉、发电、供水、治涝、水环境治理等为目的的各类工程（包括配套与附属工程），主要工程内容包括水工建筑物（坝、堤、水闸、溢洪道、水工隧洞、涵洞与涵管、取水建筑物、河道整治建筑物、渠系建筑物、通航、过木、过鱼建筑物、地基处理）建设、水电站建设、水泵站建设、水力机械安装、水工金属结构制造及安装、电气设备安装、自动化信息系统、环境保护工程建设、水土保持工程建设、土地整治工程建设、以及与防汛抗旱有关的道路、桥梁、通讯、水文、凿井等工程建设、与上述工程相关的管理用房附属工程建设等详见《水利水电工程技术术语标准》（SL 26—2012）。水利水电工程等级按照《水利水电工程等级划分及洪水标准》（SL 252—2000）确定。水利水电工程相关专业职称包括水利水电工程建筑、水利工程施工、农田水利工程、水电站动力设备、电力系统及自动化、水力学及河流动力学、水文与水资源、工程地质及水文地质、水利机械等水利水电类相关专业职称。

14.2 我国水工金属结构制作与安装工程专业承包资质规定

我国水工金属结构制作与安装工程专业承包资质分为一级、二级、三级。

1）一级资质标准。企业净资产 2000 万元以上。企业水利水电工程、机电工程专业一级注册建造师合计不少于 8 人，其中水利水电工程专业一级注册建造师不少于 4 人；技术负责人具有 10 年以上从事工程施工技术管理工作经历且具有水利水电工程相关专业高级职称；金属结构、焊接、起重等专业中级以上职称人员不少于 25 人且专业齐全；持有岗位证书的施工现场管理人员不少于 20 人且施工员、质量员、安全员、材料员、资料员等人员齐全；经考核或培训合格的中级工以上技术工人不少于 30 人。企业近 5 年承担过下列 5 类中的 2 类工程的施工且其中至少有 1 项是①、②类中所列工程，工程质量合格，即①单扇 $FH>3500$ 的超大型或单扇 100t 以上的闸门制作安装工程 2 个，或承担过单扇 50t 以上的闸门制作安装工程 4 个；②单项 3000t 以上的压力钢管制作安装工程 1 个，或 $DH>800$ 的大型或单项 2000t 以上的压力钢管制作安装工程 3 个；③2 台 2×125t 以上或 4 台 2×60t 以上启闭机安装工程；④单扇 $FH>1000$ 的超大型拦污栅制作安装工程 2 个；⑤单位工程合同额 1000 万元以上的金属结构制作安装工程。

2）二级资质标准。企业净资产 1000 万元以上。企业水利水电工程、机电工程专业注册建造师合计不少于 8 人，其中水利水电工程专业注册建造师不少于 5 人；技术负责人具有 8 年以上从事工程施工技术管理工作经历且具有水利水电工程相关专业高级职称或水利水电工程专业一级注册建造师执业资格；金属结构、焊接、起重等专业中级以上职称人员不少于

15 人且专业齐全；持有岗位证书的施工现场管理人员不少于 15 人且施工员、质量员、安全员、材料员、资料员等人员齐全；经考核或培训合格的中级工以上技术工人不少于 20 人。企业近 5 年承担过下列 5 类中的 2 类工程的施工，其中至少有 1 项是①、②类中所列工程，工程质量合格：①$FH>200$ 的中型或单扇 25t 以上的闸门制作安装工程 4 个；②单项 1500t 以上的压力钢管制作安装工程 1 个，或 $DH>200$ 的中型或单项 700t 以上的压力钢管制作安装工程 3 个；③2 台 2×60t 以上或 4 台 2×30t 以上启闭机安装工程；④单扇中型拦污栅制作安装工程 2 个；⑤单位工程合同额 600 万元以上的金属结构制作安装工程。

3）三级资质标准。企业净资产 400 万元以上。企业水利水电工程、机电工程专业注册建造师合计不少于 5 人，其中水利水电工程专业注册建造师不少于 3 人；技术负责人具有 5 年以上从事工程施工技术管理工作经历且具有水利水电工程相关专业中级以上职称或水利水电工程专业注册建造师执业资格；金属结构、焊接、起重等专业中级以上职称人员不少于 8 人且专业齐全；持有岗位证书的施工现场管理人员不少于 10 人且施工员、质量员、安全员、材料员、资料员等人员齐全；经考核或培训合格的中级工以上技术工人不少于 15 人；技术负责人（或注册建造师）主持完成过本类别二级以上标准要求的工程业绩不少于 2 项。

4）承包工程范围。一级企业可承担各类压力钢管、闸门、拦污栅等水工金属结构工程的制作、安装及启闭机的安装。二级企业可承担大型以下压力钢管、闸门、拦污栅等水工金属结构工程的制作、安装及启闭机的安装。三级企业可承担中型以下压力钢管、闸门、拦污栅等水工金属结构工程的制作、安装及启闭机的安装。其中，闸门、拦污栅 FH＝叶面积×水头；压力钢管 DH＝钢管直径×水头。

14.3 我国水利水电机电安装工程专业承包资质规定

我国水利水电机电安装工程专业承包资质分为一级、二级、三级。

1）一级资质标准。企业净资产 2800 万元以上。企业水利水电工程、机电工程专业一级注册建造师合计不少于 8 人，其中，水利水电工程专业一级注册建造师不少于 4 人；技术负责人具有 10 年以上从事工程施工技术管理工作经历且具有水利水电工程相关专业高级职称；水轮机、水轮发电机、电气、焊接、调试、起重等专业中级以上职称人员不少于 25 人且专业齐全；持有岗位证书的施工现场管理人员不少于 20 人且施工员、质量员、安全员、材料员、资料员等人员齐全；经考核或培训合格的中级工以上技术工人不少于 30 人。企业近 5 年承担过下列 6 类中的 2 类工程的施工，其中至少有 1 项是第①类中所列工程，工程质量合格：①混流式水轮发电机组、单机容量 80MW 以上 4 台；②轴流式水轮发电机组、单机容量 50MW 以上 2 台或 25MW 以上 4 台；③贯流式水轮发电机组、单机容量 10MW 以上 2 台或 5MW 以上 4 台；④冲击式水轮发电机组、单机容量 10MW 以上 2 台或 5MW 以上 4 台；⑤抽水蓄能机组、单机容量 100MW 以上 1 台；⑥水泵机组、单机容量 500kW 以上 4 台。

2）二级资质标准。企业净资产 1000 万元以上。企业水利水电工程、机电工程专业注册建造师合计不少于 8 人，其中水利水电工程专业注册建造师不少于 4 人；技术负责人具有 8 年以上从事工程施工技术管理工作经历且具有水利水电工程相关专业高级职称或水利水电工程专业一级注册建造师执业资格；水轮机、水轮发电机、电气、焊接、调试、起重等专业中级以上职称人员不少于 15 人且专业齐全；持有岗位证书的施工现场管理人员不少于 15 人且施工员、质量员、安全员、材料员、资料员等人员齐全；经考核或培训合格的中级工以上技术工人不少于 20 人。企业近 5 年承担过下列 5 类中的 2 类工程的施工，工程质量合格：①混流式水轮发电机组、单机容量 25MW 以上 4 台；②轴流式水轮发电机组、单机容量 10MW 以上 2 台或 5MW 以上 4 台；③贯流式水轮发电机组、单机容量 5MW 以上 2 台或 3MW 以上 4 台；④冲击式水轮发电机组、单机容量 5MW 以上 2 台或 3MW 以上 4 台；⑤水泵机组、单机容量 300kW 以上 4 台。

3）三级资质标准。企业净资产 400 万元以上。企业水利水电工程、机电工程专业注册建造师合计不少于 5 人，其中水利水电工程专业建造师不少于 3 人；技术负责人具有 5 年以上从事工程施工技术管理工作经历且具有水利水电工程相关专业中级以上职称或水利水电工程专业注册建造师执业资格；水轮机、水轮发电机、电气、焊接、调试、起重等专业工程序列中级以上职称人员不少于 8 人且专业齐全；持有岗位证书的施工现场管理人员不少于 10 人且施工员、质量员、安全员、材料员、资料员等人员齐全；经考核或培训合格的中级工以上技术工人不少于 15 人；技术负责人(或注册建造师)主持完成过本类别二级以上标准要求的工程业绩不少于 2 项。

4）承包工程范围。一级企业可承担各类水电站、泵站主机(各类水轮发电机组、水泵机组)及其附属设备和水电(泵)站电气设备的安装工程。二级企业可承担单机容量 100MW 以下的水电站、单机容量 1000kW 以下的泵站主机及其附属设备和水电(泵)站电气设备的安装工程。三级企业可承担单机容量 25MW 以下的水电站、单机容量 500kW 以下的泵站主机及其附属设备和水电(泵)站电气设备的安装工程。

14.4　我国河湖整治工程专业承包资质规定

我国河湖整治工程专业承包资质分为一级、二级、三级。

1）一级资质标准。企业净资产 3800 万元以上。企业水利水电工程专业一级注册建造师不少于 8 人；技术负责人具有 10 年以上从事工程施工技术管理工作经历且具有水利水电工程相关专业高级职称；水利水电、治河、船舶机械等专业工程序列中级以上职称人员不少于 25 人且专业齐全；持有岗位证书的施工现场管理人员不少于 20 人且施工员、质量员、安全员、材料员、资料员等人员齐全；经考核或培训合格的中级工以上技术工人不少于 30 人。企业近 5 年承担过下列 6 类中的 2 类工程的施工，其中①～④类至少 1 项，⑤～⑥类至少 1 项，工程质量合格：①河势控导工程 1300 延米以上；②水中进占丁坝 12 道以上；③2 级堤防险工 2000 延米以上；④投资 500 万元以上或用石料 1 万立方米以上的防汛抢险施工工程；⑤年疏浚或水下土方挖方 $650 \times 10^4 m^3$ 以上；⑥年吹填土方 $400 \times 10^4 m^3$ 以上。具有单船功率 1100kW 以上的专业疏浚船只不少于 2 条；专业施工设备装机总功率 5000kW 以上。

2）二级资质标准。企业净资产 2000 万元以上。企业水利水电工程专业注册建造师不少于 8 人；技术负责人具有 8 年以上从事工程施工技术管理工作经历且具有水利水电工程相关专业高级职称或水利水电工程专业一级注册建造师执业资格；水利水电、治河、船舶机械等专业中级以上职称人员不少于 15 人且专业齐全；持有岗位证书的施工现场管理人员不少于 15 人且施工员、质量员、安全员、材料员、资料员等人员齐全；经考核或培训合格的中级工以上技术工人不少于 20 人。企业近 5 年独立承担过下列 6 类中的 2 类工程的施工，其中①～④类至少 1 项，⑤～⑥类至少 1 项，工程质量合格：①河势控导工程 700 延米以上；②水中进占丁坝 6 道以上；③3 级堤防险工 1000 延米以上；④投资 300 万元以上或用石料

5000m³ 以上的防汛抢险施工工程；⑤年疏浚或水下土方挖方 300×10⁴m³ 以上；⑥年吹填土方 150×10⁴m³ 以上。具有单船功率 500kW 以上的专业疏浚船只不少于 2 条；专业施工设备装机总功率 2600kW 以上。

3）三级资质标准。企业净资产 400 万元以上。企业水利水电工程专业注册建造师不少于 5 人；技术负责人具有 5 年以上从事工程施工技术管理工作经历且具有水利水电工程相关专业中级以上职称或水利水电工程专业注册建造师执业资格；水利水电、治河、船舶机械等专业中级以上职称人员不少于 8 人且专业齐全；持有岗位证书的施工现场管理人员不少于 10 人且施工员、质量员、安全员、材料员、资料员等人员齐全；经考核或培训合格的中级工以上技术工人不少于 15 人；技术负责人（或注册建造师）主持完成过本类别资质二级以上标准要求的工程业绩不少于 2 项。

4）承包工程范围。一级企业可承担各类河道、水库、湖泊以及沿海相应工程的河势控导、险工处理、疏浚与吹填、清淤、填塘固基工程的施工。二级企业可承担堤防工程级别 2 级以下堤防相应的河道、湖泊的河势控导、险工处理、疏浚与吹填、填塘固基工程的施工。三级企业可承担堤防工程级别 3 级以下堤防相应的河湖疏浚整治工程及吹填工程的施工。

14.5 我国水利工程建设项目验收管理规定

（1）总体要求

为确保水利工程建设项目质量，必须加强水利工程建设项目验收管理，明确验收责任。由中央或者地方财政全部投资或者部分投资建设的大中型水利工程建设项目（含 1 级、2 级、3 级堤防工程）的验收活动应遵守相关规定。水利工程建设项目验收按验收主持单位性质的不同分为法人验收和政府验收两类。法人验收是指在项目建设过程中由项目法人组织进行的验收。法人验收是政府验收的基础。政府验收是指由有关人民政府、水行政主管部门或者其他有关部门组织进行的验收，包括专项验收、阶段验收和竣工验收。水利工程建设项目具备验收条件时应当及时组织验收，未经验收或者验收不合格的不得交付使用或者进行后续工程施工。水利工程建设项目验收的依据是国家有关法律、法规、规章和技术标准；有关主管部门的规定；经批准的工程立项文件、初步设计文件、调整概算文件；经批准的设计文件及相应的工程变更文件；施工图纸及主要设备技术说明书等。另外，法人验收还应当以施工合同为验收依据。验收主持单位应当成立验收委员会（验收工作组）进行验收，验收结论应当经 2/3 以上验收委员会（验收工作组）成员同意。验收委员会（验收工作组）成员应当在验收鉴定书上签字。验收委员会（验收工作组）成员对验收结论持有异议的应当将保留意见在验收鉴定书上明确记载并签字。验收中发现的问题，其处理原则由验收委员会（验收工作组）协商确定。主任委员（组长）对争议问题有裁决权。但半数以上验收委员会（验收工作组）成员不同意裁决意见的，法人验收应当报请验收监督管理机关决定，政府验收应当报请竣工验收主持单位决定。验收委员会（验收工作组）对工程验收不予通过的应当明确不予通过的理由并提出整改意见，有关单位应当及时组织处理有关问题完成整改并按照程序重新申请验收。项目法人以及其他参建单位应当提交真实、完整的验收资料，并对提交的资料负责。水利部负责全国水利工程建设项目验收的监督管理工作。水利部所属流域管理机构（以下简称流域管理机构）按照水利部授权，负责流域内水利工程建设项目验收的监督管理工作。县级以上地方人民政府水行政主管部门按照规定权限负责本行政区域内水利工程建设项目验收的监督管理工作。法人验收监督管理机关对项目的法人验收工作实施监督管理，由水行政主管部门或者流域管理机构组建项目法人的，该水行政主管部门或者流域管理机构是本项目的法人验收监督管理机关；由地方人民政府组建项目法人的，该地方人民政府水行政主管部门是本项目的法人验收监督管理机关。

（2）法人验收

工程建设完成分部工程、单位工程、单项合同工程或者中间机组启动前应当组织法人验收，项目法人可以根据工程建设的需要增设法人验收的环节。项目法人应当自工程开工之日起 60 个工作日内制定法人验收工作计划，报法人验收监督管理机关和竣工验收主持单位备案。施工单位在完成相应工程后应当向项目法人提出验收申请，项目法人经检查认为建设项目具备相应的验收条件的应当及时组织验收。法人验收由项目法人主持，验收工作组由项目法人、设计、施工、监理等单位的代表组成，必要时可以邀请工程运行管理单位等参建单位以外的代表及专家参加。项目法人可以委托监理单位主持分部工程验收，有关委托权限应当在监理合同或者委托书中明确。分部工程验收的质量结论应当报该项目的质量监督机构核备，未经核备的项目法人不得组织下一阶段的验收。单位工程以及大型枢纽主要建筑物的分部工程验收的质量结论应当报该项目的质量监督机构核定；未经核定的项目法人不得通过法人验收；核定不合格的项目法人应当重新组织验收；质量监督机构应当自收到核定材料之日起 20 个工作日内完成核定。项目法人应当自法人验收通过之日起 30 个工作日内制作法人验收鉴定书，发送参加验收单位并报送法人验收监督管理机关备案。法人验收鉴定书是政府验收的备查资料。单位工程投入使用验收和单项合同工程完工验收通过后，项目法人应当与施工单位办理工程的有关交接手续。工程保修期从通过单项合同工程完工验收之日算起，保修期限按合同约定执行。

（3）政府验收

1）验收主持单位。阶段验收、竣工验收由竣工验收主持单位主持，竣工验收主持单位可以根据工作需要委托其他单位主持阶段验收，专项验收依照国家有关规定执行。国家重点水利工程建设项目的竣工验收主持单位依照国家有关规定确定，除前款规定以外，在国家确定的重要江河、湖泊建设的流域控制性工程、流域重大骨干工程建设项目其竣工验收主持单位为水利部。除前两款规定以外的其他水利工程建设项目其竣工验收主持单位按照以下 3 条原则确定，即水利部或者流域管理机构负责初步设计审批的中央项目其竣工验收主持单位为水利部或者流域管理机构；水利部负责初步设计审批的地方项目，以中央投资为主的其竣工验收主持单位为水利部或者流域管理机构，以地方投资为主的其竣工验收主持单位为省级人民政府（或者其委托的单位）或者省级人民政府水行政主管部门（或者其委托的单位）；地方负责初步设计审批的项目其竣工验收主持单位为省级人民政府水行政主管部门（或者其委托的单位）。竣工验收主持单位为水利部或者流域管理机构的，可以根据工程实际情况会同省级人民政府或者有关部门共同主持。竣工验收主持单位应当在工程初步设计的批准文件中明确。

2）专项验收。枢纽工程导（截）流、水库下闸蓄水等阶段验收前，涉及移民安置的，应当完成相应的移民安置专项验收。工程竣工验收前，应当按照国家有关规定，进行环境保护、水土保持、移民安置以及工程档案等专项验收。经商有关部门同意，专项验收可以与竣工验收一并进行。项目法人应当自收到专项验收成果文件之日起 10 个工作日内，将专项验收成果文件报送竣工验收主持单位备案。专项验收成果文件是阶段验收或者竣工验收成果文件的组成部分。

3）阶段验收。工程建设进入枢纽工程导（截）流、水库下闸蓄水、引（调）排水工程通水、首（末）台机组启动等关键阶段应当组织进行阶段验收，竣工验收主持单位根据工程建设的实际需要可以增设阶段验收的环节。阶段验收的验收委员会由验收主持单位、该项目的质量监督机构和安全监督机构、运行管理单位的代表以及有关专家组成，必要时应当邀请项目所在地的地方人民政府以及有关部门参加。工程参建单位是被验收单位，应当派代表参加阶段验收工作。大型水利工程在进行阶段验收前可以根据需要进行技术预验收，技术预验收参照本节后续有关竣工技术预验收的规定进行。水库下闸蓄水验收前，项目法人应当按照有关规定完成蓄水安全鉴定。验收主持单位应当自阶段验收通过之日起 30 个工作日内制作阶段验收鉴定书，发送参加验收的单位并报送竣工验收主持单位备案。阶段验收鉴定书是竣工验收的备查资料。

4）竣工验收。竣工验收应当在工程建设项目全部完成并满足一定运行条件后 1 年内进行。不能按期进行竣工验收的，经竣工验收主持单位同意，可以适当延长期限，但最长不得超过 6 个月，逾期仍不能进行竣工验收的项目法人应当向竣工验收主持单位作出专题报告。竣工财务决算应当由竣工验收主持单位组织审查和审计，竣工财务决算审计通过 15 日后方可进行竣工验收。工程具备竣工验收条件的，项目法人应当提出竣工验收申请，经法人验收监督管理机关审查后报竣工验收主持单位，竣工验收主持单位应当自收到竣工验收申请之日起 20 个工作日内决定是否同意进行竣工验收。竣工验收原则上按照经批准的初步设计所确定的标准和内容进行。项目有总体初步设计又有单项工程初步设计的，原则上按照总体初步设计的标准和内容进行，也可以先进行单项工程竣工验收，最后按照总体初步设计进行总体竣工验收。项目有总体可行性研究但没有总体初步设计而有单项工程初步设计的，原则上按照单项工程初步设计的标准和内容进行竣工验收。建设周期长或者因故无法继续实施的项目，对已完成的部分工程可以按单项工程或者分期进行竣工验收。竣工验收分为竣工技术预验收和竣工验收两个阶段。大型水利工程在竣工技术预验收前项目法人应当按照有关规定对工程建设情况进行竣工验收技术鉴定；中型水利工程在竣工技术预验收前竣工验收主持单位可以根据需要决定是否进行竣工验收技术鉴定。竣工技术预验收由竣工验收主持单位以及有关专家组成的技术预验收专家组负责。工程参建单位的代表应当参加技术预验收，汇报并解答有关问题。竣工验收的验收委员会由竣工验收主持单位、有关水行政主管部门和流域管理机构、有关地方人民政府和部门、该项目的质量监督机构和安全监督机构、工程运行管理单位的代表以及有关专家组成。工程投资方代表可以参加竣工验收委员会。竣工验收主持单位可以根据竣工验收的需要，委托具有相应资质的工程质量检测机构对工程质量进行检测。项目法人全面负责竣工验收前的各项准备工作，设计、施工、监理等工程参建单位应当做好有关验收准备和配合工作，派代表出席竣工验收会议，负责解答验收委员会提出的问题，并作为被验收单位在竣工验收鉴定书上签字。竣工验收主持单位应当自竣工验收通过之日起 30 个工作日内制作竣工验收鉴定书并发送有关单位，竣工验收鉴定书是项目法人完成工程建设任务的凭据。

5）验收遗留问题处理与工程移交。项目法人和其他有关单位应当按照竣工验收鉴定书的要求妥善处理竣工验收遗留问题和完成尾工。验收遗留问题处理完毕和尾工完成并通过验收后，项目法人应当将处理情况和验收成果报送竣工验收主持单位。项目法人与工程运行管理单位不同的，工程通过竣工验收后应当及时办理移交手续。工程移交后项目法人以及其他参建单位应当按照法律法规的规定和合同约定承担后续的相关质量责任，项目法人已经撤消的由撤消该项目法人的部门承接相关的责任。

（4）其他

违反上述规定，项目法人不按时限要求组织法人验收或者不具备验收条件而组织法人验收的，由法人验收监督管理机关责令改正。项目法人以及其他参建单位提交验收资料不真实导致验收结论有误的由提交不真实验收资料的单位承担责任，竣工验收主持单位收回验收鉴定书，对责任单位予以通报批评；造成严重后果的依照有关法律法规处罚。参加验收的专家在验收工作中玩忽职守、徇私舞弊的由验收监督管理机关予以通报批评；情节严重的取消其参加验收的资格；构成犯罪的依法追究刑事责任。国家机关工作人员在验收工作中玩忽职守、滥用职权、徇私舞弊，尚不构成犯罪的依法给予行政处分；构成犯罪的依法追究刑事责任。上述规定所称项目法人包括实行代建制项目中经项目法人委托的项目代建机构。水利工程建设项目验收应当具备的条件、验收程序、验收主要工作以及有关验收资料和成果性文件等具体要求按照有关验收规程执行。政府验收所需费用应当列入工程投资，由项目法人列支。其他水利工程建设项目的验收活动可以参照上述规定执行。流域管理机构、省级人民政府水行政主管部门可以根据规定制定验收管理实施细则。

14.6　我国水利工程建设项目管理的基本要求

（1）总体要求

水利工程建设项目管理应适应建立社会主义市场经济体制的需要，应进一步加强水利工程建设的行业管理，使水利工程建设项目管理逐步走上法制化、规范化的道路，保证水利工程建设的工期、质量、安全和投资效益。由国家投资、中央和地方合资、企事业单位独资、合资以及其他投资方式兴建的防洪、除涝、灌溉、发电、供水、围垦等大中型（包括新建、续建、改建、加固、修复）工程建设项目应遵守相关规定，小型水利工程建设项目可以参照执行。水利工程建设项目管理实行统一管理、分级管理和目标管理，我国未来将逐步建立水利部、流域机构和地方水行政主管部门以及建设项目法人分级、分层次管理的管理体系。水利工程建设项目管理要严格按建设程序进行，实行全过程的管理、监督、服务。水利工程建设要推行项目法人责任制、招标投标制和建设监理制，积极推行项目管理。

（2）管理体制及职责

水利部是国务院水行政主管部门，对全国水利工程建设实行宏观管理。水利部建设司是水利部主管水利建设的综合管理部门，在水利工程建设项目管理方面，其主要管理职责是贯彻执行国家的方针政策、研究制订水利工程建设的政策法规并组织实施；对全国水利工程建设项目进行行业管理；组织和协调部属重点水利工程的建设；积极推行水利建设管理体制的改革，培育和完善水利建设市场；指导或参与省属重点大中型工程、中央参与投资的地方大中型工程建设的项目管理。流域机构是水利部的派出的机构，对其所在流域行使水行政主管部门的职责，负责本流域水利工程建设的行业管理。以水利部投资为主的水利工程建设项目，除少数特别重大项目由水利部直接管理外，其余项目均由所在流域机构负责组织建设和管理，逐步实现按流域综合规划、组织建设、生产经营、滚动开发；流域机构按照国家投资政策，通过多渠道筹集资金，逐步建立流域水利建设投资主体，从而实现国家对流域水利建设项目的管理。省(自治区、直辖市)水利(水电)厅(局)是本地区的水行政主管部门负责本地区水利工程建设的行业管理，负责本地区以地方投资为主的大中型水利工程建设项目的组织建设和管理；支持本地区的国家和部属重点水利工程建设，积极为工程创造良好的建设环境。水利工程项目法人对建设项目的立项、筹资、建设、生产经营、还本付息以及资产保值增值的全过程负责并承担投资风险；代表项目法人对建设项目进行管理的建设单位是项目建设的直接组织者和实施者；负责按项目的建设规模、投资总额、建设工期、工程质量，实行项目建设的全过程管理，对国家或投资各方负责。

(3) 建设程序

水利是国民经济的基础设施和基础产业，水利工程建设要严格按建设程序进行。水利工程建设程序一般分为项目建议书、可行性研究报告、施工准备、初步设计、建设实施、生产准备、竣工验收、后评价等阶段。建设前期根据国家总体规划以及流域综合规划，开展前期工作，包括提出项目建议书、可行性研究报告和初步设计(或扩大初步设计)。水利工程建设项目可行性研究报告已经批准，年度水利投资计划下达后，项目法人即可开展施工准备。水利工程具备开工条件后主体工程方可开工建设，项目法人或者建设单位应当自工程开工之日起 15 个工作日内将开工情况的书面报告报项目主管单位和上一级主管单位备案。主体工程开工必须具备以下 7 个条件：项目法人或者建设单位已经设立；初步设计已经批准，施工详图设计满足主体工程施工需要；建设资金已经落实；主体工程施工单位和监理单位已经确定并分别订立了合同；质量安全监督单位已经确定并办理了质量安全监督手续；主要设备和材料已经落实来源；施工准备和征地移民等工作满足主体工程开工需要。

项目建设单位要按批准的建设文件，充分发挥管理的主导作用，协调设计、监理、施工以及地方等各方面的关系，实行目标管理。建设单位与设计、监理、工程承包单位是合同关系，各方面应严格履行合同。项目建设单位要建立严格的现场协调或调度制度；及时研究解决设计、施工的关键技术问题；从整体效益出发，认真履行合同，积极处理好工程建设各方的关系，为施工创造良好的外部条件。监理单位受项目建设单位委托，按合同规定在现场从事组织、管理、协调、监督工作。同时，监理单位要站在独立公正的立场上，协调建设单位与设计、施工等单位之间的关系。设计单位应按合同及时提供施工详图并确保设计质量，应按工程规模派出设计代表组进驻施工现场解决施工中出现的设计问题；施工详图经监理单位审核后交施工单位施工，设计单位对不涉及重大设计原则问题的合理意见应当采纳并修改设计，若有分歧意见由建设单位决定，如涉及初步设计重大变更问题应由原初步设计批准部门审定。施工企业要切实加强管理、认真履行签定的承包合同，在施工过程中要将所编制的施工计划、技术措施及组织管理情况报项目建设单位。

工程验收要严格按国家和水利部颁布的验收规程进行。工程阶段验收是工程竣工验收的基础和重要内容，凡能独立发挥作用的单项工程均应进行阶段验收，比如截流(包括分期导流)、下闸蓄水、机组起动、通水等是重要的阶段验收。工程基本竣工时项目建设单位应按验收规程要求组织监理、设计、施工等单位提出有关报告并按规定将施工过程中的有关资料、文件、图纸造册归档；在正式竣工验收之前应根据工程规模由主管部门或由主管部门委托项目建设单位组织初步验收，对初验查出的问题应在正式验收前解决；质量监督机构要对工程质量提出评价意见；根据初验情况和项目建设单位的申请验收报告决定竣工验收有关事宜。国家重点水利建设项目由国家发展和改革委员会会同水利部主持验收。部属重点水利建设项目由水利部主持验收，部属其他水利建设项目由流域机构主持验收、水利部进行指导。中央参与投资的地方重点水利建设项目由省（自治区、直辖市）政府会同水利部或流域机构主持验收。地方水利建设项目由地方水利主管部门主持验收，其中大型建设项目验收应由水利部或流域机构派员参加；重要中型建设项目验收应由流域机构派员参加。

（4）现代管理体制的运用

对生产经营性的水利工程建设项目要积极推行项目法人责任制；其他类型的项目应积极创造条件，逐步实行项目法人责任制。工程建设现场的管理可由项目法人直接负责，也可由项目法人组建或委托一个组织具体负责，负责现场建设管理的机构履行建设单位职能；组建建设单位由项目主管部门或投资各方负责。建设单位需具备以下 3 个条件，即具有相对独立的组织形式且内部机构设置及人员配备能满足工程建设的需要；经济上独立核算或分级核算；主要行政和技术、经济负责人是专职人员并保持相对稳定。凡符合前述第二条要求的大中型水利建设项目都要实行招标投标制，水利建设项目施工招标投标工作按国家有关规定或国际采购导则进行并根据工程的规模、投资方式以及工程特点决定招标方式。主体工程施工招标应具备以下 4 个必要条件，即项目的初步设计已经批准，项目建设已列入计划，投资基本落实；项目建设单位已经组建并具备应有的建设管理能力；招标文件已经编制完成，施工招标申请书已经批准；施工准备工作已满足主体工程开工的要求。水利建设项目招标工作由项目建设单位具体组织实施，招标管理按前述明确的分级管理原则和管理范围划分，即水利部负责招标工作的行业管理、直接参与或组织少数特别重大建设项目的招标工作并做好与国家有关部门的协调工作；其他国家和部属重点建设项目以及中央参与投资的地方水利建设项目的招标工作由流域机构负责管理；地方大中型水利建设项目的招标工作由地方水行政主管部门负责管理。

水利工程建设全面推行建设监理制。水利部主管全国水利工程的建设监理工作。水利工程建设监理单位的选择，应采用招标投标的方式确定。要加强对建设监理单位的管理，监理工程师必须持证上岗，监理单位必须持证营业。

水利施工企业要积极推行项目管理。项目管理是施工企业走向市场，深化内部改革，转换经营机制，提高管理水平的一种科学的管理方式。施工企业要按项目管理的原理和要求组织施工，在组织结构上实行项目经理负责制；在经营管理上建立以经济效益为目标的项目独立核算管理体制；在生产要素配置上实行优化配置、动态管理；在施工管理上实行目标管理。项目经理是项目实施过程中的最高组织者和责任者。项目经理必须按国家有关规定，经过专门培训，持证上岗。

（5）其他管理制度

水利建设项目要贯彻"百年大计，质量第一"的方针，建立健全质量管理体系。水利部水利工程质量监督总站及各级质量监督机构要认真履行质量监督职责，项目建设各方（建设、监理、设计、施工）必须接受和尊重其监督，支持质量监督机构的工作；建设单位要建立健全施工质量检查体系，按国家和行业技术标准、设计合同文件，检查和控制工程施工质量；施工单位在施工中要推行全面质量管理，建立健全施工质量保证体系，严格执行国家行业技术标准和水利部施工质量管理规定、质量评定标准；发生施工质量事故必须认真严肃处理，严重质量事故应由建设单位(或监理单位)组织有关各方联合分析处理并及时向主管部门报告。

水利工程建设必须贯彻"安全第一，预防为主"的方针。项目主管单位要加强检查、监督；项目建设单位要加强安全宣传和教育工作，督促参加工程建设的各有关单位搞好安全生产。所有的工程合同都要有安全管理条款，所有的工作计划都要有安全生产措施。

要加强水利工程建设的信息交流管理工作。积极利用和发挥中国水利学会水利建设管理专业委员会等学术团体作用，组织学术活动，开展调查研究，推动管理体制改革和科技进步，加强水利建设队伍联络和管理。建立水利工程建设情况报告制度。项目建设单位定期向主管部门报送工程项目的建设情况，其中，重点工程情况应在水利部月生产协调会五天前报告工程完成情况，包括完成实物工作量，关键进度、投资到位情况和存在的主要问题，月报和年报按有关统计报表规定及时报送，年报内容应增加建设管理情况总结。部属大中型水利工程建设情况由项目建设单位定期向流域机构和水利部直接报告；地方大型水利工程建设情况，项目建设单位在报地方水行政主管部门的同时抄报水利部；各流域机构和水利(水电)厅(局)应将所属水利工程建设概况、工程进度和建设管理经验总结，于每年年终向水利部报告一次。

14.7　我国水利工程建设项目代建制管理的特点及基本要求

近年来，国家将水利作为基础设施建设和保障改善民生的重要领域，不断加大投入力度，大规模水利建设深入推进，项目点多面广量大，基层建设任务繁重，管理能力相对不足。在水利建设项目特别是基层中小型项目中推行代建制等新型建设管理模式，发挥市场机制作用，增强基层管理力量，实现专业化的项目管理十分必要。因此，应积极、稳妥推进水利工程建设项目代建制，规范项目代建管理。

水利工程建设项目代建制是指政府投资的水利工程建设项目通过招标等方式，选择具有水利工程建设管理经验、技术和能力的专业化项目建设管理单位(以下简称代建单位)，负责项目的建设实施，竣工验收后移交运行管理单位的制度。水利工程建设项目代建制为建设实施代建，代建单位对水利工程建设项目施工准备至竣工验收的建设实施过程进行管理。实行代建制的项目(以下简称代建项目)，代建单位按照合同约定，履行工程代建相关职责，对代建项目的工程质量、安全、进度和资金管理负责。地方政府负责协调落实地方配套资金和征地移民等工作，为工程建设创造良好的外部环境。代建项目应严格执行基本建设程序，落实项目法人责任制、招标投标制、建设监理制和合同管理制，遵守工程建设质量、安全、进度和资金管理有关规定。各级水行政主管部门按照规定权限负责管辖范围内水利工程建设项目代建制的监督管理工作，受理有关水利工程建设项目代建制实施的投诉，查处违法违规行为。

代建单位应具备以下3方面条件：具有独立的事业或企业法人资格；具有满足代建项目规模等级要求的水利工程勘测设计、咨询、施工总承包一项或多项资质以及相应的业绩，或者是由政府专门设立(或授权)的水利工程建设管理机构并具有同等规模等级项目的建设管理业绩，或者是承担过大型水利工程项目法人职责的单位；具有与代建管理相适应的组织机构、管理能力、专业技术与管理人员。

近 3 年在承接的各类建设项目中发生过较大以上质量、安全责任事故或者有其他严重违法、违纪和违约等不良行为记录的单位不得承担项目代建业务。拟实施代建制的项目应在可行性研究报告中提出实行代建制管理的方案，经批复后在施工准备前选定代建单位。代建单位由项目主管部门或项目法人(以下简称项目管理单位)负责选定，招标选择代建单位应严格执行招标投标相关法律法规并进入公共资源交易市场交易，不具备招标条件的经项目主管部门同级政府批准可采取其他方式选择代建单位。

代建单位确定后，项目管理单位应与代建单位依法签订代建合同。代建合同内容应包括项目建设规模、内容、标准、质量、工期、投资和代建费用等控制指标，明确双方的责任、权利、义务、奖惩等法律关系及违约责任的认定与处理方式。代建合同应报项目管理单位上级水行政主管部门备案。

代建单位不得将所承担的项目代建工作转包或分包。代建单位可根据代建合同约定，对项目的勘察、设计、监理、施工和设备、材料采购等依法组织招标，不得以代建为理由规避招标。代建单位(包括与其有隶属关系或股权关系的单位)不得承担代建项目的施工以及设备、材料供应等工作。

项目管理单位的主要职责包括选定代建单位并与代建单位签订代建合同；落实建设资金，配合地方政府做好征地、移民、施工环境等相关工作；监督检查工程建设的质量、安全、进度和资金使用管理情况，并协助做好上级有关部门(单位)的稽察、检查、审计等工作；协调做好项目重大设计变更、概算调整相关文件编报工作；组织或参与工程阶段验收、专项验收和竣工验收；代建合同约定的其他职责。

代建单位的主要职责可概括为以下 7 个方面：根据代建合同约定，组织项目招投标，择优选择勘察设计、监理、施工单位和设备、材料供应商；负责项目实施过程中各项合同的洽谈与签订工作，对所签订的合同实行全过程管理。组织项目实施，抓好项目建设管理，对建设工期、施工质量、安全生产和资金管理等负责，依法承担项目建设单位的质量责任和安全生产责任。组织项目设计变更、概算调整相关文件编报工作。组织编报项目年度实施计划和资金使用计划，并定期向项目管理单位报送工程进度、质量、安全以及资金使用等情况。配合做好上级有关部门(单位)的稽察、检查、审计等工作。按照验收相关规定，组织项目分部工程、单位工程、合同工程验收；组织参建单位做好项目阶段验收、专项验收、竣工验收各项准备工作；按照基本建设财务管理相关规定，编报项目竣工财务决算。竣工验收后及时办理资产移交和竣工财务决算审批手续。代建合同约定的其他职责。

代建项目资金管理要严格执行国家有关法律法规和基本建设财务管理制度，落实财政部《关于切实加强政府投资项目代建制财政财务管理有关问题的指导意见》(财建〔2004〕300号)有关要求，做好代建项目建账核算工作，严格资金管理，确保专款专用。实行代建制的项目，各级政府和项目管理单位应认真落实建设资金，确保资金足额及时到位，保障工程的顺利实施。代建项目建设资金的拨付按财政部门相关规定和合同约定执行。代建管理费要与代建单位的代建内容、代建绩效挂钩，计入项目建设成本，在工程概算中列支。代建管理费由代建单位提出申请，由项目管理单位审核后，按项目实施进度和合同约定分期拨付。

代建项目实施完成并通过竣工验收后，经竣工决算审计确认，决算投资较代建合同约定项目投资有结余，按照财政部门相关规定，从项目结余资金中提取一定比例奖励代建单位。代建单位未经批准擅自调整建设规模、内容和标准，擅自进行重大设计变更的，因管理不善致使工程未达到设计要求或者质量不合格的，按照代建合同约定和国家有关规定处理。代建项目决算投资超出代建合同约定项目投资的，按代建合同约定处理。

14.8　我国水利工程建设程序管理的特点及基本要求

水利工程建设程序管理的作用在于为加强水利建设市场管理，进一步规范水利工程建设程序，推进项目法人责任制、建设监理制、招标投标制的实施，促进水利建设实现经济体制和经济增长方式的两个根本性转变。水利工程建设程序应按《水利工程建设项目管理规定》（水利部水建〔1995〕128号）明确的建设程序执行，水利工程建设程序一般分为项目建议书、可行性研究报告、施工准备、初步设计、建设实施、生产准备、竣工验收、后评价等阶段。由国家投资、中央和地方合资、企事业单位独资或合资以及其他投资方式兴建的防洪、除涝、灌溉、发电、供水、围垦等大中型（包括新建、续建、改建、加固、修复）工程建设项目均应遵守水利工程建设程序，小型水利工程建设项目可以参照执行，利用外资项目的建设程序还应执行有关外资项目管理的规定。凡违反工程建设程序管理规定的，按照有关法律、法规、规章的规定，由项目行业主管部门，根据情节轻重，对责任者进行处理。

（1）项目建议书阶段

项目建议书应根据国民经济和社会发展长远规划、流域综合规划、区域综合规划、专业规划，按照国家产业政策和国家有关投资建设方针进行编制，是对拟进行建设项目的初步说明。项目建议书应按照《水利水电工程项目建议书编制暂行规定》（水利部水规计〔1996〕608号）编制。项目建议书编制一般由政府委托有相应资格的设计单位承担并按国家现行规定权限向主管部门申报审批。项目建议书被批准后，由政府向社会公布，若有投资建设意向，应及时组建项目法人筹备机构，开展下一建设程序工作。

（2）可行性研究报告阶段

可行性研究应对项目进行方案比较，在技术上是否可行和经济上是否合理进行科学的分析和论证。经过批准的可行性研究报告，是项目决策和进行初步设计的依据。可行性研究报告，由项目法人（或筹备机构）组织编制。可行性研究报告应按照《水利水电工程可行性研究报告编制规程》（电力部、水利部电办〔1993〕112号）编制。可行性研究报告应按国家现行规定的审批权限报批。申报项目可行性研究报告，必须同时提出项目法人组建方案及运行机制、资金筹措方案、资金结构及回收资金的办法，并依照有关规定附具有管辖权的水行政主管部门或流域机构签署的规划同意书、对取水许可预申请的书面审查意见。审批部门要委托有项目相应资格的工程咨询机构对可行性报告进行评估，并综合行业归口主管部门、投资机构（公司）、项目法人（或项目法人筹备机构）等方面的意见进行审批。可行性研究报告经批准后，不得随意修改和变更，在主要内容上有重要变动，应经原批准机关复审同意。项目可行性报告批准后，应正式成立项目法人，并按项目法人责任制实行项目管理。

（3）施工准备阶段

项目可行性研究报告已经批准，年度水利投资计划下达后，项目法人即可开展施工准备工作，其主要内容包括施工现场的征地、拆迁；完成施工用水、电、通信、路和场地平整等工程；必须的生产、生活临时建筑工程；实施经批准的应急工程、试验工程等专项工程；组织招标设计、咨询、设备和物资采购等服务；组织相关监理招标，组织主体工程招标准备工作。工程建设项目施工，除某些不适应招标的特殊工程项目外（须经水行政主管部门批准）均须实行招标投标。水利工程建设项目的招标投标按有关法律、行政法规和《水利工程建设项目招标投标管理规定》等规章规定执行。

（4）初步设计阶段

初步设计是根据批准的可行性研究报告和必要而准确的设计资料，对设计对象进行通盘研究，阐明拟建工程在技术上的可行性和经济上的合理性，规定项目的各项基本技术参数，编制项目的总概算。初步设计任务应择优选择有项目相应资格的设计单位承担，依照有关初步设计编制规定进行编制。初步设计报告应按照《水利水电工程初步设计报告编制规程》（电力部、水利部电办〔1993〕113号）编制。初步设计文件报批前，一般须由项目法人委托有相应资格的工程咨询机构或组织行业各方面（包括管理、设计、施工、咨询等方面）的专家，对初步设计中的重大问题，进行咨询论证。设计单位根据咨询论证意见，对初步设计文件进行补充、修改、优化。初步设计由项目法人组织审查后，按国家现行规定权限向主管部门申报审批。设计单位必须严格保证设计质量，承担初步设计的合同责任。初步设计文件经批准后，主要内容不得随意修改、变更，并作为项目建设实施的技术文件基础。如有重要修改、变更，须经原审批机关复审同意。

（5）建设实施阶段

建设实施阶段是指主体工程的建设实施，项目法人按照批准的建设文件，组织工程建设，保证项目建设目标的实现。水利工程具备《水利工程建设项目管理规定（试行）》规定的开工条件后，主体工程方可开工建设。项目法人或者建设单位应当自工程开工之日起15个工作日内，将开工情况的书面报告报项目主管单位和上一级主管单位备案。随着社会主义市场经济机制的建立，实行项目法人责任制，主体工程开工前还须具备以下3个条件，即建设管理模式已经确定，投资主体与项目主体的管理关系已经理顺；项目建设所需全部投资来源已经明确，且投资结构合理；项目产品的销售，已有用户承诺，并确定了定价原则。项目法人要充分发挥建设管理的主导作用，为施工创造良好的建设条件。项目法人要充分授权工程监理，使之能独立负责项目的建设工期、质量、投资的控制和现场施工的组织协调。监理单位选择必须符合《水利工程建设监理规定》（水利部水建〔1996〕396号）的要求。要按照"政府监督、项目法人负责、社会监理、企业保证"的要求，建立健全质量管理体系，重要建设项目，须设立质量监督项目站，行使政府对项目建设的监督职能。

（6）生产准备阶段

生产准备是项目投产前所要进行的一项重要工作，是建设阶段转入生产经营的必要条件。项目法人应按照建管结合和项目法人责任制的要求，适时做好有关生产准备工作。生产准备应根据不同类型的工程要求确定，一般应包括以下5方面主要内容，即生产组织准备，建立生产经营的管理机构及相应管理制度；招收和培训人员，按照生产运营的要求，配备生产管理人员，并通过多种形式的培训，提高人员素质，使之能满足运营要求，生产管理人员要尽早介入工程的施工建设，参加设备的安装调试，熟悉情况，掌握好生产技术和工艺流程，为顺利衔接基本建设和生产经营阶段做好准备；生产技术准备，主要包括技术资料的汇总、运行技术方案的制定、岗位操作规程制定和新技术准备；生产的物资准备，主要是落实投产运营所需要的原材料、协作产品、工器具、备品备件和其他协作配合条件的准备；正常的生活福利设施准备。应及时具体落实产品销售合同协议的签订，提高生产经营效益，为偿还债务和资产的保值增值创造条件。

(7) 竣工验收

竣工验收是工程完成建设目标的标志，是全面考核基本建设成果、检验设计和工程质量的重要步骤。竣工验收合格的项目即从基本建设转入生产或使用。当建设项目的建设内容全部完成，并经过单位工程验收(包括工程档案资料的验收)，符合设计要求并按《水利基本建设项目(工程)档案资料管理暂行规定》(水利部水办〔1997〕275号)的要求完成了档案资料的整理工作；完成竣工报告、竣工决算等必须文件的编制后，项目法人按《水利工程建设项目管理规定(试行)》(水利部水建〔1995〕128号)规定，向验收主管部门，提出申请，根据国家和部颁验收规程，组织验收。竣工决算编制完成后，须由审计机关组织竣工审计，其审计报告作为竣工验收的基本资料。工程规模较大、技术较复杂的建设项目可先进行初步验收。不合格的工程不予验收；有遗留问题的项目，对遗留问题必须有具体处理意见，且有限期处理的明确要求并落实责任人。

(8) 项目后评价

建设项目竣工投产后，一般经过1~2年生产运营后，要进行一次系统的项目后评价，主要内容包括影响评价，项目投产后对各方面的影响进行评价；经济效益评价，项目投资、国民经济效益、财务效益、技术进步和规模效益、可行性研究深度等进行评价；过程评价，对项目的立项、设计施工、建设管理、竣工投产、生产运营等全过程进行评价。项目后评价一般按3个层次组织实施，即项目法人的自我评价、项目行业的评价、计划部门(或主要投资方)的评价。建设项目后评价工作必须遵循客观、公正、科学的原则，做到分析合理、评价公正。通过建设项目的后评价以达到肯定成绩、总结经验、研究问题、吸取教训、提出建议、改进工作，不断提高项目决策水平和投资效果的目的。

14.9　我国对水利工程建设项目施工分包管理的基本要求

工程分包是指承包单位将中标的全部或部分工程交由另外的施工单位施工，但仍承担与项目法人所签合同确定的责任和义务。为加强水利工程建设管理，根据国家关于工程建设管理的有关规定，制定了工程分包的相关要求。按水利部《水利工程建设项目施工招标投标管理规定》进行招标投标的水利工程建设项目均可以进行工程分包，但承包单位不得将中标的全部工程分包。

工程建设项目的主要建筑物不得分包；地下基础处理、金属结构制造安装等专业性较强的专项工程以及附属工程和临时工程等工程需经项目法人批准方可分包，但不准任何单位以任何名义进行再次分包。分包工程量除项目法人在标书中指定部分外，一般不得超过承包合同总额的30%。主要建筑物和允许分包项目的内容，由项目法人在招标文件中明确。

分包单位应持有营业执照和具备与分包工程专业等级相应的资质等级证书，并具备完成分包工程所必需的技术人员、管理人员和必要的机械设备。经由项目法人批准的分包工程，由承包单位与分包单位签订分包合同，并报项目法人(或委托监理工程师)批准。分包合同应符合国家有关工程建设的规定和平等、互利、协商一致的原则。同时，分包合同还必须遵循承包合同的各项原则，满足承包合同中的技术、经济条款。各级水行政主管部门及招标管理机构要加强对工程发包、承包工作的管理，加强执法监察，坚决查处违法、违规行为，规范水利建设市场。

(1) 项目法人职责

项目法人应对承包单位提出的分包内容和分包单位的资质进行审核，对分包内容不符合已签订的承包合同要求或分包单位不具备相应资质条件的，不予批准。项目法人对承包单位和分包单位签订的分包合同实施情况进行监督检查，防止分包单位再次分包。项目法人对承包单位雇用劳务情况进行监督检查，防止不合格劳务进入建设工地及变相分包。项目法人可根据工程分包管理的需要，委托监理单位应履行前述规定中相应的职责，但须将委托内容通知承包单位和分包单位。

(2) 承包单位职责

承包单位在选择分包单位时要严格审查分包单位的条件，必须符合国家规定的资质、业绩要求及其他条件。承包单位应按照招标投标管理的有关规定，采用公开或邀请招标方式选择分包单位，尚不具备公开或邀请招标条件的，应选择3家以上符合条件的施工单位参加议标。承包单位应严格履行分包合同中的职责。承包单位对其分包工程项目的实施以及分包单位的行为负全部责任。尤其要对分包单位再次分包负责。承包单位应对分包项目的工程进度、质量、计量和验收等实施监督和管理。承包单位要负责分包工程的单元工程划分工作，并与分包单位共同对分包工程质量进行最终检查。

(3) 分包单位职责

分包单位应严格履行分包合同中的职责。分包单位应接受承包单位的管理，并对承包单位负责。分包单位与承包单位一样，须接受项目法人(监理单位)、质量监督机构的监督和管理。

(4) 指定推荐分包

在招标过程中，项目法人根据专项工程的情况，可推荐专项工程的分包单位，但应在招标文件中表明工作内容和推荐分包单位的资质等级要求等情况。承包单位可自行决定同意或拒绝项目法人推荐的分包单位。如承包单位同意，则应与该推荐分包单位签订分包合同，并对该推荐分包单位的行为负全部责任；如承包单位拒绝，则可自行承担或选择其他单位，但需报项目法人审查批准。项目法人不得因推荐分包单位被拒绝而进行刁难。

在特殊情况下，合同实施过程中，经上级主管部门同意，项目法人根据工程技术、进度等要求，可对某专项工程分包并指定分包单位，但不得增加承包单位的额外费用。项目法人负责协调承包单位与该指定分包单位签订分包合同，由承包单位负责该分包工程合同的管理。由指定分包单位造成的与其分包工作有关的一切索赔、诉讼和损失赔偿由指定分包单位直接对项目法人负责，承包单位不对此承担责任。职责划分可由承包单位与项目法人签订协议明确。

(5) 分包基本程序

项目法人推荐分包的程序如下，当项目法人有意向将某专项工程分包并推荐分包单位时应在招标文件中写明拟分包工程的工作内容和工程量以及推荐分包单位的资质和其他情况；承包单位如接受项目法人提出的推荐分包单位则负责审查分包单位的资质，如拒绝并自行选择新的分包单位则由承包单位报项目法人审核同意，不管是项目法人推荐还是承包单位自行选择都必须采用招标方式；承包单位与分包单位签订分包合同。

项目法人指定分包的程序如下，即当项目法人需将某专项工程分包并通过优选指定分包单位时应将拟分包工程的工作内容和工程量以及指定分包单位的资质和其他情况通知承包单位；承包单位与项目法人按前述相关内容签订协议；由项目法人协调，承包单位与分包单位签订分包合同。

承包单位提出分包的程序如下，即当承包单位需将中标工程中某专项工程或附属工程、临时工程分包时应在投标文件中按项目法人的有关规定和格式说明分包工程和分包单位情况；项目法人对承包单位拟分包的工程及其分包单位条件进行审交，如批准则承包单位可进行下一程序工作，如不批准则承包单位要重新选择分包单位，直至项目法人最终批准；承包单位与分包单位签订分包合同。

(6) 其他

项目法人因没有发现承包单位或分包单位的违规分包行为而给工程项目造成质量事故或经济损失的，由上级主管部门根据责任大小给予项目法人负责人行政处分。承包单位将中标全部工程分包或不经项目法人批准将部分工程分包的，由项目法人责成承包单位解除分包合同，按承包单位违约处理。分包单位违反规定，将分包工程再次分包的，由项目法人责成承包单位负责将二次分包单位清除出工地，按承包单位违约处理。因承包单位或分包单位违规分包造成工程质量事故或重大经济损失的由主管部门报施工企业资质管理部门给予降低企业资质的处罚，并追究责任人的责任、赔偿经济损失；造成伤亡事故的要移送司法机关依法追究当事人的刑事责任。

14.10 我国对水利工程建设项目环保方面的基本要求

水利工程建设项目应防止产生新的污染、破坏生态环境。在中华人民共和国领域和中华人民共和国管辖的其他海域内建设对环境有影响的建设项目应遵守环保规定。建设产生污染的建设项目必须遵守污染物排放的国家标准和地方标准，在实施重点污染物排放总量控制的区域内还必须符合重点污染物排放总量控制的要求。工业建设项目应当采用能耗物耗小、污染物产生量少的清洁生产工艺，合理利用自然资源，防止环境污染和生态破坏。改建、扩建项目和技术改造项目必须采取措施，治理与该项目有关的原有环境污染和生态破坏。

(1) 环境影响评价

国家实行建设项目环境影响评价制度。建设项目的环境影响评价工作由取得相应资格证书的单位承担。国家根据建设项目对环境的影响程度按照下列规定对建设项目的环境保护实行分类管理，即建设项目对环境可能造成重大影响的应当编制环境影响报告书，对建设项目产生的污染和对环境的影响进行全面、详细的评价；建设项目对环境可能造成轻度影响的应当编制环境影响报告表，对建设项目产生的污染和对环境的影响进行分析或者专项评价；建设项目对环境影响很小、不需要进行环境影响评价的应当填报环境影响登记表；建设项目环境保护分类管理名录由国务院环境保护行政主管部门制定并公布。

建设项目环境影响报告书应当包括以下7方面内容：建设项目概况；建设项目周围环境现状；建设项目对环境可能造成影响的分析和预测；环境保护措施及其经济、技术论证；环境影响经济损益分析；对建设项目实施环境监测的建议；环境影响评价结论。涉及水土保持的建设项目还必须有经水行政主管部门审查同意的水土保持方案。建设项目环境影响报告表、环境影响登记表的内容和格式由国务院环境保护行政主管部门规定。

建设单位应当在建设项目可行性研究阶段报批建设项目环境影响报告书、环境影响报告表或者环境影响登记表；但铁路、交通等建设项目，经有审批权的环境保护行政主管部门同意，可以在初步设计完成前报批环境影响报告书或者环境影响报告表。按照国家有关规定，不需要进行可行性研究的建设项目，建设单位应当在建设项目开工前报批建设项目环境影响报告书、环境影响报告表或者环境影响登记表；其中，需要办理营业执照的，建设单位应当在办理营业执照前报批建设项目环境影响报告书、环境影响报告表或者环境影响登记表。

建设项目环境影响报告书、环境影响报告表或者环境影响登记表，由建设单位报有审批权的环境保护行政主管部门审批；建设项目有行业主管部门的，其环境影响报告书或者环境影响报告表应当经行业主管部门预审后，报有审批权的环境保护行政主管部门审批。海岸工程建设项目环境影响报告书或者环境影响报告表，经海洋行政主管部门审核并签署意见后，报环境保护行政主管部门审批。环境保护行政主管部门应当自收到建设项目环境影响报告书之日起60日内、收到环境影响报告表之日起30日内、收到环境影响登记表之日起15日内，分别作出审批决定并书面通知建设单位。预审、审核、审批建设项目环境影响报告书、环境影响报告表或者环境影响登记表，不得收取任何费用。国务院环境保护行政主管部门负责审批下列建设项目环境影响报告书、环境影响报告表或者环境影响登记表：核设施、绝密工程等特殊性质的建设项目；跨省、自治区、直辖市行政区域的建设项目；国务院审批的或者国务院授权有关部门审批的建设项目。前款规定以外的建设项目环境影响报告书、环境影响报告表或者环境影响登记表的审批权限，由省、自治区、直辖市人民政府规定。建设项目造成跨行政区域环境影响，有关环境保护行政主管部门对环境影响评价结论有争议的，其环境影响报告书或者环境影响报告表由共同上一级环境保护行政主管部门审批。

建设项目环境影响报告书、环境影响报告表或者环境影响登记表经批准后，建设项目的性质、规模、地点或者采用的生产工艺发生重大变化的，建设单位应当重新报批建设项目环境影响报告书、环境影响报告表或者环境影响登记表。建设项目环境影响报告书、环境影响报告表或者环境影响登记表自批准之日起满5年，建设项目方开工建设的，其环境影响报告书、环境影响报告表或者环境影响登记表应当报原审批机关重新审核。原审批机关应当自收到建设项目环境影响报告书、环境影响报告表或者环境影响登记表之日起10日内，将审核意见书面通知建设单位；逾期未通知的，视为审核同意。

国家对从事建设项目环境影响评价工作的单位实行资格审查制度。从事建设项目环境影响评价工作的单位，必须取得国务院环境保护行政主管部门颁发的资格证书，按照资格证书规定的等级和范围，从事建设项目环境影响评价工作，并对评价结论负责。国务院环境保护行政主管部门对已经颁发资格证书的从事建设项目环境影响评价工作的单位名单，应当定期予以公布，具体办法由国务院环境保护行政主管部门制定。从事建设项目环境影响评价工作的单位，必须严格执行国家规定的收费标准。

建设单位可以采取公开招标的方式，选择从事环境影响评价工作的单位，对建设项目进行环境影响评价。任何行政机关不得为建设单位指定从事环境影响评价工作的单位，进行环境影响评价。建设单位编制环境影响报告书，应当依照有关法律规定，征求建设项目所在地有关单位和居民的意见。

（2）环境保护设施建设

建设项目需要配套建设的环境保护设施，必须与主体工程同时设计、同时施工、同时投产使用。建设项目的初步设计应当按照环境保护设计规范的要求，编制环境保护篇章，并依据经批准的建设项目环境影响报告书或者环境影响报告表，在环境保护篇章中落实防治环境污染和生态破坏的措施以及环境保护设施投资概算。建设项目的主体工程完工后，需要进行试生产的，其配套建设的环境保护设施必须与主体工程同时投入试运行。建设项目试生产期间，建设单位应当对环境保护设施运行情况和建设项目对环境的影响进行监测。建设项目竣工后，建设单位应当向审批该建设项目环境影响报告书、环境影响报告表或者环境影响登记表的环境保护行政主管部门，申请该建设项目需要配套建设的环境保护设施竣工验收。环境保护设施竣工验收应当与主体工程竣工验收同时进行。需要进行试生产的建设项目，建设单位应当自建设项目投入试生产之日起 3 个月内，向审批该建设项目环境影响报告书、环境影响报告表或者环境影响登记表的环境保护行政主管部门，申请该建设项目需要配套建设的环境保护设施竣工验收。

分期建设、分期投入生产或者使用的建设项目，其相应的环境保护设施应当分期验收。环境保护行政主管部门应当自收到环境保护设施竣工验收申请之日起 30 日内，完成验收。建设项目需要配套建设的环境保护设施经验收合格，该建设项目方可正式投入生产或者使用。

（3）其他

违反前述规定有下列 3 种行为之一的，由负责审批建设项目环境影响报告书、环境影响报告表或者环境影响登记表的环境保护行政主管部门责令限期补办手续；逾期不补办手续，擅自开工建设的，责令停止建设，可以处 10 万元以下的罚款。3 种行为分别为未报批建设项目环境影响报告书、环境影响报告表或者环境影响登记表的；建设项目的性质、规模、地点或者采用的生产工艺发生重大变化，未重新报批建设项目环境影响报告书、环境影响报告表或者环境影响登记表的；建设项目环境影响报告书、环境影响报告表或者环境影响登记表自批准之日起满 5 年，建设项目方开工建设，其环境影响报告书、环境影响报告表或者环境影响登记表未报原审批机关重新审核的。

建设项目环境影响报告书、环境影响报告表或者环境影响登记表未经批准或者未经原审批机关重新审核同意，擅自开工建设的，由负责审批该建设项目环境影响报告书、环境影响报告表或者环境影响登记表的环境保护行政主管部门责令停止建设，限期恢复原状，可以处 10 万元以下的罚款。

违反前述规定，试生产建设项目配套建设的环境保护设施未与主体工程同时投入试运行的，由审批该建设项目环境影响报告书、环境影响报告表或者环境影响登记表的环境保护行政主管部门责令限期改正；逾期不改正的，责令停止试生产，可以处 5 万元以下的罚款。

违反前述规定，建设项目投入试生产超过 3 个月，建设单位未申请环境保护设施竣工验收的，由审批该建设项目环境影响报告书、环境影响报告表或者环境影响登记表的环境保护行政主管部门责令限期办理环境保护设施竣工验收手续；逾期未办理的，责令停止试生产，可以处 5 万元以下的罚款。

违反前述规定，建设项目需要配套建设的环境保护设施未建成、未经验收或者经验收不合格，主体工程正式投入生产或者使用的，由审批该建设项目环境影响报告书、环境影响报告表或者环境影响登记表的环境保护行政主管部门责令停止生产或者使用，可以处 10 万元以下的罚款。

从事建设项目环境影响评价工作的单位，在环境影响评价工作中弄虚作假的，由国务院环境保护行政主管部门吊销资格证书，并处所收费用 1 倍以上 3 倍以下的罚款。环境保护行政主管部门的工作人员徇私舞弊、滥用职权、玩忽职守，构成犯罪的依法追究刑事责任；尚不构成犯罪的依法给予行政处分。

流域开发、开发区建设、城市新区建设和旧区改建等区域性开发，编制建设规划时应当进行环境影响评价，具体办法由国务院环境保护行政主管部门会同国务院有关部门另行规定。海洋石油勘探开发建设项目的环境保护管理按照国务院关于海洋石油勘探开发环境保护管理的规定执行。军事设施建设项目的环境保护管理按照中央军事委员会的有关规定执行。

14.11　我国对建设工程质量管理的基本要求

应加强对建设工程质量的管理，保证建设工程质量，保护人民生命和财产安全。凡在我国境内从事建设工程的新建、扩建、改建等有关活动及实施对建设工程质量监督管理的均必须遵守质量管理规定。以上所称建设工程是指土木工程、建筑工程、线路管道和设备安装工程及装修工程。建设单位、勘察单位、设计单位、施工单位、工程监理单位依法对建设工程质量负责。县级以上人民政府建设行政主管部门和其他有关部门应当加强对建设工程质量的监督管理。从事建设工程活动，必须严格执行基本建设程序，坚持先勘察、后设计、再施工的原则。县级以上人民政府及其有关部门不得超越权限审批建设项目或者擅自简化基本建设程序。国家鼓励采用先进的科学技术和管理方法，提高建设工程质量。

(1) 建设单位的质量责任和义务

建设单位应当将工程发包给具有相应资质等级的单位。建设单位不得将建设工程肢解发包。建设单位应当依法对工程建设项目的勘察、设计、施工、监理以及与工程建设有关的重要设备、材料等的采购进行招标。建设单位必须向有关的勘察、设计、施工、工程监理等单位提供与建设工程有关的原始资料。原始资料必须真实、准确、齐全。建设工程发包单位不得迫使承包方以低于成本的价格竞标，不得任意压缩合理工期。建设单位不得明示或者暗示设计单位或者施工单位违反工程建设强制性标准，降低建设工程质量。建设单位应当将施工图设计文件报县级以上人民政府建设行政主管部门或者其他有关部门审查。施工图设计文件审查的具体办法，由国务院建设行政主管部门会同国务院其他有关部门制定。施工图设计文件未经审查批准的，不得使用。实行监理的建设工程，建设单位应当委托具有相应资质等级的工程监理单位进行监理，也可以委托具有工程监理相应资质等级并与被监理工程的施工承包单位没有隶属关系或者其他利害关系的该工程的设计单位进行监理。下列 5 类建设工程必须实行监理：国家重点建设工程；大中型公用事业工程；成片开发建设的住宅小区工程；利用外国政府或者国际组织贷款、援助资金的工程；国家规定必须实行监理的其他工程。建设单位在领取施工许可证或者开工报告前，应当按照国家有关规定办理工程质量监督手续。按照合同约定，由建设单位采购建筑材料、建筑构配件和设备的，建设单位应当保证建筑材料、建筑构配件和设备符合设计文件和合同要求。建设单位不得明示或者暗示施工单位使用不合格的建筑材料、建筑构配件和设备。涉及建筑主体和承重结构变动的装修工程，建设单位应当在施工前委托原设计单位或者具有相应资质等级的设计单位提出设计方案；没有设计方案的，不得施工。房屋建筑使用者在装修过程中，不得擅自变动房屋建筑主体和承重结构。建设单位收到建设工程竣工报告后，应当组织设计、施工、工程监理等有关单位进行竣工验收。

建设工程竣工验收应当具备下列 5 方面条件：完成建设工程设计和合同约定的各项内容；有完整的技术档案和施工管理资料；有工程使用的主要建筑材料、建筑构配件和设备的进场试验报告；有勘察、设计、施工、工程监理等单位分别签署的质量合格文件；有施工单位签署的工程保修书。建设工程经验收合格的，方可交付使用。

建设单位应当严格按照国家有关档案管理的规定，及时收集、整理建设项目各环节的文件资料，建立、健全建设项目档案，并在建设工程竣工验收后，及时向建设行政主管部门或者其他有关部门移交建设项目档案。

（2）勘察、设计单位的质量责任和义务

从事建设工程勘察、设计的单位应当依法取得相应等级的资质证书，并在其资质等级许可的范围内承揽工程。禁止勘察、设计单位超越其资质等级许可的范围或者以其他勘察、设计单位的名义承揽工程。禁止勘察、设计单位允许其他单位或者个人以本单位的名义承揽工程。勘察、设计单位不得转包或者违法分包所承揽的工程。勘察、设计单位必须按照工程建设强制性标准进行勘察、设计，并对其勘察、设计的质量负责。注册建筑师、注册结构工程师等注册执业人员应当在设计文件上签字，对设计文件负责。勘察单位提供的地质、测量、水文等勘察成果必须真实、准确。设计单位应当根据勘察成果文件进行建设工程设计。设计文件应当符合国家规定的设计深度要求，注明工程合理使用年限。设计单位在设计文件中选用的建筑材料、建筑构配件和设备，应当注明规格、型号、性能等技术指标，其质量要求必须符合国家规定的标准。除有特殊要求的建筑材料、专用设备、工艺生产线等外，设计单位不得指定生产厂、供应商。设计单位应当就审查合格的施工图设计文件向施工单位作出详细说明。设计单位应当参与建设工程质量事故分析，并对因设计造成的质量事故，提出相应的技术处理方案。

（3）施工单位的质量责任和义务

施工单位应当依法取得相应等级的资质证书，并在其资质等级许可的范围内承揽工程。禁止施工单位超越本单位资质等级许可的业务范围或者以其他施工单位的名义承揽工程。禁止施工单位允许其他单位或者个人以本单位的名义承揽工程。施工单位不得转包或者违法分包工程。施工单位对建设工程的施工质量负责。施工单位应当建立质量责任制，确定工程项目的项目经理、技术负责人和施工管理负责人。建设工程实行总承包的，总承包单位应当对

全部建设工程质量负责；建设工程勘察、设计、施工、设备采购的一项或者多项实行总承包的，总承包单位应当对其承包的建设工程或者采购的设备的质量负责。

总承包单位依法将建设工程分包给其他单位的，分包单位应当按照分包合同的约定对其分包工程的质量向总承包单位负责，总承包单位与分包单位对分包工程的质量承担连带责任。施工单位必须按照工程设计图纸和施工技术标准施工，不得擅自修改工程设计，不得偷工减料。施工单位在施工过程中发现设计文件和图纸有差错的，应当及时提出意见和建议。施工单位必须按照工程设计要求、施工技术标准和合同约定，对建筑材料、建筑构配件、设备和商品混凝土进行检验，检验应当有书面记录和专人签字；未经检验或者检验不合格的，不得使用。施工单位必须建立、健全施工质量的检验制度，严格工序管理，作好隐蔽工程的质量检查和记录。隐蔽工程在隐蔽前，施工单位应当通知建设单位和建设工程质量监督机构。对涉及结构安全的试块、试件以及有关材料，施工人员应当在建设单位或者工程监理单位监督下现场取样，并送具有相应资质等级的质量检测单位进行检测。施工单位对施工中出现质量问题的建设工程或者竣工验收不合格的建设工程，应当负责返修。施工单位应当建立、健全教育培训制度，加强对职工的教育培训；未经教育培训或者考核不合格的人员，不得上岗作业。

（4）工程监理单位的质量责任和义务

工程监理单位应当依法取得相应等级的资质证书，并在其资质等级许可的范围内承担工程监理业务。禁止工程监理单位超越本单位资质等级许可的范围或者以其他工程监理单位的名义承担工程监理业务。禁止工程监理单位允许其他单位或者个人以本单位的名义承担工程监理业务。工程监理单位不得转让工程监理业务。工程监理单位与被监理工程的施工承包单位以及建筑材料、建筑构配件和设备供应单位有隶属关系或者其他利害关系的，不得承担该项建设工程的监理业务。工程监理单位应当依照法律、法规以及有关技术标准、设计文件和建设工程承包合同，代表建设单位对施工质量实施监理，并对施工质量承担监理责任。

工程监理单位应当选派具备相应资格的总监理工程师和监理工程师进驻施工现场。未经监理工程师签字，建筑材料、建筑构配件和设备不得在工程上使用或者安装，施工单位不得进行下一道工序的施工。未经总监理工程师签字，建设单位不拨付工程款，不进行竣工验收。

监理工程师应当按照工程监理规范的要求，采取旁站、巡视和平行检验等形式，对建设工程实施监理。

（5）建设工程质量保修

建设工程实行质量保修制度。建设工程承包单位在向建设单位提交工程竣工验收报告时，应当向建设单位出具质量保修书。质量保修书中应当明确建设工程的保修范围、保修期限和保修责任等。

在正常使用条件下，建设工程的最低保修期限如下，即基础设施工程、房屋建筑的地基基础工程和主体结构工程，为设计文件规定的该工程的合理使用年限；屋面防水工程、有防水要求的卫生间、房间和外墙面的防渗漏为 5 年；供热与供冷系统为 2 个采暖期、供冷期；电气管线、给排水管道、设备安装和装修工程为 2 年。其他项目的保修期限由发包方与承包方约定。建设工程的保修期自竣工验收合格之日起计算。

建设工程在保修范围和保修期限内发生质量问题的，施工单位应当履行保修义务，并对造成的损失承担赔偿责任。建设工程在超过合理使用年限后需要继续使用的，产权所有人应当委托具有相应资质等级的勘察、设计单位鉴定，并根据鉴定结果采取加固、维修等措施，重新界定使用期。

（6）监督管理

国家实行建设工程质量监督管理制度。国务院建设行政主管部门对全国的建设工程质量实施统一监督管理。国务院铁路、交通、水利等有关部门按照国务院规定的职责分工，负责对全国的有关专业建设工程质量的监督管理。县级以上地方人民政府建设行政主管部门对本行政区域内的建设工程质量实施监督管理。县级以上地方人民政府交通、水利等有关部门在各自的职责范围内，负责对本行政区域内的专业建设工程质量的监督管理。

国务院建设行政主管部门和国务院铁路、交通、水利等有关部门应当加强对有关建设工程质量的法律、法规和强制性标准执行情况的监督检查。国家发展和改革委员会按照国务院规定的职责，组织稽察特派员，对国家出资的重大建设项目实施监督检查。国家经济贸易委员会按照国务院规定的职责，对国家重大技术改造项目实施监督检查。建设工程质量监督管理，可以由建设行政主管部门或者其他有关部门委托的建设工程质量监督机构具体实施。

从事房屋建筑工程和市政基础设施工程质量监督的机构，必须按照国家有关规定经住房和城乡建设部或者省、自治区、直辖市人民政府建设行政主管部门考核；从事专业建设工程质量监督的机构，必须按照国家有关规定经国务院有关部门或者省、自治区、直辖市人民政府有关部门考核。经考核合格后，方可实施质量监督。县级以上地方人民政府建设行政主管部门和其他有关部门应当加强对有关建设工程质量的法律、法规和强制性标准执行情况的监督检查。

县级以上人民政府建设行政主管部门和其他有关部门履行监督检查职责时有权采取下列3方面措施，即要求被检查的单位提供有关工程质量的文件和资料；进入被检查单位的施工现场进行检查；发现有影响工程质量的问题时责令改正。

建设单位应当自建设工程竣工验收合格之日起15日内，将建设工程竣工验收报告和规划、公安消防、环保等部门出具的认可文件或者准许使用文件报建设行政主管部门或者其他有关部门备案。建设行政主管部门或者其他有关部门发现建设单位在竣工验收过程中有违反国家有关建设工程质量管理规定行为的，责令停止使用，重新组织竣工验收。

有关单位和个人对县级以上人民政府建设行政主管部门和其他有关部门进行的监督检查应当支持与配合，不得拒绝或者阻碍建设工程质量监督检查人员依法执行职务。供水、供电、供气、公安消防等部门或者单位不得明示或者暗示建设单位、施工单位购买其指定的生产供应单位的建筑材料、建筑构配件和设备。

建设工程发生质量事故，有关单位应当在24小时内向当地建设行政主管部门和其他有关部门报告。对重大质量事故，事故发生地的建设行政主管部门和其他有关部门应当按照事故类别和等级向当地人民政府和上级建设行政主管部门和其他有关部门报告。特别重大质量事故的调查程序按照国务院有关规定办理。任何单位和个人对建设工程的质量事故、质量缺陷都有权检举、控告、投诉。

违反前述相关规定，建设单位将建设工程发包给不具有相应资质等级的勘察、设计、施工单位或者委托给不具有相应资质等级的工程监理单位的，责令改正，处50万元以上100

万元以下的罚款。第五十五条违反本条例规定，建设单位将建设工程肢解发包的，责令改正，处工程合同价款 0.5% 以上 1% 以下的罚款；对全部或者部分使用国有资金的项目，可以暂停项目执行或者暂停资金拨付。

违反前述相关规定，建设单位有下列行为之一的责令改正，处 20 万元以上 50 万元以下的罚款：迫使承包方以低于成本的价格竞标的；任意压缩合理工期的；明示或者暗示设计单位或者施工单位违反工程建设强制性标准，降低工程质量的；施工图设计文件未经审查或者审查不合格，擅自施工的；建设项目必须实行工程监理而未实行工程监理的；未按照国家规定办理工程质量监督手续的；明示或者暗示施工单位使用不合格的建筑材料、建筑构配件和设备的；未按照国家规定将竣工验收报告、有关认可文件或者准许使用文件报送备案的。

违反前述相关规定，建设单位未取得施工许可证或者开工报告未经批准，擅自施工的，责令停止施工，限期改正，处工程合同价款 1% 以上 2% 以下的罚款。

违反前述相关规定，建设单位有下列行为之一的责令改正，处工程合同价款 2% 以上 4% 以下的罚款，造成损失的依法承担赔偿责任，即未组织竣工验收、擅自交付使用的；验收不合格、擅自交付使用的；对不合格的建设工程按照合格工程验收的。

违反本条例规定，建设工程竣工验收后，建设单位未向建设行政主管部门或者其他有关部门移交建设项目档案的，责令改正，处 1 万元以上 10 万元以下的罚款。

违反前述相关规定，勘察、设计、施工、工程监理单位超越本单位资质等级承揽工程的，责令停止违法行为，对勘察、设计单位或者工程监理单位处合同约定的勘察费、设计费或者监理酬金 1 倍以上 2 倍以下的罚款；对施工单位处工程合同价款 2% 以上 4% 以下的罚款，可以责令停业整顿，降低资质等级；情节严重的，吊销资质证书；有违法所得的，予以没收。未取得资质证书承揽工程的，予以取缔，依照前款规定处以罚款；有违法所得的，予以没收。以欺骗手段取得资质证书承揽工程的，吊销资质证书，依照本条第一款规定处以罚款；有违法所得的，予以没收。

违反前述相关规定，勘察、设计、施工、工程监理单位允许其他单位或者个人以本单位名义承揽工程的，责令改正，没收违法所得，对勘察、设计单位和工程监理单位处合同约定的勘察费、设计费和监理酬金 1 倍以上 2 倍以下的罚款；对施工单位处工程合同价款 2% 以上 4% 以下的罚款；可以责令停业整顿，降低资质等级；情节严重的，吊销资质证书。

违反前述相关规定，承包单位将承包的工程转包或者违法分包的，责令改正，没收违法所得，对勘察、设计单位处合同约定的勘察费、设计费 25% 以上 50% 以下的罚款；对施工单位处工程合同价款 0.5% 以上 1% 以下的罚款；可以责令停业整顿，降低资质等级；情节严重的，吊销资质证书。工程监理单位转让工程监理业务的，责令改正，没收违法所得，处合同约定的监理酬金 25% 以上 50% 以下的罚款；可以责令停业整顿，降低资质等级；情节严重的，吊销资质证书。

违反前述相关规定，有下列行为之一的责令改正，处 10 万元以上 30 万元以下的罚款：勘察单位未按照工程建设强制性标准进行勘察的；设计单位未根据勘察成果文件进行工程设计的；设计单位指定建筑材料、建筑构配件的生产厂、供应商的；设计单位未按照工程建设强制性标准进行设计的。有前款所列行为，造成工程质量事故的责令停业整顿，降低资质等级；情节严重的吊销资质证书；造成损失的依法承担赔偿责任。

违反前述相关规定，施工单位在施工中偷工减料的，使用不合格的建筑材料、建筑构配件和设备的，或者有不按照工程设计图纸或者施工技术标准施工的其他行为的，责令改正，处工程合同价款 2%以上 4%以下的罚款；造成建设工程质量不符合规定的质量标准的，负责返工、修理，并赔偿因此造成的损失；情节严重的，责令停业整顿，降低资质等级或者吊销资质证书。

违反前述相关规定，施工单位未对建筑材料、建筑构配件、设备和商品混凝土进行检验，或者未对涉及结构安全的试块、试件以及有关材料取样检测的，责令改正，处 10 万元以上 20 万元以下的罚款；情节严重的，责令停业整顿，降低资质等级或者吊销资质证书；造成损失的，依法承担赔偿责任。

违反前述相关规定，施工单位不履行保修义务或者拖延履行保修义务的，责令改正，处 10 万元以上 20 万元以下的罚款，并对在保修期内因质量缺陷造成的损失承担赔偿责任。

工程监理单位有下列行为之一的，责令改正，处 50 万元以上 100 万元以下的罚款、降低资质等级或者吊销资质证书，有违法所得的予以没收，造成损失的承担连带赔偿责任，即与建设单位或者施工单位串通、弄虚作假、降低工程质量的；将不合格的建设工程、建筑材料、建筑构配件和设备按照合格签字的。

违反前述相关规定，工程监理单位与被监理工程的施工承包单位以及建筑材料、建筑构配件和设备供应单位有隶属关系或者其他利害关系承担该项建设工程的监理业务的，责令改正，处 5 万元以上 10 万元以下的罚款，降低资质等级或者吊销资质证书；有违法所得的，予以没收。

违反前述相关规定，涉及建筑主体或者承重结构变动的装修工程，没有设计方案擅自施工的，责令改正，处 50 万元以上 100 万元以下的罚款；房屋建筑使用者在装修过程中擅自变动房屋建筑主体和承重结构的，责令改正，处 5 万元以上 10 万元以下的罚款。有前款所列行为，造成损失的，依法承担赔偿责任。

发生重大工程质量事故隐瞒不报、谎报或者拖延报告期限的，对直接负责的主管人员和其他责任人员依法给予行政处分。违反前述相关规定，供水、供电、供气、公安消防等部门或者单位明示或者暗示建设单位或者施工单位购买其指定的生产供应单位的建筑材料、建筑构配件和设备的，责令改正。违反前述相关规定，注册建筑师、注册结构工程师、监理工程师等注册执业人员因过错造成质量事故的，责令停止执业 1 年；造成重大质量事故的，吊销执业资格证书，5 年以内不予注册；情节特别恶劣的，终身不予注册。

依照前述相关规定，给予单位罚款处罚的，对单位直接负责的主管人员和其他直接责任人员处单位罚款数额 5%以上 10%以下的罚款。建设单位、设计单位、施工单位、工程监理单位违反国家规定，降低工程质量标准，造成重大安全事故，构成犯罪的，对直接责任人员依法追究刑事责任。前述相关规定的责令停业整顿，降低资质等级和吊销资质证书的行政处罚，由颁发资质证书的机关决定；其他行政处罚，由建设行政主管部门或者其他有关部门依照法定职权决定。依照前述相关规定被吊销资质证书的，由工商行政管理部门吊销其营业执照。国家机关工作人员在建设工程质量监督管理工作中玩忽职守、滥用职权、徇私舞弊，构成犯罪的，依法追究刑事责任；尚不构成犯罪的，依法给予行政处分。建设、勘察、设计、施工、工程监理单位的工作人员因调动工作、退休等原因离开该单位后，被发现在该单位工作期间违反国家有关建设工程质量管理规定，造成重大工程质量事故的，仍应当依法追究法律责任。

本节所称肢解发包是指建设单位将应当由一个承包单位完成的建设工程分解成若干部分发包给不同的承包单位的行为。本节所称违法分包是指以下 4 方面行为：总承包单位将建设工程分包给不具备相应资质条件的单位的；建设工程总承包合同中未有约定，又未经建设单位认可，承包单位将其承包的部分建设工程交由其他单位完成的；施工总承包单位将建设工程主体结构的施工分包给其他单位的；分包单位将其承包的建设工程再分包的。

本节所称转包是指承包单位承包建设工程后，不履行合同约定的责任和义务，将其承包的全部建设工程转给他人或者将其承包的全部建设工程肢解以后以分包的名义分别转给其他单位承包的行为。前述相关规定的罚款和没收的违法所得必须全部上缴国库。抢险救灾及其他临时性房屋建筑和农民自建低层住宅的建设活动不适用前述相关规定。军事建设工程的管理按照中央军事委员会的有关规定执行。建设单位、设计单位、施工单位、工程监理单位违反国家规定，降低工程质量标准，造成重大安全事故的，对直接责任人员处五年以下有期徒刑或者拘役并处罚金，后果特别严重的处 5 年以上 10 年以下有期徒刑并处罚金。

14.12 我国对水利工程建设监理单位资质管理的基本规定

加强水利工程建设监理单位的资质管理对规范水利工程建设市场秩序、保证水利工程建设质量具有重要意义。水利工程建设监理单位(以下简称监理单位)资质的认定与管理应遵守相关规定。从事水利工程建设监理业务的单位应当按照相关规定取得资质，并在资质等级许可的范围内承揽水利工程建设监理业务。申请监理资质的单位(以下简称申请人)应当按照其拥有的技术负责人、专业技术人员、注册资金和工程监理业绩等条件申请相应的资质等级。水利部负责监理单位资质的认定与管理工作。水利部所属流域管理机构(以下简称流域管理机构)和省、自治区、直辖市人民政府水行政主管部门依照管理权限，负责有关的监理单位资质申请材料的接收、转报以及相关管理工作。

(1) 水利工程建设监理单位的资质等级和业务范围

监理单位资质分为水利工程施工监理、水土保持工程施工监理、机电及金属结构设备制造监理和水利工程建设环境保护监理 4 个专业。其中，水利工程施工监理专业资质和水土保持工程施工监理专业资质分为甲级、乙级和丙级 3 个等级，机电及金属结构设备制造监理专业资质分为甲级、乙级两个等级，水利工程建设环境保护监理专业资质暂不分级。

各专业资质等级可以承担的业务范围应遵守相关规定。水利工程施工监理专业资质中的甲级可以承担各等级水利工程的施工监理业务；乙级可以承担Ⅱ等(堤防 2 级)以下各等级水利工程的施工监理业务；丙级可以承担Ⅲ等(堤防 3 级)以下各等级水利工程的施工监理业务；水利工程等级划分标准按照《水利水电工程等级划分及洪水标准》(SL 252—2000)执行。水土保持工程施工监理专业资质中的甲级可以承担各等级水土保持工程的施工监理业务；乙级可以承担Ⅱ等以下各等级水土保持工程的施工监理业务；丙级可以承担Ⅲ等水土保持工程的施工监理业务；同时具备水利工程施工监理专业资质和乙级以上水土保持工程施工监理专业资质的方可承担淤地坝中的骨干坝施工监理业务；水土保持工程等级划分标准见本节后续相关内容。机电及金属结构设备制造监理专业资质中的甲级可以承担水利工程中的各类型机电及金属结构设备制造监理业务；乙级可以承担水利工程中的中、小型机电及金属结构设备制造监理业务；机电及金属结构设备等级划分标准见本节后续相关介绍。水利工程建设环境保护监理专业资质可以承担各类各等级水利工程建设环境保护监理业务。

（2）水利工程建设监理资质的申请、受理和认定

申请监理单位资质应当具备"水利工程建设监理单位资质等级标准"规定的资质条件。监理单位资质一般按照专业逐级申请。申请人可以申请一个或者两个以上专业资质。监理单位资质每年集中认定一次，受理时间由水利部提前三个月向社会公告。监理单位分立后申请重新认定监理单位资质以及监理单位申请资质证书变更或者资质延续的，不适用前款规定。申请人应当向其注册地的省、自治区、直辖市人民政府水行政主管部门提交申请材料，但水利部直属单位独资或者控股成立的企业申请监理单位资质的应当向水利部提交申请材料；流域管理机构直属单位独资或者控股成立的企业申请监理单位资质的应当向该流域管理机构提交申请材料。省、自治区、直辖市人民政府水行政主管部门和流域管理机构应当自收到申请材料之日起 20 个工作日内提出意见并连同申请材料转报水利部，水利部按照《中华人民共和国行政许可法》第三十二条的规定办理受理手续。

首次申请监理单位资质的申请人应当提交以下 6 方面材料：《水利工程建设监理单位资质等级申请表》；《企业法人营业执照》或者工商行政管理部门核发的企业名称预登记证明；验资报告；企业章程；法定代表人身份证明；《水利工程建设监理单位资质等级申请表》中所列监理工程师的资格证书和申请人同意注册证明文件(已在其他单位注册的，还需提供原注册单位同意变更注册的证明)，总监理工程师岗位证书，造价工作人员资格或者职称证书，以及上述监理人员、造价人员的聘用合同。申请晋升、重新认定、延续监理单位资质等级的，除提交前款规定的材料外还应当提交以下 3 方面材料：原《水利工程建设监理单位资质等级证书》(副本)；《水利工程建设监理单位资质等级申请表》中所列监理工程师的注册证书；近 3 年承担的水利工程建设监理合同书以及已完工程的建设单位评价意见。申请人应当如实提交有关材料和反映真实情况并对申请材料的真实性负责。

水利部应当自受理申请之日起 20 个工作日内作出认定或者不予认定的决定；20 个工作日内不能作出决定的，经本机关负责人批准，可以延长 10 个工作日。决定予以认定的应当在 10 个工作日内颁发《水利工程建设监理单位资质等级证书》；不予认定的应当书面通知申请人并说明理由。

水利部在作出决定前应当组织对申请材料进行评审并将评审结果在水利部网站公示，公示时间不少于 7 日。水利部应当制作《水行政许可除外时间告知书》，将评审和公示时间告知申请人。《水利工程建设监理单位资质等级证书》包括正本 1 份、副本 4 份，正本和副本具有同等法律效力，有效期为 5 年。资质等级证书有效期内，监理单位的名称、地址、法定代表人等工商注册事项发生变更的应当在变更后 30 个工作日内向水利部提交水利工程监理单位资质等级证书变更申请并附工商注册事项变更的证明材料，办理资质等级证书变更手续，水利部自收到变更申请材料之日起 3 个工作日内办理变更手续。监理单位分立的，应当自分立后 30 个工作日内，按照本节前述规定提交有关申请材料以及分立决议和监理业绩分割协议，申请重新认定监理单位资质等级。

资质等级证书有效期届满、需要延续的，监理单位应当在有效期届满 30 个工作日前，按照本节前述规定向水利部提出延续资质等级的申请，水利部在资质等级证书有效期届满前作出是否准予延续的决定。水利部应当将资质等级证书的发放、变更、延续等情况及时通知有关省、自治区、直辖市人民政府水行政主管部门或者流域管理机构，并定期在水利部网站公告。

(3) 监督管理

水利部建立监理单位资质监督检查制度，对监理单位资质实行动态管理。水利部履行监督检查职责时，有关单位和人员应当客观、如实反映情况，提供相关材料。县级以上地方人民政府水行政主管部门和流域管理机构发现监理单位资质条件不符合相应资质等级标准的，应当向水利部报告，水利部按照本节核定其资质等级。违反本节前述相关规定应当给予处罚的，依照《中华人民共和国行政许可法》《建设工程质量管理条例》《水利工程建设监理规定》的有关规定执行。监理单位被吊销资质等级证书的，3 年内不得重新申请；被降低资质等级的，两年内不得申请晋升资质等级；受其他行政处罚的，1 年内不得申请晋升资质等级；法律法规另有规定的从其规定。

水利工程建设监理单位资质等级申请表、受理凭证、申请材料补正通知书、不予受理告知书等文书格式由水利部统一制定，《水利工程建设监理单位资质等级证书》由水利部统一印制。

(4) 水利工程建设监理单位资质等级标准

1) 甲级监理单位资质条件。具有健全的组织机构、完善的组织章程和管理制度。技术负责人具有高级专业技术职称，并取得总监理工程师岗位证书。监理工程师以及其中具有高级专业技术职称的人员、总监理工程师均不少于表 14-12-1 规定的人数。水利工程造价工程师(或者从事水利工程造价工作 5 年以上并具有中级专业技术职称的人员)不少于 3 人。具有 5 年以上水利工程建设监理经历且近 3 年监理业绩应符合以下 5 条要求，即申请水利工程施工监理专业资质应当承担过(含正在承担，下同)2 项Ⅱ等水利枢纽工程，或者 1 项Ⅱ等水利枢纽工程、2 项Ⅱ等(堤防 2 级)其他水利工程的施工监理业务，该专业资质许可的监理范围内的近 3 年累计合同额不少于 600 万元，承担过水利枢纽工程中的挡、泄、导流、发电工程之一的可视为承担过水利枢纽工程；申请水土保持工程施工监理专业资质应当承担过 2 项Ⅱ等水土保持工程的施工监理业务，该专业资质许可的监理范围内的近 3 年累计合同额不少于 350 万元；申请机电及金属结构设备制造监理专业资质应当承担过 4 项中型机电及金属结构设备制造监理业务，该专业资质许可的监理范围内的近 3 年累计合同额不少于 300 万元；能运用先进技术和科学管理方法完成建设监理任务；注册资金不少于 200 万元。

2) 乙级监理单位资质条件。具有健全的组织机构、完善的组织章程和管理制度。技术负责人具有高级专业技术职称，并取得总监理工程师岗位证书。监理工程师以及其中具有高级专业技术职称的人员、总监理工程师，均不少于表 14-12-1 规定的人数。水利工程造价工程师(或者从事水利工程造价工作 5 年以上并具有中级专业技术职称的人员)不少于 2 人。具有 3 年以上水利工程建设监理经历且近 3 年监理业绩以下 4 条要求，即申请水利工程施工监理专业资质应当承担过 3 项Ⅲ等水利枢纽工程，或者 2 项Ⅲ等水利枢纽工程、2 项Ⅲ等(堤防 3 级)其他水利工程的施工监理业务，该专业资质许可的监理范围内的近 3 年累计合同额不少于 400 万元；申请水土保持工程施工监理专业资质应当承担过 4 项Ⅲ等水土保持工程的施工监理业务，该专业资质许可的监理范围内的近 3 年累计合同额不少于 200 万元；能运用先进技术和科学管理方法完成建设监理任务；注册资金不少于 100 万元。首次申请机电及金属结构设备制造监理专业乙级资质只需满足前边 2 项和后边 2 项要求(工作业绩不做要求）；申请重新认定、延续或者核定机电及金属结构设备制造监理专业乙级资质还须该专业资质许可的监理范围内的近 3 年年均监理合同额不少于 30 万元。

3）丙级和不定级监理单位资质条件。具有健全的组织机构、完善的组织章程和管理制度。技术负责人具有高级专业技术职称，并取得总监理工程师岗位证书。监理工程师以及其中具有高级专业技术职称的人员、总监理工程师均不少于表 14-12-1 规定的人数。水利工程造价工程师(或者从事水利工程造价工作 5 年以上并具有中级专业技术职称的人员)不少于 1 人。能运用先进技术和科学管理方法完成建设监理任务。注册资金不少于 50 万元。申请重新认定、延续或者核定丙级(或者不定级)监理单位资质，还须专业资质许可的监理范围内的近 3 年年均监理合同额不少于 30 万元。

表 14-12-1　各专业资质等级配备监理工程师一览表

监理单位资质等级	水利工程施工监理专业资质			水土保持工程施工监理专业资质			机电及金属结构设备制造监理专业资质			水利工程建设环境保护监理专业资质		
	监理工程师	其中高级职称人员	其中总监理工程师	监理工程师	其中高级职称人员	其中总监理工程师	监理工程师	其中高级职称人员	其中总监理工程师	监理工程师	其中高级职称人员	其中总监理工程师
甲级	50	10	8	30	6	5	30	6	5	—	—	—
乙级	30	6	3	20	4	3	12	3	2	—	—	—
丙级	10	3	1	10	3	1	—	—	—	—	—	—
不定级	—	—	—	—	—	—	—	—	—	10	3	1

注：监理工程师的监理专业必须为各专业资质要求的相关专业。具有两个以上不同类别监理专业的监理工程师，监理单位申请不同专业资质等级时可分别计算人数。

（5）水土保持工程等级的划分标准

1）Ⅰ级。500km² 以上的水土保持综合治理项目；总库容 $100 \times 10^4 m^3$ 以上、小于 $500 \times 10^4 m^3$ 的沟道治理工程；征占地面积 500km² 以上的开发建设项目的水土保持工程。

2）Ⅱ级。150km² 以上、小于 500km² 的水土保持综合治理项目；总库容 $50 \times 10^4 m^3$ 以上、小于 $100 \times 10^4 m^3$ 的沟道治理工程；征占地面积 50 公顷以上、小于 500 公顷的开发建设项目的水土保持工程。

3）Ⅲ级。小于 150km² 的水土保持综合治理项目；总库容小于 $50 \times 10^4 m^3$ 的沟道治理工程；征占地面积小于 50 公顷的开发建设项目的水土保持工程。

（6）机电及金属结构设备等级划分标准

发电机组、水轮机组等级划分标准见表 14-12-2，水工金属结构设备(闸门、压力钢管、拦污设备)等级划分标准见表 14-12-3，起重设备等级划分标准见表 14-12-4。

表 14-12-2　发电机组、水轮机组等级划分标准

工程规模	大型	中型	小型
划分标准(装机容量)/10^4kW	≥30	5~30	<5

表 14-12-3　水工金属结构设备(闸门、压力钢管、拦污设备)等级划分标准

	规格分档	参数标准 $FH=$ 门叶面积$(m^2)\times$设计水头(m)	
闸门	大型	$FH\geqslant1000$	
	中型	$200\leqslant FH<1000$	
	小型	$FH<200$	
压力钢管	规格分档	参数标准 $DH=$ 直径$(m)\times$设计水头(m)	
	大型	$DH\geqslant300$	
	中型	$50\leqslant DH<300$	
	小型	$DH<50$	
拦污设备	规格分档	参数标准	
		耙斗式	回转式
	大型	耙斗容积$\geqslant3m^3$	齿耙宽度$(m)\times$清污深度$(m)\geqslant100$
	中型	$1m^3\leqslant$耙斗容积$<3m^3$	$30\leqslant$齿耙宽度$(m)\times$清污深度$(m)<100$
	小型	耙斗容积$<1m^3$	齿耙宽度$(m)\times$清污深度$(m)<30$

表 14-12-4　起重设备等级划分标准

规格分档	大型	中型	小型
划分标准(起质量)G	$G\geqslant100t$	$30t\leqslant G<100t$	$G<30t$

(7) 工程设计资质与施工总承包资质类别特征

工程设计资质与施工总承包资质的类别对照关系见表 14-12-5。

表 14-12-5　工程设计资质与施工总承包资质类别对照关系

序号	工程设计资质	施工总承包资质
1	综合资质	建筑工程、公路工程、铁路工程、港口与航道、水利水电工程、电力工程、通信工程、矿山工程、冶金工程、石油化工工程、市政公用工程、机电工程
2	建筑行业	建筑工程
3	公路行业	公路工程
4	铁道行业	铁路工程
5	水运行业	港口与航道工程
6	水利行业	水利水电工程
	电力行业	
7	电力行业	电力工程
8	煤炭行业	矿山工程
	冶金行业	
	建材行业	
	核工业行业	
	化工石化医药行业	

序号	工程设计资质	施工总承包资质
9	冶金行业	冶金工程
	建材行业	
10	化工石化医药行业	石油化工工程
	石油天然气（海洋石油）行业	
11	市政公用行业	市政公用工程
12	电子通信广电行业（通信）	通信工程
13	机械行业	机电工程
	电子通信广电行业（电子）	

14.13　水利工程建设监理的特点及基本要求

水利工程建设监理是指具有相应资质的水利工程建设监理单位（以下简称监理单位），受项目法人（建设单位，下同）委托，按照监理合同对水利工程建设项目实施中的质量、进度、资金、安全生产、环境保护等进行的管理活动，包括水利工程施工监理、水土保持工程施工监理、机电及金属结构设备制造监理、水利工程建设环境保护监理。水利工程建设监理的作用在于确保工程建设质量，水利工程建设监理活动应规范化、科学化。从事水利工程建设监理以及对水利工程建设监理实施监督管理应遵守相关规定。本节所谓水利工程是指防洪、排涝、灌溉、水力发电、引（供）水、滩涂治理、水土保持、水资源保护等各类工程（包括新建、扩建、改建、加固、修复、拆除等项目）及其配套和附属工程。水利工程建设项目应依法实行建设监理。总投资 200 万元以上且符合下列 3 个条件之一的水利工程建设项目必须实行建设监理：关系社会公共利益或者公共安全的；使用国有资金投资或者国家融资的；使用外国政府或者国际组织贷款、援助资金的。铁路、公路、城镇建设、矿山、电力、石油天然气、建材等开发建设项目的配套水土保持工程符合前款规定条件的应当按照规定开展水土保持工程施工监理；其他水利工程建设项目可以参照执行。水利部对全国水利工程建设监理实施统一监督管理。水利部所属流域管理机构（以下简称流域管理机构）和县级以上地方人民政府水行政主管部门对其所管辖的水利工程建设监理实施监督管理。

（1）水利工程建设监理业务的委托与承接

按照规定必须实施建设监理的水利工程建设项目，项目法人应当按照水利工程建设项目招标投标管理的规定，确定具有相应资质的监理单位，并报项目主管部门备案。项目法人和监理单位应当依法签订监理合同。项目法人委托监理业务应当执行国家规定的工程监理收费标准。项目法人及其工作人员不得索取、收受监理单位的财物或者其他不正当利益。监理单位应当按照水利部的规定取得《水利工程建设监理单位资质等级证书》并在其资质等级许可的范围内承揽水利工程建设监理业务。两个以上具有资质的监理单位可以组成一个联合体承接监理业务。联合体各方应当签订协议，明确各方拟承担的工作和责任，并将协议提交项目法人。联合体的资质等级按照同一专业内资质等级较低的一方确定。联合体中标的，联合体各方应当共同与项目法人签订监理合同，就中标项目向项目法人承担连带责任。监理单位与被监理单位以及建筑材料、建筑构配件和设备供应单位有隶属关系或者其他利害关系的，不得承担该项工程的建设监理业务。监理单位不得以串通、欺诈、胁迫、贿赂等不正当竞争手段承揽水利工程建设监理业务。监理单位不得允许其他单位或者个人以本单位名义承揽水利工程建设监理业务。监理单位不得转让监理业务。

（2）水利工程建设监理业务的实施

监理单位应当聘用具有相应资格的监理人员从事水利工程建设监理业务。监理人员包括总监理工程师、监理工程师和监理员。监理人员资格应当按照行业自律管理的规定取得。监理工程师应当由其聘用监理单位(以下简称注册监理单位)报水利部注册备案，并在其注册监理单位从事监理业务；需要临时到其他监理单位从事监理业务的，应当由该监理单位与注册监理单位签订协议，明确监理责任等有关事宜。监理人员应当保守执(从)业秘密，并不得同时在两个以上水利工程项目从事监理业务，不得与被监理单位以及建筑材料、建筑构配件和设备供应单位发生经济利益关系。

监理单位应当按下列 5 步程序实施建设监理：①按照监理合同，选派满足监理工作要求的总监理工程师、监理工程师和监理员组建项目监理机构，进驻现场；②编制监理规划，明确项目监理机构的工作范围、内容、目标和依据，确定监理工作制度、程序、方法和措施，并报项目法人备案；③按照工程建设进度计划，分专业编制监理实施细则；④按照监理规划和监理实施细则开展监理工作，编制并提交监理报告；⑤监理业务完成后，按照监理合同向项目法人提交监理工作报告、移交档案资料。

水利工程建设监理实行总监理工程师负责制。总监理工程师负责全面履行监理合同约定的监理单位职责，发布有关指令，签署监理文件，协调有关各方之间的关系。监理工程师在总监理工程师授权范围内开展监理工作，具体负责所承担的监理工作，并对总监理工程师负责。监理员在监理工程师或者总监理工程师授权范围内从事监理辅助工作。

监理单位应当将项目监理机构及其人员名单、监理工程师和监理员的授权范围书面通知被监理单位。监理实施期间监理人员有变化的，应当及时通知被监理单位。监理单位更换总监理工程师和其他主要监理人员的，应当符合监理合同的约定。

监理单位应当按照监理合同，组织设计单位等进行现场设计交底，核查并签发施工图。未经总监理工程师签字的施工图不得用于施工。监理单位不得修改工程设计文件。

监理单位应当按照监理规范的要求，采取旁站、巡视、跟踪检测和平行检测等方式实施监理，发现问题应当及时纠正、报告。监理单位不得与项目法人或者被监理单位串通，弄虚作假、降低工程或者设备质量。监理人员不得将质量检测或者检验不合格的建设工程、建筑材料、建筑构配件和设备按照合格签字。未经监理工程师签字，建筑材料、建筑构配件和设备不得在工程上使用或者安装，不得进行下一道工序的施工。

监理单位应当协助项目法人编制控制性总进度计划，审查被监理单位编制的施工组织设计和进度计划，并督促被监理单位实施。监理单位应当协助项目法人编制付款计划，审查被监理单位提交的资金流计划，按照合同约定核定工程量，签发付款凭证。未经总监理工程师签字，项目法人不得支付工程款。

监理单位应当审查被监理单位提出的安全技术措施、专项施工方案和环境保护措施是否符合工程建设强制性标准和环境保护要求，并监督实施。监理单位在实施监理过程中发现存在安全事故隐患的应当要求被监理单位整改，情况严重的应当要求被监理单位暂时停止施工并及时报告项目法人，被监理单位拒不整改或者不停止施工的监理单位应当及时向有关水行政主管部门或者流域管理机构报告。

项目法人应当向监理单位提供必要的工作条件，支持监理单位独立开展监理业务，不得明示或者暗示监理单位违反法律法规和工程建设强制性标准，不得更改总监理工程师指令。项目法人应当按照监理合同，及时、足额支付监理单位报酬，不得无故削减或者拖延支付。项目法人可以对监理单位提出并落实的合理化建议给予奖励。奖励标准由项目法人与监理单位协商确定。

（3）监督管理

县级以上人民政府水行政主管部门和流域管理机构应当加强对水利工程建设监理活动的监督管理，对项目法人和监理单位执行国家法律法规、工程建设强制性标准以及履行监理合同的情况进行监督检查。项目法人应当依据监理合同对监理活动进行检查。县级以上人民政府水行政主管部门和流域管理机构在履行监督检查职责时，有关单位和人员应当客观、如实反映情况，提供相关材料。县级以上人民政府水行政主管部门和流域管理机构实施监督检查时不得妨碍监理单位和监理人员正常的监理活动，不得索取或者收受被监督检查单位和人员的财物，不得谋取其他不正当利益。县级以上人民政府水行政主管部门和流域管理机构在监督检查中发现监理单位和监理人员有违规行为的应当责令纠正并依法查处。任何单位和个人有权对水利工程建设监理活动中的违法违规行为进行检举和控告，有关水行政主管部门和流域管理机构以及有关单位应当及时核实、处理。

项目法人将水利工程建设监理业务委托给不具有相应资质的监理单位，或者必须实行建设监理而未实行的依照《建设工程质量管理条例》第五十四条、第五十六条处罚。项目法人对监理单位提出不符合安全生产法律、法规和工程建设强制性标准要求的，依照《建设工程安全生产管理条例》第五十五条处罚。项目法人及其工作人员收受监理单位贿赂、索取回扣或者其他不正当利益的予以追缴并处违法所得3倍以下且不超过3万元的罚款，构成犯罪的依法追究有关责任人员的刑事责任。

监理单位有下列行为之一的依照《建设工程质量管理条例》第六十条、第六十一条、第六十二条、第六十七条、第六十八条处罚：超越本单位资质等级许可的业务范围承揽监理业务的；未取得相应资质等级证书承揽监理业务的；以欺骗手段取得的资质等级证书承揽监理业务的；允许其他单位或者个人以本单位名义承揽监理业务的；转让监理业务的；与项目法人或者被监理单位串通，弄虚作假、降低工程质量的；将不合格的建设工程、建筑材料、建筑构配件和设备按照合格签字的；与被监理单位以及建筑材料、建筑构配件和设备供应单位有隶属关系或者其他利害关系承担该项工程建设监理业务的。

监理单位有下列2种行为之一的，责令改正，给予警告，无违法所得的处1万元以下罚款，有违法所得的予以追缴处违法所得3倍以下且不超过3万元罚款，情节严重的降低资质等级，构成犯罪的依法追究有关责任人员的刑事责任，2种行为分别是以串通、欺诈、胁迫、贿赂等不正当竞争手段承揽监理业务的；利用工作便利与项目法人、被监理单位以及建筑材料、建筑构配件和设备供应单位串通，谋取不正当利益的。

监理单位有下列行为之一的依照《建设工程安全生产管理条例》第五十七条处罚，即未对施工组织设计中的安全技术措施或者专项施工方案进行审查的；发现安全事故隐患未及时要求施工单位整改或者暂时停止施工的；施工单位拒不整改或者不停止施工，未及时向有关水行政主管部门或者流域管理机构报告的；未依照法律、法规和工程建设强制性标准实施监理的。

监理单位有下列行为之一的责令改正、给予警告，情节严重的降低资质等级，即聘用无相应监理人员资格的人员从事监理业务的；隐瞒有关情况、拒绝提供材料或者提供虚假材料的。

监理人员从事水利工程建设监理活动，有下列 3 种行为之一的责令改正、给予警告；其中，监理工程师违规情节严重的注销注册证书、2 年内不予注册；有违法所得的予以追缴并处 1 万元以下罚款；造成损失的依法承担赔偿责任；构成犯罪的依法追究刑事责任。3 种行为分别为利用执(从)业上的便利，索取或者收受项目法人、被监理单位以及建筑材料、建筑构配件和设备供应单位财物的；与被监理单位以及建筑材料、建筑构配件和设备供应单位串通，谋取不正当利益的；非法泄露执(从)业中应当保守的秘密的。

监理人员因过错造成质量事故的，责令停止执(从)业 1 年，其中因监理工程师过错造成重大质量事故的，注销注册证书，5 年内不予注册，情节特别严重的，终身不予注册。监理人员未执行法律、法规和工程建设强制性标准的，责令停止执(从)业 3 个月以上 1 年以下，其中监理工程师违规情节严重的注销注册证书、5 年内不予注册，造成重大安全事故的终身不予注册；构成犯罪的依法追究刑事责任。

水行政主管部门和流域管理机构的工作人员在工程建设监理活动的监督管理中玩忽职守、滥用职权、徇私舞弊的，依法给予处分；构成犯罪的，依法追究刑事责任。

依法给予监理单位罚款处罚的，对单位直接负责的主管人员和其他直接责任人员处单位罚款数额 5%以上、10%以下的罚款。监理单位的工作人员因调动工作、退休等原因离开该单位后，被发现在该单位工作期间违反国家有关工程建设质量管理规定，造成重大工程质量事故的，仍应当依法追究法律责任。

降低监理单位资质等级、吊销监理单位资质等级证书的处罚以及注销监理工程师注册证书，由水利部决定；其他行政处罚由有关水行政主管部门依照法定职权决定。

本节所称机电及金属结构设备制造监理是指对安装于水利工程的发电机组、水轮机组及其附属设施，以及闸门、压力钢管、拦污设备、起重设备等机电及金属结构设备生产制造过程中的质量、进度等进行的管理活动。水利工程建设环境保护监理是指对水利工程建设项目实施中产生的废(污)水、垃圾、废渣、废气、粉尘、噪声等采取的控制措施所进行的管理活动。被监理单位是指承担水利工程施工任务的单位，以及从事水利工程的机电及金属结构设备制造的单位。

★ 思 考 题

1. 简述我国水利水电工程施工总承包资质的基本规定。
2. 简述我国水工金属结构制作与安装工程专业承包资质的基本规定。

3. 简述我国水利水电机电安装工程专业承包资质的基本规定。
4. 简述我国河湖整治工程专业承包资质的基本规定。
5. 简述我国水利工程建设项目验收管理的基本规定。
6. 简述我国对水利工程建设项目管理的基本要求。
7. 简述我国水利工程建设项目代建制管理的特点及基本要求。
8. 简述我国水利工程建设程序管理的特点及基本要求。
9. 简述我国对水利工程建设项目施工分包管理的基本要求。
10. 我国对水利工程建设项目环保方面的基本要求有哪些？
11. 我国对建设工程质量管理的基本要求有哪些？
12. 简述我国对水利工程建设监理单位资质管理的基本规定。
13. 简述水利工程建设监理的特点及基本要求。

第 15 章 电力及其他特种工程监理的特点及相关要求

15.1 电力建设工程监理的特点及基本要求

(1) 电力建设工程监理的宏观要求

新建、扩建、改建的发电工程、输变电工程施工阶段监理、调试阶段监理、工程质量保修阶段监理、勘察设计阶段监理、设备采购监理和设备监造工作均应遵守电力建设工程监理工作的基本要求。电力建设工程监理还应遵守现行《建设工程监理规范》（GB 50319）、《建设工程文件归档整理规范》（GB/T 50328）、《国家重大建设项目文件归档要求与档案整理规范》（DA/T 28）等的相关规定。电力建设工程监理中的监理单位是指具有法人资格并具有中华人民共和国建设行政主管部门颁发的建设工程监理资质等级证书的企业。

电力建设工程监理应遵守《建筑法》《合同法》《电力法》《建设工程质量管理条例》《建设工程安全生产管理条例》《建设项目环境保护管理条例》《建设工程监理规范》等法律、法规、规章、规范和工程建设强制性标准，电力建设工程监理行为应规范化、科学化，应不断提高电力建设工程监理水平。监理单位与建设单位必须依法签订书面委托监理合同，明确双方的义务、权利、责任、监理酬金、监理服务期限、监理范围和监理工作内容。在监理工作范围内，建设单位与承包单位之间与建设工程合同有关的联系活动应通过监理单位进行。电力建设工程监理应实行总监理工程师负责制。监理工程师必须遵守"守法、诚信、公平、科学"的职业准则，维护建设单位的合法权益，不损害其他有关单位的合法权益。

(2) 电力建设工程监理对项目监理机构及监理设施的基本要求

1）项目监理机构。监理单位履行委托监理合同时应建立项目监理机构。项目监理机构的组织形式和规模应根据委托监理合同约定的服务内容、服务期限、工程类别、规模、技术复杂程度、工程环境等因素确定。项目监理机构由总监理工程师、专业监理工程师和监理员组成，且专业配套、数量满足工程项目监理工作的需要，必要时可设置总监理工程师代表和副总监理工程师。监理单位应在委托监理合同约定的时间内将项目监理机构的组织形式、人员构成及对总监理工程师的任命书面通知建设单位。当总监理工程师需要调整时，监理单位应征得建设单位同意，并书面报建设单位；当专业监理工程师需要调整时总监理工程师应书面通知建设单位和承包单位。勘察、设计阶段的总监理工程师应具有相应专业 10 年及以上工程勘察、设计工作经验；专业监理工程师应具有相应专业 5 年及以上工程勘察、设计工作经验。施工、调试阶段的总监理工程师应具有 5 年及以上工程实践经验，其中同类工程监理实践经验不少于 3 年。项目监理机构应按委托监理合同约定的职责和权限开展工作，直至完成委托监理合同的约定。项目监理机构应制定与监理工作内容相适应的监理工作程序和管理制度。一名总监理工程师宜担任一项委托监理合同的项目总监理工程师，当需要同时担任多项委托监理合同的项目总监理工程师工作时须经建设单位同意且最多不得超过两项。

2）监理人员的职责。总监理工程师应履行13项基本职责：确定项目监理机构人员的分工和岗位职责，并负责管理项目监理机构的日常工作；主持编写监理规划，审批监理实施细则；审查分包项目及分包单位的资质，并提出审查意见；检查和监督监理人员的工作，根据工程项目的进展情况进行人员调配，对不称职的人员应调换其工作；主持监理工作会议，签发项目监理机构的文件和指令；审查承包单位提交的开工报告、施工组织设计、方案、计划；审核签署承包单位的申请和竣工结算；审查和处理工程变更；主持或参与工程质量、安全事故调查；调解建设单位与承包单位的合同争议、处理索赔、审核工程延期；组织编写监理月报、监理工作阶段报告、专题报告和监理工作总结；审核签认分部工程和单位工程的质量检验评定资料，审查承包单位的竣工申请，组织监理人员对待验收的工程项目进行质量检查，参与工程项目的竣工验收；主持整理工程项目的监理文件。专业监理工程师应履行11项基本职责：负责编制本专业的监理实施细则；负责本专业监理工作的具体实施；组织、指导、检查和监督本专业监理员的工作，当人员需要调整时，向总监理工程师提出建议；审查承包单位提交的涉及本专业的计划、方案、申请、变更，审查本专业设计文件，并向总监理工程师提出报告；负责本专业检验批、分项工程验收及相关隐蔽工程验收；定期向总监理工程师提交本专业监理工作实施情况报告，重大问题及时向总监理工程师汇报和请示；根据本专业监理工作实施情况做好监理日记；负责本专业监理文件的收集、汇总及整理，参与编写监理月报；核查进场材料、设备、构配件的原始凭证和检测报告等质量证明文件及其质量情况，必要时对进场材料、设备、构配件进行平行检验，合格时予以签认；负责本专业的工程计量工作，审核工程计量的数据和原始凭证；检查本专业质量、安全、进度、节能减排、水土保持、强制性标准执行等状况，及时监督处理事故隐患，必要时报告。监理员应履行6项基本职责：在专业监理工程师的指导下开展现场监理工作；参加见证取样工作，检查承包单位投入工程项目的人力、材料、主要设备及其使用、运行状况，并做好检查记录；复核或从施工现场直接获取工程计量的有关数据并签署原始凭证；按设计文件及有关标准，对承包单位的工艺过程或施工工序进行检查和记录，对加工制作及工序施工质量检查结果进行记录；担任旁站监理工作，核查特种作业人员的上岗证；检查、监督工程现场的施工质量、安全、节能减排、水土保持等状况及措施的落实情况，发现问题及时指出、予以纠正并向专业监理工程师报告；做好监理日记和有关的监理记录。

3）监理设施。项目监理机构应根据工程项目类别、规模、技术复杂程度、工程项目所在地的环境条件，按委托监理合同的约定，配备满足监理工作需要的常规检测设备和工具。在大中型项目的监理工作中，项目监理机构应实施计算机辅助管理。建设单位应提供委托监理合同约定的满足监理工作需要的办公、交通、通信和生活设施。项目监理机构应妥善保管和使用建设单位提供的设施，并应在完成监理工作后归还建设单位。

（3）监理规划及监理实施细则的基本要求

1）监理规划。监理规划应在签订委托监理合同及收到设计文件后，由总监理工程师主持、专业监理工程师参加编制，经监理单位技术负责人批准，报送建设单位。监理规划编制主要依据4类资料：与电力建设工程项目有关的法律、法规、规章、规范和工程建设标准强制性条文；与电力建设工程项目有关的项目审批文件、设计文件和技术资料；监理大纲、委托监理合同以及与电力建设工程项目相关的合同文件；与工程项目相关的建设单位管理文件。监理规划的编制应针对电力建设工程项目的实际情况，明确项目监理机构的工作目标，确定具体的监理工作制度、程序、方法和措施。

2）监理实施细则。监理实施细则应由专业监理工程师进行编制，经总监理工程师批准实施。项目监理机构应按工程进度在各专业工程开工前编制监理实施细则，监理实施细则应结合电力建设工程的专业特点，具有可操作性。监理实施细则编制主要依据3类资料：已批准的监理规划；与专业工程相关的标准、规范、设计文件和技术资料；经批准的施工组织设计、施工方案。监理实施细则应包括5方面主要内容：专业工程的特点、难点及薄弱环节；专业监理工作重点；监理工作流程；监理工作控制要点、目标；监理工作方法及措施。在监理工作实施过程中，专业监理工程师应根据实际情况对监理实施细则进行补充、修改和完善，并经总监理工程师批准实施。

（4）施工阶段监理工作总程序及主要方法和制度

1）监理工作总程序。监理工作总程序依次为【签订委托监理合同】→【组建项目监理机构，任命总监理工程师】→【编制监理规划，编制各专业监理实施细则】→【施工准备阶段监理】→【施工实施阶段监理】→【调试阶段监理】→【启动验收与移交阶段监理】→【审核工程竣工结算】→【编写监理工作总结，监理文件归档、移交】。

2）监理工作主要方法。监理工作主要方法包括文件审查、巡视、见证取样、旁站、平行检验、签发文件和指令、协调、签证等。文件审查是指项目监理机构依据国家及行业有关法律、法规、规章、标准、规范和承包合同，对承包单位报审的工程文件进行审查，并签署监理意见。巡视是指监理人员对正在施工的部位或工序进行定期或不定期的监督检查。见证取样是指对规定的需取样送试验室检验的原材料和样品，经监理人员对取样进行见证、封样、签认。旁站是指监理人员按照委托监理合同约定对工程项目的关键部位、关键工序的施工质量、安全实施连续性的现场全过程监督检查。平行检验是指项目监理机构认为有必要时，在承包单位自检的基础上，按一定比例独立或委托进行检查或检测的活动。签发文件和指令是指项目监理机构采用签发会议纪要和监理工作联系单、监理工程师通知单等形式进行施工过程的控制。协调是指项目监理机构对施工过程中出现的问题和争议，通过一定的活动及方法，使各方协同一致，实现预定目标。签证是指项目监理机构对工程的质量验评资料、变更、洽商、申请等进行审签。

3）主要监理工作制度。项目监理机构应建立12个方面的主要监理工作制度：技术文件审核制度；原材料、构配件和设备开箱验收制度；工程质量验收制度；工程计量、工程款支付签证制度；会议制度；施工现场紧急情况处理和报告制度；隐蔽工程验收制度；旁站监理、见证取样和送检制度；工程信息管理制度；项目监理机构内部管理制度；职业健康安全与环境管理制度；应急预案与响应制度。项目监理机构可根据工程特点或施工监理的要求，增加其他监理工作制度。

（5）施工准备阶段的监理工作

总监理工程师应组织监理人员熟悉设计文件，并组织建设单位、承包单位和设计单位进行施工图纸会检工作，对图纸会检纪要进行签认，对发现的设计问题或提出的工程变更，应督促办理设计变更手续。项目监理机构应参加建设单位组织的设计交底会。工程项目开工前，总监理工程师应组织审核承包单位现场项目部的质量管理体系、职业健康安全与环境管理体系，满足要求时予以确认。对质量管理体系、职业健康安全与环境管理体系应审核以下内容，即质量管理体系中的组织机构，质量管理、技术管理制度，专职质量管理人员的资格证、上岗证；职业健康安全与环境管理体系中的组织机构，职业健康安全与环境管理制度和程序，项目负责人、专职安全生产管理人员、特种作业人员的资格、上岗证，危险源辨识、风险评价和应急预案及演练方案，环境因素识别、环境因素评价、应急准备和响应措施及演练方案。工程开工前，总监理工程师应组织专业监理工程师审查承包单位报送的施工组织设计，提出审查意见，并经总监理工程师审核、签认后报建设单位。对机组容量大、电压等级高、新能源电力建设工程，施工组织设计宜由监理单位组织审查，总监理工程师签发，报建设单位。

专业监理工程师应审核承包单位报送的分包单位有关资质资料，符合规定由总监理工程师签认，报建设单位批准后，分包工程予以开工。对电力建设工程分包单位资格应审核以下8方面内容，即分包单位的营业执照、企业资质等级证书、特殊行业施工许可证、国外（境外）企业在国内承包工程许可证；法人代表证明书、法人代表授权委托书；拟分包工程的范围和内容；安全施工许可证，分包单位的业绩和近三年安全施工记录；职业健康安全与环境管理组织机构及其人员配备；施工管理人员、安全管理人员及特种作业人员的资格证、上岗证；保证安全施工的机械(含起重机械安全准用证)、工器具及安全防护设施、用具的配备；有关管理制度。

项目监理机构应督促承包单位对建设单位提供的基准点进行复测，并审批承包单位控制网或加密控制网的布设、保护、复测和原状地形图测绘的方案。监理工程师对承包单位实测过程进行监督和复核，并主持厂(站)区控制网的检查验收工作。

工程项目开工前，项目监理机构参加或主持第一次工地会议。第一次工地会议纪要应由项目监理机构负责起草，并经与会各方代表会签。第一次工地会议应包括以下8方面主要内容，即建设单位、监理单位、设计单位和承包单位分别介绍各自驻现场的组织机构、人员及其分工；建设单位根据委托监理合同宣布对总监理工程师的授权；建设单位介绍工程开工准备情况；设计单位介绍施工图纸交付计划及工程重点和难点；承包单位介绍施工准备情况；建设单位和总监理工程师对施工准备情况提出意见和要求；总监理工程师进行监理规划交底；研究确定各方在施工过程中参加工地例会的主要人员、召开工地例会周期、地点及主要议题。

专业监理工程师应审查承包单位报送的工程开工报审资料，具备以下5个开工条件时由总监理工程师签发报建设单位：施工组织设计已审定；承包单位现场管理人员已到位，机具、施工人员已进驻施工现场，主要工程材料已落实；进场道路、水、电、通信及场平等已满足开工要求；施工图纸已满足开工需要，并经设计交底、图纸会检；现场测量控制网已复测合格。

(6) 施工实施阶段的监理工作

1) 工程质量控制。在施工过程中，承包单位对已批准的施工组织设计、施工方案进行调整、补充或变动，应报专业监理工程师审核、总监理工程师签认。项目监理机构应审查承包单位编制的质量计划和工程质量验收及评定项目划分表，提出监理意见，报建设单位批准后监督实施。专业监理工程师应要求承包单位报送重点部位、关键工序的施工工艺方案和工程质量保证措施，审核同意后签认。承包单位采用新材料、新工艺、新技术、新设备，应组织专题论证，并向项目监理机构报送相应的施工工艺措施和证明材料，项目监理机构审核同意后签认。专业监理工程师应对现场试验室(含外委试验单位)进行以下5个方面的考查,即试验室的资质等级及其试验范围;试验设备的检定或校准证书;试验人员的资格证书;试验室管理制度;本工程的试验项目及其要求。项目监理机构应审核承包单位报送的主要工程材料、半成品、构配件生产厂商的资质,符合后予以签认。项目监理机构应对承包单位报送的拟进场工程材料、半成品和构配件的质量证明文件进行审核并按有关规定进行抽样验收;对有复试要求的,经监理人员现场见证取样后送检,复试报告应报送项目监理机构查验;未经项目监理机构验收或验收不合格的工程材料、半成品和构配件,不得用于本工程,并书面通知承包单位限期撤出施工现场。项目监理机构应参与主要设备开箱验收,对开箱验收中发现的设备质量缺陷,督促相关单位处理。项目监理机构应安排监理人员对施工过程进行巡视和检查,对工程项目的关键部位、关键工序的施工过程进行旁站监理。对承包单位报送的隐蔽工程报验申请表和自检记录,专业监理工程师应进行现场检查,符合要求予以签认后,承包单位方可隐蔽并进行下一道工序的施工;对未经监理人员验收或验收不合格的工序,监理人员应拒绝签认,并严禁承包单位进行下一道工序的施工。专业监理工程师应对承包单位报送的分项工程质量报验资料进行审核,符合要求予以签认;总监理工程师应组织专业监理工程师对承包单位报送的分部工程和单位工程质量验评资料进行审核和现场检查,符合要求予以签认。对施工过程中出现的质量缺陷,专业监理工程师应及时下达书面通知,要求承包单位整改,并检查确认整改结果。监理人员发现施工过程中存在重大质量隐患,可能造成质量事故或已经造成质量事故时应通过总监理工程师报告建设单位后下达工程暂停令,要求承包单位停工整改;整改完毕并经监理人员复查,符合要求后,总监理工程师确认,报建设单位批准复工。对需要返工处理或加固补强以及设备安装质量事故,总监理工程师应责令承包单位报送质量事故调查报告和经设计等相关单位认可的处理方案;项目监理机构应对质量事故的处理过程和处理结果进行跟踪检查和验收;总监理工程师应及时向建设单位和监理单位提交有关质量事故的书面报告,并将完整的质量事故处理记录整理归档。专业监理工程师应根据消缺清单对承包单位的消缺方案进行审核,符合要求后予以签认,并根据承包单位报送的消缺报验申请表和自检记录进行检查验收。项目监理机构应组织工程竣工初检,对发现的缺陷督促承包单位整改,并复查。项目监理机构应接受并配合由工程质量监督机构组织的工程质量监督检查工作。

2)工程进度控制。项目监理机构应协助建设单位编制总体工程施工里程碑进度计划。总监理工程师应组织审查施工图交付计划、设备材料供应计划、施工进度计划和调试进度计划。专业监理工程师应依据承包合同有关条款、设计文件及经过批准的施工组织设计,制定施工进度控制方案,对进度目标进行风险分析,制定防范性对策。项目监理机构应对工程进度的实施情况进行跟踪检查和分析,当发现偏差时,应督促责任单位采取纠正措施。专业监理工程师在进度控制过程中,发现实际进度严重滞后于计划进度,并涉及对合同工期控制目标的调整或合同商务条件的变化时,应及时报总监理工程师,由总监理工程师与建设单位、承包单位研究解决方案,制定相应措施,并经建设单位批准后执行。当工程必须延长工期时承包单位应报项目监理机构,总监理工程师应依据承包合同约定与建设单位共同签认,承包单位应重新调整施工进度计划。

3)工程造价控制。项目监理机构应依据承包合同有关条款、设计及施工文件,对工程项目造价目标进行风险分析,并向建设单位提出防范性对策和建议。项目监理机构应依据承包合同约定进行工程预付款审核和签认。项目监理机构应按下列3步程序进行工程计量和工程款支付的审核签认工作，即承包单位按承包合同的约定填报经专业监理工程师验收质量合格的工程量清单和工程款支付申请表；专业监理工程师进行现场计量，按承包合同的约定审核工程量清单和工程款支付申请表，报总监理工程师；总监理工程师审核、签认，报建设单位。未经项目监理机构质量验收合格的工程量或不符合承包合同约定的工程量，项目监理机构应拒绝计量和拒签该部分的工程款支付申请。项目监理机构应从质量、安全、造价、项目的功能要求和工期等方面审查工程变更方案，并宜在工程变更实施前与建设单位、承包单位协商确定工程变更的价款。项目监理机构依据授权和承包合同约定的条款处理工程变更等所引起的工程费用增减、合同费用索赔、合同价格调整事宜。项目监理机构应收集、整理有关的施工、调试和监理文件，为处理合同价款、费用索赔等提供依据。项目监理机构应建立工程量、工作量统计报表，对实际完成情况和计划完成情况进行比较、分析，制定调整措施，向建设单位提出调整建议。项目监理机构应及时督促承包单位按照承包合同的约定进行竣工结算，承包单位提供的竣工结算文件应符合承包合同的约定，否则不得进行竣工结算审核。项目监理机构应按2步程序进行竣工结算审核签认工作：专业监理工程师审核承包单位报送的竣工结算报表；总监理工程师与建设单位、承包单位协商一致后，签署竣工结算文件和最终的工程款支付申请表，报建设单位。

4）职业健康安全与环境监理。监理规划中应包括职业健康安全与环境监理的范围、内容、工作程序，以及人员配备计划和职责。对中型及以上项目和危险性较大的分部分项工程，应编制职业健康安全与环境监理实施细则，明确监理的方法、措施和控制要点。项目监理机构应审查承包单位提交的施工组织设计中的安全技术方案或下列5类危险性较大的分部分项工程专项施工方案是否符合工程建设强制性标准，即地下管线保护措施方案；基坑支护与降水、土方开挖与边坡防护、模板、起重吊装、脚手架、拆除、爆破等分部分项工程的专项施工方案；施工现场临时用电施工组织设计或安全用电技术措施和电气防火措施；冬季、雨季、夜间等特殊施工方案；施工总平面布置图是否符合安全生产的要求，办公、宿舍、食堂、道路、仓储、化学及危险品库等临时设施设置以及排水、防火措施。项目监理机构应检查承包单位职业健康安全与环境管理体系，规章制度和监督机构的建立、健全及专职安全生产管理人员配备情况，督促承包单位对其分包单位进行检查。项目监理机构应核查特种作业人员的资格证书的有效性。项目监理机构应审核安全措施费用使用计划。项目监理机构应监督承包单位按照批准的施工组织设计中的安全技术措施或者专项施工方案组织施工，及时制止违规施工。

项目监理机构应定期对施工现场安全生产情况进行视检查，对发现的各类安全事故隐患，应书面通知承包单位，并督促其立即整改；情况严重的，项目监理机构应下达工程暂停令，要求承包单位停工整改，并同时报告建设单位。安全事故隐患消除后，应检查整改结果，签署复查或复工意见。承包单位拒不整改或不停止施工的，监理单位应及时通过建设单位向工程所在地建设主管部门或工程项目的行业主管部门报告。以电话形式报告的，应当有记录，并及时补充书面报告。检查、整改、复查、报告等情况应记载在监理日志、监理月报中。

项目监理机构应核查施工现场施工起重机械、整体提升脚手架、模板等自升式架设设施和安全设施的验收手续。项目监理机构应检查施工现场各种安全标志和安全防护措施是否符合强制性标准，并检查安全生产费用的使用情况。项目监理机构应督促承包单位进行安全自查工作、应急救援预案演练，并对承包单位自查及演练情况进行抽查，参加建设单位组织的安全生产专项检查。

项目监理机构应监督承包单位做好施工节能减排、水土保持等环境保护工作，其主要内容包括以下 12 项，即督促承包单位编制施工节能减排、水土保持等环境保护工作方案，经监理审核、建设单位批准后实施；监督承包单位按承包合同约定，做好施工界区之外的植物、动物和建筑物的保护工作；监督承包单位按承包合同约定，做好施工界区之内的施工环境保护工作；监督承包单位依法取得砍伐许可后进行砍伐；施工中发现文物时，监督承包单位依法保护文物现场，并报告建设单位或有关部门；监督承包单位按批准的取弃土方案施工，取弃土结束，要采取有效的排水措施和植被恢复措施；监督承包单位按照批准的总平面布置，布置施工区和生活区；监督承包单位有序放置进入现场的材料和设备，防止任意堆放，阻塞道路，污染环境；监督承包单位遵守有关环境保护法律法规，在施工现场采取措施，防止或者减少粉尘、废气、废水、废油、固体废物、噪声、振动和施工照明对人和环境的危害和污染；监督承包单位对因施工可能造成损害的毗邻建筑物、构筑物和地下管线等，采取专项防护措施；监督承包单位对城市市区内的施工现场实行封闭围挡；督促承包单位在工程竣工后，按承包合同约定或相关规定，拆除建设单位不需要保留的施工临时设施，清理场地，恢复植被。

5）工程协调。项目监理机构根据建设单位的授权建立监理协调制度，明确程序、方式、内容和责任。项目监理机构运用工地例会、专题会议及现场协调方式，及时解决施工中存在的问题。项目监理机构应定期主持召开工地例会，签发会议纪要。工地例会应包括以下 4 方面主要内容，即检查上次例会议定事项的落实情况，分析未完事项原因；检查分析工程项目进度计划完成情况，提出下一阶段进度目标及其落实措施；检查分析工程项目质量情况、职业健康安全与环境状况，针对存在的问题提出改进措施；解决需要协调的其他事项。

（7）调试阶段的监理工作

1）调试阶段监理工作范围。项目监理机构应根据委托监理合同，对工程调试阶段实施监理，包括对机组单体调试、分系统调试和整套启动调试的监理。

2）调试阶段监理工作内容。在监理规划中，应针对调试项目的具体要求，明确调试项目的监理工作目标、程序、方法和措施。总监理工程师应组织各专业监理工程师编制调试监理实施细则，并应具有针对性和可操作性。项目监理机构应组织审核承包单位现场项目部的组织机构和人员配备、特种作业人员资格证和上岗证、管理制度、试验仪器设备，满足要求时予以确认。对有调试分包单位的，项目监理机构应要求承包单位按规定报审，符合规定且经建设单位批准后准予分包，并应要求承包单位对其分包单位进行监督、管理。项目监理机构应审查承包单位报送的调试大纲、调试方案和措施，提出监理意见，报建设单位。项目监理机构应督促设计单位向调试、安装、运行等单位进行设计交底，解释设计思想和意图。项目监理机构应督促设计单位参加重大调试方案的技术讨论，在调试期间提供现场工地代表服务，参加现场调试会议，协助解决现场发现的与设计有关的问题。项目监理机构应组织或参与对调试条件的检查，参与安全隔离措施的审查；督促承包单位进行调试安全和调试技术交底。项目监理机构应协助建设单位制定调试管理程序。项目监理机构应就与调试相关的前期工程情况（包括设计、设备、土建、安装等）对承包单位进行交底。项目监理机构应审查承包单位提交的调试进度计划，调试进度计划应符合工程总进度计划；监督、检查调试计划的执行；对承包单位提出的进度计划调整方案进行分析，提出修改意见，报建设单位。项目监理机构应监督承包单位执行批准的调试方案和措施，对调试过程实施巡视、见证、检查，必要时旁站。项目监理机构应收集各参建单位发现的设备缺陷，跟踪消缺情况，督促责任单位

331

按时完成消缺，并组织消缺后的验收工作。项目监理机构应主持或参加调试例会或专题会。项目监理机构应组织或参加重大调试节点前的安全大检查。项目监理机构应建立、健全调试项目变更的管理程序，并严格执行。项目监理机构应审核承包单位报送的调试工程款支付申请，符合要求后签认，报建设单位。项目监理机构应组织或参加单体、分系统和整套启动调试各阶段的质量验收、签证工作，审核调试结果。项目监理机构应督促及时办理设备和系统代保管的手续。项目监理机构应接受质量监督机构的质量监督，督促责任单位进行缺陷整改，并验收。

（8）工程启动验收与移交阶段的监理工作

1）工程启动验收前的监理工作。项目监理机构在启动验收前应检查接入公用电网的发电工程是否满足以下3方面条件，即机组整套启动试运行应投入的设备和工艺系统及相应的建筑工程，已按设计范围和规定标准施工，并经验收、签证完毕；按竣工验收规程和启动调试工作规定，机组已完成分部试运行和整套启动试运行前的所有调试项目，并由建设单位组织设计、监理、施工、调试和生产运行单位验收、签证完毕；对工程质量监检提出的影响启动的问题已全部处理完毕，并经项目监理机构验收合格。项目监理机构在启动验收前应检查输变电工程是否满足以下2个条件，即整体工程的建（构）筑工程和全站电气设备及其系统已按设计范围和规定标准全部施工，并由建设单位组织设计、监理、施工、调试和生产运行单位验收、签证完毕；对工程质量监督检查提出的影响启动的问题已全部处理完毕，并经项目监理机构验收合格。

2）工程启动验收阶段的监理工作。项目监理机构应参加由工程启动验收委员会主持的启动验收工作，在启动验收会上汇报工程监理工作和预验收后的整改消缺情况，对工程质量是否具备启动验收条件提出监理意见。提交工程质量评估报告和相关监理文件。

3）工程移交阶段的监理工作。项目监理机构在接入公用电网的发电工程移交时应做的监理工作主要有3个：检查工程是否按照启动竣工验收规程的程序及项目，完成了全部调整试运工作并检查验收、签证完毕；在启动验收委员会宣布机组满负荷试运工作结束后，总监理工程师应会同参加启动验收的各方共同签署机组移交生产交接书，移交生产；项目监理机构应在组移交生产后按委托监理合同约定的时间向建设单位移交监理文件。项目监理机构在输变电工程移交时应做的监理工作主要有3个：检查工程是否按启动及竣工验收规程、启动试运方案及系统调试大纲，完成设备和系统的全部启动、调试、试运行和竣工验收工作；在启动验收委员会宣布启动验收工作结束后，总监理工程师应会同参加启动验收的各方共同签署工程移交生产交接书，列出工程遗留问题处理清单，明确移交的工程范围、专用工具、备品备件和工程资料清单，完成工程移交；项目监理机构应在委托监理合同约定的时间内向建设单位移交监理文件。在竣工验收时，对剩余工程和缺陷工程，在不影响移交的前提下，经建设、设计、监理、承包和生产单位协商和确认后，监理单位应督促承包单位在竣工验收后的限定时间内完成。

（9）承包合同管理的其他工作

1）工程暂停及复工。总监理工程师应根据暂停工程的影响范围和影响程度，按照承包合荷和委托监理合同的约定签署意见，经建设单位批准后执行。在发生下列5种情况之一时总监理工程师可签署工程暂停令，即建设单位要求暂停施工且工程需要暂停施工；为了保证工程质量而需要进行停工处理；施工出现了安全隐患，总监理工程师认为有必要停工以消除隐患；发生了必须暂时停止施工的紧急事件；承包单位未经许可擅自施工，或拒绝项目监理机构管理。总监理工程师在签署工程暂停令时应根据停工原因的影响范围和影响程度，确定工程项目停工范围。由于非承包单位原因且非前述后4款原因时，总监理工程师在签署工程暂停令之前应就有关工期和费用等事宜与承包单位进行协商。由于建设单位原因，或其他非承包单位原因导致工程暂停时，项目监理机构应如实记录所发生的实际情况；总监理工程师应在施工暂停原因消失，具备复工条件时，及时签署工程复工申请表，报建设单位批准后，承包单位继续施工。由于承包单位原因导致工程暂停，在具备恢复施工条件时，项目监理机构应审查承包单位报送的复工申请及有关材料，满足要求后由总监理工程师签署工程复工申请，经建设单位同意后承包单位继续施工。总监理工程师在签署工程暂停令到签署工程复工申请表之间的时间内，宜会同有关各方按照承包合同的约定，处理因工程暂停引起的与工期、费用等有关的问题。

2）工程变更的管理。工程变更可以由建设单位、监理单位、设计单位或承包单位提出；工程变更的申报、审查、批准等过程与依据文件，必须是有效的书面文件；项目监理机构对工程变更的审查、批准权限及审批程序，应根据委托监理合同和建设单位的授权进行；工程变更指令由项目监理机构审查、总监理工程师签署，建设单位批准后发出。

项目监理机构应按6步程序处理工程变更：建设、设计、监理、承包等单位提出的工程变更，由总监理工程师组织专业监理工程师审查后报建设单位，由建设单位转交原设计单位编制设计变更文件，当工程变更涉及消防、安全、环境保护等内容时应按规定报有关部门审批；项目监理机构应了解实际情况和收集与工程变更有关的资料；总监理工程师必须根据实际情况、设计变更文件和其他有关资料，按照承包合同的有关条款，在指定专业监理工程师完成下列工作后，对工程变更的费用和工期作出评估，即确定工程变更项目与原工程项目之间的类似程度和难易程度、确定工程变更项目的工程量、确定工程变更的单价或总价；总监理工程师应就工程变更费用及工期的评估情况与承包单位和建设单位进行协调；总监理工程师签署工程变更申请单，工程变更应包括工程变更要求、工程变更说明、工程变更费用和工期、必要的附件等内容；项目监理机构应根据工程变更单监督承包单位实施。

项目监理机构处理工程变更应符合5条要求：项目监理机构在工程变更的质量、费用和工期方面取得建设单位授权后，总监理工程师应按承包合同约定与承包单位进行协商，经协商达成一致后，总监理工程师应将协商结果向建设单位通报，并由建设单位与承包单位在变更文件上签字；在项目监理机构未能就工程变更的质量、费用和工期方面取得建设单位授权时，总监理工程师应协助建设单位和承包单位进行协商；在建设单位和承包单位未能就工程变更的费用等方面达成协议时，项目监理机构应提出一个暂定的价格作为临时支付工程进度款的依据，该项工程款最终结算时应以建设单位和承包单位达成的协议为依据；在总监理工程师签署工程变更单之前，承包单位不得实施工程变更；未经总监理工程师审查同意而实施的工程变更，项目监理机构不得予以计量。

3）费用索赔的处理。项目监理机构处理合同索赔应依据以下4类材料，即国家有关的法律、法规和工程项目所在地的地方法规；本工程的承包合同文件；国家、部门和地方有关的标准、规范和定额；承包合同履行过程中与索赔事件有关的凭证。当提出合同索赔的理由同时满足以下3个条件时项目监理机构应予以受理，即索赔事件造成了索赔方直接经济损失；索赔事件是由于非索赔方的责任发生的；索赔方已按照承包合同约定的期限和程序提出索赔申请，并附有索赔凭证材料。项目监理机构接到索赔报告后，应在委托监理合同规定的时限进行审核，并提出处理意见。

承包单位向建设单位提出费用索赔，项目监理机构应按下列6步程序处理，即承包单位在承包合同规定的期限内向项目监理机构提交对建设单位的费用索赔意向通知书；总监理工程师指定专业监理工程师收集与索赔有关的资料；承包单位在承包合同规定的期限内向项目监理机构提交对建设单位的费用索赔申请表和相关证明材料；总监理工程师初步审查费用索赔申请，符合前述相关规定的条件时予以受理；总监理工程师进行费用索赔审查，并在初步确定一个额度后，与承包单位和建设单位进行协商；总监理工程师应在承包合同规定的期限内签署费用索赔申请表，或在承包合同规定的期限内发出要求承包单位提交有关索赔报告的进一步详细资料的通知，待收到承包单位提交的详细资料后按前述后3步程序进行。

当承包单位的费用索赔要求与工程延期要求相关联时，总监理工程师应综合提出费用索赔和工程延期的处理意见。由于承包单位的原因造成建设单位的额外损失，建设单位向承包单位提出费用索赔时，总监理工程师在审查索赔报告后，应公平地与建设单位和承包单位进行协商，并及时提出处理意见。

4）工程延期及工期延误的处理。当承包单位提出工程延期要求符合承包合同文件的规定条件时，项目监理机构应予以受理。当影响工期事件具有持续性时，项目监理机构可在收到承包单位提交的阶段性工期变更报审表并经过审查后，先由总监理工程师签署工程临时延期意见并通报建设单位；当承包单位提交最终的工期变更报审表后，项目监理机构应复查工程延期及临时延期情况，并由总监理工程师签认报建设单位。项目监理机构在作出临时工程延期批准或最终的工程延期批准之前，均应与建设单位和承包单位进行协商。项目监理机构在审查工程延期时应依下列3种情况审核工程延期的时间，即承包合同中有关工程延期的约定；工期拖延和影响工期事件的事实和程度；影响工期事件对工期影响的量化程度。工程延期造成承包单位提出费用索赔时，项目监理机构应按前述相关规定处理。当承包单位未能按照承包合同要求的工期竣工交付造成工期延误时，项目监理机构应按承包合同规定从承包单位应得款项中扣除误期损害赔偿费。

5）合同争议的调解。项目监理机构接到合同争议的调解要求后应进行以下5方面工作，即调查和取证，及时了解合同争议的全部情况；及时与合同争议的双方进行磋商；在项目监理机构提出调解方案后，由总监理工程师进行争议调解；当调解未能达成一致时，总监理工程师应在承包合同规定的期限内提出处理该合同争议的意见；在争议调解过程中，除已达到了承包合同规定的暂停履行合同的条件之外，项目监理机构应要求承包合同的双方继续履行承包合同。在总监理工程师签署合同争议处理意见后，建设单位或承包单位在承包合同规定的期限内未对合同争议处理决定提出异议，在符合承包合同的前提下，此意见应成为最后的决定，双方必须执行。在合同争议的仲裁或诉讼过程中，项目监理机构接到仲裁机关或法院要求提供有关证据的通知后，应向仲裁机关或法院提供与争议有关的证据。

6）合同的解除。承包合同的解除必须符合法律程序。当建设单位违约导致承包合同最终解除时，项目监理机构应就承包单位按承包合同约定应得到的款项与建设单位和承包单位进行协商并应按承包合同的约定从下列6类应得的款项中确定承包单位应得到的全部款项并书面通知建设单位和承包单位，6类应得的款项包括承包单位已完成的工程量表中所列的各项工作所应得的款项；按批准的采购计划订购工程材料、设备、半成品、构配件的款项；承包单位撤离施工设备至原基地或其他目的地的合理费用；承包单位所有人员的合理遣返费用；合理的利润补偿；承包合同约定的建设单位应支付的违约金。

由于承包单位违约导致承包合同终止后项目监理机构应按下列5步程序清理承包单位的应得款项或偿还建设单位的相关款项并书面通知建设单位和承包单位，即承包合同终止时清理承包单位已按承包合同约定实际完成的工作所应得的款项和已经得到支付的款项；施工现场余留的材料、设备及临时工程的价值；对已完工程进行检查和验收、移交工程资料、该部分工程的清现、质量缺陷修复等所需的费用；承包合同约定的承包单位应支付的违约金；总监理工程师按照承包合同的约定，在与建设单位和承包单位协商后，书面提交承包单位应得款项或偿还建设单位款项的证明。

由于不可抗力或非建设单位、承包单位原因导致承包合同终止时，项目监理机构应按承包合同约定处理合同解除后的有关事宜。

（10）工程质量保修阶段的监理工作

1）保修期的起算、延长和终止。保修期的起算按承包合同约定和有关规定，或按工程项目移交生产交接证书中注明的保修起算日期。若保修期满后仍存在施工期的施工质量缺陷未修复或有其他约定时，项目监理机构应在征得建设单位同意并与承包单位协商后，做出相关工程项目保修期延长的决定。保修期或保修延长期满，承包单位提出保修期终止申请后，项目监理机构对承包单位进行修复或重建的工程进行验收，合格后，保修期终止。

2）保修阶段的监理工作。项目监理机构应对工程质量缺陷进行检查、记录、调查分析并与建设单位及参建单位共同确定责任归属。对承包单位原因造成的工程质量缺陷，项目监理机构应督促承包单位及时修复，对无法修复部分进行重建。对非承包单位原因造成的工程质量缺陷，项目监理机构应审核承包单位因修复该质量缺陷而提出的费用追加申请，并签认。对修复和重建的工程进行质量验收。签发工程项目保修责任终止证书。工程质量保修期满，项目监理机构应在收到保修责任终止证书后按照承包合同约定进行最终支付签认；项目监理机构认为还有部分剩余缺陷工程需要处理，报建设单位同意后，可在保留金支付申请中扣留与处理工作所需费用相应的保留金余款，直至工作全部完成后再签署剩余的保留金支付申请。

（11）勘察设计阶段的监理工作

1）勘察设计监理工作范围。监理单位应根据委托监理合同，对勘察设计阶段的全过程实施监理，或对勘察、可行性研究、初步设计、施工图设计中的某一个或几个阶段实施监理。

2）勘察监理工作内容。审查勘察单位提出的初步勘察和详细勘察实施方案，提出审查意见，经总监理工程师审核后报建设单位。检查勘察单位现场主要岗位作业人员持证情况，所使用的设备、仪器计量检定情况，勘察单位原位测试及土工试验等资料及相关报告。检查勘察单位按批准的勘察实施方案执行情况，必要时应安排监理员对定测及探孔取芯过程实施旁站，填写旁站记录表。审查勘察单位提交的勘察报告及勘察工作成果报验表，并向建设单位提交评估报告。

3）设计监理工作内容。设计监理工作宜从项目立项后开始，对设计过程的质量、进度、安全和工程造价进行控制，监理工作内容可包括以下12项，即参加建设单位组织的设计招标活动；参与签订设计合同；参加可行性研究报告审查；协助建设单位组织初步设计评审，参加初步设计审查；参加主机和主要辅机设备招标文件的审查及评标工作；参加主机和主要辅机设备技术协议谈判；参加主机和主要辅机设备设计联络会；参加或组织司令图设计评审工作；评审施工图；参加设计交底及施工图会检；核查工程变更；监督检查工程建设过程设计服务工作。

总监理工程师应主持编制设计监理规划，其内容应针对工程项目设计要求确定监理工作目标；落实监理组织机构，制定具体的管理制度，监理工作程序、方法和措施，并应具有可操作性。总监理工程师应组织各专业监理工程师编制设计监理实施细则。设计监理规划应经监理单位技术负责人批准报送建设单位，设计监理实施细则由总监理工程师批准。

4) 设计监理过程管理。项目监理机构应对设计质量进行全面控制，其内容应包括以下 3 项：设计单位质量管理体系应健全，各阶段的设计质量计划及技术组织措施应可行；各阶段设计文件均符合国家、地方和行业现行的有关规范、规程、技术规定和强制性标准；设计方案应方便施工，便于维护，实现机组安全运行。项目监理机构应对工程造价进行控制，其内容应包括以下 3 个，即按照批准的投资计划审查设计单位提出的费用分解、限额设计费用控制指标，提出监理意见；对设计方案及变更进行分析和审查，提出监理意见；审核设计单位报送的设计费用，总监理工程师对设计费用支付申请表签认后，报建设单位。项目监理机构应对工程设计进度进行控制，其控制内容应包括以下 3 项：审查设计单位提交的详细设计进度计划，应满足项目总进度计划的要求；监督检查设计计划执行情况；对设计单位提出的进度调整进行分析，提出监理意见。项目监理机构应对设计安全进行控制，其内容应包括以下 4 个，即设计文件的内容应符合国家、地方相关法律、法规和有关规定；设计文件应符合工程建设强制性标准的要求；设计文件应满足国家和电力行业发电厂劳动安全与工业卫生设计规程的要求；施工图设计应满足初步设计审批文件中安全、消防、节能减排、水土保持等环境保护的各项要求。项目监理机构应对设计监理文件进行管理，其内容应包括以下 2 项：及时处理与传递设计监理相关往来文件；对设计监理的资料、文件，分类整理，建档管理。项目监理机构应建立、健全工程变更的管理程序，有关单位按权限签署后，方可实施变更，并保留发送记录。项目监理机构可通过例会、专题会议等方式与相关单位进行协调。

5) 初步设计阶段的设计监理工作。项目监理机构应对初步设计文件进行评审并提出监理意见，其评审内容包括以下 11 项：初步设计应符合电力建设工程初步设计文件内容及深度规定；初步设计应符已批准的电力建设工程可行性研究报告及相关设计批准文件；初步设计所依据的工程勘察资料内容深度应满足初步设计的要求；总平面布置设计合理，符合总体规划要求；地基处理及重要建(构)筑物基础设计方案合理、安全可靠，建(构)筑物抗震防护(设防)符合国家、地方和行业颁发的有关规范、规程和标准；各工艺系统设计方案及主机、主要辅机性能参数的选择在技术上可行、经济上合理；设计方案应经过优化，重大设计方案应经过多方案经济技术比较，择优选用；各工艺系统布置合理，便于操作维护，且符合安全要求；采用的新材料、新工艺、新技术、新设备安全可靠，技术先进，经济合理，并经过技术鉴定；安全、消防、节能减排、水土保持等环境保护应符合国家、地方相关法律、法规及规定；初步设计概算的编制依据准确、分项构成合理，取费标准符合国家和行业的规定，工程量估算准确。项目监理机构应对初步设计阶段质量计划的实施情况进行监督，跟踪检查。项目监理机构对初步设计进度定期进行检查，应满足项目总体计划的要求。

6) 施工图设计阶段的设计监理工作。项目监理机构应对司令图设计文件进行评审并提出监理意见，其评审内容包括以下 5 项：符合初步设计批准文件要求；施工图设计指导原则确定合理；重大设计方案可行，经济合理；设计方案经过优化；核查总体设计单位与建设单位外委设计项目之间的接口配合。项目监理机构应全面对施工图设计文件进行评审并提出监理意见，其评审内容包括以下 5 项：专业间重要接口及与设计制造厂商的外部接口；设计与施工二次设计的接口；单项工艺系统及单体设计项目的优化(限额设计)；建(构)筑物结构稳定及安全、工艺系统运行可靠性，必要时核查原始计算书；工程中使用的新材料、新工艺、新技术、新设备及新结构，要求均须具备完整的技术鉴定证明和试验报告，项目监理机构审核并报建设单位批准后方可使用。项目监理机构应对施工图设计阶段的质量计划的实施情况进行监督，跟踪检查。项目监理机构应对施工图设计的进度及控制要点定期进行跟踪检查，应符合工程总进度计划并满足工程施工的要求。项目监理机构应对设计费用支付进行审查并签认。督促设计单位完成竣工图，交建设单位。

7）施工阶段的设计监理工作。参加施工图纸会检，督促设计单位进行设计交底并根据会检意见对图纸进行完善。参加重大施工方案的技术讨论。督促设计单位提供并完善施工现场工地代表服务，及时解决现场发现的有关设计质量问题。项目监理机构应严格执行工程变更管理程序。所有涉及的对原设计的变更，均应由设计单位提出处理方案，经项目监理机构核查并经建设单位同意后交由现场实施，对涉及初步设计及其审批意见的原则性变更项目监理机构应协助建设单位向原审批部门申报。

8）勘察设计合同管理。项目监理机构应对勘察设计合同进行管理，其内容应包括以下4项：检查合同执行情况；对合同执行中出现的偏差，提出纠正意见；协助处理合同、争议和索赔；协助处理合同终止事项。项目监理机构应对勘察设计合同变更、纠纷进行协调处理。项目监理机构应对勘察设计费用支付进行审查并签认。

（12）设备采购监理与设备监造

1）设备采购监理。设备采购监理应根据设备采购计划，做好采购质量和进度控制。监理单位应根据委托监理合同的约定，任命总监理工程师，并组建项目监理机构，开展监理工作。总监理工程师应组织专业监理工程师熟悉和掌握设计文件对拟采购设备的各项要求、技术说明和有关标准。项目监理机构应协助委托单位编制设备采购方案和设备采购计划，明确采购的原则、范围、内容、程序、方式及与施工进度相适应的采购进度，报建设单位批准。当采用市场采购或直接向制造厂商订货时，项目监理机构应协助建设单位优选设备供应单位，并协助建设单位进行技术和商务谈判及签订设备采购合同。当采用招标采购时，项目监理机构应协助建设单位审核招标文件、进行资格预审、确定中标单位、起草及签订设备采购合同。设备采购监理工作结束后，总监理工程师应编写设备采购监理工作总结，并提交建设单位。

2）设备监造工作。项目监理机构应依据设备监造合同的约定，任命总监理工程师，并配备数量满足需要的专业监理工程师，组成项目监理机构，进驻设备制造现场，对设备制造过程的质量、进度等实施监督。建设单位应书面通知设备制造单位，说明有关设备监造的方式、范围、内容、监造单位的名称、主要人员及权限，并及时向项目监理机构提供设备供货合同、技术协议以及相关的技术资料。总监理工程师应组织专业监理工程师熟悉设备供货合同、技术协议和有关技术标准，参加由建设单位组织的设计图纸交底。总监理工程师应主持编制设备监造规划，经监理单位技术负责人审核批准后，报送建设单位。总监理工程师应审查批准专业监理工程师编写的监造实施细则。总监理工程师应审查设备制造单位报送的特殊设备制造工艺方案，并提出审查意见，符合要求后签认，报建设单位。总监理工程师应组织专业监理工程师队设备制造单位或分包单位的质量管理体系和生产能力进行审查。总监理工程师应组织专业监理工程师对设备制造过程中拟采用的新材料、新工艺、新技术的鉴定书或试验报告进行审查。总监理工程师应组织专业监理工程师依据已批准的工艺方案和质量控制计划对设备制造单位的检验方法、检测仪器设备的有效性进行审查，对设备制造和装配场所的环境进行检查，对主要检验、试验人员的上岗资格进行审查。总监理工程师应组织专业监理工程师对主要及关键零件的生产设备和关键工序操作人员的上岗资格进行审查。专业监理工程师应审查设备制造单位提交的原材料、外购配套件、元器件、标准件以及坯料的质量证明文件及进厂检验报告，符合要求时予以签认。专业监理工程师应要求设备制造单位按照批准的质量控制计划进行设备制造过程的检验，并对检验结果进行审核；对不符合质量要求的，专业监理工程师应指令设备制造单位进行返修或返工；当发生质量失控或重大质量事故时，总监理工程师必须下达制造暂停令，提出整改意见，并及时报告建设单位；项目监理机构应对整改结果进行复核验收，合格后由总监理工程师下达制造复工令。对设备隐蔽部分质量，在制造单位自检合格后，专业监理工程师应与制造单位共同验收签认。专业监理工程师应参加设备的试组装、总装配、调整试车、整机性能检测和出厂试验，符合要求后予以签认。专业监理工程师应对关键路径上可能引起进度延期的关键工序、零件、部组件实施重点进度监控。专业监理工程师应根据设备供货合同的约定，审核设备制造单位提交的进度付款申请，提出审核意见，由总监理工程师签认，报建设单位。设备发运前，专业监理工程师应依据设备供货合同的要求，检查制造单位对设备采取的防护和包装措施是否符合规定、相关的随机文件和装箱单及附件是否齐全，符合后予以签认，并由总监理工程师签发发运证书。设备运到安装现场后，专业监理工程师可依据合同的约定，参加由设备制造单位与安装单位的交接工作，监督开箱清点、检查、验收和移交。设备制造过程中对原设计进行修改，应由设计单位提出修改通知单，并经建设单位和总监理工程师会签后，交制造单位执行。专业监理工程师应根据设备供货合同的约定，审查建设单位或设备制造单位提出的索赔文件，提出意见后报总监理工程师，由总监理工程师与建设单位、设备制造单位进行协商并提出审核报告。专业监理工程师应审核设备制造单位报送的设备制造结算文件，提出审查意见，报总监理工程师审核，并由总监理工程师与建设单位、设备制造单位进行协商后提出审核报告。设备监造工作结束后，总监理工程师应编写设备监造工作总结，并提交建设单位。

（13）监理文件及信息管理的基本要求

1）施工调试阶段。施工调试阶段的监理文件应包括以下 34 项内容：委托监理合同文件；监理规划；监理实施细则；监理工作联系单；监理工程师通知单、监理工程师通知回复单；会议纪要；来往函件；旁站监理记录表；监理日记；监理月报；工程项目施工阶段质量评价意见等专题报告；工程总体质量评估报告；监理工作总结；承包合同文件；勘察设计文件；施工组织设计(项目管理实施规划)报审表、方案报审；设计交底与图纸会检会议纪要；工程控制网测量、线路复测报审表；计划、调整计划报审表；质量计划和质量验收及评定项目划分报审表；工程开工报审表、工程暂停令及工程复工申请表；分包单位资格报审表、单位资质报审表、人员资质报审表；工程材料、构配件、半成品、设备的质量证明文件，设备、材料、构配件缺陷及处理文件；主要测量计量器具、试验设备检验报审表，工程材料、构配件、设备报审表、主要设备开箱申请表；隐蔽工程验收文件；工程变更文件；验收申请表、中间验收交接表、工程竣工报验单；质量缺陷与事故处理文件；职业健康安全与环境事故处理文件；分部工程、单位工程验收文件；调试文件；工程款支付申请表；索赔文件；竣工结算审核文件。

施工调试阶段的监理月报应包括以下 8 个方面内容：本月工程综述；工程进度，本月实际完成情况与计划进度比较，本月采取的工程进度控制措施及效果；工程质量，本月工程质量情况分析，本月采取的工程质量控制措施及效果；工程款支付，工程量审核情况，工程款审核情况及月支付情况；合同其他事项的处理情况，工程变更，工程延期，费用索赔；职业健康安全与环境，本月职业健康安全与环境状况，存在的隐患及整改措施；本月监理工作小结，本月监理工作情况，强制性标准执行检查情况，有关本工程存在的问题；下月监理工作的重点及建议。监理月报应由总监理工程师组织编制，签认后报建设单位和本监理单位。

施工、调试阶段监理工作结束后，监理单位应向建设单位提交监理工作总结。监理工作总结应包括以下 7 方面内容：工程概况；监理组织机构、监理人员和投入的监理设施；监理合同履行情况；监理工作成效；施工过程中出现的问题及其处理情况和建议；工程大事记；工程照片(有必要时)。

2) 勘察设计阶段。勘察设计阶段的监理文件应包括以下 13 方面内容：委托监理合同；监理规划、监理实施细则；勘察设计招投标文件；勘察设计合同；设计文件评审及回复单；工程联系单；监理月报；施工图交底会议纪要；大事记、备忘录、专题报告、来往信函；勘察、设计监理各项管理制度文件；工程变更申请单；阶段性监理工作总结；其他相关文件。

勘察设计监理工作总结应包括以下 6 方面内容：工程概况；勘察设计监理组织机构、监理人员和监理设施；监理合同履行情况；监理工作成效；强制性标准符合性检查情况；勘察设计监理过程中出现的问题及处理情况和建议。

3) 设备采购监理与设备监造阶段。设备采购阶段的监理文件应包括以下 9 方面内容，委托监理合同；设备采购方案；设备技术说明和有关标准；市场调查或考察报告；设备采购计划；设备采购招标文件；设备采购中标通知书；设备采购订货合同；设备采购监理工作总结。

设备监造阶段的监理文件应包括以下 22 项内容：委托监理合同；设备供货合同和技术协议；设备监造规划；设备监造实施细则；设备制造生产计划；特殊设备制造工艺方案；质量控制计划；设备制造单位和分包单位质量管理体系审查文件；实验室资质报审文件；特种作业人员上岗资格报审文件；拟采用的新技术、新材料、新工艺鉴定书或证明材料复印件；有关设备原材料、元器件、外购外协件质量证明文件；设备制造过程中的检验、试验记录和出厂试验报告；设备监造质量见证单；设备发运签证单；设计变更汇总表及设计变更文件；设备监造质量问题通知单；监理工程师通知单；会议纪要；来往文件；设备款支付与结算签证；设备监造工作总结。

4) 监理文件的管理。项目监理机构应在工程项目开工前建立监理档案资料管理制度，指定专门人员随工程施工和监理工作进展进行监理文件的收集整理和管理工作。项目监理机构应按国象或国家有关部门颁布的关于工程档案管理的规定、委托监理合同规定，做好包括合同文件、建设单位指示文件、施工文件、设计文件和监埋文件的收集、整理、分类建档和管理。项目监理机构应制定文件资料签收、送阅与归档及起草格式、打印、校核、签发、传递等内容的文档管理程序。项目监理机构应审核施工单位和设计单位编制的竣工文件及竣工图的完整性和准确性。监理文件必须及时整理、真实完整、分类有序。

5) 信息管理工作。项目监理机构应根据委托监理合同约定的载体与传递方式，做好工程信息管理，重要的工程信息必须形成书面文件并对信息进行分类、整理、建档。根据委托监理合同约定建立信息文件目录，完善工程信息文件的传递流种及各项信息管理制度。采集整理工程建设过程中关于质量、职业健康安全与环境、进度、合同管理等信息并向有关方反馈。督促承包单位按承包合同规定和项目监理机构要求，及时编制并向项目监理机构报送工程报表和工程信息文件。信息传递应及时、准确、完整。

6) 其他。电力建设工程监理的相关表格见表 15-1-1～表 15-1-33。

施工阶段工程质量监理流程依次为【承包单位施工准备】→【项目监理机构检查开工条件】→【满足开工条件，总监理工程师签认，报建设单位批准开工】→【项目监理机构进行施工过程监理】→【承包单位三级自检合格】→【项目监理机构进行分项、分部、单位工程验收，合格后签认】→【项目监理机构组织工程竣工预验收】→【项目监理机构参加建设单位组织的工程竣工验收】→【项目监理机构督促承包单位整改消缺并验收合格】。

施工阶段工程进度监理程序依次为【项目监理机构协助建设单位编制总体工程施工里程碑进度计划】→【承包单位提交《施工进度计划报审表》】→【项目监理机构审核，合格后签认，报建设单位批准】→【承包单位组织实施】→【项目监理机构督促检查施工进度】→【承包单位按月编制施工进度报告】→【项目监理机构分析计划进度实施情况】→【偏离进度计划目标，项目监理机构指令承包单位采取措施保证进度计划实现】→【严重偏离进度计划目标】→【承包单位修订进度计划，提交《施工调整计划报审表》】。

施工阶段工程信息管理程序依次为【确定信息管理目标】→【建立信息传递流程及管理制度】→【收集施工过程质量、进度、造价、职业健康安全与环境、文明施工、物资、设备、合同等信息】→【进行信息分类、整理，建立台账】→【项目监理机构督促承包单位及时报送信息，及时进行信息处理及传递】→【监理文件整理、归档、移交，督促承包单位进行竣工文件整理、归档、移交】。

电力建设工程其他监理程序框图见图 15-1-1~图 15-1-6。

表 15-1-1　工程开工报审表

工程名称：	编号：

致项目监理机构：

我方承担的_____工程，已完成了开工前的各项准备工作，特申请于××××年××月××日开工，请审查。

□　施工组织设计(项目管理实施规划)已审批；

□　各项施工管理制度和相应的作业指导书已制定并审查合格；

□　施工图已会检；

□　技术交底已进行；

□　质量验收及评定项目划分表已报审；

□　工程控制网测量/线路复测资料已审核；

□　质量管理体系、安全环境管理体系满足要求；

□　特殊工种/特殊作业人员满足施工需要；

□　本工程的施工人力和机械已进场；

□　物资、材料准备能满足连续施工的需要；

□　计量器具、仪表经法定单位检验合格；

□　分包单位资格审查文件已报审；

□　试验(检测)单位资质审查文件已报审；

□　上道工序已完工并验收合格。

承包单位(章)：

项目经理：

日期：

项目监理机构审查意见：

项目监理机构(章)：

总监理工程师：

日期：

建设管理单位审批意见：

建设单位(章)：

项目经理：

日期：

注：本表一式×份，由承包单位填报，建设单位、项目监理机构各 1 份，承包单位×份。报审中的"□"作为附件附在报审表后，项目监理机构审查确认后在框内打"√"。项目监理机构审查要点：工程各项开工准备是否充分；相关的报审是否已全部完成；是否具备开工条件。

表 15-1-2　工程复工申请表

工程名称：	编号：

致项目监理机构：

第　号工程暂停令指出的工程停工因素现已全部消除，具备复工条件。特报请审查，请予批准复工。

附：整改自查报告

承包单位(章)：

项目经理：

日期：

项目监理机构审查意见：

项目监理机构(章)：

总监理工程师：

日期：

建设管理单位审批意见：

建设单位(章)：

项目经理：

日期：

　　填报说明：本表一式 3 份，由承包单位填报，建设单位、项目监理机构各 1 份，承包单位存 1 份。

表 15-1-3　施工组织设计报审表(项目管理实施规划)

工程名称：	编号：

致项目监理机构：

我方已根据施工合同的有关规定完成了工程施工组织设计(项目管理实施规划)的编制，并经我单位主管领导批准，请予以审查。

附：施工组织设计(项目管理实施规划)

承包单位(章)：

项目经理：

日期：

专业监理工程师审查意见：

专业监理工程师：

日期：

总监理工程师审核意见：

项目监理机构(章)：

总监理工程师：

日期：

建设单位审批意见

建设单位(章)：

项目经理：

日期：

　　填报说明：本表一式 3 份，由承包单位填报，建设单位、项目监理机构，承包单位各 1 份。

表 15-1-4　方案报审表

工程名称：			编号：

致项目监理机构：

现报上工程施工方案/调试方案/特殊施工技术方案/采购方案/工艺方案/事故处理/节能减排/水土保持/环境保护方案，请审查。

附件：

承包单位(章)：

项目经理：

日期：

专业监理工程师审查意见：

专业监理工程师：

日期：

总监理工程师审核意见：

项目监理机构(章)：

总监理工程师：

日期：

建设单位审批意见：

建设单位(章)：

项目经理：

日期：

　　填报说明：本表一式3份，由承包单位填报，建设单位、项目监理机构、承包单位各1份。特殊施工技术方案由承包单位总工程师批准，并附验算结果。

表 15-1-5　分包单位资格报审表

工程名称：			编号：

致项目监理机构：

经考察，我方认为拟选择的_____(分包单位)具有承担下列工程的施工资质和施工能力，可以保证本工程项目按合同的规定进行施工。分包后，我方仍承担总包单位的全部责任。请予以批准。

附：1. 分包单位资质材料；
　　2. 分包单位业绩资料。

分包工程名称(部位)	工程量	拟分包工程合同额	分包工程占全部工程比例
合计			

承包单位(章)：

项目经理：

日期：

项目监理机构审查意见：

项目监理机构(章)：

总监理工程师：

专业监理工程师：

日期：

工程名称:	编号:

建设管理单位批准意见:

建设单位(章):

项目代表:

日期:

填报说明:本表一式 3 份,由承包单位填报,建设单位、监理单位,承包单位各 1 份。如无承包工程,则也需承包单位确认。

表 15-1-6　单位资质报审表(试验检测单位/主要材料、配件及设备供货商)

工程名称:	编号:

致项目监理机构:

经我方审查, _____ 单位可提供工程需要的 _____ ,请予以审批。

附件:

□　本工程的试验项目及其要求;

□　试验室的资质证明文件;

　　(资质等级、试验范围、法定计量部门对试验设备出具的计量检定证明)

□　供货商的资质证明文件。

　　(营业执照、生产许可证、质量管理体系认证证书、产品检验报告)

承包单位(章):

项目经理:

日期:

项目监理机构审查意见:

项目监理机构(章):

总监理工程师:

专业监理工程师:

日期:

建设单位审批意见:

建设单位(章):

项目代表:

日期:

填报说明:本表一式 4 份,由承包单位填报,建设单位、项目监理机构、承包单位各 1 份。

表 15-1-7　人员资质报审表(主要管理人员/特殊工种/特种作业人员)

工程名称:	编号:

致项目监理机构:

现报上本项目部主要管理人员/特殊工种/特种作业人员名单及其资格证件,请查验。工程进行中如有调整,将重新统计并上报。

附件:相关资格证件

承包单位(章):

项目经理:

日期:

工程名称：				编号：	
姓名	岗位/工种	证件名称	证件编号	发证单位	有效期

项目监理机构审查意见：

项目监理机构(章)：

总监理工程师：

日期：

填报说明：本表一式 3 份，由承包单位填报，建设单位、项目监理机构、承包单位各 1 份。

表 15-1-8　工程控制网测量/线路复测报审表

工程名称：	编号：

致项目监理机构：

现报上工程控制网测量记录/线路复测记录，请查验。

附件：工程控制网测量记录/线路复测记录

承包单位(章)：

项目经理：

日期：

专业监理工程师审查意见：

专业监理工程师：

日期：

总监理工程师审查意见：

项目监理机构(章)

总监理工程师：

日期：

填报说明：本表一式 3 份，由承包单位填报，建设单位、项目监理机构、承包单位各 1 份。

表 15-1-9　主要施工机械 \ 工器具 \ 安全用具报审表

工程名称：	编号：

致项目监理机构：

现报上拟用于本工程的主要施工机械/工器具/安全用具清单及检验资料，请查验。工程进行中如有调整，将重新统计并上报。

名称	编号	检验证编号	检验单位	鉴定日期/有效期

| 工程名称： | | 编号： | |

附件：相关检验证明文件

承包单位(章)：

项目经理：

日期：

项目监理机构审查意见：

项目监理机构(章)：

总监理工程师：

日期：

填报说明：本表一式 3 份，由承包单位填报，建设单位、项目监理机构、承包单位各 1 份。

表 15-1-10　主要测量计量器具/试验设备检验报审表

| 工程名称： | | 编号： | |

致项目监理机构：

现报上拟用于本工程的主要测量、计量器具、试验设备具及其检验证明，请查验。工程进行中如有调整，将重新统计并上报。

附件：测量、计量器具检验证明复印件

承包单位(章)：

项目经理：

日期：

名称	编号	检验证编号	检验单位	有效期

项目监理机构审查意见：

项目监理机构(章)：

专业监理工程师：

日期：

填报说明：本表一式 3 份，由承包单位填报，建设单位、项目监理机构、承包单位各 1 份。

表 15-1-11　质量验收及评定项目划分报审表

| 工程名称： | | 编号： | |

致项目监理机构：

现报上工程施工质量验收及评定项目划分表，请审查。

附件：工程施工质量检验项目划分表

承包单位(章)：

项目经理：

日期：

工程名称：	编号：

项目监理机构审查意见：

项目监理机构（章）：
总监理工程师：
专业监理工程师：
日期：

建设管理单位审批意见：

建设单位（章）：
项目经理：
日期：

填报说明：本表一式3份，由承包单位填报，建设单位、项目监理机构、承包单位各1份。

表 15-1-12 工程材料/构配件/设备进场报审表

工程名称：	编号：

致项目监理机构：

我于　　年　月　日进场的工程材料/构配件/设备数量如下（见附件），经自检合格，现将出厂质量证明文件报上，拟用于下述部位：

请予以审核。

附件：1. 数量清单；

　　2. 质量证明文件；

　　3. 自检结果；

　　4. 复试报告。

　　承包单位（章）：

项目经理：

日期：

项目监理机构审查意见：

项目监理机构（章）：
专业监理工程师：
日期：

填报说明：本表一式3份，由承包单位填报，建设单位、项目监理机构、承包单位各1份。

表 15-1-13 主要设备开箱申请表

工程名称：	编号：

致项目监理机构：

现计划于　　年　月　日在地点对设备进行开箱检查验收，请予以安排。

附件：拟开箱设备清单

承包单位（章）：

项目经理：

日期：

工程名称：	编号：

项目监理机构审查意见：

项目监理机构(章)：

总监理工程师：

日期：

填报说明：本表一式 3 份，由承包单位填报，建设单位、项目监理机构、承包单位各 1 份。

表 15-1-14 验收申请表

工程名称：	编号：

致项目监理机构：

我方已完成工程(检验批/分项工程/分部工程/单位工程)，经三级自检合格，具备验收条件，现报上该工程验收申请表，请予以审查验收。

附件：自检报告

承包单位(章)：

项目经理：

日期：

项目监理机构审查意见：

项目监理机构(章)：

总监理工程师：

专业监理工程师：

日期：

填报说明：本表一式 3 份，由承包单位填报，建设单位、项目监理机构、承包单位各 1 份。

表 15-1-15 中间交付验收交接表

工程名称：	编号：

致项目监理机构：

我公司负责施工的 _____ 工程现已具备交付条件，请组织查验。

移交承包单位(章)：

项目经理：

日期：

接受单位查验意见：

接收单位(章)：

项目经理：

日期：

项目监理机构意见：

项目监理机构(章)：

总监理工程师：

专业监理工程师：

日期：

填报说明：本表一式 3 份，由承包单位填报，建设单位、项目监理机构、接收承包单位各 1 份。

表 15-1-16　计划/调整计划报审表

工程名称：	编号：

致项目监理机构：

现报上工程计划/调整计划，请审查。

附件：计划/调整计划

承包单位(章)：

项目经理：

日期：

专业监理工程师审查意见：

专业监理工程师：

日期：

总监理工程师审查意见：

项目监理机构(章)：

总监理工程师：

日期：

建设单位审批意见：

建设单位(章)：

项目代表：

日期：

填报说明：本表适用于施工进度计划、设备采购计划、设备制造计划、施工图交付计划、设备材料供应计划、施工进度计划和调试进度计划及相应调整计划。本表一式 3 份，由承包单位填报，建设单位、项目监理机构、承包单位各 1 份。

表 15-1-17　费用索赔申请表

工程名称：	编号：

致项目监理机构：

根据承包合同　条　款的规定，由于_____的原因，我方要求索赔金额_____（大写），请审批。

附件：1. 索赔的详细理由及经过说明；

　　　2. 索赔金额计算书；

　　　3. 证明材料。

承包单位(章)：

项目经理：

日期：

专业监理工程师审查意见：

专业监理工程师：

日期：

348

工程名称：   编号：

总监理工程师审查意见：

总监理工程师：
日期：

建设单位审批意见：

建设单位(章)：
项目经理：
日期：

填报说明：本表一式 3 份，由承包单位填报，建设单位、项目监理机构、承包单位各 1 份。

表 15-1-18　监理工程师通知回复单

工程名称：   编号：

致项目监理机构：
我方接到编号为_____的监理工程师通知后，已按要求完成了_____工作，现报上，请予以复查。
详细内容：

附件：回复材料

承包单位(章)：
项目经理：
日期：

项目监理机构复查意见：

项目监理机构(章)：
专业监理工程师：
日期：

填报说明：本表一式 3 份，由承包单位填报，建设单位、项目监理机构、承包单位各 1 份。

表 15-1-19　工程款支付申请表

工程名称：   编号：

致项目监理机构：
我方于　　年　月　日~　　年　月　日共完成合同价款_____元，按合同规定扣除_____%预付款和_____%质量保证金，特申请支付进度款计_____元，请审核。
附件：工程量清单及计算

承包单位(章)：
项目经理：
日期：

工程名称：		编号：

专业监理工程师审查意见：

专业监理工程师：

日期：

总监理工程师审核意见：

项目监理机构(章)：

总监理工程师：

日期：

建设单位审批意见：

建设单位(章)：

项目经理：

日期：

填报说明：本表一式 3 份，由承包单位填报，建设单位、项目监理机构、承包单位各 1 份。

表 15-1-20　工期变更报审表

工程名称：		编号：

致项目监理机构：

我方承担工程施工任务，根据合同规定应于　　年　月　日竣工，由于＿＿＿＿＿＿原因，现申请变更工期至　　年　月　日竣工，请审批。

附件：

承包单位(章)：

项目经理：

日期：

项目监理机构审查意见：

项目监理机构(章)：

总监理工程师：

日期：

建设单位审批意见：

建设单位(章)：

项目经理：

日期：

填报说明：本表一式 3 份，由承包单位填报，建设单位、项目监理机构、承包单位各 1 份。

表 15-1-21　设备/材料/构配件缺陷通知单

工程名称：	编号：

致项目监理机构：

在过程中，发现设备/材料/构配件存在质量缺陷，请协调处理。

附件：设备/材料/构配件缺陷证明材料

承包单位(章)：

项目经理：

日期：

项目监理机构审查意见：

项目监理机构(章)：

专业监理工程师：

日期：

设备/材料/构配件供货单位处理意见：

设备/材料/构配件供货单位(章)：

代表：

日期：

建设单位意见：

建设单位(章)：

项目代表：

日期：

　　填报说明：本表一式 3 份，由承包单位填报，建设单位、设备/材料/构配件供货单位、项目监理机构、承包单位各 1 份。

表 15-1-22　设备/材料缺陷处理报验表

工程名称：	编号：

致项目监理机构：

现报上第　　号设备/材料、构配件缺陷通知单中所述设备/材料/构配件存在质量缺陷的处理情况报告，请审查。

附件：设备/材料/构配件缺陷修复后证明材料

设备/材料/构配件供货单位：承包单位(章)：	
代表：	项目经理：
日期：	日期：

项目监理机构审查意见：

项目监理机构(章)：

总监理工程师：

专业监理工程师：

日期：

工程名称：		编号：
建设单位审批意见：		
建设单位（章）： 项目经理： 日期：		

填报说明：本表一式3份，由承包单位填报，建设单位、设备/材料/构配件供货单位、项目监理机构、承包单位各1份。

表 15-1-23　工程竣工报验单

工程名称：		编号：
致项目监理机构： 我方已按承包合同要求完成了　　　工程，经三级自检合格，请予以检查验收。 附件：证明材料		
承包单位（章）： 项目经理： 日期：		
审查意见： 经初步验收，该工程： 1. 符合/不符合我国现行法律、法规要求； 2. 符合/不符合我国现行工程建设标准； 3. 符合/不符合设计文件要求； 4. 符合/不符合承包合同要求； 5. 符合/不符合档案归档要求。 综上所述，该工程初步验收合格/不合格，可以/不可以组织正式验收。		
项目监理机构（章）： 总监理工程师： 日期：		

填报说明：本表一式3份，由承包单位填报，建设单位、项目监理机构、承包单位各1份。

表 15-1-24　监理工作联系单

工程名称：		编号：
致：		单位：
主题：		
（内容） 项目监理机构（章）： 总监理工程师/专业监理工程师： 日期：		

填报说明：本表一式×份，由项目监理机构填写，抄送相关单位。

表 15-1-25　监理工程师通知单

工程名称：　　　　　　　　　　　　　　　　　　　　　编号：

致：　　　　　　　　　　　　　　　　　　　　　　　　（单位）

主题：

（内容）

项目监理机构（章）：

总/专业监理工程师：

日期：

填报说明：本表一式 3 份，由项目监理机构填写，建设单位、项目监理机构、承包单位各 1 份。

表 15-1-26　工程暂停令

工程名称：　　　　　　　　　　　　　　　　　　　　　编号：

致（承包单位）：

由于　　　原因，现通知你方必须于　　年　月　日起，对本工程的　　部位（工序）实施暂停施工，并按下述要求做好各项工作：

项目监理机构（章）：

总监理工程师：

日期：

建设单位意见：

建设单位（章）：

项目代表：

日期：

承包单位签收：

承包单位（章）：

项目经理：

日期：

填报说明：本表一式 3 份，由项目监理机构填写，建设单位、项目监理机构、承包单位各 1 份。

表 15-1-27　设计文件图纸审查意见及回复单

工程名称：　　　　　　　　　　　　　　　　　　　　　编号：

工程名称		专业	
文件名称		卷册号	第　卷第　册
文件类型			
文件类别	可研□初步设计□司令图设计□施工图□标书□其他□		
设计单位			

评审意见			回复意见	
评审人		日期	回复人	
审核人		日期	日期	

填报说明：本表设计文件图纸评审意见，有项目监理机构填写。本表回复意见由设计单位填写。凡需作出设计修改，由设计单位另出设计变更通知单。本表一式 3 份，建设单位、项目监理机构、设计单位各 1 份。

表 15-1-28　旁站监理记录表

工程名称：		编号：
日期及气候：	施工地点：	
旁站监理的部位或工序：		
旁站监理开始时间：	旁站监理结束时间：	
施工情况：		
监理情况：		
发现问题：		
处理意见：		
备注(包括处理结果)：		
承包单位： 质检员： 日期：	项目监理机构： 旁站监理人员： 日期：	

填报说明：本表由监理机构填写，项目监理机构存×份。

表 15-1-29　图纸交付计划报审表

工程名称：	编号：
致项目监理机构： 现报上工程设计计划图纸交付进度计划，请审查。 设计单位(章)： 设计总工程师： 日期：	
项目监理机构审查意见： 项目监理机构(章)： 总监理工程师： 日期：	

填报说明：本表一式 4 份，由设计单位填报，建设单位、项目监理机构、设计单位和承包单位各 1 份。

表 15-1-30　设计文件报检表

工程名称：	编号：
致项目监理机构： 现报上工程设计文件，请会检。 附件： 设计单位(章)： 设计总工程师： 日期：	
项目监理机构审查意见： 项目监理机构(章)： 总监理工程师： 日期：	

填报说明：本表一式 4 份，由设计单位填报，建设单位、项目监理机构、设计单位和承包单位各 1 份。

表 15-1-31　设计变更通知报检表

工程名称：		编号：
致项目监理机构： 现报上工程设计变更通知单划，请会检。 附件：		
设计单位(章)： 设计工程师： 日期：		
项目监理机构审查意见： 项目监理机构(章)： 总监理工程师： 专业监理工程师： 日期：		

　　填报说明：本表一式 4 份，由设计单位填报，建设单位、项目监理机构、设计单位和承包单位各 1 份。

表 15-1-32　工作联系单

工程名称：		编号：
致：		
主题：		
内容		
承包单位(章)： 项目经理： 日期：		

　　填报说明：本表一式　　份，由承包单位填写，抄送相关单位。

表 15-1-33　工程变更申请表

工程名称：		编号：
致项目监理机构： 　由于_____原因，兹申请工程变更(内容见附件)，请予以审批。 　附件：变更详细说明(包括费用计算)		
提出单位(章)： 负责人： 日期：		

工程名称： 编号：

项目监理机构意见：

项目监理机构(章)：
总监理工程师：
专业监理工程师：
日期：

设计单位意见(或另附变更通知单、处理方案)：

设计项目部(章)：
设计代表：
日期：

建设单位意见：

提出单位(章)：
负责人：
日期：

填报说明：工程变更提出单位应付详细说明，设计费用变更时，应付费用变更计算。项目监理机构审查确有必要变更，签署监理意见。设计单位出具设计意见后，报建设单位审查。建设单位同意后，由设计单位出具变更通知单，经项目监理机构组织会检后，承包单位实施。

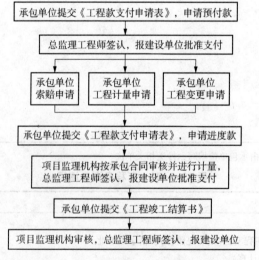

图 15-1-1　施工阶段工程造价监理程序框图

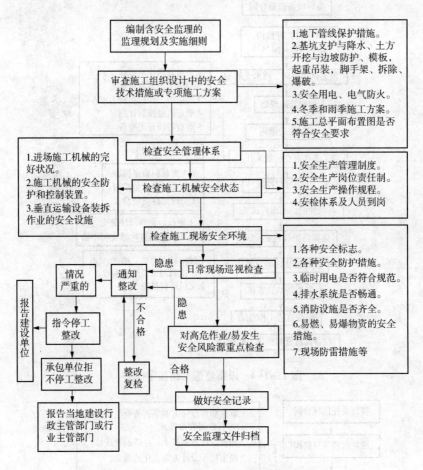

图 15-1-2 施工阶段工程安全监理程序框图

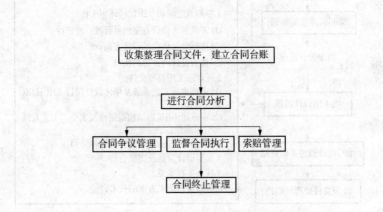

图 15-1-3 施工阶段工程合同管理程序框图

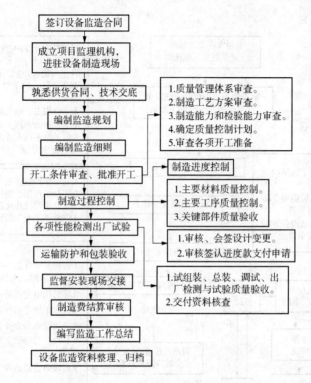

图 15-1-4　设备监造工作程序框图

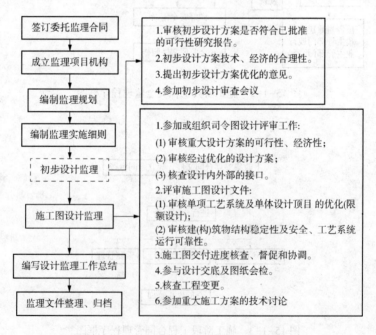

图 15-1-5　施工图设计阶段设计监理程序框图

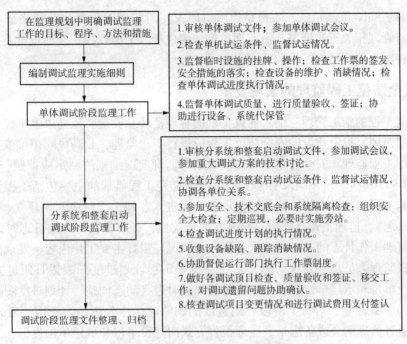

图 15-1-6 调试阶段监理工作程序框图

15.2 安全防范工程监理的特点及基本要求

新建、扩建、升级、改造的安全防范系统工程监理工作均应该遵守安全防范工程监理规定，安全防范工程监理应遵守《信息化工程监理规范》(GB/T 19668)、《入侵报警系统工程设计规范》(GB 50394)、《视频安防监控系统工程设计规范》(GB 50395)、《出入口控制系统工程设计规范》(GB 50396)、《电气装置安装工程接地装置施工及验收规范》(GB 50169)、《建设项目工程总承包管理规范》(GB/T 50358)、《安全防范工程技术规范》(GB 50348)、《智能建筑工程质量验收规范》(GB 50339)、《建筑电气工程施工质量验收规范》(GB 50303)、《建筑工程施工现场供用电安全规范》(GB 50194)、《建设工程文件档案整理规范》(GB/T 50328)、《建设工程监理规范》(GB 50319)、《城市监控报警联网系统管理标准》(GA/T 792)、《城市监控报警联网系统合格评定》(GA/T 793)、《安全防范工程程序与要求》(GA/T 75)以及《建筑工程质量管理条例》(国务院第 279 号令)。

安全防范工程中的建设单位(Construction Unit)是指具有安全防范工程发包主体资格和支付工程价款能力的单位。监理单位(Surveillance Unit)是指具有独立企业法人资格，取得信息产业部相应等级资质，为项目建设单位提供安全防范工程监理服务的单位。设计单位(Design Unit)是指具有独立企业法人资格，取得安全防范工程设计相应等级资质，为项目建设单位提供安全防范工程设计服务的单位。承建单位(Contractor)是指具有独立企业法人资格，取得安全防范工程施工相应等级资质，为项目建设单位提供安全防范工程建设服务的单位。安全防范专业监理工程师(Security and Protection Surveillance Engineer)是指取得国家注册监理工程师执业资格证书，并取得安防相关职业认证资格，或接受过专业机构系统化安全防范工程技术与管理培训教育，被授权负责实施安全防范工程监理工作的监理工程师。总监理工程师(Chief Surveillance Engineer)是指取得国家注册监理工程师执业资格证书和安全防范工程技术与管理相关资质证书,由监理单位法定代表人书面授权,全面负责委托监理合同的履行、主持项目监理机构工作的监理工程师。

(1) 安全防范工程监理的宏观要求

安全防范工程的施工管理应纳入建设工程的管理范畴。安全防范高风险单位一级、二级安全防范工程,国家投资建设的安全防范工程应进行工程监理,非高风险单位或三级安全防范工程宜进行工程监理。安全防范工程监理规划与监理实施细则的制定应按照《建设工程监理规范》(GB 50319)第4.1和4.2条款执行。安全防范工程监理的主要包括工程设计、工程实施、检验和工程验收四个阶段实施。监理单位在进入监理工作时应开始建立《安全防范工程监理工作日志》,监理工作日志应具有时间的连续性,每册首页标称的日志时段应保障连续和完整。监理工作日志的基本内容应包括气象情况、当日主要工作内容、发现的问题和处理情况、当日监理人员出勤情况。监理单位应按照工程计划进度图表逐日跟进方式进行监理,根据建设单位和承建单位工程计划变化情况随时进行动态调整。计划进度图表宜采用电子数据库(表)方式建立,对每个阶段计划进度的调整应标注分析偏差原因。发现与原计划重大偏离应通过监理例会或备忘录、监理报告方式向建设单位和承建单位提出,并要求建设单位或承建单位重新编制计划进度表,包括保障进度措施说明,呈报监理单位备案。

(2) 安全防范工程监理的主要工作

审核项目承建单位提交的施工组织设计和施工方案,提出审核意见,并监督执行。应依据承建单位与建设单位签署的合同及建设单位批准的设备材料清单,负责审查进场安全防范系统产品(设备器材)、材料、软件等数量、规格及质量,所有产品应符合国家相关认证、检测规范及与建设方合同的签约要求。审核和会签工程变更文件。组织对工程质量问题的处理,包括防控效果、管材、布线与施工工艺、设备器材质量、图纸资料规范等内容。协调建设单位与承建单位之间的配合与协作中的各项问题。根据项目实际情况,与建设单位确定监理会的召开周期和时间,监理会由监理单位主持。监理会主要内容包括检查工作进展情况和工程投资的使用情况,协调施工过程中各方关系,处理需要解决的问题。监理单位应每月定期向建设单位呈报工程进展和监理情况。认定工程质量与进度,签署工程付款凭证。审核工程造价及竣工决算。监督施工现场安全防护、消防、文明施工和卫生情况,提出整改意见。组织隐蔽工程验收、阶段性验收、竣工预验收,提出工程质量评估报告。参加工程竣工验收,并在工程竣工后向建设单位提交监理工作总结。督促承建单位竣工档案编制,并向建设方及有关单位移交。监督承建单位向建设单位和有关单位移交全部涉密资料、图纸(含纸介以电子形式)。

(3) 安全防范工程监理机构及设施的基本要求

1) 监理机构。监理单位在履行施工阶段的委托监理合同时,应根据委托监理项目服务内容、服务期限、规模、技术复杂程度等情况设置现场监理机构。

2) 监理人员。高度风险建设项目或一级安全防范工程,监理人员的设置应包括总监理工程师、安全防范监理工程师、信息资料员等人员;非高风险建设项目或二、三级安全防范工程,可设总监理工程师代表或安全防范监理工程师及信息资料员。总监理工程师代表是经总监理工程师授权负责该项目的建立工作，但总监理工程师仍就对该项目承担总监理责任。安全防范监理工程师的数量可视建设项目情况而定。总监理工程师应由具有 13 年以上同类安全防范工程监理经验的人员担任；总监理工程师代表应具有五年以上同类安全防范工程监理经验的人员担任；安全防范监理工程师应具有 6 年以上同类安全防范工程监理工作经验的人员担任。项目监理工程师的专业配置应满足项目监理工作需要。总监理工程师或总监理工程师代表在执行某一委托监理项目期间不宜同时担任 3 个或 3 个以上的项目监理。总监理工程师和总监理工程师代表、安全防范监理工程师、其他专业监理工程师、监理辅助人员均应履行《建设工程监理规范》(GB 50319)第 3.2 条规定的职责。

3）监理设施。建设单位应提供满足委托监理合同所约定的办公、交通、通讯、生活设施等条件，项目监理单位应妥善维护和使用，并在完成监理工作后移交给建设单位。监理单位应根据安全防范工程项目的规模、系统的复杂程度、工程作业区环境以及委托监理合同的约定，配置满足监理工作需要的常规检测及管理设备、工具。监理单位应建立设施资产登记制度，填写《安全防范工程监理设施装备器材文件交接登记表》。监理单位应建立文件签收、签发登记制度。

（4）安全防范工程监理规划与监理细则的基本要求

1）监理规划。监理规划应在与建设方签订委托监理合同及收到设计文件后开始编制，经总监理工程师审核批准，并应在第一次工地会议召开前报送建设单位签认。监理规划编制依据主要是以下 3 类资料：与建设工程及安全防范工程相关的法律法规及建设项目审批文件；与安全防范工程建设项目有关的标准、设计文件、技术资料；委托监理合同文件以及与承建单位设计施工合同文件等。监理规划在实施过程中，应根据设计进展及现场施工具体情况做必要的调整，在调整时要经总监理工程师批准，并报送建设单位批准。监理规划主要内容应包括以下 7 方面：工程项目概况，包括工程项目名称、地点、规模、特点及各相关单位信息；规划依据，应列出针对该工程项目建设内容所遵循的国家、行业相关法律法规、规章及标准规范，建设单位及上级的特殊规定和要求、建设项目的设计图纸和相关文件，设计与施工单位的现场勘察报告，设计变更洽商文件，施工合同与监理合同等；监理范围和目标，对监理范围、工作内容、工期控制目标、工程质量控制目标、工程造价控制目标等做出明确阐述；工程进度和质量，结合工程项目具体内容和建设特点对工程总体进度目标按照工序节点和阶段性目标任务进行详细分解，应明确控制程序、控制要点、控制风险的措施；合同及其他事项管理，包括对工程变更、索赔等事项的管理程序和要点，合同争议及协调办法；项目监理部的组织机构，结合项目具体情况，确定监理项目组织形式、人员构成、职责分工，各类人员进场计划安排；监理工作管理制度，结合项目内容和特点，编制包括信息和资料管理、监理会议、监理工作报告、监理其他工作制度。监理规划应根据工程实施进程中的变化及时进行补充、修改和完善。

2）监理细则。较大工程项目或较复杂的技术系统项目监理单位应编制监理实施细则，监理实施细则应满足监理规划要求，并结合项目的专业特点，做到详细、具体，可实施操作。监理细则的编制依据主要为以下 3 类资料：建设方签认的监理规划；工程项目涉及的专业技术标准和规范；工程中标承建方的正式设计文件、技术资料、施工组织方案及相关文件。监理细则基本内容应包括以下 4 部分：项目系统组成的基本描述、项目应用技术与施工特点；监理工作流程，包括设计与施工方案变更、产品规格与价格变更、产品进场检验、隐蔽工程及各施工阶段的验收等主要工作，流程中应明确各时序节点的要求及实施主体与责任；监理工作的控制要点及目标，包括工程设计阶段、施工阶段、工程检验、验收阶段内的各项重要节点内容；监理方法及措施，包括各阶段中的重要节点所采取的方法和措施。监理细则应根据工程实施进程中的变化情况及时进行补充、修改和完善。

（5）安全防范工程监理的监理阶段与监理目标

1）设计阶段。设计任务书是监理单位实施工程监理的重要依据文件。监理单位应就设计任务书目标任务、建设背景状况、投资总量预估、产品与技术要求、工程总量预估、拟定工程建设周期提出的合理性与规范性、清晰完整性向建设方提出意见或建议。

初步设计过程中，监理单位应参与工程项目招标前的技术交底工作会。监理单位应监督设计单位按照《安全防范工程技术规范》（GB 50348）中的设计要求严格设计前的现场勘察工作，包括现场环境勘察（周边社会、气象、电磁）以及与建设单位业务流、车流、人流管理的安全防范要求，了解、掌握建筑物的功能及分布。必要时应对地质勘察状况、建筑结构安全重要节点、资产类型、建设单位安全防范及治安保卫管理的执行情况进行监督。监理单位应根据《安全防范工程技术规范》（GB 50348）、《入侵报警系统工程设计规范》（GB 50394）、《视频安防监控系统工程设计规范》（GB 50395）、《出入口控制系统工程设计规范》（GB 50396）的相关规定对设计单位以下资料文件的完整性、规范性进行审核，审核内容包括设计单位与建设单位签署的项目服务合同文本（包括设计单位与设计分包单位的合同）；技术设计文件，包括现场勘察报告、初步设计方案（系统工作原理及系统和分系统布线图、设备材料配置表、主要设备应用功能与性能简述）；工程概算书。

方案论证过程中，监理单位应参加建设方组织的对设计单位提交的初步设计方案论证会。监理单位根据方案论证会纪要监督设计单位落实方案论证会所提的意见和建议。监理单位应督促建设单位为设计单位修改初步提供条件。

正式设计过程中，监理单位应对设计或承建单位提交的正式设计文件进行规范性、完整性审查，主要审查内容包括以下8个方面：施工图中各系统布防图、中心机房设备布置图、系统及分系统连线图、系统电原理图、管线及敷设图、主要设备器材安装图应符合行业相关标准、规范的要求；设计选型的设备、材料（包括设备器材清单、各种设备型号、生产厂家及产地、产品主要功能与性能）应符合国家、行业相关标准、规范要求，并经检验大火认证合格；工程预算（包括设备及辅材预算，设计、施工费用预算，检测、验收费用预算，系统维保费用预算）的编制符合国家、行业相关规定；工程实施质的量控制措施和安全施工的组织与计划管理应合理、可行，并符合《安全防范工程技术规范》（GB 50348）的要求；设计方案中硬件系统与软件系统的架构和实现功能满足设计任务书的要求；隐蔽工程的设计、施工方案能满足系统维护方便的要求；管线的敷设、设备的安装符合建筑物的特点及防护安全要求；各子系统之间联动配合的技术保障措施方案的可行。监理单位应协助建设单位对设计单位或承建单位开发的管理软件系统设计文档的完整性提出监理意见，其主要内容应包括以下4个方面：系统构架、各层级功能、流程的完整性描述；系统升级或修改变更的基本要求和条件；系统功能测试的方案及验收主要指标；开发的软件应安全、可靠性，并经过国家认可机构检测或申报软件登记。监理单位对设计或承建单位提交的上述文件审核后应在《安全防范工程方案/计划报审表》中签署审核意见。审核中发现问题时，应签发《安全防范工程监理通知单》或《安全防范工程监理工作联系单》，责令设计单位或承建单位进行限期整改。监理

362

单位应根据设计单位或承建单位与建设单位签署的合同对设计各阶段进度计划的可行性、合理性、可操作性和各阶段工作成果的判定依据进行审核，审核后应在《安全防范工程施工进度计划报审表》中签署监理审核意见；审核中发现问题时应签发监理通知单，责令设计单位或承建单位进行限期整改。监理单位应及时处理建设单位、设计单位或承建单位的合同变更申请，协调保持合同或协议及其附件内容的时效性和一致性；变更应由设计单位或承建单位、监理单位、建设单位达成共识，由监理单位填报《安全防范工程监理备忘录》。监理单位应对设计阶段的各方参与本项目相关活动的重要事件进行日志记载，并记录参与单位、人员及地点。建设单位或承建单位在工程建设过程中，凡发生需要与工程相关方协调解决问题的，可通过发送《安全防范工程监理工作联系单》的方式处理。

2）实施阶段。施工准备阶段，在工程实施前，监理单位总监理工程师应组织监理人员熟悉设计图纸和相关文件，并对图纸和文件中存在的问题通过建设单位向设计单位提出书面意见和建议。工程实施前，总监理工程师应组织安防监理工程师审核承建单位提交的施工组织、安全作业、质量保障、成品保护等方案。对重大涉密项目或建设单位提出保密要求的，还应审核保密方案，审核内容还应包括建筑外设置的立杆基础施工图；防雷接地施工图；建筑墙体设备挂设施工图；墙体或门窗体内预埋施工图；地面基础设备和预埋施工图；各类设备布防图；各系统管线敷设图；各主要设备器材安装大样图。监理单位对上述内容的审核意见应在工程实施方案报审表上签署并报送建设单位，同时抄送承建单位。工程实施前，安防监理工程师应对承建单位包括分包单位的资格进行审核，审核内容包括承建单位及分包单位的从业资质等级应符合投标文件提出的要求（包括标书提出的质量管理体系认证和安全施工许可证的有效性），对国家涉密工程应审查工程涉密资质；承建单位与分包单位的专职管理人员和特种作业人员、安全防范相关专业技术人员的资格证、上岗证应符合投标文件的要求，并在工程实施过程中随时监督检查，发现问题应及时签发《安全防范工程监理通知书》责令整改；分包单位的营业执照、企业资质等级证书、特殊行业施工许可证、必要时所需要的安全施工许可证；分包单位承接的工程内容、工程业绩等；对在国家行政许可管理范围内的工程项目，应审核政府有关部门已批准的施工许可证或设计方案报备手续。监理单位应审核承建单位工程实施计划合理性，对审核结果签署意见及签认。监理单位应对承建单位提交的《安全防范工程施工申请表》进行审核，当工程准备充分，具备实施条件时，总监理工程师应签发《安全防范工程开工令》并呈报建设单位签认，通知承建单位进入现场组织工程实施。召开第一次工程现场工作会议，其会议主要内容应包括建设单位、承建单位、分包单位、监理单位等分别介绍各自工程组织进驻现场和施工作业（包括研发及软件开发）的组织机构、人员及分工等实施准备情况；建设单位根据工程委托监理合同宣布对总监理工程师的授权；建设单位介绍开工前的准备情况和对工程建设的意见及要求；总监理工程师介绍监理规划的主要内容，并对施工准备和工程建设提出意见和要求；确定各方在施工过程中参加监理工作例会的主要人员、地点、周期、时间、主要议题及参会要求。第一次工程现场会议纪要由监理单位负责起草，并经各方代表会签。监理例会应由监理单位组织实施，例会宜每周相对固定时间进行，并由监理单位组织和起草《安全防范工程监理工作会议纪要》。监理例会主要内容有3大部分：各参会单位报告上次例会确定事项的落实情况及计划执行情况，分析未完成事项的原因，提出下一步的进度调整目标和保障措施；监理单位报告本周期内的检查情况，分析工程项目实施质量和组织作业管理（包括安全生产管理）存在的问题，并提出改进意见；监理单位根据工程进度情况，协助建设方与相关方沟通，协调承建单位与分包单位工程施工中需要解决的事项。

施工阶段监理单位应与建设单位、承建单位共同建立实施阶段的沟通、协调机制，应当包括责任人、联络与资讯传递渠道、专题会议及监理例会周期及要求。各种会议应做会议纪要，提交建设单位和承建单位。承建方应在所提供的设备器材进入施工现场前一日通知监理单位，并附上报验设备材料清单，标清设备材料产地、生产厂家、设备出场序列号、型号、规格、数量等。监理单位应对承建单位及分包单位提供的设备、器材进行进场核检，核检工作应在设备器材施工现场实施，核检后应填写《安全防范工程设备器材进场报验单》并经交验双方签字认可，必要时应由建设单位签字认可。在核验过程中发现其产品及服务不符合承建方与建设方所签署的合同及相关标准应拒绝签认，没有验收签认的设备、器材不得在工程中使用。监理单位应根据工程实施中发生的重大事项与建设方商议，组织召开专题工作会议，解决施工过程中的各种专项问题。产品（设备）材料服务检验基本要求有以下5条，即产品及服务应与承建单位同建设单位签署的合同要求和产品服务的内容一致；产品服务应实性、有效；必要时监理单位应根据承建单位与建设单位签署的合同和相关技术标准或双方事先约定的方法，委托国家认可的相关检测机构检测产品的质量。对于数量较大的、同规格（型号）的产品由监理机构负责抽样；列入国家强制认证的产品应具备认证文件；设备器材包装、说明书、检验合格证、应配置的辅材应符合标准、规范要求。对重要的设备器材或材料，监理单位可根据实际情况，对承建单位报验的设备器材或材料进行见证取样，并填报《安全防范工程见证记录》。对工程所需设备材料到货检验和安装、隐蔽工程验收等工作，监理单位宜采用电子数据库（表）方式进行管理。监理单位应根据工程实施过程中监督检查发现的问题，及时填写监理日志，简述事件经过、问题现象、处理结果、记录时间和相关人员信息。监理单位应及时处理工程变更申请，审核变更申请的合理性，并对变更审核签署意见。监理单位对工程实施过程中出现的重大安全事故或质量事故及其隐患应采取以下2方面措施：要求承建单位或分包单位立即采取尽可能减小影响和损失的措施，并及时下达停工、暂停工令，填写《安全防范工程停/暂停工令》，同时呈报建设单位；监理单位应在接到事故报告后立即组织相关人员到达现场，组织有关单位和人员对事故进行控制，勘察事故现场，记录事故现象，分析事故原因，并组织召开现场分析会，与建设单位、承建单位及相关单位共同讨论和分析处理意见，形成会议纪要。监理单位应根据事故分析工作会处理意见，监督承建单位进一步查清原因，采取措施。审核承建单位提交的事故解决方案及预防措施，签署监理意见，呈报建设单位。监理单位应及时审核承建单位提交的事故报告及复工申请，符合开工和整改要求时，经总监理工程师签发《安全防范工程复工令》即可重新开工。在施工过程中当承建单位对已批准的施工组织方案设计、技术系统设计、产品规格型号等变动应及时通过书面申请，经安防监理工程师审查，并由总监理工程师终审。监理单位应定期检查、记录工程的实际进度情况，确保实际进度与计划进度的一致性。当工程进度发生重要偏离时，监理单位应督导承建单位对计划进度的偏差予以调整，承建单位应填报《安全防范工程延期/调整申请表》，由监理单位进行审核及签署意见，并在承建单位和建设单位协商的情况下，经三方签认后由总监理工程师对其延期申请予以签认。监理单位应根据工程实施进度情况，对承建方各阶段工程实施计划的调整进行合理性审核，审核后签署审核意见和签认。总监理工程师应在监理月报中向建设单位报告工程进度和采取的进度控制措施的执行情况，并提出合理预防由建设单位或承建单位原因导致工程延期及其相关费用索赔的建议。监理单位应根据工程实施进度执行的质量、进度、工程实施完成总量，按照承建单位与建设单位签署的合同及其补充协议所约定的条件，审核承建单位提交的工程阶段性执行报告和付款申请，对其符合工程实施计划和系统安装质量的要求应予以签认，并提出相关意见。监理单位在接到建设方或承建方提出的对工程建设技术方案和施工组织方案的《安全防范工程变更单》时，应对变更的原因及依据、变更的内容及范围、变更引起合同总价的增减和合同工期的延误或提前等文件进行审查。监理单位应对施工过程中发生的索赔事件进行资料和相关证据的收集。监理单位应对索赔申请方提交的《安全防范工程费用索赔申请表》进行审查，并与建设单位和承建单位协商索赔费用。由承建单位统计经监理工程师质量验收合格的工程量，按照施工合同约定条件，填报工程量清单和《安全防范工程付款申请表》，呈报监理单位，经监理工程师现场核定，总监理工程师审核，报建设单位。监理单位宜按照以下2条要求处理工程变更，即建设单位和承建单位应对所需变更事项编制变更文件，其内容应包括变更原因、拟变更调整方案、拟变更方案市场应用分析、变更后所解决的问题、变更对工程实施的影响及收益，变更申请应由总监理工程师组织审核并由三方在工程变更申请单上予以签认；监理单位在审核变更申请单时应根据工程实际情况，按照承建合同的有关条款，对工程变更范围、内容、实施难度及其可行性、合理性以及变更后工程投资及计划实施能力等提交一份变更评估报告。工程变更申请签认文件及评估报告作为工程合同重要的补充文件，承建单位在变更申请未得到签认时，不得实施工程变更。监理单位应对工程实施阶段与建设方、承建方共同参与的过程和活动做工程备忘录。监理单位应监督建设单位、承建单位按照既定的要求提供和编制各类工程文件(含管理文件)及图纸。监理单位应监督承建单位对工程系统设计与实际实施的差异变化，随时编制和设计竣工图纸。系统分项工作量较大时监理单位宜采用抽检方式进行，并填写《安全防范工程监理抽检记录》，抽检过程应有承建单位参加，宜有建设单位参与。监理单位发现工程实施过程中出现不合格项时应填写《安全防范工程不合格项处置记录》，呈送承建单位整改，并报送建设单位备案。承建单位整改合格后，应及时通知监理单位进行复验，直至合格。监理单位应对每项重要工序在实施前审查其安全组织措施，并重点巡查社会面道路、建筑内外高空作业、高危环境等区域，在没有安全组织措施保障的情况下不得实施本项工序。监理单位应督促承建单位组织对所有参与工程施工人员的安全培训。

检测阶段监理单位应对工程系统关键节点和工序进行旁站监理，并填写《安全防范工程旁站记录单》。一级、二级安全防范工程项目，超过3个以上子系统的集成项目以及具有系统集成管理平台的项目，应当在竣工验收前进行系统检测。所实施检测应在监理单位的参与下，由公安部认定的质量检测机构完成。监理单位应依据承建单位提供的自编应用软件系统测试方案进行旁站监理测试，并在测试报告文件签字。监理单位应对具有国家认可资质的专业机构实施的接地系统、防雷系统的检测进行旁站监理工作。监理单位应要求承建单位对自编软件提交测试计划，并督促承建单位按照计划的要求开展软件合格性测试活动，测试应在监理单位、承建单位、建设单位、测试机构的共同参与下进行，该测试机构应提交测试报告，测试机构应获得建设单位和监理单位的认可和委托。应对全部的紧急报警器进行可靠性查验。应对全部的出入口控制与消防通道门的联动进行可靠性查验。应对视频监控与监视器图像显示联动、照明联动、入侵报警声光/地图显示联动进行抽样核查可靠性。应对阻拦设备的起落时间及远端控制安装位置的可靠性和有效性进行旁站测试，并做好测试记录。

验收阶段监理单位应根据承建单位报送的《安全防范工程报验申请表》和自检结果进行现场检查，符合要求的予以签认；对未经监理单位验收或验收不合格的工序，监理单位应拒绝签认，并要求承建单位严禁进行与之关联的下一道工序。承建单位应对重要的管线和设备隐蔽施工提前不少于1日向监理单位报送隐蔽工程施工计划，并明确施工内容及周期。监理单位应进行现场全程旁站，并在承建方提交的自检报告的基础上对符合技术要求予以签认。监理单位与建设单位和承建单位共同对隐蔽验收和初步验收的结果进行确认，并共同签署《安全防范工程隐蔽验收表》。监理单位应对工程实施过程中的隐蔽工程及时验收，隐蔽工程验收应在恢复隐蔽作业面之前实施。监理单位应及时处理承建单位提交的初验申请，审核初验的必要必备条件，具备初验条件时监理单位签认后，应呈报建设单位签认。监理单位应对承接单位提交的工程阶段性测试验收（初验、终验）报审表的测试方案进行审核，并旁站监理。监理单位应协助建设单位对初验中发现的问题进行评估，根据质量问题的性质和影响范围，提出限期整改要求；初验结果以监理通知单的形式告知承建单位；必要时应组织重新验收；对初验的结果应呈报建设单位签认。工程完成初验工作后，监理单位应根据《安全防范工程技术规范》（GB 50348）8.2.1 第 2 款、第 3 款要求，监督建设单位、承建单位有计划地进行系统试运行工作并及时协调解决试运行中出现的质量问题。监理单位应在完成系统调试与初验连续 30 天以上，同时完成上岗运行人员技术培训时方可签认承建单位提交的竣工验收申请，并呈报建设单位组织竣工验收。承建单位在提交分部、分项、分系统初验报告、系统试运行报告及竣工验收申请时应提供以下附件，主要内容包括验收计划及验收方案；验收目标；相关方责任；验收基本内容；验收标准；验收方式。承建单位在提交《安全防范工程报验申请表》时，监理单位审核条件符合时应及时组织协调验收工作。监理单位在竣工验收前，应监督承建单位提交符合《安全防范工程技术规范》（GB 50348）中技术验收、施工验收和资料验收的整套文件资料。监理单位应在竣工验收后监督承建单位做好如下的资料，并分装成册呈报建设单位归档保管。设计说明及图纸（包括系统结构图、各子系统原理图、施工平面图、主要设备安装大样图、主要设备电气端子接线图），并符合国家工程档案要求。设备器材及软件清单，应包括产品名称、规格、数量、生产企业名称。各主要设备和软件使用手册、维护手册、技术说明书。各系统（含软件）及阶段、分部、分项、隐蔽工程质量检验、测试及验收报告和记录。系统运行记录。

（6）安全防范工程监理要点

1）设备安装。前端设备应检查室内外墙上（杆架）安装及吊装设备的高度、位置、紧固、防雷、防雨、防暴、防腐、布线工艺等应符合设计要求和相关技术标准、规范，并达到安全和维护要求。对高压电子防护设备应符合安全规范要求，并旁站监理系统安全测试。抽样检查前端设备编号与施工图纸编号一致，编号字迹清晰和不易脱落。抽样检查隐蔽安装设备的可维护性及施工质量。检查每个出入口和入侵探测设备安装的隐蔽性和防破坏能力。检查每个出入口控制器在断电情况下，应符合设计要求和相关技术标准和规范。应完全检查入侵探测器的防护区域的盲区及有效性，并做检查记录。应完全检测探测器灵敏度及探测器的防破坏功能（包括防拆报警功能、信号线开路报警功能、线路短路报警功能、电源断线报警），应符合设计要求及技术规范。检查各视频监控视场符合设计要求和相关技术标准和规范。抽样检查前端设备在报警情况下与其他设备报警控制及图像显示、辅助照明等联动有效性。抽样检查照明及环境光源对前端探测设备效果影响是否满足设计要求和技术规范。

传输系统应检查室内外管线（缆）敷设、穿越公路（道路）管线（缆）敷设（含直埋）、室外立杆土夯基础、立杆与横杆及其上安装设备及线缆敷设工艺，包括防水、防潮、防挤压、防破坏、宜维护等应符合设计要求和相关标准和规范，其中室内暗装预埋、室外暗埋管沟、立杆土夯基础土方回填时应实施旁站监理。检查各系统路由及网关设备（包括设备间）的安全防护功能符合设计要求。抽样检查线缆在线槽（桥）内敷设的排序分布和弯曲半径、材料质量、敷设的冗余、安全防护应满足相关技术要求和规范。其线缆编号应与施工图纸编号一致，编号字迹清晰和不易脱落。抽样检查线缆接口制作压接或焊接工艺质量和屏蔽处理措施和安装工艺应符合相关技术规范要求。抽样检查线缆其线间和线对地间的绝缘电阻值必须满足相应规范要求。完全检查紧急报警及出入口传输线路安装的隐蔽性和安全性。抽样检查线槽和线槽与不同导管接地应符合《建筑电气工程施工质量验收规范》(GB 50303)中14.1.1的规定。应完全检查每个无线点的天线增益、高度、方位及信道的选择应符合设计规范要求。抽样检查所有天线位置及户外电子设备应在避雷针的保护范围内。

终端设备应对传输线路输出端口(含接线盒)安装工艺质量进行抽检。核查各系统设备安装的整齐排设，并具有良好的紧固。检查较大尺寸的电子显示屏幕安装紧固的安全性。检查各系统终端设备环境的通风、散热应符合设计要求和相关技术标准、规范。检查各系统操作管理服务器和存储设备防止非法入侵获取信息和破坏防护是否符合设计要求。检查各危险物品探测设备灵敏度应符合合同约定及设计规范。检查各出入口控制的有效性，消费卡与出入卡管理系统的安全性。

2)隐蔽工程。应检查建筑装饰吊顶内安装的隐装设备规范性与有效性进行抽检。抽样检查用于永久性隐蔽敷设或半永久性隐蔽敷设的线管转弯角和接续盒的施工工艺与质量(包括接口及管内光滑与无阻塞、转弯点数)应符合相关技术规范要求。

3)系统软件。应对用于本项目系统自编软件与合同约定的功能和质量进行审查，应符合《智能建筑工程质量验收规范》(GB 50339)3.2.6款的要求。应对高风险单位的出入口控制系统(含访客系统和一卡通应用系统)、安全集成管理系统等商用软件监督其国家认可机构的安全检测或认证执行情况。应监督本项工程系统联动控制、系统安全集成管理平台与合同约定的功能及设计要求相符合。各系统管理操作平台登陆与信息安全备份应符合合同约定要求。监理单位应监督承建单位向建设单位提交软件维护和操作手册、自编软件程序文件。监理单位对自编应用软件应要求承建单位为软件结构设计过程的实施提交详细计划，并督促承建单位按照计划的要求开展设计活动。监理单位宜检查承建单位软件编制及测试过程中的问题记录及其整改记录。

4)机房工程(防雷接地)。应查验机房及其他部位配属的机柜、操作台与合同约定规格及强度(含地面支撑紧固)及规范符合性。应通过全负荷试运行期间查验机房通风、温湿度与机房配置设备环境要求满足性。复查机房设备自身荷载与建筑结构的安全性。应对备用电源系统互投的可靠性进行复查。应对工程系统及前端设备主要节点接地进行施工工艺旁站监理，并对指标进行抽样复查，填写《安全防范工程监理抽检记录》。复查重要电子数据设备静电防护的可靠性。应对前端设备防雷措施应用可靠性进行抽样复查，督促承建单位选择国家认可的检测机构对系统防雷能力进行检测，并审查检测报告中提出的整改事项，直至检测合格。应对机房内穿越的液质和气质输送管的防护安全性进行复查。应对安全防范监控室(含机房)防火、防虫鼠、防入侵措施的安全性进行审查。应查验蓄电池室的照明防爆安全性符合技术规范要求。应检查电子设备的防过流、过压的接地装置、防电磁干扰屏蔽的接地装置、防静电接地装置的连接可靠性，并符合设计及技术规范要求。

(7) 安全防范工程监理文档的基本要求

1)监理资料。监理单位应建立以下主要管理资料，并呈报与之相关单位归档保管。监理规划、监理实施细则、监理工作总结(专题、阶段、竣工)、工程质量评估报告、质量事故报告、竣工移交书等应由监理单位、建设单位、城建档案馆归档保管。监理月报应由监理单位和建设单位归档保管。监理会议纪要应由监理单位、建设单位、承建单位归档保管。监理日志应由监理单位归档保管。监理单位应建立以下主要监理工作记录，即方案/计划报审表、监理备忘录、报验申请表、停/暂停工令、复工令、开工令、开工申请表、变更单、费用索赔申请表、工程款支付申请表、工作联系单、监理通知单、设备器材进场报验单、监理抽验记录、不合格项处置记录、工期延期申请表、旁站监理记录、隐蔽验收报告、验收报告、工程质量评估报告、质量事故报告、竣工移交书等，并由建设单位、监理单位、承建单位归档保管。

2）资料管理。监理资料的管理应由监理单位总监理工程师负责，并指定专人实施。监理期间的主要工作文件在完成建设方委托工作后应将其装订成册提交建设方，监理单位应保留一套全程资料和文档；提交主要文档应当包括建设单位委托监理合同、监理规划、监理实施细则、各类监理工作表（单）、会议纪要、各类检测和验收资料和文件、与项目监理相关方往来的信函文件及必要的监理过程管理电子文档。监理文档在项目竣工后应统一按照文件类别分册整理，并建立项目监理文档总说明和总目录及分册目录。监理竣工总汇编文档正本为监理单位存档管理，副本由监理单位提交建设单位存档管理。监理单位应对监理工作相关的建设方和承建方所提供的合同、文件、图纸、设备器材样品进行管理、并保管辅助实施监理工作的其他《安全防范工程监理设施装备器材交接登记表》，并在监理工作结束后，移交各相关方。监理单位应在完成委托工作任务后，填制《安全防范工程竣工移交书》。监理单位应监督承建单位和本单位提交的竣工归档文件符合《建设工程文件归档整理规范》（GB/T 50328）要求。

3）保密管理。监理单位应建立保密管理制度，落实保密责任与措施。对国家涉密项目或安全防范工程合同中约定涉密内容的项目，监理单位应对承建方（包括分包单位）提交的保密工作方案进行审核，并对承建单位（包括分包单位）的涉密文件、资料、图纸的传递和保管进行监督管理。发现违反保密事项约定和国家相关保密管理技术要求，应及时通过监理工作联系单或监理通知单通报承包单位，同时报送建设单位备案。建设单位安全防范工程列入涉密管理的，建设单位在提供委托监理合同所规定的办公设施中应提供封闭带锁的文档图纸柜。监理单位应根据建设方项目管理涉密要求，对所有列为涉密资料、文件、图纸实施密级管理，并加密级印章。进入密级管理的文件不应通过互联网传送，并设专人管理，实施签发登记。委托监理工作完成后，监理单位不应保存工程图纸和相关涉密资料文件，并监督承建单位向建设单位全部交回涉密文件、资料、图纸（包括电子介质）。

4）其他。安全防范工程监理的相关表格见表 15-2-1～表 15-2-25。

表 15-2-1　安全防范工程监理工作日志封面

附表一
封面
第　册/共　册
安全防范工程监理工作日志
（监理项目编号：）
建设项目名称：
建设单位名称：
承建单位名称：
监理单位名称：
记载期间：　　年　月　日至　　年　月　日

表 15-2-2 安全防范工程监理日志

年 月 日	星期：	天气状况：

主要监理工作情况：

主要事件处理情况：

当日在勤监理人员：

记录人签字： 第 页/共 页

表 15-2-3 监理设施装备器材文件交接登记表

监理项目名称：

序号	文件/资料/器材/装备名称	数量	交接单位	交接人	接收单位	接收人	交接日期	备注

第 页/共 页

表 15-2-4 安全防范工程方案/计划报审表

工程名称：

致：(监理单位名称)
我司根据与(建设方名称)签署的(合同名称)合同中有关规定，完成了_____项目_____方案(方案名称或计划名称)的编制工作，并经我司主管技术负责人的审查批准，现呈报贵司，请予以审查。
附：_____方案/计划。

承建单位(盖章)：

项目经理(签字)：

呈报日期： 年 月 日

监理工程师审查意见：

监理工程师(签字)：

审查日期： 年 月 日

总监理工程师审查意见：

总监理工程师(签字)：

审查日期： 年 月 日

表 15-2-5 安全防范工程监理通知单

工程名称：

致：(承建单位)
事由：

内容：

监理项目部及安防监理工程师(签章)
    年 月 日

监理单位总工程师(签章)
    年 月 日

发送相关单位各一份，并注明发送各单位名称。

表 15-2-6　安全防范工程监理工作联系单

工程名称：	
致：（单位）	
事由：	
内容：	
发出单位及负责人（签章） 　　年　月　日	
收文单位及负责人（签章） 　　年　月　日	
发送相关单位各一份，并注明发送各单位名称。	

表 15-2-7　安全防范工程施工进度计划报审表

工程名称：
致（监理单位）： 现报上年/季/月工程施工进度计划，请予以审查和批准。 附件：1.□施工进度计划（说明、图表、工程量、工作量、资源配备） 2.□
承建单位（简称，盖章）：项目经理签字：　　年　月　日
审查意见： 监理工程师（签字）：　　年　月　日
审查结论：□同意□修改后报□重新编制 监理单位名称：　　总监理工程师（签字）：　　年　月　日

表 15-2-8　安全防范工程监理备忘录

监理项目文号：		
工程项目名称：		
备忘事由：		
备忘录基本内容：		
建设单位（盖章） 负责人签字： 　　年　月　日	设计或承建单位（盖章） 负责人签字： 　　年　月　日	监理单位（盖章） 负责人签字： 　　年　月　日

表 15-2-9　安全防范工程施工申请表

工程名称：
致：（监理单位） 我单位已经完成了工程实施准备工作，现报上该工程部分实施申请，请予以审查和批准。 附：工程实施方案和工程各阶段验收方案
承建单位（盖章）： 项目经理（签字）： 申请日期：　　年　月　日
专业监理工程师审查意见： 专业监理工程师（签字） 审查日期：　　年　月　日

工程名称：

总监理工程师审查意见：

总监理工程师(签字)

    审查日期：   年 月 日

建设单位审查意见：

建设单位(盖章)

项目负责人(签字)

审查日期：   年 月 日

表 15-2-10　安全防范工程开工令

监理项目文号：

工程名称：

致：(承建单位)

经审核，我方认为你方已经完成了工程实施前的各项准备工作，满足了开工条件，同意你方于   年 月 日 时起开始进场实施。工程将按照建设方批准的工程系统设计方案和实施组织方案执行。并做好以下工作：

总监理工程师(签字)

签发日期：   年 月 日

表 15-2-11　安全防范工程监理工作会议纪要

监理项目文号：

会议主题：

会议时间：   年 月 日；星期 ； 时 分— 时 分

会议地点：

主持人：

参会单位及人员：

会议主要内容：

会议记录人：

主要参会单位代表签字：

抄送单位：

第 页/共 页

表 15-2-12　安全防范工程设备器材进场报验单

工程名称：

现呈报关于工程设备器材进场检验记录，该批设备器材经我方检验符合本项目设计、规范及合约要求，请予以批准使用。

序号	设备器材名称	型号及规格	单位	数量	厂家及产地	使用部位

工程名称：

附件名称页数需要说明的事项
出厂合格证页
厂家质量检验报告页
厂家质量保证书页
其他页
申报单位及申报人(签章)　　年 月 日

监理单位验收意见：

监理单位项目部及安防监理工程师(签章)　　年 月 日

注：本表由承建单位填报，建设单位、监理单位、承建单位各1份。

表 15-2-13　安全防范工程见证记录

监理项目文号：

编号：
工程名称：
取样部位：
样品名称：　　取样数量：
取样地点：　　取样日期：
见证记录：
有见证取样和送检印章：
取样人签字：　　年 月 日
见证人签字：　　年 月 日

表 15-2-14　安全防范工程停/暂停工令

监理项目文号：

工程名称：

致：(承建单位)

经查实，我方认为你方在工程实施过程中，存在问题，影响了工程正常实施及安全。因此，贵单位务必于　　年 月
日事起开始停止/暂停施工，其停止/暂停施工范围包括：

并希望对所发生的问题，认真组织分析，提出整改方案和措施。

附：停工缘由证明材料

总监理工程师(签字)

签发日期：　　年 月 日

表 15-2-15　安全防范工程复工令

监理项目文号：

建设工程名称：

致：(承建单位)

由于贵单位在未满足工程建设及管理要求，经过贵方整改调整达到复工要求，现通知你方必须于　　年 月 日 时
起，对本工程的实施复工，并按照下列要求做好各项工作：

总监理工程师(签字)

签发日期：　　年 月 日

表 15-2-16　安全防范工程延期/调整申请表

工程名称：

致：（监理单位）

根据合同条款第　条第　款的规定，由于_____的原因，申请工程延期/调整，请予以批准。

工期延期/调整原因及工期计算：

合同竣工期：　年　月　日；申请延长/调整竣工期：　年　月　日

附：相关证明材料(清单)

承建单位及项目经理(签章)：　年　月　日

监理单位意见：

根据合同条款第　条第　款的规定，我方对你方提出的延期/调整申请，要求延长/调整工期____日历天，经过我方审核评估：

□同意工期延长/调整　日历天。仅供工期(包括已指令延长/调整工期)从原来的　年　月　日延长/调整至　年　月　日，请你方执行。

□不同意延长/调整工期，请按约定竣工工期组织施工。

说明：

监理单位项目部(盖章)：　总经理工程师(签字)

　年　月　日

表 15-2-17　安全防范工程变更单

工程名称：

致：（监理单位）

由于　原因，我单位提出工程事项(内容见附件)变更，请予以审批。

附：工程变更事项说明

申请单位(盖章)

代表人(签字)

申请日期：　年　月　日

承建单位意见：

承建单位(盖章)

负责人(签字)

日期：　年　月　日

监理单位意见：

总监理工程师(签字)

日期：　年　月　日

建设单位审查意见：

建设单位代表(签字)

日期：　年　月　日

表 15-2-18　安全防范工程费用索赔申请表

工程名称：

致：（监理单位）

根据合同条款　条的规定，由于_____的原因，我方要求_____(索赔单位)索赔金额_____(大写)万元，_____(小写)万元。请予以批准。

索赔详细缘由及经过：

索赔金额依据及计算

附：相关证明材料清单

申请单位(盖章)

申请日期：　年　月　日

工程名称：

监理单位意见：

总监理工程师(签字)

日期：　　年　月　日

表 15-2-19　安全防范工程付款申请表

工程名称：

致：(监理单位)

我方已按照工程技术要求完成了工作，按照合同规定，建设方应在　　年　月　日前支付该项＿＿＿＿＿＿(大写)万元；＿＿＿＿＿＿(小写)万元，现报上工程付款申请，请予以审查并支付款项。

附件：工程量清单、工程阶段报告、相应隐蔽工程及设备材料报验单

建设单位(盖章)

项目经理(签字)

申请日期：　　年　月　日

监理单位审核意见：

根据合同的规定，经审核承建单位的付款申请和各项报表文件，同意建设方支付本期支付款项＿＿＿＿＿＿(大写)万元，＿＿＿＿＿＿(小写)万元。

其中1. 承建单位申报款为：　　万元；

2. 经审核承建单位应得款为：　　万元；

3. 本期应扣款为：　　万元；

4. 本期应付款为：　　万元。

附件承建单位工程支付款申请及附件；监理机构审查相关资料。

总监理工程师(签字)

审核日期：　　年　月　日

建设单位审批意见：

建设单位(盖章)

负责人(签字)

审批时间：　　年　月　日

表 15-2-20　安全防范工程监理抽检记录

监理项目文号：

工程名称：

检查项目：

检查部位：

检查数量：

检查情况简述：

检查结果：□不合格□合格

处理意见：

监理单位项目部(盖章)　　　安防监理工程师(签字)

　年　月　日　　　　　　　　年　月　日

表 15-2-21　安全防范工程不合格项处置记录

监理项目文号：	
工程名称：	
不合格项发生部位与原因：	
致：（承建单位） 由于以下情况的发生，使你单位在发生严重□/一般□不合格，请及时采取措施予以整改，并在整改完成后，报于我方。 具体情况： 安防监理工程师(签字)　　年　月　日	
不合格项整改措施： 承建单位整改责任人(签字)　　　　　承建单位项目经理(签字) 　　年　月　日　　　　年　月　日	
不合格项整改结果： 致：（监理单位） 根据你方要求，我方已经完成整改，请予以验收。 承建单位项目经理(签字) 　　年　月　日	
整改结论：□同意验收□继续整改 监理单位安防工程师(签字) 　　年　月　日	

表 15-2-22　安全防范工程旁站记录单

监理项目文号：	
工程名称：	
旁站监理部位或工序名称：	
旁站监理时间：　　年　月　日　时　分至　　年　月　日　时　分	
施工情况：	
监理情况：	
发现问题：	
处理措施及意见：	
备注：	
承建单位及项目经理(签章)： 　　年　月　日	
监理单位项目部及安防监理工程师(签章)： 　　年　月　日	

表 15-2-23　安全防范工程报验申请表

工程项目名称：	
验收区域及部位：	
致：（监理单位） 我单位已完成了工作，经我方自检合格，现报上该工程报验申请表，请予以审查和验收。 附件： 承建单位(盖章) 项目经理(签字) 报验日期：　　年　月　日	

工程项目名称:
审查意见:
监理单位(盖章)
总监理工程师或监理工程师(签字)
审查日期: 　年　月　日

表 15-2-24　安全防范工程隐蔽验收表

工程项目名称:
验收区域及部位:
隐蔽外部材料及覆盖方式:
隐蔽部位设备管线内容:
致:(监理单位) 我单位已完成了工作,经我方自检合格,现报上该工程报验申请表,请予以审查和验收。 附件:
承建单位(盖章)
项目经理(签字)
报验日期: 　年　月　日
验收意见:
监理单位(盖章)
总监理工程师或监理工程师(签字)
审查日期: 　年　月　日

表 15-2-25　安全防范工程竣工移交书

监理项目文号:	
工程名称:	
致(建设单位): 我方按照合同要求完成贵方委托的全部工作任务,并全程参与承建单位(单位全称)所施工的(承接的工程项目全称)工程,该工程承建单位已按照合同要求完成,并验收合格,即日起该工程正式移交建设单位管理,同时开始进入保修期。 附:工程验收相关文件(文件明细清单)	
监理单位(盖章) 　年　月　日	总监理工程师(签字) 　年　月　日
建设单位(盖章) 　年　月　日	建设单位代表(签字) 　年　月　日

15.3　国际机场扩建工程项目飞行区安防工程监理实施细则范例

(1) 工程概况

1) 工程名称:云连徒洲国际机场扩建工程飞行区安防工程安防系统

2) 建设地点:云梦泽

3) 工程规模:机场围界监控及报警系统设备采购与系统集成;扩建飞行区新建围界。

4）总投资：300 万元

5）合同工期：自 2017 年 3 月 10 日开始，至 2017 年 12 月 31 日完成

6）建设单位：机场扩建工程项目部

7）设计单位：箪口腾飞设计公司

8）施工承包单位：甘田空港建设集团

9）监理单位：铁山工程咨询公司

（2）监理工作范围

根据委托监理合同，监理范围是机场扩建工程飞行区安防工程安防系统设计图中内容，飞行区围界由围界闭路电视监控系统、出入口安防设施、机场周界防入侵报警系统、飞行区安防中心、飞行区通信管道工程设计、安防系统供电等 7 部分组成的联动智能安防系统工程的设备采购、安装、调试及系统集成。具体内容如下：

1）飞行区围界闭路电视监控系统。系统主要负责对围界入侵报警的图像复核。

前段设备布置：系统在围界部分共设置了 63 台云台摄像机；新建卡口附近区域设置 2 台云台摄像机；现有卡口附近区域设置 2 台云台摄像机。用于对周界区域的监视。摄像机采用立杆安装的方式，两个摄像机之间的距离不大于 300m。摄像机根据现场情况采用立杆或在围界上安装，同时设置安防控制箱。立杆和控制箱应在接线井半径 2m 范围以内。所有视频和电源线进入安防控制箱后均先接避雷防浪涌装置。

信息传输：围界上的视频及控制信号通过现场安防控制箱中的光端机转换为光信号后，经光缆传输至飞行区安防中心。系统按每一个安防控制箱一根 6 芯光缆配置。先将大对数光缆引至围界适当位置后进行分线，再引至设备。分线采用熔接的方式，熔接的次数不大于 2 次。

2）飞行区出入口安防设施。新建飞行区出入口每个进出车道安装 1 台固定摄像机，共 3 台，对进出车辆进行监控；安检房内安装 1 台固定摄像机，并在每个安检通道口安装 1 台吸顶球形固定摄像机，共 2 台，对进出的人员进行监视。飞行区现有出入口每个进出车道安装 1 台固定摄像机，共 2 台，对进出车辆进行监控；安检房内 1 台固定摄像机，并在每个安检通道口安装 1 台吸顶球形固定摄像机，对进出的人员进行监视。除吸顶安装外，其他摄像机安装在建筑物侧墙或立柱上。视频信号通过现场的视频 2 分配器，一路输出至出入口监控计算机（含视频采集卡），另一路通过光纤网络传输至安防中心。出入口的监控计算机只用于工作人员监控使用。

飞行区新建及现有出入口设置身份识别系统，实现出入人员身份的识别和记录，同时与视频监控系统联动，达到双重管理确认的目的。

飞行区新建及现有出入口的监控计算机安装车辆识别系统软件，配合视频监控系统的摄像机，对进出飞行区的车辆进行识别和记录。

3）机场周界防入侵报警系统。系统主要采用振动光缆的报警方式。2 芯的振动光缆安装在钢丝网围界或砖墙围界上。钢丝网围界采用捆扎的形式将光缆固定其上，设置两层光缆。砖围界则将振动光缆安装在围界顶部。

对于双层围界而言，选择激光对射为报警方式。新建双层围界部分，两层围界之间相距 5m，激光接收机和发射机落地安装在双层围界之间，距外围界 2m。每个防区保证至少有 3 道高度不同的激光形成警戒面。原有双层围界间距只有 2m，激光的接收机和发射机安装在

砖墙围界顶端。

系统中振动光缆的传感光纤先通过设在现场的双区域或单区域控制器，再通过通讯光缆与安防中心的报警主机连接；激光对射的报警信号进入设在现场带有开关量输入的区域控制器，再通过光缆与安防中心的报警主机连接。

整个围界划分为 4 个区域：飞行区西部区域，包括 24 个防区；飞行区北部及北灯光带区域，包括 28 个防区；飞行区东部区域，包括 23 个防区；飞行区南部区域，包括 23 个防区。合计飞行区围界 98 个防区，对于振动光缆的方式，防区长度不超过 150m。对于激光对射的方式，防区长度根据激光对射设备的作用距离划分：直线段部分防区长度为 100m 和 150m 两种，对于拐弯处小于 30m 的围界，采用 30m 的激光对射设备，并与相邻的激光对射设备构成一个防区。

围界安防系统还包括照明和广播系统。照明是在发生报警时起到警示的作用，同时也作为围界闭路电视监控系统在夜间监视时的补充光源。照明灯具沿整个围界布置，采用功率 100W 的灯具，能够瞬时启动。由于地形而安装了两层摄像机的部分，坡下的灯具仍与围界安装在一起；坡上的灯具在摄像机附近单独立杆安装。灯具的安装高度为 3.5m，灯具间距约为 16m。

广播系统中的扬声器沿周界布置，与摄像机共同安装在立杆上。灯光和扬声器的复位方式采用本地复位和延时复位两种方式，延时复位时间 1min 并可调。

4）飞行区安防中心。在新建航站楼长指廊一层端头新建飞行区安防中心，建筑面积约 220m²；安防中心内设中心机房、监控室及办公室等。中心机房、监控室设置防静电活动地板，高度为 300mm。监控室约 60m²，内设监控席位 3 个，分别是南、北区域监控席和报警监控席（备用席位）；每个监控席位需配置监控计算机 1 台、1 个 22 寸宽屏液晶显示器、电话、对讲机、监视操控键盘等相关设备；报警控制席位配置控制计算机一台及监视操控键盘等。同时，设置 6 台 50 寸高清等离子显示器构成监视墙。南部区域监控席主要负责飞行区南部和西部的防区监控及控制；北部区域监控席主要负责飞行区北部和东部的防区监控及控制；报警控制席主要用来对入侵探测系统的控制及作为备用监控席。安防中心机房约 45m²，内设 6 组机柜：放置视频矩阵主机（128 路视频输入，32 路视频输出）、报警主机、数字硬盘录像机、视频服务器、计算机、光端机等设备；并预留 2 个机柜位以备系统扩容；数字硬盘录像机应保证 7×24 小时实时录像，录像保存时间 15 天，实际图像存储容量 6T 以上。安防中心设置一套容量为 40kV·A UPS（冗余配置），用于机房内各个设备供电。UPS 进线是由供电专业提供的两路市电互投后的电源。所有设备接地与室内接地母线可靠连接，并与建筑接地连接，整个接地电阻小于 1Ω。

5）飞行区通信管道工程设计。设计中场内台站通导部分路由和飞行区安防的通讯路由共用，组成飞行区通信管网。

整个飞行区通信管网与航站区通信管网设置了 3 个接口。一个设置在南灯光站北侧，一个设置在现有飞行区管理站北侧，另一个则通过新建航站楼通信网与航站区通信管网连接。航站楼东侧单独敷设一主干路由，以备未来扩建使用。

平行于跑道方向主干管道主要为 4 孔路由通道，垂直于跑道方向主干管道主要为 6 孔路由通道。航站楼东侧主干路由为 4 孔路由通道，分支路由均为 2 孔路由通道。为了方便维护，跑道西侧围界处设置 2 孔路由通道。

管道埋设深度要求管顶标高不小于地面下 0.8m。管道坡度为一般 3‰～4‰，最低不得小于 2.5‰，坡度方向为利用地势获得。当安防管道与其他专业管道交越时，在满足相关规范对于管道间最小净距要求时，安防管道采用上翻或下翻的方式敷设，必要时要加以包封等保护措施。穿越现有跑道、滑行道以及联络道位置采用顶管，新建站坪及跑道下管道进行包封。在站坪部分的手孔为加强型手孔。

6）安防系统供电。飞行区南部区域和北部区域的设备分别由南、北灯光站供电。供电采用三相五线制，设备用电为 220V。安防控制箱内配电盘设置为 9 回路，回路开关根据施工情况现场实施。供电电缆出灯光站后沿围界敷设，与围界上的通讯线缆同路由敷设，但两者之间间距为 0.5m。飞行区安防中心的供电由航站楼内直接供电，为交流三相 380V，设备用电为 220V。

7）其他。光端机和区域控制器在现场安防控制箱内安装，摄像头在现场立杆安装，激光对射的发射机和接收机安装在双围界之间。远机位视频监控部分包括在航站楼监控系统设计中，不纳入飞行区安防系统之内。飞行区安防工程中只对其需要的管道以及远机位监控的摄像机立杆及基础、安防控制箱及基础进行设计。远机位监控系统的摄像机、线缆在航站楼监控系统中计列。

（3）监理工作内容

1）施工准备阶段。根据工程特点制定监理工作程序并及时调整和完善；全面熟悉和掌握设计图纸内容、有关质量控制的技术；承包单位应提供有关施工资质证书和管理人员、技术；认真审查施工单位提交的施工组织设计、施工技术方案和施工进度计划，督促帮助施工单位完善质量保证体系和安全保护措施，以确保施工质量和人身安全；协助业主审查施工单位报送的工程开工报告，签发开工令；用于本工程的材料、器材、构配件和设备应出具其原生产厂的质保书或合格证及有关技术资料。施工单位采购的材料、构配件和设备应报审经业主和监理工程师验收。业主提供的材料设备必须符合质量要求，并经监理工程师和施工单位验收，同时做好验收纪录。所有进场材料必要时应按技术要求进行抽样试验，试验合格方可使用，否则不准安装使用。

2）施工阶段。施工单位应严格执行承包合同、设计图纸要求和施工技术规范、规程，随时接受业主和监理单位对施工工艺流程、施工方法和步骤检查；对工程的质量、进度、投资及安全实施有效的控制；做好合同及信息资料的管理；协调甲乙双方关系；处理施工中出现的各种问题；组织工程预验收。严格做好隐蔽工程的检查、验收工作；所有隐蔽工程，承包单位必须确认自检合格（签字），并提供自检资料；经监理工程师审查、检验合格、签证认可后，方可隐蔽，进行下道工序施工。认真检查现场制作的零部件、预埋件的质量，凡不符合设计图纸要求和有关安装技术规范规定的，必须整改或返工，合格后才能准许安装施工。对工程施工过程中建设单位或施工单位提出的工程变更，须经设计单位同意，并由设计单位提供工程变更图纸或联系单及必要的说明，经监理工程师复核后，才能进行施工，否则不予变更。严格按照设计图纸要求和建筑工程施工质量验收规范做好检验批、分项、分部工程质量验收。各检验批、分项、分部工程施工完毕，承包单位自检合格后，提交验收申请报告和必要的验收技术资料，由监理工程师到现场对工程进行检查验收和技术资料审核，凡不合格的，必须整改或返工，杜绝给整体工程带来隐患、甚至损失。验收合格及时认真办理好验收签证。必须牢固树立工程施工质量和安全意识，严防发生大小施工质量和安全事故。发现事故苗头，承包单位应采取措施及时纠正。一旦发生事故，通知有关各方做好事故调查、分析、研究处理方案，在未做好事故处理前（如整改、修补或返工及落实杜绝事故措施等）不得复工施工。积极参与或组织各工种的施工质量协调会议；抽检典型现场，书面通知现场业主和施工方注意事项。协助业主参与核对设备清单；材料、设备和工程质量检测及控制；根据操作工艺与技术规范的要求检查工程的施工情况；监督施工单位的安全和工程保护情况。督促施工单位做好设备系统调试，严格按照规范进行阶段验收签证；督促审查施工单位各阶段提交的竣工资料及全套竣工资料；定期编写进度和质量报告以及工程完成时的质量评估报告。负责竣工工程档案的收集审查及整理，协助业主交付合格档案；工程监理任务完成后，向业主单位提交完整的工程监理档案。

3）保修阶段。认真监督施工单位做好保修期内的保修工作，及时委派监理人员到现场处理有关工程保修事宜。

（4）监理工作目标

实现本工程的质量控制、进度控制、投资控制和安全控制，通过合同和信息管理，采用事前、事中、事后等控制手段，积极协调各方关系，使工程的实际投资不超过计划投资；实际建设工期在正常情况下，不超过计划建设工期；工程质量达到合格。杜绝不安全事故发生。

（5）监理工作依据

《建设工程监理规范》（GB 50319）、《安全防范工程技术规范》（GB 50348）、《入侵报警系统工程设计规范》（GB 50394）、《视频安防监控系统工程设计规范》（GB 50395）、《出入口控制系统工程设计规范》（GB 50396）、《民用航空运输机场安全保卫措施》（MH/T 7003）、《民用航空运输机场安全防范规范监控系统技术规范》（MH 7008）、《建筑物电子信息系统防雷技术规范》（GB 50343）、《民用机场飞行区技术标准》（MH 5001）、《智能建筑工程质量验收规范》（GB 50339）、《电缆线路施工及验收规范》（BG 50168）、《云连徒洲国际机场扩建工程监理规划<中南民航监理>》；中国民航机场建设集团公司簧口腾飞设计公司2016年5月云连徒洲国际机场扩建工程飞行区安防工程安防系统设计文件；建设单位与监理公司的委托监理合同，与承包单位签订的施工合同；建设单位与施工单位签订的监理范围内工程施工合同及其他附件；民航总局发布的不停航施工令的相关规定。

（6）项目监理机构的组织形式

见监理组织机构框图（略）。

（7）项目监理机构的人员岗位职责

1）总监理工程师职责。总监理工程师或总监代表以本公司的代表身份与业主、施工单位、监督部门和有关单位协调沟通有关方面的问题。确定项目监理机构人员的分工和岗位职责；主持编写项目监理规划、审批项目监理实施细则，并负责管理项目监理机构的日常工作；审查分包单位的资质，并提出审查意见；检查和监督监理人员工作，根据工程项目的进展情况可进行人员调配，对不称职的人员应调换其工作；主持监理工作会议，签发项目监理机构的文件和指令；审定承包单位提交的开工报告、施工组织设计、技术方案、进度计划；g. 审核签署承包单位的申请、支付证书和竣工结算；审查和处理工程变更；主持或参与工程质量事故的调查；调解建设单位与承包单位的合同争议、处理索赔、审批工程延期；组织编写并签发监理月报、监理工作阶段报告、专题报告和项目监理工作总结；审核签认分部工程和单位工程的质量检验评定资料，审查承包单位的竣工申请，组织监理人员对待验收的工程项目进行质量检查，参与工程项目的竣工验收；主持整理工程项目的监理资料。

2）监理工程师职责。负责编制本专业的监理实施细则；负责本专业监理工作的具体实施；组织、指导、检查和监督本专业监理员的工作，当人员需要调整，向总监理工程师提出建议；审查承包单位提交的涉及本专业的计划、方案、申请、变更，并向总监理工程师提出建议；负责本专业分项工程验收及隐蔽工程验收；定期向总监理工程师提交本专业监理工作实施情况报告，对重大问题及时向总监理工程师汇报和请示；根据本专业监理工作实施情况做好监理日志；负责本专业监理资料的收集、汇总及整理，参与编写监理月报；核查进场材料、设备、构配件的原始凭证、检测报告等质量证明文件及其质量情况，根据实际情况认为有必要时对进场材料、设备、构配件进行平行检验，合格时予以签认；负责本专业的工程计量工作，审核工程计量的数据和原始凭证。

3）监理员职责。在专业监理工程师的指导下开展现场监理工作；检查承包单位投入工程项目的人员、材料、主要设备及其使用、运行状况，并做好检查记录；复核或从施工现场直接获取工程计量的有关数据并签署原始凭证；按设计图及有关标准，对承包单位的工艺过程或施工工序进行检查和记录，对加工制作及工序施工质量检查结果进行记录；担任旁站工作，发现问题及时指出并向专业监理工程师报告；做好监理日志和有关的监理记录。

（8）监理工作程序

1）监理工作的总程序图（略）

2）质量控制程序。工程材料、构配件和设备质量控制图（略）：分包单位资格审查流程图（略）；分项、分部工程签认流程图（略）；单位工程验收流程图（略）；工程质量事故处理流程图（略）；月工程计量和支付程序（略）；工程款竣工结算程序（略）。

3）安装调试。协助业主进行设备开箱点验工作及旁站证明（含软件媒体、备件，主要设备应记录序列号，施工方提交设备和软件清单）；设备及材料审验，合格证留存业主处；供电、机房环境、避雷设施检查；相关人员资质检查；设备安装工艺检查，重点检查机柜内设备安装、电缆布置和标号检查；电缆布放工艺检查（电缆均应当走到线槽内且整齐划一）；网络接头抽查；强电容量和安全检查；系统数据配置，检查警窗口；效果观察，主要观察各个设备的运行情况及监控区域是否完全监控；配置数据备份移交用户。

4）系统现场验收。设备移交清点（确认业主）；资料移交清点（随机资料、竣工资料，确认）；培训/讲解完成（确认业主）；施工方书面申请现场验收并提交验收大纲，监理协助业主审定；设备配置参数、软件硬件设置数据备份并移交业主，现场验收大纲交业主认可，以设备运行主要功能完好性为标准；设备功能项测量，严格按照设计及相关规范逐项进行，业主参加；完成稳定性测试，期间进行目标质量观察（类似安装调试阶段，但有业主参加记录）；测试记录小签；验收中争议项和遗留问题记录。

5）注意事项。设备检查时注意检查外观包装情况，看包装箱（包括内包装塑料袋）是否有损坏的地方；到货的设备型号、规格、附件等是否与合同相符；检查规格、型号、数量、序列号是否与清单一致；设备的外观是否有损坏、锈蚀等现象（设备铭牌及外观质量）；随机技术文件是否齐全；检查设备制造单位的合格证、检测报告、试验报告、说明书等文件的完整性及真实性、有效性；重要的部分应当用照相予以记录；监理过程中不定期进行抽检，工程阶段性结束时应按进行检查并填写检查记录，填写抽检及记录表；每日填写监理日志；重要工序旁站，并填旁站记录表；定时编写月报，出现情况时编写情况汇报；定期召开工地现场会议，填写工地会议纪要(可以是监理组织，也可以是业主组织)；出现疑问或争议时协商解决，必要时召开现场工作会议填写工地会议纪要。

6) 单位工程竣工验收。设备安装调试工程全面安装完成后，承包人应及时提交竣工报告、验收资料和竣工图，总监理工程师应组织专业监理工程师，依据有关法律、法规、工程建设强制性标准、设计文件及施工合同，对承包单位报送的竣工资料进行审查，并对工程质量进行竣工预验收。对存在的问题，应及时要求承包单位整改。整改完毕由总监理工程师签署工程竣工报验单，并应在此基础上提出工程质量评估报告。工程质量评估报告就经总监理工程师和监理单位技术负责人审核签字。项目监理机构应参加由建设单位组织的竣工验收，并提供相关监理资料。对验收中提出的整改问题，项目监理机构应要求承包单位进行整改。工程质量符合要求后应由总监理工程师会同参加验收的各方签署竣工验收报告。

(9) 监理工作方法及措施

1) 监理工作的方法。督促承建单位落实工程项目质量保证体系，承建单位是工程具体实施者，在项目开工前要求承建单位依据工程特点和质量要求建立质量保证体系，有明确的质量管理目标和质量管理职责，以及完善的质量管理程序和办法。为了掌握工程情况，取得良好的监理工作效果，监理人员要充分熟悉图纸，并对施工图进行审核，发现问题及时向设计单位建议，同时参与设计技术交底会与图纸会审会。在施工前准备阶段，要事先做好各工序工种的质量控制；检查各工序工种的配合情况及相应的技术措施；审查承建单位编制的施工组织设计和技术措施，限制最佳施工方案。督促承建单位对质量要求及技术要求的落实，参与分项工程技术交底会，对控制桩和水准点进行复核。严格按标准检查和验收订购设备、材料、成品和半成品的质量，严禁无合格证或复试不合格的材料用于工程。加强工序控制，对关键部位关键工序实行质量控制，进行中间检查和技术复核。督促和检查承建单位严格按照现行施工规范、验收标准和设计图纸进行施工。及时对各分项分部工程进行检查验收，对符合标准规定的项目进行签认，不符合项目令承建单位返工直至合格，必要时发出停工指令。检查施工单位特种作业人员和技术较强的带班人员的上岗证书。

2) 监理工作的措施。本工程施工监理的总体目标是通过采用合理的技能，配合组织、技术、经济、合同等手段，在业主、施工单位切实履行自己的合同义务、职责的基础上，认真贯彻本公司"科学监理、热情服务、信守合同、顾客满意"的质量方针，努力实现业主与施工单位签订的施工合同中规定的质量目标、进度目标和投资目标。

(10) 监理要点及目标值

1) 做好接地电阻测试记录。接地装置、避雷针(带)安装必须符合设计要求，接地装置的材料应为热镀锌件，焊接应采用搭接焊，搭接长度应符合规范的规定，焊缝应平整、饱满，无咬边、夹渣、焊瘤等现象，除埋设在砼中的焊接头外，应做好防腐措施。测试接地装置的接地电阻值必须符合设计要求。

2) 所有的报验必须附有相应的图或测试记录。

3) 电缆。电缆敷设严禁有绞拧、铠装压扁、护层断裂和表面严重划伤等缺陷，电缆出入电缆沟、竖井、建筑物、柜、台处以及管子管口处等做密封处理；敷设电缆的电缆沟和竖井，按设计要求做防火隔堵措施。电缆桥架转弯处的弯曲半径、电缆敷设转弯处的最小允许弯曲半径应符合规范的规定。电缆的首端、未端和分支处应有标志牌。

4）配电箱。内配线整齐，连接紧密，不伤芯线，不断股，同一端子上导线连接不多于2根，防松装置齐全，开关动作灵活右靠，漏电保护回路规范，分别设置零线和保护地线汇流排；回路编号齐全，标识正确，箱体安装牢固，不采用可燃材料制作。

5）系统调试。设备单机试运转和调试；系统无生产负荷下的联合试运转和调试。调试应按设计和规范的规定进行，调试结果必须符合设备技术文件及设计和规范的规定。

6）目标值。控制好按程序文明施工，达到行业要求；力争分布工程质量100%合格；做到质量保证资料齐全；施工与资料同步；工艺精美、观感好。

（11）工程安全控制

本项目是不停航施工，安全控制是天大的头等大事，是工程建设监理的重要组成部分，不但对建筑施工过程的安全生产状况所实施的监督管理；更要协助施工单位制定不停航施工方案，并监督、检查现场的各种不停航安全规定的具体落实，确保飞行安全和施工安全。

1）安全控制的内容。按不停航施工要求和施工安全检查制度检查控制3个方面，即控制施工人员的不安全行为；控制施工机械、车、物、工具、特殊工艺工序的不安全状态；作业环境的防护。以上3个方面都齐备，安全生产有了保障。缺少一个方面就会留下不安全隐患，就可能发生不安全事故。贯彻执行"安全第一，预防为主"的方针，国家现行的安全生产法律、法规，建设行政主管部门的安全生产的规章和标准。

2）督促施工单位落实安全生产的组织保障体系，建立健全的安全生产责任制；督促施工单位对工人进行安全生产教育及分部分项工程的安全技术交底；审查施工方案或施工设计中有否保证工程质量和安全的具体措施；检查并督促施工单位按照施工技术标准和规范要求，落实分部分项或各工序关键部位的安全防护措施；发现违章冒险作业的要责令其停止施工，发现隐患的要责令其停丁整改；做到文明施工，工完场清。

（12）监理工作制度

1）工程管理制度。.总监理工程师负责制；施工图纸会审及设计交底制度；施工组织设计审核制度；工程开工审批制度；工程材料、半成品及设备质检制度；隐蔽工程、分项（分部)工程质量验收制度；工序交接检查制度；工程量签证制度；工程洽商和设计变更处理制度；工程质量处理制度；工程款支付签审制度；分包单位资质审查制度。

2）内部管理制度。监理工作日志制度。每位监理工程师及监理员均要认真做好工作日志，这是日常工作的重要组成部分。以作为监理工作资料积累和日后处理有关问题的依据。监理日志作为原始材料，统一归档管理。

监理月报制度。在每月应将本月的监理执行情况整理并形成监理月报，月报应在规定的日期前报业主和公司总工办。

（13）监理设施

主要检测、办公设备一览表（略）。

15.4 公路安全生命防护工程监理工作总结范例

经过公开招投标，监理公司于 2015 年 12 月承接了岳阳市普通国省道公路安全生命防护工程(戴家村段)的监理任务。

(1) 工程概况

项目工程桩号为 K293+469~K331+454，全长 37.985km；按照交通事故多发点段识别和公路风险等级方法排查结果，A 类隐患共 38 处，3.8km；B 类隐患共 7 处；C 类隐患 462 处。本项目工程量包括处理中央护栏，增设路侧波形钢护栏、混凝土护栏，增设交通标志、标线、轮廓标、示警桩及其他设施等。项目参建单位如下：

建设单位：岳阳市公路管理局

设计单位：东茂岭公路勘察设计研究有限公司

监理单位：新墙河公路工程监理有限公司

施工单位：腾龙公路产业开发有限公司

项目工期：60 天

(2) 监理工作情况

1) 项目监理组织机构。监理公司根据委托监理合同规定的监理范围和控制目标，组建了监理队伍进驻现场开展监理工作。项目总监办共有 6 名监理人员，组织形式如下：总监理工程师 1 人；监理员 5 人。

2) 监理工作目标。施工监理目标：确保工期，节省投资，保证工程安全和质量。施工监理履约目标：全面履行监理合同。质量目标：合格。进度目标：确保各项工程在合同规定的时间内全部完成，保证通车运营正常使用。投资目标：确保施工各项费用控制在业主以及施工单位签订合同价格内(含暂定金)。合同管理目标：认真贯彻承包合同和监理委托合同，站在科学公正的立场上，充分的发挥监理调控作用和第三方地位，协调好建设单位、施工单位的关系，以合同约束参建各方行为。安全目标：监督施工单位无安全责任事故发生。

3) 监理工作依据。总监理工程师办公室是总监理工程师的办事机构，对施工单位负责，并按照合同要求做好正常监理服务；承担所监合同段工程监理工作的组织、指导和监督职责，承办监理工作的日常管理、监理人员的内部考核与奖惩；履行对工程进行质量监理、安全监理、环境保护监理、进度监理、费用监理、合同其他事项和文件资料管理等等职责。监理工作是在建设单位的统一领导下，根据合同文件和建设单位的指令、指示来展开工作。具体遵循的依据有监理合同协议书及附件；中标通知书；投标书和投标附录；合同专用条款；合同通用条款；工程专用规范；监理规范；技术规范；技术建议书；财务建议书；会议纪要及来往文件；构成本合同组成部分的其他文件。

4) 监理工作制度。根据监理规划、监理细则的要求，总监理工程师办公室制定了监理例会制度、监理人员岗位责任制、旁站监理制度、文件档案管理制度、安全检查制度、内业资料整理制度等，并督促各级监理人员认真贯彻执行，尽力做好本次监理任务。

5) 监理工作方法及原则。监理工程师进入施工现场后，从工程建设项目实际出发，以认真贯彻、落实有关政策、严格履行《监理合同》、认真执行有关技术标准、规范和各项法规为原则，以建设质量高、投资合理、速度快的工程为控制目标，以"守法、诚信、公正、科学"为行业标准，以事前指导、事中检查、事后验收等为工作方法，全面地开展监理工作。各级监理人员严格行使《监理合同》中赋予监理工程师的权利，以精干的业务知识、实事求是的敬业精神、一丝不苟的科学态度和公正廉洁的工组作风从严依法监理，在工作中不断加强监理内部组织管理，积极探索总结工作经验，使监理工作真正体现出它的科学性、公正性。在对建设单位的服务方面，总监办在不超出监理合同规定的范围内尽量满足业主对工程提出的要求，努力做好业主的参谋和代理人。在对施工单位的管理方面，采取以"管、监、帮、促"相结合的原则开展工作，同时督促施工单位推行全面质量管理，促进工程建设管理水平不断迈向新台阶。

(3) 监理合同履行情况

1) 工程质量控制。工程质量控制是履行监理合同的核心内容，也是监理工程师的主要工作目标。为此，总监办对施工质量采取事前、事中与事后控制，确保工程质量达到承包合同、设计文件及相关验收标准的要求。

2) 工程进度控制。工程进度的快慢直接关系到工程建设项目能否按期竣工和投入使用问题。我总监办结合现场实际情况，对施工单位编制的施工进度计划进行提前审查，对施工单位不合理的工序安排提出意见，要求其合理调整，使进度计划满足工期需要。在现场施工过程中，总监办要求施工单位定期上报下一阶段的施工进度计划，根据施工时候情况及时调整工作节点，使之与合同工期要求吻合。总监办全体人员积极协助，为施工单位创造有利条件，全天候做好监理服务，确保施工工序连续有序进行，确保施工计划按如期完成。

3) 投资控制。总监办按照施工合同要求、工程进度、工程质量对本项目进行工程款支付控制，对于不合理的方案，在保证质量和功能的前提下，提出合理化建议，节省投资。

4) 合同管理。总监办根据施工现场相关合同的约定对工程工期、质量进行监督和管理；检查合同执行情况，对合同执行情况进行跟踪，及时准确掌握合同信息，为严格履行合同做好铺垫。

5) 信息管理。总监办通过建立信息交流网络，及时与建设单位、施工单位进行信息交流，掌握现场施工质量、进度动态，以便更好地做好监理工作。

6) 内业管理。开工前，总监办及时审批施工单位上报的施工组织设计、安全组织方案、总体施工计划，开工报告、原材料验证试验等，为工程的顺利实施做好铺垫。在工程施工过程中，要求各级监理人员要及时、真实、准确地填写每一份资料，确保反映工程施工的实际情况。

★ 思 考 题

1. 谈谈你对电力建设工程监理工作的认识。
2. 谈谈你对安全防范工程监理工作的认识。
3. 国际机场扩建工程项目飞行区安防工程监理实施细则的特点是什么？
4. 公路安全生命防护工程监理工作总结的特点是什么？

参 考 文 献

[1] Raveed Khanlari, Mahdi Saadat Fard. FIDIC Plant and Design-Build Form of Contract Illustrated[M]. John Wiley & Sons Inc, U.S. 2015.

[2] Andy Hewitt. The FIDIC Contracts: Obligations of the Parties[M]. Wiley-Blackwell, U.S. 2014.

[3] Cameron Markby Hewitt. The FIDIC Contracts: Obligations of the Parties[M]. Wiley-Blackwell, U.S. 2014.

[4] Brian Barr, Leo Grutters. FIDIC Users´ Guide: A Practical Guide to the Red, Yellow, MDB Harmonised and Subcontract Books [M]. ICE Publishing, U.S. 2013.

[5] Michael Robinson. A Contractor´s Guide to the FIDIC Conditions of Contract[M]. Wiley-Blackwell, U.S. 2011.

[6] Ellis Baker, Julian Bailey, Ben Mellors, Scott Chalmers, Anthony P. Lavers. FIDIC Contracts: Law and Practice[M]. Informa Law, U.S. 2009.

[7] Linda Reeder, Marc Manack. Out of Scale: AIA Small Project Awards 2005 - 2014 [M]. Oro Editions, U.S. 2015.

[8] Fernando Vasquez, Fernando Vazquez. Transforming spaces——the work of Fernando Vazquez AIA[M]. Oro Editions, U.S. 2015.

[9] American Institute of Architects. Design for Aging Review 12: AIA Design for Aging Knowledge Community [M]. Images Publishing Group Pty Ltd, U.S. 2014.

[10] Alice Sinkevitch. AIA Guide to Chicago [M]. Houghton Mifflin Harcourt, U.S. 2011.

[11] Archaeological Institute of America. AIA 111th Annual Meeting Abstracts: v. 33[M]. Archaeological Institute of America, U.S. 2010.

[12] Larry Millett. AIA Guide to Downtown Minneapolis [M]. Minnesota Historical Society Press, U.S. 2010.

[13] Larry Millett. AIA Guide to Downtown St. Paul[M]. Minnesota Historical Society Press, U.S. 2010.

[14] Larry Millett. AIA Guide to St Paul´s Summit Avenue and Hill District [M]. Minnesota Historical Society Press, U.S. 2009.

[15] Kelvin Hughes. NEC3 Construction Contracts: 100 Questions and Answers [M]. Routledge, UK. 2016.

[16] Michael Rowlinson. Practical Guide to the NEC3 Engineering and Construction Contract [M]. Wiley-Blackwell, U.S. 2015.

[17] Brian Eggleston. The NEC 3 Engineering and Construction Contract: A Commentary [M]. Wiley-Blackwell, U.S. 2015.

[18] Lee Fithian. NEC 2011 Handbook [M]. McGraw-Hill Professional Publishing; Ill, UK. 2015.

[19] Kelvin Hughes. Understanding the NEC3 ECC Contract: A Practical Handbook [M]. Routledge, UK. 2012.

[20] 董维东, 汪雷. 建筑工程施工监理实施细则[M]. 北京: 中国建筑工业出版社, 2011.

[21] 范利霞, 那建兴. 建设工程安全监理实务[M]. 北京: 中国铁道出版社, 2011.

[22] 盖卫东. 监理员速学手册[M]. 哈尔滨: 哈尔滨工业大学出版社, 2011.

[23] 何晓卫. 园林工程监理必读[M]. 天津: 天津大学出版社, 2011.

[24] 黄林青, 彭红涛, 郑鑫, 等. 建设工程监理概论[M]. 北京: 中国水利水电出版社, 2014.

[25] 李清立. 建设工程监理[M]. 北京: 机械工业出版社, 2011.

[26] 刘兰娟. 企业信息系统资源管理[M]. 上海: 上海财经大学出版社, 2007.

[27] 刘志麟. 工程建设监理案例分析教程[M]. 北京: 北京大学出版社, 2011.

[28] 倪建国. 建设工程监理工作策划[M]. 北京: 中国建筑工业出版社, 2011.

[29] 石元印. 土木工程建设监理[M]. 重庆: 重庆大学出版社, 2011.

[30] 宋晶, 郭凤侠. 管理学原理[M]. 哈尔滨: 东北财经大学出版社, 2007.

[31] 田建林, 张柏. 园林工程施工组织监理手册[M]. 北京: 中国林业出版社, 2012.

[32] 徐静涛, 申建, 陈立春. 公路工程施工监理[M]. 北京: 北京理工大学出版社, 2011.

[33] 杨善林, 李兴国, 何建民. 信息管理学[M]. 北京: 高等教育出版社, 2003.